일반기계기사
필기 과년도문제

고진목

에디북스

머릿말

 갈수록 취업이 어려워지는 시절이다. 그러나 적절한 자격을 갖춘 인재들에게는 취업의 문이 활짝 열려있다. 국가직 또는 지방직 공무원, 각종 공기업, 10대 재벌기업 등 기계공학을 전공으로 한 우수 두뇌들은 턱없이 모자란다.
 이런 각종 입사시험에 기계기사의 취득 여부가 가산점에 절대적 기여가 되므로 해마다 기계기사를 취득하려는 수험생들은 날이 갈수록 많아지는 추세이다.
 이 책은 바로 기계기사를 취득하려고 공부하는 많은 수험생들을 위하여 집필된 것이다. 더불어, 동영상 전문교육기관인 에디스트(www.edst.co.kr)에서 전 과목을 강의하였다.

> **이 책의 특징**
> ① 수십년간 강의한 베테랑 강사인 고진목 교수가 직접 집필하였다.
> ② 기본적 사항에서 고난도 이론까지 모두 망라하였다.
> ③ 내용을 압축하고 기억하기 좋게 중요 공식을 표시하였다.
> ④ 출제기관의 출제기준에 맞게 집필하여 고득점을 할 수 있도록 배려하였다.
> ⑤ 제2부에서는 과년도 기출문제를 수록하고 친절한 해설을 달아 쉬운 풀이법을 소개하였다. 이론편에서 배운 지식을 토대로 반복하여 풀면 누구나 고득점을 할 수 있을 것이다.

 학문에는 왕도가 없다고들 한다. 그러나 좋은 교재를 선택하여 공부하고 필요하면 동영상을 보며 보충하면 기계기사 필기(평균 60점)는 평균점을 훨씬 상회하는 점수로 붙을 것임을 자부한다. 이를 토대로 각종 입사시험에서도 압도적 점수를 맞을 수 있을 것이다.
 모쪼록 이책과 동영상강의을 통해 여러분들의 실력이 일취월장하게 비약되기를 소망하면서 건승을 빈다.

저자 고진목

출제기준(필기)

직무분야	기 계	중직무분야	기계제작	자격종목	일반기계기사	적용기간	

○ 직무내용 : 재료역학, 기계열역학, 기계유체역학, 기계재료 및 유압기기, 기계제작법 및 기계동력학 등 기계에 관한 지식을 활용하여 일반기계 및 구조물을 설계, 견적, 제작, 시공, 감리 등과 관련된 업무 수행

필기검정방법	객관식	문제수	100	시험시간	2시간 30분

필기 과목명	출제 문제수	주요항목	세부항목	세세항목
재료역학	20	1. 재료역학의 기본사항	1. 힘과 모멘트	1. 힘의 성분 2. 힘과 모멘트 평형 3. 자유물체도 4. 마찰력
			2. 평면도형의 성질	1. 도심 2. 관성 모멘트 3. 극관성 모멘트 4. 평행축 정리
		2. 응력과 변형률	1. 응력의 개념	1. 인장응력 2. 압축응력 3. 전단응력
			2. 변형률의 개념 및 탄소성 거동	1. 재료의 물성치 2. 응력-변형률 선도 3. 전단변형률 4. 충격하중 5. 탄성-소성 거동 6. 크리프 및 피로 7. 응력 집중 8. 후크의 법칙 9. 포아송의 비 10. 파손이론 11. 허용응력 12 안전계수
			3. 축하중을 받는 부재	1. 수직응력 및 변형률 2. 변형량 3. 부정정 문제 4. 탄성변형에너지 5. 열응력

필기 과목명	출제 문제수	주요항목	세부항목	세세항목
		3. 비틀림	1. 비틀림 하중을 받는 부재	1. 비틀림 강도 2. 전단응력 3. 비틀림 모멘트 4. 전단 변형률 5. 비틀림 각도 6. 비틀림 강성 7. 비틀림 변형에너지 8. 동력 전달 및 강도설계(축, 풀리) 9. 스프링 10. 박막튜브의 비틀림
		4. 굽힘 및 전단	1. 굽힘 하중	1. 반력 2. 굽힘 모멘트 선도 3. 하중, 전단력 및 굽힘모멘트 이론
			2. 전단 하중	1. 보의 전단력 2. 보의 모멘트
		5. 보	1. 보의 굽힘과 전단	1. 곡률, 변형률 및 굽힘 모멘트 관계 2. 굽힘공식 3. 굽힘응력 및 변형률 4. 전단공식 5. 전단응력 및 변형률 6. 탄성에너지 7. 전단류
			2. 보의 처짐	1. 보의 처짐 2. 모멘트면적법, 중첩법 3. 보의 설계(응용) 4. 처짐과 응력의 조합문제 5. 처짐각(기울기)
			3. 보의 응용	1. 부정정보 2. 카스틸리아노 정리
		6. 응력과 변형률 해석	1. 응력 및 변형률 변환	1. 평면 응력과 평면 변형률 2. 응력 및 변형률 변환 3. 주응력과 최대전단응력 4. 모어 원

필기 과목명	출제 문제수	주요항목	세부항목	세세항목

		7. 평면응력의 응용	1. 압력용기, 조합하중 및 응력 상태	1. 평면응력상태의 후크의 법칙
				2. 삼축 응력상태
				   (Bulk modulus & Dilatation)
				3. 압력용기
				4. 원심력에 의한 응력
				5. 조합하중
				6. 보의 최대응력
				   (굽힘응력과 전단응력 조합)

		8. 기둥	1. 기둥 이론	1. 회전반경 1. 편심하중을 받는 단주 1. 기둥의 좌굴

필기 과목명	출제 문제수	주요항목	세부항목	세세항목
기계 열역학	20	1. 열역학의 기본사항	1. 기본개념	1. 열역학시스템과 검사체적 2. 물질의 상태와 상태량 3. 과정과 사이클 등
			2. 용어와 단위계	1. 열역학 관련 용어 2. 질량, 길이, 시간 및 힘의 단위계 등
		2. 순수물질의 성질	1. 물질의 성질과 상태	1. 순수물질 2. 순수물질의 상변화 3. 순수물질의 열역학적 상태량 4. 습증기
			2. 이상기체	1. 이상기체와 실제기체 2. 이상기체의 상태방정식 3. 이상기체의 성질 및 상태변화 등
		3. 일과 열	1. 일과 동력	1. 일과 열의 정의 및 단위 2. 열역학적 시스템 3. 일과 열의 비교
			2. 열전달	1. 전도 2. 대류 3. 복사
		4. 열역학의 법칙	1. 열역학 제1법칙	1. 열역학 제0법칙

필 기 과목명	출제 문제수	주요항목	세부항목	세세항목
				2. 밀폐계와 계방계 3. 검사체적 4. 질량 및 에너지 해석
			2. 열역학 제2법칙	1. 가역, 비가역 과정 2. 카르노의 원리 2. 엔트로피 3. 엑서지
		5. 각종 사이클	1. 동력 사이클	1. 동력시스템개요 2. 랭킨사이클 3. 공기표준 동력사이클 4. 오토, 디젤, 사바테 사이클 5. 기타 동력 사이클
			2. 냉동사이클	1. 냉동시스템 개요 2. 증기압축 냉동사이클 3. 암모니아 흡수식 냉동사이클 4. 공기표준 냉동사이클 5. 열펌프 및 기타 냉동사이클
		6. 열역학의 적용사례	1. 열역학적 장치	1. 압축기 2. 엔진 3. 냉동기 4. 보일러 5. 증기터빈 등
			2. 열역학적 응용	1. 열역학적 관계식 2. 혼합물과 공기조화 3. 화학반응과 연소

필 기 과목명	출제 문제수	주요항목	세부항목	세세항목
기계 유체 역학	20	1. 유체의 기본개념	1. 차원 및 단위	1. 유체의 정의 2. 연속체의 개념 3. 뉴턴 유체의 개념 4. 차원 및 단위
			2. 유체의 점성법칙	1. 뉴턴의 점성법칙 2. 점성계수, 동점성계수 3. 전단응력 및 속도구배
			3. 유체의 기타 특성	1. 밀도, 비중, 압축률과 체적탄성계수 2. 음속, 상태방정식

필기 과목명	출제 문제수	주요항목	세부항목	세세항목
				3. 표면장력 4. 모세관 현상, 물방울 및 비누방울
		2. 유체정역학	1. 유체정역학의 기초	1. 정역학의 개념, 파스칼 원리 2. 절대압력/계기압력, 대기압 3. 가속/회전시 압력분포 4. 부력
			2. 정수압	1. 액주계, 마노미터 2. 용기, 해수 중 압력의 계산
			3. 작용 유체력	1. 작용점 2. 평면과 곡면에 작용하는 힘 및 모멘트
		3. 유체역학의 기본 물리법칙	1. 연속방정식	1. 질량보존의 법칙 2. 평균 유속, 유량
			2. 베르누이방정식	1. 정압, 정체압, 동압, 수두 2. 베르누이방정식의 응용
			3. 운동량 방정식	1. 선운동량 방정식의 응용 2. 각운동량 방정식의 응용
			4. 에너지 방정식	1. 에너지 방정식 응용, 마찰 2. 펌프 및 터빈 동력, 효율 3. 수력 및 에너지 기울기선
		4. 유체운동학	1. 운동학 기초	1. 속도장, 가속도장 2. 유선, 유적선 3. 오일러 방정식 4. 나비에-스톡스 방정식
			2. 포텐셜 유동	1. 포텐셜, 유동함수, 와도
		5. 차원해석 및 상사법칙	1. 차원해석	1. 무차원수, 차원해석, 파이정리
			2. 상사법칙	1. 모형과 원형, 상사법칙
		6. 관내유동	1. 관내유동의 개념	1. 층류/난류 판별
			2. 층류점성유동	1. 하겐-포아젤 유동
			3. 관로내 손실	1. 난류에서의 직관손실 2. 부차적 손실 3. 비원형관 유동
		7. 물체 주위의 유동	1. 외부유동의 개념	1. 경계층 유동 2. 박리, 후류

필기 과목명	출제 문제수	주요항목	세부항목	세세항목
			8. 유체계측	2. 항력 및 양력	1. 항력, 양력
				1. 유체계측	1. 벤투리, 노즐 2. 오리피스 유량계 3. 유량계수, 송출계수 4. 점도계, 압력계 등

필기 과목명	출제 문제수	주요항목	세부항목	세세항목
기계재료 및 유압기기	20	1. 기계재료	1 개요	1. 금속의 조직과 상태도
			2. 철과 강	1. 탄소강의 특성 및 용도 2. 특수강의 특성 및 용도 3. 주철의 특성 및 용도
			3. 기계재료의 시험법과 열처리	1. 기계재료의 조직검사 및 기계적시험법 2. 탄소강의 열처리 및 표면 경화처리
			4. 비철금속재료	1. 구리(銅) 및 그 합금의 특성과 용도 2. 알루미늄 및 그 합금의 특성과 용도 3. 마그네슘 및 그 합금의 특성과 용도 4. 티타늄 및 그 합금의 특성과 용도 5. 니켈 및 그 합금의 특성과 용도 6. 기타 비철금속의 특성과 용도
			5. 비금속 재료	1. 주요 비금속재료의 특성과 용도
		2. 유압기기	1. 유압의 개요	1. 유압기초 2. 유압장치의 구성 및 유압유
			2. 유압기기	1. 유압펌프 2. 유압밸브 3. 유압실린더와 유압모터 4. 부속기기
			3. 유압회로	1. 유압회로의 기호 2. 유압회로의 구성 3. 유압회로 및 응용 (전자제어시스템 포함)
			4. 유압을 이용한 기계	1. 유압기계의 일반 2. 하역운반기계

필기 과목명	출제 문제수	주요항목	세부항목	세세항목
				3. 공작기계 4. 자동차 및 중장비기계

필기 과목명	출제 문제수	주요항목	세부항목	세세항목
기계 제작법 및 기계 동력학	20	1. 기계제작법	1. 비절삭가공	1. 원형 및 주조 2. 소성가공 3. 열처리 및 표면처리 4. 용접 및 판금·제관
			2. 절삭가공	1. 절삭이론 2. 절삭가공법 및 CNC가공 3. 손다듬질 가공
			3. 특수가공	1. 특수가공 2. 정밀입자가공
			4. 치공구 및 측정	1. 지그 및 고정구 2. 측정
		2. 기계동역학	1. 동력학의 기본이론과 질점의 운동학	1. 힘의 평형 2. 위치, 속도, 가속도 3. 질점의 직선운동 4. 질점의 곡선운동
			2. 질점의 동역학 (뉴튼의 제2법칙)	1. 뉴튼의 운동 제2법칙 2. 질점의 선형 운동량과 각 운동량 3. 중심력에 의한 운동
			3. 질점의 동역학 (에너지 운동량 방법)	1. 질점의 운동에너지와 위치에너지 2. 일과 에너지 법칙 3. 충격량과 운동량 법칙
			4. 질점계의 동역학	1. 충돌 2. 질점계의 선형 운동량과 각 운동량 3. 질점계의 에너지 보존 4. 질점계에 대한 충격량과 운동량 법칙
			5. 강체의 운동학	1. 강체의 속도, 가속도, 각속도, 각가속도 2. 순간 회전 중심 3. 평면운동에서의 절대속도와 상대속도

필기 과목명	출제 문제수	주요항목	세부항목	세세항목
			6. 강체의 동역학	1. 강체에 작용하는 힘과 가속도 2. 에너지 방법과 운동량 방법 3. 강체의 각운동량
			7. 진동의 용어 및 기본이론	1. 힘의 평형, 스프링의 합성 2. 단순조화운동, 주기운동, 진폭과 위상각 3. 진동에 관한 용어 　(진동수, 각진동수, 주기, 진폭 등)
			8. 1자유도 비감쇠계의 　 자유진동	1. 운동방정식과 고유진동수 2. 에너지 보존법칙
			9. 1자유도 감쇠계의 　 자유진동	1. 감쇠비, 감쇠고유진동수 2. 대수감쇠 3. 점성감쇠진동
			10. 1자유도계의 강제진동 　 및 다자유도계의 진동	1. 단순조화력에 대한 응답, 공진 2. 진동절연 - 전달력과 전달계수 3. 진동계측 - 지진계와 가속도계 4. 고유진동수와 고유모드, 맥놀이 5. 흡진기

차 례

2015년 제1회 과년도 문제풀이 ……………………………………… 14
2015년 제2회 과년도 문제풀이 ……………………………………… 36
2015년 제4회 과년도 문제풀이 ……………………………………… 59
2016년 제1회 과년도 문제풀이 ……………………………………… 82
2016년 제2회 과년도 문제풀이 ……………………………………… 106
2016년 제4회 과년도 문제풀이 ……………………………………… 128
2017년 제1회 과년도 문제풀이 ……………………………………… 150
2017년 제2회 과년도 문제풀이 ……………………………………… 174
2017년 제4회 과년도 문제풀이 ……………………………………… 199
2018년 제1회 과년도 문제풀이 ……………………………………… 221
2018년 제2회 과년도 문제풀이 ……………………………………… 244
2018년 제4회 과년도 문제풀이 ……………………………………… 266
2019년 제1회 과년도 문제풀이 ……………………………………… 289
2019년 제2회 과년도 문제풀이 ……………………………………… 311
2019년 제4회 과년도 문제풀이 ……………………………………… 334
2020년 제1,2회 과년도 문제풀이 …………………………………… 356
2020년 제3회 과년도 문제풀이 ……………………………………… 379
2020년 제4회 과년도 문제풀이 ……………………………………… 401

국가기술자격 필기시험
2015년 제1회 【 일반기계기사 】 필기

제1과목 : 재료역학

1

균일 분포하중(q)을 받는 보가 그림과 같이 지지 되어 있을 때, 전단력 선도는? (단, A 지점은 핀, B 지점은 롤러로 지지 되어 있다)

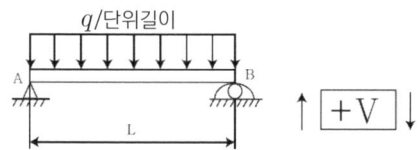

①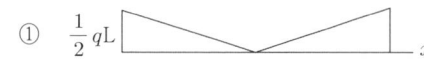

② (½qL 삼각형 선도)

③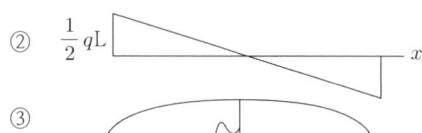

④ ($-q$, $\frac{1}{8}qL^2$ 선도)

풀이

지점 반력 $R_A = R_B = \frac{1}{2}qL$

전단력의 부호규약에 따라 A단은 (+), B단은 (-) 값을 가진다. 또한 중앙점에서 전단력은 0이다.

2

높이 h, 폭 b인 직사각형 단면을 가진 보 A와 높이 b, 폭 h인 직사각형 단면을 가진 보 B의 단면 2차 모멘트의 비는? (단, $h = 1.5b$)

① 1.5 : 1
② 2.25 : 1
③ 3.375 : 1
④ 5.06 : 1

풀이

$I_A = \frac{bh^3}{12}$, $I_B = \frac{hb^3}{12}$ ∴ $\frac{I_A}{I_B} = \frac{h^2}{b^2} = 1.5^2 = 2.25$

∴ $I_A : I_B = 2.25 : 1$

3

안지름 1[m], 두께 5[mm]의 구형 압력 용기에 길이 15[mm] 스트레인 게이지를 그림과 같이 부착하고, 압력을 가하였더니 게이지의 길이가 0.009[mm]만큼 증가했을 때, 내압 p의 값은? (단, $E = 200$[GPa], $\nu = 0.3$)

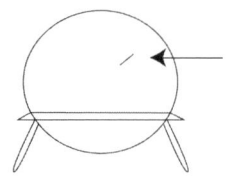

① 3.43 [MPa]
② 6.43 [MPa]
③ 13.4 [MPa]
④ 16.4 [MPa]

풀이

$\varepsilon_x = \frac{\sigma_x}{E} - \frac{\sigma_y}{mE} = \frac{\sigma}{E}(1-\nu)$

구형 압력용기이므로 $\sigma_x = \sigma_y = \sigma = \frac{pd}{4t}$ 이다.

따라서 $\frac{\lambda}{\ell} = \frac{1}{E}\frac{pd}{4t}(1-\nu)$ 에서

$p = \frac{4tE\lambda}{d\ell(1-\nu)}$

$= \frac{4 \times 5 \times 200 \times 10^3 \times 0.009}{1000 \times 15 \times (1-0.3)} = 3.43[MPa]$

정답 1② 2① 3①

4

비틀림 모멘트를 T, 극관성 모멘트를 I_p, 축의 길이를 L, 전단 탄성계수를 G라 할 때, 단위 길이당 비틀림각은?

① $\dfrac{TG}{I_p}$ ② $\dfrac{T}{GI_p}$

③ $\dfrac{L^2}{I_p}$ ④ $\dfrac{T}{I_p}$

풀이

$\theta = \dfrac{TL}{GI_p}$ 에서 $\dfrac{\theta}{L} = \dfrac{T}{GI_p}$

5

그림과 같이 자유단에 $M=40[\text{N·m}]$의 모멘트를 받는 외팔보의 최대 처짐량은?
(단, 탄성계수 $E=200[\text{GPa}]$, M단면 2차 모멘트 $I=50[\text{cm}^4]$)

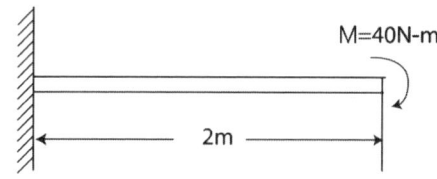

① 0.08 [cm]
② 0.16 [cm]
③ 8.00 [cm]
④ 10.67 [cm]

풀이

굽힘모멘트 선도를 그려 모멘트면적법으로 푼다.

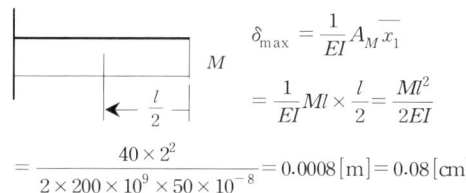

$\delta_{\max} = \dfrac{1}{EI} A_M \overline{x_1}$

$= \dfrac{1}{EI} Ml \times \dfrac{l}{2} = \dfrac{Ml^2}{2EI}$

$= \dfrac{40 \times 2^2}{2 \times 200 \times 10^9 \times 50 \times 10^{-8}} = 0.0008[\text{m}] = 0.08[\text{cm}]$

6

그림과 같은 보에서 발생하는 최대 굽힘 모멘트는?

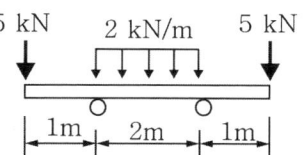

① 2 [kN·m]
② 5 [kN·m]
③ 7 [kN·m]
④ 10 [kN·m]

풀이

좌우가 동형인 돌출보(내다지보)이다. 이 경우 양 지지점에서 최대 굽힘 모멘트가 발생한다.
$M_{\max} = 5 \times 1 = 5[\text{kN·m}]$

7

그림과 같이 전길이에 걸쳐 균일 분포 하중 w를 받는 보에서 최대처짐 $\delta_{\max}$를 나타내는 식은? (단, 보의 굽힘강성 EI는 일정하다)

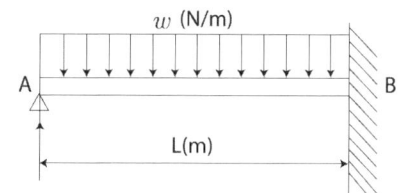

① $\dfrac{wL^4}{64EI}$

② $\dfrac{wL^4}{128.5EI}$

③ $\dfrac{wL^4}{184.6EI}$

④ $\dfrac{wL^4}{192EI}$

풀이

고정지보(일단고정 타단지지보)에서의

최대 처짐은 $\delta_{\max} = 0.0054 \dfrac{wL^4}{EI} = \dfrac{wL^4}{185EI}$

정답 4② 5① 6② 7③

8

2축 응력에 대한 모어(Mohr)원의 설명으로 틀린 것은?

① 원의 중심은 원점의 상하 어디라도 놓일 수 있다.
② 원의 중심은 원점 좌우의 응력축상에 어디라도 놓일 수 있다.
③ 이 원에서 임의의 경사면상의 응력에 관한 가능한 모든 지식을 얻을 수 있다.
④ 공액응력 σ_n과 $\sigma_n{'}$의 합은 주어진 두 응력의 합 $\sigma_x + \sigma_y$와 같다.

풀이

2축응력 상태에서 $\sigma_n = \dfrac{\sigma_x + \sigma_y}{2} + \dfrac{\sigma_x - \sigma_y}{2}\cos 2\theta$

$\tau = \dfrac{\sigma_x - \sigma_y}{2}\sin 2\theta$

$\left(\sigma_n - \dfrac{\sigma_x + \sigma_y}{2}\right)^2 + \tau^2 = \left(\dfrac{\sigma_x - \sigma_y}{2}\right)^2$ (원의 방정식)

∴ 원의 중심좌표는 $\left(\dfrac{\sigma_x + \sigma_y}{2},\ 0\right)$이다.

따라서, 원의 중심은 원점의 상하에 놓일 수 없다.

9

안지름이 80 [mm], 바깥지름이 90 [mm]이고 길이가 3[m]인 좌굴 하중을 받는 파이프 압축 부재의 세장비는 얼마 정도인가?

① 100 ② 103
③ 110 ④ 113

풀이

최소회전반경 $K = \sqrt{\dfrac{I_{\min}}{A}} = \sqrt{\dfrac{\dfrac{\pi}{64}(d_2^4 - d_1^4)}{\dfrac{\pi}{4}(d_2^2 - d_1^2)}}$

$= \sqrt{\dfrac{d_2^2 + d_1^2}{16}} = \sqrt{\dfrac{0.09^2 + 0.08^2}{16}} = 0.03\,[\text{m}]$

세장비 $\lambda = \dfrac{\ell}{K} = \dfrac{3}{0.03} = 100$

10

주철제 환봉이 축방향 압축응력 40[MPa]과 모든 반경방향으로 압축응력 10[MPa]를 받는다. 탄성 계수 $E = 100$[GPa], 포아송비 $\nu = 0.25$, 환봉의 직경 $d = 120$[mm], 길이 $L = 200$[mm] 일 때, 실린더 체적의 변화량 ΔV는 몇 [mm³]인가?

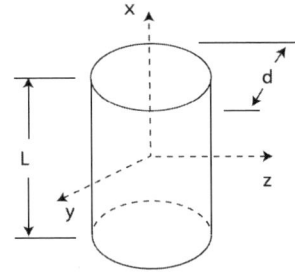

① -121
② -254
③ -428
④ -679

풀이

$\varepsilon_x = \dfrac{\sigma_x}{E} - \nu\dfrac{\sigma_y}{E} - \nu\dfrac{\sigma_z}{E}$

$\varepsilon_y = \dfrac{\sigma_y}{E} - \nu\dfrac{\sigma_z}{E} - \nu\dfrac{\sigma_x}{E}$

$\varepsilon_z = \dfrac{\sigma_z}{E} - \nu\dfrac{\sigma_x}{E} - \nu\dfrac{\sigma_y}{E}$

∴ $\varepsilon_V = \varepsilon_x + \varepsilon_y + \varepsilon_z = \dfrac{\Delta V}{V}$

$\left(\dfrac{\sigma_x + \sigma_y + \sigma_z}{E}\right)(1 - 2\nu) = \dfrac{\Delta V}{V}$

∴ $\Delta V = V\left(\dfrac{\sigma_x + \sigma_y + \sigma_z}{E}\right)(1 - 2\nu)$

$= \dfrac{\pi}{4} \times 0.12^2 \times 0.2 \times \left(\dfrac{-40 - 10 - 10}{100 \times 10^3}\right)(1 - 2 \times 0.25)$

$= -6.786 \times 10^{-7}\,[\text{m}^3] \times (10^9\,\text{mm}^3/\text{m}^3)$

$= -679\,[\text{mm}^3]$

11

최대 굽힘모멘트 8[kN·m]를 받는 원형단면

의 굽힘응력을 60[MPa]로 하려면 지름을 약 몇 [cm]로 해야 하는가?

① 1.11
② 11.1
③ 3.01
④ 30.1

풀이

$$\sigma_{max} = \frac{M_{max}}{Z} = \frac{32 M_{max}}{\pi d^3} \leq \sigma_b$$

$$\therefore d \geq \sqrt[3]{\frac{32 M_{max}}{\pi \sigma_b}} = \sqrt[3]{\frac{32 \times 8 \times 10^3}{\pi \times 60 \times 10^6}} = 0.1107 \,[\text{m}]$$

$$= 11.07 \,[\text{cm}]$$

12

지름 10[mm] 스프링강으로 만든 코일 스프링에 2[kN]의 하중을 작용시켜 전단 응력이 250[MPa]을 초과하지 않도록 하려면 코일의 지름을 어느 정도로 하면 되는가?

① 4 [cm]
② 5 [cm]
③ 6 [cm]
④ 7 [cm]

풀이

$$\tau_{max} = \frac{T}{Z_p} = \frac{16T}{\pi d^3} = \frac{16PR}{\pi d^3} = \frac{8PD}{\pi d^3} \leq 250 \times 10^6$$

$$\therefore D \leq \frac{\pi d^3 \times 250 \times 10^6}{8P} = \frac{\pi (0.01)^3 \times 250 \times 10^6}{8 \times 2 \times 10^3}$$

$$= 0.049 \,[\text{m}] = 5 \,[\text{cm}]$$

13

다음 그림 중 봉 속에 저장된 탄성에너지가 가장 큰 것은? (단, $E = 2E_1$ 이다)

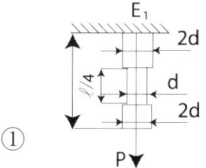
①

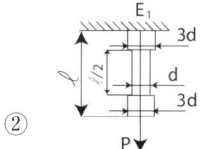
②

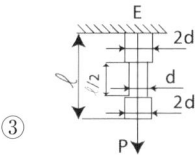
③

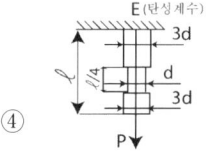
④

풀이

$$U = u_0 A\ell = \frac{\sigma^2}{2E} A\ell = \frac{1}{2E} \frac{P^2}{A^2} A\ell = \frac{P^2 \ell}{2EA} \text{에서}$$

E 가 작은 것을 선택(①, ②)한 후
A 가 작고 ℓ이 긴 것(②)을 선택한다.

14

지름이 25[mm]이고 길이가 6[m]인 강봉의 양쪽 단에 100[kN]의 인장력이 작용하여 6[mm]가 늘어났다. 이때의 응력과 변형률은? (단, 재료는 선형 탄성 거동을 한다)

① 203.7[MPa], 0.01
② 203.7[kPa], 0.01
③ 203.7[MPa], 0.001
④ 203.7[kPa], 0.001

풀이

$$\sigma = \frac{4P}{\pi d^2} = \frac{4 \times 10^5}{\pi \times 25^2} = 203.7 \,[\text{MPa}]$$

$$\varepsilon = \frac{\lambda}{\ell} = \frac{6}{6000} = \frac{1}{1000} = 0.001$$

15

그림과 같은 트러스에서 부재 AB가 받고 있는 힘의 크기는 약 몇 [N] 정도인가?

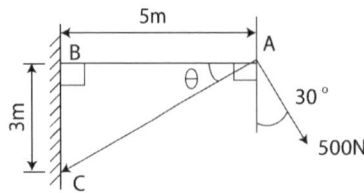

① 781　② 894
③ 972　④ 1081

풀이

우선, $\theta = \tan^{-1}\dfrac{3}{5} = 30.904°$

Lami의 정리를 적용하면

$$\dfrac{T_{AB}}{\sin(90-30.904+30)°} = \dfrac{500}{\sin 30.904°}$$

$\therefore T_{AB} = 971.68[N]$

16

그림과 같이 두께가 20[mm], 외경이 200[mm]인 원관을 고정벽으로부터 수평으로 4[m]만큼 돌출시켜 물을 방출한다. 원관 내에 물이 가득차서 방출될 때 자유단의 처짐은 몇 [mm]인가? (단, 원관 재료의 탄성계수 $E=200[GPa]$, 비중은 7.8이고 물의 밀도는 1000[kg/m³]이다)

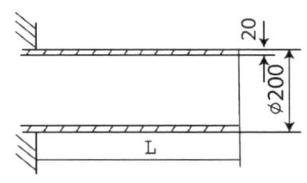

① 9.66　② 7.66
③ 5.66　④ 3.66

풀이

원관의 내경 = $\phi 160$

$w = (\gamma A)_{관} + (\gamma A)_{물}$

$= \left\{9800 \times 7.8 \times \dfrac{\pi}{4}(0.2^2 - 0.16^2)\right\}$

$\quad + \left(9800 \times \dfrac{\pi}{4} \times 0.16^2\right) = 1061.56[N/m]$

$\delta_{\max} = \dfrac{w\ell^4}{8EI}$

$= \dfrac{1061.56 \times 4^4}{8 \times 200 \times 10^9 \times \dfrac{\pi(0.2^4 - 0.16^4)}{64}}$

$= 3.66 \times 10^{-3}[m] = 3.66[mm]$

17

포아송의 비 0.3, 길이 3[m]인 원형단면의 막대에 축방향의 하중이 가해진다. 이 막대의 표면에 원주방향으로 부착된 스트레인게이지가 -1.5×10^{-4}의 변형률을 나타낼 때, 이 막대의 길이 변화로 옳은 것은?

① 0.135 [mm] 압축
② 0.135 [mm] 인장
③ 1.5 [mm] 압축
④ 1.5 [mm] 인장

풀이

프와송의 비 $\nu = -\dfrac{\varepsilon'}{\varepsilon}$ 에서

$\varepsilon = -\dfrac{\varepsilon'}{\nu} = -\dfrac{-1.5 \times 10^{-4}}{0.3} = 5 \times 10^{-4}$

또한, $\varepsilon = \dfrac{\lambda}{\ell}$ 에서

$\lambda = \varepsilon\ell = 5 \times 10^{-4} \times 3 = 15 \times 10^{-4}[m]$
$= 1.5[mm] (인장)$

18

탄성(elasticity)에 대한 설명으로 옳은 것은?
① 물체의 변형율을 표시하는 것
② 물체에 작용하는 외력의 크기
③ 물체에 영구변형을 일어나게 하는 성질
④ 물체에 가해진 외력이 제거되는 동시에 원형으로 되돌아가려는 성질

풀이

탄성(彈性; elasticity)이란 소성(塑性; plasticity)과 반대되는 말로 물체에 가해진 외력이 제거되면 본래의 모양으로 되돌아가려는 성질이다.

19

직경이 d이고 길이가 L인 균일한 단면을 가

진 직선축이 전체 길이에 걸쳐 토크 t_0 가 작용할 때, 최대 전단응력은?

① $\dfrac{2t_0 L}{\pi d^3}$ ② $\dfrac{4t_0 L}{\pi d^3}$

③ $\dfrac{16t_0 L}{\pi d^3}$ ④ $\dfrac{32t_0 L}{\pi d^3}$

풀이

단위 길이당 토크(t_0)가 $t_0 = \dfrac{T}{L}$ 이므로 $T = t_0 L$

$\therefore \tau_{max} = \dfrac{T}{Z_p} = \dfrac{16 t_0 L}{\pi d^3}$

20

길이가 L 인 균일단면 막대기에 굽힘 모멘트 M 이 그림과 같이 작용하고 있을 때, 막대에 저장된 탄성 변형 에너지는? (단, 막대기의 굽힘강성 EI 는 일정하고, 단면적은 A 이다)

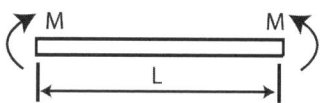

① $\dfrac{M^2 L}{2AE}$ ② $\dfrac{L^3}{4EI}$

③ $\dfrac{L^3}{2AE}$ ④ $\dfrac{M^2 L}{2EI}$

풀이

굽힘 탄성에너지 $U = \dfrac{M^2 L}{2EI}$

제2과목 : 기계열역학

21

냉동 효과가 70[kW]인 카르노 냉동기의 방열기 온도가 20[℃], 흡열기 온도가 –10[℃]이다. 이 냉동기를 운전하는 데 필요한 이론 동력(일률)은?

① 약 6.02[kW]
② 약 6.98[kW]
③ 약 7.98[kW]
④ 약 8.99[kW]

풀이

카르노 냉동기의 성적계수(ε_r)은 양 열원의 절대온도만의 함수이며 또한 동시에 이론 동력($\dot{W}$)에 대한 냉동 효과($\dot{Q}_2$)이다. 따라서

$\varepsilon_r = \dfrac{T_2}{T_1 - T_2} = \dfrac{\dot{Q}_2}{\dot{W}}$ 즉, $\dfrac{273 - 10}{30} = \dfrac{70}{\dot{W}}$

$\therefore \dot{W} = \dfrac{2100}{263} = 7.98 [kW]$

22

저온 열원의 온도가 T_L, 고온 열원의 온도가 T_H 인 두 열원사이에서 작동하는 이상적인 냉동 사이클의 성능계수를 향상시키는 방법으로 옳은 것은?

① T_L 을 올리고 ($T_H - T_L$)을 올린다.
② T_L 을 올리고 ($T_H - T_L$)을 줄인다.
③ T_L 을 내리고 ($T_H - T_L$)을 올린다.
④ T_L 을 내리고 ($T_H - T_L$)을 줄인다.

풀이

$\varepsilon_r = \dfrac{T_L}{T_H - T_L}$ 에서 T_L 은 올리고 ($T_H - T_L$)는 줄이면 성능계수(ε_r)가 향상된다.

23

대기압 하에서 물의 어는점과 끓는점 사이에서 작동하는 카르노 사이클(Carnot cycle) 열기관의 열효율은 약 몇 %인가?

① 2.7
② 10.5
③ 13.2
④ 26.8

풀이

카르노 사이클 열기관의 열효율은 고저 양 열원의 절대온도만의 함수이다.

$$\eta = \frac{T_1 - T_2}{T_1} = \frac{100}{100+273} \times 100[\%] = 26.8[\%]$$

24

과열기가 있는 랭킨사이클에 이상적인 재열 사이클을 적용할 경우에 대한 설명으로 틀린 것은?

① 이상 재열사이클의 열효율이 더 높다.
② 이상 재열사이클의 경우 터빈 출구 건도가 증가한다.
③ 이상 재열사이클의 기기 비용이 더 많이 요구된다.
④ 이상 재열사이클의 경우 터빈 입구 온도를 더 높일 수 있다.

풀이
이상적인 재열사이클의 경우 터빈 출구의 온도를 더 높일 수 있다.

25

20[℃]의 공기(기체상수 $R = 0.287[kJ/kg·K]$, 정압비열 $C_p = 1004[kJ/kg·K]$) 3[kg]이 압력 0.1[MPa]에서 등압 팽창하여 부피가 두 배로 되었다. 이 과정에서 공급된 열량은 대략 얼마인가?

① 약 252 [kJ]
② 약 883 [kJ]
③ 약 441 [kJ]
④ 약 1765 [kJ]

풀이
20℃ = 293K이므로 보일-샬의 법칙에서
등압인 경우 $\frac{V}{T}$ = 일정 = $\frac{V}{293} = \frac{2V}{T_2}$ 에서
$T_2 = 2 \times 293 = 586[K]$
$Q = mC_p \Delta T = 3 \times 1.004 \times (586-293)$
    $= 882.5[kJ]$

26

단열된 용기 안에 두 개의 구리 블록이 있다. 블록 A는 10[kg], 온도 300[K]이고, 블록 B는 10[kg], 900[K]이다. 구리의 비열은 0.4 [kJ/kg·K]일 때, 두 블록을 접촉시켜 열교환이 가능하게 하고 장시간 놓아두어 최종 상태에서 두 구리 블록의 온도가 같아졌다. 이 과정 동안 시스템의 엔트로피 증가량[kJ/K]은?

① 1.15
② 2.04
③ 2.77
④ 4.82

풀이
평형온도(T_m)는 구리의 비열 $c_1 = c_2 = c$이므로
$$T_m = \frac{m_1 c_1 T_1 + m_2 c_2 T_2}{m_1 c_1 + m_2 c_2} = \frac{m_1 T_1 + m_2 T_2}{m_1 + m_2}$$
$$= \frac{10 \times 300 + 10 \times 900}{10+10} = \frac{1200}{2} = 600[K]$$

두 구리 블록의 각각의 엔트로피 변화는
$$\Delta S_1 = \int_{300}^{600} \frac{mcdT}{T} = mc \ln \frac{600}{300} = 10 \times 0.4 \times \ln 2$$
$$= 2.7725[kJ/K]$$
$$\Delta S_2 = \int_{900}^{600} \frac{mcdT}{T} = mc \ln \frac{600}{900} = 10 \times 0.4 \times \ln \frac{2}{3}$$
$$= -1.6218[kJ/K]$$

따라서 두 구리 블록의 총엔트로피 변화(ΔS)는
$\Delta S = \Delta S_1 + \Delta S_2$
    $= 2.7725 + (-1.6218) = 1.15[kJ/K]$

27

오토 사이클에 관한 설명 중 틀린 것은?

① 압축비가 커지면 열효율이 증가한다.
② 열효율이 디젤 사이클보다 좋다.
③ 불꽃점화 기관의 이상 사이클이다.
④ 열의 공급(연소)이 일정한 체적하에 일어난다.

풀이
일반적으로 오토사이클의 압축비가 디젤사이클보다 작으므로 열효율은 디젤사이클보다 작다.
* 가열량 및 압축비가 일정할 때 열효율
  오토 사이클 > 사바테 사이클 > 디젤 사이클

* 가열량 및 최고압력이 일정할 때 열효율
  오토 사이클<사바테 사이클<디젤 사이클

28

어떤 이상기체 1[kg]이 압력 100[kPa], 온도 30[℃]의 상태에서 체적 0.8[m³]을 점유한다면 기체상수는 몇 [kJ/kg·K]인가?

① 0.251
② 0.264
③ 0.275
④ 0.293

풀이

이상기체의 상태방정식에서
$$R = \frac{pV}{mT} = \frac{100 \times 0.8}{1 \times (273+30)} = 0.264 \,[\text{kJ/kgK}]$$

29

카르노 사이클에 대한 설명으로 옳은 것은?

① 이상적인 2개의 등온과정과 이상적인 2개의 정압과정으로 이루어진다.
② 이상적인 2개의 정압과정과 이상적인 2개의 단열과정으로 이루어진다.
③ 이상적인 2개의 정압과정과 이상적인 2개의 정적과정으로 이루어진다.
④ 이상적인 2개의 등온과정과 이상적인 2개의 단열과정으로 이루어진다.

풀이

카르노 사이클은 이상적인 열기관의 사이클로서 2개의 등온과정과 2개의 단열과정으로 구성된다. 즉, 등온팽창→단열팽창→등온압축→단열압축

30

최고온도 1300[K]와 최저온도 300[K] 사이에서 작동하는 공기표준 Brayton 사이클의 열효율은 약 얼마인가? (단, 압력비는 9, 공기의 비열비는 1.4이다)

① 30%
② 36%
③ 42%
④ 47%

풀이

브레이튼 사이클은 공기표준 가스터빈의 사이클로서 단열압축→정압가열→단열팽창→정압방열의 과정으로 이루어진다. 브레이튼 사이클의 열효율(η_B)은 다음과 같다.

$$\eta_B = 1 - \left(\frac{1}{\gamma}\right)^{\frac{k-1}{k}} = 1 - \left(\frac{1}{9}\right)^{\frac{0.4}{1.4}} = 0.47 = 47(\%)$$

31

한 사이클 동안 열역학계로 전달되는 모든 에너지의 합은?

① 0이다.
② 내부에너지 변화량과 같다.
③ 내부에너지 및 일량의 합과 같다.
④ 내부에너지 및 전달열량의 합과 같다.

풀이

열역학 제1법칙 또는 에너지 보존법칙에 의하여
"계로 들어오는 에너지의 합
         =계에서 나가는 에너지의 합"
∴ 변화되는 에너지의 합=0

32

전동기에 브레이크를 설치하여 출력 시험을 하는 경우, 축 출력 10[kW]의 상태에서 1시간 운전을 하고, 이때 마찰열을 20[℃]의 주위에 전할 때 주위의 엔트로피는 어느 정도 증가하는가?

① 123 [kJ/K]
② 133 [kJ/K]
③ 143 [kJ/K]
④ 153 [kJ/K]

풀이

마찰열 $Q_f = Wt = 10 \times 3600 = 36000\,[\text{kJ}]$
엔트로피 변화량(ΔS)은
$$\Delta S = \frac{Q_f}{T} = \frac{36000}{273+20} = 122.87\,[\text{kJ/K}]$$

33

밀폐계에서 기체의 압력이 500[kPa]로 일정하게 유지되면서 체적이 0.2[m³]에서 0.7[m³]로 팽창하였다. 이 과정 동안에 내부에너지의 증가가 64 [kJ]이라면 계가 한 일은?

① 450 [kJ]
② 350 [kJ]
③ 250 [kJ]
④ 150 [kJ]

풀이

$$W = \int_1^2 pdV = p(V_2 - V_1) = 500(0.7 - 0.2)$$
$$= 500 \times 0.5 = 250 [kJ]$$

34

성능계수(COP)가 0.8인 냉동기로서 7200[kJ/h]로 냉동하려면, 이에 필요한 동력은?

① 약 0.9 [kW]
② 약 1.6 [kW]
③ 약 2.0 [kW]
④ 약 2.5 [kW]

풀이

$COP = \varepsilon_r = \dfrac{\dot{Q_2}}{\dot{W}}$ 에서

$$\dot{W} = \dfrac{\dot{Q_2}}{\varepsilon_r} = \dfrac{1}{0.8} \times \dfrac{7200}{3600} = \dfrac{2}{0.8} = 2.5 [kW]$$

35

대기압 하에서 물질의 질량이 같을 때 엔탈피의 변화가 가장 큰 경우는?

① 100[℃] 물이 100[℃] 수증기로 변화
② 100[℃] 공기가 200[℃] 공기로 변화
③ 90[℃]의 물이 91[℃] 물로 변화
④ 80[℃]의 공기가 82[℃] 공기로 변화

풀이

100℃의 물이 100℃의 수증기로 변화할 때 잠열(潛熱; latent heat)이 곧 엔탈피의 변화이다.
이 경우 증발잠열은 539kcal/kg 정도이다.

36

증기압축 냉동기에는 다양한 냉매가 사용된다. 이러한 냉매의 특징에 대한 설명으로 틀린 것은?

① 냉매는 냉동기의 성능에 영향을 미친다.
② 냉매는 무독성, 안전성, 저가격 등의 조건을 갖추어야 한다.
③ 우수한 냉매로 알려져 널리 사용되던 염화불화탄화수소(CFC) 냉매는 오존층을 파괴한다는 사실이 밝혀진 이후 사용이 제한되고 있다.
④ 현재 CFC 냉매 대신에 R-12(CCl_2F_2)가 냉매로 사용되고 있다.

풀이

현재 냉매로는 R-12(CCl_2F_2)[염화불화탄소]는 사용하지 않으며 HFC[수소화불화탄소]를 사용한다.

37

난방용 열펌프가 저온 물체에서 1500[kJ/h]의 열을 흡수하여 고온 물체에 2100[kJ/h]로 방출한다. 이 열펌프의 성능계수는?

① 2.0
② 2.5
③ 3.0
④ 3.5

풀이

열펌프는 고온체의 온도를 높일 목적으로 사용하는 기구로 저온체의 온도를 낮출 목적으로 사용하는 냉동기와 구분된다. 열펌프의 성능계수(ε_h)는 다음과 같다.

$$\varepsilon_h = \dfrac{\dot{Q_1}}{\dot{Q_1} - \dot{Q_2}} = \dfrac{2100}{2100 - 1500} = \dfrac{21}{6} = \dfrac{7}{2} = 3.5$$

38

밀폐 시스템의 가역 정압 변화에 관한 다음 사항 중 옳은 것은? (단, U : 내부에너지, Q : 전

달열, H : 엔탈피, V : 체적, W : 일이다)

① $dU = dQ$
② $dH = dQ$
③ $dV = dQ$
④ $dW = dQ$

풀이

$\delta Q = dH - VdP$에서 정압변화이므로 $dP = 0$이다. 따라서 $\delta Q = dH$ [여기서 δ은 열과 일은 상태량이 아닌 과정함수이므로 사용하는 불완전 미분 연산자이다]

39

물질의 양을 1/2로 줄이면 강도성(강성적) 상태량의 값은?

① 1/2로 줄어든다.
② 1/4로 줄어든다.
③ 변화가 없다.
④ 2배로 늘어난다.

풀이

강도성 상태량(intensity property)은 질량에 관계없는 상태량으로 온도와 압력이 여기에 해당한다. 또한 종량성 상태량(extensive property)[체적, 내부 에너지, 엔탈피, 엔트로피]을 질량으로 나눈 값인 비상태량(specific property)[비체적, 비내부에너지, 비엔탈피, 비엔트로피, 밀도]도 강도성 상태량처럼 취급한다. 따라서 물질의 양(질량, 몰수)을 반으로 줄여도 강도성 상태량의 값은 변하지 않는다.

40

온도 T_1의 고온열원으로부터 온도 T_2의 저온열원으로 열량 Q가 전달될 때 두 열원의 총 엔트로피 변화량을 옳게 표현한 것은?

① $-\dfrac{Q}{T_1} + \dfrac{Q}{T_2}$
② $\dfrac{Q}{T_1} - \dfrac{Q}{T_2}$
③ $\dfrac{Q(T_1 + T_2)}{T_1 \cdot T_2}$
④ $\dfrac{T_1 - T_2}{Q(T_1 \cdot T_2)}$

풀이

고온열원에서는 열이 빠져나가고 저온열원에서는 열이 들어오므로 계의 총 엔트로피 변화는 다음과 같다.

$\Delta S = \dfrac{-Q}{T_1} + \dfrac{Q}{T_2}$

제3과목 : 기계유체역학

41

파이프 내에 점성유체가 흐른다. 다음 중 파이프 내의 압력 분포를 지배하는 힘은?

① 관성력과 중력
② 관성력과 표면장력
③ 관성력과 탄성력
④ 관성력과 점성력

풀이

원관속의 점성 유체 유동에 관계되는 무차원수는 레이놀즈수(Re)이다. 레이놀즈수의 정의는 관성력을 점성력으로 나눈 값이다.

즉, 레이놀즈수 $= \dfrac{\text{관성력}}{\text{점성력}}$

42

역학적 상사성(相似性)이 성립하기 위해 프루드(Froude)수를 같게 해야 되는 흐름은?

① 점성 계수가 큰 유체의 흐름
② 표면 장력이 문제가 되는 흐름
③ 자유표면을 가지는 유체의 흐름
④ 압축성을 고려해야 되는 유체의 흐름

풀이

개수로 유동이나 하천, 강의 흐름은 자유표면(대기에 접한 면)을 가지는데 이의 역학적 상사성을

가지는데 이의 역학적 상사성을 성립시키기 위해서는 프루이드수(Fr)가 같아야 한다.

43

비중이 0.8인 오일을 직경이 10[cm]인 수평 원관을 통하여 1[km] 떨어진 곳까지 수송하려고 한다. 유량이 0.02[m³/s], 동점성 계수가 2×10⁻⁴[m²/s]라면 관 1[km]에서의 손실 수두는 약 얼마인가?

① 33.2 [m]
② 332 [m]
③ 16.6 [m]
④ 166 [m]

풀이

원관에서의 손실수두 $h_L = f \dfrac{L}{d} \dfrac{V^2}{2g}$ 에서

$V = \dfrac{Q}{A} = \dfrac{4Q}{\pi d^2} = \dfrac{4 \times 0.02}{\pi \times 0.1^2} = 2.55 [\text{m/s}]$

$Re = \dfrac{Vd}{\nu} = \dfrac{2.55 \times 0.1}{2 \times 10^{-4}} = 1275 < 2100$ ∴ 층류이다.

따라서, $f = \dfrac{64}{Re} = \dfrac{64}{1275} = 0.05$

∴ $h_L = 0.05 \times \dfrac{1000}{0.1} \times \dfrac{2.55^2}{2 \times 9.8} = 165.88 [\text{m}]$

44

지름 20[cm]인 구의 주위에 밀도가 1000[kg/m³], 점성계수는 1.8×10⁻³[Pa·s]인 물이 2[m/s]의 속도로 흐르고 있다. 항력계수가 0.2인 경우 구에 작용하는 항력은 약 몇 [N]인가?

① 12.6
② 200
③ 0.2
④ 25.12

풀이

$D = C_D \dfrac{\rho V^2}{2} A = 0.2 \times \dfrac{1000 \times 2^2}{2} \times \dfrac{\pi}{4} \times 0.2^2$
$= 12.6 [\text{N}]$

45

산 정상에서의 기압은 93.8[kPa]이고, 온도는 11[℃]이다. 이때 공기의 밀도는 약 몇 [kg/m³]인가?
(단, 공기의 기체상수는 287[J/kg·℃]이다)

① 0.00012
② 1.15
③ 29.7
④ 1150

풀이

이상기체의 상태방정식 $\dfrac{p}{\rho} = RT$ 에서

$\rho = \dfrac{p}{RT} = \dfrac{93.8 \times 10^3}{287 \times (273 + 11)} = 1.15 [\text{kg/m}^3]$

46

다음 중 유동장에 입자가 포함되어 있어야 유속을 측정할 수 있는 것은?

① 열선속도계
② 정압피토관
③ 프로펠러 속도계
④ 레이저 도플러 속도계

풀이

레이저 도플러 속도계 :
도플러 효과를 이용하여 유속을 측정하는 계기. 물 속에 입자를 혼입시킨후 빛을 쪼여주면 반사되는 빛과 진동수 차이를 감지하여 속도를 측정한다.

47

비중이 0.8인 기름이 지름 80[mm]인 곧은 원관 속을 90[L/min]로 흐른다. 이때의 레이놀즈수는 약 얼마인가? (단, 이 기름의 점성계수는 5×10⁻⁴[kg/(s·m)]이다)

① 38200
② 19100
③ 3820
④ 1910

정답 43④ 44① 45② 46④ 47①

풀이

우선, 유속을 구해보면

$$V = \frac{4Q}{\pi d^2} = \frac{4\left(\frac{90 \times 10^{-3}}{60}\right)}{\pi \times 0.08^2} = 0.298 \,[\text{m/s}]$$

따라서 레이놀즈수는

$$Re = \frac{\rho Vd}{\mu} = \frac{800 \times 0.298 \times 0.08}{5 \times 10^{-4}} = 38144$$

48

그림과 같은 노즐에서 나오는 유량이 0.078[m³/s]일 때 수위(H)는 얼마인가? (단, 노즐 출구의 안지름은 0.1[m]이다)

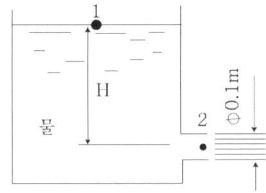

① 5 [m]
② 10 [m]
③ 0.5 [m]
④ 1 [m]

풀이

노즐 출구에서의 속도(V)는

$$V = \frac{4Q}{\pi d^2} = \sqrt{2gH} \text{ 에서}$$

$$\frac{4 \times 0.078}{\pi \times 0.1^2} = \sqrt{2 \times 9.8 \times H}$$

$$\therefore H = \frac{1}{2 \times 9.8}\left(\frac{4 \times 0.078}{\pi \times 0.1^2}\right)^2 = 5.03 \,[\text{m}]$$

49

정지상태의 거대한 두 평판 사이로 유체가 흐르고 있다. 이때 유체의 속도분포(u)가 $u = V\left[1 - \left(\frac{y}{h}\right)^2\right]$ 일 때, 벽면 전단응력은 약 몇 [N/m²]인가? (단, 유체의 점성계수는 4[N·s/m²]이며, 평균속도 V는 0.5[m/s], 유로 중심으로부터 벽면까지의 거리 h는 0.01 [m]이며, 속도 분포는 유체중심으로부터의 거리(y)의 함수이다)

① 200 ② 300
③ 400 ④ 500

풀이

속도분포 $u = V\left[1 - \left(\frac{y}{h}\right)^2\right]$ 를 y에 대해 미분하면

$\frac{du}{dy} = -2V\frac{y}{h^2}$ 이다. 경계조건을 대입하면

$$\left[\frac{du}{dy}\right]_{y=-h} = \frac{-2V(-h)}{h^2} = \frac{2V}{h} = \frac{2 \times 0.5}{0.01} = 100$$

$$\therefore \tau = \mu \frac{du}{dy} = 4 \times 100 = 400 \,[\text{N/m}^2]$$

50

검사체적에 대한 설명으로 옳은 것은?
① 검사체적은 항상 직육면체로 이루어진다.
② 검사체적은 공간상에서 등속 이동하도록 설정해도 무방하다.
③ 검사체적 내의 질량은 변화하지 않는다.
④ 검사체적을 통해서 유체가 흐를 수 없다.

풀이

검사체적(control volume):
시간에 따라 변하지 않는 공간. 즉, 부피만이 고정된 것이며 다른 물리량(질량, 운동량, 에너지)은 유동적인 공간이다.

51

다음 중 기체상수가 가장 큰 기체는?
① 산소 ② 수소
③ 질소 ④ 공기

풀이

$R = \frac{8314}{M}$ 이므로 분자량 M이 작을수록 R이 크다.
분자량은 산소=32, 수소=2, 질소=28, 공기=29 이므로 수소의 기체상수가 가장 크다.

정답 48 ① 49 ③ 50 ② 51 ②

52

그림과 같이 큰 댐 아래에 터빈이 설치되어 있을 때, 마찰손실 등을 무시한 최대 발생 가능한 터빈의 동력은 약 얼마인가? (단, 터빈 출구관의 안지름은 1[m]이고, 수면과 터빈 출구관 중심까지의 높이차는 20[m]이며, 출구속도는 10[m/s]이고, 출구압력은 대기압이다)

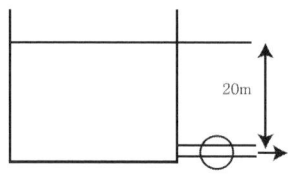

① 1150 [kW]   ② 1930 [kW]
③ 1540 [kW]   ④ 2310 [kW]

풀이

터빈수두를 H_T라 하면
베르누이 방정식으로부터

$$\frac{p_1}{\gamma}+\frac{V_1^2}{2g}+Z_1=\frac{p_2}{\gamma}+\frac{V_2^2}{2g}+Z_2+H_T$$

그런데, $p_1=p_2=0$, $V_1=0$이므로

$$Z_1=\frac{V_2^2}{2g}+Z_2+H_T$$

$$\therefore H_T=(Z_1-Z_2)-\frac{V_2^2}{2g}=20-\frac{10^2}{2\times 9.8}=14.9[m]$$

터빈동력 $L=\gamma QH_T=\gamma AVH_T$

$$=9800\times\frac{\pi}{4}\times 1^2\times 10\times 14.9\times 10^{-3}$$

$$=1146.84[kW]$$

53

경계층내의 무차원 속도분포가 경계층 끝에서 속도구배가 없는 2차원 함수로 주어졌을 때 경계 층의 배제두께(δ_t)와 경계층두께(δ)의 관계로 올바른 것은?

① $\delta_t=\delta$ ② $\delta_t=\frac{\delta}{2}$
③ $\delta_t=\frac{\delta}{3}$ ④ $\delta_t=\frac{\delta}{4}$

풀이

속도구배가 1차원 함수로 주어졌을 때 : $\delta_t=\frac{1}{2}\delta$

속도구배가 2차원 함수로 주어졌을 때 : $\delta_t=\frac{1}{3}\delta$

54

2차원 직각좌표계(x, y)에서 속도장이 다음과 같은 유동이 있다. 유동장 내의 점(L, L)에서의 유속의 크기는? (단, $\vec{i}, \vec{j}$는 각각 x, y 방향의 단위벡터를 나타낸다)

$$\vec{V}(x, y)=\frac{U}{L}(-x\vec{i}+y\vec{j})$$

① 0
② U
③ $2U$
④ $\sqrt{2}\,U$

풀이

ϕ가 속도퍼텐셜일 때

$\vec{V}=\nabla\phi=\frac{\partial\phi}{\partial x}\vec{i}+\frac{\partial\phi}{\partial y}\vec{j}$이다.

그런데, $\vec{V}(x, y)=\frac{U}{L}(-x\vec{i}+y\vec{j})$이므로

$$\frac{\partial\phi}{\partial x}=\frac{U}{L}(-x)=\frac{U}{L}(-L)=-U$$

$$\frac{\partial\phi}{\partial y}=\frac{U}{L}(y)=\frac{U}{L}(L)=U$$

따라서, 점(L, L)에서 속도벡터는
$\vec{V}=-U\vec{i}+U\vec{j}$

속도의 크기는
$|\vec{V}|=V=\sqrt{(-U)^2+U^2}=\sqrt{2}\,U$

55

그림과 같은 수문에서 멈춤장치 A가 받는 힘은 약 몇 [kN]인가? (단, 수문의 폭은 3[m]이고, 수은의 비중은 13.6이다)

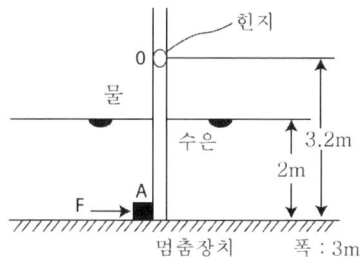

① 37
② 510
③ 586
④ 879

풀이

물에 의한 전압력(F_1)

$F_1 = \gamma \bar{h} A = 9.8 \times 1 \times 3 \times 2 = 58.8 \,[\text{kN}]$

수은에 의한 전압력(F_2)

$F_2 = \gamma S \bar{h} A = S F_1 = 13.6 \times 58.8 = 799.68 \,[\text{kN}]$

$\Sigma M_0 = 0$에서

$F_1 \times \left(1.2 + 2 \times \dfrac{2}{3}\right) + F \times 3.2 = F_2 \times \left(1.2 + 2 \times \dfrac{2}{3}\right)$

$\therefore F \times 3.2 = (F_2 - F_1)\left(1.2 + \dfrac{4}{3}\right)$

$\therefore F = 586.53 \,[\text{kN}]$

56

용기에 너비 4[m], 깊이 2[m]인 물이 채워져 있다. 이 용기가 수직 상방향으로 9.8[m/s²]로 가속될 때 B점과 A점의 압력차 $p_B - p_A$는 몇 [kPa]인가?

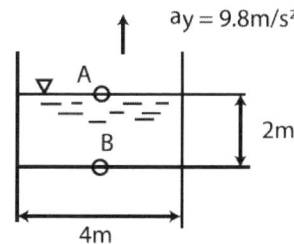

① 9.8　　② 19.6
③ 39.2　　④ 78.4

풀이

$p_B - p_A = \gamma h \left(1 + \dfrac{a_y}{g}\right)$

$= 9.8 \times 2 \times \left(1 + \dfrac{9.8}{9.8}\right) = 9.8 \times 4 = 39.2 \,[\text{kPa}]$

57

프로펠러 이전 유속을 u_0, 이후 유속을 u_2라 할 때 프로펠러의 추진력 F는 얼마인가? (단, 유체의 밀도와 유량 및 비중량을 ρ, Q, γ라 한다)

① $F = \rho Q (u_2 - u_0)$
② $F = \rho Q (u_0 - u_2)$
③ $F = \gamma Q (u_2 - u_0)$
④ $F = \gamma Q (u_0 - u_2)$

풀이

$F = \rho Q (V_2 - V_1) = \rho Q (u_2 - u_0)$

여기서, $Q = AV$ (V는 평균속도)

$V = \dfrac{u_0 + u_2}{2}$

58

2차원 비압축성 정상류에서 x, y의 속도 성분이 각각 $u = 4y$, $v = 6x$로 표시될 때, 유선의 방정식은 어떤 형태를 나타내는가?

① 직선　　② 포물선
③ 타원　　④ 쌍곡선

풀이

유선의 방정식 $\dfrac{dx}{u} = \dfrac{dy}{v}$ $\therefore \dfrac{dx}{4y} = \dfrac{dy}{6x}$

$6x\,dx = 4y\,dy$

양변을 적분하면

$3x^2 = 2y^2 + c$ (c는 적분상수)

$3x^2 - 2y^2 = c$

c로 나누면

$\dfrac{x^2}{c/3} - \dfrac{y^2}{c/2} = 1$ $\therefore$ 쌍곡선

59

반지름 3[cm], 길이 15[m], 관마찰계수 0.025인 수평 원관속에 물이 난류로 흐를 때 관 출구와 입구의 압력차가 9810[Pa]이면 유량은?

① 5.0 [m³/s]
② 5.0 [L/s]
③ 5.0 [cm³/s]
④ 0.5 [L/s]

풀이

손실수두(h_L)를 구해보면

$h_L = \dfrac{\Delta p}{\gamma} = \dfrac{9810}{9800} \fallingdotseq 1$

$h_L = f\dfrac{\ell}{d}\dfrac{V^2}{2g}$ 에서 $1 = 0.025 \times \dfrac{15}{0.06} \times \dfrac{V^2}{2 \times 9.8}$

$\therefore V = 1.77 [\text{m/s}]$

따라서 유량(Q)은

$Q = \dfrac{\pi}{4} \times 0.06^2 \times 1.77 = 5 \times 10^{-3} [\text{m}^3/\text{s}] = 5 [\text{L/s}]$

60

다음 중 점성계수 μ의 차원으로 옳은 것은?
(단, M : 질량, L : 길이, T : 시간이다)

① $ML^{-1}T^{-2}$
② $ML^{-2}T^{-2}$
③ $ML^{-1}T^{-1}$
④ $ML^{-2}T$

풀이

1P(포와즈) = [다인/㎠]
= $[FTL^{-2}] = [ML^{-1}T^{-1}]$

제4과목 : 기계재료 및 유압기기

61

탄소강에 함유된 인(P)의 영향을 바르게 설명한 것은?

① 강도와 경도를 감소시킨다.
② 결정립을 미세화 시킨다.
③ 연신율을 증가시킨다.
④ 상온 취성의 원인이 된다.

풀이

탄소강에 함유된 인(P)의 영향 : 상온취성의 원인

62

심냉(sub-zero)처리 목적의 설명으로 옳은 것은?

① 자경강에 인성을 부여하기 위함
② 급열·급냉 시 온도 이력현상을 관찰하기 위함
③ 항온 담금질하여 베이나이트 조직을 얻기 위함
④ 담금질 후 시효변형을 방지하기 위해 잔류 오스테나이트를 마텐자이트 조직으로 얻기 위함

풀이

심냉(서브제로) 처리 :
담금질 후 잔류 오스테나이트를 마르텐사이트화 시킬 목적으로 낮은 온도에 노출시키는 기법

63

합금과 특성의 관계가 옳은 것은?

① 규소강 : 초내열성
② 스텔라이트(stellite) : 자성
③ 모넬금속(monel metal) : 내식용
④ 엘린바(Fe – Ni – Cr) : 내화학성

풀이

규소강-자성(磁性), 스텔라이트-주조경질합금,
모넬메탈-Cu+Ni 65~70% 함유
(내열, 내식, 내마멸, 연신율 크다),
엘인바-온도에 따른 길이 변화가 극히 작다.

64

일정 중량의 추를 일정 높이에서 떨어뜨려 그 반발하는 높이로 경도를 나타내는 방법은?

① 브리넬 경도시험
② 로크웰 경도시험
③ 비커즈 경도시험

④ 쇼어 경도시험

풀이
쇼어 경도시험으로 $H_S = \dfrac{10,000}{65} \times \dfrac{h}{h_0}$

65
표준형 고속도 공구강의 주성분으로 옳은 것은?
① 18% W, 4% Cr, 1% V, 0.8~0.9% C
② 18% C, 4% Mo, 1% V, 0.8~0.9% Cu
③ 18% W, 4% V, 1% Nl, 0.8~0.9% C
④ 18% C, 4% Mo, 1% Cr, 0.8~0.9 Mg

풀이
표준형 고속도강 : 텅크바(텅스텐, 크롬, 바나듐)
= 18%W + 4%Cr + 1%V + 탄소강

66
다음 중 ESD(Extra Super Duralumin) 합금계는?
① Al-Cu-Zn-Ni-Mg-Co
② Al-Cu-Zn-Ti-Mn-Co
③ Al-Cu-Sn-Si-Mn-Cr
④ Al-Cu-Zn-Mg-Mn-Cr

풀이
• ESD(초초 두랄루민) :
 두랄루민+Zn8~20%, 비행기 동체에 사용함.
• 두랄루민 :
 Al+Cu+Mg+Mn(알구마망), 리벳용 알루미늄계 합금

67
금형재료로서 경도와 내마모성이 우수하고 대량 생산에 적합한 소결합금은?
① 주철   ② 초경합금
③ Y합금강   ④ 탄소공구강

풀이
(소결)초경합금 :
금속탄화물(WC, TiC, TaC)을 코발트(Co)분말과 혼합하여 프레스로 성형한 후 고온에서 소결(燒結)하는 것으로 고온, 고속절삭시에도 높은 경도를 유지. 취성이 큰 것이 단점.

68
조선 압연판으로 쓰이는 것으로 편석과 불순물이 적은 균질의 강은?
① 림트강   ② 킬드강
③ 캡트강   ④ 세미킬드강

풀이
완전 탈산한 킬드강이다.

69
Fe-C 상태도에서 온도가 가장 낮은 것은?
① 공석점
② 포정점
③ 공정점
④ 순철의 자기변태점

풀이
공석점(723℃), 포정점(1495℃), 공정점(1130℃)
순철의 자기변태점(768℃)

70
특수강에서 합금원소의 영향에 대한 설명으로 옳은 것은?
① Ni은 결정입자의 조절
② Si는 인성 증가, 저온 충격 저항 증가
③ V, Ti는 전자기적 특성, 내열성 우수
④ Mn, W은 고온에 있어서의 경도와 인장강도 증가

풀이
Ni : 인성증가, 저온 충격저항 증가
Si : 전자기적 특성
V, Ti : 결정입자의 조절
Mn, W : 고온경도, 고온강도 증가. 특히 망간은 황(S)에 의한 적열취성 방지.

정답 65① 66④ 67② 68② 69① 70④

71
다음 중 펌프에서 토출된 유량의 맥동을 흡수하고, 토출된 압유를 축적하여 간헐적으로 요구되는 부하에 대해서 압유를 방출하여 펌프를 소경량화 할 수 있는 기기는?
① 필터
② 스트레이너
③ 오일 냉각기
④ 어큐뮬레이터

풀이
어큐뮬레이터(축압기)이다.

72
펌프의 토출 압력 3.92[MPa], 실제 토출 유량은 50[ℓ/min]이다. 이때 펌프의 회전수는 1000[rpm], 소비동력이 3.68[kW]라고 하면 펌프의 전효율은 얼마인가?
① 80.4%
② 84.7%
③ 88.8%
④ 92.2%

풀이
펌프동력(L_p), 소비동력[=축동력](L_s), 전효율(η)의 관계는 다음과 같다.

$$L_p = pQ = 3.92 \times 10^6 \times \frac{50 \times 10^{-3}}{60} = 3266.7[W]$$

$$\eta = \frac{L_p}{L_s} = \frac{3266.7}{3.68 \times 10^3} = 0.888 = 88.8(\%)$$

73
배관용 플랜지 등과 같이 정지 부분의 밀봉에 사용되는 실(seal)의 총칭으로 정지용 실이라고도 하는 것은?
① 초크(choke)
② 개스킷(gasket)
③ 패킹(packing)
④ 슬리브(sleeve)

풀이
개스킷 : 고정부분에 사용되는 실(seal)
패킹 : 운동부분에 사용되는 실(seal)

74
액추에이터에 관한 설명으로 가장 적합한 것은?
① 공기 베어링의 일종이다.
② 전기에너지를 유체에너지로 변환시키는 기기이다.
③ 압력에너지를 속도에너지로 변환시키는 기기이다.
④ 유체에너지를 이용하여 기계적인 일을 하는 기기이다.

풀이
액추에이터(Actuator) :
유압모터, 유압실린더와 같이 유압에너지를 기계적인 일로 바꿔주는 작동기이다. 유압모터는 회전운동, 유압실린더는 직선운동을 한다.

75
점성계수(coefflcient of viscosity)는 기름의 중요 성질이다. 점성이 지나치게 클 경우 유압기기에 나타나는 현상이 아닌 것은?
① 유동저항이 지나치게 커진다.
② 마찰에 의한 동력손실이 증대된다.
③ 부품 사이에 윤활작용을 하지 못한다.
④ 밸브나 파이프를 통과할 때 압력손실이 커진다.

풀이
유압작동유의 점도가 지나치게 클 경우는 ①, ②, ④외에도 소음이나 공동현상(캐비테이션)이 발생한다.

76
길이가 단면 치수에 비해서 비교적 짧은 죔구(restriction)는?
① 초크(choke)
② 오리피스(orifice)
③ 벤트 관로(vent line)
④ 휨 관로(flexible line)

풀이
초크 : 길이가 긴 관로에 좁은 통로가 있는 것
오리피스 : 길이가 짧은 관로에 좁은 통로가 있는 것

정답 71 ④ 72 ③ 73 ② 74 ④ 75 ③ 76 ②

77
유압모터의 종류가 아닌 것은?
① 나사 모터 ② 베인 모터
③ 기어 모터 ④ 회전피스톤 모터

풀이
유압모터로는 베인 모터, 기어 모터, 회전피스톤 모터 등이 있으나 나사모터는 없다. 그러나 나사펌프는 있다.

78
피스톤 부하가 급격히 제거되었을 때 피스톤이 급진하는 것을 방지하는 등의 속도제어 회로로 가장 적합한 것은?
① 증압 회로 ② 시퀀스 회로
③ 언로드 회로 ④ 카운터 밸런스 회로

풀이
카운터 밸런스(counter balance) 밸브를 연결한 회로이다.

79
다음 중 상시 개방형 밸브는?
① 감압 밸브 ② 언로드 밸브
③ 릴리프 밸브 ④ 시퀀스 밸브

풀이
감압 밸브 : 상시 개방형으로 압력이 걸리면 닫힘
릴리프 밸브 : 상시 밀폐형으로 압력이 걸리면 열림
언로드 밸브 : 무부하 밸브
시퀀스 밸브 : 순차적으로 작동

80
유압장치에서 실시하는 플러싱에 대한 설명으로 옳지 않은 것은?
① 플러싱하는 방법은 플러싱 오일을 사용하는 방법과 산세정법 등이 있다.
② 플러싱은 유압 시스템의 배관 계통과 시스템 구성에 사용되는 유압 기기의 이물질을 제거하는 작업이다.
③ 플러싱 작업을 할 때 플러싱 유의 온도는 일반적인 유압시스템의 유압유 온도보다 낮은 20~30 [℃] 정도로 한다.
④ 플러싱 작업은 유압기계를 처음 설치하였을 때, 유압 작동유를 교환할 때, 오랫동안 사용하지 않던 설비의 운전을 다시 시작할 때, 부품의 분해 및 청소 후 재조립하였을 때 실시한다.

풀이
①, ②, ④는 옳고 ③은 플러싱 유의 온도는 일반적인 유압유의 온도보다 약간 높게 하여 유동성을 증가시킨다.

제5과목 : 기계제작법 및 기계동력학

81
주조의 탕구계 시스템에서 라이저(riser)의 역할로서 틀린 것은?
① 수축으로 인한 쇳물 부족을 보충한다.
② 주형 내의 가스, 기포 등을 밖으로 배출한다.
③ 주형 내의 쇳물에 압력을 가해 조직을 치밀화한다.
④ 주물의 냉각도에 따른 균열이 발생되는 것을 방지한다.

풀이
라이저(riser)는 본래 가스빼기로서 용탕과 주물사가 접촉하면서 생기는 가스 등을 배출하기 위해 설치하는 것이고, 피더(feeder)는 덧쇳물 또는 압탕구라고 하며 주형내의 용탕 부족분을 보충해주는 역할을 한다.
그러나 소형의 주물에서는 라이저가 피더를 겸한다. 따라서 ④번의 내용이 배치된다.

82
Taylor의 공구 수명에 관한 실험식에서 세라믹 공구를 사용하고자 할 때 적합한 절삭속도

정답 77① 78④ 79① 80③ 81④ 82①

[m/min]는 약 얼마인가? (단, $VT^n = C$에서 $n = 0.5$, $C = 200$ 이고 공구수명은 40분이다)
① 31.6 ② 32.6
③ 33.6 ④ 35.6

풀이
$V = \dfrac{C}{T^n} = \dfrac{200}{40^{0.5}} = 31.62\,[\text{m/min}]$

83
강관을 길이방향으로 이음매 용접하는데, 가장 적합한 용접은?
① 심 용접
② 점 용접
③ 프로젝션 용접
④ 업셋 맞대기용접

풀이
심 용접(seam welding)이다.

84
특수가공 중에서 초경합금, 유리 등을 가공하는 방법은?
① 래핑 ② 전해 가공
③ 액체 호닝 ④ 초음파 가공

풀이
초경합금, 유리, 보석류의 구멍뚫기 등의 가공에는 초음파 가공, 방전 가공이 있다.

85
아래 도면과 같은 테이퍼를 가공할 때의 심압대의 편위거리 [mm]는?

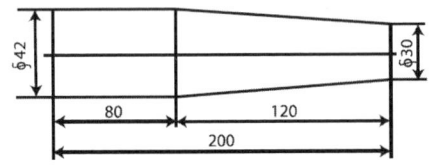

① 6
② 10
③ 12
④ 20

풀이
심압대 편위량(x)
$x = \dfrac{(D-d)L}{2\ell} = \dfrac{(42-30)\times 200}{2 \times 120} = 10\,[\text{mm}]$

86
두께가 다른 여러 장의 강재 박판(薄板)을 겹쳐서 부채살 모양으로 모은 것이며 물체 사이에 삽입하여 측정하는 기구는?
① 와이어 게이지 ② 롤러 게이지
③ 틈새 게이지 ④ 드릴 게이지

풀이
틈새 게이지이다.

87
단조의 기본 작업 방법에 해당하지 않는 것은?
① 늘리기(drawing)
② 업세팅(up-setting)
③ 굽히기(bending)
④ 스피닝(spinning)

풀이
스피닝은 선반에서 작업하며 국그릇 같은 것을 만드는 회전운동 작업이다.

88
두께 4[mm]인 탄소강판에 지름 1000[mm]의 펀칭을 할 때 소요되는 동력[kW]은 약 얼마인가? (단, 소재의 전단저항은 245.25[MPa], 프레스 슬라이드의 평균 속도는 5[m/min], 프레스의 기계효율(η)은 65[%]이다)
① 146 ② 280
③ 396 ④ 538

정답 83① 84④ 85② 86③ 87④ 88③

풀이

$\tau = \dfrac{P}{\pi dt}$ 에서 $P = \tau \pi dt$

$\eta = \dfrac{PV}{H}$ 에서 $H = \dfrac{PV}{\eta} = \dfrac{\tau \pi dt V}{\eta}$

$\therefore H = \dfrac{245.25 \times 10^6 \times \pi \times 1 \times 0.004 \times \dfrac{5}{60}}{0.65}$

$= 395115[\text{W}] = 395.12[\text{kW}]$

89

방전가공에 대한 설명으로 틀린 것은?

① 경도가 높은 재료는 가공이 곤란하다.
② 가공 전극은 동, 흑연 등이 쓰인다.
③ 가공정도는 전극의 정밀도에 따라 영향을 받는다.
④ 가공물과 전극사이에 발생하는 아크(arc)열을 이용한다.

풀이
방전가공은 재료의 경도에 관계없이 작업할 수 있다.

90

Al을 강의 표면에 침투시켜 내스케일성을 증가시키는 금속 침투 방법은?

① 파커라이징(parkerizing)
② 칼로라이징(calorizing)
③ 크로마이징(chromizing)
④ 금속용사법(metal spraying)

풀이
- 금속침투법 :
  칼로라이징(Al), 크로마이징(Cr), 실리코나이징(Si), 보로나이징(B), 세라다이징(Zn)
- 파커라이징 :
  강의 표면에 인산염 피막을 형성시켜 녹스는 것을 방지하는 화학적 처리 방법

91

그림과 같은 용수철-질량계의 고유진동수는 약 몇 [Hz]인가? (단, m=5[kg], k_1=15 [N/m],

k_2 =8[N/m]이다)

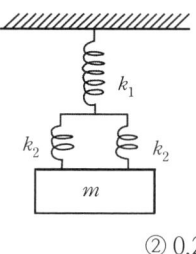

① 0.1
② 0.2
③ 0.3
④ 0.4

풀이
등가 스프링상수(k_e)를 구해보면 $k_e = \dfrac{15 \times 16}{31}$

고유진동수(f_n)는

$f_n = \dfrac{\omega_n}{2\pi} = \dfrac{1}{2\pi}\sqrt{\dfrac{k_e}{m}} = \dfrac{1}{2\pi}\sqrt{\dfrac{15 \times 16}{31 \times 5}} = 0.2[\text{Hz}]$

92

타격연습용 투구기가 지상 1.5[m] 높이에서 수평으로 공을 발사한다. 공이 수평거리 16[m]를 날아가 땅에 떨어진다면, 공의 발사속도의 크기는 약 몇 [m/s]인가?

① 11
② 16
③ 21
④ 29

풀이
수평도달거리(R)와 발사속도(v)와의 관계는 다음과 같다.

$R = vt = v\sqrt{\dfrac{2h}{g}}$ 에서 $16 = v\sqrt{\dfrac{2 \times 1.5}{9.8}}$

$\therefore v = 28.92[\text{m/s}]$

93

그림에서 질량 100[kg]의 물체 A와 수평면 사이의 마찰계수는 0.3이며 물체 B의 질량은 30[kg]이다. 힘 P_y의 크기는 시간 (t[s])의 함수이며 $P_y[\text{N}] = 15t^2$이다. t 는 0[s]에서 물체 A가 오른쪽으로 2.0[m/s]로 운동을 시

작한다면 t 가 5[s]일 때 이 물체의 속도는 약 몇 [m/s]인가?

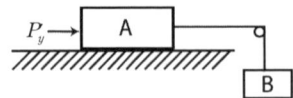

① 6.81
② 6.92
③ 7.31
④ 7.54

풀이
운동방정식 $\Sigma F = (\Sigma m)a$에서
$m_B g - \mu m_A g + P_y = (m_A + m_B)\ddot{x}(t)$
$30 \times 9.8 - 0.3 \times 100 \times 9.8 + 15t^2 = 130\ddot{x}(t)$
$\dot{x}(t) = \frac{15}{130}\frac{t^3}{3} + c_1$
$\dot{x}(0) = c_1 = 2$
$\therefore \dot{x}(5) = \frac{15}{130} \times \frac{5^3}{3} + 2 = 6.8077 \, [\text{m/s}]$

94

$x = Ae^{j\omega t}$ 인 조화운동의 가속도 진폭의 크기는?

① $\omega^2 A$
② ωA
③ ωA^2
④ $\omega^2 A^2$

풀이
속도 $\dot{x}(t) = \frac{dx}{dt} = A(j\omega)e^{j\omega t}$

가속도 $\ddot{x}(t) = \frac{d^2 x}{dt^2} = A(j\omega)^2 e^{j\omega t}$

가속도 진폭 $= |Aj^2 \omega^2| = A\omega^2 = \omega^2 A$

95

인장코일 스프링에서 100[N]의 힘으로 10[cm] 늘어나는 스프링을 평형 상태에서 5[cm]만 큼 늘어나게 하려면 몇 [J]의 일이 필요한가?

① 10
② 5
③ 2.5
④ 1.25

풀이
스프링상수(k)는 $k = \frac{P}{\delta} = \frac{100}{0.1} = 1000 \, [\text{N/m}]$

변형 일은 탄성변형에너지(U)이므로
$U = \frac{1}{2}k\delta^2 = \frac{1}{2} \times 1000 \times (0.05)^2 = 1.25 \, [\text{J}]$

96

반경이 R인 바퀴가 미끄러지지 않고 구른다. O점의 속도(V_0)에 대한 A점의 속도(V_A)의 비는 얼마인가?

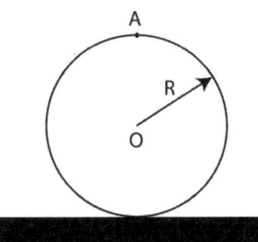

① $V_A / V_0 = 1$
② $V_A / V_0 = \sqrt{2}$
③ $V_A / V_0 = 2$
④ $V_A / V_0 = 4$

풀이
굴림운동에서는 V_A가 V_0보다 2배이다.

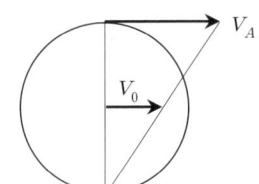

97

반경이 r인 원을 따라서 각속도 ω, 각가속도 α로 회전할 때 법선방향 가속도의 크기는?

① $r\alpha$
② $r\omega$
③ $r\omega^2$
④ $r\alpha^2$

풀이

법선가속도(=구심가속도) $a_n = a_r = \omega^2 r = r\omega^2$
접선가속도 $a_t = r\alpha$

98

질량 관성모멘트가 7.036[kg·m²]인 플라이휠이 3600[rpm]으로 회전할 때, 이 휠이 갖는 운동에너지는 약 몇 [kJ]인가?

① 300
② 400
③ 500
④ 600

풀이

회전운동에너지(K)는

$$K = \frac{1}{2}I\omega^2 = \frac{1}{2}I\left(\frac{2\pi N}{60}\right)^2$$
$$= \frac{1}{2} \times 7.036 \times \left(\frac{2\pi \times 3600}{60}\right)^2 \times 10^{-3} = 500\,[\text{kJ}]$$

99

두 질점의 완전소성충돌에 대한 설명 중 틀린 것은?

① 반발계수가 0이다.
② 두 질점의 전체에너지가 보존된다.
③ 두 질점의 전체운동량이 보존된다.
④ 충돌 후, 두 질점의 속도는 서로 같다.

풀이

완전소성충돌(=완전비탄성충돌)은 반발계수가 0이므로 충돌 후 두 물체가 한 덩어리가 되는 충돌을 말하며 이 경우 에너지의 손실이 따른다. 그러나 운동량보존법칙은 성립한다.

100

회전속도가 2000[rpm]인 원심 팬이 있다. 방진고무로 탄성 지지시켜 진동 전달률을 0.3으로 하고자 할 때, 정적 수축량은 약 몇 [mm]인가? (단, 방진고무의 감쇠계수는 0으로 가정한다)

① 0.71
② 0.97
③ 1.41
④ 2.20

풀이

진동전달률 $TR = \dfrac{1}{\gamma^2 - 1}$

(여기서, $\gamma = \dfrac{\omega}{\omega_n}$: 진동수비이다)

$0.3 = \dfrac{1}{\gamma^2 - 1}$ 에서 $\gamma^2 - 1 = \dfrac{1}{0.3}$

$\therefore \gamma = \sqrt{\dfrac{1}{0.3} + 1} = 2.081$

고유 각진동수(ω_n)는

$\omega_n = \dfrac{\omega}{\gamma} = \dfrac{1}{\gamma}\left(\dfrac{2\pi N}{60}\right)$

$= \dfrac{1}{2.081}\left(\dfrac{2\pi \times 2000}{60}\right) = 100.64\,[\text{rad/s}]$

또한, $\omega_n = \sqrt{\dfrac{g}{\delta_{st}}}$ 에서 $\omega_n^2 = \dfrac{g}{\delta_{st}}$

$\therefore \delta_{st} = \dfrac{g}{\omega_n^2} = \dfrac{9800}{100.64^2} = 0.9676\,[\text{mm}]$

국가기술자격 필기시험
2015년 기사 제2회 【 일반기계기사 】 필기

제1과목 : 재료역학

1

단면이 가로 100[mm], 세로 150[mm]인 사각 단면보가 그림과 같이 하중(P)을 받고 있다. 전단 응력에 의한 설계에서 P는 각각 100[kN]씩 작용할 때 안전계수를 2로 설계하였다고 하면, 이 재료의 허용전단응력은 약 몇 [MPa]인가?

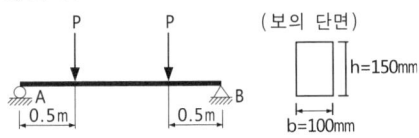

① 10
② 15
③ 18
④ 20

풀이

보 속의 전단응력이 사용응력(τ_w)이므로
$$\tau_w = \frac{3}{2} \cdot \frac{V}{A} = \frac{3}{2} \times \frac{100 \times 1000}{100 \times 150} = 10\,[\text{MPa}]$$
$$\tau_a \geq \tau_{\max} = \tau_w S = 10 \times 2 = 20\,[\text{MPa}]$$

2

그림과 같은 직사각형 단면의 단순보 AB에 하중이 작용할 때, A단에서 20[cm] 떨어진 곳의 굽힘 응력은 몇 [MPa]인가? (단, 보의 폭은 6[cm]이고, 높이는 12[cm]이다)

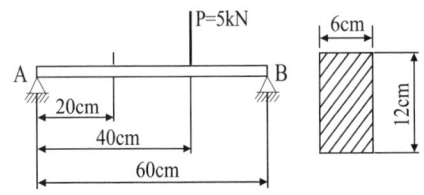

① 2.3
② 1.9
③ 3.7
④ 2.9

풀이

$$R_A = \frac{20}{60} \times 5 = \frac{5}{3}\,[\text{kN}]$$

$$M_x = R_A x = \frac{5}{3} \times 0.2 = \frac{1}{3}\,[\text{kNm}] = \frac{1000}{3}\,[\text{Nm}]$$

$$\sigma_b = \frac{M}{Z} = \frac{6M}{bh^2} = \frac{6 \times \frac{1000}{3}}{0.06 \times 0.12^2} \times 10^{-6}$$
$$= 2.31\,[\text{MPa}]$$

3

길이가 2[m]인 환봉에 인장하중을 가하여 변화된 길이가 0.14[cm]일 때 변형률은?

① 70×10^{-6}
② 700×10^{-6}
③ 70×10^{-3}
④ 700×10^{-3}

풀이

$$\varepsilon = \frac{\lambda}{\ell} = \frac{0.14 \times 10^{-2}}{2} = 7 \times 10^{-4} = 700 \times 10^{-6}$$

4

그림과 같이 단순보의 지점 B에 M_0의 모멘트가 작용할 때 최대 굽힘 모멘트가 발생되는 A단에서부터 거리 x는?

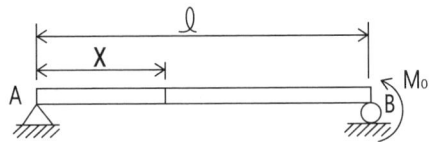

① $x = \dfrac{\ell}{5}$　　　② $x = \ell$

③ $x = \dfrac{\ell}{2}$　　　④ $x = \dfrac{3}{4}\ell$

풀이

$M_A = 0$, $M_B = M_0$ ∴ $x = \ell$

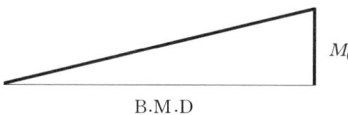

B.M.D

5

지름 3[mm]의 철사로 평균지름 75[mm]의 압축코일 스프링을 만들고 하중 10[N]에 대하여 3[cm]의 처짐량을 생기게 하려면 감은 회수(n)는 대략 얼마로 해야 하는가?(단, 전단 탄성계수 $G = 88$[GPa]이다)

① $n = 8.9$　　　② $n = 8.5$
③ $n = 5.2$　　　④ $n = 6.3$

풀이

$\delta = \dfrac{8PD^3 n}{Gd^4}$ 에서 $n = \dfrac{\delta G d^4}{8PD^3}$

∴ $n = \dfrac{0.03 \times 88 \times 10^9 \times 0.003^4}{8 \times 10 \times 0.075^3} = 6.336$ [권]

6

그림과 같은 계단 단면의 중실 원형축의 양단을 고정하고 계단 단면부에 비틀림 모멘트 T가 작용할 경우 지름 D_1과 D_2의 축에 작용하는 비틀림 모멘트의 비 T_1/T_2은?
(단, $D_1 = 8$[cm], $D_2 = 4$[cm],
　　$\ell_1 = 40$[cm], $\ell_2 = 10$ [cm]이다)

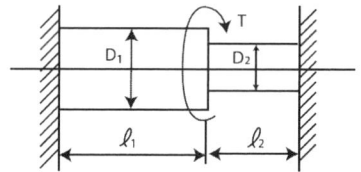

① 2
② 4
③ 8
④ 16

풀이

$T = T_1 + T_2$, $\theta_1 = \theta_2$ 이므로 $\dfrac{T_1 \ell_1}{GI_{p1}} = \dfrac{T_2 \ell_2}{GI_{p2}}$

∴ $\dfrac{T_1}{T_2} = \dfrac{\ell_2}{\ell_1} \times \dfrac{I_{p1}}{I_{p2}} = \dfrac{10}{40} \times \dfrac{8^4}{4^4} = \dfrac{1}{4} \times 2^4 = 4$

7

그림과 같은 단면에서 가로방향 중립축에 대한 단면 2차모멘트는?

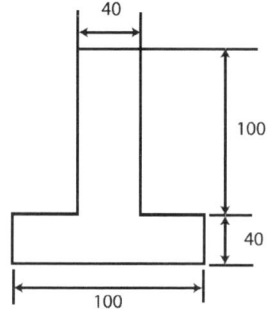

① 10.67×10^6 [mm^4]
② 13.67×10^6 [mm^4]
③ 20.67×10^6 [mm^4]
④ 23.67×10^6 [mm^4]

풀이

먼저, 도심($\bar{y}$)를 구해보면

$\bar{y} = \dfrac{4000 \times 20 + 4000 \times 90}{40 \times 100 + 100 \times 40} = \dfrac{110}{2} = 55$ [mm]

평행축 정리를 사용하여 I값을 구한다.

$I = \dfrac{100 \times 40^3}{12} + 4000 \times 35^2$

　　$+ \dfrac{40 \times 100^3}{12} + 4000 \times 35^2$

　$= \dfrac{41}{3} \times 10^6 = 13.67 \times 10^6$ [mm^4]

8

두께 8[mm]의 강판으로 만든 안지름 40 [cm]의 얇은 원통에 1[MPa]의 내압이 작용할 때 강판에 발생하는 후프 응력(원주응력)은 몇 [MPa]인가?

① 25　　② 37.5
③ 12.5　　④ 50

풀이

$$\sigma_{원} = \frac{pd}{2t} = \frac{1 \times 400}{2 \times 8} = 25 \,[\text{MPa}]$$

9

무게가 각각 300[N], 100[N]인 물체 A, B가 경사면 위에 놓여있다. 물체 B와 경사면과는 마찰이 없다고 할 때 미끄러지지 않을 물체 A와 경사면과의 최소마찰계수는 얼마인가?

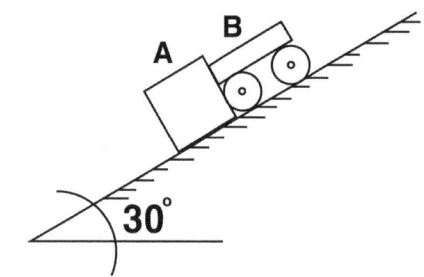

① 0.19　　② 0.58
③ 0.77　　④ 0.94

풀이

물체에 작용하는 힘을 도시하면 다음과 같다.

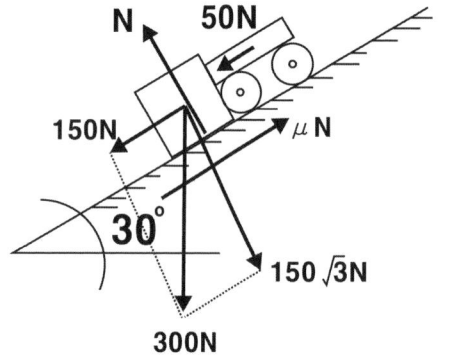

빗면에 작용하는 힘의 평형 관계로부터
$$150 + 50 = \mu 150\sqrt{3}$$
$$\therefore \mu = \frac{200}{150\sqrt{3}} = 0.77$$

10

$\sigma_x = 400[\text{MPa}]$, $\sigma_y = 300[\text{MPa}]$, $\tau_{xy} = 200\,[\text{MPa}]$가 작용하는 재료 내에 발생하는 최대 주응력의 크기는?

① 206 [MPa]
② 556 [MPa]
③ 350 [MPa]
④ 753 [MPa]

풀이

$$\sigma_1 = \frac{1}{2}(\sigma_x + \sigma_y) + \frac{1}{2}\sqrt{(\sigma_x - \sigma_y)^2 + 4\tau_{xy}^2}$$
$$= \frac{1}{2}(700) + \frac{1}{2}\sqrt{(100)^2 + 4 \times 200^2}$$
$$= 556.16\,[\text{MPa}]$$

11

그림과 같은 트러스가 점 B에서 그림과 같은 방향으로 5[kN]의 힘을 받을 때 트러스에 저장되는 탄성에너지는 몇 [kJ]인가? (단, 트러스의 단면적은 1.2[cm²], 탄성계수는 10^6[Pa]이다)

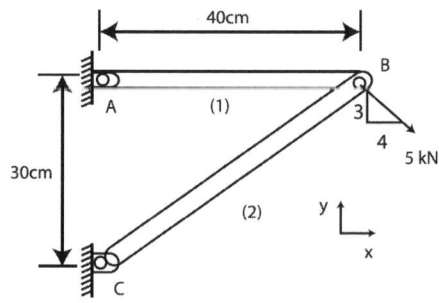

① 52.1
② 106.7
③ 159.0
④ 267.7

> **풀이**

각 $\angle ABC = \tan^{-1}\dfrac{3}{4} = 36.87°$ 이므로 부재 사이의 각도를 구하여 도시하면 다음 그림과 같다.

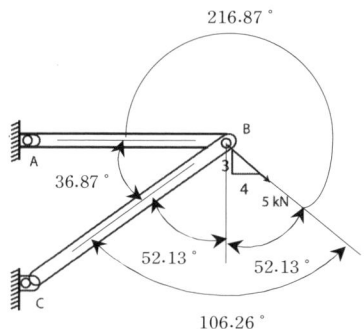

Lami의 정리에 의하여

$$\dfrac{T_{AB}}{\sin 106.26°} = \dfrac{T_{BC}}{\sin 216.87°} = \dfrac{5}{\sin 36.87°}$$

$\therefore T_{AB} = 8[\text{kN}],\ T_{BC} = -5[\text{kN}]$

탄성에너지 $U = \dfrac{P^2\ell}{2AE}$ 에 의하여

$$U = \dfrac{8000^2 \times 0.4 + 5000^2 \times 0.5}{2 \times 1.2 \times 10^{-4} \times 10^6} \times 10^{-3}$$

$= 158.75[\text{kJ}]$

12

바깥지름 50[cm], 안지름 40[cm]의 중공원통에 500[kN]의 압축하중이 작용했을 때 발생하는 압축응력은 약 몇 [MPa]인가?

① 5.6   ② 7.1
③ 8.4   ④ 10.8

> **풀이**

$\sigma_c = \dfrac{4 \times 500 \times 10^3}{\pi(500^2 - 400^2)} = 7.07[\text{N/mm}^2 = \text{MPa}]$

13

양단이 힌지인 기둥의 길이가 2[m]이고, 단면이 직사각형(30[mm]×20[mm])인 압축부재의 좌굴하중을 오일러 공식으로 구하면 몇 [kN]인가? (단, 부재의 탄성계수는 200[GPa]이다)

① 9.9   ② 11.1
③ 19.7   ④ 22.2

> **풀이**

$P_{cr} = P_B = n\pi^2 \dfrac{EI_{\min}}{\ell^2}$

$= 1 \times \pi^2 \times \dfrac{200 \times 10^9 \times \dfrac{0.03 \times 0.02^3}{12}}{2^2} \times 10^{-3}$

$= 9.87[\text{kN}]$

14

그림과 같은 외팔보가 집중 하중 P를 받고 있을 때, 자유단에서의 처짐 δ_A는? (단, 보의 굽힘 강성 EI는 일정하고, 자중은 무시한다)

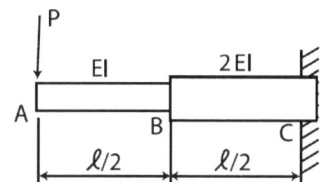

① $\dfrac{5P\ell^3}{16EI}$ ② $\dfrac{7P\ell^3}{16EI}$
③ $\dfrac{9P\ell^3}{16EI}$ ④ $\dfrac{3P\ell^3}{16EI}$

> **풀이**

우선, B단에 하중 P를 상하로 작용시킨다 (이 경우 보의 상태는 변함없다).
다음, 부재 AB의 상태는 B단이 고정단인 외팔보로 볼 수 있고 A단의 처짐을 δ_1이라 하면

$\delta_1 = \dfrac{P\left(\dfrac{\ell}{2}\right)^3}{3EI}$

$= \dfrac{P\ell^3}{24EI}$

그리고, 부재 BC에는 하중 P와 굽힘모멘트 M이 작용한다고 볼 수 있으므로 다음과 같은 선도가 된다.

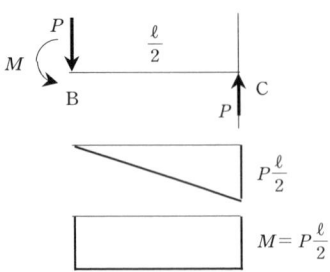

겹침법에 의해 B단의 처짐과 처짐각을 면적모멘트법으로 구해보면 다음과 같다.

$$\delta_B = \frac{P\left(\frac{\ell}{2}\right)^3}{3(2EI)} + \frac{M\left(\frac{\ell}{2}\right)^2}{2(2EI)} = \frac{P\ell^3}{48EI} + \frac{P\ell^3}{32EI}$$

$$= \frac{5P\ell^3}{96EI}$$

$$\theta_B = \frac{\frac{1}{2}\left(\frac{P\ell}{2}\right)\left(\frac{\ell}{2}\right)}{2EI} + \frac{\left(P\frac{\ell}{2}\right)\left(\frac{\ell}{2}\right)}{2EI} = \frac{3}{16}P\ell^2$$

$$\therefore \delta_2 = \delta_B + \theta_B\left(\frac{\ell}{2}\right) = \frac{14P\ell^3}{96EI}$$

따라서, A단에서의 처짐(δ)은

$$\delta = \delta_1 + \delta_2 = \frac{P\ell^3}{24EI} + \frac{14P\ell^3}{96EI} = \frac{3P\ell^3}{16EI}$$

15

그림과 같은 가는 곡선보가 1/4 원 형태로 있다. 이 보의 B단에 M_O 의 모멘트를 받을 때, 자유단의 기울기는? (단, 보의 굽힘강성 EI 는 일정하고, 자중은 무시한다)

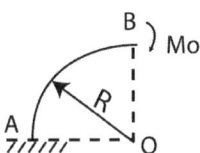

① $\dfrac{\pi M_O R}{2EI}$ ② $\dfrac{\pi M_O}{2EI}$

③ $\dfrac{M_O R}{2EI}\left(\dfrac{\pi}{2}+1\right)$ ④ $\dfrac{\pi M_O R^2}{4EI}$

풀이

$$U = \int_0^\ell \frac{M_x^2}{2EI}dx = \int_0^s \frac{M_O^2}{2EI}dS = \int_0^{\frac{\pi}{2}} \frac{M_O^2}{2EI}Rd\theta$$

$$= \frac{M_O^2 R}{2EI}\left(\frac{\pi}{2}\right) = \frac{M_O^2 R\pi}{4EI}$$

$$\theta = \frac{\partial U}{\partial M_O} = \frac{2M_O R\pi}{4EI} = \frac{M_O R\pi}{2EI}$$

16

왼쪽이 고정단인 길이 ℓ 의 외팔보가 w의 균일분포하중을 받을 때, 굽힘모멘트 선도(BMD)의 모양은?

①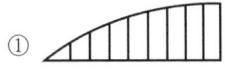

②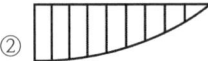

③

④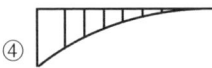

풀이

균일분포하중을 받는 외팔보의 경우 고정단에서 최대 굽힘모멘트 $M_{\max} = \dfrac{w\ell^2}{2}$ 이며, 자유단에서의 굽힘모멘트는 0이다. 굽힘모멘트 선도(B.M.D)의 모양은 ③과 같다.

17

길이가 L[m]이고, 일단 고정에 타단 지지인 그림과 같은 보에 자중에 의한 분포하중 w[N/m]가 보의 전체에 가해질 때 점 B에서의 반력의 크기는?

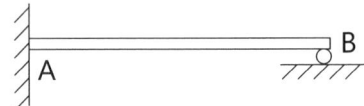

① $\dfrac{wL}{4}$ ② $\dfrac{3}{8}wL$

③ $\dfrac{5}{16}wL$ ④ $\dfrac{7}{16}wL$

풀이

처짐의 겹침에 의하여

$\dfrac{w\ell^4}{8EI} = \dfrac{R_B \ell^3}{3EI}$ $\therefore R_B = \dfrac{3}{8}w\ell = \dfrac{3}{8}wL$

18

강체로 된 봉 CD가 그림과 같이 같은 단면적과 재료가 같은 케이블 ①, ②와 C점에서 힌지로 지지되어 있다. 힘 P에 의해 케이블 ①에 발생하는 응력(σ)은 어떻게 표현되는가? (단, A는 케이블의 단면적이며 자중은 무시하고, a는 각 지점간의 거리이고 케이블 ①, ②의 길이 ℓ은 같다)

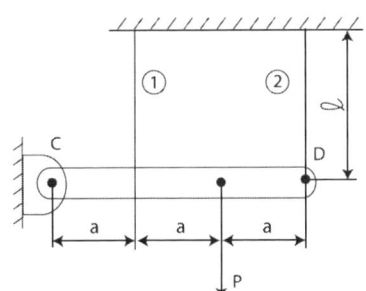

① $\dfrac{2P}{3A}$ ② $\dfrac{P}{3A}$

③ $\dfrac{4P}{5A}$ ④ $\dfrac{P}{5A}$

풀이

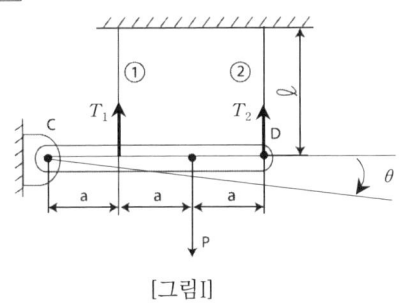

[그림I]

우선, $\Sigma M_c = 0$에서

$-aT_1 + 2aP - 3aT_2 = 0$

$T_1 + 3T_2 = 2P$ …… ㉠

----------[그림I]----------

다음, 봉 CD가 θ만큼 회전했다면

$\lambda_2 = 3\lambda_1$

$\lambda_1 = \dfrac{T_1 \ell}{AE}$, $\lambda_2 = \dfrac{T_2 \ell}{AE}$

$\therefore \dfrac{T_2 \ell}{AE} = 3\dfrac{T_1 \ell}{AE}$

$\therefore T_2 = 3T_1$ …… ㉡

㉡ → ㉠ : $T_1 + 9T_1 = 2P$

$10T_1 = 2P$ $\therefore T_1 = \dfrac{1}{5}P$

$\sigma_1 = \dfrac{T_1}{A} = \dfrac{P}{5A}$

19

원형막대의 비틀림을 이용한 토션바(torsion bar) 스프링에서 길이와 지름을 모두 10%씩 증가시킨다면 토션바의 비틀림 스프링상수 $\left(\dfrac{\text{비틀림 토크}}{\text{비틀림 각도}}\right)$는 몇 배로 되겠는가?

① 1.1^{-2}배

② 1.1^2배

③ 1.1^3배

④ 1.1^4배

풀이

$k_t = \dfrac{T}{\theta} = \dfrac{T}{\dfrac{T\ell}{GI_p}} = \dfrac{GI_p}{\ell} = \dfrac{G\pi d^4}{32\ell} \propto \dfrac{d^4}{\ell}$

$k_t' = \dfrac{(1.1)^4}{1.1}k_t = 1.1^3 k_t$ $\therefore \dfrac{k_t'}{k_t} = 1.1^3$

20

재료가 전단 변형을 일으켰을 때, 이 재료의 단위 체적당 저장된 탄성에너지는? (단, τ는 전단 응력, G는 전단 탄성계수이다)

① $\dfrac{\tau^2}{2G}$ ② $\dfrac{\tau}{2G}$

③ $\dfrac{\tau^4}{2G}$ ④ $\dfrac{\tau^2}{4G}$

[풀이]
단위체적당 탄성에너지[=레질리언스 (u_0)]는
$$u_0 = \dfrac{U}{A\ell}\,[\text{kJ/m}^3]$$
이며, 각 응력별 값은 다음과 같다.

- 수직응력 : $u_0 = \dfrac{\sigma^2}{2E}$
- 전단응력 : $u_0 = \dfrac{\tau^2}{2G}$
- 비틀림 응력(코일스프링) : $u_0 = \dfrac{\tau^2}{4G}$

제2과목 : 기계열역학

21
상태와 상태량과의 관계에 대한 설명 중 틀린 것은?
① 순수물질 단순 압축성 시스템의 상태는 2개의 독립적 강도성 상태량에 의해 완전하게 결정된다.
② 상변화를 포함하는 물과 수증기의 상태는 압력과 온도에 의해 완전하게 결정된다.
③ 상변화를 포함하는 물과 수증기의 상태는 온도와 비체적에 의해 완전하게 결정된다.
④ 상변화를 포함하는 물과 수증기의 상태는 압력과 비체적에 의해 완전하게 결정된다.

[풀이]
① 2개의 독립적 강도성 상태량 : 온도, 압력
② 습증기 영역내에서는 온도와 압력이 일치되므로 틀린 지문이다.
③ $T-v$(온도-비체적) 선도
④ $P-v$(압력-비체적) 선도

22
기본 Rankine 사이클의 터빈 출구 엔탈피 $h_{te} = 1200\,[\text{kJ/kg}]$, 응축기 방열량 $q_L = 1000\,[\text{kJ/kg}]$, 펌프 출구 엔탈피 $h_{pe} = 210\,[\text{kJ/kg}]$, 보일러 가열량 $q_H = 1210\,[\text{kJ/kg}]$이다. 이 사이클의 출력일은?
① 210 [kJ/kg]
② 220 [kJ/kg]
③ 230 [kJ/kg]
④ 420 [kJ/kg]

[풀이]
$w_{net} = q_H - q_L = 1210 - 1000 = 210\,[\text{kJ/kg}]$

23
분자량이 30인 C_2H_6(에탄)의 기체상수는 몇 [kJ/kg·K]인가?
① 0.277 ② 2.013
③ 19.33 ④ 265.43

[풀이]
$R = \dfrac{\overline{R}}{M} = \dfrac{8.314}{30} = 0.277\,[\text{kJ/kgK}]$

24
펌프를 사용하여 150[kPa], 26[℃]의 물을 가역 단열과정으로 650[kPa]로 올리려고 한다. 26[℃]의 포화액의 비체적이 0.001[m³/kg]이면 펌프일은?
① 0.4 [kJ/kg] ② 0.5 [kJ/kg]
③ 0.6 [kJ/kg] ④ 0.7 [kJ/kg]

[풀이]
$w_p = v'(P_2 - P_1)$
$= 0.001 \times (650 - 150) = 0.5\,[\text{kJ/kg}]$

25
클라우지우스(Clausius) 부등식을 표현한 것으로 옳은 것은? (단, T 는 절대 온도, Q 는

정답 21② 22① 23① 24② 25②

열량을 표시한다)

① $\oint \dfrac{\delta Q}{T} \geq 0$ ② $\oint \dfrac{\delta Q}{T} \leq 0$

③ $\oint \delta Q \geq 0$ ④ $\oint \delta Q \leq 0$

풀이

가역 : $\oint \dfrac{\delta Q}{T} = 0$, 비가역 : $\oint \dfrac{\delta Q}{T} < 0$

∴ $\oint \dfrac{\delta Q}{T} \leq 0$

26

공기 2[kg]이 300[K], 600[kPa] 상태에서 500[K], 400[kPa] 상태로 가열된다. 이 과정 동안의 엔트로피 변화량은 약 얼마인가? (단, 공기의 정적비열과 정압비열은 각각 0.717 [kJ/kg·K]과 1.004 [kJ/kg·K]로 일정하다)

① 0.73 [kJ/K]   ② 1.83 [kJ/K]
③ 1.02 [kJ/K]   ④ 1.26 [kJ/K]

풀이

비엔트로피 변화량(Δs)은

$\Delta s = C_p \ln \dfrac{T_2}{T_1} - R \ln \dfrac{P_2}{P_1}$ [kJ/kgK]

이며, 여기서 $R = C_p - C_v$이다. 따라서

$\Delta s = 1.004 \ln \dfrac{500}{300} - (1.004 - 0.717) \ln \dfrac{400}{600}$

$= 0.6333$ [kJ/kgK]

엔트로피 변화량(ΔS)은

$\Delta S = m \Delta s = 2 \times 0.6333 = 1.2665$ [kJ/K]

27

역 카르노사이클로 작동하는 증기압축 냉동 사이클에서 고열원의 절대온도를 T_H, 저열원의 절대온도를 T_L이라 할 때, $\dfrac{T_H}{T_L} = 1.6$이다. 이 냉동사이클이 저열원으로부터 2.0 [kW]의 열을 흡수한다면 소요 동력은?

① 0.7 [kW]   ② 1.2 [kW]
③ 2.3 [kW]   ④ 3.9 [kW]

풀이

$\varepsilon_r = \dfrac{\dot{Q}_2}{\dot{W}_c} = \dfrac{T_L}{T_H - T_L}$ 에서 $\dfrac{2}{\dot{W}_c} = \dfrac{T_L}{(1.6 - 1) T_L}$

∴ $\dot{W}_c = 2 \times 0.6 = 1.2$ [kW]

28

용기에 부착된 압력계에 읽힌 계기압력이 150[kPa]이고 국소대기압이 100[kPa]일 때 용기 안의 절대 압력은?

① 250 [kPa]   ② 150 [kPa]
③ 100 [kPa]   ④ 50 [kPa]

풀이

$P_{abs} = P_0 + P_g = 100 + 150 = 250$ [kPa]

29

자연계의 비가역 변화와 관련 있는 법칙은?

① 제0법칙
② 제1법칙
③ 제2법칙
④ 제3법칙

풀이

비가역적 변화 : 엔트로피 증가의 법칙
　　　즉, 열역학 제2법칙

30

이상기체의 등온과정에 관한 설명 중 옳은 것은?

① 엔트로피 변화가 없다.
② 엔탈피 변화가 없다.
③ 열 이동이 없다.
④ 일이 없다.

풀이

등온과정 : 엔탈피나 내부에너지의 변화가 없다.

정답 26④ 27② 28① 29③ 30②

31

오토사이클(Otto cycle)의 압축비 $\varepsilon = 8$이라고 하면 이론 열효율은 약 몇 %인가? (단, $k = 1.4$이다)

① 36.8%   ② 46.7%
③ 56.5%   ④ 66.6%

풀이

$$\eta_o = 1 - \left(\frac{1}{\varepsilon}\right)^{k-1}$$
$$= 1 - \left(\frac{1}{8}\right)^{0.4} = 0.5647 = 56.47(\%)$$

32

두께 1[cm], 면적 0.5[m²]의 석고판의 뒤에 가열판이 부착되어 1000[W]의 열을 전달한다. 가열판의 뒤는 완전히 단열되어 열은 앞면으로만 전달된다. 석고판 앞면의 온도는 100[℃]이다. 석고의 열전도율이 $k = 0.79$[W/m·K]일 때 가열판에 접하는 석고 면의 온도는 약 몇 [℃]인가?

① 110   ② 125
③ 150   ④ 212

풀이

전도열량 $Q = K \dfrac{S(T_1 - T_2)}{\ell} t$에서

$$\frac{Q}{t} = K\frac{S(T_1 - T_2)}{\ell}$$

$$1000 = 0.79 \times \frac{0.5 \times (T - 100)}{0.01}$$

$$\therefore T = 125.31\,[\text{℃}]$$

33

어떤 냉장고에서 엔탈피 17[kJ/kg]의 냉매가 질량유량 80[kg/hr]로 증발기에 들어가 엔탈피 36[kJ/kg]가 되어 나온다. 이 냉장고의 냉동 능력은?

① 1220 [kJ/hr]   ② 1800 [kJ/hr]
③ 1520 [kJ/hr]   ④ 2000 [kJ/hr]

풀이

$q_2 = \dot{m}\Delta h = 80(36 - 17) = 1520\,[\text{kJ/hr}]$

34

출력이 50[kW]인 동력 기관이 한 시간에 13[kg]의 연료를 소모한다. 연료의 발열량이 45000[kJ/kg]이라면, 이 기관의 열효율은 약 얼마인가?

① 25%   ② 28%
③ 31%   ④ 36%

풀이

$$\eta = \frac{\text{출력}}{\text{저위발열량} \times \text{연료소비율}}$$

$$= \frac{50\,[\text{kW}]}{(45000\text{kJ/kg})(13\text{kg}/3600\text{s})} \times 100 = 30.77\,[\%]$$

35

해수면 아래 20[m]에 있는 수중다이버에게 작용하는 절대압력은 약 얼마인가? (단, 대기압은 101[kPa]이고, 해수의 비중은 1.03이다)

① 101 [kPa]   ② 202 [kPa]
③ 303 [kPa]   ④ 504 [kPa]

풀이

$P_{abs} = 101 + 9.8 \times 1.03 \times 20 = 302.88\,[\text{kPa}]$

36

실린더에 밀폐된 8[kg]의 공기가 그림과 같이 $P_1 = 800$[kPa], 체적 $V_1 = 0.27$[m³]에서 $P_2 = 350$[kPa], 체적 $V_2 = 0.80$[m³]으로 직선 변화하였다. 이 과정에서 공기가 한 일은 약 몇 [kJ]인가?

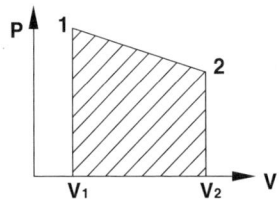

① 254　　② 305
③ 382　　④ 390

풀이

공기가 한 일 = $P-V$ 선도의 빗금친 면적
$= \frac{1}{2}(800-350)(0.8-0.27) + 350(0.8-0.27)$
$= 304.75 [kJ]$

37

대기압 하에서 물을 20[℃]에서 90[℃]로 가열하는 동안의 엔트로피 변화량은 약 얼마인가? (단, 물의 비열은 4.184[kJ/kg·K]로 일정하다)

① 0.8[kJ/kg·K]　　② 0.9[kJ/kg·K]
③ 1.0[kJ/kg·K]　　④ 1.2[kJ/kg·K]

풀이

$\Delta s = \int_1^2 \frac{CdT}{T} = C\ln\frac{T_2}{T_1}$
$= 4.184 \ln\frac{273+90}{273+20} = 0.896 ≒ 0.9 [kJ/kgK]$

38

절대 온도가 0에 접근할수록 순수 물질의 엔트로피는 0에 접근한다는 절대 엔트로피 값의 기준을 규정한 법칙은?

① 열역학 제0법칙이다.
② 열역학 제1법칙이다.
③ 열역학 제2법칙이다.
④ 열역학 제3법칙이다.

풀이

열역학 제3법칙으로 20세기 초(1906년) 네른스트(Nernst)와 플랑크(Planck)에 의해 확립되었다.

39

압축기 입구 온도가 -10[℃], 압축기 출구온도가 100[℃], 팽창기 입구 온도가 5[℃], 팽창기 출구온도가 -75[℃]로 작동되는 공기 냉동기의 성능계수는? (단, 공기의 C_p는 1.0035 [kJ/kg·℃]로서 일정하다)

① 0.56
② 2.17
③ 2.34
④ 3.17

풀이

공기(표준)냉동기는 역브레이튼 사이클이다. 이것의 $T-s$(온도-엔트로피) 선도는 다음과 같다.

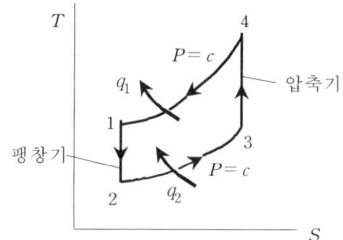

문제에서 주어진 각 점의 온도를 표시하면
$T_3 = -10℃$, $T_4 = 100℃$, $T_1 = 5℃$,
$T_2 = -75℃$
따라서, 냉동기의 성능계수(ε_r)는
$\varepsilon_r = \frac{q_2}{w_c} = \frac{q_2}{q_1 - q_2} = \frac{C_p(T_3-T_2)}{C_p(T_4-T_1) - C_p(T_3-T_2)}$
$= \frac{(T_3-T_2)}{(T_4-T_1)-(T_3-T_2)} = 2.17$

40

배기체적이 1200[cc], 간극체적이 200[cc]의 가솔린 기관의 압축비는 얼마인가?

① 5　　② 6
③ 7　　④ 8

풀이

배기체적은 행정체적(V_s)이며, 간극체적은 통극체적(V_c)이라고도 한다. 배기체적과 간극체적의 합은 실린더체적이라고 한다. 가솔린 기관의 압축비(ε)는 간극체적에 대한 실린더체적이다.
즉,
$\varepsilon = \frac{V_c + V_s}{V_c} = \frac{1200+200}{200} = \frac{1400}{200} = 7$

정답 37 ② 38 ④ 39 ② 40 ③

제3과목 : 기계유체역학

41

길이 20[m]의 매끈한 원관에 비중 0.8의 유체가 평균속도 0.3[m/s]로 흐를 때, 압력손실은 약 얼마인가? (단, 원관의 안지름은 50[mm], 점성계수는 8×10^{-3}[Pa·s]이다)

① 614[Pa]　　② 734[Pa]
③ 1235[Pa]　　④ 1440[Pa]

풀이

손실수두 $h_L = \dfrac{\Delta P}{\gamma} = f \dfrac{\ell}{d} \dfrac{V^2}{2g}$

레이놀즈수

$Re = \dfrac{\rho V d}{\mu} = \dfrac{800 \times 0.3 \times 0.05}{8 \times 10^{-3}} = 1500 < 2100$

그러므로 층류이다.

관마찰계수 $f = \dfrac{64}{Re} = \dfrac{64}{1500}$ 이므로

압력강하(ΔP)는

$\Delta P = \gamma h_L = \rho g f \dfrac{\ell}{d} \dfrac{V^2}{2g} = f \dfrac{\ell}{d} \dfrac{\rho V^2}{2}$

$= \dfrac{64}{1500} \times \dfrac{20}{0.05} \times \dfrac{800 \times 0.3^2}{2} = 614.4$[Pa]

42

속도 15[m/s]로 항해하는 길이 80[m]의 화물선의 조파 저항에 관한 성능을 조사하기 위하여 수조에서 길이 3.2[m]인 모형배로 실험을 할 때 필요한 모형 배의 속도는 몇 [m/s]인가?

① 9.0　　② 3.0
③ 0.33　　④ 0.11

풀이

프루이드수가 같아야 한다.

$\dfrac{V}{\sqrt{gL}} = \dfrac{V'}{\sqrt{gL'}}$ 에서 $\dfrac{15}{\sqrt{g \times 80}} = \dfrac{V'}{\sqrt{g \times 3.2}}$

$\therefore V' = 15 \sqrt{\dfrac{3.2}{80}} = 3$[m/s]

43

한 변이 1[m]인 정육면체 나무토막의 아랫면에 1080[N]의 납을 매달아 물속에 넣었을 때, 물 위로 떠오르는 나무토막의 높이는 몇 [cm]인가? (단, 나무토막의 비중은 0.45, 납의 비중은 11이고, 나무토막의 밑면은 수평을 유지한다)

① 55　　② 48
③ 45　　④ 42

풀이

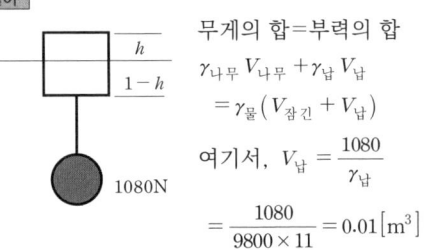

무게의 합 = 부력의 합

$\gamma_{나무} V_{나무} + \gamma_{납} V_{납} = \gamma_{물}(V_{잠긴} + V_{납})$

여기서, $V_{납} = \dfrac{1080}{\gamma_{납}}$

$= \dfrac{1080}{9800 \times 11} = 0.01$[m^3]

$9800 \times 0.45 \times 1^3 + 1080$
$\qquad = 9800[1 \times 1 \times (1-h) + 0.01]$

$\therefore (1-h) = 0.55$

$\therefore h = 1 - 0.55 = 0.45$[m] = 45[cm]

44

공기가 기압 200[kPa]일 때, 20[℃]에서의 공기의 밀도는 약 몇 [kg/m^3]인가? (단, 이상 기체이며, 공기의 기체상수 287[J/kg·K]이다)

① 1.2　　② 2.38
③ 1.0　　④ 999

풀이

이상기체의 상태방정식 $\dfrac{P}{\rho} = RT$ 에서

$\rho = \dfrac{P}{RT} = \dfrac{200 \times 10^3}{287 \times 293} = 2.378$[kg/m^3]

45

정상, 균일유동장 속에 유동 방향과 평행하게 놓여진 평판 위에 발생하는 층류 경계층의 두께 δ는 x를 평판 선단으로부터의 거리라 할

때, 비례값은?

① x^1
② $x^{\frac{1}{2}}$
③ $x^{\frac{1}{3}}$
④ $x^{\frac{1}{4}}$

풀이

층류 경계층 두께(δ)는 층류와 난류에서 다음과 같은 비례관계가 있다.

층류 : $\delta \propto x^{\frac{1}{2}}$ 난류 : $\delta \propto x^{\frac{4}{5}}$

46

원관에서 난류로 흐르는 어떤 유체의 속도가 2배가 되었을 때, 마찰계수가 $\frac{1}{\sqrt{2}}$ 배로 줄었다. 이때 압력손실은 몇 배인가?

① $2^{\frac{1}{2}}$ 배
② $2^{\frac{3}{2}}$ 배
③ 2배
④ 4배

풀이

$\Delta P = f \frac{\ell}{d} \frac{\gamma V^2}{2g}$ 꼴에서 $\Delta P' = \frac{1}{\sqrt{2}} \times 2^2 \Delta P$

$\therefore \frac{\Delta P'}{\Delta P} = 2^{2-\frac{1}{2}} = 2^{\frac{3}{2}}$

47

비점성, 비압축성 유체가 그림과 같이 작은 구멍을 향해 쐐기모양의 벽면 사이를 흐른다. 이 유동을 근사적으로 표현하는 무차원 속도포텐셜이 $\phi = -2\ln r$로 주어질 때, $r=1$인 지점에서의 유속 V는 몇 [m/s]인가? (단, $\vec{V} = \nabla \phi = \text{grad}\,\phi$ 로 정의한다)

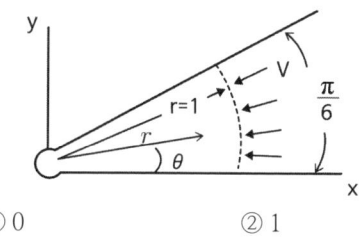

① 0
② 1
③ 2
④ π

풀이

$V = \frac{\partial \phi}{\partial r} = \frac{d}{dr}(-2\ln r) = -2 \cdot \frac{1}{r}$

$r=1$일 때 $V = -2 \times \frac{1}{1} = -2 \text{[m/s]}$

속도의 크기 $V = 2 \text{[m/s]}$

48

그림과 같은 노즐을 통하여 유량 Q만큼의 유체가 대기로 분출될 때, 노즐에 미치는 유체의 힘 F는? (단, A_1, A_2는 노즐의 단면 1, 2에서의 단면적이고 ρ는 유체의 밀도이다)

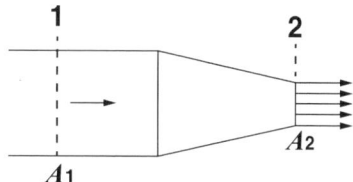

① $F = \dfrac{\rho A_2 Q^2}{2}\left(\dfrac{A_2 - A_1}{A_1 A_2}\right)^2$

② $F = \dfrac{\rho A_2 Q^2}{2}\left(\dfrac{A_2 + A_1}{A_1 A_2}\right)^2$

③ $F = \dfrac{\rho A_1 Q^2}{2}\left(\dfrac{A_1 + A_2}{A_1 A_2}\right)^2$

④ $F = \dfrac{\rho A_1 Q^2}{2}\left(\dfrac{A_1 - A_2}{A_1 A_2}\right)^2$

풀이

$P_2 = 0$(대기압)이므로 운동량 방정식에서

$P_1 A_1 - P_2 A_2 - F = \rho Q(V_2 - V_1)$

$\therefore F = P_1 A_1 - \rho Q(V_2 - V_1)$ ······ ㉠

베르누이 방정식에서

$\dfrac{P_1}{\gamma} + \dfrac{V_1^2}{2g} = \dfrac{V_2^2}{2g}$ ······ ㉡

연속방정식 $Q = A_1 V_1 = A_2 V_2$에서

$V_1 = \dfrac{Q}{A_1}$, $V_2 = \dfrac{Q}{A_2}$ ······ ㉢

㉢을 ㉡에 대입하면

$$P_1 = \frac{\rho}{2}(V_2^2 - V_1^2) = \frac{\rho}{2}\left(\frac{Q^2}{A_1^2} - \frac{Q^2}{A_2^2}\right)$$

$$= \frac{\rho Q^2 (A_1^2 - A_2^2)}{2A_1^2 A_2^2} \quad \cdots\cdots \text{㉣}$$

㉣을 ㉠에 대입하면

$$F = \frac{\rho Q^2 A_1 (A_1^2 - A_2^2)}{2A_1^2 A_2^2} - \rho Q\left(\frac{Q}{A_2} - \frac{Q}{A_1}\right)$$

$$= \frac{\rho Q^2 A_1 (A_1^2 - A_2^2)}{2A_1^2 A_2^2} - \rho Q^2 \left(\frac{A_1 - A_2}{A_1 A_2}\right) \times \frac{2A_1 A_2}{2A_1 A_2}$$

$$= \frac{\rho Q^2 A_1}{2A_1^2 A_2^2}(A_1^2 - A_2^2 - 2A_1 A_2 + 2A_2^2)$$

$$= \frac{\rho Q^2 A_1}{2A_1^2 A_2^2}(A_1^2 - 2A_1 A_2 + A_2^2)$$

$$= \frac{\rho Q^2 A_1}{2A_1^2 A_2^2}(A_1 - A_2)^2$$

$$= \frac{\rho Q^2 A_1}{2}\left(\frac{A_1 - A_2}{A_1 A_2}\right)^2$$

49

중력과 관성력의 비로 정의되는 무차원수는?
(단, ρ : 밀도, V : 속도, l : 특성 길이, μ : 점성계수, P : 압력, g : 중력가속도, c : 소리의 속도)

① $\dfrac{\rho Vl}{\mu}$ ② $\dfrac{V}{\sqrt{gl}}$

③ $\dfrac{P}{\rho V^2}$ ④ $\dfrac{V}{c}$

풀이

프루이드수 = $\dfrac{\text{관성력}}{\text{중력}}$; $Fr = \dfrac{V}{\sqrt{gl}}$

50

아래 그림과 같이 직경이 2[m], 길이가 1[m]인 관에 비중량 9800[N/m³]인 물이 반 차있다. 이 관의 아래쪽 사분면 AB부분에 작용하는 정수력의 크기는?

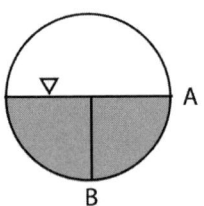

① 4900 [N]
② 7700 [N]
③ 9120 [N]
④ 12600 [N]

풀이

$F_x = F_H = \gamma \bar{h} A = 9800 \times \dfrac{1}{2} \times (1 \times 1) = 4900[N]$

$F_y = F_V = W = \gamma V = \gamma A \ell$

$\quad = 9800 \times \dfrac{1}{4}(\pi \times 1^2) \times 1 = 7696.9[N]$

$\therefore F = \sqrt{F_x^2 + F_y^2} = \sqrt{4900^2 + 7697^2} = 9124.3[N]$

51

그림과 같이 경사관 마노미터의 직경 $D=10d$이고 경사관은 수평면에 대해 θ 만큼 기울어져 있으며 대기 중에 노출되어 있다. 대기압보다 $\triangle p$의 큰 압력이 작용할 때, L 과 $\triangle p$ 와 관계로 옳은 것은? (단, 점선은 압력이 가해지기 전 액체의 높이이고, 액체의 밀도는 ρ, θ =30°이다)

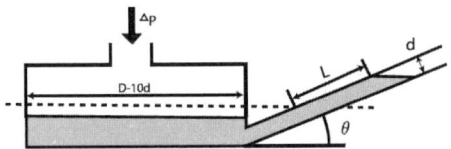

① $L = \dfrac{201}{2}\dfrac{\triangle p}{\rho g}$

② $L = \dfrac{100}{51}\dfrac{\triangle p}{\rho g}$

③ $L = \dfrac{51}{100}\dfrac{\triangle p}{\rho g}$

④ $L = \dfrac{2}{201}\dfrac{\triangle p}{\rho g}$

풀이

내려간 체적 = 올라간 체적

$\frac{\pi}{4}D^2 h = \frac{\pi}{4}d^2 L$

$\therefore h = \left(\frac{d}{D}\right)^2 L = \frac{L}{100}$

다음, $\Delta P - \gamma h - \gamma L \sin\theta = 0$

$\therefore \Delta P = \gamma\left(h + L\frac{1}{2}\right) = \gamma\left(\frac{L}{100} + \frac{L}{2}\right) = \gamma L\left(\frac{51}{100}\right)$

$\therefore L = \frac{100}{51}\frac{\Delta P}{\gamma} = \frac{100}{51}\frac{\Delta P}{\rho g}$

52

유선(stream line)에 관한 설명으로 틀린 것은?

① 유선으로 만들어지는 관을 유관(stream tube)이라 부르며, 두께가 없는 관벽을 형성한다.
② 유선 위에 있는 유체의 속도 벡터는 유선의 접선방향이다.
③ 비정상 유동에서 속도는 유선에 따라 시간적으로 변화할 수 있으나, 유선 자체는 움직일 수 없다.
④ 정상유동일 때 유선은 유체의 입자가 움직이는 궤적이다.

풀이

①, ②, ④는 옳으며, ③에서 유선은 임의의 선이므로 움직일 수 있다.

53

다음 중 체적 탄성 계수와 차원이 같은 것은?

① 힘
② 체적
③ 속도
④ 전단응력

풀이

체적탄성계수(K)는 $K = \frac{\sigma}{\varepsilon_V} = -\frac{P}{\varepsilon_V}$ 이므로 응력이나 압력의 단위와 같다.

54

다음 중 유체에 대한 일반적인 설명으로 틀린 것은?

① 점성은 유체의 운동을 방해하는 저항의 척도로서 유속에 비례한다.
② 비점성유체 내에서는 전단응력이 작용하지 않는다.
③ 정지유체 내에서는 전단응력이 작용하지 않는다.
④ 점성이 클수록 전단응력이 크다.

풀이

뉴턴의 점성법칙 $\tau = \mu \frac{du}{dy}$ 에서 점성계수(μ)는

$\mu = \tau \frac{dy}{du}$ 이므로 유속(u)에 반비례한다.

55

관로내 물(밀도 1000[kg/m³])이 30[m/s]로 흐르고 있으며 그 지점의 정압이 100[kPa]일 때, 정체압은 몇 [kPa]인가?

① 0.45 ② 100
③ 450   ④ 550

풀이

$P = P_0 + \frac{\rho V^2}{2} = 100 + \frac{1000 \times 30^2}{2} \times 10^{-3}$
$= 100 + 450 = 550[kPa]$

56

유속 3[m/s]로 흐르는 물속에 흐름방향의 직각으로 피토관을 세웠을 때, 유속에 의해 올라가는 수주의 높이는 약 몇 [m]인가?

① 0.46 ② 0.92
③ 4.6   ④ 9.2

풀이

$V = \sqrt{2g\Delta h}$ 에서 $\Delta h = \frac{V^2}{2g} = \frac{3^2}{2 \times 9.8} = 0.459[m]$

57

다음 중 질량 보존을 표현한 것으로 가장거리가 먼 것은? (단, ρ는 유체의 밀도, A는 관의 단면적, V는 유체의 속도이다)

① $\rho AV = 0$
② $\rho AV = $ 일정
③ $d(\rho AV) = 0$
④ $\dfrac{d\rho}{\rho} + \dfrac{dA}{A} + \dfrac{dV}{V} = 0$

풀이

질량유동률($\dot{m}$)은 단위 시간당 질량의 흐름을 표시하는 것으로 다음과 같은 식으로 표시된다.
$\dot{m} = \rho AV = $ 일정 ······ ②
이것을 미분하면
$d(\rho AV) = 0$ ······ ③
$(d\rho)AV + \rho(dA)V + \rho A(dV) = 0$
양변을 ρAV로 나누면
$\dfrac{d\rho}{\rho} + \dfrac{dA}{A} + \dfrac{dV}{V} = 0$ ······ ④
따라서 ①은 질량보존법칙에서 배제된다.

58

안지름 0.1[m]인 파이프 내를 평균 유속5[m/s]로 어떤 액체가 흐르고 있다. 길이100[m] 사이의 손실수두는 약 몇 [m]인가? (단, 관내의 흐름으로 레이놀즈수는 1000이다)

① 81.6
② 50
③ 40
④ 16.32

풀이

레이놀즈수(Re)가 1000이므로 층류이다.
따라서 관마찰계수(f)는 $f = \dfrac{64}{Re} = \dfrac{64}{1000}$이다.
손실수두(h_L)는
$h_L = f\dfrac{\ell}{d}\dfrac{V^2}{2g} = \dfrac{64}{1000} \times \dfrac{100}{0.1} \times \dfrac{5^2}{2 \times 9.8}$
$= 81.632[\text{m}]$

59

항력에 관한 일반적인 설명 중 틀린 것은?

① 난류는 항상 항력을 증가시킨다.
② 거친 표면은 항력을 감소시킬 수 있다.
③ 항력은 압력과 마찰력에 의해서 발생한다.
④ 레이놀즈수가 아주 작은 유동에서 구의 항력은 유체의 점성계수에 비례한다.

풀이

① 난류에서의 항력은 층류에서의 항력보다 작다.
② 거친 표면에서는 난류가 발생되므로 항력이 감소된다. 골프공이 울퉁불퉁하게 생긴 것은 공의 표면에 난류를 발생시켜 항력을 감소시켜 공을 멀리 나가게 하려는 것이다. 이것을 딤플효과라 한다.
③ 항력은 압력항력, 마찰항력이 있다.
④ 레이놀즈수가 아주 작은 유동에서 구의 항력(D)은 $D = 6\pi r \mu V$이며 이것을 스톡스의 법칙이라 한다.

60

압력구배가 영인 평판위의 경계층 유동과 관련된 설명 중 틀린 것은?

① 표면 조도가 천이에 영향을 미친다
② 경계층 외부유동에서의 교란 정도가 천이에 영향을 미친다.
③ 층류에서 난류로의 천이는 거리를 기준으로 하는 Reynolds수의 영향을 받는다.
④ 난류의 속도 분포는 층류보다 덜 평평하고 층류경계층보다 다소 얇은 경계층을 형성한다.

풀이

①, ②, ③은 옳고 ④에서는 난류의 속도 분포는 층류보다 더 편평하고 층류경계층보다 다소 두꺼운 경계층을 형성한다.

제4과목 : 기계재료 및 유압기기

61
탄소강에 함유되어 있는 원소 중 많이 함유되면 적열 취성의 원인이 되는 것은?
① 인   ② 규소
③ 구리   ④ 황

풀이
적열취성의 원인 : 황
적열취성의 방지책 : 망간(Mn)을 첨가

62
충격에는 약하나 압축강도는 크므로 공작기계의 베드, 프레임, 기계 구조물의 몸체 등에 가장 적합한 재질은?
① 합금공구강   ② 탄소강
③ 고속도강   ④ 주철

풀이
주철(회주철)이다.

63
철강재료의 열처리에서 많이 이용되는 S곡선이란 어떤 것을 의미하는가?
① T.T.L 곡선   ② S.C.C 곡선
③ T.T.T 곡선   ④ S.T.S 곡선

풀이
항온열처리를 행하는 T.T.T(Time Temperature Transformation) 곡선을 말한다.

64
백주철을 열처리로에서 가열한 후 탈탄시켜, 인성을 증가시킨 주철은?
① 가단주철   ② 회주철
③ 보통주철   ④ 구상흑연주철

풀이
백주철의 시멘타이트(Fe_3C)를 탈탄시켜 인성을 증가시킨 주철을 백심가단주철이라 한다.

65
특수강인 Elinvar의 성질은 어느 것인가?
① 열팽창계수가 크다.
② 온도에 따른 탄성률의 변화가 적다.
③ 소결합금이다.
④ 전기전도도가 아주 좋다.

풀이
엘인바(Elinvar)는 불변강의 일종으로 온도에 의한 변형률, 탄성률 등이 매우 적다.

66
탄소강을 경화 열처리 할 때 균열을 일으키지 않게 하는 가장 안전한 방법은?
① Ms점까지는 급냉하고 Ms, Mf사이는 서냉한다.
② Mf점 이하까지 급냉한 후 저온도로 뜨임한다.
③ Ms점까지 서냉하여 내외부가 동일온도가 된 후 급냉한다.
④ Ms, Mf 사이의 온도까지 서냉한 후 급냉한다.

풀이
Ms : 마르텐사이트 조직이 시작되는 온도
Mf : 마르텐사이트 조직이 완료되는 온도
탄소강의 경화 열처리는 담금질(퀜칭)이다.

67
배빗메탈이라고도 하는 베어링용 합금인 화이트 메탈의 주요성분으로 옳은 것은?
① Pb – W – Sn
② Fe – Sn – Cu
③ Sn – Sb – Cu
④ Zn – Sn – Cr

풀이
주석계 베어링메탈을 배빗메탈이라고 한다.

정답 61④ 62④ 63③ 64① 65② 66① 67③

68
고속도강의 특징을 설명한 것 중 틀린 것은?
① 열처리에 의하여 경화하는 성질이 있다.
② 내마모성이 크다.
③ 마텐자이트(martensite)가 안정되어, 600[℃]까지는 고속으로 절삭이 가능하다.
④ 고 Mn강, 칠드주철, 경질유리 등의 절삭에 적합하다.

풀이
고속도강(Al+Cu+Mg+Mn)은 시효경화성이 있는 Al계 합금이며 내마모성이 크다. 그러나, 고속도강으로는 고 Mn강(해드필드 강), 칠드주철, 경질유리 등의 재료는 절삭할 수 없고 이들은 초경합금으로 절삭가공한다.

69
오일리스 베어링과 관계가 없는 것은?
① 구리와 납의 합금이다.
② 기름보급이 곤란한 곳에 적당하다.
③ 너무 큰 하중이나 고속회전부에는 부적당하다.
④ 구리, 주석, 흑연의 분말을 혼합 성형한 것이다.

풀이
구리와 납의 합금으로 된 베어링메탈은 켈밋으로 오일리스 베어링이 아니다.

70
쾌삭강(Free cutting steel)에 절삭속도를 크게 하기 위하여 첨가하는 주된 원소는?
① Ni   ② Mn
③ W   ④ S

풀이
쾌삭강은 탄소강에 황(S), 납(Pb)을 소량 첨가하여 피삭성(절삭성)을 높인 강이다.

71
그림과 같은 압력제어 밸브의 기호가 의미하는 것은?

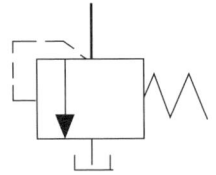

① 정압 밸브
② 2-way 감압 밸브
③ 릴리프 밸브
④ 3-way 감압 밸브

풀이
상시 밀폐용으로 릴리프 밸브이다.

72
유압기기와 관련된 유체의 동역학에 관한 설명으로 옳은 것은?
① 유체의 속도는 단면적이 큰 곳에서는 빠르다.
② 유속이 작고 가는 관을 통과할 때 난류가 발생한다.
③ 유속이 크고 굵은 관을 통과할 때 층류가 발생한다.
④ 점성이 없는 비압축성의 액체가 수평관을 흐를 때, 압력수두와 위치수두 및 속도수두의 합은 일정하다

풀이
① 연속의 법칙 $Q = A_1 V_1 = A_2 V_2$ 에 의해 유속은 단면이 좁은 곳에서 빠르다.
② 레이놀즈수 $Re = \dfrac{Vd}{\nu}$ 에서 유속이 작고 가는 관을 통과할 때 Re가 작아지므로 층류가 발생한다.
③ 유속이 크고 굵는 관을 통과할 때 Re가 커지므로 난류가 발생한다.
④ 베르누이 정리에 의하면 비점성, 비압축성 액체가 수평관을 흐를 때 압력수두+속도수두+위치수두=일정하다.

73
유압펌프에 있어서 체적효율이 90[%]이고 기

계효율이 80[%]일 때 유압펌프의 전효율은?

① 23.7 [%]   ② 72 [%]
③ 88.8 [%]   ④ 90 [%]

풀이
$\eta = \eta_v \eta_m = 0.9 \times 0.8 = 0.72 = 72(\%)$

74

그림과 같은 유압잭에서 지름이 $D_2 = 2D_1$일 때 누르는 힘 F_1 과 F_2 의 관계를 나타낸 식으로 옳은 것은?

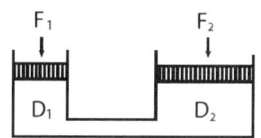

① $F_2 = F_1$ ② $F_2 = 2F_1$
③ $F_2 = 4F_1$ ④ $F_2 = 8F_1$

풀이
파스칼의 원리에 의하여
$\dfrac{F_1}{D_1^2} = \dfrac{F_2}{D_2^2}$ 에서 $\dfrac{F_1}{D_1^2} = \dfrac{F_2}{(2D_1)^2}$ ∴ $F_2 = 4F_1$

75

다음 중 작동유의 방청제로서 가장 적당한것은?

① 실리콘유   ② 이온화합물
③ 에나멜화합물   ④ 유기산 에스테르

풀이
실리콘유는 소포제(거품제거제), 유기산 에스테르는 방청제로 사용된다.

76

펌프의 무부하 운전에 대한 장점이 아닌 것은?

① 작업시간 단축
② 구동동력 경감
③ 유압유의 열화 방지
④ 고장방지 및 펌프의 수명 연장

풀이
펌프의 무부하 운전이란 펌프의 공회전을 의미하므로 작업시간이 연장된다.

77

그림과 같은 회로도는 크기가 같은 실린더로 동조하는 회로이다. 이 동조회로의 명칭으로 가장 적합한 것은?

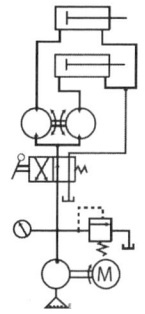

① 래크와 피니언을 사용한 동조회로
② 2개의 유압모터를 사용한 동조회로
③ 2개의 릴리프 밸브를 사용한 동조회로
④ 2개의 유량제어 밸브를 사용한 동조회로

풀이
2개의 유압모터를 사용한 동조회로이다.

78

램이 수직으로 설치된 유압 프레스에서 램의 자중에 의한 하강을 막기 위해 배압을 주고자 설치하는 밸브로 적절한 것은?

① 로터리 베인 밸브
② 파일럿 체크 밸브
③ 블리드 오프 밸브
④ 카운터 밸런스 밸브

풀이
카운터 밸런스 밸브이다.

79

유압 배관 중 석유계 작동유에 대하여 산화작용을 조장하는 촉매역할을 하기 때문에 내부에 카드뮴 또는 니켈을 도금하여 사용하여야 하는 것은?
① 동관
② PPC관
③ 엑셀관
④ 고무관

풀이
동관(구리관)이다.

80
베인모터의 장점에 관한 설명으로 옳지 않은 것은?
① 베어링 하중이 작다.
② 정·역회전이 가능하다.
③ 토크 변동이 비교적 작다.
④ 기동 시나 저속 운전 시 효율이 높다.

풀이
베인모터는 로터에 작용하는 압력이 평형을 유지하므로 베어링에 걸리는 하중이 작다. 또한 정·역회전이 가능하며 토크의 변동이 비교적 작다. 모터의 기동시 효율이 높고 저속 운전시에는 효율이 낮다.

제5과목 : 기계제작법 및 기계동력학

81
고상용접(Solid-State Welding) 형식이 아닌 것은?
① 롤 용접
② 고온압접
③ 압출용접
④ 전자빔 용접

풀이
전자빔 용접은 전자를 쏘아 모재를 가열시켜 용접하는 방법으로 고상용접이 아니다.

82
주조에서 열점(hot spot)의 정의로 옳은 것은?
① 유로의 확대부
② 응고가 가장 더딘 부분
③ 유로 단면적이 가장 좁은 부분
④ 주조 시 가장 고온이 되는 부분

풀이
열점 : 응고가 가장 더딘 부분

83
조립형 프레임이 주조 프레임과 비교할 때 장점이 아닌 것은?
① 무게가 1/4 정도 감소된다.
② 파손된 프레임의 수리가 비교적 용이하다.
③ 기계가공이나 설계 후 오차 수정이 용이하다.
④ 프레임이 복잡하거나 무게가 비교적 큰 경우에 적합하다.

풀이
조립형 프레임은 간단하거나 무게가
가벼운 경우에 적합하다.

84
판재의 두께 6[mm], 원통의 바깥지름 500[mm]인 원통의 마름질한 판뜨기의 길이[mm]는 약 얼마인가?
① 1532
② 1542
③ 1552
④ 1562

풀이
길이 = $\pi \times$ 유효지름 = $\pi(500-6) = 1551.95$ [mm]

85
측정기의 구조상에서 일어나는 오차로서 눈금 또는 피치의 불균일이나 마찰, 측정압 등의 변화 등에 의해 발생하는 오차는?
① 개인오차
② 기기오차
③ 우연오차
④ 불합리오차

정답 80④ 81④ 82② 83④ 84③ 85②

풀이
기기오차 또는 계기오차이다.

86
슈퍼 피니싱에 관한 내용으로 틀린 것은?
① 숫돌 길이는 일감 길이와 같은 것을 일반적으로 사용한다.
② 숫돌의 폭은 일감의 지름과 같은 정도의 것이 일반적으로 쓰인다.
③ 원통의 외면, 내면, 평면을 다듬을 수 있으므로 많은 기계 부품의 정밀 다듬질에 응용된다.
④ 접촉면적이 넓으므로 연삭작업에서 나타나는 이송선, 숫돌이 떨림으로 나타난 자리는 완전히 없앨 수 없다.

풀이
숫돌의 폭은 일감의 지름보다
약간 작은 정도의 것이 쓰인다.

87
단조를 위한 재료의 가열법 중 틀린 것은?
① 너무 과열되지 않게 한다.
② 될수록 급격히 가열하여야 한다.
③ 너무 장시간 가열하지 않도록 한다.
④ 재료의 내외부를 균일하게 가열한다.

풀이
재료를 가열할 때는 내외부가 균일하게
가열되도록 가급적 천천히 가열한다.

88
밀링작업에서 분할대를 사용하여 원주를 $7\frac{1}{2}°$씩 등분하는 방법으로 옳은 것은?
① 18구멍짜리에서 15구멍씩 돌린다.
② 15구멍짜리에서 18구멍씩 돌린다.
③ 36구멍짜리에서 15구멍씩 돌린다.
④ 36구멍짜리에서 18구멍씩 돌린다.

풀이
밀링머신에서의 원주분할법

$$n = \frac{D°}{9} = \frac{7\frac{1}{2}}{9} = \frac{7.5}{9} = \frac{15}{18}$$

18구멍열에서 15구멍씩 돌린다.

89
방전가공에서 가장 기본적인 회로는?
① RC 회로
② 고전압법 회로
③ 트랜지스터 회로
④ 임펄스 발전기 회로

풀이
방전가공의 기본회로 : RC 회로

90
금속표면에 크롬을 고온에서 확산 침투시키는 것을 크로마이징(cromizing)이라 한다. 이는 주로 어떤 성질을 향상시키기 위함인가?
① 인성
② 내식성
③ 전연성
④ 내충격성

크롬(Cr) : 내식성, 내열성 증가

91
1자유도 진동계에서 다음 수식 중 옳은 것은?
① $\omega = 2\pi f$
② $c_{cr} = \sqrt{2mk}$
③ $\omega_n = \frac{k}{m}$
④ $T = 2\pi f$

풀이
$\omega = 2\pi f$, $T = \frac{1}{f}$, $\omega_n = \sqrt{\frac{k}{m}}$, $c_{cr} = 2\sqrt{mk}$

92
직선운동을 하고 이는 한 질점의 위치가 $s =$

$2t^3 - 24t + 6$ 으로 주어졌다. 이때 $t=0$의 초기상태로부터 126[m/s]의 속도가 될 때까지의 걸린 시간은 얼마인가? (단, s는 임의의 고정으로부터의 거리이고 단위는 [m]이며, 시간의 단위는 초(s)이다)

① 2초 ② 4초
③ 5초 ④ 6초

$a = -1.8i - 4.8j$
$\dfrac{ds}{dt} = V = 6t^2 - 24$ 에서 $126 = 6t^2 - 24$
$\therefore 6t^2 = 150 \quad \therefore t = \sqrt{\dfrac{150}{6}} = 5[s]$

93

진자형 충격시험장치에 외부 작용력 P가 작용할 때, 물체의 회전축에 있는 베어링에 반작용력이 작용하지 않기 위한 점 A는?

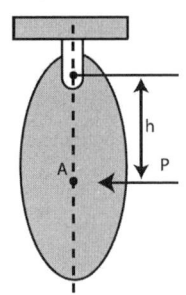

① 회전반경(radius of gyration)
② 질량중심(center of mass)
③ 질량관성모멘트(mass moment of inertia)
④ 충격중심(center of percussion)

풀이
충격중심 : 선형운동량과 각운동량이
　　　　　서로 상쇄되는 위치

94

자동차 운전자가 정지된 차의 속도를 42[km/h]로 증가시켰다. 그 후 다른 차를 추월하기 위해 속도를 84[km/h]로 높였다. 그렇다면 42[km/h]에서 84[km/h]의 속도로 증가시킬 때 필요한 에너지는 처음 정지해 있던 차의 속도를 42[km/h]로 증가하는 데 필요한 에너지의 몇 배인가?(단, 마찰로 인한 모든 에너지 손실은 무시한다)

① 1배 ② 2배
③ 3배 ④ 4배

풀이
$\Delta E_1 = \dfrac{1}{2} m(42^2 - 0),\ \Delta E_2 = \dfrac{1}{2} m(84^2 - 42^2)$
$\therefore \dfrac{\Delta E_2}{\Delta E_1} = \dfrac{84^2 - 42^2}{42^2} = 3$

95

다음 그림과 같은 두 개의 질량이 스프링에 연결되어 있다. 이 시스템의 고유진동수는?

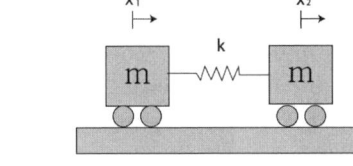

① $0,\ \sqrt{\dfrac{k}{m}}$ ② $\sqrt{\dfrac{k}{m}},\ \sqrt{\dfrac{2k}{m}}$

③ $0,\ \sqrt{\dfrac{2k}{m}}$ ④ $\sqrt{\dfrac{k}{m}},\ \sqrt{\dfrac{3k}{m}}$

풀이
자유물체도를 그려보면 다음과 같다.

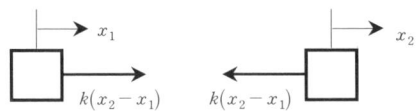

운동방정식을 적용하면
$k(x_2 - x_1) = m\ddot{x}_1$ 에서 $m\ddot{x}_1 - k(x_2 - x_1) = 0$
여기서, $(x_2 - x_1) = x$라 하면
$m\ddot{x}_1 - kx = 0$ …… ㉠
$-k(x_2 - x_1) = m\ddot{x}_2$ 에서 $m\ddot{x}_2 + k(x_2 - x_1) = 0$
$\therefore m\ddot{x}_2 + kx = 0$ …… ㉡

ⓛ에서 ㉠을 빼면

$m(\ddot{x}_2 - \ddot{x}_1) + 2kx = 0$

$\therefore m\ddot{x} + 2kx = 0$ (2계제차선형미분방정식)

$\therefore \omega_n^2 = \dfrac{2k}{m}$ 즉, $\omega_n = \sqrt{\dfrac{2k}{m}}$

따라서, 고유각진동수는

$\left(0, \sqrt{\dfrac{2k}{m}}\right)$ 또는 $\left(\sqrt{\dfrac{2k}{m}}, 0\right)$이다.

96

진폭 2[mm], 진동수 250[Hz]로 진동하고 있는 물체의 최대 속도는 몇 [m/s]인가?

① 1.57 ② 3.14
③ 4.71 ④ 6.28

풀이

$V = \omega A = 2\pi f A = 2 \times \pi \times 250 \times 0.002$
$\quad = \pi = 3.14 \,[\text{m/s}]$

97

질량이 m인 쇠공을 높이 A에서 떨어뜨린다. 쇠공과 바닥 사이의 반발계수 e가 "0"이라면 충돌 후 쇠공이 튀어 오르는 높이 B는?

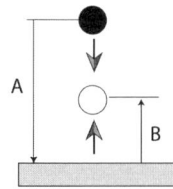

① B = 0 ② B < A
③ B = A ④ B > A

풀이

반발계수가 0이라는 것은 충돌후 두 물체가 한덩어리가 된다는 뜻으로 완전비탄성충돌이다. 따라서 반발높이 B=0이다.

98

직경 600[mm]인 플라이휠이 z축을 중심으로 회전하고 있다. 플라이휠의 원주상의 점 P의 가속도가 그림과 같은 위치에서 "$a = -1.8i - 4.8j$"라면 이 순간 플라이휠의 각가속도 α는 얼마인가? (단, i, j는 각각 x, y 방향의 단위벡터이다)

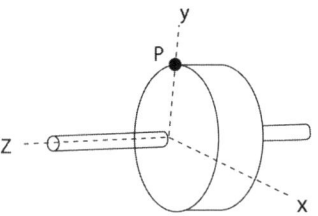

① 3 [rad/s²] ② 4 [rad/s²]
③ 5 [rad/s²] ④ 6 [rad/s²]

풀이

접선가속도 $a_t = |-1.8| = 1.8 [\text{m/s}]$,
반지름 $r = 0.3 [\text{m}]$이므로 각가속도(α)는

$\alpha = \dfrac{a_t}{r} = \dfrac{1.8}{0.3} = 6 [\text{rad/s}^2]$

99

질량과 탄성스프링으로 이루어진 시스템이 그림과 같이 자유낙하고 평면에 도달한 후 스프링의 반력에 의해 다시 튀어 오른다. 질량 "m"의 속도가 최대가 될 때, 탄성스프링의 변형량(x)은? (단, 탄성스프링의 질량은 무시하며, 스프링상수는 k, 스프링의 바닥은 지면과 분리되지 않는다)

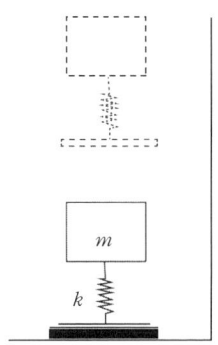

① 0   ② $\dfrac{mg}{2k}$

③ $\dfrac{mg}{k}$ ④ $\dfrac{2mg}{k}$

풀이

$mg = kx$에서 $x = \dfrac{mg}{k}$

100

질량 200[kg]의 자동차가 평평한 길을 시속 90[km/h]로 달리다 급제동을 걸었다. 바퀴와 노면사이의 동마찰계수가 0.45일 때 자동차의 정지거리는 몇 [m]인가?

① 60   ② 71
③ 81   ④ 86

풀이

자유물체도를 그려보면 다음과 같다.

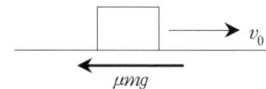

운동방정식에서

$-\mu mg = ma \therefore a = -\mu g$

등가속도 직선운동의 식에서

$2as = v^2 - v_0^2$에서 $v = 0$이므로

$2(-\mu g)s = -v_0^2 \quad \therefore 2 \times 0.45 \times s = \left(\dfrac{90000}{3600}\right)^2$

$s = 70.861[m]$

국가기술자격 필기시험
2015년 기사 제4회【 일반기계기사 】필기

제1과목 : 재료역학

1

그림과 같이 지름과 재질이 다른 3개의 원통을 끼워 조합된 구조물을 만들어 강판 사이에 P의 압축하중을 작용시키면 ①번 림의 재료에 발생되는 응력(σ_1)은? (단, E_1, E_2, E_3와 A_1, A_2, A_3는 각각 ①, ②, ③번의 세로탄성 계수와 단면적이다)

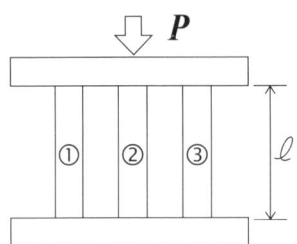

① $\sigma_1 = \dfrac{PA_1}{A_1E_1 + A_2E_2 + A_3E_3}$

② $\sigma_1 = \dfrac{P\ell}{A_1E_1 + A_2E_2 + A_3E_3}$

③ $\sigma_1 = \dfrac{PE_1}{A_1E_1 + A_2E_2 + A_3E_3}$

④ $\sigma_1 = \dfrac{PE_2}{A_1E_1 + A_2E_2 + A_3E_3}$

풀이

병렬 연결된 부재의 응력

$\sigma_1 = \dfrac{E_1}{A_1E_1 + A_2E_2 + A_3E_3}P$

$\sigma_2 = \dfrac{E_2}{A_1E_1 + A_2E_2 + A_3E_3}P$

$\sigma_3 = \dfrac{E_3}{A_1E_1 + A_2E_2 + A_3E_3}P$

2

사각단면의 폭이 10[cm]이고 높이가 8[cm]이며, 길이가 2[m]인 장주의 양 끝이 회전형으로 고정되어 있다. 이 장주의 좌굴하중은 약 몇 [kN]인가? (단, 장주의 세로탄성계수는 10 [GPa]이다)

① 67.45 ② 106.28
③ 186.88 ④ 257.64

풀이

$P_{cr} = P_B = n\pi^2 \dfrac{EI_{min}}{\ell^2}$

$= 1 \times \pi^2 \times \dfrac{10 \times 10^9 \times \dfrac{0.1 \times 0.08^3}{12}}{2^2} \times 10^{-3}$

$= 105.28\,[\text{kN}]$

3

원통형 코일스프링에서 코일 반지름 R, 소선의 지름 d, 전단탄성계수 G라고 하면 코일 스프링 한 권에 대해서 하중 P가 작용할 때 비틀림 각도 ϕ를 나타내는 식은?

① $\dfrac{32PR}{Gd^4}$

② $\dfrac{32PR^2}{Gd^4}$

③ $\dfrac{64PR}{Gd^4}$

④ $\dfrac{64PR^2}{Gd^4}$

풀이

처짐 $\delta = R\theta = \dfrac{64PR^3n}{Gd^4}$ 에서 $\theta = \dfrac{64PR^2n}{Gd^4}$

$n=1$일 때 $\theta = \phi$ 이므로 $\phi = \dfrac{64PR^2}{Gd^4}$

4

그림과 같은 균일단면을 갖는 부정정보가 단순 지지단에서 모멘트 M_0를 받는다. 단순지지단에서의 반력 R_A는? (단, 굽힘강성 EI는 일정하고, 자중은 무시한다)

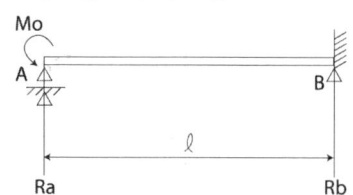

① $\dfrac{3M_0}{4\ell}$ ② $\dfrac{3M_0}{2\ell}$

③ $\dfrac{2M_0}{3\ell}$ ④ $\dfrac{4M_0}{3\ell}$

풀이

A단에서 처짐은 0이므로 처짐의 겹침법을 사용하면, R_A에 의한 처짐량(δ_1)과 M_0에 의한 처짐량(δ_2)의 크기가 같아야 한다. 즉,

$\delta_1 = \dfrac{R_A\ell^3}{3EI}$ 과 $\delta_2 = \dfrac{M_0\ell^2}{2EI}$

$\dfrac{R_A\ell^3}{3EI} = \dfrac{M_0\ell^2}{2EI} \quad \therefore R_A = \dfrac{3M_0}{2\ell}$

5

그림과 같은 외팔보가 균일분포하중 ω를 받고 있을 때 자유단의 처짐 δ는 얼마인가? (단, 보의 굽힘 강성 EI는 일정하고, 자중은 무시한다)

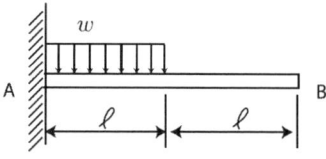

① $\dfrac{3}{24EI}w\ell^4$

② $\dfrac{5}{24EI}w\ell^4$

③ $\dfrac{7}{24EI}w\ell^4$

④ $\dfrac{9}{24EI}w\ell^4$

풀이

B.M.D를 그려보면

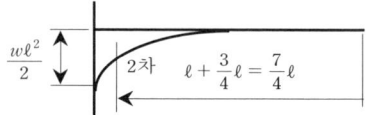

면적모멘트법에 의하여

$\delta = \dfrac{1}{EI}\left(\dfrac{\ell}{3} \times \dfrac{w\ell^2}{2}\right)\left(\dfrac{7}{4}\ell\right) = \dfrac{7w\ell^4}{24EI}$

6

그림과 같은 보에 C에서 D까지 균일분포하중 w가 작용하고 있을 때, A점에서의 반력 R_A 및 B점에서의 반력 R_B는?

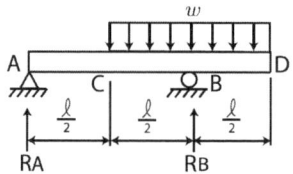

① $R_A = \dfrac{w\ell}{2},\ R_B = \dfrac{w\ell}{2}$

② $R_A = \dfrac{w\ell}{4},\ R_B = \dfrac{3w\ell}{4}$

③ $R_A = 0,\ R_B = w\ell$

④ $R_A = -\dfrac{w\ell}{4},\ R_B = \dfrac{5w\ell}{4}$

풀이

$w\ell$이 B점에 작용하므로 $R_A = 0$, $R_B = w\ell$이다.

7

보에서 원형과 정사각형의 단면적이 같을 때,

단면계수의 비 Z_1/Z_2는 약 얼마인가? (단, 여기에서 Z_1은 원형 단면의 단면계수, Z_2는 정사각형의 단면의 단면계수이다)

① 0.531
② 0.846
③ 1.258
④ 1.182

풀이

$\frac{\pi}{4}d^2 = b^2$, $Z_1 = \frac{\pi}{32}d^3$, $Z_2 = \frac{b^3}{6}$ 이므로

$\frac{Z_1}{Z_2} = \frac{\frac{\pi d^3}{32}}{\frac{b^3}{6}} = \frac{6\pi d^3}{32b^3} = \frac{6\pi d^3}{32 \times \frac{\pi d^2}{4} \times b} = \frac{3d}{4b}$

$= \frac{3d}{4 \times \sqrt{\frac{\pi}{4}}\,d} = 0.846$

8

직사각형 [$b \times h$] 단면을 가진 보의 곡률($\frac{1}{\rho}$)에 관한 설명으로 옳은 것은?

① 폭(b)의 2승에 반비례 한다.
② 폭(b)의 3승에 반비례 한다.
③ 높이(h)의 2승에 반비례 한다.
④ 높이(h)의 3승에 반비례 한다.

풀이

$\frac{1}{\rho} = \frac{M}{EI} = \frac{12M}{Ebh^3} \propto \frac{1}{bh^3}$

9

균일 분포하중 $w = 200$[N/m]가 작용하는 단순지지보의 최대 굽힘 응력은 몇 [MPa]인가? (단, 보의 길이는 2[m]이고 폭×높이=3[cm]×4[cm]인 사각형단면이다)

① 12.5
② 25.0
③ 14.9
④ 17.0

풀이

$M_{\max} = \frac{w\ell^2}{8}$ 이므로

$\sigma_{b,\max} = \frac{M_{\max}}{Z} = \frac{\frac{w\ell^2}{8}}{\frac{bh^2}{6}} = \frac{3w\ell^2}{4bh^2}$

$= \frac{3 \times 200 \times 2^2}{4 \times 0.03 \times 0.04^2} \times 10^{-6} = 12.5$ [MPa]

10

원형 단면축이 비틀림을 받을 때, 그 속에 저장되는 탄성 변형에너지 U는 얼마인가? (단, T: 토크, L: 길이, G: 가로탄성계수, I_P: 극관성모멘트, I: 관성모멘트, E: 세로탄성계수)

① $U = \frac{T^2 L}{2GI}$
② $U = \frac{T^2 L}{2EI}$
③ $U = \frac{T^2 L}{2EI_P}$
④ $U = \frac{T^2 L}{2GI_P}$

풀이

$U = \frac{1}{2}T\theta = \frac{T^2 \ell}{2GI_p} = \frac{T^2 L}{2GI_p}$

11

보에 작용하는 수직전단력을 V, 단면 2차모멘트는 I, 단면 1차 모멘트는 Q, 단면폭을 b라고 할 때 단면에 작용하는 전단응력(τ)의 크기는? (단, 단면은 직사각형이다)

① $\tau = \frac{VQ}{Ib}$
② $\tau = \frac{IV}{Qb}$
③ $\tau = \frac{Ib}{QV}$
④ $\tau = \frac{Qb}{IV}$

풀이

$\tau = \frac{VQ}{tI} = \frac{VQ}{bI}$

12

그림과 같은 분포하중을 받는 단순보의 $m-$

정답 8④ 9① 10④ 11① 12④

n 단면에 생기는 전단력의 크기는 얼마인가? (단, $q = 300[N/m]$이다)

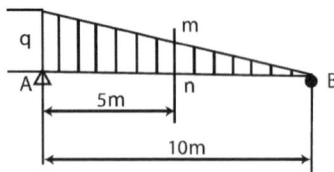

① 300 [N]
② 250 [N]
③ 167 [N]
④ 125 [N]

풀이
우선, 등가집중하중으로 변형시켜 B단의 반력을 구한다.
$R_B = \dfrac{1}{3} \times \dfrac{1}{2} q\ell = \dfrac{300}{6} \times 10 = 500[N]$
다음, m-n 단면까지의 등가 집중하중은
$\dfrac{1}{2}\left(\dfrac{q}{2}\right)\left(\dfrac{\ell}{2}\right) = \dfrac{1}{2}(150)(5) = 375[N]$
그러므로 m-n 단면에서의 전단력(V_{m-n})은
$V_{m-n} = 500 - 375 = 125[N]$

13

지름이 d인 연강환봉에 인장하중 P가 주어졌다면 지름 감소량(δ)은? (단, 재료의 탄성계수는 E, 포아송 비는 ν이다)

① $\delta = \dfrac{P\nu}{\pi E d}$
② $\delta = \dfrac{P\nu}{2\pi E d}$
③ $\delta = \dfrac{P\nu}{4\pi E d}$
④ $\delta = \dfrac{4P\nu}{\pi E d}$

풀이
$\varepsilon = \dfrac{\sigma}{E} = \dfrac{P}{AE} = \dfrac{4P}{\pi d^2 E}, \ \varepsilon' = \dfrac{\delta}{d}, \ \nu = \dfrac{\varepsilon'}{\varepsilon}$
$\delta = \varepsilon' d = \nu \varepsilon d = \nu \dfrac{4P}{\pi d^2 E} d = \nu \dfrac{4P}{\pi d E} = \dfrac{4P\nu}{\pi E d}$

14

그림과 같이 축방향으로 인장하중을 받고있는 원형 단면봉에서 θ의 각도를 가진 경사단면에 전단응력(τ)과 수직응력(σ)이 작용하고 있다. 이때 전단응력 τ가 수직응력 σ의 $\dfrac{1}{2}$이 되는 경사단면의 경사각(θ)은?

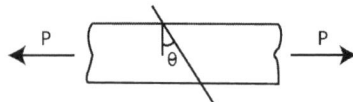

① $\theta = \tan^{-1}\left(\dfrac{1}{2}\right)$
② $\theta = \tan^{-1}(1)$
③ $\theta = \tan^{-1}(2)$
④ $\theta = \tan^{-1}(4)$

풀이
단축응력에서
$\sigma_n = \sigma_x \cos^2\theta, \ \tau = \sigma_x \cos\theta \sin\theta$
$\therefore \dfrac{\tau}{\sigma_n} = \dfrac{1}{2} = \dfrac{\sin\theta}{\cos\theta} = \tan\theta \ \therefore \theta = \tan^{-1}\left(\dfrac{1}{2}\right)$

15

그림과 같이 지름이 다른 두 부분으로 된 원형축에 비틀림 토크(T) 680[N·m]가 B점에 작용할 때, 최대 전단응력은 얼마인가? (단, 전단탄성계수 $G = 80[GPa]$이다)

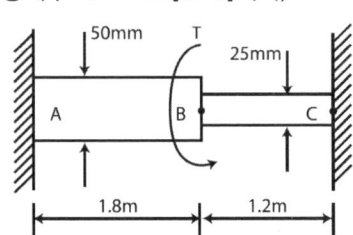

① 19.0 [MPa]
② 38.1 [MPa]
③ 50.6 [MPa]
④ 25.3 [MPa]

풀이
부재 AB와 BC에 걸리는 토크를 각각 T_1, T_2라 하면
$T = T_1 + T_2$ ····· ㉠
또한, AB와 BC에서 발생하는 비틀림각이 같다.

$\theta_1 = \theta_2$ 에서 $\dfrac{T_1\ell_1}{GI_{p1}} = \dfrac{T_2\ell_2}{GI_{p2}}$

$\dfrac{T_1}{T_2} = \dfrac{\ell_2}{\ell_1} \times \dfrac{I_{p1}}{I_{p2}} = \dfrac{1.2}{1.8} \times \dfrac{50^4}{25^4} = \dfrac{2}{3} \times 16 = \dfrac{32}{3}$

$T_2 = \dfrac{3}{32} T_1$ …… ㉡

㉠, ㉡을 연립시키면

$680 = T_1 + \dfrac{3}{32} T_1 = \left(1 + \dfrac{3}{32}\right)T_1 = \dfrac{35}{32} T_1$

$\therefore T_1 = \dfrac{32}{35} \times 680 = 621.7, \ T_2 = 58.3$

$\tau_1 = \dfrac{16 T_1}{\pi d_1^3} = \dfrac{16 \times 621.7}{\pi \times 0.05^3} \times 10^{-6} = 25.33 \text{[MPa]}$

$\tau_2 = \dfrac{16 T_2}{\pi d_2^3} = \dfrac{16 \times 58.3}{\pi \times 0.025^3} \times 10^{-6} = 19.0 \text{[MPa]}$

$\therefore \tau_{\max} = \tau_1 = 25.33 \text{[MPa]}$

16

단면적이 30[cm²], 길이가 30[cm]인 강봉이 축방향으로 압축력 $P = 21\text{[kN]}$을 받고 있을 때, 그 봉속에 저장되는 변형에너지의 값은 약 몇 [N·m]인가? (단, 강봉의 세로탄성계수는 210[GPa]이다)

① 0.085
② 0.105
③ 0.135
④ 0.195

풀이

$U = u_0 A\ell = \dfrac{\sigma^2}{2E} A\ell = \dfrac{P^2 \ell}{2AE}$

$= \dfrac{(21 \times 10^3)^2 \times 0.3}{2 \times 30 \times 10^{-4} \times 210 \times 10^9} = 0.105 \text{[N·m]}$

17

폭이 2[cm]이고 높이가 3[cm]인 직사각형 단면을 가진 길이 50[cm]의 외팔보의 고정단에서 40[cm] 되는 곳에 800[N]의 집중하중을 작용시킬 때 자유단의 처짐은 약 몇 [μm]인가? (단, 외팔보의 세로탄성계수는 210[GPa]

이다)

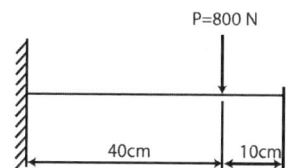

① 0.074
② 0.25
③ 1.48
④ 12.52

풀이

우선, 굽힘모멘트(B.M.D)를 그려본다.

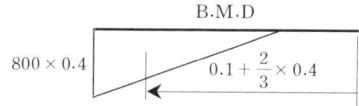

다음, 면적모멘트법에 의해 처짐(δ)을 구한다.

$\delta = \dfrac{A_M \overline{x_1}}{EI} = \dfrac{\left(\dfrac{1}{2} \times 320 \times 0.4\right)\left(0.1 + \dfrac{2}{3} \times 0.4\right)}{210 \times 10^9 \times \dfrac{0.02 \times 0.03^3}{12}}$

$= 2.48 \times 10^{-7} \text{[m]} = 2.48 \times 10^{-1} \text{[}\mu m\text{]}$

$= 0.248 \text{[}\mu m\text{]}$

18

지름 10[mm]인 환봉에 1[kN]의 전단력이 작용할 때 이 환봉에 걸리는 전단응력은 약 몇 [MPa]인가?

① 6.36
② 12.73
③ 24.56
④ 32.22

풀이

$\tau = \dfrac{4P}{\pi d^2} = \dfrac{4 \times 1000}{\pi \times 10^2} = 13.73 \text{[N/mm}^2 = \text{MPa]}$

19

지름 2[cm], 길이 20[cm]인 연강봉이 인장하중을 받을 때 길이는 0.016[cm]만큼 늘어나고 지름은 0.0004[cm]만큼 줄었다. 이 연강봉의 포아송비는?
① 0.25
② 0.3
③ 0.33
④ 4

풀이
$$\nu = \frac{\varepsilon'}{\varepsilon} = \frac{\frac{\delta}{d}}{\frac{\lambda}{\ell}} = \frac{\delta\ell}{d\lambda} = \frac{0.0004 \times 20}{2 \times 0.016} = \frac{1}{4} = 0.25$$

20
반원 부재에 그림과 같이 $0.5R$ 지점에 하중 P가 작용할 때 지지점 B에서의 반력은?

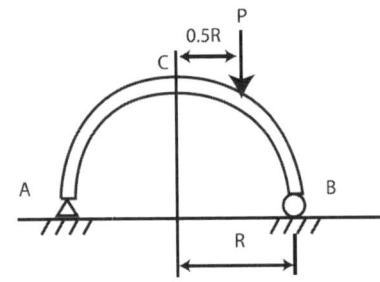

① $\dfrac{P}{4}$
② $\dfrac{P}{2}$
③ $\dfrac{3P}{4}$
④ P

풀이
$\Sigma M_A = 0$에서
$P(R+0.5R) - 2R \times R_B = 0$
$\therefore R_B = \dfrac{1.5}{2}P = \dfrac{3}{4}P$

제2과목 : 기계열역학

21
이상기체의 엔탈피가 변하지 않는 과정은?
① 가역단열과정
② 비가역단열과정
③ 교축과정
④ 정적과정

풀이
교축과정 : 등엔탈피 과정

22
어느 이상기체 1[kg]을 일정 체적 하에 20[℃]로부터 100[℃]로 가열하는 데 836[kJ]의 열량이 소요되었다. 이 가스의 분자량이 2라고 한다면 정압비열은?
① 약 2.09 [kJ/kg℃]
② 약 6.27 [kJ/kg℃]
③ 약 10.5 [kJ/kg℃]
④ 약 14.6 [kJ/kg℃]

풀이
$Q = mC_v \Delta T$에서
$C_v = \dfrac{Q}{m\Delta T} = \dfrac{836}{1 \times 80} = 10.45 [\text{kJ/kg℃}]$
$C_p = C_v + R = 10.45 + \dfrac{8.3143}{2} = 14.607 [\text{kJ/kg℃}]$

23
증기터빈으로 질량 유량 1 [kg/s], 엔탈피 $h_1 = 3500$[kJ/kg]의 수증기가 들어온다. 중간 단에서 $h_2 = 3100$[kJ/kg]의 수증기가 추출되며 나머지는 계속 팽창하여 $h_3 = 2500$ [kJ/kg] 상태로 출구에서 나온다면, 중간단에서 추출되는 수증기의 질량 유량은? (단, 열손실은 없으며 위치에너지 및 운동에너지의 변화가 없고, 총 터빈 출력은 900[kW]이다)
① 0.167 [kg/s]
② 0.323 [kg/s]
③ 0.714 [kg/s]
④ 0.886 [kg/s]

풀이
문제의 의도에 맞게 모식도와 선도의 일부를 그려보면 다음과 같다.

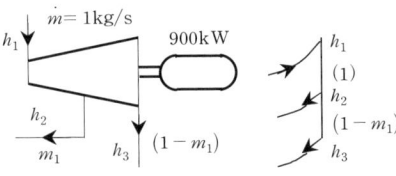

$w_T = 1 \times (h_1 - h_2) + (1-m_1)(h_2 - h_3)$
$900 = (3500 - 3100) + (1-m_1)(3100 - 2500)$

$$\therefore (1-m_1) = \frac{900-400}{600} = \frac{5}{6}$$

$$m_1 = \frac{1}{6} = 0.167 \, [\text{kg/s}]$$

24

열역학 제2법칙에 대한 설명 중 틀린 것은?

① 효율이 100%인 열기관은 얻을 수 없다.
② 제2종의 영구 기관은 작동 물질의 종류에 따라 가능하다.
③ 열은 스스로 저온의 물질에서 고온의 물질로 이동하지 않는다.
④ 열기관에서 작동 물질이 일을 하게 하려면 그보다 더 저온인 물질이 필요하다.

풀이
제2종 영구기관은 열을 100% 일로 바꿔주는 기관으로 열역학 제2법칙에 위배되므로 절대 제작할 수 없다.

25

튼튼한 용기 안에 100[kPa], 30[℃]의 공기가 5[kg] 들어있다. 이 공기를 가열하여 온도를 150[℃]로 높였다. 이 과정 동안에 공기에 가해 준 열량을 구하면? (단, 공기의 정적 비열 및 정압 비열은 각각 0.717[kJ/kg・K]와 1.004 [kJ/kg・K]이다)

① 86.0 [kJ]
② 120.5 [kJ]
③ 430.2 [kJ]
④ 602.4 [kJ]

풀이
정적변화이므로
$\delta q = du + Pdv$에서 $dv = 0$
$\delta q = du = C_v dT$
$q = C_v \Delta T$
$Q = m C_v \Delta T$
$= 5 \times 0.717 \times 120 = 430.2 [\text{kJ}]$

26

이상기체의 등온과정에서 압력이 증가하면 엔탈피는?

① 증가 또는 감소
② 증가
③ 불변
④ 감소

풀이
$dh = C_p dT = 0$ ∴ $\Delta h = 0$, $h_1 = h_2$
등온과정에서 엔탈피와 내부에너지는 불변이다.

27

절대온도가 T_1, T_2인 두 물체 사이에 열량 Q가 전달될 때 이 두 물체가 이루는 계의 엔트로피 변화는? (단, $T_1 > T_2$이다)

① $\dfrac{T_1 - T_2}{QT_1}$
② $\dfrac{T_1 - T_2}{QT_2}$
③ $\dfrac{Q}{T_1} - \dfrac{Q}{T_2}$
④ $\dfrac{Q}{T_2} - \dfrac{Q}{T_1}$

풀이
$$\Delta S = \frac{-Q}{T_1} + \frac{Q}{T_2} = \frac{Q}{T_2} - \frac{Q}{T_1}$$

28

시스템의 경계 안에 비가역성이 존재하지 않는 내적 가역과정을 온도–엔트로피 선도 상에 표시하였을 때, 이 과정 아래의 면적은 무엇을 나타내는가?

① 일량
② 내부에너지 변화량
③ 열전달량
④ 엔탈피 변화량

풀이
$T-S$ 선도의 면적=열량
$P-V$ 선도의 면적=일량

29

정압비열이 0.931[kJ/kg·K]이고, 정적 비열이 0.666[kJ/kg·K]인 이상기체를 압력 400[kPa], 온도 20[℃]로서 0.25[kg]을 담은 용기의 체적은 약 몇 [m³]인가?

① 0.0213   ② 0.0265
③ 0.0381   ④ 0.0485

풀이

$PV = mRT = m(C_p - C_v)T$

$V = \dfrac{m(C_p - C_v)T}{P}$

$= \dfrac{0.25(0.931 - 0.666)(273 + 20)}{400} = 0.0485 [\text{m}^3]$

30

기체의 초기압력이 20[kPa], 초기체적이 0.1[m³]인 상태에서부터 "$PV = $ 일정"인 과정으로 체적이 0.3[m³]로 변했을 때의 일량은 약 얼마인가?

① 2200 [J]
② 4000 [J]
③ 2200 [kJ]
④ 4000 [kJ]

풀이

등온 과정일 때의 일량(W)

$W = \int_1^2 P dV = \int_1^2 \dfrac{P_1 V_1}{V} dV = P_1 V_1 \ln \dfrac{V_2}{V_1}$

$= 20 \times 10^3 \times 0.1 \ln \dfrac{0.3}{0.1} = 2197.2 [\text{J}]$

31

분자량이 28.5인 이상기체가 압력 200[kPa], 온도 100[℃] 상태에 있을 때 비체적은? (단, 일반기체상수 8.314[kJ/kmol·K]이다)

① 0.146 [kg/m³]
② 0.545 [kg/m³]
③ 0.146 [m³/kg]
④ 0.545 [m³/kg]

풀이

$Pv = RT$ 에서

$200v = \dfrac{8.314}{28.5} \times 373$ ∴ $v = 0.544 [\text{m}^3/\text{kg}]$

32

고온 측이 20[℃], 저온 측이 -15[℃]인 Carnot 열펌프의 성능계수(COP_H)를 구하면?

① 8.38
② 7.38
③ 6.58
④ 4.28

풀이

$\text{COP}_H = \dfrac{T_1}{T_1 - T_2} = \dfrac{293}{35} = 8.371$

33

밀폐 단열된 방에 다음 두 경우에 대하여 가정용 냉장고를 가동시키고 방 안의 평균온도를 관찰한 결과 가장 합당한 것은?

a) 냉장고의 문을 열었을 경우
b) 냉장고의 문을 닫았을 경우

① a), b)의 경우 모두 방 안의 평균온도는 감소한다.
② a), b)의 경우 모두 방 안의 평균온도는 상승한다.
③ a), b)의 경우 모두 방 안의 평균온도는 변하지 않는다.
④ a)의 경우는 방 안의 평균온도는 변하지 않고, b)의 경우는 상승한다.

풀이

두 경우 다 냉장고에서 소비되는 전력량이 열량으로 바뀌어 밀폐된 방안의 온도는 올라간다.

34

피스톤 – 실린더 장치 안에 300[kPa], 100[℃]의 이산화탄소 2[kg]이 들어있다. 이 가스를 $PV^{1.2}=$ constant인 관계를 만족하도록 피스톤 위에 추를 더해가며 온도가 200[℃]가 될 때까지 압축하였다. 이 과정 동안의 열전달량은 약 몇 [kJ]인가? (단, 이산화탄소의 정적비열($C_V=0.653$[kJ/kg·K]이고, 정압비열($C_P=0.842$[kJ/kg·K]이며, 각각 일정하다)

① -189 ② -58
③ -20   ④ 130

풀이
폴리트로픽 과정에서 열량(Q)은
$Q=mC_n\Delta T$
여기서, $C_n=\dfrac{n-k}{n-1}C_v$ (폴리트로프 비열)
비열비 $k=\dfrac{C_p}{C_v}=\dfrac{0.842}{0.653}=1.289$
따라서,
$Q=2\times\dfrac{1.2-1.289}{1.2-1}\times0.653\times100=-58.117$[kJ]

35
이상 냉동기의 작동을 위해 두 열원이 있다. 고열원이 100[℃]이고, 저열원이 50[℃]이라면 성능계수는?

① 1.00 ② 2.00
③ 4.25 ④ 6.46

풀이
$\varepsilon_r=\dfrac{T_2}{T_1-T_2}=\dfrac{273+50}{50}=6.46$

36
-10[℃]와 30[℃] 사이에서 작동되는 냉동기의 최대성능계수로 적합한 것은?

① 8.8 ② 6.6
③ 3.3 ④ 2.8

풀이
$\varepsilon_r=\dfrac{T_2}{T_1-T_2}=\dfrac{273-10}{40}=6.575$

37
이상기체의 폴리트로프(polytrope) 변화에 대한 식이 $PV^n=C$ 라고 할 때 다음의 변화에 대하여 표현이 틀린 것은?

① $n=0$ 일 때는 정압변화를 한다.
② $n=1$ 일 때는 등온변화를 한다.
③ $n=\infty$ 일 때는 정적변화를 한다.
④ $n=k$ 일 때는 등온 및 정압변화를 한다.
 (단, $k=$비열비이다)

풀이
$n=k$일 때는 단열변화이다.

38
실제 가스터빈 사이클에서 최고온도가 630[℃]이고, 터빈효율이 80[%]이다. 손실 없이 단열팽창 한다고 가정했을 때의 온도가 290[℃]라면 실제 터빈 출구에서의 온도는? (단, 가스의 비열은 일정하다고 가정한다)

① 348 [℃] ② 358 [℃]
③ 368 [℃] ④ 378 [℃]

풀이
실제의 팽창과정은 엔트로피가 증가하므로 다음과 같은 선도가 성립한다.

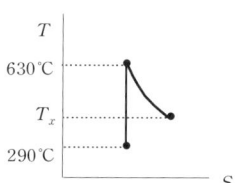

$\eta=\dfrac{630-T_x}{630-290}=0.8$ $\therefore T_x=358[℃]$

39
밀폐용기에 비내부에너지가 200[kJ/kg]인 기

체 0.5[kg]이 있다. 이 기체를 용량이 500[W]인 전기 가열기로 2분 동안 가열한다면 최종상태에서 기체의 내부에너지는? (단, 열량은 기체로만 전달된다고 한다)

① 20[kJ]   ② 100[kJ]
③ 120[kJ]   ④ 160[kJ]

풀이
$Q = Pt = \Delta U = U - mu_0$ 에서
$U = Pt + \mu_0$
$= 500 \times 2 \times 60 \times 10^{-3} + 0.5 \times 200$
$= 160 [kJ]$

40

클라우지우스(Clausius)의 부등식이 옳은 것은? (단, T는 절대온도, Q는 열량을 표시한다)

① $\oint \delta Q \leq 0$ ② $\oint \delta Q \geq 0$
③ $\oint \dfrac{\delta Q}{T} \leq 0$ ④ $\oint \dfrac{\delta Q}{T} \geq 0$

풀이
가역과정일 때 : $\oint \dfrac{\delta Q}{T} = 0$
비가역과정일 때 : $\oint \dfrac{\delta Q}{T} < 0$
따라서, $\oint \dfrac{\delta Q}{T} \leq 0$

제3과목 : 기계유체역학

41

물의 높이 8[cm]와 비중 2.94인 액주계 유체의 높이 6[cm]를 합한 압력은 수은주(비중 13.6) 높이의 약 몇 [cm]에 상당하는가?

① 1.03   ② 1.89
③ 2.24   ④ 3.06

풀이
$1 \times 8 + 2.94 \times 6 = 13.6 h \quad \therefore h = 1.885 [cm]$

42

선운동량의 차원으로 옳은 것은?
(단, M : 질량, L : 길이, T : 시간)

① MLT
② ML⁻¹T
③ MLT⁻¹
④ MLT⁻²

풀이 선운동량 : $p = mv \quad \therefore [MLT^{-1}]$

43

비중이 0.65인 물체를 물에 띄우면 전체 체적의 몇 [%]가 물속에 잠기는가?

① 12   ② 35
③ 42   ④ 65

풀이
$0.65 V = 1 V_1 \quad \therefore \dfrac{V_1}{V} = 0.65 = 65 [\%]$

44

2m×2m×2m의 정육면체로 된 탱크 안에 비중이 0.8인 기름이 가득 차있고, 위 뚜껑이 없을 때 탱크의 옆 한면에 작용하는 전체 압력에 의한 힘은 약 몇 [kN]인가?

① 1.6   ② 15.7
③ 31.4   ④ 62.9

풀이
$F = \gamma \bar{h} A = 9.8 \times 0.8 \times 1 \times 2 \times 2 = 31.36 [kN]$

45

그림과 같이 노즐이 달린 수평관에서 압력계 읽음이 0.49[MPa]이었다. 이 관의 안지름이 6[cm]이고 관의 끝에 달린 노즐의 출구 지름이 2[cm]라면 노즐 출구에서 물의 분출 속도는 약 몇 [m/s]인가? (단, 노즐에서의 손실은 무시하고 관마찰계수는 0.025로 한다)

정답 40③ 41② 42③ 43④ 44③ 45③

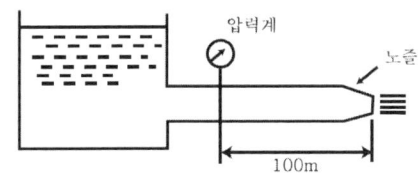

① 16.8 ② 20.4
③ 25.5 ④ 28.4

풀이

연속방정식에서 $6^2 V_1 = 2^2 V_2$

$$\therefore V_1 = \left(\frac{1}{3}\right)^2 V_2 = \frac{1}{9} V_2 \quad \cdots\cdots \text{㉠}$$

베르누이 방정식에서

$$\frac{0.49 \times 10^6}{\gamma} + \frac{V_1^2}{2g} = \frac{V_2^2}{2g} + h_L$$

$$\therefore h_L = \frac{0.49 \times 10^6}{9800} + \frac{V_1^2 - V_2^2}{2g} \quad \cdots\cdots \text{㉡}$$

또한, $h_L = f \dfrac{\ell}{d} \dfrac{V_1^2}{2g} \quad \cdots\cdots \text{㉢}$

㉠, ㉡, ㉢을 연립시키면

$$50 + \frac{1}{2 \times 9.8}\left(\frac{1}{81} - 1\right)V_2^2$$

$$= 0.025 \times \frac{100}{0.06} \times \frac{1}{2 \times 9.8} \times \frac{V_2^2}{81}$$

$50 - 0.05 V_2^2 = 0.026245 V_2^2$

$50 = 0.0766 V_2^2$

$$\therefore V_2 = \sqrt{\frac{50}{0.0766}} = 25.55 \,[\text{m/s}]$$

46

다음 ΔP, L, Q, ρ 변수들을 이용하여 만든 무차원수로 옳은 것은? (단, ΔP: 압력차, ρ: 밀도, L: 길이, Q: 유량)

① $\dfrac{\rho \cdot Q}{\Delta P \cdot L^2}$ ② $\dfrac{\rho \cdot L}{\Delta P \cdot Q^2}$

③ $\dfrac{\Delta P \cdot L \cdot Q}{\rho}$ ④ $\dfrac{Q}{L^2}\sqrt{\dfrac{\rho}{\Delta P}}$

풀이

버킹햄의 파이정리

$\pi = n - m = 4 - 3 = 1 \therefore$ 무차원수 $= 1$

$\pi = \Delta P^\alpha L^\beta Q^\gamma \rho$

$= [\text{ML}^{-1}\text{T}^{-2}]^\alpha [\text{L}]^\beta [\text{L}^3\text{T}^{-1}]^\gamma [\text{ML}^{-3}]$

$\text{M}: \alpha + 1 = 0$

$\text{L}: -\alpha + \beta + 3\gamma - 3 = 0$

$\text{T}: -2\alpha - \gamma = 0$

$\therefore \alpha = -1,\ \beta = -4,\ \gamma = 2$

따라서,

$$\pi = \Delta P^{-1} L^{-4} Q^2 \rho = \frac{\rho Q^2}{\Delta P L^4} \text{ 또는 } \frac{Q}{L^2}\sqrt{\frac{\rho}{\Delta P}}$$

47

그림과 같은 원통 주위의 포텐셜 유동이 있다. 원통 표면상에서 상류 유속과 동일한 유속이 나타나는 위치(θ)는?

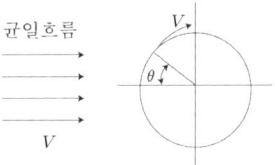

① $0°$ ② $30°$
③ $45°$ ④ $90°$

풀이

원주표면의 접선속도(V_t)는 $V_t = V\left(1 + \dfrac{r_0^2}{r^2}\right)\sin\theta$

여기서, r: 임의의 지점에서의 반지름

그런데, 원주표면이므로 $r = r_0$, $V_t = V$

$$\therefore 1 = 2\sin\theta \quad \therefore \theta = \sin^{-1}\left(\frac{1}{2}\right) = 30°$$

48

다음 중 유선(stream line)에 대한 설명으로 옳은 것은?

① 유체의 흐름에 있어서 속도 벡터에 대하여 수직한 방향을 갖는 선이다.

② 유체의 흐름에 있어서 유동단면의 중심을

연결한 선이다.
③ 유체의 흐름에 있어서 모든 점에서 접선방향이 속도 벡터의 방향을 갖는 연속적인 선이다.
④ 비정상류 흐름에서만 유동의 특성을 보여주는 선이다.

풀이

유선 : 유동장내에서 유체입자가 갖는 속도벡터의 방향과 그 점에서의 접선벡터가 일치하도록 그려지는 가상곡선

유선의 방정식 : $\vec{V} \times \vec{ds} = 0,\ \dfrac{dx}{u} = \dfrac{dy}{v} = \dfrac{dz}{w}$

49

비중 0.8의 알콜이 든 U자관 압력계가 있다. 이 압력계의 한 끝은 피토관의 전압부에 다른 끝은 정압부에 연결하여 피토관으로 기류의 속도를 재려고 한다. U자관의 읽음의 차가 78.8[mm], 대기 압력이 1.0266×10⁵[Pa]abs, 온도 21[℃]일 때 기류의 속도는? (단, 기체상수 $R = 287$[N·m/kg·K] 이다)

① 38.8 [m/s]
② 27.5 [m/s]
③ 43.5 [m/s]
④ 31.8 [m/s]

풀이

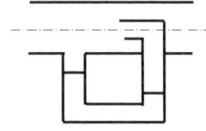

$\dfrac{P}{\rho} = RT$ 에서

$\rho = \dfrac{P}{RT} = \dfrac{1.0266 \times 10^5}{287 \times 294} = 1.21667\,[\text{kg/m}^3]$

$V = \sqrt{2gh\left(\dfrac{\rho_0}{\rho} - 1\right)}$

$= \sqrt{2 \times 9.8 \times 78.8 \times 10^{-3}\left(\dfrac{0.8 \times 1000}{1.21667} - 1\right)}$

$= 31.84\,[\text{m/s}]$

50

안지름이 50[mm]인 180° 곡관(bend)을 통하여 물이 5[m/s]의 속도와 0의 계기압력으로 흐르고 있다. 물이 곡관에 작용하는 힘은 약 몇 [N]인가?

① 0
② 24.5
③ 49.1
④ 98.2

풀이

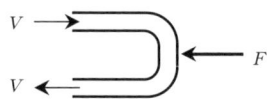

물이 곡관에 작용하는 힘의 반작용은 곡관이 물에 작용하는 힘이므로

$-F = \rho Q(V\cos 180° - V) = \rho Q V(-1-1)$

$F = 2\rho Q V = 2\rho A V^2$

$= 2 \times 1000 \times \dfrac{\pi}{4} \times 0.05^2 \times 5^2 = 98.17\,[\text{N}]$

51

한 변이 30 [cm]인 윗면이 개방된 정육면체 용기에 물을 가득 채우고 일정 가속도 9.8[m/s²]로 수평으로 끌 때 용기 밑면의 좌측 끝단(A 부분)에서의 게이지 압력은?

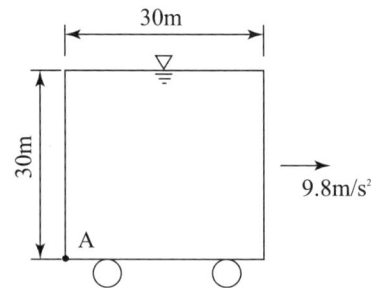

① 1470 [N/m²]   ② 2079 [N/m²]
③ 2940 [N/m²]   ④ 4158 [N/m²]

풀이

수평 등가속도 운동에서
$a_x = g\tan\theta$

$$\theta = \tan^{-1}\left(\frac{a_x}{g}\right) = \tan^{-1}\left(\frac{9.8}{9.8}\right) = 45°$$

그러므로 물이 흘러넘치고 반만 남는다.

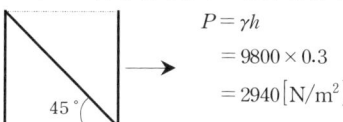

$$P = \gamma h = 9800 \times 0.3 = 2940 [N/m^2]$$

52

지름 5 [cm]인 원관 내 완전발달 층류유동에서 벽면에 걸리는 전단응력이 4[Pa]이라면 중심축과 거리가 1[cm]인 곳에서의 전단응력은 몇 [Pa]인가?

① 0.8　　　　② 1
③ 1.6　　　　④ 2

풀이

$\tau_{max} = \frac{\Delta P d}{4\ell}$ 에서 $4 = \frac{\Delta P \times 0.05}{4 \times \ell}$

$\therefore \frac{\Delta P}{\ell} = \frac{16}{0.05} = 320 [N/m^3]$

$\tau = \frac{\Delta P d}{4\ell} = \frac{\Delta P r}{2\ell} = 320 \times \frac{0.01}{2} = 1.6 [Pa]$

53

익폭 10[m], 익현의 길이 1.8[m]인 날개로 된 비행기가 112[m/s]의 속도로 날고 있다. 익현의 받음각이 1°, 양력계수 0.326, 항력계수 0.0761일 때 비행에 필요한 동력은 약 몇 [kW]인가?
(단, 공기의 밀도는 1.2173[kg/m³]이다)

① 1172　　　　② 1343
③ 1570　　　　④ 6730

풀이

동력(Power)
$= D \cdot V = C_D A \frac{\rho V^2}{2} \cdot V = C_D A \frac{1}{2} \rho V^3$
$= 0.0761 \times 10 \times 1.8 \times \frac{1}{2} \times 1.2173 \times 112^3 \times 10^{-3}$
$= 1171.32 [kW]$

54

수력 기울기선과 에너지 기울기선에 관한 설명 중 틀린 것은?

① 수력 기울기선의 변화는 총 에너지의 변화를 나타낸다.
② 수력 기울기선은 에너지 기울기선의 크기보다 작거나 같다.
③ 정압은 수력 기울기선과 에너지 기울기선에 모두 영향을 미친다.
④ 관의 진행방향으로 유속이 일정한 경우 부차적 손실에 의한 수력 기울기선과 에너지 기울기선의 변화는 같다.

풀이

수력 구배선(=수력 기울기선; H.G.L)은 에너지선(E.L)보다 속도수두만큼 낮은 선이다. 즉,

$H.G.L = \frac{P}{\gamma} + Z$

$E.L = \frac{P}{\gamma} + \frac{V^2}{2g} + Z$

55

파이프 내 유동에 대한 설명 중 틀린 것은?

① 층류인 경우 파이프 내에 주입된 염료는 관을 따라 하나의 선을 이룬다.
② 레이놀즈수가 특정 범위를 넘어가면 유체 내의 불규칙한 혼합이 증가한다.
③ 입구 길이란 파이프 입구부터 완전 발달된 유동이 시작하는 위치까지의 거리이다.
④ 유동이 완전 발달되면 속도분포는 반지름 방향으로 균일(uniform)하다.

풀이

유동이 완전 발달된다는 것은 난류유동을 의미하므로 속도분포는 반지름 방향으로 불균일하다.

56

다음 중 질량보존의 법칙과 가장 관련이 깊은 방정식은 어느 것인가?

정답 52③ 53① 54① 55④ 56①

① 연속 방정식
② 상태 방정식
③ 운동량 방정식
④ 에너지 방정식

풀이

질량보존의 법칙을 유체에 적용한 것이 연속방정식이다. 즉, 단위시간당 검사체적에 유출입하는 질량은 동일하다.
$\dot{m}_{in} = \dot{m}_{out} = \dot{m} = \rho Q =$ 일정(질량유량)
비압축성 유체에서는 밀도가 일정하므로
$Q = AV =$ 일정

57

평판을 지나는 경계층 유동에서 속도 분포를 경계층 내에서는 $u = U\dfrac{y}{\delta}$, 경계층 밖에서는 $u = U$로 가정할 때, 경계층 운동량 두께 (boundary layer momentum thickness)는 경계층 두께 δ의 몇 배인가? (단, $U =$ 자유흐름 속도, $y =$ 평판으로부터의 수직거리)

① 1/6 ② 1/3
③ 1/2 ④ 7/6

풀이

경계층 운동량 두께(δ_m)와 경계층 두께(δ)의 관계식은 다음과 같다.
$$\delta_m = \int_0^\delta \frac{u}{U_\infty}\left(1 - \frac{u}{U_\infty}\right)dy = \int_0^\delta \frac{u}{U}\left(1 - \frac{u}{U}\right)dy$$
에서 $\dfrac{u}{U} = \dfrac{y}{\delta}$이므로
$$\delta_m = \int_0^\delta \frac{y}{\delta}\left(1 - \frac{y}{\delta}\right)dy = \int_0^\delta \left(\frac{y}{\delta} - \frac{y^2}{\delta^2}\right)dy$$
$$= \left[\frac{y^2}{2\delta} - \frac{y^3}{3\delta^2}\right]_0^\delta = \frac{\delta}{2} - \frac{\delta}{3} = \frac{\delta}{6}$$

58

간격이 10[mm]인 평행 평판 사이에 점성계수가 14.2[poise]인 기름이 가득 차 있다. 아래쪽 판을 고정하고 위의 평판을 2.5[m/s]인 속도로 움직일 때, 평판 면에 발생되는 전단응력은?

① 316 [N/cm^2]
② 316 [N/m^2]
③ 355 [N/m^2]
④ 355 [N/cm^2]

풀이

1[poise] = 1[dyne·s/cm^2] = 0.1[N·s/m^2]이므로, 뉴턴의 점성법칙으로부터
$$\tau = \mu\frac{du}{dy} = \mu\frac{u}{y} = 14.2 \times 0.1 \times \frac{2.5}{0.01} = 355\,[\text{N/m}^2]$$

59

어뢰의 성능을 시험하기 위해 모형을 만들어서 수조 안에서 24.4[m/s]의 속도로 끌면서 실험하고 있다. 원형(prototype)의 속도가 6.1[m/s]라면 모형과 원형의 크기 비는 얼마인가?

① 1 : 2
② 1 : 4
③ 1 : 8
④ 1 : 10

풀이

레이놀즈수(Re)가 같아야 한다. 그런데, 같은 유체 속에서 실험을 하므로 동점성계수는 생략된다. 즉, $\dfrac{Vd}{\nu}$에서 Vd만 비교하면 된다.
$24.4 \times d_m = 6.1 \times d_p$
$\therefore \dfrac{d_m}{d_p} = \dfrac{6.1}{24.4} = \dfrac{1}{4}$ $\therefore d_m : d_p = 1 : 4$

60

$\dfrac{p}{\gamma} + \dfrac{v^2}{2g} + z = \text{Const}$ 로 표시되는 Bernoulli의 방정식에서 우변의 상수값에 대한 설명으로 가장 옳은 것은?

① 지면에서 동일한 높이에서는 같은 값을 가진다.
② 유체 흐름의 단면상의 모든 점에서 같은 값을 가진다.
③ 유체 내의 모든 점에서 같은 값을 가진다.
④ 동일 유선에 대해서는 같은 값을 가진다.

풀이
베르누이 방정식 :
모든 단면에서 압력수두, 속도수두, 위치수두의 총합은 동일한 유선에서 같은 값을 가진다.

제4과목 : 기계재료 및 유압기기

61
탄소강의 기계적 성질에 대한 설명으로 틀린 것은?
① 아공석강의 인장강도, 항복점은 탄소함유량의 증가에 따라 증가한다.
② 인장강도는 공석강이 최고이고, 연신율 및 단면수축률은 탄소량과 더불어 감소한다.
③ 온도가 증가함에 따라 인장강도, 경도, 항복점은 항상 저하한다.
④ 재료의 온도가 300 [℃] 부근으로 되면 충격치는 최소치를 나타낸다.

풀이
탄소강에서 인장강도는 0℃에서 85℃까지 감소하였다가 점차 증가하여 250℃에서 최대치를 이루고 그 후로는 온도증가와 더불어 계속 감소한다. 따라서 인장강도는 온도가 증가함에 따라 항상 저하하는 것은 아니다.

62
구상흑연 주철에서 흑연을 구상으로 만드는데 사용하는 원소는?
① C
② Mg
③ Ni
④ Ti

풀이
용융된 회주철에 Mg, Ca 등을 첨가하여 편상으로 존재되어 있는 흑연을 구상으로 처리한 주철을 구상흑연주철이라 한다.

63
다음 중 강의 상온취성을 일으키는 원소는?
① P
② Si
③ S
④ Cu

풀이
상온취성의 유발인자 : 인(P)

64
담금질한 강의 여린 성질을 개선하는 데 쓰이는 열처리법은?
① 뜨임처리
② 불림처리
③ 풀림처리
④ 침탄처리

풀이
담금질한 강에 인성을 부여하기 위한 열처리는 뜨임(Tempering)이다.

65
고속도강에 대한 설명으로 틀린 것은?
① 고온 및 마모저항이 크고 보통강에 비하여 고온에서 3~4배의 강도를 갖는다.
② 600[℃] 이상에서도 경도 저하 없이 고속절삭이 가능하며 고온경도가 크다.
③ 18 - 4 - 1형을 주조한 것은 오스테나이트와 복합탄화물의 혼합조직이다.
④ 열전달이 좋아 담금질을 위한 예열이 필요 없이 가열을 하여도 좋다.

풀이
고속도강(SKH) : 텅-크-바(18-4-1)
㉠ 예열 : 800 ~ 900℃
㉡ 담금질 온도 : 1250 ~ 1300℃(1차 경화)
㉢ 뜨임 : 550 ~ 580℃(2차 경화)

66
다음 중 가공성이 가장 우수한 결정격자는?
① 면심입방격자
② 체심입방격자
③ 정방격자
④ 조밀육방격자

풀이
면심입방격자는 금, 은, 구리, 알루미늄 등과 같이 연성 및 전성이 뛰어난 금속을 이루는 격자배열이다.

67
고강도 합금으로 항공기용 재료에 사용되는 것은?
① 베릴륨 동
② 알루미늄 청동
③ Naval brass
④ Extra Super Duralumin(ESD)

풀이
초초 두랄루민(ESD) :
기존의 두랄루민에 아연(Zn)을 8~20% 함유시켜 개량한 것으로 비행기 동체에 쓰인다.

68
고체 내에서 온도변화에 따라 일어나는 동소변태는?
① 첨가원소가 일정량 초과할 때 일어나는 변태
② 단일한 고상에서 2개의 고상이 석출되는 변태
③ 단일한 액상에서 2개의 고상이 석출되는 변태
④ 한 결정구조가 다른 결정구조로 변하는 변태

풀이
동소변태는 온도에 따라 결정구조가 변하는 변태를 말한다. 즉, 체심입방격자→면심입방격자→체심입방격자 등으로 변하는 현상이다.

69
오스테나이트형 스테인리스강의 대표적인 강종은?
① S80
② V2B
③ 18-8형
④ 17-10P

풀이
오스테나이트계는 Cr-Ni(18%-8%)이 함유된 스테인리스 강으로 비자성이다.

70
합금주철에서 특수합금 원소의 영향을 설명한 것으로 틀린 것은?
① Ni은 흑연화를 방지한다.
② Ti은 강한 탈산제이다.
③ V은 강한 흑연화 방지 원소이다.
④ Cr은 흑연화를 방지하고 탄화물을 안정화한다.

풀이
주철의 흑연화 촉진제 : Al, Si, Ti, Ni, Co
주철의 흑연화 방지제 : W, Cr, V, Mn, Mo

71
작동순서의 규제를 위해 사용되는 밸브는?
① 안전 밸브
② 릴리프 밸브
③ 감압 밸브
④ 시퀀스 밸브

풀이
시퀀스 밸브 : 순차적 제어 밸브

72
그림과 같은 무부하 회로의 명칭은 무엇인가?

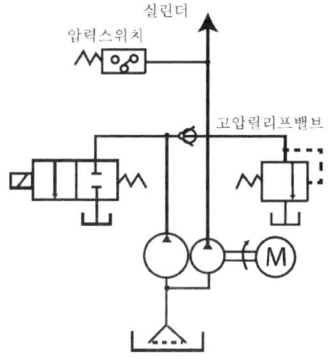

① 전환밸브에 의한 무부하 회로
② 파일럿 조작 릴리프 밸브에 의한 무부하 회로
③ 압력스위치와 솔레노이드밸브에 의한 무부하 회로
④ 압력 보상 가변 용량형 펌프에 의한 무부하 회로

풀이

압력스위치와 솔레노이드밸브에 의한 무부하 회로이다.

73
유압 펌프에서 토출되는 최대 유량이 100[L/min] 일 때 펌프 흡입측의 배관 안지름으로 가장 적합한 것은? (단, 펌프 흡입측 유속은 0.6[m/s]이다)

① 60 [mm]   ② 65 [mm]
③ 73 [mm]   ④ 84 [mm]

풀이

$Q = AV$ 에서 $100 \times \frac{10^{-3}}{60} = \frac{\pi}{4}d^2 \times 0.6$

$\therefore d = 0.05947 [\text{m}] = 59.5 [\text{mm}]$

74
크래킹 압력(cracking pressure)에 관한 설명으로 가장 적합한 것은?

① 파일럿 관로에 작용시키는 압력
② 압력 제어 밸브 등에서 조절되는 압력
③ 체크 밸브, 릴리프 밸브 등에서 압력이 상승하고 밸브가 열리기 시작하여 어느 일정한 흐름의 양이 인정되는 압력
④ 체크 밸브, 릴리프 밸브 등의 입구 쪽 압력이 강하하고, 밸브가 닫히기 시작하여 밸브의 누설량이 어느 규정의 양까지 감소했을 때의 압력

풀이

• 크래킹 압력 :
체크 밸브, 릴리프 밸브 등에서 압력이 상승하고 밸브가 열리기 시작하여 어느 일정한 흐름의 양이 인정되는 압력
• 리시트 압력 :
체크 밸브, 릴리프 밸브 등의 입구 쪽 압력이 강하하고, 밸브가 닫히기 시작하여 밸브의 누설량이 어느 규정의 양까지 감소했을 때의 압력

75
주로 펌프의 흡입구에 설치되어 유압작동유의 이물질을 제거하는 용도로 사용하는 기기는?

① 배플(baffle)
② 블래더(bladder)
③ 스트레이너(strainer)
④ 드레인 플러그(drain plug)

풀이

스트레이너 : 여과기
(펌프 흡입구의 풋 밸브 내에 존재하는 여과망)

76
밸브의 전환 도중에서 과도적으로 생긴 밸브 포트간의 흐름을 의미하는 유압 용어는?

① 인터플로(interflow)
② 자유 흐름(free flow)

③ 제어 흐름(controlled flow)
④ 아음속 흐름(subsonic flow)

> 풀이

인터플로(inter flow)이다.

77

그림의 유압회로는 시퀀스 밸브를 이용한 시퀀스 회로이다. 그림의 상태에서 2위치 4포트 밸브를 조작하여 두 실린더를 작동시킨 후 2위치 4포트 밸브를 반대방향으로 조작하여 두 실린더를 다시 작동시켰을 때 두 실린더의 작동순서(ⓐ~ⓓ)로 올바른 것은? (단, ⓐ, ⓑ는 A 실린더의 운동방향이고, ⓒ, ⓓ는 B 실린더의 운동방향이다)

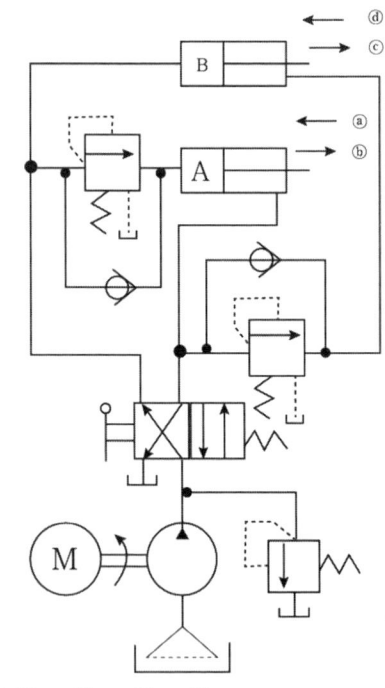

① ⓐ → ⓓ → ⓑ → ⓒ
② ⓒ → ⓐ → ⓑ → ⓓ
③ ⓓ → ⓑ → ⓒ → ⓐ
④ ⓓ → ⓐ → ⓒ → ⓑ

> 풀이

유압펌프에서 출발한 압유는 릴리프밸브의 설정압보다 작다고 가정하면 2위치 4포트 밸브를 거쳐 실린더 B에 도달하여 ⓒ방향으로 운동한다. 이때 실린더 B에 배압이 걸리면서 실린더 A의 앞에 있는 시퀀스 밸브가 열리고 압유는 실린더 A에 도달하여 실린더 A를 ⓐ방향으로 운동시킨다. 이때 실린더 A, B에서 방출된 압유는 모두 유압탱크로 귀환된다.
다음, 2위치 4포트 밸브를 절환하면 압유가 실린더 A에 도달하여 ⓑ방향으로 운동시키고 실린더 A의 밑에 있는 시퀀스 밸브가 열리면서 압유는 실린더 B에 도달하여 ⓓ방향으로 운동시킨다. 이때에도 실린더 A, B에서 방출된 압유는 모두 유압탱크로 귀환된다.
결국, 실린더의 작동순서는 ⓒ→ⓐ→ⓑ→ⓓ이다.

78

피스톤 펌프의 일반적인 특징에 관한 설명으로 옳은 것은?
① 누설이 많아 체적효율이 나쁜 편이다.
② 부품수가 적고 구조가 간단한 편이다.
③ 가변 용량형 펌프로 제작이 불가능하다.
④ 피스톤의 배열에 따라 사축식과 사판식으로 나눈다.

> 풀이

피스톤 펌프의 특징
㉠ 누설이 적어 체적효율이 좋은 편이다.
㉡ 부품수가 많고 구조가 복잡한 편이다.
㉢ 가변용량형으로 제작이 가능하다.
㉣ 피스톤의 배열에 따라 엑시얼 형(사축식, 사판식)과 레이디얼 형으로 구분된다.

79

다음 중 유압기기의 장점이 아닌 것은?
① 정확한 위치 제어가 가능하다.
② 온도 변화에 대해 안정적이다.
③ 유압에너지원을 축적할 수 있다.
④ 힘과 속도를 무단으로 조절할 수 있다.

풀이

온도 변화에 따른 압유의 점도가 변화하므로 안정적이지 않다.

80

기어 펌프나 피스톤 펌프와 비교하여 베인펌프의 특징을 설명한 것으로 옳지 않은 것은?
① 토출 압력의 맥동이 적다.
② 일반적으로 저속으로 사용하는 경우가 많다.
③ 베인의 마모로 인한 압력 저하가 적어 수명이 길다.
④ 카트리지 방식으로 인하여 호환성이 양호하고 보수가 용이하다.

풀이

베인펌프의 특징
㉠ 토출 압력의 맥동이 적고 소음이 없다.
㉡ 베인의 마모로 인한 압력 저하가 적어 수명이 길다.
㉢ 카트리지 방식으로 호환성이 좋다. 또한, 카트리지 교체로 정비가 수월하다.
㉣ 동일 토크와 동일 마력에서 형상치수가 작다.
㉤ 기동 토크가 작아 급속시동이 가능하다.

제5과목 : 기계제작법 및 기계동력학

81

규폴라(cupola)의 유효 높이에 대한 설명으로 옳은 것은?
① 유효높이는 송풍구에서 장입구까지의 높이이다.
② 유효높이는 출탕구에서 송풍구까지의 높이를 말한다.
③ 출탕구에서 굴뚝 끝까지의 높이를 직경으로 나눈 값이다.
④ 열효율이 높아지므로, 유효높이는 가급적 낮추는 것이 바람직하다.

풀이

큐폴라(용선로)의 유효높이=송풍구~장입구

82

주형 내에 코어가 설치되어 있는 경우 주형에 필요한 압상력(F)을 구하는 식으로 옳은 것은? (단, 투영면적은 S, 주입금속의 비중량은 P, 주물의 윗면에서 주입구 면까지의 높이는 H, 코어의 체적은 V 이다)
① $F = \left(S \cdot P \cdot H + \dfrac{1}{2} V \cdot P\right)$
② $F = \left(S \cdot P \cdot H - \dfrac{1}{2} V \cdot P\right)$
③ $F = \left(S \cdot P \cdot H + \dfrac{3}{4} V \cdot P\right)$
④ $F = \left(S \cdot P \cdot H - \dfrac{3}{4} V \cdot P\right)$

풀이

압상력 $F = \left(S \cdot P \cdot H + \dfrac{3}{4} V \cdot P\right)$

83

CNC 공작기계에서 서보기구의 형식 중 모터에 내장된 타코 제너레이터에서 속도를 검출하고 엔코더에서 위치를 검출하여 피드백하는 제어방식은?
① 개방회로 방식
② 폐쇄회로 방식
③ 반 폐쇄회로 방식
④ 하이브리드 방식

풀이

반 폐쇄회로 방식이다.

84

피복 아크 용접봉의 피복제(flux)의 역할로 틀린 것은?
① 아크를 안정시킨다.
② 모재 표면에 산화물을 제거한다.
③ 용착금속의 탈산 정련작용을 한다.
④ 용착금속의 냉각속도를 빠르게 한다.

풀이
피복제는 용착금속의 냉각속도를 느리게 한다.

85
가스침탄법에서 침탄층의 깊이를 증가시킬 수 있는 첨가원소는?
① Si
② Mn
③ Al
④ N

풀이
침탄강의 침탄깊이를 증가시키는 첨가원소
: Mn, Ni, Cr, Mo, C

86
두께 2 [mm], 지름이 30 [mm]인 구멍을 탄소 강판에 펀칭할 때, 프레스의 슬라이드 평균속도 4[m/min], 기계효율 $\eta=70[\%]$이면 소요동력 [PS]은 약 얼마인가? (단, 강판의 전단 저항은 25[kgf/mm^2], 보정계수는 1로 한다)
① 3.2
② 6.0
③ 8.2
④ 10.6

풀이
전단력 $P=\tau\pi dt=25\times\pi\times30\times2=4712.4\,[\text{kg}_f]$
동력 $H=\dfrac{PV}{75\times60\times\eta}=\dfrac{4712.4\times4}{75\times60\times0.7}=5.98[\text{PS}]$

87
전해연마의 특징에 대한 설명으로 틀린 것은?
① 가공 변질층이 없다.
② 내부식성이 좋아진다.
③ 가공면에 방향성이 생긴다.
④ 복잡한 형상을 가진 공작물의 연마도 가능 하다.

풀이
전해연마시 평활하고 매끄러운 가공면을 얻을 수 있다.

88
절삭가공할 때 유동형 칩이 발생하는 조건으로 틀린 것은?
① 절삭 깊이가 적을 때
② 절삭 속도가 느릴 때
③ 바이트 인선의 경사각이 클 때
④ 연성의 재료(구리, 알루미늄 등)를 가공할 때

풀이
유동형 칩의 발생조건
㉠ 연성(연질)의 재료를 가공할 때
㉡ 절삭깊이가 얕을 때
㉢ 절삭속도가 고속일 때
㉣ 바이트의 윗면 경사각이 클 때

89
소성가공에 속하지 않는 것은?
① 압연가공
② 인발가공
③ 단조가공
④ 선반가공

풀이
선반가공은 절삭가공이다.

90
스핀들과 앤빌의 측정면이 뾰족한 마이크로미터로서 드릴의 웨브(web), 나사의 골지름 측정에 주로 사용되는 마이크로미터는?
① 깊이 마이크로미터
② 내측 마이크로미터
③ 포인트 마이크로미터
④ V-앤빌 마이크로미터

풀이
포인트 마이크로미터이다.

91

자동차 A는 시속 60[km]로 달리고 있으며, 자동차 B는 A의 바로 앞에서 같은 방향으로 시속 80[km]로 달리고 있다. 자동차 A에 타고 있는 사람이 본 자동차 B의 속도는?

① 20[km/h]
② 60[km/h]
③ -20[km/h]
④ -60[km/h]

> 풀이

$V_B - V_A = 80 - 60 = 20 [km/h]$

92

100[kg]의 균일한 원통(반지름 2[m])이 그림과 같이 수평면 위를 미끄럼없이 구른다. 이 원통에 연결된 스프링의 탄성계수는 450[N/m], 초기 변위 $x(0) = 0$ [m]이며, 초기속도는 $\dot{x}(0) = 2$[m/s]일 때 변위 $x(t)$를 시간의 함수로 옳게 표현한 것은? (단, 스프링은 시작점에서는 늘어나지 않은 상태로 있다고 가정한다)

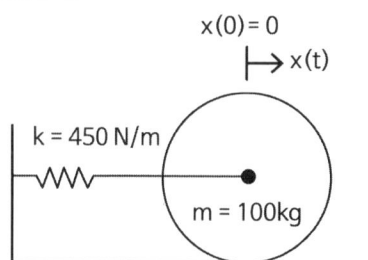

① $1.15\cos(\sqrt{3}\,t)$
② $1.15\sin(\sqrt{3}\,t)$
③ $3.46\cos(\sqrt{2}\,t)$
④ $3.46\sin(\sqrt{2}\,t)$

> 풀이

에너지보존법칙으로부터

$\dfrac{d}{dt}\left(\dfrac{1}{2}m\dot{x}^2 + \dfrac{1}{2}I\omega^2 + \dfrac{1}{2}kx^2\right) = 0$

$\dfrac{d}{dt}\left\{\dfrac{1}{2}m\dot{x}^2 + \dfrac{1}{2}\left(\dfrac{mr^2}{2}\right)\left(\dfrac{\dot{x}}{r}\right)^2 + \dfrac{1}{2}kx^2\right\} = 0$

$\dfrac{1}{2}m2\dot{x}\ddot{x} + \dfrac{mr^2}{4}\dfrac{2\dot{x}\ddot{x}}{r^2} + \dfrac{1}{2}k2x\dot{x} = 0$

정리하고 $\dot{x}$를 소거하면

$m\ddot{x} + \dfrac{m}{2}\ddot{x} + kx = 0 \quad \therefore \ddot{x} + \dfrac{2k}{3m}x = 0$

따라서, $\omega = \sqrt{\dfrac{2k}{3m}} = \sqrt{\dfrac{2 \times 450}{3 \times 100}} = \sqrt{3}$

진동방정식을 $x = X\sin\omega t$라고 가정하면
$\dot{x} = \omega X\cos\omega t$

경계조건에 의하여
$\dot{x}(0) = 2 = \omega X \quad \therefore X = \dfrac{2}{\omega} = \dfrac{2}{\sqrt{3}} = 1.154$

따라서, $x = 1.154\sin\sqrt{3}\,t$

[검토] $x = X\cos\omega t$라고 하면
$\dot{x} = -\omega X\sin\omega t$, $\dot{x}(0) = 0$(조건에 위배됨)

93

1자유도계에서 질량을 m, 감쇠계수를 c, 스프링상수를 k라 할 때, 임펄스 응답이 그림과 같기 위한 조건은?

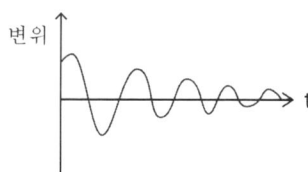

① $c > 2\sqrt{mk}$
② $c > 2mk$
③ $c < 4mk$
④ $c < 2\sqrt{mk}$

> 풀이

부족감쇠(subcritical damping)이므로
$c < 2\sqrt{mk}$

94

전동기를 이용하여 무게 9800[N]의 물체를 속도 0.3[m/s]로 끌어 올리려 한다. 장치의 기계적 효율을 80[%]로 하면 최소 몇 [kW]의 동력이 필요한가?

① 3.2　　② 3.7
③ 4.9　　④ 6.2

풀이

$$\eta = \frac{\text{output Power}}{\text{input Power}} = \frac{Fv}{H}$$

$$H = \frac{9800 \times 0.3 \times 10^{-3}}{\eta} = \frac{9.8 \times 0.3}{0.7} = 3.675[\text{kW}]$$

95

길이 l의 가는 막대가 O점에 고정되어 회전한다. 수평위치에서 막대를 놓아 수직위치에 왔을 때, 막대의 각속도는 얼마인가? (단, g는 중력가속도이다)

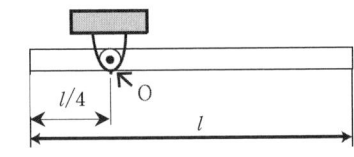

① $\sqrt{\dfrac{7l}{24g}}$　　② $\sqrt{\dfrac{12\pi g}{7l}}$

③ $\sqrt{\dfrac{9\pi l}{32g}}$　　④ $\sqrt{\dfrac{32g}{9l}}$

풀이

막대의 질량을 m이라 하면 무게중심점에서 mg의 힘으로 막대를 회전시킨다.

$\tau = I\alpha$

$$mg\frac{l}{4} = \left\{\frac{ml^2}{12} + m\left(\frac{l}{2}\right)^2\right\}\alpha$$

정리하면, $\alpha = \dfrac{12g}{7l}$

등각가속도 회전운동의 식에서

$2\alpha\theta = \omega^2 \quad \therefore 2\left(\dfrac{12g}{7l}\right)\dfrac{\pi}{2} = \omega^2$

결국, $\omega = \sqrt{\dfrac{12\pi g}{7l}}$

96

12000[N]의 차량이 20[m/s]의 속도로 평지를 달리고 있다. 자동차의 제동력이 6000[N]이라고 할 때, 정지하는 데 걸리는 시간은?

① 4.1초
② 6.8초
③ 8.2초
④ 10.5초

풀이

$F = ma = m\dfrac{v - v_0}{t}$ 에서

$-6000 = \dfrac{12000}{9.8} \times \dfrac{0 - 2}{t} \quad \therefore t = 0.408[\text{s}]$

97

고정축에 대하여 등속회전운동을 하는 강체 내부에 두 점 A, B가 있다. 축으로부터 점 A까지의 거리는 축으로부터 점 B까지 거리의 3배이다. 점 A의 선속도는 점 B의 선속도의 몇 배인가?

① 같다
② 1/3배
③ 3배
④ 9배

풀이

$v = \omega r$ 에서 $\omega =$ 일정

$\therefore v \propto r \quad \therefore v_A = 3v_B$

결국, $\dfrac{v_A}{v_B} = 3[\text{배}]$

98

무게 10[kN]의 해머(hammer)를 10[m]의 높이에서 자유 낙하시켜서 무게 300[N]의 말뚝을 50[cm] 박았다. 충돌한 직후에 해머와 말뚝은 일체가 된다고 볼 때 충돌 직후의 속도는 몇 [m/s]인가?

정답 94② 95② 96① 97③ 98③

① 50.4
② 20.4
③ 13.6
④ 6.7

> 풀이

말뚝에 닿는 순간 해머의 속도(V_1)는
$V_1 = \sqrt{2gh} = \sqrt{2 \times 9.8 \times 10} = 14 [\text{m/s}]$
운동량보존법칙으로부터
$m_1 V_1 + 0 = (m_1 + m_2) V$

$V = \dfrac{m_1}{m_1 + m_2} V_1$

$= \dfrac{10000}{10000 + 300} \times 14 = 13.59 [\text{m/s}]$

질량비와 무게비가 같으므로 굳이 무게를 질량으로 환산하여 계산할 필요없다.

99

다음 중 감쇠 형태의 종류가 아닌 것은?

① hysteretic damping
② Coulomb damping
③ viscous damping
④ critical damping

> 풀이

- 감쇠(減衰; damping) :
  에너지의 소실로 진폭이 점점 감소되어 결국엔 정지하는 현상으로 감쇠장치를 감쇠기(damper)라 한다.
- ㉠ hysteretic damping(고체감쇠) :
  고체가 변형될 때 내부마찰에 의해 생김
- ㉡ Coulomb damping(쿨롱감쇠) : 건조된 면과 면 사이의 운동마찰로 감쇠력이 일정함 ($f = \mu N$)
- ㉢ viscous damping(점성감쇠) :
  유체의 점성에 의한 감쇠로 감쇠력은 속도에 비례함(구의 경우 스톡스의 법칙 $f = 6\pi \eta V$)
- 초임계감쇠, 임계감쇠, 부족감쇠로 분류하는 것은 감쇠계수의 값에 따른 분류이다.
  초임계감쇠 : $c > 2\sqrt{mk}$
  임계감쇠 : $c = 2\sqrt{mk}$
  부족감쇠 : $c < 2\sqrt{mk}$

100

스프링 정수 2.4[N/cm]인 스프링 4개가 병렬로 어떤 물체를 지지하고 있다. 스프링의 변위가 1[cm]라면 지지된 물체의 무게는 몇 [N]인가?

① 7.6
② 9.6
③ 18.2
④ 20.4

> 풀이

여기서 스프링 정수는 스프링 상수를 지칭한다.
병렬이므로 등가 스프링 상수는 $4k$이다.
$mg = (4k)x = (4 \times 2.4) \times 1 = 9.6 [\text{N}]$

정답 99 ④ 100 ②

국가기술자격 필기시험
2016년 기사 제1회 【 일반기계기사 】 필기

제1과목 : 재료역학

1

그림과 같이 최대 q_0인 삼각형 분포하중을 받는 버팀 외팔보에서 B지점의 반력 R_B를 구하면?

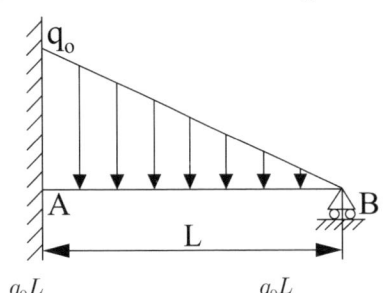

① $\dfrac{q_0L}{4}$ ② $\dfrac{q_0L}{6}$

③ $\dfrac{q_0L}{8}$ ④ $\dfrac{q_0L}{10}$

풀이

먼저, 삼각분포하중이 작용하는 외팔보의 B단에서의 처짐(δ_1)을 면적모멘트법으로 구해본다.

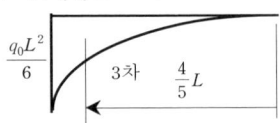

$\delta_1 = \dfrac{1}{EI}\dfrac{1}{4}\left(\dfrac{q_0L^2}{6}\right)\left(\dfrac{4}{5}L\right) = \dfrac{q_0L^4}{30EI}$ (아래로 처짐)

다음, 반력 R_B에 의한 처짐(δ_2)은

$\delta_2 = \dfrac{R_BL^3}{3EI}$ (위로 처짐)

따라서, B단의 처짐은 0이므로 $|\delta_1| = |\delta_2|$

$\dfrac{q_0L^4}{30EI} = \dfrac{R_BL^3}{3EI}$ $\therefore R_B = \dfrac{q_0L}{10}$

2

그림과 같은 장주(long column)에 하중 Pcr을 가했더니 오른쪽 그림과 같이 좌굴이 일어났다. 이때 오일러 좌굴응력 σ_{cr}은? (단, 세로탄성계수는 E, 기둥 단면의 회전반경(radius of gyration)은 r, 길이는 L이다.)

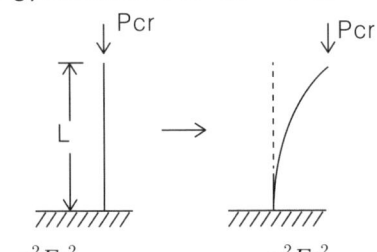

① $\dfrac{\pi^2 Er^2}{4L^2}$ ② $\dfrac{\pi^2 Er^2}{L^2}$

③ $\dfrac{\pi Er^2}{4L^2}$ ④ $\dfrac{\pi Er^2}{L^2}$

풀이

먼저, 회전반경 $r = \sqrt{\dfrac{I}{A}}$ 에서 $I = Ar^2$

좌굴하중 $P_{cr} = n\pi^2\dfrac{EI}{L^2} = n\pi^2\dfrac{EAr^2}{L^2}$

좌굴응력 $\sigma_{cr} = \dfrac{P_{cr}}{A} = n\pi^2\dfrac{Er^2}{L^2} = \dfrac{1}{4}\pi^2\dfrac{Er^2}{L^2}$

3

다음과 같은 평면응력상태에서 최대전단응력은 약 몇 MPa 인가?

| x 방향 인장응력 : 175MPa |
| y 방향 인장응력 : 35MPa |
| xy 방향 전단응력 : 60MPa |

① 38   ② 53
③ 92   ④ 108

정답 1④ 2① 3③

풀이

$$\tau_{max} = \sqrt{\left(\frac{\sigma_x - \sigma_y}{2}\right)^2 + \tau_{xy}^2} = \sqrt{\left(\frac{140}{2}\right)^2 + 60^2}$$
$$= \sqrt{70^2 + 60^2} = 92.195 \, [\text{MPa}]$$

4

반지름이 r인 원형 단면의 단순보에 전단력 F가 가해졌다면, 이때 단순보에 발생하는 최대전단 응력은?

① $\dfrac{2F}{3\pi r^2}$ ② $\dfrac{3F}{2\pi r^2}$

③ $\dfrac{4F}{3\pi r^2}$ ④ $\dfrac{5F}{3\pi r^2}$

풀이

$$\tau_{max} = \frac{4}{3}\frac{V}{A} = \frac{4}{3}\frac{F}{\pi r^2}$$

5

바깥지름이 46mm인 속이 빈 축이 120kW의 동력을 전달하는데 이때의 각속도는 40rev/s이다. 이 축의 허용비틀림응력이 80MPa일 때, 안지름은 약 몇 mm 이하이여야 하는가?

① 29.8

② 41.8

③ 36.8

④ 48.8

풀이

먼저, 각속도(ω)의 단위를 고친다.
$\omega = 40\,[\text{rev/s}] = 40 \times 2\pi\,[\text{rad/s}] = 80\pi\,[\text{rad/s}]$

토크(T)는
$$T = \tau_a Z_p = \tau_a \frac{\pi d^3}{16}(1 - x^4) \;\cdots\; \text{㉠}$$

여기서, $x = \dfrac{d_1}{d}$: 내외경비

동력(H)과 토크, 각속도의 관계에서
$$T = \frac{H}{\omega} \;\cdots\; \text{㉡}$$

㉠과 ㉡을 등치시키면

$\tau_a \dfrac{\pi d^3}{16}(1-x^4) = \dfrac{H}{\omega}$ 에서

$(1-x^4) = \dfrac{16}{\pi d^3 \tau_a} \times \dfrac{H}{\omega}$

$= \dfrac{16}{\pi \times 0.046^3 \times 80 \times 10^6} \times \dfrac{120 \times 10^3}{80 \times \pi} = 0.3123$

$x = \dfrac{d_1}{46} = \sqrt[4]{1 - 0.3123}$

$\therefore d_1 = 46\sqrt[4]{1-0.3123} = 41.889\,[\text{mm}]$

6

지름 d인 원형단면으로부터 절취하여 단면 2차 모멘트 I가 가장 크도록 사각형 단면 [폭(b)×높이(h)]을 만들 때 단면 2차 모멘트를 사각형 폭(b)에 관한 식으로 옳게 나타낸 것은?

① $\dfrac{\sqrt{3}}{4}b^4$ ② $\dfrac{\sqrt{3}}{4}b^3$

③ $\dfrac{4}{\sqrt{3}}b^3$ ④ $\dfrac{4}{\sqrt{3}}b^4$

풀이

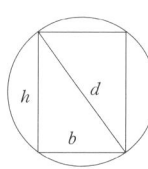

피타고라스 정리에 의해
$b^2 + h^2 = d^2$
$h = (d^2 - b^2)^{\frac{1}{2}}$
$I = \dfrac{bh^3}{12} = \dfrac{b}{12}(d^2 - b^2)^{\frac{3}{2}}$

$\dfrac{dI}{db} = 0$을 이용하면

$\dfrac{dI}{db} = \dfrac{1}{12}(d^2 - b^2)^{\frac{3}{2}} + \dfrac{b}{12}\dfrac{3}{2}(d^2-b^2)^{\frac{1}{2}}(-2b)$
$= 0$

정리하면,
$(d^2 - b^2) = 3b^2$
$\therefore d^2 = 4b^2,\; h^2 = 3b^2$
$\therefore h = \sqrt{3}\,b$
$I = \dfrac{bh^3}{12} = \dfrac{b(\sqrt{3}\,b)^3}{12} = \dfrac{\sqrt{3}}{4}b^4$

7

그림과 같은 외팔보가 하중을 받고 있다. 고정단에 발생하는 최대굽힘 모멘트는 몇 N·m인가?

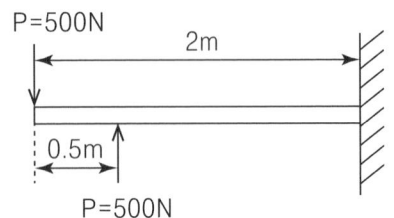

① 250　　② 500
③ 750　　④ 1000

풀이

$-500 \times 2 + 500 \times 1.5 = -250 [\text{N} \cdot \text{m}]$
(물이 흘러나감), 크기 $M = 250 [\text{N} \cdot \text{m}]$

8

재료시험에서 연강재료의 세로탄성계수가 210GPa로 나타났을 때 포아송 비(ν)가 0.303이면 이 재료의 전단탄성계수 G는 몇 GPa인가?

① 8.05　　② 10.51
③ 35.21　　④ 80.58

풀이

$E = 2G(1+\nu)$에서
$G = \dfrac{E}{2(1+\nu)} = \dfrac{210}{2(1+0.303)} = 80.58 [\text{MPa}]$

9

그림과 같이 강봉에서 A, B가 고정되어 있고 25℃에서 내부응력은 0인 상태이다. 온도가 −40℃로 내려갔을 때 AC 부분에서 발생하는 응력은 약 몇 MPa인가? (단, 그림에서 A_1은 AC 부분에서의 단면적이고 A_2는 BC 부분에서의 단면적이다. 그리고 강봉의 탄성계수는 200Gpa이고, 열팽창계수는 12×10⁻⁶/℃이다.)

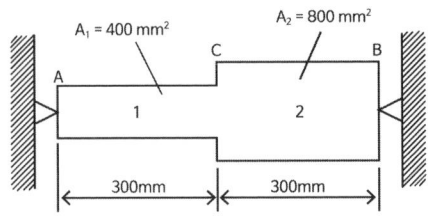

① 416
② 350
③ 208
④ 154

풀이

$\lambda = \dfrac{P\ell}{A_1 E} + \dfrac{P\ell}{A_2 E} = \dfrac{P\ell}{E}\left(\dfrac{1}{A_1} + \dfrac{1}{A_2}\right)$ ······ ㉠

$\lambda = \alpha \Delta T 2\ell$ ······ ㉡

㉠과 ㉡을 등치시키면

$\dfrac{P}{E}\left(\dfrac{1}{A_1} + \dfrac{1}{A_2}\right) = 2\alpha\Delta T$

$\dfrac{P}{200 \times 10^9}\left(\dfrac{1}{400 \times 10^{-6}} + \dfrac{1}{800 \times 10^{-6}}\right)$
$\quad = 2 \times 12 \times 10^{-6} \times 65$

∴ $P = 83200 [\text{N}]$

∴ $\sigma_1 = \dfrac{P}{A_1} = \dfrac{83200}{400} = 208 [\text{MPa}]$

10

그림과 같은 트러스 구조물의 AC, BC부재가 핀 C에서 수직하중 P=1000N의 하중을 받고 있을 때 AC부재의 인장력은 약 몇 N인가?

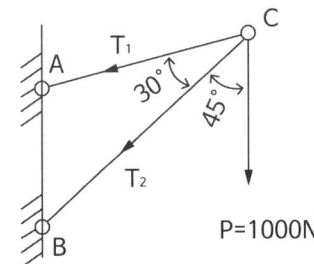

① 141　　② 707
③ 1414　　④ 1732

풀이

Lami의 정리에 의하여

$$\frac{T_1}{\sin 45°} = \frac{1000}{\sin 30°} \quad \therefore T_1 = 1414.2[\text{N}]$$

11

보의 길이 ℓ에 등분포하중 w를 받는 직사각형 단순보의 최대 처짐량에 대하여 옳게 설명한 것은? (단, 보의 자중은 무시한다.)

① 보의 폭에 정비례한다.
② ℓ의 3승에 정비례한다.
③ 보의 높이의 2승에 반비례한다.
④ 세로탄성계수에 반비례한다.

풀이

$$\delta_{\max} = \frac{5w\ell^4}{384EI} = \frac{5}{384} \frac{12w\ell^4}{Ebh^3}$$

12

양단이 고정된 축을 그림과 같이 m-n단면에서 T만큼 비틀면 고정단 AB에서 생기는 저항 비틀림 모멘트의 비 T_A/T_B는?

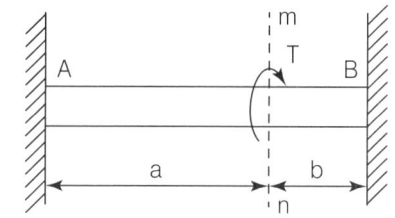

① $\frac{b^2}{a^2}$ ② $\frac{b}{a}$

③ $\frac{a}{b}$ ④ $\frac{a^2}{b^2}$

풀이

$$T_A = \frac{b}{a+b}T, \quad T_B = \frac{a}{a+b}T \quad \therefore \frac{T_A}{T_B} = \frac{b}{a}$$

13

그림과 같은 원형 단면봉에 하중 P가 작용할 때 이 봉의 신장량은? (단, 봉의 단면적은 A, 길이는 L, 세로탄성계수는 E이고, 자중 W를 고려해야 한다)

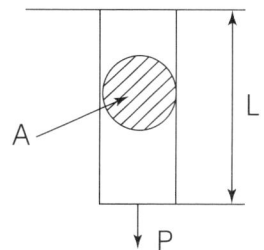

① $\frac{PL}{AE} + \frac{WL}{2AE}$ ② $\frac{2PL}{AE} + \frac{2WL}{AE}$

③ $\frac{PL}{2AE} + \frac{WL}{AE}$ ④ $\frac{PL}{AE} + \frac{WL}{AE}$

풀이

$W = \gamma AL$에서 $\gamma = \dfrac{W}{AL}$이므로

$$\lambda = \frac{PL}{AE} + \frac{\gamma L^2}{2E} = \frac{PL}{AE} + \frac{WL}{2AE}$$

14

직사각형 단면(폭×높이)이 4cm×8cm이고 길이 1m의 외팔보의 전 길이에 6kN/m의 등분포 하중이 작용할 때 보의 최대 처짐각은? (단, 탄성계수 E=210GPa이고 보의 자중은 무시한다.)

① 0.0028rad
② 0.0028°
③ 0.0008rad
④ 0.0008°

풀이

균일분포하중이 작용하는 외팔보의 최대처짐각 (θ)은 자유단에서 생기며, 그 크기는

$$\theta = \frac{w\ell^3}{6EI} = \frac{6000 \times 1^3}{6 \times 210 \times 10^9 \times \dfrac{0.04 \times 0.08^3}{12}}$$

$$= 2.8 \times 10^{-3}[\text{rad}]$$

15

다음 중 수직응력(normal stress)을 발생시키지 않는 것은?

① 인장력
② 압축력
③ 비틀림 모멘트
④ 굽힘 모멘트

풀이
수직응력은 인장응력, 압축응력, 굽힘응력, 좌굴응력 등이 있다. 비틀림모멘트는 전단응력(비틀림응력)을 유발한다.

16

그림과 같은 일단고정 타단지지 보에 등분포하중 w가 작용하고 있다. 이 경우 반력 R_A와 R_B는? (단, 보의 굽힘강성 EI는 일정하다.)

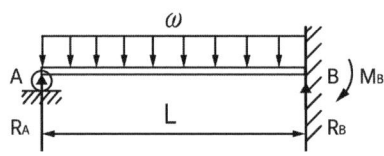

① $R_A = \frac{4}{7}\omega L$, $R_B = \frac{3}{7}\omega L$

② $R_A = \frac{3}{7}\omega L$, $R_B = \frac{4}{7}\omega L$

③ $R_A = \frac{5}{8}\omega L$, $R_B = \frac{3}{8}\omega L$

④ $R_A = \frac{3}{8}\omega L$, $R_B = \frac{5}{8}\omega L$

풀이
A단에서의 처짐은 0이므로
$\frac{R_A L^3}{3EI} = \frac{wL^4}{8EI}$ 에서 $R_A = \frac{3}{8}wL$, $R_B = \frac{5}{8}wL$

17

그림과 같은 블록의 한쪽 모서리에 수직력 10kN이 가해질 경우, 그림에서 위치한 A점에서의 수직응력 분포는 약 몇 kPa인가?

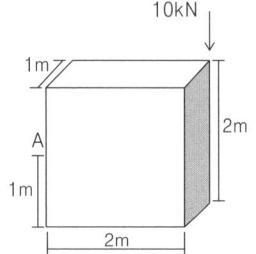

① 25
② 30
③ 35
④ 40

풀이
$\sigma_A = -\frac{P}{A} + \frac{M_1}{Z_1} + \frac{M_2}{Z_2}$

$= -\frac{10}{1 \times 2} + \frac{10 \times 1}{\frac{1 \times 2^2}{6}} + \frac{10 \times 0.5}{\frac{2 \times 1^2}{6}} = 25 \, [\text{kPa}]$

18

길이가 3.14m인 원형 단면의 축 지름이 40mm일 때 이 축이 비틀림 모멘트 100N·m를 받는다면 비틀림각은? (단, 전단 탄성계수는 80GPa이다.)

① 0.156°
② 0.251°
③ 0.895°
④ 0.625°

풀이
$\theta° = \frac{360°}{2\pi} \times \frac{T\ell}{GI_p}$

$= \frac{360}{2\pi} \times \frac{100 \times 3.14}{80 \times 10^9 \times \frac{\pi \times 0.04^4}{32}} = 0.895 \, [°]$

19

단면의 치수가 b×h=6cm×3cm인 강철보가 그림과 같이 하중을 받고 있다. 보에 작용하는 최대 굽힘응력은 약 몇 N/cm^2인가?

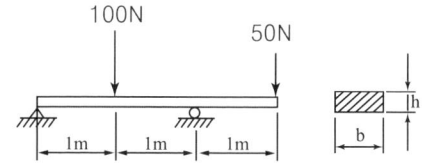

① 278
② 556
③ 1111
④ 2222

풀이

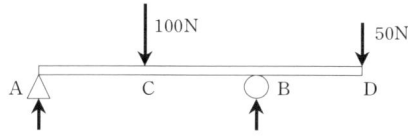

$\Sigma M_A = 0 : \curvearrowright (+)$

$100 \times 1 - R_B \times 2 + 50 \times 3 = 0$

$R_B = \dfrac{100+150}{2} = 125 [N]$

$R_A = 150 - R_B = 150 - 125 = 25[N]$

각 지점에서의 모멘트를 구해보면

$M_A = 0$

$M_C = R_A \times 1 = 25 \times 1 = 25[N \cdot m]$

$M_B = 25 \times 2 - 100 \times 1 = -50[N \cdot m]$

$M_D = 0$

따라서, $M_{\max} = |M_C| = |-50| = 50[N \cdot m]$

$= 5000[N \cdot cm]$

$\therefore \sigma_{b,\max} = \dfrac{M_{\max}}{Z} = \dfrac{6M_{\max}}{bh^2} = \dfrac{6 \times 5000}{6 \times 3^2}$

$= 555.55[N/cm^2]$

20

힘에 의한 재료의 변형이 그 힘의 제거(除去)와 동시에 원형(原形)으로 복귀하는 재료의 성질은?

① 소성(plasticity)
② 탄성(elasticity)
③ 연성(ductility)
④ 취성(brittleness)

풀이

탄성(彈性; elasticity) : 물체가 외력을 받아 변형된 후 그 힘을 제거하면 본래의 모양(原形)으로 되돌아오는 성질

소성(塑性; plasticity) : 물체가 외력을 받아 변형된 후 그 힘을 제거하여도 본래의 모양으로 되돌아오지 못하고 영구변형된 채 남아있는 성질

연성(延性; ductility) : 물체가 인장력을 받으면 철사처럼 길게 늘어나는 성질

취성(脆性; brittleness) : 물체가 힘을 받으면 쉽게 깨지거나 부스러지는 성질

제2과목 : 기계열역학

21

랭킨 사이클의 열효율 증대 방법에 해당하지 않는 것은?

① 복수기(응축기) 압력 저하
② 보일러 압력 증가
③ 터빈의 질량유량 증가
④ 보일러에서 증기를 고온으로 과열

풀이

$T-s$ 선도를 그려보면

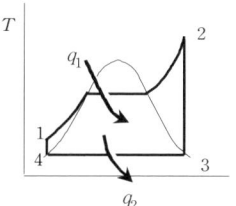

1→2 : 보일러
2→3 : 터빈
3→4 : 복수기
4→1 : 급수펌프

열효율(η)은 질량유량($\dot{m}$)에는 무관하다.

$\eta = \dfrac{w_t}{q_1} = \dfrac{q_1 - q_2}{q_1} = 1 - \dfrac{q_2}{q_1} \fallingdotseq \dfrac{T_2 - T_3}{T_2 - T_4}$

보일러의 압력이 높고 복수기의 압력은 낮을수록, 터빈입구의 온도와 압력은 높고 터빈출구(복수기 입구)의 온도와 압력은 낮을수록 열효율이 증가한다.

22

질량이 m이고 비체적이 v인 구(sphere)의 반지름이 R이면, 질량이 $4m$이고, 비체적이 $2v$인 구의 반지름은?

① $2R$
② $\sqrt{2}R$
③ $\sqrt[3]{2}R$
④ $\sqrt[3]{4}R$

풀이

구의 체적 $(V) = \frac{4}{3}\pi R^3$

비체적 $v = \frac{V}{m} = \frac{4\pi R^3}{3m}$ ······ ㉠

$2v = \frac{4\pi (R')^3}{3(4m)}$ ······ ㉡

㉠ ÷ ㉡ : $\frac{1}{2} = \frac{4R^3}{(R')^3}$

$\therefore (R')^3 = 8R^3 = (2R)^3$

결국, $R' = 2R$

23

내부에너지가 40kJ, 절대압력이 200kPa, 체적이 0.1m³, 절대온도가 300K인 계의 엔탈피는 약 몇 kJ 인가?

① 42
② 60
③ 80
④ 240

풀이

$H = U + PV = 40 + 200 \times 0.1 = 60 [kJ]$

24

비열비가 1.29, 분자량이 44인 이상 기체의 정압비열은 약 몇 kJ/kg·K 인가? (단, 일반기체상수는 8.314 kJ/kmol·K이다.)

① 0.51
② 0.69
③ 0.84
④ 0.91

풀이

$R = \frac{\overline{R}}{M} = \frac{8.3143}{44} [kJ/kgK]$

$C_p = \frac{k}{k-1}R = \frac{1.29}{0.29} \times \frac{8.3143}{44} = 0.84 [kJ/kgK]$

25

기체가 열량 80kJ을 흡수하여 외부에 대하여 20kJ의 일을 하였다면 내부에너지 변화는 몇 kJ 인가?

① 20
② 60
③ 80
④ 100

풀이

열역학 제1법칙 $Q = \Delta U + W$ 에서
$\Delta U = Q - W = 80 - 20 = 60 [kJ]$

26

다음 중 폐쇄계의 정의를 올바르게 설명한 것은?

① 동작물질 및 일과 열이 그 경계를 통과하지 아니하는 특정 공간
② 동작물질은 계의 경계를 통과할 수 없으나 열과 일은 경계를 통과할 수 있는 특정 공간
③ 동작물질은 계의 경계를 통과할 수 있으나 열과 일은 경계를 통과할 수 없는 특정 공간
④ 동작물질 및 일과 열이 모두 그 경계를 통과할 수 있는 특정 공간

풀이

폐쇄계(=밀폐계) :
경계를 통하여 계와 주위를 에너지(일, 열)는 이동하지만 동작물질은 이동하지 못하는 계

27

실린더 내부에 기체가 채워져 있고 실린더에는 피스톤이 끼워져 있다. 초기 압력 50kPa, 초기 체적 0.05m³인 기체를 버너로 $PV^{1.4}=$

정답 22① 23② 24③ 25② 26② 27②

constant가 되도록 가열하여 기체 체적이 0.2m³이 되었다면, 이 과정 동안 시스템이 한 일은?

① 1.33 kJ
② 2.66 kJ
③ 3.99 kJ
④ 5.32 kJ

풀이

우선, $50 \times 0.05^{1.4} = P_2 \times 0.2^{1.4}$ 에서
$P_2 = 7.18 [kPa]$

$$W = \int_1^2 PdV = P_1 V_1^{1.4} \int_1^2 \frac{dV}{V^{1.4}}$$

$$= P_1 V_1^{1.4} \int_1^2 V^{-1.4} dV = P_1 V_1^{1.4} \left[\frac{V^{1-1.4}}{1-1.4}\right]_1^2$$

$$= P_1 V_1^{1.4} \left[\frac{V_2^{1-1.4} - V_1^{1-1.4}}{1-1.4}\right]$$

$$= P_1 V_1^{1.4} \left[\frac{V_1^{-0.4} - V_2^{-0.4}}{0.4}\right] = \frac{P_1 V_1 - P_2 V_2}{0.4}$$

$$= \frac{50 \times 0.05 - 7.81 \times 0.2}{0.4} = 2.66 [KJ]$$

28

체적이 0.01m³인 밀폐용기에 대기압의 포화혼합물이 들어있다. 용기 체적의 반은 포화액체, 나머지 반은 포화증기가 차지하고 있다면, 포화혼합물 전체의 질량과 건도는? (단, 대기압에서 포화액체와 포화증기의 비체적은 각각 0.001044m³/kg, 1.6729 m³/kg 이다.)

① 전체질량 : 0.0119 kg, 건도 : 0.50
② 전체질량 : 0.0119 kg, 건도 : 0.00062
③ 전체질량 : 4.792 kg, 건도 : 0.50
④ 전체질량 : 4.792 kg, 건도 : 0.00062

풀이

포화액의 체적 $(V) = \frac{0.01}{2} = 0.005 [m^3]$

포화액의 질량 $(m_1) = \frac{V}{v} = \frac{0.005}{0.001044} = 4.79 [kg]$

(건)포화증기의질량 $(m_2) = \frac{0.005}{1.6729} = 3 \times 10^{-3} [kg]$

전체질량 $m = m_1 + m_2 = 4.793 [kg]$

건도 $(x) = \frac{(건)포화증기량}{습증기량} = \frac{m_2}{m_1 + m_2}$

$$= \frac{3 \times 10^{-3}}{4.79 + 3 \times 10^{-3}} = 6.26 \times 10^{-4}$$

29

여름철 외기의 온도가 30℃일 때, 김치 냉장고의 내부를 5℃로 유지하기 위해 3kW의 열을 제거해야 한다. 필요한 최소 동력은 약 몇 kW인가? (단, 이 냉장고는 카르노 냉동기이다.)

① 0.27
② 0.54
③ 1.54
④ 2.73

풀이

$$\varepsilon_r = \frac{T_2}{T_1 - T_2} = \frac{\dot{Q}_2}{\dot{W}_c} : \frac{273+5}{25} = \frac{3}{\dot{W}_c}$$

$$\therefore \dot{W}_c = 0.27 [kW]$$

30

준평형 정적과정을 거치는 시스템에 대한 열전달량은? (단, 운동에너지와 위치에너지의 변화는 무시한다.)

① 0이다.
② 이루어진 일량과 같다.
③ 엔탈피 변화량과 같다.
④ 내부에너지 변화량과 같다.

풀이

열역학 제1법칙에 의해
$\delta Q = dU + PdV$에서 $dV = 0$이므로
$\delta Q = dU \therefore Q = \Delta U$

31

2개의 정적과정과 2개의 등온과정으로 구성된 동력 사이클은?

① 브레이턴(brayton) 사이클
② 에릭슨(ericsson) 사이클
③ 스털링(stirling) 사이클
④ 오토(otto) 사이클

풀이

사이클의 과정
㉠ 브레이튼 사이클 : 정압, 단열
㉡ 에릭슨 사이클 : 정압, 등온
㉢ 스털링 사이클 : 정적, 등온
㉣ 오토 사이클 : 정적, 단열
　　　　그러므로, 스털링 사이클이다.

32

4kg의 공기가 들어있는 용기 A(체적 0.5m³)와 진공 용기 B(체적 0.3m³)사이를 밸브로 연결하였다. 이 밸브를 열어서 공기가 자유팽창하여 평형에 도달했을 경우 엔트로피 증가량은 약 몇 kJ/K 인가? (단, 온도 변화는 없으며 공기의 기체상수는 0.287kJ/kg·K 이다.)

① 0.54　　　　② 0.49
③ 0.42　　　　④ 0.37

풀이

등온 과정이므로 $dU=0$
엔트로피 변화량
$$dS = \frac{dU + PdV}{T} = \frac{PdV}{T} = \frac{mRdV}{V}$$
적분하면
$$\Delta S = mR\ln\frac{V_2}{V_1} = 4 \times 0.287 \ln\frac{0.8}{0.5} = 0.54\,[kJ/K]$$

33

물 2kg을 20℃에서 60℃가 될 때까지 가열할 경우 엔트로피 변화량은 약 몇 kJ/K인가? (단, 물의 비열은 4.184 kJ/kg·K이고, 온도 변화과정에서 체적은 거의 변화가 없다고 가정한다.)

① 0.78　　　　② 1.07

③ 1.45　　　　④ 1.96

풀이

$dS = \dfrac{mCdT}{T}$ 에서
$$\Delta S = \int_1^2 dS = mC\ln\frac{T_2}{T_1}$$
$$= 2 \times 4 \times \ln\frac{273+60}{273+20} = 1.07\,[kJ/kg\cdot K]$$

34

밀폐 시스템이 압력 P_1=200kPa, 체적 V_1=0.1m³ 인 상태에서 P_2=100kpa, V_2=0.3m³인 상태까지 가역팽창되었다. 이 과정이 P-V선도에서 직선으로 표시된다면 이 과정 동안 시스템이 한 일은 약 몇 kJ 인가?

① 10　　　　② 20
③ 30　　　　④ 45

풀이

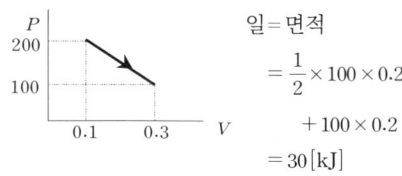

일 = 면적
$= \dfrac{1}{2} \times 100 \times 0.2 + 100 \times 0.2$
$= 30\,[kJ]$

35

랭킨 사이클을 구성하는 요소는 펌프, 보일러, 터빈, 응축기로 구성된다. 각 구성 요소가 수행하는 열역학적 변화 과정으로 틀린 것은?

① 펌프 : 단열 압축
② 보일러 : 정압 가열
③ 터빈 : 단열 팽창
④ 응축기 : 정적 냉각

풀이

응축기 : 정압 방열(냉각)

36

온도 600℃의 구리 7kg을 8kg의 물속에 넣어 열적 평형을 이룬 후 구리와 물의 온도가

64.2℃가 되었다면 물의 처음 온도는 약 몇 ℃인가? (단, 이 과정 중 열 손실은 없고, 구리의 비열은 0.386kJ/kg·K이며, 물의 비열은 4.184kJ/kg·K이다.)

① 6℃
② 15℃
③ 21℃
④ 84℃

풀이

열량보존의 법칙에 의해
$7 \times 0.386 \times (600 - 64.3) = 8 \times 4.184 \times (64.4 - T)$
$\therefore T = 20.95 [℃]$

37

한 시간에 3600kg의 석탄을 소비하여 6050 kW를 발생하는 증기터빈을 사용하는 화력발전소가 있다면, 이 발전소의 열효율은 약 몇 %인가? (단, 석탄의 발열량은 29900kJ/kg이다.)

① 약 20%
② 약 30%
③ 약 40%
④ 약 50%

풀이

$$\eta = \frac{동력}{저위발열량 \times 연료소비율}$$

$$= \frac{6050}{29900 \times 3600 \times \frac{1}{3600}} = 0.2023 = 20.23 [\%]$$

38

증기 압축 냉동기에서 냉매가 순환되는 경로를 올바르게 나타낸 것은?

① 증발기 → 팽창밸브 → 응축기 → 압축기
② 증발기 → 압축기 → 응축기 → 팽창밸브
③ 팽창밸브 → 압축기 → 응축기 → 증발기
④ 응축기 → 증발기 → 압축기 → 팽창밸브

풀이

39

고온 400℃, 저온 50℃의 온도 범위에서 작동하는 Carnot 사이클 열기관의 열효율을 구하면 약 몇 %인가?

① 37
② 42
③ 47
④ 52

풀이

카르노 사이클 열기관의 열효율은 절대온도만의 함수이다.

$$\eta = \frac{T_1 - T_2}{T_1} = \frac{350}{400 + 273} \times 100 = 52 [\%]$$

40

계가 비가역 사이클을 이룰 때 클라우지우스(Clausius)의 적분을 옳게 나타낸 것은? (단, T는 온도, Q는 열량이다.)

① $\oint \frac{\delta Q}{T} < 0$

② $\oint \frac{\delta Q}{T} > 0$

③ $\oint \frac{\delta Q}{T} \geq 0$

④ $\oint \frac{\delta Q}{T} \leq 0$

풀이

가역과정 : $\oint \frac{\delta Q}{T} = 0$

비가역과정 : $\oint \frac{\delta Q}{T} < 0$

결국, $\oint \frac{\delta Q}{T} \leq 0$

정답 37① 38② 39④ 40①

제3과목 : 기계유체역학

41

그림과 같이 수평 원관 속에서 완전히 발달된 층류 유동이라고 할 때 유량 Q 의 식으로 옳은 것은? (단 μ는 점성계수, Q 는 유량, P_1과 P_2는 1과 2 지점에서의 압력을 나타낸다.)

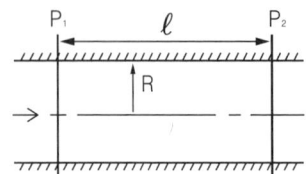

① $Q = \dfrac{\pi R^4}{8\mu\ell}(P_1 - P_2)$

② $Q = \dfrac{\pi R^3}{6\mu\ell}(P_1 - P_2)$

③ $Q = \dfrac{8\pi R^4}{\mu\ell}(P_1 - P_2)$

④ $Q = \dfrac{6\pi R^2}{\mu\ell}(P_1 - P_2)$

풀이

층류유동이므로 하겐-포와젤 방정식을 적용

$Q = \dfrac{\Delta P \pi d^4}{128\mu\ell} = \dfrac{(P_1-P_2)\pi(2R)^4}{128\mu\ell} = \dfrac{(P_1-P_2)\pi R^4}{8\mu\ell}$

42

골프공(지름 D=4cm, 무게 W=0.4N)이 50m/s의 속도로 날아가고 있을 때, 골프공이 받는 항력은 골프공 무게의 몇 배인가? (단, 골프공의 항력계수 C_D=0.24이고, 공기의 밀도는 1.2 kg/m³이다.)

① 4.52배
② 1.7배
③ 1.13배
④ 0.452배

풀이

$D = C_D A \dfrac{\rho V^2}{2}$

$= 0.24 \times \dfrac{\pi}{4}(0.04)^2 \times \dfrac{1.2 \times 50^2}{2} = 0.4524[N]$

$\therefore \dfrac{D}{W} = \dfrac{0.4524}{0.4} = 1.13$

43

Navier-Stokes 방정식을 이용하여 정상, 2차원, 비압축성 속도장 $V = ax\,i - ay\,j$에서 압력을 x, y의 방정식으로 옳게 나타낸 것은? (단, a는 상수이고, 원점에서의 압력은 0이다.)

① $P = -\dfrac{\rho a^2}{2}(x^2 + y^2)$

② $P = -\dfrac{\rho a}{2}(x^2 + y^2)$

③ $P = \dfrac{\rho a^2}{2}(x^2 + y^2)$

④ $P = \dfrac{\rho a}{2}(x^2 + y^2)$

풀이

$u = ax,\ v = -ay$이므로

x성분: $u\dfrac{\partial u}{\partial x} + v\dfrac{\partial u}{\partial y} = -\dfrac{1}{\rho}\dfrac{\partial P_1}{\partial x}$에서 $\dfrac{\partial u}{\partial y} = 0$

$ax \cdot a = -\dfrac{1}{\rho}\dfrac{\partial P_1}{\partial x}$

$dP_1 = -\rho a^2 x\,dx$

적분하면 $P_1 = -\dfrac{\rho a^2}{2}x^2$

y성분: $u\dfrac{\partial u}{\partial y} + v\dfrac{\partial v}{\partial y} = -\dfrac{1}{\rho}\dfrac{\partial P_2}{\partial y}$에서 $\dfrac{\partial u}{\partial y} = 0$

$-ay \cdot (-a) = -\dfrac{1}{\rho}\dfrac{\partial P_2}{\partial y}$

$dP_2 = \rho(-a^2 y)dy$

적분하면

$P_2 = -\dfrac{\rho a^2}{2}y^2$

$\therefore P = P_1 + P_2 = -\dfrac{\rho a^2}{2}(x^2 + y^2)$

정답 41① 42③ 43①

44

물이 흐르는 관의 중심에 피토관을 삽입하여 압력을 측정하였다. 전압력은 20mAq, 정압은 5mAq일 때 관 중심에서 물의 유속은 약 몇 m/s인가?

① 10.7
② 17.2
③ 5.4
④ 8.6

풀이

전압 = 정압 + 동압이므로
동압수두 = 전압수두 − 정압수두
$= 20 - 5 = 15 [\text{m}]$
$\therefore V = \sqrt{2g\Delta h} = \sqrt{2 \times 9.8 \times 15} = 17.14 [\text{m/s}]$

45

어떤 액체가 800kPa의 압력을 받아 체적이 0.05% 감소한다면, 이 액체의 체적탄성계수는 얼마인가?

① 1265 kPa
② 1.6×10^4 kPa
③ 1.6×10^6 kPa
④ 2.2×10^6 kPa

풀이

$K = \dfrac{\Delta P}{-\dfrac{\Delta V}{V}} = \dfrac{800}{0.05 \times 0.01} = 1.6 \times 10^6 [\text{kPa}]$

46

30m의 폭을 가진 개수로(open channel)에 20cm의 수심과 5m/s의 유속으로 물이 흐르고 있다. 이 흐름의 Froude수는 얼마인가?

① 0.57
② 1.57
③ 2.57
④ 3.57

풀이

$Fr = \dfrac{V}{\sqrt{gL}} = \dfrac{5}{\sqrt{9.8 \times 0.2}} = 3.57$

47

수평으로 놓인 지름 10cm, 길이 200m인 파이프에 완전히 열린 글로브 밸브가 설치되어 있고, 흐르는 물의 평균속도는 2m/s이다. 파이프의 관 마찰계수가 0.02이고, 전체 수두 손실이 10m이면, 글로브 밸브의 손실계수는?

① 0.4
② 1.8
③ 5.8
④ 9.0

풀이

$h_L = f\dfrac{\ell}{d}\dfrac{V^2}{2g} + K\dfrac{V^2}{2g} = \left(f\dfrac{\ell}{d} + K\right)\dfrac{V^2}{2g}$

$10 = \left(0.02 \times \dfrac{200}{0.1} + K\right) \times \dfrac{2^2}{2 \times 9.8}$

$\therefore K = 9$

48

점성계수는 0.3poise, 동점성계수는 2stokes인 유체의 비중은?

① 6.7
② 1.5
③ 0.67
④ 0.15

풀이

$\mu = 0.3 \times 0.1 = 0.03 [\text{N} \cdot \text{s/m}^2]$,
$\nu = 2 [\text{cm}^2/\text{s}] = 2 \times 10^{-4} [\text{m}^2/\text{s}]$ 이므로
$\nu = \dfrac{\mu}{\rho}$ 에서 $\rho = \dfrac{\mu}{\nu} = \dfrac{0.03}{2 \times 10^{-4}} = 150 [\text{kg/m}^3]$
$\therefore S = \dfrac{\rho}{\rho_w} = \dfrac{150}{1000} = 0.15$

49

그림에서 h=100cm이다. 액체의 비중이 1.50일 때 A점의 계기압력은 몇 kPa인가?

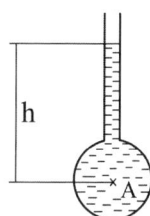

① 9.8
② 14.7
③ 9800
④ 14700

풀이
$P = \gamma h = 1.5 \times 9.8 \times 1 = 14.7 [kPa]$

50
비중 0.9, 점성계수 5×10⁻³N·s/m²의 기름이 안지름 15cm의 원형관 속을 0.6m/s의 속도로 흐를 경우 레이놀즈수는 약 얼마인가?
① 16200
② 2755
③ 1651
④ 3120

풀이
$Re = \dfrac{\rho V d}{\mu} = \dfrac{0.9 \times 1000 \times 0.6 \times 0.15}{5 \times 10^{-3}} = 16200$

51
그림과 같이 비점성, 비압축성 유체가 쐐기 모양의 벽면 사이를 흘러 작은 구멍을 통해 나간다. 이 유동을 극좌표계(r, θ)에서 근사적으로 표현한 속도포텐셜은 $\phi = 3\ln r$일 때 원호 $r = 2 (0 \leq \theta \leq \pi/2)$를 통과하는 단위 길이당 체적유량은 얼마인가?

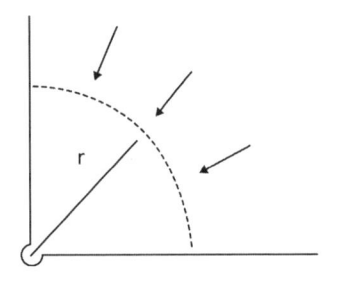

① $\dfrac{\pi}{4}$ ② $\dfrac{3}{4}\pi$ ③ π ④ $\dfrac{3}{2}\pi$

풀이
$V = grad\,\phi = \dfrac{\partial \phi}{\partial r} = \dfrac{\partial}{\partial r}(3\ln r) = 3 \cdot \dfrac{1}{r} = \dfrac{3}{2}$

$Q = \dfrac{2\pi r}{4} \times \ell \times V$ 에서 $\dfrac{Q}{\ell} = \dfrac{2\pi}{4} \times 2 \times \dfrac{3}{2} = \dfrac{3}{2}\pi$

52
평판에서 층류 경계층의 두께는 다음 중 어느 값에 비례하는가? (단, 여기서 x는 평판의 선단으로부터의 거리이다.)
① $x^{-\frac{1}{2}}$ ② $x^{\frac{1}{4}}$
③ $x^{\frac{1}{7}}$ ④ $x^{\frac{1}{2}}$

풀이
층류 경계층 두께 : $\delta \propto x^{\frac{1}{2}}$

난류 경계층 두께 : $\delta \propto x^{\frac{4}{5}}$

53
다음 중 동점성계수(kinematic viscosity)의 단위는?
① N·s/m²   ② kg/(m·s)
③ m²/s   ④ m/s²

풀이
동점성계수의 단위 : stocks, cm²/s, m²/s

54
물제트가 연직하방향으로 떨어지고 있다. 높이 12m 지점에서의 제트 지름은 5cm, 속도는 24m/s였다. 높이 4.5m 지점에서의 물제트의 속도는 약 몇 m/s인가? (단, 손실수두는 무시한다.)
① 53.9
② 42.7
③ 35.4
④ 26.9

정답 50① 51④ 52④ 53③ 54④

풀이

중력장 하에서의 운동 $2gh = V^2 - V_0^2$

$\therefore V = \sqrt{V_0^2 + 2gh}$
$= \sqrt{24^2 + 2 \times 9.8 \times (12 - 4.5)} = 26.9\,[\text{m/s}]$

55

반지름 R인 원형 수문이 수직으로 설치되어 있다. 수면으로부터 수문에 작용하는 물에 의한 전압력의 작용점까지의 수직거리는? (단, 수문의 최상단은 수면과 동일 위치에 있으며 h는 수면으로부터 원판의 중심(도심)까지의 수직거리이다.)

① $h + \dfrac{R^2}{16h}$ ② $h + \dfrac{R^2}{8h}$

③ $h + \dfrac{R^2}{4h}$ ④ $h + \dfrac{R^2}{2h}$

풀이

$y_p = \bar{y} + \dfrac{I_G}{\bar{y}A} = h + \dfrac{\frac{\pi R^4}{4}}{h \times \pi R^2} = h + \dfrac{R^2}{4h}$

56

다음 중 수력기울기선(Hydraulic Grade Line)은 에너지구배선(Energy Grade Line)에서 어떤 것을 뺀 값인가?

① 위치 수두 값
② 속도 수두 값
③ 압력 수두 값
④ 위치 수두와 압력 수두를 합한 값

풀이

에너지 구배선 : $E.L = \dfrac{P}{\gamma} + \dfrac{V^2}{2g} + Z$

수력구배선 : $H.G.L = \dfrac{P}{\gamma} + Z$

$\therefore H.G.L = E.L - \dfrac{V^2}{2g}$

57

그림과 같은 통에 물이 가득 차 있고 이것이 공중에서 자유낙하할 때, 통에서 A점의 압력과 B점의 압력은?

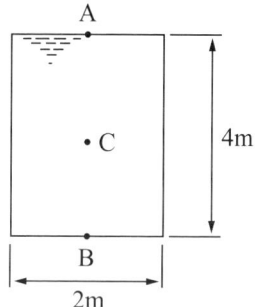

① A점의 압력은 B점의 압력의 1/2이다.
② A점의 압력은 B점의 압력의 1/4이다.
③ A점의 압력은 B점의 압력의 2배이다.
④ A점의 압력은 B점의 압력과 같다.

풀이

$P_B - P_A = \gamma h \left(1 + \dfrac{a_y}{g}\right)$에서 $a_y = -g$이므로

$P_B - P_A = \gamma h \left(1 - \dfrac{g}{g}\right) = 0$ $\therefore P_A = P_B$

58

1/10 크기의 모형 잠수함을 해수에서 실험한 실제 잠수함을 2m/s로 운전하려면 모형 잠수함은 약 몇 m/s의 속도로 실험하여야 하는가?

① 20
② 5
③ 0.2
④ 0.5

풀이

$Re = \dfrac{\rho V d}{\mu}$: $2 \times 10 = V \times 1$ $\therefore V = 20\,[\text{m/s}]$

정답 55 ③ 56 ② 57 ④ 58 ①

59

안지름 D_1과 D_2의 관이 직렬로 연결되어 있다. 비압축성 유체가 관 내부를 흐를 때 지름 D_1인 관과 D_2인 관에서의 평균유속이 각각 V_1, V_2이면 D_1/D_2은?

① V_1/V_2 ② $\sqrt{V_1/V_2}$
③ V_2/V_1 ④ $\sqrt{V_2/V_1}$

풀이

$\frac{\pi}{4}D_1^2 V_1 = \frac{\pi}{4}D_2^2 V_2$ 에서 $\left(\frac{D_1}{D_2}\right)^2 = \frac{V_2}{V_1}$

$\therefore \frac{D_1}{D_2} = \sqrt{\frac{V_2}{V_1}}$

60

그림과 같이 속도 3m/s로 운동하는 평판에 속도 10m/s인 물 분류가 직각으로 충돌하고 있다. 분류의 단면적이 0.01m²이라고 하면 평판이 받는 힘은 몇 N이 되겠는가?

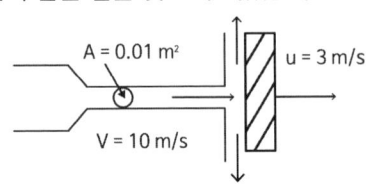

① 295 ② 490
③ 980 ④ 16900

풀이

힘의 방향은 왼쪽이므로
$-F = \rho Q\{0 - (V-u)\}$
$F = \rho Q(V-u) = \rho A(V-u)^2$
$= 1000 \times 0.01 \times (10-3)^2 = 490[N]$

제4과목 : 기계재료 및 유압기기

61

가공 열처리 방법에 해당되는 것은?
① 마퀜칭(marquenching)
② 오스포밍(ausforming)
③ 마템퍼링(martempering)
④ 오스템퍼링(austempering)

풀이

오스포밍 :
항온열처리에서 오스테나이트 영역에서 급냉시키다가 M_s점 위에서 성형가공한 후 다시 급냉시키는 것.

62

니켈-크롬 합금강에서 뜨임 메짐을 방지하는 원소는?
① Cu ② Mo
③ Ti ④ Zr

풀이

Mo(몰리브덴)의 특성
㉠ 강인성을 증가시키고, 질량효과를 감소시킨다.
㉡ 고온에서 강도 및 경도의 저하가 적으며, 담금질성을 증가시킨다. 이 경우는 W(텅스텐)과 같은 효과를 낸다.
㉢ 뜨임 취성을 방지한다.

63

재료의 연성을 알기 위해 구리판, 알루미늄관 및 그 밖의 연성판재를 가압 형성하여 변형 능력을 시험하는 것은?
① 굽힘 시험 ② 압축 시험
③ 비틀림 시험 ④ 에릭센 시험

풀이

에릭센 시험(erichsen test) :
금속 박판의 변형능(變形能)을 검사하는 시험을 뜻한다. 즉, 금속 박판은 압출 가공에 따라서 여러 가지 모양의 물품이 생산된다. 예를 들면 전등의 소켓이나 약 포장용 등으로 성형되지만, 이때에 판금은 필요한 변형에 견디며 균열이 생기면 안된다. 이와 같은 판금의 시험에 이 시험이 사용된다. 시험편의 크기는 70mm² 정도가 적당하다.

64
Y합금의 주성분으로 옳은 것은?
① Al + Cu + Ni + Mg
② Al + Cu + Mn + Mg
③ Al + Cu + Sn + Zn
④ Al + Cu + Si + Mg

풀이
Y합금 : 주물용 알루미늄 합금으로 주성분은 알구니마(Al+Cu+Ni+Mg)이다.

65
다음 중 비중이 가장 작아 항공기 부품이나 전자 및 전기용 제품의 케이스 용도로 사용되고 있는 합금재료는?
① Ni 합금　　② Cu 합금
③ Pb 합금　　④ Mg 합금

풀이
마그네슘(Mg) 합금이다.

66
그림은 3성분계를 표시하는 다이아그램이다. X합금에 속하는 B의 성분은?

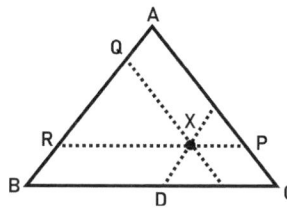

① $\overline{XD}$이다.　　② $\overline{XR}$이다.
③ $\overline{XQ}$이다.　　④ $\overline{XP}$이다.

풀이
A(%) : $\overline{XD}$, B(%) : $\overline{XP}$, C(%) : $\overline{XQ}$

67
주철에 대한 설명으로 틀린 것은?
① 흑연이 많을 경우에는 그 파단면이 회색을 띤다.
② C와 P의 양이 적고 냉각이 빠를수록 흑연화하기 쉽다.
③ 주철 중에 전 탄소량은 유리탄소와 화합탄소를 합한 것이다.
④ C와 Si의 함량에 따른 주철의 조직관계를 마우러 조직도라 한다.

풀이
C와 P의 함유량이 많고 냉각이 느릴수록 흑연화가 되기 쉽다.

68
금속재료에서 단위격자 소속 원자수가 2이고, 충전율이 68%인 결정구조는?
① 단순입방격자
② 면심입방격자
③ 체심입방격자
④ 조밀육방격자

풀이

결정격자	격자내의 원자수	배위수	충전율
체심입방격자	2개	8개	68%
면심입방격자	4개	12개	74%
조밀육방격자	2개	12개	74%

69
순철의 변태점이 아닌 것은?
① A_1　　② A_2
③ A_3　　④ A_4

풀이
순철의 변태점 : $A_2(768℃)$, $A_3(910℃)$, $A_4(1401℃)$
강의 변태점 : $A_1(723℃)$

정답 64① 65④ 66④ 67② 68③ 69①

70

오스테나이트형 스테인리스강의 예민화(sensitize)를 방지하기 위하여 Ti, Nb 등의 원소를 함유시키는 이유는?

① 입계부식을 촉진한다.
② 강 중의 질소(N)와 질화물을 만들어 안정화 시킨다.
③ 탄화물을 형성하여 크롬 탄화물의 생성을 억제한다.
④ 강중의 산소(O)와 산화물을 형성하여 예민화를 방지한다.

풀이

오스테나이트 스테인리스강 :
Cr(18%)-Ni(8%)을 함유한 강으로 온도가 650℃ 이상이 되면 입계부식이 발생하는데 이를 방지하기 위해 Ti, Nb를 첨가한다.

71

방향제어밸브 기호 중 다음과 같은 설명에 해당하는 기호는?

1. 3/2-way 밸브이다.
2. 정상상태에서 P는 외부와 차단된 상태이다.

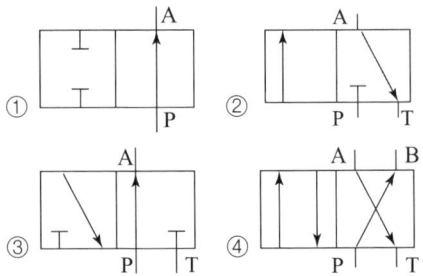

풀이

보기의 설명 : 3포트 2위치 밸브(닫혀있음)
① 2위치 2포트   ② 정답
③ 2위치 3포트(열려있음) ④ 2위치 4포트

72

주로 시스템의 작동이 정부하일 때 사용되며, 실린더의 속도 제어를 실린더에 공급되는 입구측 유량을 조절하여 제어하는 회로는?

① 로크 회로
② 무부하 회로
③ 미터 인 회로
④ 미터 아웃 회로

풀이

미터 인 회로 :
실린더 입구측에 유량조절밸브가 있는 회로

73

유압 필터를 설치하는 방법은 크게 복귀라인에 설치하는 방법, 흡입라인에 설치하는 방법, 압력라인에 설치하는 방법, 바이패스 필터를 설치하는 방법으로 구분할 수 있는데, 다음 회로는 어디에 속하는가?

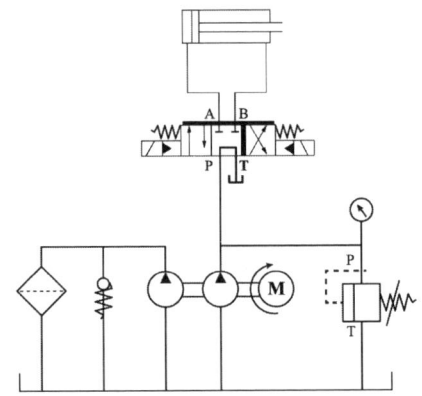

① 복귀라인에 설치하는 방법
② 흡입라인에 설치하는 방법
③ 압력 라인에 설치하는 방법
④ 바이패스 필터를 설치하는 방법

풀이

왼쪽의 유압펌프에서 나온 압유가 유압필터를 거치고 오일탱크로 귀환하므로 바이패스 방식이다.

74
그림과 같은 유압회로의 명칭으로 옳은 것은?

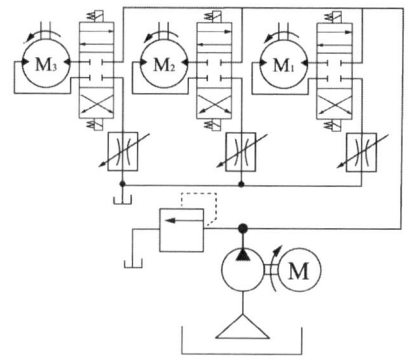

① 유압모터 병렬배치 미터인 회로
② 유압모터 병렬배치 미터아웃 회로
③ 유압모터 직렬배치 미터인 회로
④ 유압모터 직렬배치 미터아웃 회로

풀이
유압펌프에서 나온 압유(작동유)가 병렬로 연결된 유압모터를 구동시키고 실린더에서 나온 후 유량 조절밸브를 거쳐 오일탱크로 귀환하므로 유압모터 병렬배치 미터아웃 회로이다.

75
유압실린더로 작동되는 리프터에 작용하는 하중이 15000N이고 유압의 압력이 7.5MPa일 때 이 실린더 내부의 유체가 하중을 받는 단면적은 약 몇 cm²인가?

① 5 ② 20
③ 500 ④ 2000

풀이
$P = \dfrac{F}{A}$ 에서 $7.5 \times 10^6 = \dfrac{15000}{A}$

$\therefore A = \dfrac{1}{500}\,[\text{m}^2] = \dfrac{1}{500} \times 10^4\,[\text{cm}^2] = 20\,[\text{cm}^2]$

76
그림과 같은 유압기호의 설명으로 틀린 것은?

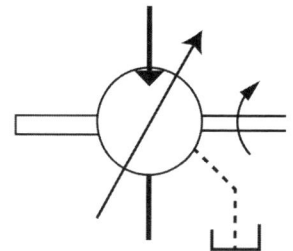

① 유압 펌프를 의미한다.
② 1방향 유동을 나타낸다.
③ 가변 용량형 구조이다.
④ 외부 드레인을 가졌다.

풀이
가변용량형 단방향 유압모터로 외부 드레인을 가지고 양축형이다.

77
유압 작동유에서 공기의 혼입(용해)에 관한 설명으로 옳지 않은 것은?

① 공기 혼입 시 스폰지 현상이 발생할 수 있다.
② 공기 혼입 시 펌프의 캐비테이션 현상을 일으킬 수 있다.
③ 압력이 증가함에 따라 공기가 용해되는 양도 증가한다.
④ 온도가 증가함에 따라 공기가 용해되는 양도 증가한다.

풀이
유압 작동유에 공기가 용해되는 양은 압력이 클수록 온도가 낮을수록 증가한다.

78
유압 및 공기압 용어에서 스텝 모양 입력 신호의 지령에 따르는 모터로 정의되는 것은?
① 오버 센터 모터

② 다공정 모터
③ 유압 스테핑 모터
④ 베인 모터

풀이

스테핑 모터의 주요한 특징
㉠ 모터의 총 회전각은 입력 펄스 수의 총수에 비례하고, 모터의 속도는 1초간 당의 입력 펄스수(펄스 레이트)에 비례한다.
㉡ 회전각 오차는 스텝(step)마다 누적되지 않는다.
㉢ 모터의 총 회전각은 입력 펄스 수에 의해 결정되기 때문에 DC 서보 모터(DC servo motor)등과 같이 회전각을 검출하기 위한 피드백(feedback)이 불필요하게 되고 제어계가 간단해서 비용이 절감된다.
㉣ DC 모터와 같이 브러시 교환등과 같은 보수를 필요 하지 않고, 유지비가 적다.
㉤ 특정 주파수에서 진동, 공진이 발생하기 쉽고 관성이 있는 부하에 약하다.
㉥ 고속 운전시 탈조(출력이 입력속도를 따라가지 못해중간 중간 펄스가 빠지며 심한 경우 정지버리는 현상하기 쉽다.

79

그림의 유압 회로는 펌프 출구 직후에 릴리프 밸브를 설치한 회로로서 안전 측면을 고려해 제작된 회로이다. 이 회로의 명칭으로 옳은 것은?

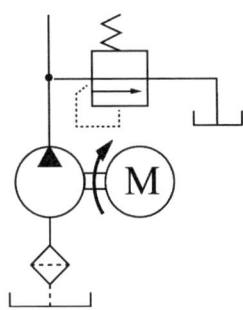

① 압력 설정 회로
② 카운터 밸런스 회로
③ 시퀀스 회로
④ 감압 회로

풀이

압력설정회로 :
유압펌프에서 나온 압유가 설정압력을 초과하면 릴리프밸브가 열려 오일탱크로 귀환하므로 안전을 유지할 수 있다.

80

다음 중 펌프 작동 중에 유면을 적절하게 유지하고, 발생하는 열을 방산하여 장치의 가열을 방지하며, 오일 중의 공기가 이물질을 분리시킬 수 있는 기능을 갖춰야 하는 것은?
① 오일 필터
② 오일 제너레이터
③ 오일 미스트
④ 오일 탱크

풀이

오일 탱크이다.

제5과목 : 기계제작법 및 기계동력학

81

공작물의 길이가 600mm, 지름이 25mm인 강재를 아래의 조건으로 선반 가공할 때 소요되는 가공시간(t)은 약 몇 분인가?

- 절삭속도 : 180m/min
- 절삭깊이 : 2.5mm
- 이송속도 : 0.24mm/rev

① 1.1
② 2.1
③ 3.1
④ 4.1

풀이

$$V = \frac{\pi d N}{1000} \text{에서 } N = \frac{1000\,V}{\pi d}\,[\text{rpm}]$$

$$t = \frac{\ell}{NS} = \frac{\ell}{\frac{1000\,V}{\pi d} \times S} = \frac{600}{\frac{1000 \times 180}{\pi \times 25} \times 0.24}$$

$$= 1.09\,[\text{min}]$$

82

압출 가공(extrusion)에 관한 일반적인 설명으로 틀린 것은?

① 직접 압출보다 간접 압출에서 마찰력이 적다.
② 직접 압출보다 간접 압출에서 소요동력이 적게 든다.
③ 압출 방식으로는 직접(전방) 압출과 간접(후방)압출 등이 있다.
④ 직접 압출이 간접 압출보다 압출 종료 시 콘테이너에 남는 소재량이 적다.

풀이

직접 압출이 간접 압출에 비해 압출 종료 시 콘테이너에 남는 소재량이 많다.

83

와이어 방전 가공액 비저항값에 대한 설명으로 틀린 것은?

① 비저항값이 낮을 때에는 수돗물을 첨가한다.
② 일반적으로 방전가공에서는 10~100kΩ·m의 비저항값을 설정한다.
③ 비저항값이 높을 때에는 가공액을 이온교환장치로 통과시켜 이온을 제거한다.
④ 비저항값이 과다하게 높을 때에는 방전 간격이 넓어져서 방전효율이 저하된다.

풀이

- 비저항은 전기전도도의 역수로 저항과 비례하는 물질 고유의 값이다.
- 가공액의 비저항값이 과도하게 높을 때는 방전 간격이 좁아져서 방전효율이 저하된다.
- 와이어 방전가공 : 가는 와이어를 전극으로 이용하여 이 와이어가 늘어짐이 없는 상태로 감아가면서 와이어와 공작물 사이에 방전시켜 가공하는 방법

와이어는 보통 0.05~0.25mm 정도의 동선 또는 황동선을 이용한다. 프레스 등의 블랭킹형, 압출다이, 성형용의 금형제작에 이용된다.

84

전기 저항 용접 중 맞대기 용접의 종류가 아닌 것은?

① 업셋 용접   ② 퍼커션 용접
③ 플래시 용접   ④ 프로젝션 용접

풀이

프로젝션 용접은 겹치기 저항용접의 하나이다.

85

질화법에 관한 설명 중 틀린 것은?

① 경화층은 비교적 얇고, 경도는 침탄한 것보다 크다.
② 질화법은 재료 중심까지 경화하는데 그 목적이 있다.
③ 질화법의 기본적인 화학반응식은 $2NH_3 \rightarrow 2N + 3H_2$이다.
④ 질화법의 효과를 높이기 위해 첨가되는 원소는 Al, Cr, Mo 등이 있다.

풀이

침탄법이나 질화법은 표면경화법의 일종이다.

86

주물사로 사용되는 모래에 수지, 시멘트, 석고 등의 점결제를 사용하며, 경화시간을 단축하기 위하여 경화촉진제를 사용하여 조형하는 주형법은?

① 원심주형법
② 셸몰드 주형법
③ 자경성 주형법

정답 82④ 83④ 84④ 85② 86③

④ 인베스트먼트 주형법

풀이

자경성 주형법 :
주물사로 사용되는 모래에 수지, 시멘트, 석고 등의 점결재를 사용하며, 경화시간을 단축하기 위하여 경화 촉진제를 사용하여 조형하는 특수 주형법

87

절삭유가 갖추어야 할 조건으로 틀린 내용은?
① 마찰계수가 적고 인화점, 발화점이 높을 것
② 냉각성이 우수하고 윤활성, 유동성이 좋을 것
③ 장시간 사용해도 변질되지 않고 인체에 무해할 것
④ 절삭유의 표면장력이 크고 칩의 생성부에는 침투되지 않을 것

풀이

절삭유는 표면장력이 작아야 하며 칩의 생성부에도 잘 침투할 수 있어야 한다.

88

유압프레스에서 램의 유효단면적이 50cm², 유효단면적에 작용하는 최고유압이 40kgf/cm²일 때 유압프레스의 용량(ton)은?
① 1
② 1.5
③ 2
④ 2.5

풀이

$F = PA = 40 \times 50 = 2000 [\text{kg}_f] = 2[\text{ton}]$

89

플러그 게이지에 대한 설명으로 옳은 것은?
① 진원도를 검사할 수 있다.
② 통과측이 통과되지 않을 경우는 기준 구멍보다 큰 구멍이다.
③ 플러그 게이지는 치수공차의 합격 유·무만을 검사할 수 있다.
④ 정지측이 통과할 때에는 기준 구멍보다 작고, 통과측 보다 마멸이 심하다.

풀이

플러그 게이지는 구멍용 한계게이지이다.

90

다음 중 다이아몬드, 수정 등 보석류 가공에 가장 적합한 가공법은?
① 방전 가공
② 전해 가공
③ 초음파 가공
④ 슈퍼 피니싱 가공

풀이

초음파 가공 :
공구와 공작물 사이에, 숫돌립과 물 또는 기름의 혼합액을 넣고 공구에 초음파 진동을 주어 공작물의 구멍뚫기, 연삭, 절단 등을 행하는 가공법.

91

다음 1 자유도 진동계의 고유 각진동수는? (단, 3개의 스프링에 대한 스프링 상수는 k이며 물체의 질량은 m이다.)

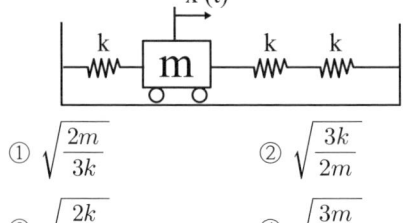

① $\sqrt{\dfrac{2m}{3k}}$
② $\sqrt{\dfrac{3k}{2m}}$
③ $\sqrt{\dfrac{2k}{3m}}$
④ $\sqrt{\dfrac{3m}{2k}}$

풀이

등가 스프링상수 (k_e)는 $k_e = k + \dfrac{1}{2}k = \dfrac{3}{2}k$ 이므로

고유각진동수 $\omega_n = \sqrt{\dfrac{k_e}{m}} = \sqrt{\dfrac{3k}{2m}}$

정답 87④ 88③ 89③ 90③ 91②

92

3kg의 칼라 C가 고정된 막대 A, B에 초기에 정지해 있다가 그림과 같이 변동하는 힘 Q에 의해 움직인다. 막대 AB와 칼라 C사이의 마찰계수가 0.3일 때 시각 t=1초일 때의 칼라의 속도는?

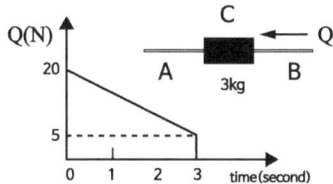

① 2.89 m/s
② 5.25 m/s
③ 7.26 m/s
④ 9.32 m/s

풀이

$Q-t$ 그래프의 기울기가 -5이므로 직선의 방정식 $Q = 20 - 5t$ [N]이다.
뉴턴의 운동방정식 $\Sigma F = ma$에서
$Q - \mu mg = ma$
$20 - 5t - 0.3 \times 3 \times 9.8 = 3a$

$$a = \frac{11.18 - 5t}{3}$$

$$V = \int_0^1 a\,dt = \int_0^1 \left(\frac{11.18 - 5t}{3}\right) dt$$

$$= \left[\frac{11.18t - \frac{5}{2}t^2}{3}\right]_0^1 = \frac{11.18 - \frac{5}{2}}{3}$$

$$= 2.893 \, [\text{m/s}^2]$$

93

질점의 단순조화진동을 $y = C\cos(\omega_n t - \phi)$ 라 할 때 이 진동의 주기는?

① $\dfrac{\pi}{\omega_n}$ ② $\dfrac{2\pi}{\omega_n}$

③ $\dfrac{\omega_n}{2\pi}$ ④ $2\pi\omega_n$

풀이

진동주기 : $T = \dfrac{2\pi}{\omega_n}$

94

질량이 10t인 항공기가 활주로에서 착륙을 시작할 때 속도는 100m/s이다. 착륙부터 정지시까지 항공기는 $\sum F_x = -1000\,v_x \, N$ (v_x는 비행기 속도[m/s])의 힘을 받으며 $+x$방향의 직선운동을 한다. 착륙부터 정지시까지 항공기가 활주한 거리는?

① 500m
② 750m
③ 900m
④ 1000m

풀이

충격량=운동량의 변화량
$\Sigma F_x \cdot \Delta t = m\Delta v$
$-1000 v_x \cdot \Delta t = 10 \times 10^3 (0 - 100)$
$\therefore s = v_x \Delta t = 1000 \, [\text{m}]$

95

반경이 r인 실린더가 위치 1의 정지상태에서 경사를 따라 높이 h만큼 굴러 내려갔을 때, 실린더 중심의 속도는? (단, g는 중력가속도이며, 미끄러짐은 없다고 가정한다.)

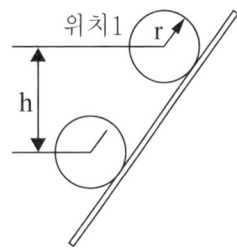

① $0.707\sqrt{2gh}$ ② $0.816\sqrt{2gh}$
③ $0.845\sqrt{2gh}$ ④ $\sqrt{2gh}$

풀이

역학적에너지 보존법칙

$$mgh = \frac{1}{2}I\omega^2 + \frac{1}{2}mv^2$$
$$= \frac{1}{2}\left(\frac{mr^2}{2}\right)\omega^2 + \frac{1}{2}mv^2$$

질량 m을 소거하면

$$gh = \frac{1}{4}(r\omega)^2 + \frac{1}{2}v^2 = \frac{3}{4}v^2$$

$$\therefore v^2 = \frac{2}{3} \times 2gh$$

$$\therefore v = \sqrt{\frac{2}{3}} \cdot \sqrt{2gh} = 0.816\sqrt{2gh}$$

96

등가속도 운동에 관한 설명으로 옳은 것은?

① 속도는 시간에 대하여 선형적으로 증가하거나 감소한다.
② 변위는 시간에 대하여 선형적으로 증가하거나 감소한다.
③ 속도는 시간의 제곱에 비례하여 증가하거나 감소한다.
④ 변위는 속도의 세제곱에 비례하여 증가하거나 감소한다.

풀이

$a = \dfrac{d}{dt}v(t) =$ 일정

$v(t) = \int_0^t dv(t)dt = \int_0^t a\,dt = a\int_0^t dt = at$

속도는 시간에 대한 1차 방정식이다.

97

두 질점이 충돌할 때 반발계수가 1인 경우에 대한 설명 중 옳은 것은?

① 두 질점의 상대적 접근속도의 이탈속도의 크기는 다르다.
② 두 질점의 운동량의 합은 증가한다.
③ 두 질점의 운동에너지의 합은 보존된다.
④ 충돌 후에 열에너지나 탄성파 발생 등에 에너지 소실이 발생한다.

풀이

반발계수가 1이라는 것은 완전탄성충돌로 역학적 에너지의 보존이 성립한다.

98

질량이 12kg, 스프링 상수가 150N/m, 감쇠비가 0.033인 진동계를 자유 진동시키면 5회 진동 후 진폭은 최초 진폭의 몇 %인가?

① 15%   ② 25%
③ 35%   ④ 45%

풀이

감쇠비 $\zeta = 0.033$

대수 감소율(δ)

$$\delta = \frac{2\pi\zeta}{\sqrt{1-\zeta^2}} = \frac{2\times\pi\times 0.033}{\sqrt{1-0.033^2}} = 0.207$$

진폭비 $\dfrac{X_0}{X_n} = e^{n\delta}$ 에서

$$\frac{X_n}{X_0} = e^{-n\delta} = e^{-5\times 0.207} = 0.355 = 35.5[\%]$$

99

평면에서 강체가 그림과 같이 오른쪽에서 왼쪽으로 운동하였을 때 이 운동의 명칭으로 가장 옳은 것은?

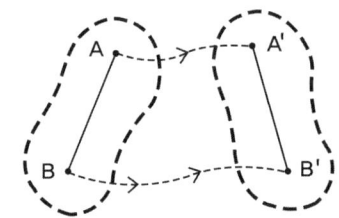

① 직선병진운동
② 곡선병진운동
③ 고정축회전운동
④ 일반평면운동

풀이

일반평면운동이다.

100

질량 m인 기계가 강성계수 k/2인 2개의 스프링에 의해 바닥에 지지되어 있다. 바닥이 $y = 6\sin\sqrt{\dfrac{4k}{m}}\,t$ mm로 진동하고 있다면 기계의 진폭은 얼마인가? (단, t는 시간이다.)

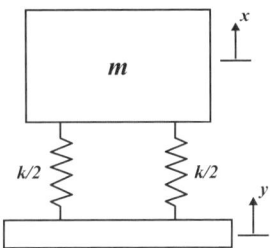

① 1mm
② 2mm
③ 3mm
④ 6mm

풀이

등가 스프링 상수 $k_e = 2 \times \dfrac{k}{2} = k$ 이므로

비감쇠 고유각진동수 $\omega_n = \sqrt{\dfrac{k_e}{m}} = \sqrt{\dfrac{k}{m}}$

강제 고유각진동수 $\omega = \sqrt{\dfrac{4k}{m}}$

진동수비 $\gamma = \dfrac{\omega}{\omega_n} = 2$

진동절연 $TR = \dfrac{X}{X_0} = \dfrac{1}{\gamma^2 - 1}$ 에서

$X = \dfrac{X_0}{\gamma^2 - 1} = \dfrac{6}{2^2 - 1} = \dfrac{6}{3} = 2\,[\text{mm}]$

국가기술자격 필기시험
2016년 기사 제2회 【 일반기계기사 】 필기

제1과목 : 재료역학

1

그림과 같이 균일분포 하중 w를 받는 보에서 굽힘 모멘트 선도는?

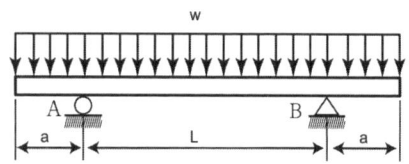

①

②

③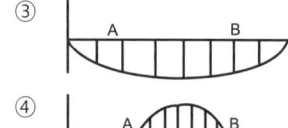

④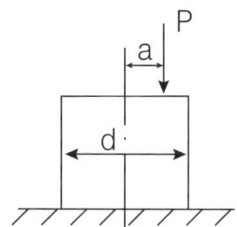

풀이

보의 탄성곡선을 그려서 유추해보면 알 수 있다. 즉, 굽힘모멘트의 부호는 물이 고이는 형상일 때 (+), 물이 흘러나가는 형상이면 (-)값을 가진다.

2

일단고정 타단롤러 지지된 부정정보의 중앙에 집중하중 P를 받고 있을 때, 롤러 지지점의 반력은 얼마인가?

① $\dfrac{3}{16}P$ ② $\dfrac{5}{16}P$

③ $\dfrac{7}{16}P$ ④ $\dfrac{9}{16}P$

풀이

집중하중(P)에 의한 처짐 $\delta_1 = \dfrac{1}{EI} \dfrac{P\ell^2}{8} \left(\dfrac{5\ell}{6} \right)$

지점반력(R)에 의한 처짐 $\delta_2 = \dfrac{R\ell^3}{3EI}$

처짐의 겹침으로부터 $\delta_1 = \delta_2$

$\dfrac{5P\ell^3}{48EI} = \dfrac{R\ell^3}{3EI}$ ∴ $R = \dfrac{5}{16}P$

3

지름이 d인 짧은 환봉의 축 중심으로부터 a 만큼 떨어진 지점에 편심압축하중이 P가 작용할 때 단면상에서 인장응력이 일어나지 않는 a범위는?

① $\dfrac{d}{8}$ 이내 ② $\dfrac{d}{6}$ 이내

③ $\dfrac{d}{4}$ 이내 ④ $\dfrac{d}{2}$ 이내

풀이

핵반경 $\begin{cases} \text{원형단면} : \dfrac{d}{8} \\ \text{사각단면} : \dfrac{b}{6} \left(\text{중앙의 } \dfrac{1}{3}\right) \end{cases}$

4

바깥지름 30cm, 안지름 10cm인 중공 원형단면의 단면계수는 약 몇 cm³인가?

정답 1④ 2② 3① 4①

① 2618　　② 3927
③ 6584　　④ 1309

풀이　$Z = \dfrac{I}{e} = \dfrac{\dfrac{\pi}{64}(30^4 - 10^4)}{\dfrac{30}{2}} = 2618\,[\text{cm}^3]$

5

그림과 같이 하중을 받는 보에서 전단력의 최대값은 약 몇 kN인가?

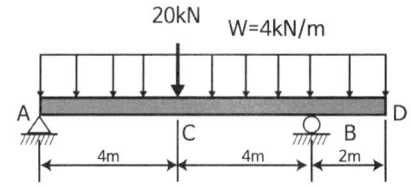

① 11kN　　② 25kN
③ 27kN　　④ 35kN

풀이
$\Sigma M_B = 0$에서
$R_A \times 8 - 20 \times 4 - 40 \times 3 = 0$　∴ $R_A = 25\,[\text{kN}]$
$\Sigma F_y = 0$에서
$R_B = -25 + 20 + 40 = 35\,[\text{kN}]$
CB 부분에서의 전단력(V_x)
$V_x = R_A - 20 - 4x$
$x = 8$일 때 최대전단력을 가진다($\because 35 - 8 = 27$).
$V_{x=8} = 25 - 20 - 4 \times 8 = -27\,[\text{kN}]$
∴ $V_{\max} = |-27| = 27\,[\text{kN}]$

6

그림과 같은 일단 고정 타단 롤러로 지지된 등분포하중을 받는 부정정보의 B단에서 반력은 얼마인가?

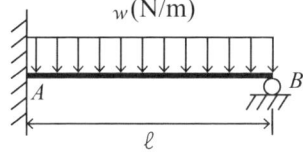

① $\dfrac{w\ell}{3}$　　② $\dfrac{5}{8}w\ell$

③ $\dfrac{2}{3}w\ell$　　④ $\dfrac{3}{8}w\ell$

풀이
일단고정 타단지지보의 지점반력
$R_A = \dfrac{5}{8}w\ell,\ R_B = \dfrac{3}{8}w\ell$

7

그림과 같이 단붙이 원형축(Stepped Circular Shaft)의 풀리에 토크가 작용하여 평형상태에 있다. 이 축에 발생하는 최대 전단응력은 몇 MPa 인가?

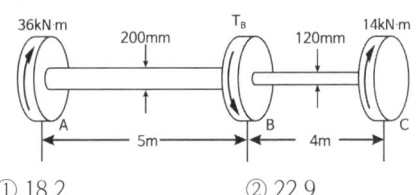

① 18.2　　② 22.9
③ 41.3　　④ 147.4

풀이
AB, CD 사이의 축에 작용하는 토크는 각각
$T_{AB} = 36,\ T_{BC} = 14$이므로
$\tau_{AB} = \dfrac{16 \times 36 \times 10^3}{\pi \times 0.2^3} \times 10^{-6} = 22.92\,[\text{MPa}]$
$\tau_{BC} = \dfrac{16 \times 14 \times 10^3}{\pi \times 0.12^3} \times 10^{-6} = 41.26\,[\text{MPa}]$

8

그림의 구조물이 수직하중 $2P$를 받을 때 구조물 속에 저장되는 탄성변형에너지는? (단, 단면적 A, 탄성계수 E는 모두 같다.)

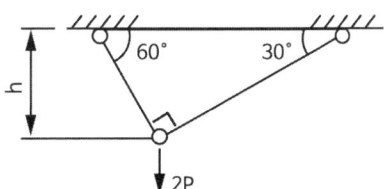

① $\dfrac{P^2h}{4AE}(1+\sqrt{3})$ ② $\dfrac{P^2h}{2AE}(1+\sqrt{3})$

③ $\dfrac{P^2h}{AE}(1+\sqrt{3})$ ④ $\dfrac{2P^2h}{AE}(1+\sqrt{3})$

풀이

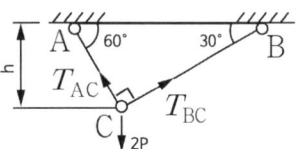

먼저, $h = \ell_{AC}\sin60° = \ell_{BC}\sin30°$ 에서

$\ell_{AC} = \dfrac{2\sqrt{3}}{3}h, \ \ell_{BC} = 2h$

다음, 라미의 정리에 의해

$\dfrac{T_{AC}}{\sin60°} = \dfrac{T_{BC}}{\sin30°} = \dfrac{2P}{\sin90°}$

$T_{AC} = \sqrt{3}P, \ T_{BC} = P$

따라서, $U = \dfrac{P^2\ell}{2AE}$ 꼴에서

$U = \dfrac{(\sqrt{3}P)^2\left(\dfrac{2\sqrt{3}}{3}h\right)}{2AE} + \dfrac{(P)^2(2h)}{2AE}$

$= \dfrac{P^2h}{AE}(\sqrt{3}+1)$

9

지름이 동일한 봉에 위 그림과 같이 하중이 작용할 때 단면에 발생하는 축 하중 선도는 아래 그림과 같다. 단면 C에 작용하는 하중(F)는 얼마인가?

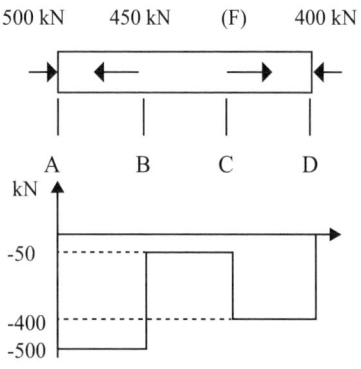

① 150   ② 250
③ 350   ④ 450

풀이 힘의 평형관계에 의해

$500 - 450 + F - 400 = 0 \ \therefore F = 350[\text{kN}]$

10

강재의 인장시험 후 얻어진 응력-변형률 선도로부터 구할 수 없는 것은?

① 안전계수   ② 탄성계수
③ 인장강도   ④ 비례한도

풀이

응력-변형률($\sigma-\varepsilon$) 선도로부터 구할수 있는 사항 : 비례한도, 탄성한도, 항복강도, 극한강도, 파단강도, 종탄성계수(기울기)이다.

11

두께 1.0mm의 강판에 한 변의 길이가 25mm인 정사각형 구멍을 펀칭하려고 한다. 이 강판의 전단 파괴응력이 250MPa 일 때 필요한 압축력은 몇 kN인가?

① 6.25   ② 12.5
③ 25.0   ④ 156.2

풀이

$P = \tau A = 250 \times 10^{-3} \times 4 \times 25 \times 1 = 25[\text{kN}]$

12

정육면체 형상의 짧은 기둥에 그림과 같이 측면에 홈이 파여져 있다. 도심에 작용하는 하중 P로 인하여 단면 m-n에 발생하는 최대압축응력은 홈이 없을 때 압축응력의 몇 배인가?

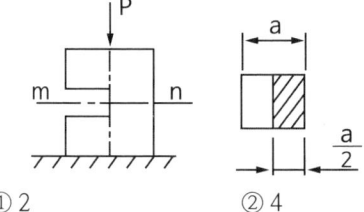

① 2   ② 4

③ 8　　　　　　　　④ 12

[풀이]

먼저, 홈이 없을 때 압축응력 : $\sigma_c = \dfrac{P}{a^2}$

다음, 홈이 있을 때 압축응력($\sigma_{c,\max}$) :

$$\sigma_{c,\max} = \dfrac{P}{A} + \dfrac{M}{Z} = \dfrac{P}{\dfrac{a^2}{2}} + \dfrac{P\left(\dfrac{a}{4}\right)}{\dfrac{a(a/2)^2}{6}}$$

$$= \dfrac{2P}{a^2} + \dfrac{24Pa}{4a^3} = \dfrac{2P}{a^2} + \dfrac{6P}{a^2} = \dfrac{8P}{a^2}$$

$$\therefore \dfrac{\sigma_{c,\max}}{\sigma_c} = 8$$

13

길이가 L이고 지름이 d_0인 원통형의 나사를 끼워 넣을 때 나사의 단위길이당 t_0의 토크가 필요하다. 나사 재질의 전단탄성계수가 G일 때 나사 끝단 간의 비틀림 회전량(rad)은 얼마인가?

① $\dfrac{16t_0L^2}{\pi d_0^4 G}$　　② $\dfrac{32t_0L^2}{\pi d_0^4 G}$

③ $\dfrac{t_0L^2}{16\pi d_0^4 G}$　　④ $\dfrac{t_0L^2}{32\pi d_0^4 G}$

[풀이]

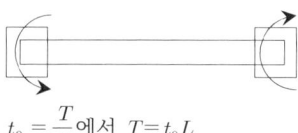

$t_0 = \dfrac{T}{L}$에서 $T = t_0 L$

$\theta = \dfrac{TL}{GI_p} = \dfrac{t_0L^2}{G\dfrac{\pi d_0^4}{32}} = \dfrac{32t_0L^2}{G\pi d_0^4}$

결국, $\dfrac{\theta}{2}$씩 회전하면 된다.

$\therefore \dfrac{16t_0L^2}{G\pi d_0^4}$

14

그림과 같이 순수 전단을 받는 요소에서 발생하는 전단응력 τ=70MPa, 재료의 세로탄성계수는 200GPa, 포아송의 비는 0.25일 때 전단 변형률은 약 몇 rad인가?

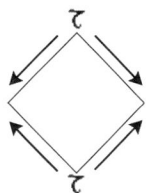

① 8.75×10^{-4}　　② 8.75×10^{-3}
③ 4.38×10^{-4}　　④ 4.38×10^{-3}

[풀이]

$m = \dfrac{1}{\nu} = \dfrac{1}{0.25} = 4$ 이므로

$Em = 2G(m+1)$ 에서 $200 \times 4 = 2G(4+1)$

$\therefore G = 80 \,[\text{GPa}]$

$\tau = G\gamma$ 에서 $\gamma = \dfrac{\tau}{G} = \dfrac{70}{80 \times 10^3} = 8.75 \times 10^{-4}\,[\text{rad}]$

15

그림과 같은 단순 지지보의 중앙에 집중하중 P가 작용할 때 단면이 (가)일 경우의 처짐 y_1은 단면이 (나)일 경우의 처짐 y_2의 몇 배인가? (단, 보의 전체 길이 및 보의 굽힘 강성은 일정하며 자중은 무시한다.)

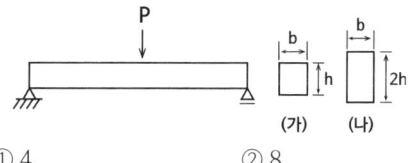

① 4　　　　　　　　② 8
③ 16　　　　　　　④ 32

[풀이]

$\delta = \dfrac{P\ell^3}{48EI}$ 이므로

$\delta \propto \dfrac{1}{I}$ 에서 $y_1 = \dfrac{\text{상수}}{bh^3}$, $y_2 = \dfrac{\text{상수}}{b(2h)^3}$　$\therefore \dfrac{y_1}{y_2} = 8$

정답 13① 14① 15②

16

지름 35cm의 차축이 0.2° 만큼 비틀렸다. 이때 최대 전단응력이 49MPa이고, 재료의 전단탄성계수가 80GPa이라고 하면 이 차축의 길이는 약 몇 m인가?

① 2.0
② 2.5
③ 1.5
④ 1.0

풀이

먼저, $\tau_{max} = \dfrac{16T}{\pi d^3}$ 에서 $T = \tau_{max} \dfrac{\pi}{16} d^3$

다음, $\theta° = \dfrac{180°}{\pi} \times \dfrac{32 T \ell}{G \pi d^4}$

$0.2 = \dfrac{180}{\pi} \times \dfrac{32 \times 49 \times 10^6}{80 \times 10^9 \times \pi \times 0.35^4} \times \dfrac{\pi \times 0.35^3}{16} \ell$

$0.2 = \dfrac{180}{\pi} \times \dfrac{49 \times 10^6 \times 32}{80 \times 10^9 \times 0.35} \times \dfrac{\ell}{16}$

$\therefore \ell = 0.997 \fallingdotseq 1 [m]$

17

그림과 같이 벽돌을 쌓아 올릴 때 최하단 벽돌의 안전계수를 20으로 하면 벽돌의 높이 h를 얼마만큼 높이 쌓을 수 있는가? (단, 벽돌의 비중량은 16kN/m³, 파괴압축응력을 11MPa로 한다.)

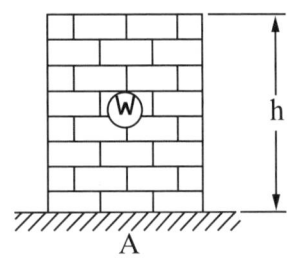

① 34.3m
② 25.5m
③ 45.0m
④ 23.8m

풀이

$\sigma_a = \dfrac{\sigma_u}{S} = \dfrac{\gamma A \ell}{A} = \gamma \ell$ 에서 $\dfrac{11 \times 10^6}{20} = 16 \times 10^3 h$

$\therefore h = 34.375 [m]$

18

평면응력상태에서 σ_x와 σ_y 만이 작용하는 2축 응력에서 모어원의 반지름이 되는 것은? (단, $\sigma_x > \sigma_y$ 이다.)

① $(\sigma_x + \sigma_y)$
② $(\sigma_x - \sigma_y)$
③ $\dfrac{1}{2}(\sigma_x + \sigma_y)$
④ $\dfrac{1}{2}(\sigma_x - \sigma_y)$

풀이 모어원의 반지름은 τ_{max} 이다.

$\therefore \tau_{max} = \dfrac{1}{2}(\sigma_x - \sigma_y)$

19

전단력 10kN이 작용하는 지름 10cm인 원형단면의 보에서 그 중립축 위에 발생하는 최대 전단응력은 약 몇 MPa인가?

① 1.3
② 1.7
③ 130
④ 170

풀이

$\tau_{max} = \dfrac{4}{3} \times \dfrac{V}{A} = \dfrac{4}{3} \times \dfrac{10 \times 10^3}{\dfrac{\pi}{4} \times 0.1^2} \times 10^{-6}$

$= 1.7 [MPa]$

20

지름 100mm의 양단 지지보의 중앙에 2kN의 집중하중이 작용할 때 보 속의 최대굽힘응력이 16MPa일 경우 보의 길이는 약 몇 m인가?

① 1.51
② 3.14
③ 4.22

④ 5.86

풀이

$$\sigma_{\max} = \frac{M_{\max}}{Z} = \frac{\frac{1}{4}P\ell}{\frac{\pi}{32}d^3} = \frac{8P\ell}{\pi d^3}$$

$$16 \times 10^6 = \frac{8 \times 2000\ell}{\pi \times 0.1^3} \quad \therefore \ell = \pi = 3.14 [\text{m}]$$

제2과목 : 기계열역학

21

질량 1kg의 공기가 밀폐계에서 압력과 체적이 100kPa, 1m^{3}이었는데 폴리트로픽 과정(PV^n=일정)을 거쳐 체적이 0.5m^{3}이 되었다. 최종 온도(T_2)와 내부 에너지의 변화량($\triangle U$)은 각각 얼마인가? (단, 공기의 기체상수는 287J/kg·K, 정적비열은 718J/kg·K, 정압비열은 1005J/kg·K, 폴리트로프 지수는 1.3이다.)

① T_2=459.7K, $\triangle U$=111.3kJ
② T_2=459.7K, $\triangle U$=79.9kJ
③ T_2=428.9K, $\triangle U$=80.5kJ
④ T_2=428.9K, $\triangle U$=57.8kJ

풀이

$$T_1 = \frac{P_1 V_1}{mR} = \frac{100 \times 10^3 \times 1}{1 \times 287} = 348.43 [\text{K}]$$

$$\frac{T_2}{T_1} = \left(\frac{V_1}{V_2}\right)^{n-1} \text{에서}$$

$$T_2 = T_1 \left(\frac{1}{0.5}\right)^{0.3} = 428.97 [\text{K}]$$

$$\Delta U = mC_v \Delta T$$
$$= 1 \times 718 \times (428.97 - 348.43) \times 10^{-3}$$
$$= 57.83 [\text{kJ}]$$

22

카르노 열기관 사이클 A는 0℃와 100℃ 사이에서 작동되며 카르노 열기관 사이클 B는 100℃와 200℃ 사이에서 작동된다. 사이클 A의 효율(η_A)과 사이클 B의 효율(η_B)을 각각 구하면?

① η_A=26.80%, η_B=50.00%
② η_A=26.80%, η_B=21.14%
③ η_A=38.75%, η_B=50.00%
④ η_A=38.75%, η_B=21.14%

풀이

$$\eta_A = \frac{100}{273+100} \times 100 = 26.81(\%)$$

$$\eta_B = \frac{100}{273+200} \times 100 = 21.14(\%)$$

23

대기압 100kPa에서 용기에 가득 채운 프로판을 일정한 온도에서 진공펌프를 사용하여 2kPa까지 배기하였다. 용기 내에 남은 프로판의 중량은 처음 중량의 몇 % 정도 되는가?

① 20%
② 2%
③ 50%
④ 5%

풀이

$$PV = mRT \rightarrow PV = GRT$$

$$\therefore G \propto P : \frac{G_2}{G_1} = \frac{P_2}{P_1} = \frac{2}{100} = 0.02 = 2(\%)$$

24

이상기체에서 엔탈피 h와 내부에너지 u, 엔트로피 s 사이에 성립하는 식으로 옳은 것은? (단, T는 온도, v는 체적, P는 압력이다.)

① $Tds = dh + vdP$
② $Tds = dh - vdP$
③ $Tds = du - Pdv$
④ $Tds = dh + d(Pv)$

풀이

$\delta q = Tds = dh - vdP$

25

온도 T_2인 저온체에서 열량 Q_A를 흡수해서 온도가 T_1인 고온체로 열량 Q_R를 방출할 때 냉동기의 성능계수(coefficient of performance)는?

① $\dfrac{Q_R - Q_A}{Q_A}$ ② $\dfrac{Q_R}{Q_A}$

③ $\dfrac{Q_A}{Q_R - Q_A}$ ④ $\dfrac{Q_A}{Q_R}$

풀이

$\varepsilon_r = \dfrac{Q_A}{Q_R - Q_A}$

26

비열비가 k인 이상기체로 이루어진 시스템이 정압과정으로 부피가 2배로 팽창할 때 시스템이 한 일이 W, 시스템에 전달된 열이 Q일 때, $\dfrac{W}{Q}$는 얼마인가? (단, 비열은 일정하다.)

① k

② $\dfrac{1}{k}$

③ $\dfrac{k}{k-1}$

④ $\dfrac{k-1}{k}$

풀이

$W = P\Delta V = mR\Delta T, \quad Q = mC_p\Delta T$

$\therefore \dfrac{W}{Q} = \dfrac{mR\Delta T}{mC_p\Delta T} = \dfrac{R}{C_p} = \dfrac{R}{\dfrac{k}{k-1}R} = \dfrac{k-1}{k}$

27

냉동기 냉매의 일반적인 구비조건으로서 적합하지 않은 사항은?

① 임계 온도가 높고, 응고 온도가 낮을 것
② 증발열이 적고, 증기의 비체적이 클 것
③ 증기 및 액체의 점성이 작을 것
④ 부식성이 없고, 안정성이 있을 것

풀이

냉매는 증발열이 많고, 증기상태의 비체적이 작아야 한다.

28

공기 1kg을 정적과정으로 40℃에서 120℃까지 가열하고, 다음에 정압과정으로 120℃에서 220℃까지 가열한다면 전체 가열에 필요한 열량은 약 얼마인가? (단, 정압비열은 1.00kJ/kg·K, 정적비열은 0.71kJ/kg·K이다.)

① 127.8kJ/kg ② 141.5kJ/kg
③ 156.8kJ/kg ④ 185.2kJ/kg

풀이

$Q = mC_v\Delta T + mC_p\Delta T$
$= 1 \times 0.71 \times 80 + 1 \times 1 \times 100 = 156.8[kJ]$

29

열역학적 상태량은 일반적으로 강도성 상태량과 용량성 상태량으로 분류할 수 있다. 강도성 상태량에 속하지 않는 것은?

① 압력
② 온도
③ 밀도
④ 체적

풀이

체적은 종(용)량성 상태량이다.

30

그림과 같이 중간에 격벽이 설치된 계에서 A에는 이상기체가 충만되어 있고, B는 진공이며, A와 B의 체적은 같다. A와 B사이의 격벽을

정답 25③ 26④ 27② 28③ 29④ 30④

제거하면 A의 기체는 단열 비가역 자유팽창을 하여 어느 시간 후에 평형에 도달하였다. 이 경우의 엔트로피 변화 Δs는? (단, C_v는 정적비열, C_p는 정압비열, R은 기체상수이다.)

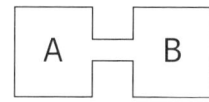

① $\Delta s = C_v \times \ln 2$
② $\Delta s = C_p \times \ln 2$
③ $\Delta s = 0$
④ $\Delta s = R \times \ln 2$

풀이

자유팽창 : 일=0, 열=0, $\Delta U=0$, ∴등온

$ds = \dfrac{\delta q}{T} = \dfrac{du + Pdv}{T} = \dfrac{Pdv}{T} = \dfrac{Rdv}{v}$

$\Delta s = \int_1^2 ds = \int_1^2 \dfrac{Rdv}{v} = R\ln\dfrac{v_2}{v_1} = R\ln 2$

31

수소(H_2)를 이상기체로 생각하였을 때, 절대압력 1MPa, 온도 100℃에서의 비체적은 약 몇 m³/kg인가? (단, 일반기체상수는 8.3145 kJ/kmol·K이다.)

① 0.781
② 1.26
③ 1.55
④ 3.46

풀이

$R = \dfrac{\overline{R}}{M} = \dfrac{8.3143}{2} = 4.157\,[\text{kJ/kgK}]$

$v = \dfrac{RT}{P} = \dfrac{4.157 \times 10^3 \times 373}{1 \times 10^6} = 1.55\,[\text{m}^3/\text{kg}]$

32

그림과 같은 Rankine 사이클의 열효율은 약 몇 %인가? (단, h₁=191.8kJ/kg, h₂=193.8kJ/kg, h₃=2799.5kJ/kg, h₄=2007.5kJ/kg이다.)

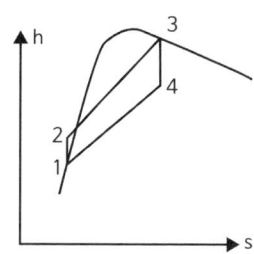

① 30.3%
② 39.7%
③ 46.9%
④ 54.1%

풀이

$\eta = \dfrac{(h_3 - h_4) - (h_2 - h_1)}{(h_3 - h_2)}$

$= \dfrac{(2799.5 - 2007.5) - (193.8 - 191.8)}{(2799.5 - 193.8)} \times 100$

$= 30.32\,[\%]$

33

20℃의 공기 5kg이 정압과정을 거쳐 체적이 2배가 되었다. 공급한 열량은 약 몇 kJ인가? (단, 정압비열은 1kJ/kg·K이다.)

① 1465
② 2198
③ 2931
④ 4397

풀이

$\dfrac{V_1}{T_1} = \dfrac{V_2}{T_2} \therefore \dfrac{V_2}{V_1} = 2 = \dfrac{T_2}{T_1}$

$T_2 = 2T_1 = 2(273+20) = 586\,[\text{K}]$

∴ $Q = mC_p\Delta T = 5 \times 1 \times (586-293) = 1465\,[\text{kJ}]$

34

밀도 1000kg/m³인 물이 단면적 0.01m²인 관속을 2m/s의 속도로 흐를 때 질량유량은?

① 20kg/s
② 2.0kg/s
③ 50kg/s
④ 5.0kg/s

풀이

$\dot{m} = \rho Q = \rho A V = 1000 \times 0.01 \times 2 = 20 [\text{kg/s}]$

35

온도가 150℃인 공기 3kg이 정압 냉각되어 엔트로피가 1.063kJ/K 만큼 감소되었다. 이때 방출된 열량은 약 몇 kJ인가? (단, 공기의 정압비열은 1.01kJ/kg·K 이다.)

① 27
② 379
③ 538
④ 715

풀이

$ds = \dfrac{dh - vdP}{T} = \dfrac{dh}{T} = \dfrac{C_p dT}{T}$, $\Delta s = \int_1^2 \dfrac{C_p dT}{T}$

$\Delta S = m \Delta s = m C_p \ln \dfrac{T_2}{T_1}$ 에서

$-1.063 = 3 \times 1.01 \times \ln \dfrac{T_2}{(273+150)}$

$\therefore T_2 = (273+150) e^{-\frac{1.063}{3 \times 1.01}}$

$= 297.84 [\text{K}] = 24.84 [\text{℃}]$

$\therefore Q = m C_p \Delta T = 3 \times 1.01 \times (24.84 - 150)$

$= -379.24 [\text{kJ}]$

36

밀폐계의 가역 정적변화에서 다음 중 옳은 것은? (단, U : 내부에너지, Q : 전달된 열, H : 엔탈피, V : 체적, W : 일이다.)

① dU=dQ
② dH=dQ
③ dV=dQ
④ dW=dQ

풀이

$\delta Q = dU + PdV$ 에서 정적이므로 $dV = 0$
$\therefore \delta Q = dU$

37

과열증기를 냉각시켰더니 포화영역 안으로 들어와서 비체적이 0.2327m³/kg이 되었다. 이때의 포화액과 포화증기의 비체적이 각각 1.079×10⁻³m³/kg, 0.5243m³/kg이라면 건도는?

① 0.964
② 0.772
③ 0.653
④ 0.443

풀이

$v = v' + x(v'' - v')$ 에서

$x = \dfrac{v - v'}{v'' - v'} = \dfrac{0.2327 - 1.079 \times 10^{-3}}{0.5243 - 1.079 \times 10^{-3}} = 0.4468$

38

오토 사이클의 압축비가 6인 경우 이론 열효율은 약 몇 %인가? (단, 비열비=1.4이다.)

① 51
② 54
③ 59
④ 62

풀이

$\eta = 1 - \left(\dfrac{1}{\varepsilon}\right)^{k-1} = 1 - \left(\dfrac{1}{6}\right)^{0.4} = 0.51 = 51[\%]$

39

30℃, 100kPa의 물을 800kPa까지 압축한다. 물의 비체적이 0.001m³/kg로 일정하다고 할 때, 단위 질량당 소요된 일(공업일)은?

① 167J/kg
② 602J/kg
③ 700J/kg
④ 1400J/kg

풀이

$w_t = v \Delta P = 0.001(800 - 100) \times 10^3 = 700 [\text{J/kg}]$

정답 35② 36① 37④ 38① 39③

40

냉동실에서의 흡수 열량이 5냉동톤(RT)인 냉동기의 성능계수(COP)가 2, 냉동기를 구동하는 가솔린 엔진의 열효율이 20%, 가솔린의 발열량이 43000kJ/kg일 경우, 냉동기 구동에 소요되는 가솔린의 소비율은 약 몇 kg/h인가? (단, 1냉동톤(RT)은 약 3.86kW이다.)

① 1.28kg/h
② 2.54kg/h
③ 4.04kg/h
④ 4.85kg/h

풀이

$\dot{Q}_2 = 5 \times 3.86 = 19.3 [kW]$ 이므로

$COP = \dfrac{\dot{Q}_2}{\dot{Q}_1 - \dot{Q}_2}$ 에서 $2 = \dfrac{19.3}{\dot{Q}_1 - 19.3}$

$\therefore \dot{Q}_1 = 28.95 [kW]$

열효율 = $\dfrac{동력}{저위발열량 \times 연료소비율}$ 에서

$0.2 = \dfrac{28.95 - 19.3}{43000 \times \dfrac{x}{3600}}$

$\therefore x = 4.04 [kg/h]$

제3과목 : 기계유체역학

41

무차원수인 스트라홀 수(Strouhal number)와 가장 관계가 먼 항목은?

① 점도
② 속도
③ 길이
④ 진동 흐름의 주파수

풀이

스트로우홀 수[strouhal number] : St
흐름 중에 놓여 있는 물체 뒤에 흐름의 소용돌이에 의하여 발생하는 소음의 특성에 관계한 무차원수(無次元數). 물체로부터 소용돌이가 방출되는 주파수 f는 유속 V와 물체의 흐름에 수직인 대표 길이 d 때문에 무차원화가 된다. 1878년 체코슬로바키아의 Strouhal에 의해 제안되었다.

스트로우홀 수(數) $St = \dfrac{fd}{V}$

42

수면의 높이 차이가 H인 두 저수지 사이에 지름 d, 길이 ℓ인 관로가 연결되어 있을 때 관로에서의 평균 유속(V)을 나타내는 식은? (단, f는 관마찰계수이고, g는 중력가속도이며, K_1, K_2는 관입구와 출구에서 부차적 손실계수이다.)

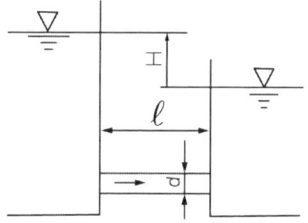

① $V = \sqrt{\dfrac{2gdH}{K_1 + f\ell + K_2}}$

② $V = \sqrt{\dfrac{2gH}{K_1 + f + K_2}}$

③ $V = \sqrt{\dfrac{2gH}{K_1 + \dfrac{f}{\ell} + K_2}}$

④ $V = \sqrt{\dfrac{2gH}{K_1 + f\dfrac{\ell}{d} + K_2}}$

풀이

$Z_1 = Z_2 + h_L$ 에서

$h_L = (Z_1 - Z_2) = H$

$h_L = K_1 \dfrac{V^2}{2g} + f\dfrac{\ell}{d}\dfrac{V^2}{2g} + K_2 \dfrac{V^2}{2g}$

$H = \left(K_1 + f\dfrac{\ell}{d} + K_2\right)\dfrac{V^2}{2g}$

$\therefore V = \sqrt{\dfrac{2gH}{K_1 + f\dfrac{\ell}{d} + K_2}}$

43
다음 〈보기〉 중 무차원수를 모두 고른 것은?

〈 보기 〉
 a. Reynolds수   b. 관마찰계수
 c. 상대조도   d. 일반기체상수

① a, c
② a, b
③ a, b, c
④ b, c, d

풀이

무차원 수 : 레이놀즈 수, 관마찰계수, 상대조도

레이놀즈수 $Re = \dfrac{\rho Vd}{\mu} = \dfrac{Vd}{\nu}$

관마찰계수 $f = \dfrac{64}{Re}$, 상대조도 $\dfrac{e}{d}$

44
정지된 액체 속에 잠겨있는 평면이 받는 압력에 의해 발생하는 합력에 대한 설명으로 옳은 것은?
① 크기가 액체의 비중량에 반비례한다.
② 크기는 도심에서의 압력에 면적을 곱한 것과 같다.
③ 작용점은 평면의 도심과 일치한다.
④ 수직평면의 경우 작용점이 도심보다 위쪽에 있다.

풀이

전압력의 크기 $F = \gamma \bar{h} A = P_{도심} \times A$

전압력의 작용점 $y_p = \bar{y} + \dfrac{I_G}{\bar{y} A}$

수직평면의 경우 작용점은 $y_p = \dfrac{2}{3}h$이며 도심보다 아래쪽에 있다.

45
평판으로부터 거리를 y라고 할 때 평판에 평행한 방향의 속도 분포($u(y)$)가 아래와 같은 식으로 주어지는 유동장이 있다. 여기에서 U와 L은 각각 유동장의 특성속도와 특성길이를 나타낸다. 유동장에서는 속도 $u(y)$만 있고, 유체는 점성계수가 μ인 뉴턴 유체일 때 $y = L/8$에서의 전단응력은?

$$u(y) = U\left(\dfrac{y}{L}\right)^{2/3}$$

① $\dfrac{2\mu U}{3L}$
② $\dfrac{4\mu U}{3L}$
③ $\dfrac{8\mu U}{3L}$
④ $\dfrac{16\mu U}{3L}$

풀이

$\tau = \mu \dfrac{du}{dy} = \mu U \dfrac{\frac{2}{3} y^{-\frac{1}{3}}}{L^{\frac{2}{3}}}$

$\tau_{y=\frac{L}{8}} = \mu U \dfrac{2}{3} \left(\dfrac{L}{8}\right)^{-\frac{1}{3}} \left(L^{-\frac{2}{3}}\right) = \mu U \dfrac{2}{3} \left(\dfrac{1}{8}\right)^{-\frac{1}{3}} L^{-1}$

$= \mu U \dfrac{2}{3} (2)^{-3 \times -\frac{1}{3}} L^{-1} = \dfrac{4}{3} \mu U \dfrac{1}{L}$

46
다음 중 단위계(System of Unit)가 다른 것은?
① 항력(Drag)
② 응력(Stress)
③ 압력(Pressure)
④ 단위 면적 당 작용하는 힘

풀이

항력[N], 응력, 압력, 단위면적당 힘 : [Pa]

47
지름비가 1:2:3인 모세관의 상승높이 비는 얼마인가? (단, 다른 조건은 모두 동일하다고 가정한다.)
① 1:2:3
② 1:4:9
③ 3:2:1
④ 6:3:2

정답 43③ 44② 45② 46① 47④

풀이

$\Delta h = \dfrac{4\sigma \cos\beta}{\gamma d} \propto \dfrac{1}{d}$ ∴ $\dfrac{1}{1} : \dfrac{1}{2} : \dfrac{1}{3} = 6 : 3 : 2$

48
다음 중 유량을 측정하기 위한 장치가 아닌 것은?

① 위어(weir)
② 오리피스(orifice)
③ 피에조미터(piezo meter)
④ 벤투리미터(venturi meter)

풀이

피에조미터는 압력을 측정하는 장치이다.

49
국소 대기압이 710mmHg일 때, 절대압력 50kPa은 게이지 압력으로 약 얼마인가?

① 44.7 Pa 진공
② 44.7 Pa
③ 44.7 kPa 진공
④ 44.7 kPa

풀이

$P_g = P - P_0 = 50 - 710 \times \dfrac{101.325}{760}$
$= -44.66 = 44.66 [\text{kPa}]$ (진공)

50
지름은 200mm에서 지름 100mm로 단면적이 변하는 원형관 내의 유체 흐름이 있다. 단면적 변화에 따라 유체 밀도가 변경 전 밀도의 106%로 커졌다면, 단면적이 변한 후의 유체 속도는 약 몇 m/s인가? (단, 지름 200mm에서 유체의 밀도는 800kg/m³, 평균속도는 20 m/s이다.)

① 52
② 66
③ 75
④ 89

풀이

$\rho_1 A_1 V_1 = \rho_2 A_2 V_2$
$800(\dfrac{\pi}{4} \times 0.2^2)20 = 800 \times 1.06(\dfrac{\pi}{4} \times 0.1^2)V_2$
$V_2 = \dfrac{0.2^2 \times 20}{1.06 \times 0.1^2} = 75.47 [\text{m/s}]$

51
지름이 0.01m 인 관 내로 점성계수 0.005 N·s/m², 밀도 800kg/m³인 유체가 1m/s의 속도로 흐를 때 이 유동의 특성은?

① 층류 유동
② 난류 유동
③ 천이 유동
④ 위 조건으로는 알 수 없다.

풀이

$Re = \dfrac{\rho V d}{\mu} = \dfrac{800 \times 1 \times 0.01}{0.005} = 1600 < 2100$ ∴ 층류

52
스프링상수가 10N/cm인 4개의 스프링으로 평판 A를 벽 B에 그림과 같이 장착하였다. 유량 0.01m³/s, 속도 10m/s인 물 제트가 평판 A의 중앙에 직각으로 충돌할 때, 평판과 벽 사이에서 줄어드는 거리는 약 몇 cm인가?

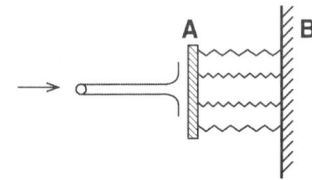

① 2.5
② 1.25
③ 10.0
④ 5.0

풀이

$F = \rho QV = 4kx$
$1000 \times 0.01 \times 10 = 4 \times 10 \times x \quad \therefore x = 2.5 \,[\text{cm}]$

53

2차원 속도장이 $\vec{V} = y^2\hat{i} - xy\hat{j}$ 로 주어질 때 (1, 2) 위치에서의 가속도의 크기는 약 얼마인가?

① 4
② 6
③ 8
④ 10

풀이

$u = y^2, \ v = -xy$

$\vec{a} = u\dfrac{\partial \vec{V}}{\partial x} + v\dfrac{\partial \vec{V}}{\partial y}$

$= y^2(-y\hat{j}) + (-xy)(2y\hat{i} - x\hat{j})$

$\vec{a}(1, 2) = 2^2(-2\hat{j}) + (-1 \times 2)(2 \times 2\hat{i} - \hat{j})$

$= -8\hat{j} + (-8\hat{i} + 2\hat{j}) = -8\hat{i} - 6\hat{j}$

$a(1, 2) = \sqrt{8^2 + 6^2} = 10$

54

낙차가 100m이고 유량이 500m³/s인 수력발전소에서 얻을 수 있는 최대 발전용량은?

① 50kW
② 50MW
③ 490kW
④ 490MW

풀이

$L = \gamma QH = 9800 \times 500 \times 100 \times 10^{-6} = 490\,[\text{MW}]$

55

노즐을 통하여 풍량 Q=0.8m³/s 일 때 마노미터 수두 높이차 h는 약 몇 m인가? (단, 공기의 밀도는 1.2kg/m³, 물의 밀도는 1000kg/m³이며, 노즐 유량계의 송출계수는 1로 가정한다.)

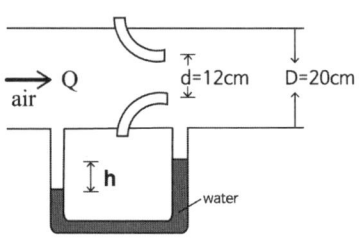

① 0.13
② 0.27
③ 0.48
④ 0.62

풀이

$Q = CA_1V_1 = 1 \times \dfrac{\pi}{4}d^2\sqrt{2gh\left(\dfrac{\rho_w}{\rho_{air}} - 1\right)}$

양변을 제곱하면

$(0.8)^2 = \left(\dfrac{\pi}{4} \times 0.12^2\right)^2 \times 2 \times 9.8 \times h\left(\dfrac{1000}{1.2} - 1\right)$

$\therefore h = 0.3067\,[\text{m}]$

56

Blasius의 해석결과에 따라 평판 주위의 유동에 있어서 경계층 두께에 관한 설명으로 틀린 것은?

① 유체 속도가 빠를수록 경계층 두께는 작아진다.
② 밀도가 클수록 경계층 두께는 작아진다.
③ 평판 길이가 길수록 평판 끝단부의 경계층 두께는 커진다.
④ 점성이 클수록 경계층 두께는 작아진다.

풀이

점성이 클수록 난류에서 층류로 변화하므로 경계층 두께는 두꺼워진다.

57

포텐셜 함수가 $K\theta$ 인 선와류 유동이 있다. 중심에서 반지름 1m인 원주를 따라 계산한 순환(circulation)은?

정답 53④ 54④ 55② 56④ 57④

(단, $\vec{V} = \nabla \phi = \frac{\partial \phi}{\partial r}\hat{i}_r + \frac{1}{r}\frac{\partial \phi}{\partial \theta}\hat{i}_\theta$ 이다)

① 0
② K
③ πK
④ $2\pi K$

풀이

$\vec{V} = \nabla \phi = \frac{\partial}{\partial r}(K\theta)\hat{i}_r + \frac{1}{r}\frac{\partial}{\partial \theta}(K\theta)\hat{i}_\theta$

$= 0 + \frac{1}{r}K\hat{i}_\theta$

순환 $\Gamma = \oint \vec{V} \cdot d\vec{S}$

$= \int_0^{2\pi}\left(\frac{K}{r}\hat{i}_\theta\right) \cdot \left(rd\theta\hat{i}_\theta\right) = \int_0^{2\pi} Kd\theta = 2\pi K$

58

수면에 떠 있는 배의 저항문제에 있어서 모형과 원형 사이에 역학적 상사를 이루려면 다음 중 어느 것이 중요한 요소가 되는가?

① Reynolds number, Mach number
② Reynolds number, Froude number
③ Weber number, Euler number
④ Mach number, Weber number

풀이

레이놀즈수, 프루드수

59

지름 D인 파이프 내에 점성 μ인 유체가 층류로 흐르고 있다. 파이프 길이가 L일 때, 유량과 압력 손실 $\triangle p$의 관계로 옳은 것은?

① $Q = \frac{\pi \triangle p D^2}{128\mu L}$

② $Q = \frac{\pi \triangle p D^2}{256\mu L}$

③ $Q = \frac{\pi \triangle p D^4}{128\mu L}$

④ $Q = \frac{\pi \triangle p D^4}{256\mu L}$

풀이

하겐-포와젤 방정식 $Q = \frac{\triangle P \pi d^4}{128\mu L}$

60

조종사가 2000m의 상공을 일정 속도의 낙하산으로 강하하고 있다. 조종사의 무게가 1000N, 낙하산 지름이 7m, 항력계수가 1.3일 때 낙하속도는 약 몇 m/s인가? (단, 공기 밀도는 1kg/m³이다.)

① 5.0
② 6.3
③ 7.5
④ 8.2

풀이

운동방정식 $mg - D = 0$ $\therefore mg = D = C_D A \frac{\rho V^2}{2}$

$1000 = 1.3 \times \frac{\pi}{4} \times 7^2 \times \frac{1 \times V^2}{2}$

$V^2 = 39.976$ $\therefore V = 6.32 [\text{m/s}]$

제4과목 : 기계재료 및 유압기기

61

대표적인 주조경질 합금으로 코발트를 주성분으로 한 Co-Cr-W-C계 합금은?

① 라우탈(lautal)
② 실루민(silumin)
③ 세라믹(ceramic)
④ 스텔라이트(stellite)

풀이

스텔라이트(주조경질합금) : 코-크-텅(Co-Cr-W)

정답 58② 59③ 60② 61④

62
두랄루민의 합금 조성으로 옳은 것은?
① Al - Cu - Zn - Pb
② Al - Cu - Mg - Mn
③ Al - Zn - Si - Sn
④ Al - Zn - Ni - Mn

풀이
두랄루민 : 알-구-마-망(Al-Cu-Mg-Mn)

63
강의 열처리 방법 중 표면경화법에 해당하는 것은?
① 마퀜칭   ② 오스포밍
③ 침탄질화법   ④ 오스템퍼링

풀이
마퀜칭, 오스포밍, 오스템퍼링 : 항온열처리
침탄질화법 : 표면경화법

64
고속도공구강(SKH2)의 표준조성에 해당되지 않는 것은?
① W   ② V
③ AL   ④ Cr

풀이
고속도강 : 텅-크-바(W-Cr-V)

65
다음 중 비중이 가장 큰 금속은?
① Fe   ② Al
③ Pb   ④ Cu

풀이
Fe : 7.87, Al : 2.7, Pb : 11.36, Cu : 8.96

66
서브제로(sub-Zero)처리 관한 설명으로 틀린 것은?
① 마모성 및 피로성이 향상된다.
② 잔류오스테나이트를 마텐자이트화 한다.
③ 담금질을 한 강의 조직이 안정화 된다.
④ 시효변화가 적으며 부품의 치수 및 형상이 안정된다.

풀이
내마모성, 내피로성이 향상된다.

67
고 망간강에 관한 설명으로 틀린 것은?
① 오스테나이트 조직을 갖는다.
② 광석·암석의 파쇄기의 부품 등에 사용된다.
③ 열처리에 수인법(water toughening)이 이용된다.
④ 열전도성이 좋고 팽창계수가 작아 열변형을 일으키지 않는다.

풀이
고망간강 : 하드필드강, 저망간강 : 듀콜강
④ 인바, 엘인바, 초엘인바, 코엘인바, 플래티나이트 등의 인바(불변강) 계열

68
강의 5대 원소만을 나열한 것은?
① Fe, C, Ni, Si, Au
② Ag, C, Si, Co, P
③ C, Si, Mn, P, S
④ Ni, C, Si, Cu, S

풀이
강의 5대 함유원소 : C, Si, Mn, P, S

69
C와 Si의 함량에 따른 주철의 조직을 나타낸 조직 분포도는?
① Gueiner, Klingenstein 조직도

정답 62② 63③ 64③ 65③ 66① 67④ 68③ 69②

② 마우러(Maurer) 조직도
③ Fe-C 복평형 상태도
④ Guilet 조직도

풀이
마우러 조직도이다.

70
과공석강의 탄소함유량(%)으로 옳은 것은?
① 약 0.01 ~ 0.02%   ② 약 0.02 ~ 0.80%
③ 약 0.80 ~ 2.0%   ④ 약 2.0 ~ 4.3%

풀이
과공석강 : 0.86 ~ 2.0 % C

71
그림과 같이 P_3의 압력은 실린더에 작용하는 부하의 크기 혹은 방향에 따라 달라질 수 있다. 그러나 중앙의 "A"에 특정 밸브를 연결하면 P_3의 압력 변화에 대하여 밸브 내부에서 P_2의 압력을 변화시켜 △P를 항상 일정하게 유지시킬 수 있는데 "A"에 들어갈 수 있는 밸브는 무엇인가?

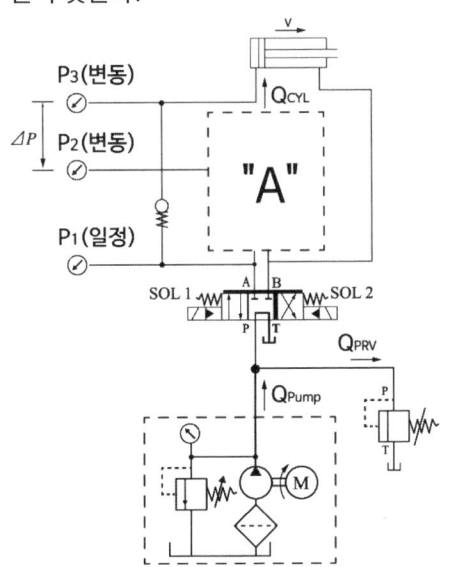

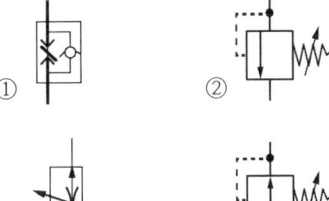

풀이
유량 제어 밸브(속도 조절)이다.

72
유량제어 밸브를 실린더 출구 측에 설치한 회로로서 실린더에서 유출되는 유량을 제어하여 피스톤 속도를 제어하는 회로는?
① 미터 인 회로
② 카운터 밸런스 회로
③ 미터 아웃 회로
④ 블리드 오프 회로

풀이
미터 아웃 회로이다.

73
그림과 같은 방향 제어 밸브의 명칭으로 옳은 것은?

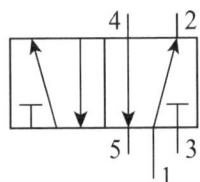

① 4 ports-4 control position valve
② 5 ports-4 control position valve
③ 4 ports-2 control position valve
④ 5 ports-2 control position valve

풀이
5포트 2위치 밸브이다.

74
다음 유압 작동유 중 난연성 작동유에 해당하지 않는 것은?
① 물-글리콜형 작동유
② 인산 에스테르형 작동유
③ 수중 유형 유화유
④ R&O형 작동유

풀이
난연성 작동유 : 인산 에스테르, 물-글리콜, 유화유
R&O형 작동유 : 석유계 작동유(고점도)

75
유입 관로의 유량이 25L/min일 때 내경이 10.9mm라면 관내 유속은 약 몇 m/s인가?
① 4.47
② 14.62
③ 6.32
④ 10.27

풀이
$$V = \frac{4Q}{\pi d^2} = \frac{4 \times 25 \times \frac{10^{-3}}{60}}{\pi \times 0.019^2} = 4.465 \, [\text{m/s}]$$

76
일반적으로 저점도유를 사용하며 유압시스템의 온도도 60~80℃ 정도로 높은 상태에서 운전하여 유압시스템 구성기기의 이물질을 제거하는 작업은?
① 엠보싱
② 블랭킹
③ 플러싱
④ 커미싱

풀이
플러싱 : 청소 작업

77
실린더 안을 왕복 운동하면서, 유체의 압력과 힘의 주고 받음을 하기 위한 지름에 비하여 길이가 긴 기계 부품은?
① spool
② land
③ port
④ plunger

풀이
플런저이다.

78
한쪽 방향으로 흐름은 자유로우나 역방향의 흐름을 허용하지 않는 밸브는?
① 셔틀 밸브
② 체크 밸브
③ 스로틀 밸브
④ 릴리프 밸브

풀이
체크 밸브이다.

79
유압회로에서 감속회로를 구성할 때 사용되는 밸브로 가장 적합한 것은?
① 디셀러레이션 밸브
② 시퀀스 밸브
③ 저압우선형 셔틀 밸브
④ 파일럿 조작형 체크 밸브

풀이
디셀러레이션(감속) 밸브이다.

80
그림과 같은 유압 회로도에서 릴리프 밸브는?

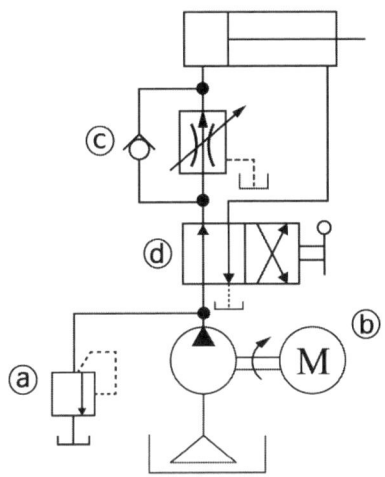

① ⓐ ② ⓑ
③ ⓒ ④ ⓓ

풀이
ⓐ : 릴리프 밸브, ⓑ : 전동기, ⓒ : 체크 밸브, ⓓ : 4포트 2위치 4방 밸브

제5과목 : 기계제작법 및 기계동력학

81
x방향에 대한 운동방정식이 다음과 같이 나타날 때 이 진동계에서의 감쇠 고유진동수(damped natural frequency)는 약 몇 rad/s인가?

$$2\ddot{x} + 3\dot{x} + 8x = 0$$

① 2.75 ② 1.35
③ 2.25 ④ 1.85

풀이
$m=2$, $c=3$, $k=8$이므로
고유각진동수 $\omega_n = \sqrt{\dfrac{k}{m}} = \sqrt{\dfrac{8}{2}} = 2\,[\text{rad/s}]$

감쇠비(ζ)
$\zeta = \dfrac{c}{c_{cr}} = \dfrac{c}{2\sqrt{mk}} = \dfrac{3}{2\sqrt{2\times 8}} = \dfrac{3}{8} = 0.375$

감쇠고유진동수(ω_{nd})
$\omega_{nd} = \omega_n\sqrt{1-\zeta^2} = 2\sqrt{1-0.375^2} = 1.854\,[\text{rad/s}]$

82
감쇠비 ζ가 일정할 때 전달률을 1보다 작게 하려면 진동수비는 얼마의 크기를 가지고 있어야 하는가?

① 1보다 작아야 한다.
② 1보다 커야 한다.
③ $\sqrt{2}$ 보다 작아야 한다.
④ $\sqrt{2}$ 보다 커야 한다.

풀이
전달률(TR)과 진동수비$\left(\gamma = \dfrac{\omega}{\omega_n}\right)$의 관계
ⓐ $TR = 1 : \gamma = \sqrt{2}$
ⓑ $TR < 1 : \gamma > \sqrt{2}$
ⓒ $TR > 1 : \gamma < \sqrt{2}$

83
그림과 같이 길이가 서로 같고 평행인 두 개의 부재에 매달려 운동하는 평판의 운동의 형태는?

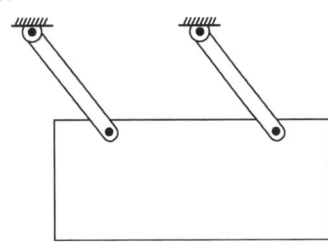

① 병진운동
② 고정축에 대한 회전운동
③ 고정점에 대한 회전운동
④ 일반적인 평면운동(회전운동 및 병진운동이 아닌 평면 운동)

풀이

곡선 병진운동이다.

84

질량 10kg인 상자가 정지한 상태에서 경사면을 따라 A지점에서 B지점까지 미끄러져 내려왔다. 이 상자의 B 지점에서의 속도는 약 몇 m/s인가? (단, 상자와 경사면 사이의 동마찰계수(μ_k)는 0.3이다.)

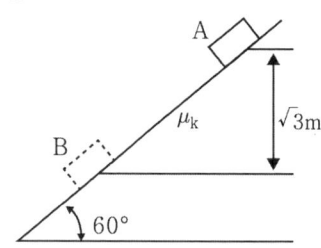

① 5.3
② 3.9
③ 7.2
④ 4.6

풀이

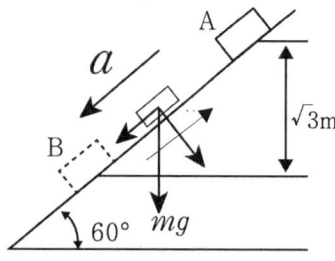

운동방정식에서
$mg\sin60° - \mu_k mg\cos60° = ma$
질량 m을 소거하면
$a = g(\sin60 - \mu_k \cos60) = 7.017$
$\overline{AB} = L = \dfrac{\sqrt{3}}{\sin60} = 2$
$v = \sqrt{2aL} = \sqrt{2 \times 7.017 \times 2} = 5.297 [\text{m/s}]$

85

질량이 100kg이고 반지름이 1m인 구의 중심에 420N의 힘이 그림과 같이 작용하여 수평면 위에서 미끄러짐 없이 구르고 있다. 바퀴의 각 가속도는 몇 rad/s² 인가?

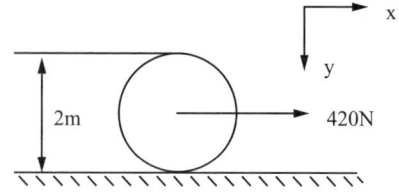

① 2.2
② 2.8
③ 3
④ 3.2

풀이

토크 $\tau = I\alpha$에서
$420 \times 1 = \left(\dfrac{2}{5}mr^2 + mr^2\right)\alpha$
$ = \left(\dfrac{2}{5} \times 100 \times 1^2 + 100 \times 1^2\right)\alpha$
$\therefore \alpha = 3 [\text{rad/s}^2]$

86

주기운동의 변위 $x(t)$가 $x(t) = A\sin\omega t$로 주어졌을 때 가속도의 최대값은 얼마인가?

① A
② ωA
③ $\omega^2 A$
④ $\omega^3 A$

풀이

가속도는 변위를 두 번 미분하면 되므로
$\dot{x}(t) = \omega A \cos\omega t$
$\ddot{x}(t) = -\omega^2 A \sin\omega t$
최대 가속도는 가속도 진폭이므로
$\ddot{x}(t)_{\max} = |-\omega^2 A| = \omega^2 A$

87

36km/h의 속력으로 달리던 자동차 A가, 정

지하고 있던 자동차 B와 충돌하였다. 충돌 후 자동차 B는 2m 만큼 미끄러진 후 정지하였다. 두 자동차 사이의 반발계수 e는 약 얼마인가? (단, 자동차 A, B의 질량은 동일하며 타이어와 노면의 동마찰계수는 0.8이다.)

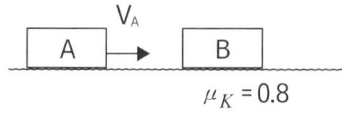

① 0.06　　　　　② 0.08
③ 0.10　　　　　④ 0.12

풀이

$V_1 = 36\text{km/h} = 10\text{m/s}$

운동량 보존법칙 $1 \times 10 + 0 = V_1' + V_2'$

$a = -\mu g = -0.8 \times 9.8 = -7.84 [\text{m/s}^2]$

$2as = -(V_2')^2$에서 $2 \times (-7.84) \times 2 = (V_2')^2$

$\therefore V_2' = 5.6 [\text{m/s}],\ V_1' = 4.4 [\text{m/s}]$

$e = -\dfrac{V_1' - V_2'}{V_1 - V_2} = -\dfrac{4.4 - 5.6}{10 - 0} = 0.12$

88

기중기 줄에 200N과 160N의 일정한 힘이 작용하고 있다. 처음에 물체의 속도는 밑으로 2m/s였는데, 5초 후에 물체 속도의 크기는 약 몇 m/s인가?

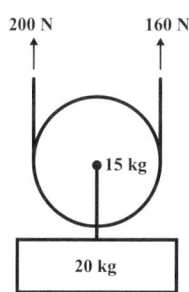

① 0.18m/s
② 0.28m/s
③ 0.38m/s
④ 0.48m/s

풀이

운동방정식 $\Sigma F = (\Sigma m)a$에서
$360 = (35)a \quad \therefore a = 0.4857 [\text{m/s}^2]$
$v = v_0 + at$
$= -2 + 0.4857 \times 5 = 0.4285 [\text{m/s}]$

89

스프링으로 지지되어 있는 질량의 정적 처짐이 0.5cm일 때 이 진동계의 고유진동수는 몇 Hz인가?

① 3.53　　　　　② 7.05
③ 14.09　　　　　④ 21.15

풀이

$f = \dfrac{\omega_n}{2\pi} = \dfrac{1}{2\pi}\sqrt{\dfrac{g}{\delta}} = \dfrac{1}{2\pi}\sqrt{\dfrac{980}{0.5}} = 7.046 [\text{Hz}]$

90

어떤 사람이 정지 상태에서 출발하여 직선 방향으로 등가속도 운동을 하여 5초 만에 10m/s의 속도가 되었다. 출발하여 5초 동안 이동한 거리는 몇 m인가?

① 5　　　　　② 10
③ 25　　　　　④ 50

풀이

$a = \dfrac{V - V_0}{t} = \dfrac{10 - 0}{2} = 2 [\text{m/s}^2]$

$s = \dfrac{1}{2}at^2 = \dfrac{1}{2} \times 2 \times 5^2 = 25 [\text{m}]$

91

다음 중 열처리(담금질)에서의 냉각능력이 가장 우수한 냉각제는?

① 비눗물　　　　　② 글리세린
③ 18℃의 물　　　　④ 10% NaCl액

풀이

10% NaCl(소금물)이다.

92

경화된 작은 철구(鐵球)를 피가공물에 고압으로 분사하여 표면의 경도를 증가시켜 기계적 성질, 특히 피로강도를 향상시키는 가공법은?

① 버핑 ② 버니싱
③ 숏 피닝 ④ 슈퍼 피니싱

풀이
숏 피닝이다.

93

허용동력이 3.6kW인 선반의 출력을 최대한으로 이용하기 위하여 취할 수 있는 허용 최대절삭 면적은 몇 mm²인가? (단, 경제적 절삭속도는 120m/min을 사용하며, 피삭재의 비절삭 저항이 45kgf/mm², 선반의 기계 효율이 0.80이다.)

① 3.26
② 6.26
③ 9.26
④ 12.26

풀이
$$\eta = \frac{\text{output Power}}{\text{input Power}} = \frac{H}{3.6}$$

여기서, $H = \frac{45A \times 120}{102 \times 60}$

$\therefore 0.8 = \frac{45A \times 120}{3.6 \times 102 \times 60}$ $\therefore A = 3.264 \,[\text{mm}^2]$

94

용제와 와이어가 분리되어 공급되고 아크가 용제 속에서 발생되므로 불가시 아크 용접이라고 불리는 용접법은?

① 피복 아크 용접
② 탄산가스 아크 용접
③ 가스텅스텐 아크 용접
④ 서브머지드 아크 용접

풀이
서브머지드 아크 용접(잠호 용접)이다.

95

주조에서 주물의 중심부까지 응고시간(t), 주물의 체적(V), 표면적(S)과의 관계로 옳은 것은? (단, K는 주형상수이다.)

① $t = K\dfrac{V}{S}$ ② $t = k(\dfrac{V}{S})^2$
③ $t = K\sqrt{\dfrac{V}{S}}$ ④ $t = K(\dfrac{V}{S})^2$

풀이
$t = k\left(\dfrac{V}{S}\right)^2$

96

CNC 공작기계의 이동량을 전기적인 신호로 표시하는 회전 피드백 장치는?

① 리졸버 ② 볼 스크루
③ 리밋 스위치 ④ 초음파 센서

풀이
리졸버(resolver) : 회전 피드백 장치

97

소성가공에 포함되지 않는 가공법은?

① 널링 가공 ② 보링 가공
③ 압출 가공 ④ 전조 가공

풀이
보링 가공(구멍 넓히기)은 절삭 가공이다.

98

절삭가공 시 절삭유(cutting fluid)의 역할로 틀린 것은?

① 공구와 칩의 친화력을 돕는다.
② 공구나 공작물의 냉각을 돕는다.

③ 공작물의 표면조도 향상을 돕는다.
④ 공작물과 공구의 마찰감소를 돕는다.

풀이
절삭유는 공구와 칩의 친화력을 감소시킨다.

99

판 두께 5mm인 연강 판에 직경 10mm의 구멍을 프레스로 블랭킹하려고 할 때, 총 소요동력 (P_t)은 약 몇 kW 인가? (단, 프레스의 평균 속도는 7m/min, 재료의 전단강도는 300N/mm^2, 기계의 효율은 80%이다.)

① 5.5
② 6.9
③ 26.9
④ 68.7

풀이
$\eta = \dfrac{H}{P_t}$ 에서

$H = \dfrac{300 \times \pi \times 10 \times 5 \times 7}{1000 \times 60} = 5.5 \,[\text{kW}]$

$\therefore P_t = \dfrac{H}{\eta} = \dfrac{5.5}{0.8} = 6.87 \,[\text{kW}]$

100

래핑 다듬질에 대한 특징 중 틀린 것은?
① 내식성이 증가된다.
② 마멸성이 증가된다.
③ 윤활성이 좋게 된다.
④ 마찰계수가 적어진다.

풀이
내마멸성이 증가된다.

국가기술자격 필기시험
2016년 기사 제4회 【일반기계기사】 필기

제1과목 : 재료역학

1

그림과 같이 지름 d인 강철봉이 안지름 d, 바깥지름 D인 동관에 끼워져서 두 강체 평판 사이에서 압축되고 있다. 강철봉 및 동관에 생기는 응력을 각각 σ_s, σ_c라고 하면 응력비(σ_s/σ_c)의 값은? (단, 강철 및 동의 탄성계수는 각각 $E_s = 200\text{GPa}$, $E_c = 120\text{GPa}$이다.)

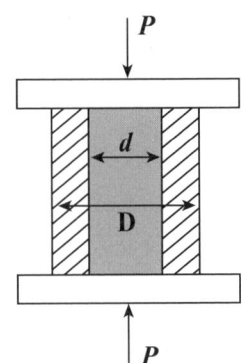

① $\dfrac{3}{5}$ ② $\dfrac{4}{5}$

③ $\dfrac{5}{4}$ ④ $\dfrac{5}{3}$

풀이

$\sigma = E\varepsilon$에서 변형률이 같으므로 응력과 탄성계수는 정비례한다.

$\dfrac{\sigma_s}{\sigma_c} = \dfrac{E_s}{E_c} = \dfrac{200}{120} = \dfrac{5}{3}$

2

오일러 공식이 세장비 $\dfrac{\ell}{k} > 100$에 대해 성립한다고 할 때, 양단이 힌지인 원형단면 기둥에서 오일러 공식이 성립하기 위한 길이 "ℓ"과 지름 "d"와의 관계가 옳은 것은?

① $\ell > 4d$
② $\ell > 25d$
③ $\ell > 50d$
④ $\ell > 100d$

풀이

직경이 d인 원형단면의 최소회전반경 k는

$k = \sqrt{\dfrac{I}{A}} = \sqrt{\dfrac{\pi d^4}{64} / \dfrac{\pi d^2}{4}} = \sqrt{\dfrac{d^2}{16}} = \dfrac{d}{4}$

세장비$(\lambda) = \dfrac{\ell}{k} = \dfrac{\ell}{d/4} > 100$이므로

$\therefore \dfrac{\ell}{d} > 25$

3

단면적이 A, 탄성계수가 E, 길이가 L인 막대에 길이방향의 인장하중을 가하여 그 길이가 δ만큼 늘어났다면, 이 때 저장된 탄성변형에너지는?

① $\dfrac{AE\delta^2}{L}$

② $\dfrac{AE\delta^2}{2L}$

③ $\dfrac{EL^3\delta^2}{A}$

④ $\dfrac{EL^3\delta^2}{2A}$

풀이

늘음량 $\lambda = \delta = \dfrac{PL}{AE}$에서 $P = \dfrac{AE\delta}{L}(\text{N})$이므로

탄성에너지 $U = \dfrac{1}{2}P\delta = \dfrac{AE\delta^2}{2L}(\text{J})$

정답 1④ 2② 3②

4

그림과 같은 단순보의 중앙점(C)에서 굽힘모멘트는?

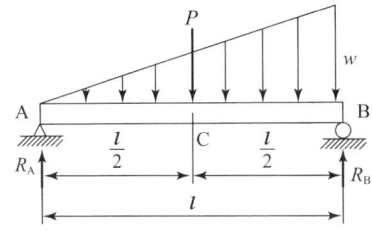

① $\dfrac{Pl}{2} + \dfrac{wl^2}{8}$

② $\dfrac{Pl}{4} + \dfrac{wl^2}{16}$

③ $\dfrac{Pl}{2} + \dfrac{wl^2}{48}$

④ $\dfrac{Pl}{4} + \dfrac{5}{48}wl^2$

풀이

㉠ 집중하중(P)을 받는 단순보 중앙점에서의

굽힘모멘트 $M_1 = \dfrac{Pl}{4}$

㉡ 점변분포하중을 받는 단순보 중앙점 $\left(x = \dfrac{l}{2}\right)$에서

$M_2 = R_A x - \dfrac{wx^2}{2l} \cdot \dfrac{x}{3} = \dfrac{wl}{6} \cdot x - \dfrac{wx^3}{6l}$

$= \dfrac{wl}{6}\left(\dfrac{l}{2}\right) - \dfrac{w}{6l}\left(\dfrac{l}{2}\right)^3 = \dfrac{3wl^2}{48} = \dfrac{wl^2}{16}$

∴ $M_C = M_1 + M_2 = \dfrac{pl}{4} + \dfrac{wl^2}{16}$

5

길이 L인 봉 AB가 그 양단에 고정된 두 개의 연직강선에 의하여 그림과 같이 수평으로 매달려 있다. 봉 AB의 자중은 무시하고, 봉이 수평을 유지하기 위한 연직하중 P의 작용점까지의 거리 x는? (단, 강선들은 단면적은 같지만 A단의 강선은 탄성계수 E_1, 길이 ℓ_1이고, B단의 강선은 탄성계수 E_2, 길이 ℓ_2이다.)

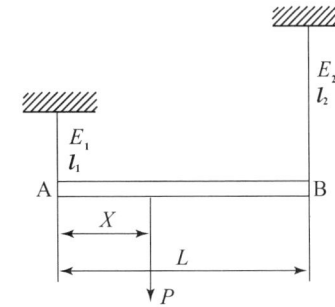

① $x = \dfrac{E_1 \ell_2 L}{E_1 \ell_2 + E_2 \ell_1}$

② $x = \dfrac{2E_1 \ell_2 L}{E_1 \ell_2 + E_2 \ell_1}$

③ $x = \dfrac{2E_2 \ell_1 L}{E_1 \ell_2 + E_2 \ell_1}$

④ $x = \dfrac{E_2 \ell_1 L}{E_1 \ell_2 + E_2 \ell_1}$

풀이

$P_2 L = Px$에서

$x = \dfrac{P_2}{P} L = \dfrac{E_2 \ell_1}{E_1 \ell_2 + E_2 \ell_1} \times L$

6

지름 d인 원형단면 기둥에 대하여 오일러 좌굴식의 회전반경은 얼마인가?

① $\dfrac{d}{2}$ ② $\dfrac{d}{3}$

③ $\dfrac{d}{4}$ ④ $\dfrac{d}{6}$

풀이

최소회전반경(k)

$k = \sqrt{\dfrac{I}{A}} = \sqrt{\dfrac{\pi d^4}{64} \Big/ \dfrac{\pi d^2}{4}} = \sqrt{\dfrac{d^2}{16}} = \dfrac{d}{4}$

7

그림과 같이 4kN/cm의 균일분포하중을 받는 일단 고정 타단 지지보에서 B점에서의 모멘트 M_B는 약 몇 kN·m 인가? (단, 균일단면 보이며, 굽힘강성(EI)은 일정하다.)

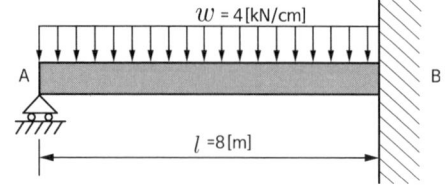

① 800
② 2000
③ 3200
④ 4000

풀이

$$M_B = \frac{w\ell^2}{2} - R_A \ell = \frac{w\ell^2}{2} - \frac{3w\ell^2}{8} = \frac{w\ell^2}{8}$$

$$= \frac{400 \times 8^2}{8} = 3200 \text{(kNm)}$$

(단, $w = 4\text{kN/cm} = 400\text{kN/m}$)

8

지름 d인 원형 단면보에 가해지는 전단력을 V라 할 때 단면의 중립축에서 일어나는 최대 전단 응력은?

① $\frac{3}{2}\frac{V}{\pi d^2}$
② $\frac{4}{3}\frac{V}{\pi d^2}$
③ $\frac{5}{3}\frac{V}{\pi d^2}$
④ $\frac{16}{3}\frac{V}{\pi d^2}$

풀이 $\tau_{\max} = \frac{4}{3}\frac{V}{A} = \frac{4}{3} \times \frac{V}{\pi d^2/4} = \frac{16V}{3\pi d^2}$

9

어떤 직육면체에서 x방향으로 40MPa의 압축응력이 작용하고 y방향과 z방향으로 각각 10MPa씩 압축응력이 작용한다. 이 재료의 세로탄성계수는 100GPa, 푸아송 비는 0.25, x방향 길이는 200mm일 때 x방향 길이의 변화량은?

① -0.07mm
② 0.07mm
③ -0.085mm
④ 0.085mm

풀이

$$\varepsilon_x = \frac{\sigma_x}{E} - \nu\frac{\sigma_y}{E} - \nu\frac{\sigma_z}{E} \text{ 에서}$$

$$\varepsilon_x = \frac{\lambda}{\ell}, \sigma_y = \sigma_z = \sigma$$

$$\therefore \lambda = \frac{\sigma_x l}{E} - 2\nu\frac{\sigma l}{E} = \frac{l}{E}(\sigma_x - 2\nu\sigma)$$

$$= \frac{200}{100 \times 10^3}\{-40 - 2 \times 0.25 \times (-10)\}$$

$$= -0.07\text{(mm)}$$

10

균일분포하중을 받고 있는 길이가 L인 단순보의 처짐량을 δ로 제한한다면 균일 분포하중의 크기는 어떻게 표현되겠는가? (단, 보의 단면은 폭이 b이고 높이가 h인 직사각형이고 탄성계수는 E이다.)

① $\frac{32Ebh^3\delta}{5L^4}$
② $\frac{32Ebh^3\delta}{7L^4}$
③ $\frac{16Ebh^3\delta}{5L^4}$
④ $\frac{16Ebh^3\delta}{7L^4}$

풀이

균일분포하중 w을 받는 단순보의 중앙에서 최대 처짐량 $\delta = \frac{5wL^4}{384EI}$ 이므로

$$w = \frac{384EI\delta}{5L^4} = \frac{384E\left(\frac{bh^3}{12}\right)\delta}{5L^4} = \frac{32Ebh^3\delta}{5L^4}$$

11

회전수 120rpm 과 35kW를 전달할 수 있는 원형 단면축의 길이가 2m이고, 지름이 6cm 일 때 축단의 비틀림 각도는 약 몇 rad인가? (단, 이 재료의 가로탄성계수는 83GPa이다.)

① 0.019
② 0.036
③ 0.053
④ 0.078

풀이

Power $P = T\omega = T\left(\dfrac{2\pi N}{60}\right)$ 에서

$35 \times 10^3 = T\dfrac{2\pi \times 120}{60}$

$\therefore T = \dfrac{35 \times 10^3 \times 60}{2\pi \times 120} \times 10^3 = 2785211.5(\text{Nmm})$

따라서 비틀림 각 θ는

$\theta = \dfrac{TL}{GI_P} = \dfrac{2785211.5 \times 2000}{83 \times 10^3 \times \dfrac{\pi(60)^4}{32}} = 0.053(\text{rad})$

12

2축 응력 상태의 재료 내에서 서로 직각 방향으로 400MPa의 인장응력과 300MPa의 압축응력이 작용할 때 재료 내에 생기는 최대 수직응력은 몇 MPa인가?

① 500 ② 300
③ 400 ④ 350

풀이

주응력

$\sigma_1 = \dfrac{1}{2}(\sigma_x + \sigma_y) + \dfrac{1}{2}\sqrt{(\sigma_x - \sigma_y)^2 + 4\tau_{xy}^2}$ 에서

$\tau_{xy} = 0$ 이므로

$\sigma_1 = \dfrac{1}{2}(\sigma_x + \sigma_y) + \dfrac{1}{2}(\sigma_x - \sigma_y) = \sigma_x = 400(\text{MPa})$

13

지름이 1.2m, 두께가 10mm인 구형 압력용기가 있다. 용기 재질의 허용인장응력이 42MPa일 때 안전하게 사용할 수 있는 최대 내압은 약 몇 MPa인가?

① 1.1 ② 1.4
③ 1.7 ④ 2.1

풀이

구형압력용기의 발생응력이
허용응력이하여야 하므로

$\sigma = \dfrac{pd}{4t} \leq \sigma_a$

$\therefore p \leq \dfrac{4t\sigma_a}{d} = \dfrac{4 \times 10 \times 42}{1.2 \times 10^3} = 1.4(\text{MPa})$

14

5cm×4cm 블록이 x축을 따라 0.05cm만큼 인장되었다. y방향으로 수축되는 변형률(ϵ_y)은? (단, 푸아송 비(ν)는 0.30이다.)

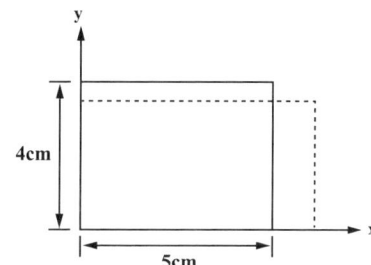

① 0.00015 ② 0.0015
③ 0.003   ④ 0.03

풀이

$\nu = \dfrac{|\epsilon'|}{\epsilon}$

$\therefore |\epsilon'| = \nu\epsilon = \nu\left(\dfrac{\lambda}{\ell}\right) = 0.3\left(\dfrac{0.05}{5}\right) = 0.003$

15

지름 4cm의 원형 알루미늄 봉을 비틀림 재료시험기에 걸어 표면의 45°나선에 부착한 스트레인 게이지로 변형도를 측정하였더니 토크 120N·m일 때 변형률 $\varepsilon = 150 \times 10^{-6}$을 얻었다. 이 재료의 전단탄성계수는?

① 31.8GPa ② 38.4GPa
③ 43.1GPa ④ 51.2GPa

풀이

$T = \tau Z_p = \tau \dfrac{\pi d^3}{16}$ 에서

$\tau = \dfrac{16T}{\pi d^3} = \dfrac{16 \times 120 \times 10^3}{\pi(40)^3} = 9.55(\text{MPa})$

또한 $\tau = G\gamma_{\max}$ 에서 $\gamma_{\max} = 2\varepsilon$ 이므로

$$\therefore G = \frac{\tau}{2\varepsilon} = \frac{9.55}{2(150 \times 10^{-6})}$$
$$= 31833(\text{MPa}) = 31.8(\text{GPa})$$

16

그림과 같이 분포하중이 작용할 때 최대 굽힘 모멘트가 일어나는 곳은 보의 좌측으로부터 얼마나 떨어진 곳에 위치하는가?

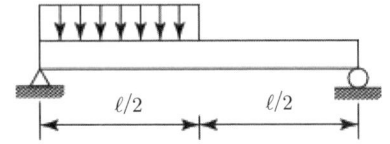

① $\dfrac{1}{4}\ell$ ② $\dfrac{3}{8}\ell$

③ $\dfrac{5}{12}\ell$ ④ $\dfrac{7}{16}\ell$

풀이

우선, 반력을 구한다.

$\Sigma M_B = 0$에서 $R_A \ell - \dfrac{w\ell}{2}\left(\dfrac{\ell}{4} + \dfrac{\ell}{2}\right) = 0$

$\therefore R_A = \dfrac{3}{8}w\ell$

전단력 $V=0$일 때

굽힘모멘트가 최대인 위치이므로

$V_x = R_A - wx = \dfrac{3}{8}w\ell - wx = 0$

$\therefore x = \dfrac{3}{8}\ell$

17

그림과 같이 길이와 재질이 같은 두 개의 외팔보가 자유단에 각각 집중하중 P를 받고 있다. 첫째 보(1)의 단면 치수는 b×h이고, 둘째 보(2)의 단면치수는 b×2h라면, 보(1)의 최대 처짐 δ_1과 보(2)의 최대 처짐 δ_2의 비(δ_1/δ_2)는 얼마인가?

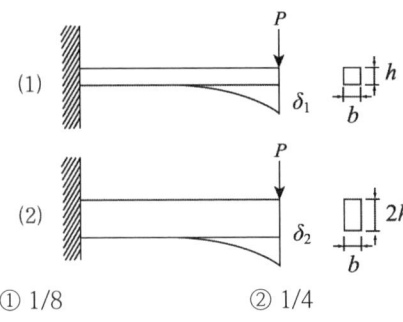

① 1/8   ② 1/4
③ 4   ④ 8

풀이

자유단에서 집중하중(P)을 받는 외팔보의 최대처짐 $\delta = \dfrac{P\ell^3}{3EI}$이므로 $\delta \propto \dfrac{1}{I}$

$\therefore \dfrac{\delta_1}{\delta_2} = \dfrac{I_2}{I_1} = \dfrac{b(2h)^3}{12} \times \dfrac{12}{bh^3} = 8$

18

그림과 같은 벨트 구조물에서 하중 W가 작용할 때 P값은? (단, 벨트는 하중 W의 위치를 기준으로 좌우 대칭이며 $0° < \alpha < 180°$이다.)

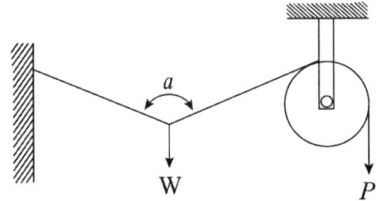

① $P = \dfrac{2W}{\cos\dfrac{\alpha}{2}}$

② $P = \dfrac{W}{\cos\dfrac{\alpha}{2}}$

③ $P = \dfrac{W}{2\cos\alpha}$

④ $P = \dfrac{W}{2\cos\dfrac{\alpha}{2}}$

풀이

$\Sigma F_y = 0 : W - 2P\cos\frac{\alpha}{2} = 0$

$\therefore W = 2P\cos\frac{\alpha}{2} \quad \therefore P = \frac{W}{2\cos\frac{\alpha}{2}}$

19

동일 재료로 만든 길이 L, 지름 D인 축 A와 길이 $2L$, 지름 $2D$인 축 B를 동일각도만큼 비트는 데 필요한 비틀림 모멘트의 비 T_A/T_B의 값은 얼마인가?

① $\frac{1}{4}$ ② $\frac{1}{8}$

③ $\frac{1}{16}$ ④ $\frac{1}{32}$

풀이

$\theta = \frac{TL}{GI_P}$ 에서 $\frac{T_A L}{G\frac{\pi D^4}{32}} = \frac{T_B 2L}{G\frac{\pi (2D)^4}{32}}$

$\therefore \frac{T_A}{T_B} = \frac{D^4}{L}\left(\frac{2L}{(2D)^4}\right) = \frac{1}{8}$

20

지름 2cm, 길이 1m의 원형단면 외팔보의 자유단에 집중하중이 작용할 때, 최대 처짐량이 2cm가 되었다면, 최대 굽힘응력은 약 몇 MPa인가? (단, 보의 세로탄성계수는 200GPa이다.)

① 80 ② 120
③ 180 ④ 220

풀이

$\delta = \frac{P\ell^3}{3EI}$ 에서 $P = \frac{3EI\delta}{\ell^3}$

$\sigma = \frac{M}{Z} = \frac{P\ell}{\frac{\pi d^3}{32}} = \frac{32P\ell}{\pi d^3}$

$= \frac{32}{\pi d^3} \times \frac{3E}{\ell^3}\left(\frac{\pi d^4}{64}\right) \times \delta \times \ell$

$= \frac{3Ed\delta}{2\ell^2} = \frac{3 \times 200 \times 10^3 \times 2 \times 2}{2 \times 100^2} = 120(\text{MPa})$

제2과목 : 기계열역학

21

다음에 제시된 에너지 값 중 가장 크기가 작은 것은?

① 400N·cm ② 4cal
③ 40J ④ 4000Pa·m³

풀이

① 400N·cm = 4N·m = 4J
② 4cal = 4 × 4.186 = 16.72J (1cal = 4.186J)
③ 40J
④ 4000Pa·m³ = 4000N·m = 4000J

∴ ④ > ③ > ② > ①

22

열역학적 관점에서 일과 열에 관한 설명 중 틀린 것은?

① 일과 열은 온도와 같은 열역학적 상태량이 아니다.
② 일의 단위는 J(joule)이다.
③ 일의 크기는 힘과 그 힘이 작용하여 이동한 거리를 곱한 값이다.
④ 일과 열은 점함수(point function)이다.

풀이

일과 열은 과정함수(경로함수)이다.

23

5kg의 산소가 정압하에서 체적이 0.2m³에서 0.6m³로 증가했다. 산소를 이상기체로 보고 정압비열 $C_p = 0.92$kJ/(kg·K)로 하여 엔트로피의 변화를 구하였을 때 그 값은 약 얼

마인가?
① 1.857kJ/K ② 2.746kJ/K
③ 5.054kJ/K ④ 6.507kJ/K

풀이

$$\Delta S = \int_1^2 \frac{\delta Q}{T} = \int_1^2 \frac{mC_p dT}{T} = mC_p \ln\frac{T_2}{T_1}$$

정압변화이므로 $\frac{V_1}{T_1} = \frac{V_2}{T_2}$ ∴ $\frac{T_2}{T_1} = \frac{V_2}{V_1}$

$$\therefore \Delta S = mC_p \ln\frac{V_2}{V_1} = 5 \times 0.92 \ln\left(\frac{0.6}{0.2}\right)$$
$$= 5.054[kJ/K]$$

24

온도가 300K이고, 체적이 $1m^3$, 압력이 $10^5 N/m^2$인 이상기체가 일정한 온도에서 $3 \times 10^4 J$의 일을 하였다. 계의 엔트로피 변화량은?
① 0.1J/K   ② 0.5J/K
③ 50J/K   ④ 100J/K

풀이

등온변화시 엔트로피 변화량

$$\Delta S = \int \frac{\delta Q}{T} = \frac{Q}{T}\left(=\frac{W}{T}\right) = \frac{3 \times 10^4}{300} = 100(J/K)$$

25

어느 이상기체 2kg이 압력 200kPa, 온도 30℃의 상태에서 체적 $0.8m^3$를 차지한다. 이 기체의 기체상수는 약 몇 kJ/kg·K인가?
① 0.264   ② 0.528
③ 2.67   ④ 3.53

풀이

$$R = \frac{PV}{mT} = \frac{200 \times 0.8}{2 \times (30+273)} = 0.264(kJ/kgK)$$

26

공기 1kg을 $t_1 = 10℃$, $P_1 = 0.1MPa$, $V_1 = 0.8m^3$ 상태에서 단열 과정으로 $t_2 = 167$

℃, $P_2 = 0.7MPa$까지 압축시킬 때 압축에 필요한 일량은 약 얼마인가? (단, 공기의 정압비열과 정적비열은 각각 1.0035kJ(kg·K), 0.7165kJ/(kg·K)이고, t는 온도, P는 압력, V는 체적을 나타낸다.)
① 112.5J
② 112.5kJ
③ 157.5J
④ 157.5kJ

풀이

$Q = \Delta U + W = 0$
$\therefore W = -\Delta U = -mC_v \Delta T$
$= -1 \times 0.7165 \times (167-10) = -112.5(kJ)$

27

고열원의 온도가 157℃이고, 저열원의 온도가 27℃인 카르노 냉동기의 성적계수는 약 얼마인가?
① 1.5   ② 1.8
③ 2.3   ④ 3.2

풀이

$$\varepsilon_r = \frac{T_2}{T_1 - T_2} = \frac{27+273}{157-27} = 2.3$$

28

공기 표준 Brayton사이클 기관에서 최고 압력이 500kPa, 최저압력은 100kPa이다. 비열비(k)는 1.4일 때, 이 사이클의 열효율은?
① 약 3.9%
② 약 18.9%
③ 약 36.9%
④ 약 26.9%

풀이

압력비 $\gamma = \frac{500}{100} = 5$이므로

$$\eta_B = 1 - \left(\frac{1}{\gamma}\right)^{\frac{k-1}{k}} = 1 - \left(\frac{1}{5}\right)^{\frac{0.4}{1.4}} = 0.369 = 36.9(\%)$$

정답 24④ 25① 26② 27③ 28③

29

1kg의 기체가 압력 50kPa, 체적 2.5 m³의 상태에서 압력 1.2MPa, 체적 0.2m³의 상태로 변하였다. 엔탈피의 변화량은 약 몇 kJ인가? (단, 내부에너지의 변화는 없다.)

① 365
② 206
③ 155
④ 115

풀이

엔탈피 $H = U + PV$이므로
$\Delta H = P_2 V_2 - P_1 V_1$
$= (1.2 \times 10^3 \times 0.2 - 50 \times 2.5) = 115 (kJ)$

30

성능계수가 3.2인 냉동기가 시간당 20MJ의 열을 흡수한다. 이 냉동기를 작동하기 위한 동력은 몇 kW인가?

① 2.25 ② 1.74
③ 2.85 ④ 1.45

풀이

$\varepsilon_r = \dfrac{\dot{Q}}{\dot{W}}$에서 $3.2 = \dfrac{20 \times 10^3 / 3600}{\dot{W}}$

$\therefore \dot{W} = \dfrac{20 \times 10^3}{3.2 \times 3600} = 1.74 (kW)$

31

실린더 내의 공기가 100kPa, 20℃ 상태에서 300kPa이 될 때까지 가역단열 과정으로 압축된다. 이 과정에서 실린더 내의 계에서 엔트로피의 변화는? (단, 공기의 비열비 k=1.4 이다.)

① −1.35kJ(kg · K)
② 0kJ(kg · K)
③ 1.35kJ(kg · K)
④ 13.5kJ(kg · K)

풀이

가역단열과정은 등엔트로피과정이다. 따라서 엔트로피의 변화량은 0이다.

32

압력(P)과 부피(V)의 관계가 'PV^k=일정하다'고 할 때 절대일(W_{12})와 공업일(W_t)의 관계로 옳은 것은?

① $W_t = k W_{12}$
② $W_t = \dfrac{1}{k} W_{12}$
③ $W_t = (k-1) W_{12}$
④ $W_t = \dfrac{1}{(k-1)} W_{12}$

풀이

가역단열과정에서 공업일(W_t)은 절대일(W_{12})보다 비열비($k = C_p/C_v$)만큼 더 크다 $\therefore W_t = k W_{12}$

33

분자량이 29이고, 정압비열이 1005J/(kg · K)인 이상기체의 정적비열은 약 몇 J/(kg · K)인가? (단, 일반기체상수는 8314.5 J/(kmol · K)이다.)

① 976 ② 287
③ 718 ④ 546

풀이

$C_p - C_v = R = \dfrac{\overline{R}}{M}$에서 $1005 - C_v = \dfrac{8314.5}{29}$

$\therefore C_v = 718.29 (J/kgK)$

34

그림과 같은 이상적인 Rankine cycle에서 각각의 엔탈피는 $h_1 = 168$ kJ/kg, $h_2 = 173$ kJ/kg, $h_3 = 3195$ kJ/kg, $h_4 = 2071$ kJ/kg일 때, 이 사이클의 열효율은 약 얼마인가?

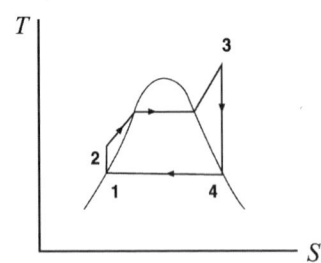

① 30%   ② 34%
③ 37%   ④ 43%

풀이

$$\eta_R = \frac{(h_3 - h_4) - (h_2 - h_1)}{(h_3 - h_2)}$$
$$= \frac{(3195 - 2071) - (173 - 168)}{(3195 - 173)}$$
$$= 0.37 = 37(\%)$$

35

이상적인 증기 압축 냉동 사이클의 과정은?
① 정적방열과정 → 등엔트로피 압축과정 → 정적증발과정 → 등엔탈피 팽창과정
② 정압방열과정 → 등엔트로피 압축과정 → 정압증발과정 → 등엔탈피 팽창과정
③ 정적증발과정 → 등엔트로피 압축과정 → 정적방열과정 → 등엔탈피 팽창과정
④ 정압증발과정 → 등엔트로피 압축과정 → 정압방열과정 → 등엔탈피 팽창과정

풀이

증발기 → 압축기 → 응축기 → 팽창밸브
∴ 정압증발과정 → 등엔트로피 압축과정 → 정압방열과정 → 등엔탈피 팽창과정(교축과정)

36

폴리트로픽 변화의 관계식 "PV^n=일정"에 있어서 n이 무한대로 되면 어느 과정이 되는가?
① 정압과정   ② 등온과정
③ 정적과정   ④ 단열과정

풀이

$n = 0, 1, k, \infty$ 의 순서는 '압, 온, 열, 적'이다.

37

물질의 양에 따라 변화하는 종량적 상태량(extensive property)은?
① 밀도   ② 체적
③ 온도   ④ 압력

풀이

온도, 압력은 물질의 질량과 무관한 강도성 성질(상태량)이다. 또한 밀도는 비상태인 비체적의 역수이며 강도성 상태량 취급한다. 질량에 비례하는 종량성 상태량은 체적, 엔탈피, 엔트로피, 내부에너지 등이다.

38

피스톤-실린더 장치에 들어있는 100kPa, 26.85℃의 공기가 600kPa까지 가역단열과정으로 압축된다. 비열비 k=1.4로 일정하다면 이 과정 동안에 공기가 받은 일은 약 얼마인가?(단, 공기의 기체상수는 0.287kJ/(kg·K)이다.)
① 263kJ/kg
② 171kJ/kg
③ 144kJ/kg
④ 116kJ/kg

풀이

밀폐계이므로 $q = \Delta u + w$에서 $q = 0$

$$w = -\Delta u = -C_v \Delta T = \frac{R}{k-1}(T_1 - T_2)$$
$$= \frac{R}{k-1} T_1 \left(1 - \frac{T_2}{T_1}\right) = \frac{R}{k-1} T_1 \left\{1 - \left(\frac{P_2}{P_1}\right)^{\frac{k-1}{k}}\right\}$$
$$= \frac{0.287}{0.4}(26.85 + 273)\left(1 - 6^{\frac{0.4}{1.4}}\right)$$
$$= -144 (\text{kJ/kg})$$

여기서 (−)는 받은 일을 의미한다.

39

0.6MPa, 200℃의 수증기가 50m/s의 속도로 단열 노즐로 유입되어 0.15MPa, 건도 0.99인 상태로 팽창하였다. 증기의 유출 속도는? (단, 노즐 입구에서 엔탈피는 2850kJ/kg, 출구에서 포화액 엔탈피는 467kJ/kg, 증발 잠열은 2227kJ/kg이다.)

① 약 600m/s
② 약 700m/s
③ 약 800m/s
④ 약 900m/s

풀이

개방계 정상류

$$q_{12} = w_t + (h_2 - h_1) + \frac{1}{2}(u_2^2 - u_1^2) + g(Z_2 - Z_1)$$

에서 $q_{12} = 0, w_t = 0, Z_1 = Z_2$

$$\therefore \frac{1}{2}(u_2^2 - u_1^2) = (h_1 - h_2)$$

$$\therefore w_2 = \sqrt{u_1^2 + 2(h_1 - h_2)}$$
$$= \sqrt{50^2 + 2(2850 - 2671.73) \times 10^3}$$
$$= 599.2 (\text{m/s})$$

[여기서, 단위 kJ/kg = 1000(m/s)² 임에 유의할 것]
또한,

$$h_2 = h' + x(h'' - h') = 467 + 0.99 \times 2227$$
$$= 2671.73 (\text{kJ/kg})]$$

40

다음 중 비체적의 단위는?

① kg/m^3
② m^3/kg
③ $\text{m}^3/(\text{kg} \cdot \text{s})$
④ $\text{m}^3/(\text{kg} \cdot \text{s}^2)$

풀이

비체적(specific volume)은 단위질량당 체적이다. 따라서 단위는 m³/kg이다.

제3과목 : 기계유체역학

41

안지름 0.25m, 길이 100m인 매끄러운 수평 강관으로 비중 0.8, 점성계수 0.1Pa·s인 기름을 수송한다. 유량이 100L/s일 때의 관 마찰손실 수두는 유량이 50L/s 일 때의 몇 배 정도가 되는가? (단, 층류의 관 마찰계수는 64/Re이고, 난류일 때의 관 마찰계수는 0.3164 $Re^{-1/4}$이며, 임계 레이놀즈 수는 2300이다.)

① 1.55
② 2.12
③ 4.13
④ 5.04

풀이

먼저, 유량 $Q = 100\text{L/s}$일 때

$$V = \frac{4Q}{\pi d^2} = \frac{4 \times 0.1}{\pi \times 0.25^2} = 2.037 (\text{m/s})$$

$$Re = \frac{\rho V d}{\mu} = \frac{800 \times 2.037 \times 0.25}{0.1} = 4074.4 > 2300$$

∴ 난류이다. 따라서

$$f = 0.3164 Re^{-\frac{1}{4}} = 0.3164(4074.4)^{-\frac{1}{4}} = 0.0396$$

$$h_L = f \frac{L}{d} \frac{V^2}{2g} \propto f V^2$$

다음, 유량 $Q = 50\text{L/s}$일 때

$$V = \frac{4Q}{\pi d^2} = \frac{4 \times 0.05}{\pi \times 0.25^2} = 1.0186 (\text{m/s})$$

$$Re = \frac{\rho V d}{\mu} = \frac{800 \times 1.0186 \times 0.25}{0.1} = 2037.2 < 2300$$

∴ 층류이다. 따라서 $f = \frac{64}{Re} = \frac{64}{2037.2} = 0.0314$

$$\therefore \frac{h_{L1}}{h_{L2}} = \frac{f_1 V_1^2}{f_2 V_2^2} = \frac{0.0396 \times 2.037^2}{0.0314 \times 1.0186^2} = 5.04$$

42

다음과 같은 수평으로 놓인 노즐이 있다. 노즐의 입구는 면적이 0.1m^2이고 출구의 면적은 0.02m^2이다. 정상, 비압축성이며 점성의 영향이 없다면 출구의 속도가 50m/s일 때 입구와 출구의 압력차(P_1-P_2)는 약 몇 kPa인가? (단, 이 공기의 밀도는 1.23kg/m^3이다.)

① 1.48
② 14.8
③ 2.96
④ 29.6

풀이

먼저, 연속의 법칙 $Q = A_1 V_1 = A_2 V_2$에서
$$V_1 = \left(\frac{A_2}{A_1}\right)V_2 = \left(\frac{0.02}{0.1}\right)50 = 10(\text{m/s})$$

다음, 베르누이 방정식
$$\frac{P_1}{\gamma} + \frac{V_1^2}{2g} = \frac{P_2}{\gamma} + \frac{V_2^2}{2g} \text{에서}$$
$$\frac{P_1 - P_2}{\gamma} = \frac{V_2^2 - V_1^2}{2g}$$
$$\therefore (P_1 - P_2) = \frac{\rho}{2}(V_2^2 - V_1^2)$$
$$= \frac{1.23}{2}(50^2 - 10^2) = 1475(\text{Pa}) = 1.48(\text{kPa})$$

43

지름이 2cm인 관에 밀도 1000kg/m^3, 점성계수 $0.4\text{N} \cdot \text{s/m}^2$인 기름이 수평면과 일정한 각도로 기울어진 관에서 아래로 흐르고 있다. 초기 유량 측정위치의 유량이 $1 \times 10^{-5} \text{m}^3/\text{s}$이었고, 초기 측정위치에서 10m 떨어진 곳에서의 유량도 동일하다고 하면, 이 관은 수평면에 대해 약 몇° 기울어져 있는가? (단, 관 내 흐름은 완전발달 층류유동이다.)

① 6°
② 8°
③ 10°
④ 12°

풀이

$$V = \frac{4Q}{\pi d^2} = \frac{4 \times 1 \times 10^{-5}}{\pi \times 0.02^2} = 0.03183 [\text{m/s}]$$

$$f = \frac{64}{Re} = \frac{64\mu}{\rho V d} = \frac{64 \times 0.4}{1000 \times 0.03183 \times 0.02}$$
$$= 40.2136$$

$$h_L = f\frac{L}{d}\frac{V^2}{2g} = 40.2136 \times \frac{10}{0.02} \times \frac{0.03183^2}{2 \times 9.8}$$
$$= 1.03934[\text{m}]$$

$$\tan\theta = \frac{h_L}{L} \quad \therefore \theta = \tan^{-1}\frac{1.03934}{10} = 5.93° ≒ 6°$$

44

물이 흐르는 어떤 관에서 압력이 120kPa 속도가 4m/s 일 때, 에너지선(Energy Line)과 수력기울기선(Hydraulic Grade Line)의 차이는 약 몇 cm인가?

① 41
② 65
③ 71
④ 82

풀이

E.L(에너지선) − HGL(수력구배선) = 속도수두
$$\frac{P}{\gamma} + \frac{V^2}{2g} + Z - \left(\frac{P}{\gamma} + Z\right)$$
$$= \frac{V^2}{2g} = \frac{4^2}{2 \times 9.8} = 0.82[\text{m}] = 82[\text{cm}]$$

45

관로 내에 흐르는 완전발달 층류유동에서 유속을 1/2로 줄이면 관로 내 마찰손실수두는 어떻게 되는가?

① 1/4로 줄어든다.
② 1/2로 줄어든다.
③ 변하지 않는다.
④ 2배로 늘어난다.

풀이

정답 43① 44④ 45②

층류이므로 $f = \dfrac{64}{Re} = \dfrac{64\mu}{\rho Vd}$

$h_L = f\dfrac{L}{d}\dfrac{V^2}{2g} = \dfrac{64\mu}{\rho Vd} \times \dfrac{L}{d} \times \dfrac{V^2}{2g} = \dfrac{32\mu LV}{\rho d^2 g} \propto V$

따라서 마찰손실수두는 속도에 비례하므로 1/2배가 된다.

46

절대압력 700kPa의 공기를 담고 있는 체적은 0.1m³, 온도는 20℃인 탱크가 있다. 순간적으로 공기는 밸브를 통해 바깥으로 단면적 75 mm²를 통해 방출되기 시작한다. 이 공기의 유속은 310m/s이고, 밀도는 6kg/m³이며 탱크 내의 모든 물성치는 균일한 분포를 갖는다고 가정한다. 방출하기 시작하는 시각에 탱크 내 밀도의 시간에 따른 변화율은 몇 kg/(m³·s)인가?

① -12.338
② -2.582
③ -20.381
④ -1.395

풀이

밀도의 시간적 변화율 = $\dfrac{\text{질량유량}}{\text{체적}}$ 이다.

$\dfrac{\partial \rho}{\partial t} = -\dfrac{\rho VA}{V'} = -\dfrac{6 \times 310 \times (75 \times 10^{-6})}{0.1}$

$= -1.395 (\text{kg/m}^3 \cdot \text{s})$

47

비점성, 비압축성 유체의 균일한 유동장에 유동방향과 직각으로 정지된 원형 실린더가 놓여 있다고 할 때, 실린더에 작용하는 힘에 관하여 설명한 것으로 옳은 것은?

① 항력과 양력이 모두 영(0)이다.
② 항력은 영(0)이고 양력은 영(0)이 아니다.
③ 양력은 영(0)이고 항력은 영(0)이 아니다.
④ 항력과 양력 모두 영(0)이 아니다.

풀이

항력 $D = C_D A \dfrac{1}{2} \rho V^2$ 에서 $V = 0$ 이므로 $D = 0$

양력 $L = C_L A \dfrac{1}{2} \rho V^2$ 에서 $V = 0$ 이므로 $L = 0$

48

일률(power)을 기본 차원인 M(질량), L(길이), T(시간)로 나타내면?

① $L^2 T^{-2}$
② $MT^{-2} L^{-1}$
③ $ML^2 T^{-2}$
④ $ML^2 T^{-3}$

풀이

일률(동력) = $\dfrac{\text{일량}}{\text{시간}}$ = J/s = N m/s

= kg m²/s³ = $ML^2 T^{-3}$

49

그림과 같이 45° 꺾어진 관에 물이 평균속도 5m/s로 흐른다. 유체의 분출에 의해 지지점 A가 받는 모멘트는 약 몇 N·m인가? (단, 출구 단면적은 10^{-3}m²이다.)

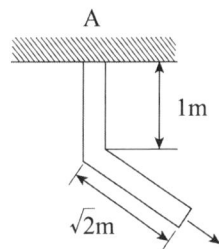

① 3.5
② 5
③ 12.5
④ 17.7

풀이

$F_y = \rho AV^2 \sin 45 = 10^3 \times 10^{-3} \times 5^2 \times \sin 45°$

$= 17.7(\text{N})$

$M_A = F_y \times 1 = 17.7(\text{N} \cdot \text{m})$

50

비중 8.16의 금속을 비중 13.6의 수은에 담근다면 수은 속에 잠기는 금속의 체적은 전체 체적의 약 몇 %인가?

① 40%
② 50%
③ 60%
④ 70%

풀이

부력과 중력의 평형에서
$\gamma V_1 g = \gamma' V g$
$\therefore \dfrac{V_1}{V} = \dfrac{\gamma'}{\gamma} = \dfrac{S'}{S} = \dfrac{8.16}{13.6} = 0.6 = 60(\%)$

51

동점성 계수가 $15.68 \times 10^{-6} \, \text{m}^2/\text{s}$인 공기가 평판 위를 길이 방향으로 0.5m/s의 속도로 흐르고 있다. 선단으로부터 10cm 되는 곳의 경계층 두께의 2배가 되는 경계층의 두께를 가지는 곳은 선단으로부터 몇 cm 되는 곳인가?

① 14.14
② 20
③ 40
④ 80

풀이

$Re_x = \dfrac{u_\infty x}{\nu} = \dfrac{0.5 \times 0.1}{15.68 \times 10^{-6}}$
$= 3188.78 < 5 \times 10^5$

$\therefore$ 층류이다. 층류인 경우 경계층의 두께(δ)는
$x^{\frac{1}{2}} (= \sqrt{x})$에 비례한다.
$\dfrac{\delta_2}{\delta_1} = \sqrt{\dfrac{x_2}{x_1}}$ $\therefore \dfrac{x_2}{x_1} = \left(\dfrac{\delta_2}{\delta_1}\right)^2$
$\therefore x_2 = x_1 (2)^2 = 10 \times 4 = 40(\text{cm})$

52

그림과 같이 비중 0.85인 기름이 흐르고 있는 개수로에 피토관을 설치하였다. △h=30 mm, h=100mm일 때 기름의 유속은 약 몇 m/s인가?

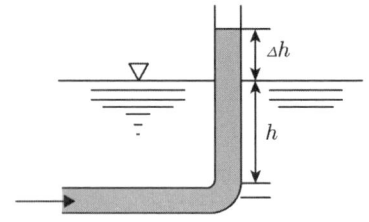

① 0.767
② 0.976
③ 6.25
④ 1.59

풀이

피토관(pitot in tube)의 유속
$v = \sqrt{2g \, \Delta h} = \sqrt{2 \times 9.8 \times 0.03} = 0.767 \, [\text{m/s}]$

53

원관(pipe) 내에 유체가 완전 발달한 층류 유동일 때 유체 유동에 관계한 가장 중요한 힘은 다음 중 어느 것인가?

① 관성력과 점성력
② 압력과 관성력
③ 중력과 압력
④ 표면장력과 점성력

풀이

층류 원관 유동시 중요시되는 무차원수는 레이놀즈수이다. 또한
레이놀드수 $= \dfrac{\text{관성력}}{\text{점성력}} = \dfrac{\rho V d}{\mu} = \dfrac{Vd}{\nu} = \dfrac{4Q}{\pi d \nu}$이다.

54

주 날개의 평면도 면적이 21.6m^2이고 무게가 20kN인 경비행기의 이륙속도는 약 몇 km/h이상이어야 하는가? (단, 공기의 밀도는 1.2 kg/m³, 주 날개의 양력계수는 1.2이고, 항력은 무시한다.)

① 41
② 91
③ 129
④ 141

풀이

양력 $L = C_L A \frac{1}{2}\rho V^2$에서

$$V = \sqrt{\frac{2L}{C_L \rho A}} = \sqrt{\frac{2 \times 20 \times 10^3}{1.2 \times 1.2 \times 21.6}} = 35.86(\text{m/s})$$

초속(m/s)을 시속(km/h)으로 환산하려면 3.6을 곱한다.

$\therefore V = 35.86 \times 3.6 = 129(\text{km/h})$

55

유체 내에 수직으로 잠겨있는 원형판에 작용하는 정수력학적 힘의 작용점에 관한 설명으로 옳은 것은?

① 원형판의 도심에 위치한다.
② 원형판의 도심 위쪽에 위치한다.
③ 원형판의 도심 아래쪽에 위치한다.
④ 원형판의 최하단에 위치한다.

풀이

수직으로 잠겨있는 원형판에 작용하는 정수력학적 힘의 작용점은 원형판의 도심 아래쪽에 위치한다.

$\left(y_p = \bar{y} + \frac{I_G}{\bar{y}A} \right) \quad \therefore y_p - \bar{y} = \frac{I_G}{\bar{y}A} > 1$

56

다음 중 2차원 비압축성 유동의 연속방정식을 만족하지 않는 속도 벡터는?

① $V = (16y - 12x)i + (12y - 9x)j$
② $V = -5xi + 5yj$
③ $V = (2x^2 + y^2)i + (-4xy)j$
④ $V = (4xy + y)i + (6xy + 3x)j$

풀이

① $\frac{\partial u}{\partial x} + \frac{\partial v}{\partial y} = -12 + 12 = 0$(만족)
② $\frac{\partial u}{\partial x} + \frac{\partial v}{\partial y} = -5 + 5 = 0$(만족)
③ $\frac{\partial u}{\partial x} + \frac{\partial v}{\partial y} = 4x - 4x = 0$(만족)
④ $\frac{\partial u}{\partial x} + \frac{\partial v}{\partial y} = 4y + 6x \neq 0$(성립안됨)

57

잠수함의 거동을 조사하기 위해 바닷물 속에서 모형으로 실험을 하고자 한다. 잠수함의 실형과 모형의 크기 비율은 7:1 이며, 실제 잠수함이 8m/s로 운전한다면 모형의 속도는 약 몇 m/s인가?

① 28
② 56
③ 87
④ 132

풀이

잠수함에 작용하는 힘은 관성력과 점성력이므로 역학적 상사가 이루어지려면 Reynolds수가 같아야 한다.

$\left(\frac{VL}{\nu} \right)_p = \left(\frac{VL}{\nu} \right)_m$ 이고 $\nu_p = \nu_m$ 이므로

$\therefore V_m = V_p \left(\frac{L_p}{L_m} \right) = 8 \left(\frac{7}{1} \right) = 56(\text{m/s})$

58

뉴턴의 점성법칙은 어떤 변수(물리량)들의 관계를 나타낸 것인가?

① 압력, 속도, 점성계수
② 압력, 속도기울기, 동점성계수
③ 전단응력, 속도기울기, 점성계수
④ 전단응력, 속도, 동점성계수

풀이

뉴턴의 점성법칙 $\tau = \mu \frac{du}{dy}[\text{Pa}]$

여기서, τ : 전단응력, μ : 절대점성계수

$\frac{du}{dy}$: 속도구배(전단변형률=각변형률)

59

그림과 같은 밀폐된 탱크 안에 각각 비중이 0.7, 1.0인 액체가 채워져 있다. 여기서 각도 θ가 20°로 기울어진 경사관에서 3m 길이까지 비중 1.0인 액체가 채워져 있을 때 점 A의 압력과 점 B의 압력 차이는 약 몇 kPa인가?

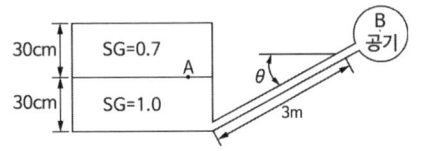

① 0.8   ② 2.7
③ 5.8   ④ 7.1

풀이

$P_A + \gamma_1 h_1 = P_B + \gamma_1 \ell \sin\theta$

$\therefore (P_A - P_B) = \gamma \ell \sin\theta - \gamma_1 h_1$
$= 9800 \times 3 \sin 20° - 9800 \times 0.7 \times 0.3$
$= 7100(\text{Pa}) = 7.1\text{kPa}$

60

그림과 같이 U자 관 액주계가 x방향으로 등가속 운동하는 경우 x방향 가속도 a_x는 약 몇 m/s²인가? (단, 수은의 비중은 13.6이다.)

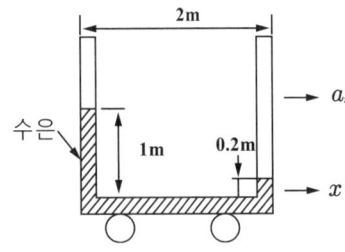

① 0.4   ② 0.98
③ 3.92   ④ 4.9

풀이

수평등가속도 운동에서

$a_x = g\tan\theta = g\dfrac{h_1 - h_2}{L}$
$= 9.8 \times \dfrac{1 - 0.2}{2} = 3.92(\text{m/s}^2)$

제4과목 : 기계재료 및 유압기기

61

다음 중 Ni-Fe계 합금이 아닌 것은?

① 인바   ② 톰백
③ 엘린바   ④ 플래티나이트

풀이

인바, 엘인바, 플래티나이트, 코엘인바, 초인바 등은 Ni-Fe계 합금인 불변강이고, 톰백은 Cu-Zn (5~20%)합금으로 색깔이 금색에 가까워 금대용의 장식품에 많이 쓰이는 금속이다.

62

구리합금 중에서 가장 높은 경도와 강도를 가지며, 피로한도가 우수하여 고급스프링 등에 쓰이는 것은?

① Cu-Be 합금   ② Cu-Cd 합금
③ Cu-Si 합금   ④ Cu-Ag 합금

풀이

구리합금 중에서 가장 높은 경도와 강도를 가지며 피로한도가 우수하며 고급스프링에 쓰이는 합금은 Cu-Be합금이다.

63

Al 에 10~13%Si를 함유한 합금은?

① 실루민   ② 라우탈
③ 두랄루민   ④ 하이드로날륨

풀이

실루민은 알루미늄(Al)에 10~13% Si(규소)를 함유한 합금이다.

64

탄소를 제품에 침투시키기 위해 목탄을 부품과 함께 침탄상자 속에 넣고 900~950℃의 온도 범위로 가열로 속에서 가열 유지 시키는 처리법은?
① 질화법
② 가스침탄법
③ 시멘테이션에 의한 경화법
④ 고주파 유도 가열 경화법

풀이
침탄법이다.

65
탄소강에서 인(P)으로 인하여 발생하는 취성은?
① 고온 취성   ② 불림 취성
③ 상온 취성   ④ 뜨임 취성

풀이
탄소강(STC)에서 인(P)으로 인하여 발생하는 취성은 상온취성이다.

66
면심입방격자(FCC) 금속의 원자수는?
① 2   ② 4   ③ 6   ④ 8

풀이
면심입방격자 금속의 격자당 원자수는 4개이다.

67
베이나이트(bainite)조직을 얻기 위한 항온 열처리 조작으로 가장 적합한 것은?
① 마퀜칭   ② 소성가공
③ 노멀라이징   ④ 오스템퍼링

풀이
베이나이트 조직을 얻기 위한 항온열처리 조작으로 가장 적합한 것은 오스템퍼링이다.

68
철과 아연을 접촉시켜서 가열하면 양자의 친화력에 의하여 원자 간의 상호 확산이 일어나서 합금화하므로 내식성이 좋은 표면을 얻는 방법은?
① 칼로라이징   ② 크로마이징
③ 세러다이징   ④ 보로나이징

풀이
금속침투법(세멘테이션)으로는 칼로라이징(Al), 크로마이징(Cr), 셰라다이징(Zn), 보로나이징(B), 실리코나이징(Si) 등이 있다.

69
다음 중 금속의 변태점 측정방법이 아닌 것은?
① 열분석법   ② 자기분석법
③ 전기저항법   ④ 정점분석법

풀이
금속의 변태점 측정 방법으로는 열분석법, 시차열분석법, 비열법, 전기저항법, 열팽창법, 자기분석법, X-선분석법 등이 있다.

70
담금질 조직 중 가장 경도가 높은 것은?
① 펄라이트   ② 마텐자이트
③ 소르바이트   ④ 트루스타이트

풀이
담금질조직중 경도가 가장 큰 순서
A〈 Martensite 〉T 〉S 〉P

71
베인 펌프의 1회전당 유량이 40cc일 때, 1분당 이론 토출유량이 25리터이면 회전수는 약 몇 rpm인가? (단, 내부누설량과 흡입저항은 무시한다.)
① 62   ② 625
③ 125   ④ 745

풀이
분당토출유량 $Q = q_n N [\ell/\min]$
회전수 $N = \dfrac{Q}{q_n} = \dfrac{25 \times 1000 \text{cc/min}}{40 \text{cc/rev}} = 625 \text{rpm}$

72
유압회로에서 캐비테이션이 발생하지 않도록 하기 위한 방지대책으로 가장 적합한 것은?
① 흡입관에 급속 차단장치를 설치한다.
② 흡입 유체의 유온을 높게 하여 흡입한다.
③ 과부하시는 패킹부에서 공기가 흡입되도록 한다.
④ 흡입관 내의 평균유속이 3.5m/s 이하가 되도록 한다.

풀이
흡입양정이 너무 높을 때, 흡입펌프의 갑작스런 정지, 흡입관내의 유속이 빠를 때 캐비테이션이 발생한다.

73
다음과 같은 특징을 가진 유압유는?

- 난연성 작동유에 속함
- 내마모성이 우수하여 저압에서 고압까지 각종 유압펌프에 사용됨
- 점도지수가 낮고 비중이 커서 저온에서 펌프 시동 시 캐비테이션이 발생하기 쉬움

① 인산 에스테르형 작동유
② 수중 유형 유화유
③ 순광유
④ 유중 수형 유화유

풀이
난연성 작동유로는 인산에스테르유, 염화수소, 탄화수소 등이 있다.

74
유압 모터에서 1회전당 배출유량이 $60\text{cm}^3/\text{rev}$이고 유압유의 공급압력은 7MPa일 때 이론 토크는 약 몇 N·m인가?
① 668.8
② 66.8
③ 1137.5
④ 113.8

풀이
$$T = \frac{pq}{2\pi} = \frac{7 \times 60}{2\pi} = 66.89 \text{(Nm)}$$

75
다음 중 유량제어밸브에 속하는 것은?
① 릴리프 밸브
② 시퀀스 밸브
③ 교축 밸브
④ 체크 밸브

풀이
교축밸브(throttling valve)는 유량제어 밸브이며, 릴리프 밸브와 시퀀스 밸브는 압력제어밸브이고, 체크밸브는 방향제어밸브이다.

76
유압유의 여과방식 중 유압펌프에서 나온 유압유의 일부만을 여과하고 나머지는 그대로 탱크로 가도록 하는 형식은?
① 바이패스 필터(by-pass filter)
② 전류식 필터(full-flow filter)
③ 샨트식 필터(shunt flow filter)
④ 원심식 필터(centrifugal filter)

풀이
바이패스 필터이다.

77
채터링(chattering)현상에 대한 설명으로 틀린 것은?
① 일종의 자려진동현상이다.
② 소음을 수반한다.
③ 압력이 감소하는 현상이다.
④ 릴리프 밸브 등에서 발생한다.

풀이
밸브 시트를 두드려 비교적 높은 소음을 내는 자려 진동 현상

78

속도 제어 회로 방식 중 미터-인 회로와 미터-아웃 회로를 비교하는 설명으로 틀린 것은?

① 미터-인 회로는 피스톤 측에만 압력이 형성되나 미터-아웃 회로는 피스톤 측과 피스톤 로드 측 모두 압력이 형성된다.
② 미터-인 회로는 단면적이 넓은 부분을 제어하므로 상대적으로 속도조절에 유리하나, 미터-아웃 회로는 단면적이 좁은 부분을 제어하므로 상대적으로 불리하다.
③ 미터-인 회로는 인장력이 작용할 때 속도조절이 불가능하나, 미터-아웃 회로는 부하의 방향에 관계없이 속도조절이 가능하다.
④ 미터-인 회로는 탱크로 드레인되는 유압 작동유에 주로 열이 발생하나, 미터-아웃 회로는 실린더로 공급되는 유압 작동유에 주로 열이 발생한다.

풀이

미터-아웃 회로는 탱크로 드레인되는 유압 작동유에 주로 열이 발생하나, 미터-인 회로는 실린더로 공급되는 유압 작동유에 주로 열이 발생한다.

79

유압 작동유의 점도가 너무 높은 경우 발생되는 현상으로 거리가 먼 것은?

① 내부마찰이 증가하고 온도가 상승한다.
② 마찰손실에 의한 펌프동력 소모가 크다.
③ 마찰부분의 마모가 증대된다.
④ 유동저항이 증대하여 압력손실이 증가된다.

풀이

마찰부분의 마모가 증대되는 원인은 유압작동유의 점도가 너무 낮을 경우 발생되는 현상이다.

80

다음 보기와 같은 유압기호가 나타내는 것은?

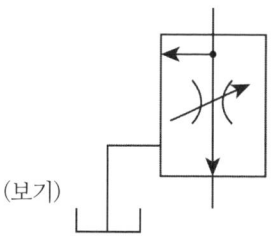

(보기)

① 가변 교축 밸브
② 무부하 릴리프 밸브
③ 직렬형 유량조정 밸브
④ 바이패스형 유량조정 밸브

풀이

바이패스형 유량조정밸브다.

제5과목 : 기계제작법 및 기계동력학

81

20Mg의 철도차량이 0.5m/s의 속력으로 직선운동하여 정지되어 있는 30Mg의 화물차량과 결합한다. 결합하는 과정에서 차량에 공급되는 동력은 없으며 브레이크도 풀려 있다. 결합 직후의 속력은 약 몇 m/s인가?

① 0.25 ② 0.20
③ 0.15 ④ 0.10

풀이

운동량 보존법칙
$m_1 v_1 = (m_1 + m_2) V$
$\therefore V = \dfrac{m_1 v_1}{(m_1 + m_2)} = \dfrac{20 \times 0.5}{(20+30)} = 0.20 (\text{m/s})$

82

고유진동수가 1Hz인 진동측정기를 사용하여 2.2Hz의 진동을 측정하려고 한다. 측정기에 의해 기록된 진폭이 0.05cm라면 실제 진폭은 약 몇 cm인가? (단, 감쇠는 무시한다.)

① 0.01cm　　② 0.02cm
③ 0.03cm　　④ 0.04cm

풀이

$x_o = x'(f_2 - f_1)$

$\therefore x' = \dfrac{x_o}{f_2 - f_1} = \dfrac{0.05}{2.2 - 1} = 0.04(\text{cm})$

83

정지된 물에서 0.5m/s의 속도를 낼 수 있는 뱃사공이 있다. 이 뱃사공이 0.1m/s로 흐르는 강물을 거슬러 400m를 올라가는데 걸리는 시간은?

① 10분　　② 13분 20초
③ 16분 40초　　④ 22분 13초

풀이

$t = \dfrac{s}{v} = \dfrac{400}{(0.5-0.1) \times 60} = 16\dfrac{2}{3}(\text{min}) = 16$분40초

84

고유 진동수 $f(\text{Hz})$, 고유 원진동수 $w(\text{rad/s})$, 고유주기 $T(\text{s})$ 사이의 관계를 바르게 나타낸 식은?

① $T = \dfrac{\omega}{2\pi}$　　② $T\omega = f$
③ $Tf = 1$　　④ $f\omega = 2\pi$

풀이

$f = \dfrac{w}{2\pi} = \dfrac{1}{T}(\text{Hz}) \quad \therefore T \cdot f = 1$

85

1자유도 질량-스프링계에서 초기조건으로 변위 x_0가 주어진 상태에서 가만히 놓아 진동이 일어난다면 진동변위를 나타내는 식은? (단, w_n은 계의 고유진동수이고, t는 시간이다.)

① $x_0 \cos w_n t$　　② $x_0 \sin w_n t$
③ $x_0 \cos^2 w_n t$　　④ $x_0 \sin^2 w_n t$

풀이

진동변위 $x = x_o \cos w_n t$

86

질량 관성모멘트가 20kg·m²인 플라이 휠(fly wheel)을 정지 상태로부터 10초 후 3600 rpm으로 회전시키기 위해 일정한 비율로 가속하였다. 이때 필요한 토크는 약 몇 N·m인가?

① 654　　② 754
③ 854　　④ 954

풀이

$T = I\alpha = I\dfrac{\omega}{t} = I\dfrac{2\pi N}{60t} = 20 \times \dfrac{2\pi \times 3600}{60 \times 10}$

$= 754(\text{Nm})$

87

질량 70kg인 군인이 고공에서 낙하산을 펼치고 10m/s의 초기 속도로 낙하하였다. 공기의 저항이 350N일 때 20m 낙하한 후의 속도는 약 몇 m/s인가?

① 16.4m/s
② 17.1m/s
③ 18.9m/s
④ 20.0m/s

풀이

$\Sigma F = ma$에서 $mg - R = ma$

$\therefore a = \dfrac{mg - R}{m} = \dfrac{70 \times 9.8 - 350}{70} = 4.8(\text{m/s}^2)$

또한, $2as = v^2 - v_0^2$에서

$v = \sqrt{v_0^2 + 2as} = \sqrt{10^2 + 2 \times 4.8 \times 20} = 17.1(\text{m/s})$

88

그림과 같이 바퀴가 가로방향(x축 방향)으로 미끄러지지 않고 굴러가고 있을 때 A점의 속력과 그 방향은? (단, 바퀴 중심점의 속도는 v

정답 83③ 84③ 85① 86② 87② 88④

이다.)

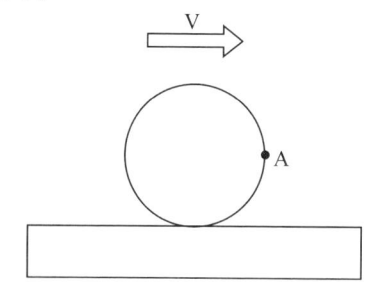

① 속력 : v
   방향 : x축 방향
② 속력 : v
   방향 : -y축 방향
③ 속력 : $\sqrt{2}\,v$
   방향 : -y축 방향
④ 속력 : $\sqrt{2}\,v$
   방향 : x축 방향에서 아래로 45° 방향

풀이

원주속도와 질량중심의 속도의 합성이 된다.

89

질량, 스프링, 댐퍼로 구성된 단순화된 1자유도 감쇠계에서 다음 중 그 값만으로 직접 감쇠비(damped ratio, ζ)를 구할 수 있는 것은?

① 대수 감소율(logarithmic decrement)
② 감쇠 고유 진동수
   (damped natural frequency)
③ 스프링 상수(spring coefficient)
④ 주기(period)

풀이

감쇠비 ζ와 대수 감소율 δ의 관계식은
$\delta = \dfrac{2\pi\zeta}{\sqrt{1-\zeta^2}} \fallingdotseq 2\pi\zeta$

90

그림과 같이 질량 100kg의 상자를 동마찰계수가 $\mu_1 = 0.2$인 길이 2.0m의 바닥 a와 동마찰 계수가 $\mu_2 = 0.3$인 길이 2.5m의 바닥 b를 지나 A지점에서 C지점까지 밀려고 한다. 사람이 하여야 할 일은 약 몇 J인가?

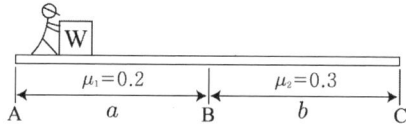

① 1128J
② 2256J
③ 3760J
④ 5640J

풀이

$W = mg(\mu_1 a + \mu_2 b)$
$= 100 \times 9.8(0.2 \times 2 + 0.3 \times 2.5) = 1127\,(J)$

91

이미 가공되어 있는 구멍에 다소 큰 강철 볼을 압입하여 통과시켜서 가공물의 표면을 소성 변형시켜 정밀도가 높은 면을 얻는 가공법은?

① 버핑(buffing)
② 버니싱(burnishing)
③ 숏 피닝(shot peening)
④ 배럴 다듬질(barrel finishing)

풀이

버니싱 가공이다.

92

다음 빈칸에 들어갈 숫자가 옳게 짝지어진 것은?

지름 100m의 소재를 드로잉하여 지름 60mm의 원통을 가공할 때 드로잉률은 (A)이다. 또한, 이 60mm의 용기를 재드로잉률 0.8로 드로잉을 하면 용기의 지름은 (B)mm가 된다.

① A : 0.36, B : 48
② A : 0.36, B : 75
③ A : 0.6, B : 48
④ A : 0.6, B : 75

풀이

드로잉률 $= \dfrac{d_1}{d_0} = \dfrac{60}{100} = 0.6$

재드로잉률 $0.8 = \dfrac{d_2}{d_1} = \dfrac{d_2}{60}$ ∴ $d_2 = 0.8 \times 60 = 48$

93
오토콜리메이터의 부속품이 아닌 것은?
① 평면경
② 콜리 프리즘
③ 펜타 프리즘
④ 폴리곤 프리즘

풀이

오토콜리메이터[autocollimator] :
거울 등의 평면법선방향을 광학적으로 구하는 방법인 오토콜리 메이션을 이용하여 미소각의 차이, 변화 또는 진동 등을 측정하는 광학기계이다.

94
호브 절삭날의 나사를 여러 줄로 한 것으로 거친 절삭에 주로 쓰이는 호브는?
① 다줄 호브
② 단체 호브
③ 조립 호브
④ 초경 호브

풀이

다줄 호브이다.

95
절삭가공시 발생하는 절삭온도 측정방법이 아닌 것은?
① 부식을 이용하는 방법
② 복사고온계를 이용하는 방법
③ 열전대(thermocouple)에 의한 방법
④ 칼로리미터(calorimeter)에 의한 방법

풀이

절삭온도 측정법
㉠ 칩의 색깔에 의한 방법
㉡ 서머컬러에 의한 방법
㉢ 열전대에 의한 방법
㉣ 칼로리미터에 의한 방법
㉤ 복사고온계에 의한 방법

96
나사측정 방법 중 삼침법(Three wire method)에 대한 설명으로 옳은 것은?
① 나사의 길이를 측정하는 법
② 나사의 골지름을 측정하는 법
③ 나사의 바깥지름을 측정하는 법
④ 나사의 유효지름을 측정하는 법

풀이

삼침법 : 나사의 유효지름을 측정

97
다이에 아연, 납, 주석 등의 연질금속을 넣고 제품 형상의 펀치로 타격을 가하여 길이가 짧은 치약튜브, 약품튜브 등을 제작하는 압출 방법은?
① 간접 압출
② 열간 압출
③ 직접 압출
④ 충격 압출

풀이

충격압출이다.

98
공작물을 양극으로 하고 전기저항이 적은 Cu, Zn을 음극으로 하여 전해액 속에 넣고 전기를 통하면, 가공물 표면이 전기에 의한 화학적 작용으로 매끈하게 가공되는 가공법은?
① 전해연마
② 전해연삭
③ 워터젯가공
④ 초음파가공

정답 93② 94① 95① 96④ 97④ 98①

풀이
전해연마이다.

99
제작 개수가 적고, 큰 주물품을 만들 때 재료와 제작비를 절약하기 위해 골격만 목재로 만들고 골격 사이를 점토로 메워 만든 모형은?
① 현형   ② 골격형
③ 긁기형   ④ 코어형

풀이
골격형이다.

100
용접을 기계적인 접합 방법과 비교할 때 우수한 점이 아닌 것은?
① 기밀, 수밀, 유밀성이 우수하다.
② 공정 수가 감소되고 작업시간이 단축된다.
③ 열에 의한 변질이 없으며 품질검사가 쉽다.
④ 재료가 절약되므로 공작물의 중량을 가볍게 할 수 있다.

풀이
용접은 고온(3500~6000℃)의 열에 의해 변질되기 쉽고 열응력이 발생되며 품질검사가 곤란하다.

국가기술자격 필기시험
2017년 기사 제1회【 일반기계기사 】필기

제1과목 : 재료역학

1

단면 2차모멘트가 251cm⁴인 I 형강 보가 있다. 이 단면의 높이가 20cm라면, 굽힘 모멘트 M=2510N·m을 받을 때 최대 굽힘 응력은 몇 MPa인가?

① 100
② 50
③ 20
④ 5

풀이

$$\sigma_{\max} = \frac{M}{\frac{I}{h/2}} = \frac{M}{I} \times \frac{h}{2} = \frac{2510}{251} \times \frac{20}{2} = 100 \, [\text{MPa}]$$

2

그림과 같은 구조물에서 AB 부재에 미치는 힘은 몇 kN인가?

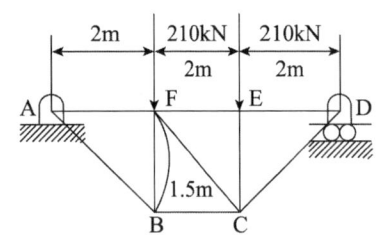

① 450
② 350
③ 250
④ 150

풀이

$\overline{AB} = \sqrt{2^2 + 1.5^2} = 2.5$

비례식 $F_{AB} : 2.5 = 210 : 1.5$

$\therefore F_{AB} = \dfrac{2.5 \times 210}{1.5} = 350 \, [\text{kN}]$

3

다음 그림과 같은 외팔보에 하중 P_1, P_2 가 작용될 때 최대 굽힘 모멘트의 크기는?

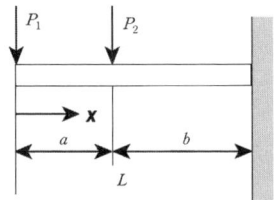

① $P_1 \cdot a + P_2 \cdot b$
② $P_1 \cdot b + P_2 \cdot a$
③ $(P_1 + P_2) \cdot L$
④ $P_1 \cdot L + P_2 \cdot b$

풀이

최대굽힘모멘트($M_{\max}$)는 고정단에서 생기므로
$M_{\max} = P_1 L + P_2 b$

4

열응력에 대한 다음 설명 중 틀린 것은?

① 재료의 선팽창 계수와 관계있다.
② 세로 탄성계수와 관계있다.
③ 재료의 비중과 관계있다.
④ 온도차와 관계있다.

풀이

열응력 $\sigma = E\alpha\Delta T$이므로 재료의 비중과는 관계없다.

5

중공 원형 축에 비틀림 모멘트 T=100N·

정답 1① 2② 3④ 4③ 5②

m 가 작용할 때, 안지름이 20mm, 바깥지름이 25mm라면 최대 전단응력은 약 몇 MPa인가?

① 42.2 ② 55.2
③ 77.2 ④ 91.2

풀이

$$\tau_{max} = \frac{T}{Z_p} = \frac{16T}{\pi d_2^3(1-x^4)}$$

$$= \frac{16 \times 100 \times 10^3}{\pi \times 25^3 \times \left(1-\left(\frac{20}{25}\right)^4\right)} = 55.2 \, [\text{MPa}]$$

6

그림과 같이 원형 단면의 원주에 접하는 x-x축에 관한 단면 2차모멘트는?

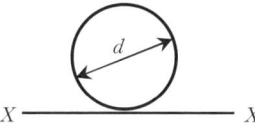

① $\frac{\pi d^4}{32}$ ② $\frac{\pi d^4}{64}$ ③ $\frac{3\pi d^4}{64}$ ④ $\frac{5\pi d^4}{64}$

풀이

평행축 정리를 이용하여 구한다.

$$I_{X-X} = I_{도심} + A\ell^2 = \frac{\pi d^4}{64} + \frac{\pi d^2}{4}\left(\frac{d}{2}\right)^2 = \frac{5\pi d^4}{64}$$

7

다음과 같은 평면응력상태에서 x축으로부터 반시계방향으로 30° 회전된 x'축 상의 수직응력(σ_x')은 약 몇 MPa인가?

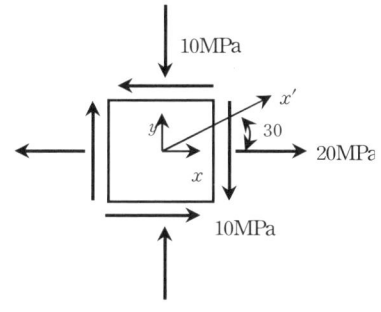

① $\sigma_x' = 3.84$ ② $\sigma_x' = -3.84$
③ $\sigma_x' = 17.99$ ④ $\sigma_x' = -17.99$

풀이

$$\sigma_x' = \sigma_n = \frac{(\sigma_x + \sigma_y)}{2} + \frac{(\sigma_x - \sigma_y)}{2}\cos 2\theta - \tau_{xy}\sin 2\theta$$

$$= \frac{(20-10)}{2} + \frac{(20+10)}{2}\cos 60° - 10\sin 60°$$

$$= 3.84 \, [\text{MPa}]$$

8

직경 20mm인 구리합금 봉에 30kN의 축 방향 인장하중이 작용할 때 체적 변형률은 대략 얼마인가? (단, 탄성계수 E = 100GPa, 포와송비 μ=0.3)

① 0.38 ② 0.038
③ 0.0038 ④ 0.00038

풀이

$$\sigma = \frac{4P}{\pi d^2} = \frac{4 \times 30}{\pi \times 20^2} = 0.0955 \, [\text{GPa}]$$

$$\varepsilon_v = \frac{\sigma}{E}(1-2\nu) = \frac{0.0955}{100} \times (1-2 \times 0.3)$$

$$= 3.82 \times 10^{-4} = 0.00038$$

9

그림과 같이 하중 P가 작용할 때 스프링의 변위 δ는? (단, 스프링 상수는 k이다.)

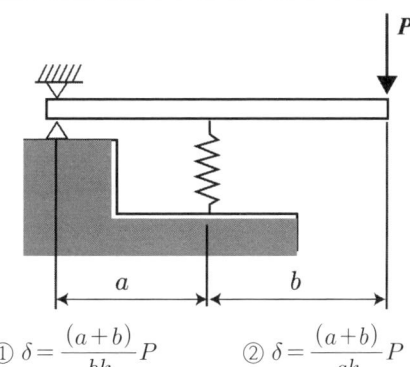

① $\delta = \frac{(a+b)}{bk}P$ ② $\delta = \frac{(a+b)}{ak}P$
③ $\delta = \frac{ak}{(a+b)}P$ ④ $\delta = \frac{bk}{(a+b)}P$

풀이

힌지지점에서 모멘트의 합은 $0(\Sigma M_0 = 0)$이므로
$P(a+b) - (k\delta)a = 0$
$\therefore \delta = \dfrac{(a+b)}{ka}P$

10

그림과 같은 하중을 받고 있는 수직 봉의 자중을 고려한 총 신장량은? (단, 하중=P, 막대 단면적=A, 비중량=γ, 탄성계수=E 이다.)

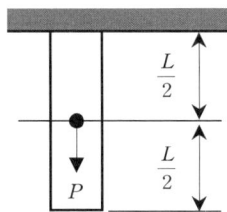

① $\dfrac{L}{E}\left(\gamma L + \dfrac{P}{A}\right)$

② $\dfrac{L}{2E}\left(\gamma L + \dfrac{P}{A}\right)$

③ $\dfrac{L^2}{2E}\left(\gamma L + \dfrac{P}{A}\right)$

④ $\dfrac{L^2}{E}\left(\gamma L + \dfrac{P}{A}\right)$

풀이

자중만의 신장량 $\lambda_1 = \dfrac{\gamma L^2}{2E}$

하중에 의한 신장량 $\lambda_2 = \dfrac{P(L/2)}{AE}$

총신장량 $\lambda = \lambda_1 + \lambda_2 = \dfrac{\gamma L^2}{2E} + \dfrac{PL}{2AE}$

$= \dfrac{L}{2E}\left(\dfrac{\gamma L}{1} + \dfrac{P}{A}\right)$

11

다음 그림과 같은 양단 고정보 AB에 집중하중 P=14 kN이 작용할 때 B점의 반력 R_B [kN]는?

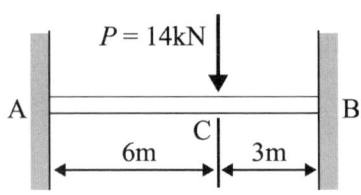

① $R_B = 8.06$ ② $R_B = 9.25$
③ $R_B = 10.37$ ④ $R_B = 11.08$

풀이

고정단 B에서의 처짐은 0이어야 하므로
하중 P에 의한 처짐=δ_1(아래)
굽힘모멘트 M_B에 의한 처짐=δ_2(아래)
반력 R_B에 의한 처짐=δ_3(위)
를 각각 구한 후 $\delta_1 + \delta_2 = \delta_3$를 계산하면 다음과 같은 공식이 유도된다.

$R_B = \dfrac{Pa^2}{\ell^3} \cdot (a+3b) = \dfrac{Pa^2}{(a+b)^3} \times (a+3b)$

$= \dfrac{14 \times 6^2}{(6+3)^3} \times (6+3\times 3) = \dfrac{280}{27} = 10.37\,[\text{kN}]$

12

다음 중 좌굴(buckling) 현상에 대한 설명으로 가장 알맞은 것은?

① 보에 휨하중이 작용할 때 굽어지는 현상
② 트러스의 부재에 전단하중이 작용할 때 굽어지는 현상
③ 단주에 축방향의 인장하중을 받을 때 기둥이 굽어지는 현상
④ 장주에 축방향의 압축하중을 받을 때 기둥이 굽어지는 현상

풀이

좌굴(坐屈; buckling):
세장비가 100 이상되는 긴 기둥에 압축하중이 작용하면 기둥이 구부려지다가 결국 꺾어지는 현상

13

두께 10mm의 강판을 사용하여 직경 2.5m

의 원통형 압력용기를 제작하였다. 용기에 작용하는 최대 내부 압력이 1200kPa 일 때 원주응력 (후프 응력)은 몇 MPa인가?

① 50 ② 100
③ 150 ④ 200

풀이

$\sigma = \dfrac{pd}{2t} = \dfrac{1.2 \times 2.5 \times 10^3}{2 \times 10} = 150\,[\text{MPa}]$

14

길이가 l 이고 원형 단면의 직경이 d 인 외팔보의 자유단에 하중 P 가 가해진다면, 이 외팔보의 전체 탄성에너지는? (단, 재료의 탄성계수는 E 이다.)

① $U = \dfrac{3P^2 l^3}{64\pi E d^4}$

② $U = \dfrac{62 P^2 l^3}{9\pi E d^4}$

③ $U = \dfrac{32 P^2 l^3}{3\pi E d^4}$

④ $U = \dfrac{64 P^2 l^3}{3\pi E d^4}$

풀이

우선, 자유단에서의 처짐(δ)은

$\delta = \dfrac{Pl^3}{3EI} = \dfrac{Pl^3}{3E\left(\dfrac{\pi d^4}{64}\right)} = \dfrac{64Pl^3}{3\pi E d^4}$

다음, 탄성에너지(U)는

$U = \dfrac{1}{2} P\delta = \dfrac{1}{2} P \times \dfrac{64 Pl^3}{3\pi E d^4} = \dfrac{32 P^2 l^3}{3\pi E d^4}$

15

직경 20mm인 와이어 로프에 매달린 1000 N의 중량물(W)이 낙하하고 있을 때, A점에서 갑자기 정지시키면 와이어 로프에 생기는 최대 응력은 약 몇 GPa인가? (단, 와이어 로프의 탄성계수 E =20GPa 이다.)

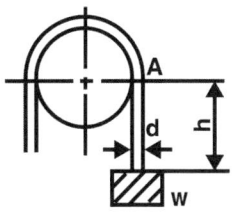

① 0.93 ② 1.13
③ 1.72 ④ 1.93

풀이

h값이 주어지지 않았으므로 계산할 수 없음.
따라서 전항정답임.

〈참고〉

충격계수 $\alpha = 1 + \sqrt{1 + \dfrac{2h}{\lambda_0}}$ (여기서, $\lambda_0 = \dfrac{W\ell}{AE}$)

충격응력 $\sigma = \sigma_0 \times \alpha = \dfrac{W}{A}\left(1 + \sqrt{1 + \dfrac{2h}{\lambda_0}}\right)$

충격에 의한 신장량 $\lambda = \lambda_0 \times \alpha$

16

전단 탄성계수가 80GPa인 강봉(steel bar)에 전단응력이 1kPa로 발생했다면 이 부재에 발생한 전단변형률은?

① 12.5×10^{-3}
② 12.5×10^{-6}
③ 12.5×10^{-9}
④ 12.5×10^{-12}

풀이

$\tau = G\gamma$ 에서 $\gamma = \dfrac{\tau}{G} = \dfrac{1 \times 10^3}{80 \times 10^9} = 12.5 \times 10^{-9}$

17

단순지지보의 중앙에 집중하중(P)이 작용한다. 점 C에서의 기울기를 $\dfrac{M}{EI}$ 선도를 이용하여 구하면? (단, E = 재료의 종탄성계수, I = 단면 2차 모멘트)

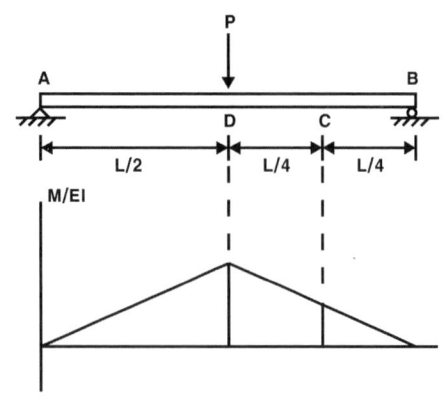

① $\dfrac{1}{64}\dfrac{PL^2}{EI}$
② $\dfrac{1}{32}\dfrac{PL^2}{EI}$
③ $\dfrac{3}{64}\dfrac{PL^2}{EI}$
④ $\dfrac{1}{16}\dfrac{PL^2}{EI}$

풀이

D점과 C점 사이의 면적을 EI로 나눈 값이다.
사다리꼴이므로

$$\theta_C = \dfrac{1}{EI} \times \dfrac{1}{2} \times \left(\dfrac{PL}{4} + \dfrac{PL}{8}\right) \times \dfrac{L}{4} = \dfrac{3PL^2}{64EI}$$

18

그림과 같은 단순보에서 보 중앙의 처짐으로 옳은 것은? (단, 보의 굽힘 강성 EI는 일정하고, M_0는 모멘트, ℓ은 보의 길이이다.)

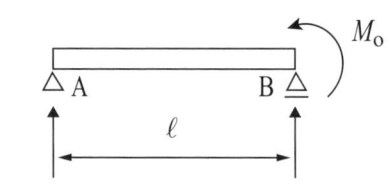

① $\dfrac{M_0\ell^2}{16EI}$
② $\dfrac{M_0\ell^2}{48EI}$
③ $\dfrac{M_0\ell^2}{120EI}$
④ $\dfrac{5M_0\ell^2}{384EI}$

풀이

$\Sigma M_B = M_0 = R_A\ell \quad \therefore R_A = \dfrac{M_0}{\ell}$

$EIy'' = R_A x, \quad EIy' = \dfrac{1}{2}R_A x^2 + C_1$

$EIy = \dfrac{1}{6}R_A x^3 + C_1 x + C_2$

경계조건 $x=0 : y=0 \quad \therefore C_2 = 0$

$x=\ell : y=0 = \dfrac{1}{6}R_A\ell^3 + C_1\ell \quad \therefore C_1 = -\dfrac{1}{6}R_A\ell^2$

$EIy = \dfrac{1}{6}R_A x^3 - \dfrac{1}{6}R_A\ell^2 x$

$EI\delta_c = \dfrac{1}{6}\left(\dfrac{M_0}{\ell}\right)\left(\dfrac{\ell}{2}\right)^3 - \dfrac{1}{6}\left(\dfrac{M_0}{\ell}\right)\left(\dfrac{\ell}{2}\right) = -\dfrac{M_0\ell^2}{16}$

$\therefore \delta_c = -\dfrac{M_0\ell^2}{16EI}$

19

그림과 같이 등분포하중이 작용하는 보에서 최대 전단력의 크기는 몇 kN인가?

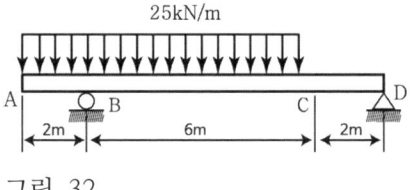

그림 32

① 50
② 100
③ 150
④ 200

풀이

돌출보의 등분포하중을 등가집중하중으로 변환하여 계산한다.

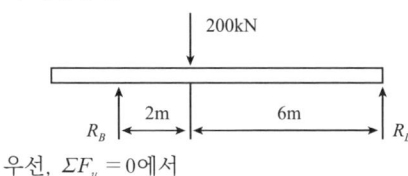

우선, $\Sigma F_y = 0$에서

$R_B + R_D = 25 \times 8 = 200 \text{[kN]} \quad \cdots\cdots\ \text{ⓐ}$

다음, $\Sigma M_B = 0$에서

$200 \times 2 - R_B \times 8 = 0 \quad \therefore R_B = 50 \text{[kN]} \cdots\cdots\ \text{ⓑ}$

ⓑ를 ⓐ에 대입하여 R_B를 구하면

$R_B = 200 - 50 = 150 \text{[kN]}$

따라서 B점에서의 전단력 (V_B)은

$V_B = -50 + R_B = -50 + 150 = 100 \text{[kN]}$

20

동일한 길이와 재질로 만들어진 두 개의 원형단면 축이 있다. 각각의 지름이 d_1, d_2 일 때 각 축에 저장되는 변형에너지 u_1, u_2의 비는? (단, 두 축은 모두 비틀림 모멘트 T를 받고 있다.)

① $\dfrac{u_1}{u_2} = \left(\dfrac{d_2}{d_1}\right)^4$　　② $\dfrac{u_2}{u_1} = \left(\dfrac{d_2}{d_1}\right)^3$

③ $\dfrac{u_1}{u_2} = \left(\dfrac{d_2}{d_1}\right)^3$　　④ $\dfrac{u_2}{u_1} = \left(\dfrac{d_2}{d_1}\right)^4$

풀이

$u = \dfrac{1}{2} T\theta = \dfrac{1}{2} T\left(\dfrac{T\ell}{GI_p}\right) = \dfrac{T^2 \ell}{2GI_p} = \dfrac{16 T^2 \ell}{G\pi d^4}$ 에서

$u \propto \dfrac{1}{d^4}$

따라서, 비례관계 $u_1 : u_2 = \dfrac{1}{d_1^4} : \dfrac{1}{d_2^4}$ 에서

$\dfrac{u_1}{u_2} = \dfrac{1/d_1^4}{1/d_2^4} = \dfrac{d_2^4}{d_1^4} = \left(\dfrac{d_2}{d_1}\right)^4$

제2과목 : 기계열역학

21

4kg의 공기가 들어 있는 체적 0.4m³의 용기(A)와 체적이 0.2m³인 진공의 용기(B)를 밸브로 연결하였다. 두 용기의 온도가 같을 때 밸브를 열어 용기 A와 B의 압력이 평형에 도달했을 경우, 이 계의 엔트로피 증가량은 약 몇 J/K인가? (단, 공기의 기체상수는 0.287 kJ/(kg·K)이다.)

① 712.8　　② 595.7
③ 465.5　　④ 348.2

풀이

등온과정이므로 $dU = 0$ ∴ $\delta Q = PdV$

$dS = \dfrac{\delta Q}{T} = \dfrac{PdV}{T} = \dfrac{mRdV}{V}$

$\Delta S = mR \int_1^2 \dfrac{dV}{V} = mR\ln\dfrac{V_2}{V_1}$

$= 4 \times 0.287 \times 10^3 \ln\dfrac{0.6}{0.4} = 465.5 [\text{J/K}]$

22

이상적인 증기-압축 냉동사이클에서 엔트로피가 감소하는 과정은?

① 증발과정　　② 압축과정
③ 팽창과정　　④ 응축과정

풀이

냉동사이클의 냉매 순환 : 압축기(단열압축)→응축기(정압방열)→팽창기(단열팽창)→증발기(정압흡열)
엔트로피가 감소하는 과정은 온도가 내려가는 응축과정이다.

23

다음 냉동 사이클에서 열역학 제1법칙과 제2법칙을 모두 만족하는 Q_1, Q_2, W는?

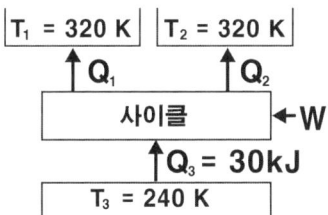

① $Q_1 = 20 \text{kJ}, Q_2 = 20 \text{kJ}, W = 20 \text{kJ}$
② $Q_1 = 20 \text{kJ}, Q_2 = 30 \text{kJ}, W = 20 \text{kJ}$
③ $Q_1 = 20 \text{kJ}, Q_2 = 20 \text{kJ}, W = 10 \text{kJ}$
④ $Q_1 = 20 \text{kJ}, Q_2 = 15 \text{kJ}, W = 5 \text{kJ}$

풀이

우선, 답지에서 $Q_1 = 20 [\text{kJ}]$이므로
$Q_3 + W = Q_1 + Q_2$
$30 + W = 20 + Q_2$ …… ⓐ
다음, 냉동사이클(역카르노사이클)에서 성적계수

는 절대온도만의 함수이므로 Q_1일 때 320K, Q_2일 때 370K라면
$Q_1 < Q_2$ …… ⓑ
이어야 한다. 결국, ⓐ, ⓑ 조건을 동시에 만족시키는 항은 ②뿐이다.

24

증기 터빈의 입구 조건은 3MPa, 350℃이고 출구의 압력은 30kPa이다. 이 때 정상 등엔트로피 과정으로 가정할 경우, 유체의 단위질량당 터빈에서 발생되는 출력은 약 몇 kJ/kg인가? (단, 표에서 h는 단위질량당 엔탈피, s는 단위질량당 엔트로피이다.)

	h(kJ/kg)	s(kJ/(kg·K))
터빈입구	3115.3	6.7428

엔트로피(kJ/(kg·K))		
포화액	증발	포화증기
s_f	s_{fg}	s_g
터빈출구 0.9439	6.8247	7.7686

엔탈피(kJ/K)		
포화액	증발	포화증기
h_f	h_{fg}	h_g
터빈출구 289.2	2336.1	2625.3

① 679.2   ② 490.3
③ 841.1   ④ 970.4

풀이

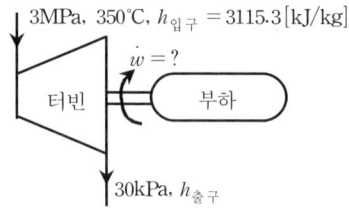

우선, 증기의 건도(x)를 구한다.
$s = s' + x(s'' - s')$ 즉, $s = s_f + x s_{fg}$

$x = \dfrac{s - s_f}{s_{fg}} = \dfrac{6.7428 - 0.9439}{6.8247} = 0.8497$

다음, 터빈 출구의 엔탈피(h)를 구한다.
$h = h_f + x h_{fg} = 289.2 + 0.8497 \times 2336.1 = 2274.2$

터빈에서 발생되는 동력(출력 $\dot{w}$)은
$\dot{w} = h_{입구} - h_{출구}$
$= 3115.3 - 2274.2 = 841.1\,[\text{kJ/kg}]$

25

폴리트로픽 과정 $PV^n = C$에서 지수 $n = \infty$인 경우는 어떤 과정인가?
① 등온과정   ② 정적과정
③ 정압과정   ④ 단열과정

풀이

$n = 0, 1, k, \infty$ 순으로 압, 온, 열, 적 순이다. 따라서, $n = \infty$는 정적과정이다.

26

300L 체적의 진공인 탱크가 25℃, 6MPa의 공기를 공급하는 관에 연결된다. 밸브를 열어 탱크 안의 공기 압력이 5MPa이 될 때까지 공기를 채우고 밸브를 닫았다. 이 과정이 단열이고 운동에너지와 위치에너지의 변화는 무시해도 좋을 경우에 탱크 안의 공기의 온도는 약 몇 ℃가 되는가?(단, 공기의 비열비는 1.4이다.)
① 1.5 ℃   ② 25.0 ℃
③ 84.4 ℃   ④ 144.3 ℃

풀이

열역학 제1법칙의 개방계 정상유동 식에서
$\dot{Q} = \dot{W_t} + \dot{m}(h_2 - h_1) + \dfrac{1}{2}\dot{m}(V_2^2 - V_1^2) + \dot{m}(Z_2 - Z_1)$

$\dot{Q} = 0$, $\dot{W_t} = 0$, 운동에너지 = 0, 위치에너지 = 0이며, $h = u + Pv$에서 $h_1 = u_1 + P_1 v_1$, $h_2 = u_2 + P_2 v_2$에서 $h_2 = u_2$이므로 $u_2 = h_1$이다.
즉, $C_v T_2 = C_p T_1$

$$\therefore T_2 = \frac{C_p}{C_v} T_1 = kT_1 = 1.4 \times (25+273) = 417.2\,[\text{K}]$$
$$= 144.2\,[^\circ\text{C}]$$

27

분자량이 M이고 질량이 $2m$인 이상기체 A가 압력 p, 온도 T(절대온도)일 때 부피가 V이다. 동일한 질량의 다른 이상기체 B가 압력 $2p$, 온도 $2T$(절대온도)일 때 부피가 $2V$이면 이 기체의 분자량은 얼마인가?

① $0.5M$
② M
③ $2M$
④ $4M$

풀이

이상기체 A : $pV = m\dfrac{\overline{R}}{M}T$ …… ⓐ

이상기체 B : $2p \cdot 2V = m\dfrac{\overline{R}}{M_2}2T$ …… ⓑ

ⓐ를 ⓑ로 변변 나누고 정리하면

$M_2 = \dfrac{1}{2}M = 0.5M$

28

열역학 제1법칙에 관한 설명으로 거리가 먼 것은?

① 열역학적계에 대한 에너지 보존법칙을 나타낸다.
② 외부에 어떠한 영향을 남기지 않고 계가 열원으로부터 받은 열을 모두 일로 바꾸는 것은 불가능하다.
③ 열은 에너지의 한 형태로서 일을 열로 변환하거나 열을 일로 변환하는 것이 가능하다.
④ 열을 일로 변환하거나 일을 열로 변환할 때, 에너지의 총량은 변하지 않고 일정하다.

풀이

②항은 열역학 제2법칙이다.

29

압력 5kPa, 체적이 0.3m³인 기체가 일정한 압력하에서 압축되어 0.2m³로 되었을 때 이 기체가 한 일은? (단, +는 외부로 기체가 일을 한 경우이고, -는 기체가 외부로부터 일을 받은 경우이다.)

① -1000 J
② 1000 J
③ -500 J
④ 500 J

풀이

정압에서의 절대일량(W)

$W = P\Delta V = 5 \times 10^3 \times (0.2-0.3) = -500\,[\text{J}]$

30

온도 300K, 압력 100kPa 상태의 공기 0.2kg이 완전히 단열된 강체 용기 안에 있다. 패들(paddle)에 의하여 외부로부터 공기에 5kJ의 일이 행해질 때 최종 온도는 약 몇 K인가? (단, 공기의 정압비열과 정적비열은 각각 1.0035 kJ/(kg·K), 0.7165 kJ/(kg·K)이다.)

① 315
② 275
③ 335
④ 255

풀이

$Q = \Delta U + W$에서 단열이므로 $Q = 0$

$0 = mC_v \Delta T - 5$
$= 0.2 \times 0.7165 \times (T' - 300) - 5$

$\therefore T' = 300 + \dfrac{5}{0.2 \times 0.7165} = 334.89\,[\text{kJ}]$

31

오토 사이클로 작동되는 기관에서 실린더의 간극 체적이 행정 체적의 15%라고 하면 이론 열효율은 약 얼마인가?
(단, 비열비 k=1.4이다.)

① 45.2%
② 50.6%
③ 55.7%
④ 61.4%

풀이

압축비 = $\dfrac{\text{간극체적} + \text{행정체적}}{\text{간극체적}}$

$\varepsilon = \dfrac{0.15 + 1}{0.15} = \dfrac{23}{3}$

열효율 $\eta = 1 - \left(\dfrac{1}{\varepsilon}\right)^{k-1} = 1 - \left(\dfrac{3}{23}\right)^{0.4} = 0.557$

$= 55.7(\%)$

32

14.33W의 전등을 매일 7시간 사용하는 집이 있다. 1개월(30일) 동안 약 몇 kJ의 에너지를 사용하는가?

① 10830   ② 15020
③ 17420   ④ 22840

풀이

에너지 = 전력량 = 전력 × 사용시간

$E = Pt = 14.33 \times 3600 \times 7 \times 30 \times 10^{-3}$
$= 10833\,[\text{kJ}]$

33

10℃에서 160℃까지 공기의 평균 정적비열은 0.7315 kJ/(kg·K)이다. 이 온도 변화에서 공기 1kg의 내부에너지 변화는 약 몇 kJ인가?

① 101.1 kJ   ② 109.7 kJ
③ 120.6 kJ   ④ 131.7 kJ

풀이

$\Delta U = mC_v\Delta T = 1 \times 0.7315 \times (160 - 10)$
$= 109.7\,[\text{kJ}]$

34

물 1kg이 포화온도 120℃에서 증발할 때, 증발 잠열은 2203kJ이다. 증발하는 동안 물의 엔트로피 증가량은 약 몇 kJ/K 인가?

① 4.3   ② 5.6
③ 6.5   ④ 7.4

풀이

$\Delta s = \dfrac{r}{T} = \dfrac{2203}{273 + 120} = 5.6\,[\text{kJ/kgK}]$

$\Delta S = m\Delta s = 1 \times 5.6 = 5.6\,[\text{kJ/K}]$

35

Rankine 사이클에 대한 설명으로 틀린 것은?

① 응축기에서의 열방출 온도가 낮을수록 열효율이 좋다.
② 증기의 최고온도는 터빈 재료의 내열특성에 의하여 제한된다.
③ 팽창일에 비하여 압축일이 적은 편이다.
④ 터빈 출구에서 건도가 낮을수록 효율이 좋아진다.

풀이

터빈 출구에서 건도가 높아야 효율이 좋다.

36

단열된 가스터빈의 입구 측에서 가스가 압력 2MPa, 온도 1200K로 유입되어 출구 측에서 압력 100kPa, 온도 600K로 유출된다. 5MW의 출력을 얻기 위한 가스의 질량유량은 약 몇 kg/s인가? (단, 터빈의 효율은 100%이고, 가스의 정압비열은 1.12 kJ/(kg·K)이다.)

① 6.44
② 7.44
③ 8.44
④ 9.44

풀이

$\dot{W} = \dot{m}C_p\Delta T$ 에서

$5 \times 10^3 = \dot{m} \times 1.12 \times (1200 - 600)$

$\therefore \dot{m} = \dfrac{5 \times 10^3}{1.12 \times 600} = 7.44\,[\text{kg/s}]$

37

다음에 열거한 시스템의 상태량 중 종량적 상태량인 것은?

① 엔탈피 ② 온도
③ 압력   ④ 비체적

풀이

종량성 상태량 :
질량에 비례하는 상태량으로 체적, 내부에너지, 엔탈피, 엔트로피 등이 있다.

38

다음 압력값 중에서 표준대기압(1atm)과 차이가 가장 큰 압력은?

① 1MPa
② 100kPa
③ 1bar
④ 100hPa

풀이

1atm = 1.01325bar = 101.325kPa = 1013.25hPa
= 0.101325MPa
이므로 그 차이를 구해본다.
① $1 - 0.101325 = 0.8986$[MPa] = 898675[Pa]
② $|100 - 101.325| = 1.325$[kPa] = 1325[Pa]
③ $1.01325 - 1 = 0.01325$[bar] = 1325[Pa]
④ $1013.25 - 100 = 913.25$[hPa] = 91325[Pa]

39

1kg의 공기가 100℃를 유지하면서 등온 팽창하여 외부에 100kJ의 일을 하였다. 이 때 엔트로피의 변화량은 약 몇 kJ/(kg·K)인가?

① 0.268   ② 0.373
③ 1.00   ④ 1.54

풀이

$ds = \dfrac{du + \delta w}{T}$ 에서 $du = 0$

$\Delta s = \dfrac{w}{T} = \dfrac{100}{273 + 100} = 0.268$ [kJ/kgK]

40

피스톤-실린더 시스템에 100kPa의 압력을 갖는 1kg의 공기가 들어있다. 초기 체적은 0.5 m³이고, 이 시스템에 온도가 일정한 상태에서 열을 가하여 부피가 1.0m³이 되었다. 이 과정 중 전달된 에너지는 약 몇 kJ인가?

① 30.7   ② 34.7
③ 44.8   ④ 50.5

풀이

등온과정이므로 $Q = W$이다.

$Q = W = \int_1^2 PdV = \int_1^2 \dfrac{P_1 V_1}{V} dV = P_1 V_1 \ln \dfrac{V_2}{V_1}$

$= 100 \times 0.5 \times \ln\left(\dfrac{1}{0.5}\right) = 34.657 = 34.7$ [kJ]

제3과목 : 기계유체역학

41

체적 $2 \times 10^{-3} m^3$의 돌이 물속에서 무게가 40N이었다면 공기 중에서의 무게는 약 몇 N인가?

① 2   ② 19.6
③ 42   ④ 59.6

풀이

공기중에서의 무게 = 물속에서의 무게 + 부력
$= 40 + \gamma_w V = 40 + 9800 \times 2 \times 10^{-3} = 59.6$ [N]

42

안지름 35cm인 원관으로 수평거리 2000m 떨어진 곳에 물을 수송하려고 한다. 24시간 동안 15000m³을 보내는 데 필요한 압력은 약 몇 kPa인가? (단, 관마찰계수는 0.032이고, 유속은 일정하게 송출한다고 가정한다.)

① 296   ② 423
③ 537   ④ 351

풀이

평균유속(V)

$$V = \frac{Q}{A} = \frac{15000}{\frac{\pi}{4}(0.35)^2 \times 24 \times 3600} = 1.8\,[\text{m}]$$

손실수두(h_L)

$$h_L = f\frac{\ell}{d}\frac{V^2}{2g}$$
$$= 0.032 \times \frac{2000}{0.35} \times \frac{1.8^2}{2 \times 9.8} = 30.227\,[\text{m}]$$

필요압력(ΔP)

$$\Delta P = \gamma h_L = 9800 \times 30.227 \times 10^{-3} = 296\,[\text{kPa}]$$

43

지름 5cm의 구가 공기 중에서 매초 40m의 속도로 날아갈 때 항력은 약 몇 N인가? (단, 공기의 밀도는 1.23kg/m³이고, 항력계수는 0.6이다.)

① 1.16　　② 3.22
③ 6.35　　④ 9.23

풀이

$$D = C_D A \frac{1}{2} \rho V^2$$
$$= 0.6 \times \frac{\pi}{4} \times 0.05^2 \times \frac{1.23}{2} \times 40^2 = 1.16\,[\text{N}]$$

44

경계층 밖에서 퍼텐셜 흐름의 속도가 10m/s일 때, 경계층의 두께는 속도가 얼마일 때의 값으로 잡아야 하는가? (단, 일반적으로 정의하는 경계층 두께를 기준으로 삼는다.)

① 10 m/s　　② 7.9 m/s
③ 8.9 m/s　　④ 9.9 m/s

풀이

경계층 두께는 $\frac{U}{U_\infty} = 99\%$일 때의 값이므로

$U = 0.99 U_\infty = 0.99 \times 10 = 9.9\,[\text{m/s}]$

45

지름이 0.1mm 이고 비중이 7인 작은 입자가 비중이 0.8인 기름 속에서 0.01m/s의 일정한 속도로 낙하하고 있다. 이때 기름의 점성계수는 약 몇 kg/(m·s)인가? (단, 이 입자는 기름 속에서 Stokes법칙을 만족한다고 가정한다.)

① 0.003379
② 0.009542
③ 0.02486
④ 0.1237

풀이

중력 − 부력 − 항력 = 0 에서

$$\rho \frac{4\pi a^3}{3} g - \rho_w \frac{4\pi a^3}{3} g - 6\pi a \mu V = 0$$

$$\mu = \frac{2}{9} \frac{a^2(\gamma - \gamma_w)}{V}$$
$$= \frac{2}{9} \times \frac{(0.05 \times 10^{-3})^2 \times (7 - 0.8) \times 9800}{0.01}$$
$$= 3.375 \times 10^{-3}\,[\text{kg/(m·s)}]$$

46

유체의 정의를 가장 올바르게 나타낸 것은?
① 아무리 작은 전단응력에도 저항할 수 없어 연속적으로 변형하는 물질
② 탄성계수가 0을 초과하는 물질
③ 수직응력을 가해도 물체가 변하지 않는 물질
④ 전단응력이 가해질 때 일정한 양의 변형이 유지되는 물질

풀이

유체의 정의 : 아무리 작은 전단응력에도 저항할 수 없어 연속적으로 변형하는 물질

47

새로 개발한 스포츠카의 공기역학적 항력을 기온 25℃(밀도는 1.184kg/m³, 점성계수는

정답 43① 44④ 45① 46① 47②

1.849×10^{-5} kg/(m·s)), 100km/h 속력에서 예측하고자 한다. 1/3 축척 모형을 사용하여 기온이 5℃(밀도는 1.269kg/m³, 점성계수는 1.754×10^{-5} kg/(m·s))인 풍동에서 항력을 측정할 때 모형과 원형 사이의 상사를 유지하기 위해 풍동 내 공기의 유속은 약 몇 km/h가 되어야 하는가?

① 153   ② 266
③ 442   ④ 549

풀이

레이놀즈수가 같아야 한다.

$$\left(\frac{\rho VL}{\mu}\right)_p = \left(\frac{\rho VL}{\mu}\right)_m$$

$$\frac{1.184 \times 100 \times L}{1.849 \times 10^{-5}} = \frac{1.269 \times V_m \times (L/3)}{1.754 \times 10^{-5}}$$

$$\therefore V_m = \frac{1.184 \times 100 \times 1.754 \times 3}{1.849 \times 1.269} = 265.52 \, [\text{km/h}]$$

48

다음 무차원수 중 역학적상사(inertia force) 개념이 포함되어있지 않은 것은?

① Froude number
② Reynolds number
③ Mach number
④ Fourier number

풀이

프루드수 = 관성력/중력 = (관/중)

레이놀즈수 = 관성력/점성력 = (관/점)

마하수 = 물체의 속도/음속

49

그림과 같은 (1), (2), (3), (4)의 용기에 동일한 액체가 동일한 높이로 채워져 있다. 각 용기의 밑바닥에서 측정한 압력에 관한 설명으로 옳은 것은? (단, 가로 방향 길이는 모두 다르나, 세로 방향 길이는 모두 동일하다.)

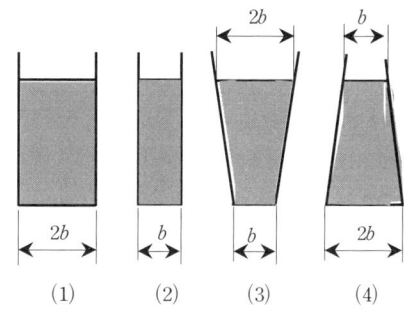

① (2)의 경우가 가장 낮다.
② 모두 동일하다.
③ (3)의 경우가 가장 높다.
④ (4)의 경우가 가장 낮다.

풀이

$P = \gamma h$에서 높이가 같으므로 압력도 같다.

50

안지름이 20mm인 수평으로 놓인 곧은 파이프 속에 점성계수 0.4N·s/m², 밀도 900kg/m³인 기름이 유량 2×10^{-5} m³/s로 흐르고 있을 때, 파이프 내의 10m 떨어진 두 지점 간의 압력강하는 약 몇 kPa인가?

① 10.2   ② 20.4
③ 30.6   ④ 40.8

풀이

하겐-포와젤 방정식 $Q = \frac{\Delta P \pi d^4}{128 \mu L}$에서

압력강하(ΔP)는

$$\Delta P = \frac{128 \mu L Q}{\pi d^4} \times 10^{-3}$$

$$= \frac{128 \times 0.4 \times 10 \times 2 \times 10^{-5}}{\pi \times (20 \times 10^{-3})^4} \times 10^{-3}$$

$$= 20.4 \, [\text{kPa}]$$

51

원관 내의 완전 발달된 층류 유동에서 유체의 최

대 속도(V_c)와 평균 속도(V)의 관계는?

① $V_c = 1.5\,V$ ② $V_c = 2\,V$
③ $V_c = 4\,V$ ④ $V_c = 8\,V$

풀이

층류유동에서 평균유속은 최대유속의 $\frac{1}{2}$배이다.

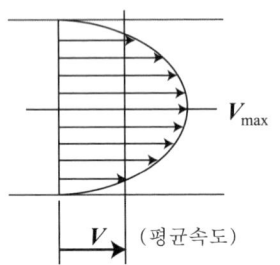

따라서, $V_c = 2V$

52

지름의 비가 1 : 2인 2개의 모세관을 물속에 수직으로 세울 때, 모세관 현상으로 물이 관 속으로 올라가는 높이의 비는?

① 1 : 4
② 1 : 2
③ 2 : 1
④ 4 : 1

풀이

$h = \dfrac{4\sigma\cos\beta}{\gamma d}$ 에서 $h \propto \dfrac{1}{d}$

$\therefore h_1 : h_2 = \dfrac{1}{1} : \dfrac{1}{2} = 2 : 1$

53

비압축성 유동에 대한 Navier-Stokes 방정식에서 나타나지 않는 힘은?

① 체적력(중력)   ② 압력
③ 점성력   ④ 표면장력

풀이

오일러 운동방정식을 3차원으로 나타내고 실제의 유체가 가진 점성력을 고려하여 나타낸 운동방정식은 층류유동에 대한 점성유동의 운동방정식이 된다. 이를 나비에-스톡스 방정식이라 하는데, 질량력(체적력), 압력, 점성력의 항으로 표시된다.

54

다음과 같은 비회전 속도장의 속도 퍼텐셜을 옳게 나타낸 것은? (단, 속도 퍼텐셜 Φ는 $\vec{V} \equiv \nabla\Phi = grad\Phi$로 정의되며, a와 C는 상수이다.)

$$u = a(x^2 - y^2), \quad v = -2axy$$

① $\Phi = \dfrac{ax^4}{4} - axy^2 + C$

② $\Phi = \dfrac{ax^3}{3} - \dfrac{axy^2}{2} + C$

③ $\Phi = \dfrac{ax^4}{4} - \dfrac{axy^2}{2} + C$

④ $\Phi = \dfrac{ax^3}{3} - axy^2 + C$

풀이

$u = \dfrac{\partial \Phi}{\partial x}$, $v = \dfrac{\partial \Phi}{\partial y}$

이므로 각각의 항에 적용해본다.

① $\dfrac{\partial \Phi}{\partial x} = ax^3 - ay^2 = a(x^3 - y^2)$ ∴틀림

② $\dfrac{\partial \Phi}{\partial x} = ax^2 - \dfrac{a}{2}y^2 = a\left(x^2 - \dfrac{y^2}{2}\right)$ ∴틀림

③ $\dfrac{\partial \Phi}{\partial x} = ax^3 - a\dfrac{y^2}{2} = a\left(x^3 - \dfrac{y^2}{2}\right)$ ∴틀림

④ $\dfrac{\partial \Phi}{\partial x} = ax^2 - ay^2 = a(x^2 - y^2)$

$\dfrac{\partial \Phi}{\partial y} = -2axy$ ∴옳음

55

지면에서 계기압력이 200kPa인 급수관에 연결된 호스를 통하여 임의의 각도로 물이 분사될 때, 물이 최대로 멀리 도달할 수 있는 수평거리는 약 몇 m인가? (단, 공기저항은 무시하

고, 발사점과 도달점의 고도는 같다.)
① 20.4   ② 40.8
③ 61.2   ④ 81.6

풀이

압력에너지를 운동에너지로 변환하면
$P = \frac{1}{2}\rho V^2$에서
$V = \sqrt{\frac{2P}{\rho}} = \sqrt{\frac{2 \times 200 \times 10^3}{1000}} = 20 \text{[m/s]}$

초속도 V로 임의의 각 θ로 발사될 때
수평도달거리(Round) R은 $R = \frac{V^2 \sin 2\theta}{g}$이므로
발사각 $\theta = 45°$일 때 최대값을 가진다.
$\therefore R_{\max} = \frac{V^2}{g} = \frac{20^2}{9.8} = 40.8 \text{[m]}$

56

안지름 10cm의 원관 속을 0.0314m³/s의 물이 흐를 때 관 속의 평균 유속은 약 몇 m/s인가?
① 1.0   ② 2.0
③ 4.0   ④ 8.0

풀이

$V = \frac{Q}{A} = \frac{4Q}{\pi d^2} = \frac{4 \times 0.0314}{\pi \times 0.1^2} = 4\text{[m/s]}$

57

그림과 같이 속도 V인 유체가 속도 U로 움직이는 곡면에 부딪혀 90°의 각도로 유동방향이 바뀐다. 다음 중 유체가 곡면에 가하는 힘의 수평방향 성분 크기가 가장 큰 것은? (단, 유체의 유동단면적은 일정하다.)

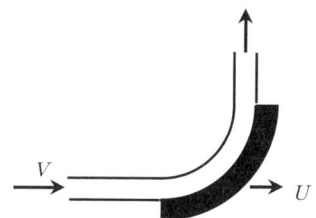

① $V = 10\text{m/s}$, $U = 5\text{m/s}$
② $V = 20\text{m/s}$, $U = 15\text{m/s}$
③ $V = 10\text{m/s}$, $U = 4\text{m/s}$
④ $V = 25\text{m/s}$, $U = 20\text{m/s}$

풀이

$F = \rho A(V-U)^2$이므로 $(V-U)$값이 클수록 힘이 크다.

58

뉴턴 유체(Newtonian fluid)에 대한 설명으로 가장 옳은 것은?

① 유체 유동에서 마찰 전단응력이 속도구배에 비례하는 유체이다.
② 유체 유동에서 마찰 전단응력이 속도구배에 반비례하는 유체이다.
③ 유체 유동에서 마찰 전단응력이 일정한 유체이다.
④ 유체 유동에서 마찰 전단응력이 존재하지 않는 유체이다.

풀이

뉴턴 유체란 뉴턴의 점성법칙
$\tau = \mu \frac{du}{dy}$를 만족하는 유체이다.
따라서, 전단응력이 속도구배에 비례하는 유체이다.

59

입구 단면적이 20cm²이고 출구 단면적이 10cm²인 노즐에서 물의 입구 속도가 1m/s일 때, 입구와 출구의 압력차이 $P_{입구} - P_{출구}$는 약 몇 kPa인가? (단, 노즐은 수평으로 놓여있고 손실은 무시할 수 있다.)

① -1.5
② 1.5
③ -2.0
④ 2.0

정답 56③ 57③ 58① 59②

풀이

연속의 법칙 $20 \times 1 = 10 V_2$에서
출구 속도 $V_2 = 2 \,[\text{m/s}]$
베르누이 방정식
$$P_1 + \frac{\rho V_1^2}{2} = P_2 + \frac{\rho V_2^2}{2}$$
$$P_1 - P_2 = \frac{\rho}{2}(V_2^2 - V_1^2)$$
$$= \frac{1000}{2}(2^2 - 1) = 1500\,[\text{Pa}] = 1.5\,[\text{kPa}]$$

따라서
$$9800\left(\frac{166 \times 9.8}{9800\,s_1}\right) + 9800\left(\frac{34 \times 9.8}{9800 \times 11.3}\right)$$
$$= 166 \times 9.8 + 34 \times 9.8$$
양변의 9.8을 소거하고 정리하면
$$\frac{166}{s_1} + \frac{34}{11.3} = 200 \qquad \therefore s_1 = \frac{166}{197} = 0.843$$

60

공기 중에서 질량이 166kg인 통나무가 물에 떠있다. 통나무에 납을 매달아 통나무가 완전히 물속에 잠기게 하고자 하는 데 필요한 납(비중: 11.3)의 최소질량이 34kg이라면 통나무의 비중은 얼마인가?

① 0.600
② 0.670
③ 0.817
④ 0.843

풀이

평형조건은
통나무의 부력+납의 부력
　　=통나무의 무게+납의 무게
여기서, 통나무의 부피를 V_1, 납의 부피를 V_2라 하면
　통나무의 부력 $= \gamma_w V_1 = 9800\,V_1$
　납의 부력 $= \gamma_w V_2$
　통나무의 무게 $= 166 \times 9.8 = 9800\,s_1 V_1$
　납의 무게 $= 34 \times 9.8 = 9800 \times 11.3 V_2$

제4과목 : 기계재료 및 유압기기

61

마그네슘(Mg)의 특징을 설명한 것 중 틀린 것은?

① 감쇠능이 주철보다 크다.
② 소성가공성이 높아 상온변형이 쉽다.
③ 마그네슘(Mg)의 비중은 약 1.74이다.
④ 비강도가 커서 휴대용 기기 등에 사용된다.

풀이

마그네슘은 조밀육방격자이므로 상온에서 소성가공성이 나쁘다.

62

자기변태의 설명으로 옳은 것은?

① 상은 변하지 않고 자기적 성질만 변한다.
② Fe-C 상태도에서 자기변태점은 A_3, A_4이다.
③ 한 원소로 이루어진 물질에서 결정 구조가 바뀌는 것이다.
④ 원자 내부의 변화로 자기적 성질이 비연속적으로 변화한다.

풀이

자기변태 : 물질의 상(相; phase)은 변하지 않고 자기적 성질만 변하는 변태.
순철(768℃), 니켈(358℃), 코발트(1150℃)

63

A_1 변태점 이하에서 인성을 부여하기 위하여

실시하는 가장 적합한 열처리는?
① 뜨임 ② 풀림
③ 담금질 ④ 노멀라이징

풀이

뜨임(tempering) :
인성 부여 목적으로 강(steel)은
A_1(723℃)이하의 온도에서 실시함

64

다음 중 비파괴 시험방법이 아닌 것은?
① 충격 시험법
② 자기 탐상 시험법
③ 방사선 비파괴 시험법
④ 초음파 탐상 시험법

풀이

충격시험법은 파괴시험법의 하나로 충격치를 측정하는 시험법이다. 보통 샤르피식으로 행한다.

65

공정주철(eutectic cast iron)의 탄소 함량은 약 몇 % 인가?
① 4.3 %
② 0.80~2.0 %
③ 0.025~0.80 %
④ 0.025 %이하

풀이

공정점의 탄소함유량은 4.3%이다.

66

플라스틱을 결정성 플라스틱과 비결정성 플라스틱으로 나눌 때, 결정성 플라스틱의 특성에 대한 설명 중 틀린 것은?
① 수지가 불투명하다.
② 배향(Orientation)의 특성이 작다.
③ 굽힘, 휨, 뒤틀림 등의 변형이 크다.
④ 수지 용융시 많은 열량이 필요하다.

풀이

배향(背向; orientation) :
고분자 플라스틱의 결정방향이
어느 일정한 방향으로 배열된 상태.
결정성 플라스틱은 배향의 특성이 크다.

67

같은 조건하에서 금속의 냉각 속도가 빠르면 조직은 어떻게 변화하는가?
① 결정 입자가 미세해진다.
② 금속의 조직이 조대해진다.
③ 소수의 핵이 성장해서 응고된다.
④ 냉각 속도와 금속의 조직과는 관계가 없다.

풀이

금속의 냉각속도가 빠르면 결정입자가 미세해지며 경도와 강도가 증가한다.

68

Al-Cu-Si계 합금의 명칭은?
① 실루민 ② 라우탈
③ Y합금 ④ 두랄루민

풀이

① 실루민 : Al-Si
② 라우탈 : Al-Cu-Si
③ Y합금 : Al-Cu-Ni-Mg
④ 두랄루민 : Al-Cu-Mg-Mn

69

고속도강(SKH51)의 퀜칭 온도(quenching temperature)는 약 몇 ℃인가?
① 720 ℃
② 910 ℃
③ 1220 ℃
④ 1580 ℃

풀이

고속도강의 담금질 온도 : 1250℃

정답 64① 65① 66② 67① 68② 69③

70
탄소강이 950℃ 전후의 고온에서 적열메짐(red brittleness)을 일으키는 원인이 되는 것은?
① Si
② P
③ Cu
④ S

풀이
탄소강의 적열메짐 유발 원소 : S(황)
탄소강의 적열메짐 방지 원소 : Mn(망간)

71
유압실린더에서 유압유 출구 측에 유량제어 밸브를 직렬로 설치하여 제어하는 속도제어회로의 명칭은?
① 미터 인 회로
② 미터 아웃 회로
③ 블리드 온 회로
④ 블리드 오프 회로

풀이
미터 아웃 : 실린더 출구쪽에 유량제어밸브 설치
미터 인 : 실린더 입구쪽에 유량제어밸브 설치

72
유압 프레스의 작동원리는 다음 중 어느 이론에 바탕을 둔 것인가?
① 파스칼의 원리
② 보일의 법칙
③ 토리첼리의 원리
④ 아르키메데스의 원리

풀이
유압 및 공압의 작동원리 : 파스칼의 원리

73
유압 용어를 설명한 것으로 올바른 것은?
① 서지압력 : 계통 내 흐름의 과도적인 변동으로 인해 발생하는 압력
② 오리피스 : 길이가 단면 치수에 비해서 비교적 긴 죔구
③ 초크 : 길이가 단면 치수에 비해서 비교적 짧은 죔구
④ 크래킹 압력 : 체크 밸브, 릴리프 밸브 등의 입구쪽 압력이 강화하고, 밸브가 닫히기 시작하여 밸브의 누설량이 규정량까지 감소했을 때의 압력

풀이
① Surge 압력 :
유체의 흐름이 제어밸브 등의 조작에 의해 급격하게 변할 때, 그 유체의 운동 에너지가 압력 에너지로 변하기 때문에 급격한 압력변동이 발생한다. 이 압력은 그 유체 중의 음파의 전파속도로 전달된다. 이와 같이 유압회로 중에 과도적으로 발생한 이상 압력 변동의 최대치를 통상 surge 압력이라고 한다. 유압회로에서는 릴리프 밸브의 작동지연이나, 전자절환밸브의 조작 등에 의해 기름의 흐름이 급변할 때 surge 압력의 발생이 나타난다.
② 오리피스(orifice) :
유체를 분출시키는 구멍으로, 교축 통로(갑자기 관로가 좁아지는 통로)를 말한다.
③ 초크 :
면적을 감소한 통로에서, 그 길이가 단면 치수에 비해 비교적 길 때의 흐름의 조리개
④ 크래킹 압력 :
릴리프밸브가 열리기 시작할 때의 압력

74
그림과 같은 실린더에서 A측에서 3MPa의 압력으로 기름을 보낼 때 B측 출구를 막으면 B측에 발생하는 압력 P_B는 몇 MPa인가? (단, 실린더 안지름은 50mm, 로드 지름은 25mm이며, 로드에는 부하가 없는 것으로 가정한다.)

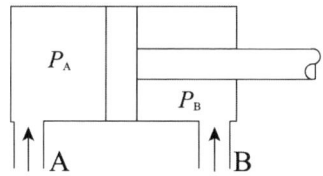

① 1.5
② 3.0
③ 4.0
④ 6.0

풀이

$P_A\left(\dfrac{\pi}{4}D^2\right) = P_B\left(\dfrac{\pi}{4}(D^2 - d^2)\right)$ 에서

$3 \times 50^2 = P_B(50^2 - 25^2)$

$\therefore P_B = \dfrac{3 \times 50^2}{50^2 - 25^2} = 4\,[\text{MPa}]$

75

다음 중 점성계수의 차원으로 옳은 것은?
(단, M은 질량, L은 길이, T는 시간이다.)

① $ML^{-2}T^{-1}$
② $ML^{-1}T^{-1}$
③ MLT^{-2}
④ $ML^{-2}T^{-2}$

풀이

점성계수의 단위 : $Ns/m^2 = kg/(m \cdot s)$이므로 차원은 $[ML^{-1}T^{-1}]$

76

그림에서 표기하고 있는 밸브의 명칭은?

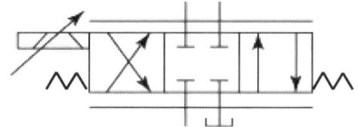

① 셔틀 밸브
② 파일럿 밸브
③ 서보 밸브
④ 교축전환 밸브

풀이

서보 밸브이다.

77

오일 탱크의 구비 조건에 관한 설명으로 옳지 않은 것은?

① 오일 탱크의 바닥면은 바닥에서 일정 간격 이상을 유지하는 것이 바람직하다.
② 오일 탱크는 스트레이너의 삽입이나 분리를 용이하게 할 수 있는 출입구를 만든다.
③ 오일 탱크 내에 방해판은 오일의 순환거리를 짧게 하고 기포의 방출이나 오일의 냉각을 보존한다.
④ 오일 탱크의 용량은 장치의 운전중지 중 장치 내의 작동유가 복귀하여도 지장이 없을 만큼의 크기를 가져야 한다.

풀이

오일 탱크 내의 방해판(baffle plate)은 오일의 순환거리를 길게 하고 기포의 발생을 억제하며 오일의 냉각을 도모한다.

78

다음 필터 중 유압유에 혼입된 자성 고형물을 여과하는 데 가장 적합한 것은?

① 표면식 필터
② 적층식 필터
③ 다공체식 필터
④ 자기식 필터

풀이

자성 고형물의 여과는 자기식(magnetic) 필터가 적합하다.

79

가변 용량형 베인 펌프에 대한 일반적인 설명으로 틀린 것은?

① 로터와 링 사이의 편심량을 조절하여 토출량을 변화시킨다.
② 유압회로에 의하여 필요한 만큼의 유량을 토출할 수 있다.
③ 토출량 변화를 통하여 온도 상승을 억제시킬

수 있다.
④ 펌프의 수명이 길고 소음이 적은 편이다.

풀이

가변 용량형 : 토출량을 조절할 수 있다.
베인 펌프 : 소음이 심하며 베인의 마멸이 있어 수명은 길지 못하다.

80

방향전환밸브에 있어서 밸브와 주 관로를 접속시키는 구멍을 무엇이라 하는가?
① port   ② way
③ spool   ④ position

풀이

포트(port) : 밸브와 주관로를 접속시키는 구멍

제5과목 : 기계제작법 및 기계동력학

81

무게가 5.3kN인 자동차가 시속 80km로 달릴 때 선형운동량의 크기는 약 몇 N·s인가?
① 4240
② 8480
③ 12010
④ 16020

풀이

선운동량＝질량×속도
$$p = mv = \frac{W}{g}v = \frac{5.3 \times 10^3}{9.8} \times \frac{80 \times 1000}{3600}$$
$= 12018.14 [\text{kg} \cdot \text{m/s} = \text{N} \cdot \text{s}]$

82

질량과 탄성스프링으로 이루어진 시스템이 그림과 같이 높이 h에서 자유낙하를 하였다. 그 후 스프링의 반력에 의해 다시 튀어 오른다고 할 때 탄성스프링의 최대 변형량($x_{\max}$)은?

(단, 탄성스프링 및 밑판의 질량은 무시하고 스프링 상수는 k, 질량은 m, 중력가속도는 g이다. 또한 아래 그림은 스프링의 변형이 없는 상태를 나타낸다.)

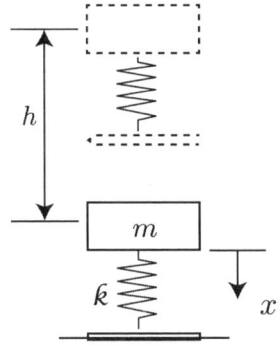

① $\sqrt{2gh}$

② $\sqrt{\dfrac{2mgh}{k}}$

③ $\dfrac{mg + \sqrt{(mg)^2 + 2kmgh}}{k}$

④ $\dfrac{mg + \sqrt{(mg)^2 + kmgh}}{k}$

풀이

일-에너지 원리에 의해
$mg(h + x_{\max}) = \dfrac{1}{2} k x_{\max}^2$

$k x_{\max}^2 - 2mg x_{\max} - 2mgh = 0$

근의 공식

$x_{\max} = \dfrac{mg \pm \sqrt{(mg)^2 - k(-2mgh)}}{k}$ 에서

(−)는 버린다(∵ $x_{\max} > 0$).

따라서, $x_{\max} = \dfrac{mg + \sqrt{(mg)^2 + 2kmgh}}{k}$

83

회전하는 막대의 홈을 따라 움직이는 미끄럼 블록 P의 운동을 r과 θ로 나타낼 수 있다. 현재 위치에서 $r = 300\text{mm}$, $\dot{r} = 40\text{mm/s}$(일정), $\dot{\theta}=0.1\text{rad/s}$, $\ddot{\theta}=-400\text{rad/s}^2$이다. 미끄럼 블록 P의 가속도는 약 몇 m/s²인가?

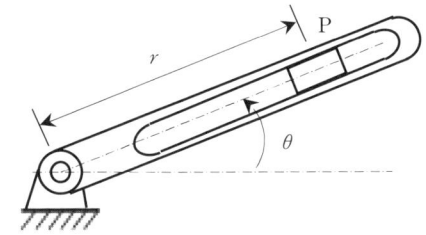

① 0.01 ② 0.001
③ 0.002 ④ 0.005

풀이

반경방향 가속도(a_r)
$a_r = \ddot{r} - r\dot{\theta}^2 = 0 - 300 \times 10^3 \times 0.1^2$
$= -0.003[\text{m/s}^2]$

회전방향 가속도(a_θ)
$a_\theta = r\ddot{\theta} + 2\dot{r}\dot{\theta} = 0.3 \times (-0.04) + 2 \times 0.04 \times 0.1$
$= -0.004[\text{m/s}^2]$

가속도 $a = \sqrt{a_r^2 + a_\theta^2}$
$= \sqrt{(-0.003)^2 + (-0.004)^2} = 0.005[\text{m/s}^2]$

84

같은 차종인 자동차 B, C가 브레이크가 풀린 채 정지하고 있다. 이 때 같은 차종의 자동차 A가 1.5m/s의 속력으로 B와 충돌하면, 이후 B와 C가 다시 충돌하게 되어 결국 3대의 자동차가 연쇄 충돌하게 된다. 이때, B와 C가 충돌한 직후 자동차 C의 속도는 약 몇 m/s인가? (단, 모든 자동차 간 반발계수는 e=0.75이다.)

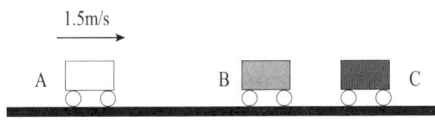

① 0.16
② 0.39
③ 1.15
④ 1.31

풀이

모든 자동차의 질량이 같으므로 운동량보존법칙에서 질량은 생략하고 계산할 수 있다.

우선, A와 B의 충돌시
$1.5 + 0 = V_A' + V_B'$ …… ⓐ
$e = 0.75 = -\dfrac{V_A' - V_B'}{1.5 - 0}$
$-0.75 \times 1.5 = V_A' - V_B'$ …… ⓑ
ⓐ-ⓑ : $1.75 \times 1.5 = 2V_B'$ $\therefore V_B' = 1.3125[\text{m/s}]$

다음, B와 C의 충돌시
$1.3125 + 0 = V_B'' + V_C'$ …… ⓒ
$e = 0.75 = -\dfrac{V_B'' - V_C'}{1.3125 - 0}$
$-0.75 \times 1.3125 = V_B'' - V_C'$ …… ⓓ
ⓒ-ⓓ : $1.75 \times 1.3125 = 2V_C'$
$\therefore V_C' = 1.1484 \fallingdotseq 1.15[\text{m/s}]$

85

1자유도 진동시스템의 운동방정식은 $m\ddot{x} + c\dot{x} + kx = 0$으로 나타내고 고유 진동수가 ω_n일 때 임계감쇠계수로 옳은 것은? (단, m은 질량, c는 감쇠계수, k는 스프링 상수를 나타낸다.)

① $2\sqrt{mk}$ ② $\sqrt{\dfrac{\omega_n}{2k}}$
③ $\sqrt{2m\omega_n}$ ④ $\sqrt{\dfrac{2k}{\omega_n}}$

풀이

임계감쇠계수 $C_c = 2\sqrt{mk} = 2m\omega_n = \dfrac{2k}{\omega_n}$

86

질량이 m, 길이가 L인 균일하고 가는 막대 AB가 A점을 중심으로 회전한다. $\theta=60°$에서 정지 상태인 막대를 놓는 순간 막대 AB의 각가속도(α)는? (단, g는 중력가속도이다.)

정답 84③ 85① 86②

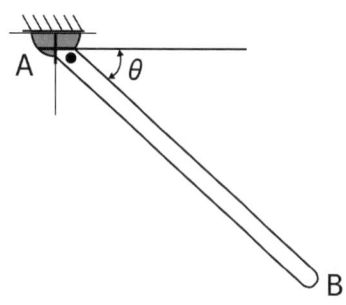

① $\alpha = \dfrac{3}{2}\dfrac{g}{L}$

② $\alpha = \dfrac{3}{4}\dfrac{g}{L}$

③ $\alpha = \dfrac{3}{2}\dfrac{g}{L^2}$

④ $\alpha = \dfrac{3}{4}\dfrac{g}{L^2}$

풀이

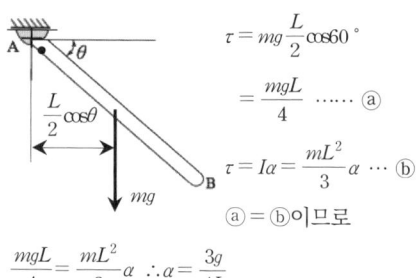

$\tau = mg\dfrac{L}{2}\cos 60°$

$= \dfrac{mgL}{4}$ ...... ⓐ

$\tau = I\alpha = \dfrac{mL^2}{3}\alpha$ ... ⓑ

ⓐ = ⓑ 이므로

$\dfrac{mgL}{4} = \dfrac{mL^2}{3}\alpha \quad \therefore \alpha = \dfrac{3g}{4L}$

87

작은 공이 그림과 같이 수평면에 비스듬히 충돌한 후 튕겨 나갔을 경우에 대한 설명으로 틀린 것은? (단, 공과 수평면 사이의 마찰, 그리고 공의 회전은 무시하며 반발계수는 1이다.)

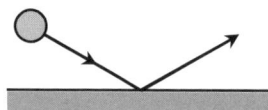

① 충돌 직전과 직후, 공의 운동량은 같다.
② 충돌 직전과 직후, 공의 운동에너지는 보존된

다.
③ 충돌 과정에서 공이 받은 충격량과 수평면이 받은 충격량의 크기는 같다.
④ 공의 운동 방향이 수평면과 이루는 각의 크기는 충돌 직전과 직후가 같다.

풀이

운동량은 벡터량이므로 속도의 방향이 다르기 때문에 충돌 전후의 운동량은 다르다.

88

질량 20kg의 기계가 스프링상수 10kN/m인 스프링 위에 지지되어 있다. 100N의 조화 가진력이 기계에 작용할 때 공진 진폭은 약 몇 cm 인가? (단, 감쇠계수는 6kN·s/m이다)

① 0.75
② 7.5
③ 0.0075
④ 0.075

풀이

고유각진동수 $\omega_n = \sqrt{\dfrac{k}{m}} = \sqrt{\dfrac{10 \times 10^3}{20}} = 10\sqrt{5}$

공진진폭 $X = \dfrac{f_0}{c\omega_n} = \dfrac{100}{6 \times 10^3 \times 10\sqrt{5}}$

$= 7.45 \times 10^{-4}$ [m] = 0.0745 [cm]

$\alpha_A = 2 \text{ rad/s}^2$

89

원판 A와 B는 중심점이 각각 고정되어 있고, 고정점을 중심으로 회전운동을 한다. 원판 A가 정지하고 있다가 일정한 각가속도 $\alpha_A = 2$ rad/s^{2}으로 회전한다. 이 과정에서 원판 A는 원판 B와 접촉하고 있으며, 두 원판 사이에 미끄럼은 없다고 가정한다. 원판 A가 10회전하고 난 직후 원판 B의 각속도는 약 몇 rad/s 인가? (단, 원판 A의 반지름은 20cm, 원판 B의 반지름은 15cm 이다.)

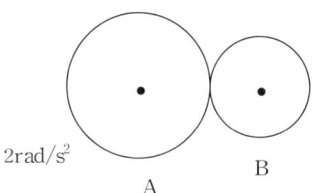

① 15.9
② 21.1
③ 31.4
④ 62.8

풀이

원판 A의 운동은 등각가속도이므로 10회전 후 각속도(ω_A)는
$2\alpha\theta = \omega_A^2 - 0$에서 $2 \times 2 \times 10 \times 2\pi = \omega_A^2$
$\therefore \omega_A = \sqrt{80\pi}$
두 원판의 접촉점에서 원주속도(ωr)는 같으므로
$\omega_A \times r_A = \omega_B \times r_B$
$\sqrt{80\pi} \times 20 = \omega_B \times 15$ $\therefore \omega_B = 21.14 \,[\text{rad/s}]$

90

스프링으로 지지되어 있는 어떤 물체가 매분 60회 반복하면서 상하로 진동한다. 만약 조화운동으로 움직인다면, 이 진동수를 rad/s 단위와 Hz로 옳게 나타낸 것은?

① 6.28rad/s, 0.5Hz
② 6.28rad/s, 1Hz
③ 12.56rad/s, 0.5Hz
④ 12.56rad/s, 1Hz

풀이

$N = 60\,[\text{회/분}]$이므로 $\omega = \dfrac{2\pi N}{60} = 2\pi f$에서
$\omega = \dfrac{2\pi \times 60}{60} = 2\pi = 6.28\,[\text{rad/s}]$
$f = \dfrac{\omega}{2\pi} = \dfrac{2\pi}{2\pi} = 1\,[\text{Hz}]$

91

버니싱 가공에 관한 설명으로 틀린 것은?

① 주철만을 가공할 수 있다.
② 작은 지름의 구멍을 매끈하게 마무리할 수 있다.
③ 드릴, 리머 등 전단계의 기계가공에서 생긴 스크래치 등을 제거하는 작업이다.
④ 공작물 지름보다 약간 더 큰 지름의 볼(Ball)을 압입 통과시켜 구멍내면을 가공한다.

풀이

버니싱 가공 : ②, ③, ④

92

용접 시 발생하는 불량(결함)에 해당하지 않는 것은?

① 오버랩
② 언더컷
③ 용입불량
④ 콤퍼지션

풀이

용접 불량 : 오버랩, 언더컷, 용입불량, 슬래그섞임, 기공발생 등

93

단조에 관한 설명 중 틀린 것은?

① 열간단조에는 콜드 헤딩, 코이닝, 스웨이징이 있다.
② 자유 단조는 앤빌 위에 단조물을 고정하고 해머로 타격하여 필요한 형상으로 가공한다.
③ 형단조는 제품의 형상을 조형한 한 쌍의 다이 사이에 가열한 소재를 넣고 타격이나 높은 압력을 가하여 제품을 성형한다.
④ 업셋단조는 가열된 재료를 수평틀에 고정하고 한 쪽 끝을 돌출시키고 돌출부를 축 방향으로 압축하여 성형한다.

풀이

콜드헤딩(볼트머리부 만들기), 코이닝(압인), 스웨이징(봉두께 줄이기) 등은 냉간 단조이다.

94

공작물의 길이가 340mm이고, 행정여유가 25mm, 절삭 평균속도가 15m/min일 때 세이퍼의 1분간 바이트 왕복 횟수는 약 얼마인가? (단, 바이트 1왕복 시간에 대한 절삭 행정시간의 비는 3/5이다.)

① 20회
② 25회
③ 30회
④ 35회

풀이

세이퍼의 가공속도(V)

$V = \dfrac{N\ell}{1000a}$ 에서 $15 = \dfrac{N \times 340}{1000 \times \dfrac{3}{5}}$

$\therefore N = 26.47\,[\text{회/min}]$

95

방전가공의 특징으로 틀린 것은?
① 전극이 필요하다.
② 가공 부분에 변질 층이 남는다.
③ 전극 및 가공물에 큰 힘이 가해진다.
④ 통전되는 가공물은 경도와 관계없이 가공이 가능하다.

풀이

방전가공에서 전극과 가공물은 접촉하지 않고 적당한 거리를 유지한다. 따라서 큰 힘이 작용하지 않는다.

96

얇은 판재로 된 목형은 변형되기 쉽고 주물의 두께가 균일하지 않으면 용융금속이 냉각 응고 시에 내부응력에 의해 변형 및 균열이 발생할 수 있으므로, 이를 방지하기 위한 목적으로 쓰고 사용한 후에 제거하는 것은?
① 구배
② 덧붙임
③ 수축 여유
④ 코어 프린트

풀이

덧붙임(stop off)이다.

97

밀링머신에서 직경 100mm, 날수 8인 평면커터로 절삭속도 30m/min, 절삭깊이 4mm, 이송속도 240m/min에서 절삭할 때 칩의 평균두께 t_m (mm)는?
① 0.0584
② 0.0596
③ 0.0625
④ 0.0734

풀이

칩의 평균두께 = $\dfrac{\text{절삭속도} \times \text{절삭깊이}}{\text{이송속도} \times \text{날수}}$

$t_m = \dfrac{30 \times 4}{240 \times 8} = \dfrac{1}{16} = 0.065\,[\text{mm}]$

98

인발가공 시 다이의 압력과 마찰력을 감소시키고 표면을 매끈하게 하기 위해 사용하는 윤활제가 아닌 것은?
① 비누
② 석회
③ 흑연
④ 사염화탄소

풀이

인발가공시의 윤활제 : 비누, 석회, 흑연, 그리스

99

빌트 업 에지(built up edge)의 크기를 좌우하는 인자에 관한 설명으로 틀린 것은?
① 절삭속도 : 고속으로 절삭 할수록 빌트 업 에지는 감소된다.
② 칩 두께 : 칩 두께를 감소시키면 빌트 업 에지의 발생이 감소한다.
③ 윗면 경사각 : 공구의 윗면 경사각이 클수록 빌트 업 에지는 커진다.
④ 칩의 흐름에 대한 저항 : 칩의 흐름에 대한 저항이 클수록 빌트 업 에지는 커진다.

정답 94② 95③ 96② 97③ 98④ 99③

> 풀이

공구의 윗면 경사각이 클수록 빌트업 에지의 발생이 감소한다.

100

담금질한 강을 상온 이하의 적합한 온도로 냉각시켜 잔류 오스테나이트를 마르텐사이트 조직으로 변화시키는 것을 목적으로 하는 열처리 방법은?

① 심냉처리
② 가공 경화법 처리
③ 가스 침탄법 처리
④ 석출 경화법 처리

> 풀이

심냉처리(sub-treatment) :
잔류오스테나이트를 마르텐사이트화
시키기 위해 저온으로 냉각시키는 조작

국가기술자격 필기시험
2017년 기사 제2회 【 일반기계기사 】 필기

| 제1과목 : 재료역학 |

1

공칭응력(nominal stress : σ_n)과 진응력(true stress : σ_t)사이의 관계식으로 옳은 것은? (단, ε_n은 공칭변형률(nominal strain), ε_t는 진변형률(true strain)이다.)

① $\sigma_t = \sigma_n(1+\varepsilon_t)$
② $\sigma_t = \sigma_n(1+\varepsilon_n)$
③ $\sigma_t = \ln(1+\sigma_n)$
④ $\sigma_t = \ln(\sigma_n+\varepsilon_t)$

풀이

단면비(area ratio) $R = \dfrac{A_0}{A} = (1+\varepsilon_n)$

진응력 $\sigma_t = \dfrac{P}{A} = \dfrac{P}{\left(\dfrac{A_0}{1+\varepsilon_n}\right)} = \sigma_n(1+\varepsilon_n)$

진변형률(ε_t)

$\varepsilon_t = \displaystyle\int_{\ell_0}^{\ell} \dfrac{d\ell}{\ell} = \ln\dfrac{\ell}{\ell_0} = \ln\dfrac{\ell_0(1+\varepsilon_n)}{\ell_0} = \ln(1+\varepsilon_n)$

2

그림과 같이 전체 길이가 $3L$인 외팔보에 하중 P가 B점과 C점에 작용할 때 자유단 B에서의 처짐량은? (단, 보의 굽힘강성 EI는 일정하고, 자중은 무시한다.)

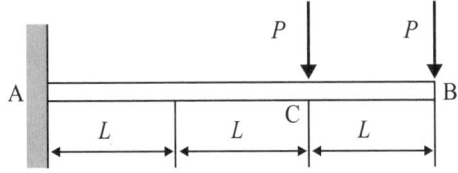

① $\dfrac{35}{3}\dfrac{PL^3}{EI}$ ② $\dfrac{37}{3}\dfrac{PL^3}{EI}$
③ $\dfrac{41}{3}\dfrac{PL^3}{EI}$ ④ $\dfrac{44}{3}\dfrac{PL^3}{EI}$

풀이

우선, C점에 작용하는 하중에 의한 처짐(δ_1)

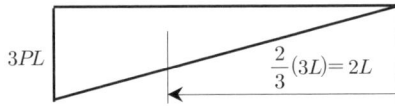

$\delta_1 = \dfrac{1}{EI}\dfrac{1}{2}(2L)(2PL)\left(\dfrac{7}{3}L\right) = \dfrac{14PL^3}{3EI}$

다음, B점에 작용하는 하중에 의한 처짐(δ_2)

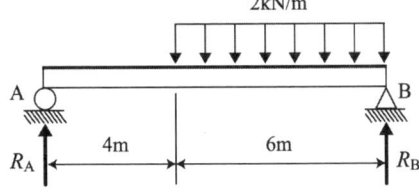

$\delta_2 = \dfrac{1}{EI}\dfrac{1}{2}(3L)(3PL)(2L) = \dfrac{9PL^3}{EI}$

따라서, B점에서의 처짐(δ)은 $\delta_1 + \delta_2$이므로

$\delta = \dfrac{14PL^3}{3EI} + \dfrac{9PL^3}{EI} = \dfrac{41PL^3}{3EI}$

3

그림과 같은 단순보에서 전단력이 0이 되는 위치는 A지점에서 몇 m 거리에 있는가?

① 4.8
② 5.8
③ 6.8
④ 7.8

정답 1② 2③ 3②

풀이

우선, 등분포하중의 등가집중하중 $P_e = 12\text{kN}$이며 작용점은 A에서 7m인 곳이므로 지점반력은
$$R_A = \frac{12 \times 3}{10} = 3.6[\text{kN}]$$
이다. 다음, 전단력(V_x)은
$V_x = R_A - 2(x-4) = 0$에서
$3.6 - 2x + 8 = 0 \therefore x = 5.8[\text{m}]$

4

직경 d, 길이 ℓ인 봉의 양단을 고정하고 단면 m-n의 위치에 비틀림모멘트 T를 작용시킬 때 봉의 A부분에 작용하는 비틀림모멘트는?

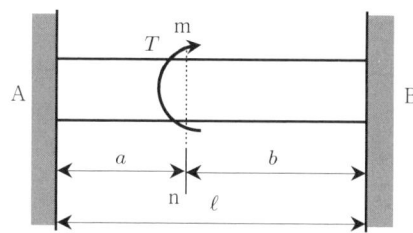

① $T_A = \dfrac{a}{\ell + a}T$

② $T_A = \dfrac{a}{a+b}T$

③ $T_A = \dfrac{b}{a+b}T$

④ $T_A = \dfrac{a}{\ell + b}T$

풀이

지점저항모멘트 $= \dfrac{\text{집중모멘트} \times \text{반대편길이}}{\text{전체길이}}$

$\therefore T_A = \dfrac{T \times b}{\ell} = \dfrac{b}{a+b}T$

5

오일러의 좌굴 응력에 대한 설명으로 틀린 것은?

① 단면의 회전반경의 제곱에 비례한다.
② 길이의 제곱에 반비례한다.
③ 세장비의 제곱에 비례한다.
④ 탄성계수에 비례한다.

풀이

$$\sigma_{cr} = \frac{P_{cr}}{A} = \frac{n\pi^2 EI}{A\ell^2} = \frac{n\pi^2 Ek^2}{\ell^2} = \frac{n\pi^2 E}{\lambda^2}$$

결국, 좌굴응력은 세장비의 제곱에 반비례한다.

6

그림과 같은 직사각형 단면의 보에 $P = 4\text{kN}$의 하중이 10° 경사진 방향으로 작용한다. A점에서의 길이 방향의 수직응력을 구하면 약 몇 MPa인가?

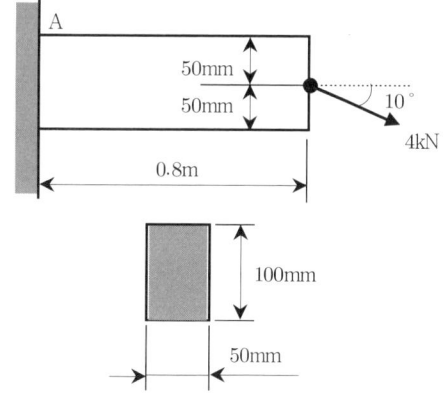

① 3.89
② 5.67
③ 0.79
④ 7.46

풀이

직접인장력($P\cos\theta$)에 의한 인장응력(σ_t)

$$\sigma_t = \frac{P\cos\theta}{A} = \frac{4 \times 10^3 \times \cos 10°}{50 \times 100} = 0.79[\text{MPa}]$$

굽힘모멘트($M = P\sin\theta \times \ell$)에 의한 굽힘응력($\sigma_b$)

$$\sigma_b = \frac{M}{Z} = \frac{4 \times 10^3 \times \sin 10° \times 0.8 \times 10^3}{\dfrac{50 \times 100^2}{6}} = 6.67[\text{MPa}]$$

결국, $\sigma_A = \sigma_t + \sigma_b = 0.79 + 6.67 = 7.46[\text{MPa}]$

7

세로탄성계수가 210GPa인 재료에 200MPa의 인장응력을 가했을 때 재료 내부에 저장되는 단위 체적당 탄성변형에너지는 약 몇 N·m/m³인가?

① 95.238
② 95238
③ 18.538
④ 185380

풀이

단위체적당 탄성에너지(레질리언스)

$$u = \frac{\sigma^2}{2E} = \frac{(200 \times 10^6)^2}{2 \times 210 \times 10^9} = 95238 \, [\text{N/m}^2 = \text{Nm/m}^3]$$

8

그림과 같이 강선이 천정에 매달려 100kN의 무게를 지탱하고 있을 때, AC 강선이 받고 있는 힘은 약 몇 kN인가?

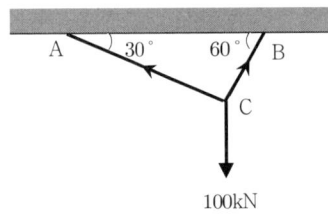

① 30
② 40
③ 50
④ 60

풀이

라미의 정리에 의하여

$$\frac{T_{AC}}{\sin(180-30)°} = \frac{100}{\sin 90°} \quad \therefore T_{AC} = 50 \, [\text{kN}]$$

9

길이 15m, 봉의 지름 10mm인 강봉에 $P = 8$kN을 적용시킬 때 이 봉의 길이방향 변형량은 약 몇 cm인가? (단, 이 재료의 세로탄성계수는 210GPa이다.)

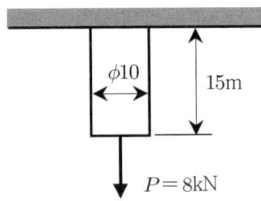

① 0.52
② 0.64
③ 0.73
④ 0.85

풀이

$$\lambda = \frac{P\ell}{AE} = \frac{8 \times 10^3 \times 15}{\frac{\pi}{4} \times 0.01^2 \times 210 \times 10^9}$$

$$= 7.3 \times 10^{-3} \, [\text{m}] = 7.3 \, [\text{mm}] = 0.73 \, [\text{cm}]$$

10

그림과 같은 단순보(단면 8cm x 6cm)에 작용하는 최대 전단응력은 몇 kPa인가?

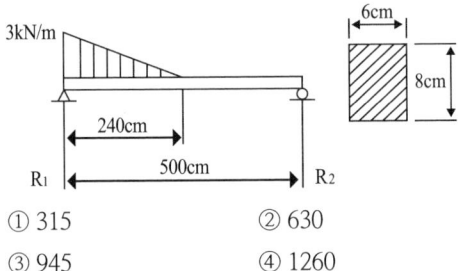

① 315
② 630
③ 945
④ 1260

풀이

삼각형분포하중의 등가집중하중(P_e)은

$$P_e = \frac{1}{2} \times 3000 \times 2.4 = 3600 \, [\text{N}]$$

이고, 작용점은 B단에서부터 420cm인 곳이다.

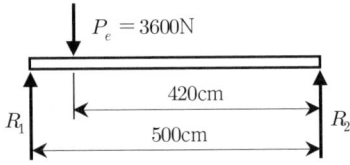

따라서, 지점반력 (R_1)은

$$R_1 = \frac{3600 \times 420}{500} = 3024 [\text{N}]$$

$$\tau_{\max} = \frac{3}{2} \times \frac{R_1}{A} = \frac{3}{2} \times \frac{3024}{60 \times 80} = 0.945 [\text{MPa}]$$
$$= 945 [\text{kPa}]$$

11

다음 막대의 z방향으로 80kN의 인장력이 작용할 때 x 방향의 변형량은 몇 μm인가? (단, 탄성계수 E = 200GPa, 포아송 비 ν = 0.32, 막대 크기 x=100mm, y=50mm, z=1.5m이다)

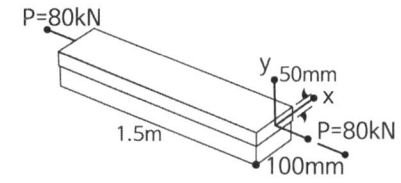

① 2.56 ② 25.6
③ -2.56 ④ 25.6

풀이

$\varepsilon_x = \frac{\sigma_x}{E} - \nu \frac{\sigma_y}{E} - \nu \frac{\sigma_z}{E}$ 에서 $\sigma_x = \sigma_y = 0$이므로

$$\varepsilon_x = -\nu \frac{\sigma_z}{E} = -\frac{\nu}{E} \times \frac{P}{xy}$$

$$= -\frac{0.32}{200 \times 10^3} \times \frac{80 \times 10^3}{100 \times 50} = -\frac{2}{78125}$$

$$\therefore \lambda_x = \varepsilon_x \cdot x$$
$$= -\frac{2}{78125} \times 100 \times 10^3 = -2.56 [\mu\text{m}]$$

12

두께가 1cm, 지름 25cm의 원통형 보일러에 내압이 작용하고 있을 때, 면내 최대 전단응력이 -62.5 MPa이었다면 내압 p는 몇 MPa인가?

① 5 ② 10
③ 15 ④ 20

풀이

$\sigma_x = \sigma_2 = \frac{pd}{4t}$, $\sigma_y = \sigma_1 = \frac{pd}{2t}$ 이므로

$$\tau_{\max} = -\frac{(\sigma_1 - \sigma_2)}{2} = -\frac{1}{2}\left(\frac{pd}{2t} - \frac{pd}{4t}\right) = -\frac{pd}{8t}$$

$$-62.5 = -\frac{p \times 25}{8 \times 1}$$

$$\therefore p = \frac{62.5 \times 8}{25} = 20 [\text{MPa}]$$

13

그림과 같은 일단고정 타단지지보의 중앙에 P = 4800N의 하중이 작용하면 지지점의 반력(R_B)은 약 몇 kN인가?

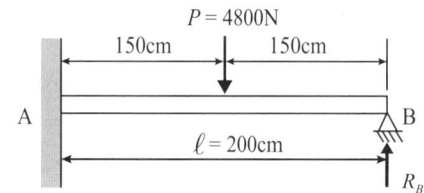

① 3.2 ② 2.6
③ 1.5 ④ 1.2

풀이

중앙집중하중을 받는 고정지지보의 지지단 반력

$$R_B = \frac{5}{16}P = \frac{5}{16} \times 4800 \times 10^{-3} = 1.5 [\text{kN}]$$

14

동일한 전단력이 작용할 때 원형 단면 보의 지름을 d에서 $3d$로 하면 최대 전단응력의 크기는? (단, $\tau_{\max}$는 지름이 d일 때의 최대전단응력이다.)

① $9\tau_{\max}$

② $3\tau_{\max}$

③ $\frac{1}{3}\tau_{\max}$

④ $\frac{1}{9}\tau_{\max}$

풀이

원형단면보의 최대전단응력

$\tau_{max} = \dfrac{4}{3}\dfrac{V}{A} = \dfrac{4}{3} \times \dfrac{4V}{\pi d^2} = \dfrac{16V}{3\pi d^2}$ 이므로

$\tau_{max}' = \dfrac{16V}{3\pi (3d)^2} = \dfrac{1}{9} \times \dfrac{16V}{3\pi d^2} = \dfrac{1}{9}\tau_{max}$

15

그림과 같이 단순화한 길이 1m의 차축 중심에 집중하중 100kN이 작용하고, 100rpm으로 400kW의 동력을 전달할 때 필요한 차축의 지름은 최소 몇 cm인가? (단, 축의 허용 굽힘응력은 85MPa로 한다.)

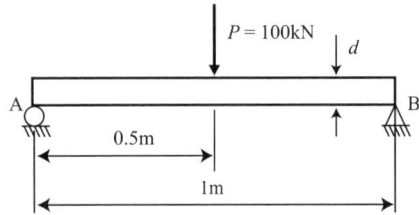

① 4.1
② 8.1
③ 12.3
④ 16.3

풀이

최대굽힘모멘트(M)은 보의 중앙점에 작용하고 그 크기는

$M = \dfrac{P\ell}{4} = \dfrac{100 \times 10^3 \times 1000}{4} = 25 \times 10^6 \,[\text{Nmm}]$

축의 비틀림모멘트(T)는 동력(H_{kW})과 회전수(N)이 주어졌으므로

$T = 974000 \times 9.8 \times \dfrac{H_{kW}}{N}$

$\quad = 974000 \times 9.8 \times \dfrac{400}{100} = 38.18 \times 10^6 \,[\text{Nmm}]$

상당굽힘모멘트(M_e)는

$M_e = \dfrac{1}{2}\left(M + \sqrt{M^2 + T^2}\right)$

$\quad = \dfrac{1}{2}\left(25 + \sqrt{25^2 + 38.18^2}\right) \times 10^6$

$\quad = 35.318 \times 10^6 \,[\text{Nmm}]$

$\sigma_a \geq \dfrac{M_e}{Z} = \dfrac{32M_e}{\pi d^3}$ 에서

$d \geq \sqrt[3]{\dfrac{32M_e}{\pi \sigma_a}} = \sqrt[3]{\dfrac{32 \times 35.328 \times 10^6}{\pi \times 85}}$

$\quad = 161.77\,[\text{mm}] = 16.177\,[\text{cm}]$

16

그림과 같이 한변의 길이가 d인 정사각형 단면의 z-z축에 관한 단면계수는?

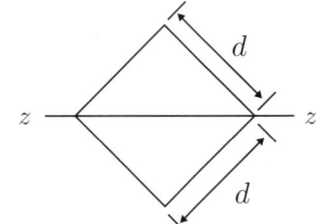

① $\dfrac{\sqrt{2}}{6}d^3$
② $\dfrac{\sqrt{2}}{12}d^3$
③ $\dfrac{d^3}{24}$
④ $\dfrac{\sqrt{2}}{24}d^3$

풀이

3각형 2개로 생각하면 $z-z$축에 대한 단면2차모멘트(I)는

$I = 2 \times \dfrac{(\sqrt{2}d)\left(\dfrac{d}{\sqrt{2}}\right)^3}{12} = \dfrac{1}{12}d^4$

따라서, 단면계수(Z)는

$Z = \dfrac{I}{e} = \dfrac{\dfrac{1}{12}d^4}{\dfrac{1}{\sqrt{2}}d} = \dfrac{\sqrt{2}}{12}d^3$

17

그림과 같은 부정정보의 전 길이에 균일 분포하중이 작용할 때 전단력이 0이 되고 최대 굽힘모멘트가 작용하는 단면은 B단에서 얼마나 떨어져 있는가?

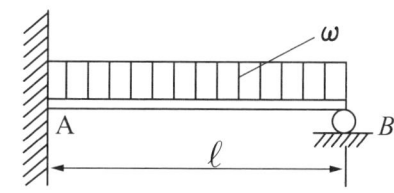

① $\frac{2}{3}\ell$

② $\frac{3}{8}\ell$

③ $\frac{5}{8}\ell$

④ $\frac{3}{4}\ell$

풀이

우선, $R_B = \frac{3}{8}w\ell$ 임을 알아야 한다.

다음, B단에서 x만큼 떨어진 단면의 전단력을 V_x라 하면

$V_x = R_B - wx = \frac{3}{8}w\ell - wx = 0 \quad \therefore x = \frac{3}{8}\ell$

18

J를 극단면 2차 모멘트, G를 전단탄성계수, ℓ을 축의 길이, T를 비틀림모멘트라 할 때 비틀림각을 나타내는 식은?

① $\frac{\ell}{GT}$ ② $\frac{TJ}{G\ell}$

③ $\frac{J\ell}{GT}$ ④ $\frac{T\ell}{GJ}$

풀이

비틀림각 $\theta = \frac{T\ell}{GI_p} = \frac{T\ell}{GJ}$

19

그림과 같은 직사각형 단면을 갖는 단순지지보에 3kN/m의 균일 분포하중과 축방향으로 50kN의 인장력이 작용할 때 단면에 발생하는 최대 인장 응력은 약 몇 MPa인가?

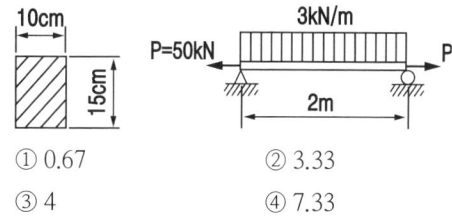

① 0.67 ② 3.33

③ 4 ④ 7.33

풀이

인장력에 의한 인장응력(σ_t)은

$\sigma_t = \frac{P}{A} = \frac{50 \times 10^3}{150 \times 100} = \frac{10}{3}$ [MPa]

굽힘에 의한 인장응력(σ_b)은

$\sigma_b = \frac{M_{max}}{Z} = \frac{\frac{1}{8}w\ell^2}{\frac{1}{6} \times bh^2} = \frac{3w\ell^2}{4bh^2}$

$= \frac{3 \times (3 \times 10^3)(2)^2}{4 \times 0.1 \times 0.15^2} \times 10^{-6} = 4$ [MPa]

따라서, $\sigma_{max} = \sigma_t + \sigma_b = \frac{10}{3} + 4 = 7.33$ [MPa]

20

정사각형의 단면을 가진 기둥에 $P = 8$kN의 압축하중이 작용할 때 6MPa의 압축응력이 발생하였다면 단면의 한 변의 길이는 몇 cm인가?

① 11.5 ② 15.4

③ 20.1 ④ 23.1

풀이

단면의 한변의 길이를 d라 하면

$\sigma_c = \frac{P}{A} = \frac{P}{d^2}$ 에서

$d = \sqrt{\frac{P}{\sigma_c}} = \sqrt{\frac{80 \times 10^3}{6}} = 115.5$ [mm] = 11.55 [cm]

제2과목 : 기계열역학

21

출력 10000kW의 터빈 플랜트의 시간당 연

료소비량이 5000kg/h이다. 이 플랜트의 열효율은 약 몇 %인가?
(단, 연료의 발열량은 33440kJ/kg이다.)

① 25.4% ② 21.5%
③ 10.9% ④ 40.8%

풀이

$$\text{열효율} = \frac{\text{동력}}{\text{저위발열량} \times \text{연료소비율}}$$

$$\eta = \frac{10000[kW]}{(33440[KJ/kg])(5000[kg/h])}$$

$$= \frac{10000 \times 3600}{33440 \times 5000} = 0.2153 = 21.53[\%]$$

22

역 Carnot cycle로 300K와 240K사이에서 작동하고 있는 냉동기가 있다. 이 냉동기의 성능계수는?

① 3 ② 4
③ 5 ④ 6

풀이

$$\varepsilon_r = \frac{T_2}{T_1 - T_2} = \frac{240}{300 - 240} = \frac{240}{60} = 4$$

23

보일러 입구의 압력이 9800kN/m²이고, 응축기의 압력이 4900KN/m²일 때 펌프가 수행한 일은 약 몇 kJ/kg인가? (단, 물의 비체적은 0.001m³/kg이다.)

① 9.79 ② 15.17
③ 87.25 ④ 180.52

풀이

펌프일 $w_p = v\Delta P = 0.001 \times (9800 - 4900)$
$= 9.7951 [kJ/kg]$

24

다음 온도에 관한 설명 중 틀린 것은?
① 온도는 뜨겁거나 차가운 정도를 나타낸다.
② 열역학 제0법칙은 온도 측정과 관계된 법칙이다.
③ 섭씨온도는 표준 기압하에서 물의 어는 점과 끓는 점을 각각 0과 100으로 부여한 온도 척도이다.
④ 화씨온도 F와 절대온도 K 사이에는 K=F+273.15의 관계가 성립한다.

풀이

섭씨온도와 켈빈온도 : $K = ℃ + 273$
화씨온도와 랭킨온도 : $°R = °F + 460$

25

10kg의 증기가 온도 50℃, 압력 38kPa, 체적 7.5m³일 때 총 내부에너지는 6700kJ이다. 이와 같은 상태의 증기가 가지고 있는 엔탈피는 약 몇 kJ인가?

① 606 ② 1794
③ 3305 ④ 6985

풀이

$H = U + PV = 6700 + 38 \times 7.5 = 6985 [kJ]$

26

밀폐계에서 기체의 압력이 100kPa으로 일정하게 유지되면서 체적이 1m³에서 2m³으로 증가되었을 때 옳은 설명은?
① 밀폐계의 에너지 변화는 없다.
② 외부로 행한 일은 100kJ이다.
③ 기체가 이상기체라면 온도가 일정하다.
④ 기체가 받은 열은 100kJ이다.

풀이

정압팽창과정이므로 계가 외부로 행한 일량이다. 이를 절대일(=팽창일)이라 한다.
$W = P\Delta V = P(V_2 - V_1) = 100(2-1) = 100[kJ]$

27

열역학 제2법칙과 관련된 설명으로 옳지 않은 것은?

① 열효율이 100%인 열기관은 없다.
② 저온 물체에서 고온 물체로 열은 자연적으로 전달되지 않는다.
③ 폐쇄계와 그 주변계가 열교환이 일어날 경우 폐쇄계와 주변계 각각의 엔트로피는 모두 상승한다.
④ 동일한 온도 범위에서 작동되는 가역 열기관은 비가역 열기관보다 열효율이 높다.

풀이

①, ②, ④는 모두 옳으며, ③은 흡열쪽이 엔트로피 증가, 방열쪽이 엔트로피 감소가 일어나며 이들의 합은 항상 0보다 크다(엔트로피 증가). 즉, 전체적으로는 엔트로피가 증가하지만 부분적으로는 감소하는 영역이 있으므로 틀린 지문이다.

28

오토(Otto) 사이클에 관한 일반적인 설명 중 틀린 것은?

① 불꽃 점화 기관의 공기 표준 사이클이다.
② 연소과정을 정적 가열과정으로 간주한다.
③ 압축비가 클수록 효율이 높다.
④ 효율은 작업기체의 종류와 무관하다.

풀이

오토사이클의 열효율은 $\eta = 1 - \left(\dfrac{1}{\varepsilon}\right)^{k-1}$ 에서 k는 공기의 비열비로서 1.4이다. 만일 작업유체가 공기가 아니라면 비열비 k값이 달라지므로 효율도 달라진다.

29

다음 중 정확하게 표기된 SI 기본단위(7가지)의 개수가 가장 많은 것은? (단, SI 유도단위 및 그 외 단위는 제외한다.)

① A, Cd, ℃, kg, m, Mol, N, s
② cd, J, K, kg, m, Mol, Pa, s
③ A, J, ℃, kg, km, mol, S, W
④ K, kg, km, mol, N, Pa, S, W

풀이

단위는 정확히 대문자와 소문자를 구분해야 한다.
SI 기본단위 : kg, m, s, K, A, mol, cd
SI 유도단위 : N, J, Pa, W 등
관용단위 : ℃, ℉, cal 등

30

8℃의 이상기체를 가역단열 압축하여 그 체적을 1/5로 하였을 때 기체의 온도는 약 몇 ℃인가? (단, 이 기체의 비열비는 1.4이다.)

① −125℃   ② 294℃
③ 222℃   ④ 262℃

풀이

단열관계 $\dfrac{T_2}{T_1} = \left(\dfrac{V_1}{V_2}\right)^{k-1}$ 에서 $\dfrac{273+t}{273+8} = (5)^{0.4}$

$t = 5^{0.4}(273+8) - 273 = 261.93[℃]$

31

그림의 랭킨 사이클(온도(T)-엔트로피(s)선도)에서 각각의 지점에서 엔탈피는 표와 같을 때 이 사이클의 효율은 약 몇 %인가?

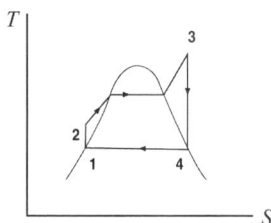

	엔탈피(kJ/kg)
1지점	185
2지점	210
3지점	3100
4지점	2100

① 33.7% ② 28.4%
③ 25.2% ④ 22.9%

풀이

$$\eta = \frac{(h_3 - h_4) - (h_2 - h_1)}{(h_3 - h_2)}$$

$$= \frac{(3100 - 2100) - (210 - 185)}{(3100 - 210)}$$

$$= 0.33737 = 33.737 [\%]$$

32

압력이 $10^6 N/m^2$, 체적이 $1m^3$인 공기가 압력이 일정한 상태에서 400kJ의 일을 하였다. 변화 후의 체적은 약 몇 m^3인가?

① 1.4
② 1.0
③ 0.6
④ 0.4

풀이

$W = P(V_2 - V_1)$에서 $400 \times 10^3 = 10^6 (V_2 - 1)$

$\therefore V_2 = \frac{400 \times 10^3}{10^6} + 1 = \frac{7}{5} = 1.4 [m^3]$

33

온도 15℃, 압력 100kPa 상태의 체적이 일정한 용기 안에 어떤 이상 기체 5kg이 들어있다. 이 기체가 50℃가 될 때까지 가열되는 동안의 엔트로피 증가량은 약 몇 kJ/K인가? (단, 이 기체의 정압비열과 정적비열은 각각 1.001 kJ/(kg·K), 0.7171kJ/(kg·K)이다.)

① 0.411 ② 0.486
③ 0.575 ④ 0.732

풀이

$dS = \frac{dU + PdV}{T}$에서 정적과정이므로 $dV = 0$

$\Delta S = \int_1^2 \frac{mC_v dT}{T} = mC_v \ln \frac{T_2}{T_1}$

$= 5 \times 0.7171 \times \ln\left(\frac{273 + 50}{273 + 15}\right) = 0.411 [kJ/K]$

34

저열원 20℃와 고열원 700℃ 사이에서 작동하는 카르노 열기관의 열효율은 약 몇 %인가?

① 30.1% ② 69.9%
③ 52.9% ④ 74.1%

풀이

$\eta = \frac{T_1 - T_2}{T_1} = \frac{700 - 20}{700 + 273} \times 100 = 69.89 [\%]$

35

열교환기를 흐름 배열(flow arrangement)에 따라 분류할 때 그림과 같은 형식은?

① 평행류
② 대향류
③ 병행류
④ 직교류

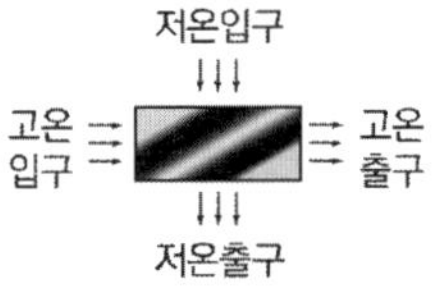

풀이

서로 직교(cross)되므로 직교류이다.

36

어느 증기터빈에 0.4kg/s로 증기가 공급되어 260kW의 출력을 낸다. 입구의 증기 엔탈피 및 속도는 각각 3000kJ/kg, 720m/s, 출구의 증기 엔탈피 및 속도는 각각 2500kJ/kg, 120m/s이면, 이 터빈의 열손실은 약 몇 kW가 되는가?

① 15.9 ② 40.8
③ 20.0 ④ 104

풀이

개방계 정상유동

$\dot{Q} = \dot{W_t} + \dot{m}(h_2 - h_1) + \frac{1}{2}\dot{m}(V_2^2 - V_1^2)$

$= 260 + 0.4 \times (2500 - 3000)$
$\quad + \frac{1}{2} \times 0.4 \times (120^2 - 720^2) \times 10^{-3}$

$= -40.8 [kW]$

37

100kPa, 25℃ 상태의 공기가 있다. 이 공기의 엔탈피가 298.615kJ/kg이라면 내부에너지는 약 몇 kJ/kg인가? (단, 공기는 분자량 28.97인 이상기체로 가정한다.)

① 213.05kJ/kg
② 241.07kJ/kg
③ 298.15kJ/kg
④ 383.72kJ/kg

풀이

$h = u + Pv = u + RT$ 에서
$u = h - RT$
$= 298.615 - \dfrac{8.3143}{28.97} \times (273 + 25)$
$= 213.09 [kJ/kg]$

38

그림과 같이 상태 1, 2 사이에서 계가 1 → A → 2 → B → 1과 같은 사이클을 이루고 있을 때, 열역학 제1법칙에 가장 적합한 표현은? (단, 여기서 Q 는 열량, W 는 계가 하는 일, U 는 내부에너지를 나타낸다.)

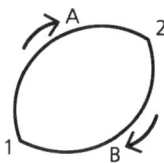

① $dU = \delta Q + \delta W$
② $\Delta U = Q - W$
③ $\oint \delta Q = \oint \delta W$
④ $\oint \delta Q = \oint \delta U$

풀이

순환(cycle)이므로 상태함수의 폐적분은 0이 되고 과정함수의 폐적분은 일과 열이 같다. 즉,
$\oint \delta Q = \oint \delta W$

39

압력이 일정할 때 공기 5kg을 0℃에서 100℃까지 가열하는데 필요한 열량은 약 몇 kJ인가? (단, 비열(C_p)은 온도 T (℃)에 관계한 함수로 C_p(kJ/(kg・℃)) = 1.01+0.000079×T 이다.)

① 365   ② 436
③ 480   ④ 507

풀이

$Q = \int_1^2 mC_p dT = m\int_0^{100}(1.01+0.000079T)dT$
$= m\left[1.01T + \dfrac{1}{2} \times 0.000079 T^2\right]_0^{100}$
$= 5\left[1.01 \times 100 + \dfrac{1}{2} \times 0.000079 \times 100^2\right]$
$= 506.975 [kJ]$

40

다음 중 비가역 과정으로 볼 수 없는 것은?

① 마찰 현상
② 낮은 압력으로의 자유 팽창
③ 등온 열전달
④ 상이한 조성물질의 혼합

풀이

대표적인 비가역현상은 마찰, 확산, 혼합 등이다. 등온 열전달은 가역과정으로 볼 수 있다.

제3과목 : 기계유체역학

41

압력 용기에 장착된 게이지 압력계의 눈금이 400kPa를 나타내고 있다. 이 때 실험에 놓여진 수는 기압계에서 수은의 높이는 750mm이었다면 압력 용기의 절대압력은 약 몇 kPa인가? (단, 수은의 비중은 13.6이다)

① 300　　　　　　② 500
③ 410　　　　　　④ 620

풀이

절대압력(P_{abs}) = 국소대기압(P_0) + 계기압력(P_g)
$= 750 \times \dfrac{101.325}{760} + 400 = 500 \, [\text{kPa}]$

42

점성계수의 차원으로 옳은 것은? (단, F는 힘, L은 길이, T는 시간의 차원이다.)

① FLT^{-2}　　　② FL^2T
③ $FL^{-1}T^{-1}$　　④ $FL^{-2}T$

풀이

점성계수의 단위 : 1P(포와즈) = 1dyne · s/cm^2
점성계수의 차원 : $[FTL^{-2}]$

43

정상 2차원 속도장 $\vec{V} = 2x\vec{i} - 2y\vec{j}$ 내의 한 점 (2, 3)에서 유선의 기울기 $\dfrac{dy}{dx}$ 는?

① $-3/2$
② $-2/3$
③ $2/3$
④ $3/2$

풀이

유선의 방정식 $\dfrac{dx}{u} = \dfrac{dy}{v}$ 에서

$\dfrac{dy}{dx} = \dfrac{v}{u} = \left(\dfrac{-2y}{2x}\right)_{(2,\,3)} = \left(-\dfrac{3}{2}\right)$

44

스프링클러의 중심축을 통해 공급되는 유량은 총 3L/s이고 네 개의 회전이 가능한 관을 통해 유출된다. 출구 부분은 접선 방향과 30°의 경사를 이루고 있고 회전 반지름은 0.3m이고 각 출구 지름은 1.5cm로 동일하다. 작동 과정에서 스프링클러의 회전에 대한 저항토크가 없을 때 회전 각속도는 약 몇 rad/s인가? (단, 회전축상의 마찰은 무시한다.)

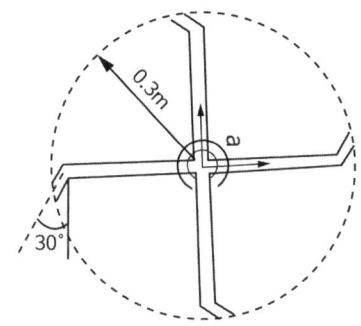

① 1.225
② 42.4
③ 4.24
④ 12.25

풀이

4개의 관에서 유출될 때의 속도(V)는

$V = \dfrac{Q}{4A} = \dfrac{3 \times 10^{-3}}{4 \times \dfrac{\pi \times 0.015^2}{4}} = 4.24 \, [\text{m/s}]$

접선속도(V_y)는

$V_y = V\cos\theta = 4.24 \times \cos 30° = 3.672 \, [\text{m/s}]$

그런데, $V_y = \omega r$ 이므로

$\omega = \dfrac{V_y}{r} = \dfrac{3.672}{0.3} = 12.24 \, [\text{rad/s}]$

45

평판 위의 경계층 내에서의 분포속도(u)가 $\dfrac{u}{U} = \left(\dfrac{y}{\delta}\right)^{1/7}$ 일 때 경계층 배제두께(boundary layer displacement thickness)는 얼마인가? (단, y는 평판에서 수직한 방향으로의 거리이며, U는 자유유동의 속도, δ는 경계층의 두께이다.)

① $\dfrac{\delta}{8}$　　　　　　② $\dfrac{\delta}{7}$

정답 42 ④　43 ①　44 ④　45 ①

③ $\frac{6}{7}\delta$　　　　④ $\frac{7}{8}\delta$

[풀이]

경계층 배제두께(δ^*)는

$$\delta^* = \int_0^\delta \left(1-\frac{u}{U}\right)dy = \int_0^\delta \left(1-\frac{y^{1/7}}{\delta^{1/7}}\right)dy$$

$$= \left[y - \frac{1}{1+1/7}y^{\frac{8}{7}} \cdot \delta^{-\frac{1}{7}}\right]_0^\delta = \left[\delta - \frac{7}{8}\delta\right] = \frac{\delta}{8}$$

46

5℃의 물(밀도 1000kg/m³, 점성계수 1.5x10⁻³ kg/(m·s))이 안지름 3mm, 길이 9m인 수평 파이프 내부를 평균속도 0.9m/s로 흐르게 하는데 필요한 동력은 약 몇 W인가?

① 0.14
② 0.28
③ 0.42
④ 0.56

[풀이]

우선, $Re = \frac{\rho V d}{\mu} = \frac{1000 \times 0.9 \times 3 \times 10^{-3}}{1.5 \times 10^{-3}}$

$= 1800 < 2100$ ∴ 층류이다.

이때 관마찰계수(f)는 $f = \frac{64}{Re} = \frac{64}{1800}$ 이다.

달시-바이스 바하의 식에서

$$h_L = f\frac{\ell}{d}\frac{V^2}{2g}$$

$$= \frac{64}{1800} \times \frac{9}{3 \times 10^{-3}} \times \frac{0.9^2}{2 \times 9.8} = 4.4082 [m]$$

따라서, 필요한 동력(L)은 $L = \gamma Q h_L$

$= 9800 \times \left\{\frac{\pi}{4} \times (3 \times 10^{-3})^2 \times 0.9\right\} \times 4.4082$

$= 0.2748 [W]$

47

2m/s의 속도로 물이 흐를 때 피토관 수두 높이 h는?

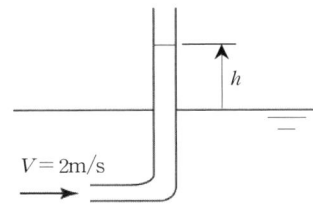

① 0.053m
② 0.102m
③ 0.204m
④ 0.412m

[풀이]

$V = \sqrt{2gh}$ 에서 $h = \frac{V^2}{2g} = \frac{2^2}{2 \times 9.8} = 0.204 [m]$

48

동점성계수가 $0.1 \times 10^{-2} m^2/s$인 유체가 안지름 10cm인 원관 내에 1m/s로 흐르고 있다. 관마찰계수가 0.022이며 관의 길이가 200m일 때의 손실수두는 약 몇 m인가? (단, 유체의 비중량은 9800N/m³이다.)

① 22.2
② 11.0
③ 6.58
④ 2.24

[풀이]

관마찰계수(f)가 주어졌으므로 달시-바이스 바하의 식으로부터

$$h_L = f\frac{\ell}{d}\frac{V^2}{2g} = 0.022 \times \frac{200}{0.1} \times \frac{1^2}{2 \times 9.8} = 2.24 [m]$$

49

그림과 같은 반지름 R인 원추와 평판으로 구성된 점도측정기(cone and plate viscometer)를 사용하여 액체시료의 점성계수를 측정하는 장치가 있다. 위쪽의 원추는 아래쪽 원판과의 각도를 0.5°미만으로 유지하고 일정한 각속도 ω로 회전하고 있으며 갭 사이를 채운 유체의 점도는 위 평판을 정상적으로 돌리는 데 필요한 토크를 측정하여 계산한다. 여기서

갭 사이의 속도 분포가 반지름 방향 길이에 선형적일 때, 원추의 밑면에 작용하는 전단응력의 크기에 관한 설명으로 옳은 것은?

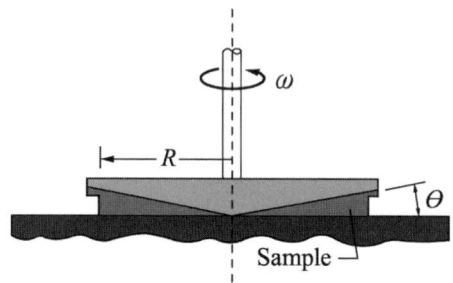

① 전단응력의 크기는 반지름 방향 길이에 관계없이 일정하다.
② 전단응력의 크기는 반지름 방향 길이에 비례하여 증가한다.
③ 전단응력의 크기는 반지름 방향 길이의 제곱에 비례하여 증가한다.
④ 전단응력의 크기는 반지름 방향 길이의 1/2승에 비례하여 증가한다.

풀이

$\tau = \mu \dfrac{du}{dy}$ 에서 $u = \omega R$ 이므로 $\tau = \mu\omega \dfrac{dR}{dy}$ 이다.

여기서, $\dfrac{dR}{dy} = \tan\theta =$ '일정'이므로 τ는 R에 관계없이 일정하다.

50

그림과 같이 폭이 2m, 길이가 3m인 평판이 물속에 수직으로 잠겨있다. 이 평판의 한쪽 면에 작용하는 전체 압력에 의한 힘은 약 얼마인가?

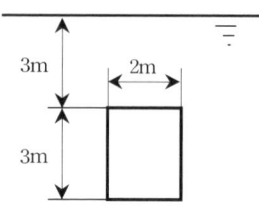

① 88kN ② 176kN
③ 265kN ④ 353kN

풀이

$F_H = \gamma \bar{h} A = 9800 \times (3 + 1.5) \times (3 \times 2) \times 10^{-3}$
$= 264.6 [kN]$

51

다음 중 2차원 비압축성 유동이 가능한 유동은 어떤 것인가? (단, u는 x방향 속도 성분이고, v는 y방향 속도 성분이다.)

① $u = x^2 - y^2$, $v = -2xy$
② $u = 2x^2 - y^2$, $v = 4xy$
③ $u = x^2 + y^2$, $v = 3x^2 - 2y^2$
④ $u = 2x + 3xy$, $v = -4xy + 3y$

풀이

2차원 비압축성 유동 :

$\dfrac{\partial u}{\partial x} + \dfrac{\partial v}{\partial y} = 0$을 만족시켜야 함

① $\dfrac{\partial u}{\partial x} = 2x$, $\dfrac{\partial v}{\partial y} = -2x$ ∴ 만족
② $\dfrac{\partial u}{\partial x} = 4x$, $\dfrac{\partial v}{\partial y} = 4x$ ∴ 불만족
③ $\dfrac{\partial u}{\partial x} = 2x$, $\dfrac{\partial v}{\partial y} = -4y$ ∴ 불만족
④ $\dfrac{\partial u}{\partial x} = 2 + 3y$, $\dfrac{\partial v}{\partial y} = -4x + 3$ ∴ 불만족

52

다음 변수 중에서 무차원수는 어느 것인가?
① 가속도
② 동점성계수
③ 비중
④ 비중량

풀이

무차원수는 단위가 없는 물리량이다.
① 가속도 : $[m/s^2]$
② 동점성계수 : $[cm^2/s]$
③ 비중 : 무차원수
④ 비중량 : $[N/m^3]$

정답 50 ③ 51 ① 52 ③

53

밀도가 ρ인 액체와 접촉하고 있는 기체 사이의 표면장력이 σ라고 할 때 그림과 같은 지름 d의 원통 모세관에서 액주의 높이 h를 구하는 식은? (단, g는 중력가속도이다.)

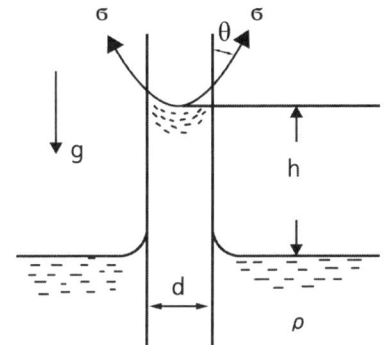

① $\dfrac{\sigma \sin\theta}{\rho g d}$

② $\dfrac{\sigma \cos\theta}{\rho g d}$

③ $\dfrac{4\sigma \sin\theta}{\rho g d}$

④ $\dfrac{4\sigma \cos\theta}{\rho g d}$

풀이

$h = \dfrac{4\sigma\cos\beta}{\gamma d} = \dfrac{4\sigma\cos\theta}{\rho g d}$

54

유량 측정 장치 중 관의 단면에 축소부분이 있어서 유체를 그 단면에서 가속시킴으로써 생기는 압력강하를 이용하여 측정하는 것이 있다. 다음 중 이러한 방식을 사용한 측정 장치가 아닌 것은?

① 노즐
② 오리피스
③ 로터미터
④ 벤투리미터

풀이

로터미터[rotameter] : 액체의 유량을 측정하는 장치. 부자형 면적 유량계[浮子形面積流量計; float type area flow meter]라고도 한다.

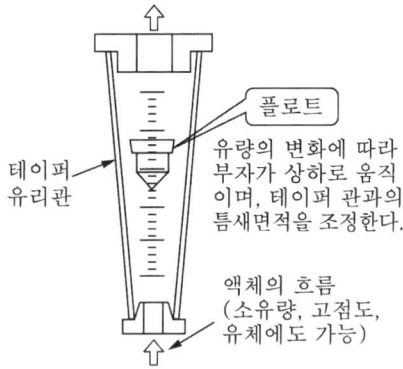

액체 통 밑이 뾰족하게 되어 있고 그 아래에 유리관이 연직으로 세워져 있는데, 이 속에 팽이처럼 생긴 부표가 장치되어 있다. 액체가 아래쪽에서 이 유리관으로 들어오면서 부표를 밀어 올리며, 부표에 작용하는 중력과 액체의 흐름에 의한 힘이 평형되는 곳에서 부표가 정지한다. 액체의 흐름이 부표에 미치는 힘은 액체의 점성과 유속(流速)의 곱에 비례한다.

그런데 액체통의 끝이 뾰족하기 때문에 아래쪽에서는 관벽과 부표 사이가 좁아서 유속이 빠르고, 또 액체통 벽의 영향으로 유체의 점성도 겉보기에는 커지기 때문에, 부표는 액체의 유량의 대소에 따라 액체통 속에서 정지하는 위치가 달라진다. 그러므로 액체 통에 눈금을 매겨 놓으면 부표의 높이를 알 수 있고, 부표의 위치로부터 유속을 알 수 있다.

55

그림과 같은 수압기에서 피스톤의 지름이 d_1=300mm, 이것과 연결된 램(ram)의 지름이 d_2=200mm이다. 압력 P_1이 1MPa의 압력을 피스톤에 작용시킬 때 주램의 지름이 d_3=400 mm이면 주램에서 발생하는 힘(W)은 약 몇 kN인가?

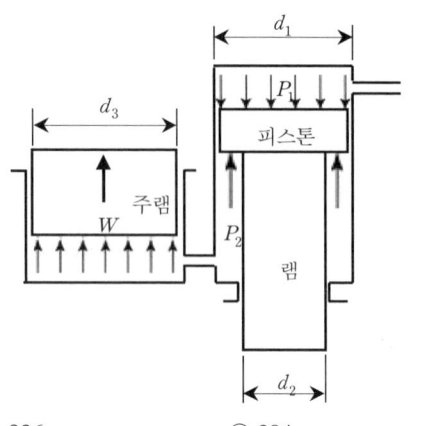

① 226 ② 284
③ 334 ④ 438

풀이

주램에 작용하는 압력은 P_2이다.
파스칼의 원리에 의해 $P_1 A_1 = P_2 A_2$ 즉,
$P_1 d_1^2 = P_2(d_2^2 - d_1^2)$에서
$1 \times 300^2 = P_2(300^2 - 200^2)$ $\therefore P_2 = 1.8 [\text{MPa}]$

결국, $W = P_2 \times \dfrac{\pi}{4} d_3^2 = 1.8 \times \dfrac{\pi}{4} \times 400^2$
$= 226195 [\text{N}] = 226.195 [\text{kN}]$

56

높이 1.5m의 자동차가 108km/h의 속도로 주행할 때의 공기 흐름 상태를 높이 1m의 모형을 사용해서 풍동 실험하여 알아보고자 한다. 여기서 상사법칙을 만족시키기 위한 풍동의 공기 속도는 약 몇 m/s인가? (단, 그 외 조건은 동일하다고 가정한다.)

① 20 ② 30
③ 45 ④ 67

풀이 역학적상사를 만족시키기 위해서는 레이놀즈수가 같아야 한다.

$\left(\dfrac{VL}{\nu}\right)_p = \left(\dfrac{VL}{\nu}\right)_m$ 에서 $\nu_p = \nu_m$ 이므로

$V_p L_p = V_m L_m$

$108 \times \dfrac{1000}{3600} \times 1.5 = V_m \times 1$ $\therefore V_m = 45 [\text{m/s}]$

57

무게가 1000N인 물체를 지름 5m인 낙하산에 매달아 낙하할 때 종속도는 몇 m/s가 되는가? (단, 낙하산의 항력계수는 0.8, 공기의 밀도는 1.2kg/m³이다.)

① 5.3 ② 10.3
③ 18.3 ④ 32.2

풀이

종속도(=종단속도=종말속도; terminal velocity) : 물체가 유체속을 진행할 때 저항력을 받아 가속도없이 일정하게 유지하는 속도.

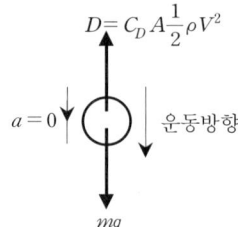

운동방정식에서 가속도가 0이므로 무게(mg)와 항력(D)이 같다. 즉,

$mg - D = 0$에서 $mg = C_D \dfrac{\pi}{4} d^2 \times \dfrac{1}{2} \rho V^2$

$V = \sqrt{\dfrac{mg \times 8}{C_D \pi d^2 \rho}} = \sqrt{\dfrac{1000 \times 8}{0.8 \times \pi \times 5^2 \times 1.2}}$
$= 10.3 [\text{m/s}]$

58

유효 낙차가 100m인 댐의 유량이 10m³/s일 때 효율 90%인 수력터빈의 출력은 약 몇 MW인가?

① 8.83 ② 9.81
③ 10.9 ④ 12.4

풀이

$\eta = \dfrac{L}{\gamma Q H}$에서

$L = \eta \gamma Q H$
$= 0.9 \times 9800 \times 10 \times 100 \times 10^{-6} = 8.82 [\text{MW}]$

59

안지름 10cm인 파이프에 물이 평균속도 1.5 cm/s로 흐를 때(경우ⓐ)와 비중이 0.6이고 점성계수가 물의 1/5인 유체 A가 물과 같은 평균속도로 동일한 관에 흐를 때(경우ⓑ), 파이프 중심에서 최고속도는 어느 경우가 더 빠른가? (단, 물의 점성계수는 0.001kg/(m·s)이다.)

① 경우ⓐ
② 경우ⓑ
③ 두 경우 모두 최고속도가 같다.
④ 어느 경우가 더 빠른지 알 수 없다.

풀이

우선, 층류인지 난류인지를 판별하기 위해 ⓐ, ⓑ 각 경우의 레이놀즈수 $\left(Re = \dfrac{\rho V d}{\mu}\right)$를 계산한다.

ⓐ : $= \dfrac{1000 \times 0.015 \times 0.1}{0.001} = 1500 < 2100$ ∴ 층류

층류에서의 최대속도($V_{\max}$)은 평균속도(V)의 2배이다. ∴ $V_{\max} = 2V \equiv 2 \times 1.5 = 3 \,[\text{cm/s}]$

ⓑ : $= \dfrac{600 \times 0.015 \times 0.1}{\frac{1}{5} \times 0.001} = 4500 > 2100$ ∴ 난류

난류에서는 최대속도와 평균속도가 거의 비슷하다.
∴ $V_{\max} = V = 1.5\,[\text{cm/s}]$

결국, ⓐ의 경우가 ⓑ의 경우보다 최대속도가 더 크다.

60

나란히 놓인 두 개의 무한한 평판 사이의 층류 유동에서 속도 분포는 포물선 형태를 보인다. 이 때 유동의 평균 속도(V_{av})와 중심에서의 최대 속도($V_{\max}$)의 관계는?

① $V_{av} = \dfrac{1}{2} V_{\max}$

② $V_{av} = \dfrac{2}{3} V_{\max}$

③ $V_{av} = \dfrac{3}{4} V_{\max}$

④ $V_{av} = \dfrac{\pi}{4} V_{\max}$

풀이

층류유동에서의 최대속도와 평균속도의 관계
- 원관유동: $V_{\max} = 2 V_{av}$
- 평판유동: $V_{\max} = \dfrac{3}{2} V_{av}$

따라서, 평판에서는 $V_{av} = \dfrac{2}{3} V_{\max}$

제4과목 : 기계재료 및 유압기기

61

황동 가공재 특히 관·봉 등에서 잔류응력에 기인하여 균열이 발생하는 현상은?

① 자연균열　　② 시효경화
③ 탈아연부식　④ 저온풀림경화

풀이

① 자연균열 : 잔류응력에 의하여 발생하는 균열
② 시효경화 : 시간의 경과와 더불어 경도가 커지는 현상
③ 탈아연부식 : 바닷물에 의하여 아연이 빠져나가는 현상
④ 저온풀림경화 : 풀림처리를 함에도 경도가 증가하는 현상

62

순철(α-Fe)의 자기변태 온도는 약 몇 ℃인가?

① 210℃
② 768℃
③ 910℃
④ 1410℃

풀이

강자성체의 자기변태점 :
순철(768℃), 니켈(358℃), 코발트(1125℃)

63
스테인리스강을 조직에 따라 분류한 것 중 틀린 것은?
① 페라이트계   ② 마텐자이트계
③ 시멘타이트계   ④ 오스테나이트계

풀이

18-8 스테인리스강 : 오스테나이트계
13 크롬계 스테인이스강 : 마르텐사이트계, 페라이트계
따라서, 스테인리스강에는 시멘타이트계는 없다.

64
경도가 매우 큰 담금질한 강에 적당한 강인성을 부여할 목적으로 A_1 변태점 이하의 일정온도로 가열 조작하는 열처리법은?
① 퀜칭(quenching)
② 템퍼링(tempering)
③ 노멀라이징(normalizing)
④ 마퀜칭(marquenching)

풀이

뜨임(템퍼링) 열처리이다.

65
고속도 공구강재를 나타내는 한국산업표준 기호로 옳은 것은?
① SM20C   ② STC
③ STD   ④ SKH

풀이

① SM20C : 기계구조용 강재(탄소함유량 0.2%)
② STC : 합금공구강
③ STD : 다이스용 합금공구강
④ SKH : 고속도강

66
빗금으로 표시한 입방격자면의 밀러지수는?

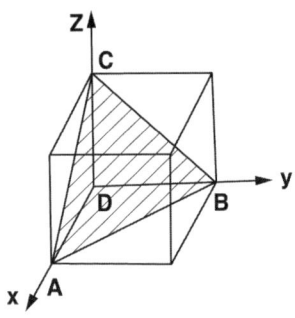

① (100)   ② (010)
③ (110)   ④ (111)

풀이

$(xyz) = (111)$

67
피아노선재의 조직으로 가장 적당한 것은?
① 페라이트(ferrite)
② 소르바이트(sorbite)
③ 오스테나이트(austenite)
④ 마텐자이트(martensite)

풀이

소르바이트는 담금질 열처리 조직 중 강인한 조직으로 보통 스프링 강, 피아노 선재 등으로 사용된다.

68
마텐자이트(martensite) 변태의 특징에 대한 설명으로 틀린 것은?
① 마텐자이트는 고용체의 단일상이다.
② 마텐자이트 변태는 확산 변태이다.
③ 마텐자이트 변태는 협동적 원자운동에 의한 변태이다.
④ 마텐자이트의 결정 내에는 격자결함이 존재한다.

풀이

마텐사이트 변태는 무확산 변태(침상 조직의 성장이 천만분의 1초대에서 일어난다는 점에서 확산

정답 63③ 64② 65④ 66④ 67② 68②

을 수반하지 않는 변태)이다.

69
Fe-C 평형상태도에서 나타나는 철강의 기본조직이 아닌 것은?
① 페라이트   ② 펄라이트
③ 시멘타이트   ④ 마텐자이트

[풀이]
마텐자이트는 열처리 조직이다.

70
6:4 황동에 Pb을 약 1.5 ~ 3.0%를 첨가한 합금으로 정밀가공을 필요로 하는 부품 등에 사용하는 합금은?
① 쾌삭황동
② 강력황동
③ 델타메탈
④ 애드미럴티 황동

[풀이]
① 쾌삭황동 : 6-4황동에 납(Pb)을 소량 섞어 절삭성을 향상시킨 황동
② 강력황동 : 6-4황동으로 문쯔메탈이라고도 한다.
③ 델타메탈 : 6-4황동에 1% 내외의 철(Fe)를 섞어 강도를 높인 황동
④ 어드미럴티 황동 ; 7-3황동에 1%내외의 주석(Sn)을 섞어 내식성을 높인 황동으로 해수에도 침식되지 않는다.

71
다음 중 일반적으로 가변 용량형 펌프로 사용할 수 없는 것은?
① 내접 기어 펌프
② 축류형 피스톤 펌프
③ 반경류형 피스톤 펌프
④ 압력 불평형형 베인 펌프

[풀이]
기어펌프는 용적형 펌프(토출량이 일정한 펌프)이다.

72
그림과 같이 액추에이터의 공급 쪽 관로 내의 흐름을 제어함으로써 속도를 제어하는 회로는?

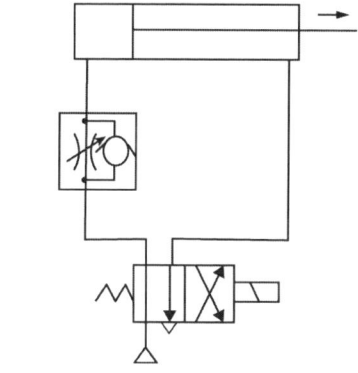

① 시퀀스 회로   ② 체크 백 회로
③ 미터 인 회로   ④ 미터 아웃 회로

[풀이]
실린더 입구에 유량제어밸브가 부착되어 있으므로 미터 인 회로이다.

73
다음 중 드레인 배출기붙이 필터를 나타내는 공유압 기호는?

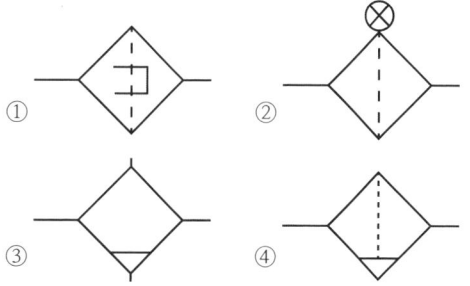

[풀이]
① 자석붙이 필터   ② 눈막힘 표시기붙이 필터

③ 드레인 배출기 ④ 드레인 배출기붙이 필터

74
그림의 유압 회로도에서 ①의 밸브 명칭으로 옳은 것은?

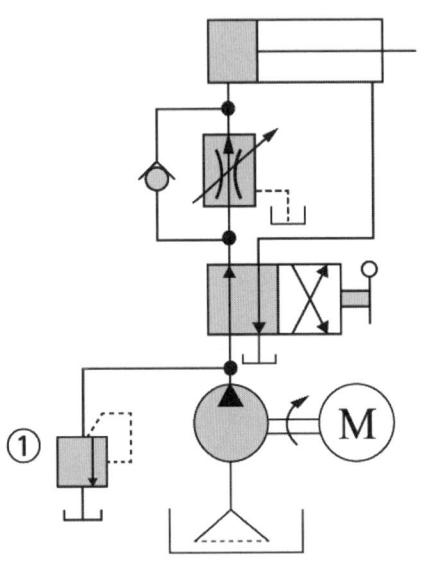

① 스톱 밸브
② 릴리프 밸브
③ 무부하 밸브
④ 카운터 밸런스 밸브

풀이
유압펌프에서 나온 압유의 압력이 규정압력을 초과할 때 열리면서 회로를 보호해 주는 릴리프 밸브이다.

75
그림과 같은 유압기호의 조작방식에 대한 설명으로 옳지 않은 것은?

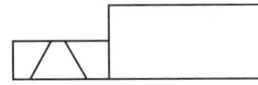

① 2방향 조작이다.
② 파일럿 조작이다.
③ 솔레노이드 조작이다.
④ 복동으로 조작할 수 있다.

풀이
그림은 2방향, 복동, 솔레노이드 조작이다.

76
기름의 압축률이 $6.8 \times 10^{-5} cm^2/kgf$일 때 압력을 0에서 $100 kgf/cm^2$까지 압축하면 체적은 몇 % 감소하는가?

① 0.48
② 0.68
③ 0.89
④ 1.46

풀이
압축률(β)은 체적탄성계수(K)의 역수이다.

$$\beta = \frac{1}{K} = \frac{1}{\left(\frac{\sigma}{\varepsilon_v}\right)} = \frac{1}{\left(\frac{-\Delta P}{\varepsilon_v}\right)} = -\frac{\varepsilon_v}{\Delta P} = \frac{-\frac{\Delta V}{V}}{\Delta P}$$

$$\therefore -\frac{\Delta V}{V} = \beta \Delta P = 6.8 \times 10^{-5} \times (0-100)$$

$$\therefore \frac{\Delta V}{V} = 6.8 \times 10^{-3} = 0.68 [\%]$$

77
관(튜브)의 끝을 넓히지 않고 관과 슬리브의 먹힘 또는 마찰에 의하여 관을 유지하는 관 이음쇠는?

① 스위블 이음쇠
② 플랜지 관 이음쇠
③ 플레어드 관 이음쇠
④ 플레어리스 관 이음쇠

풀이
플레어리스 관 이음쇠이다.

78
4포트 3위치 방향밸브에서 일명 센터 바이패스형이라고도 하며, 중립위치에서 A, B 포트가 모두 닫히면 실린더는 임의의 위치에서 고정되고, 또 P 포트와 T 포트가 서로 통하게 되므로 펌프를 무부하시킬 수 있는 형식은?
① 탠덤 센터형
② 오픈 센터형
③ 클로즈드 센터형
④ 펌프 클로즈드 센터형

풀이

탠덤 센터형이다.

79

공기압 장치와 비교하여 유압장치의 일반적인 특징에 대한 설명 중 틀린 것은?
① 인화에 따른 폭발의 위험이 적다.
② 작은 장치로 큰 힘을 얻을 수 있다.
③ 입력에 대한 출력의 응답이 빠르다.
④ 방청과 윤활이 자동적으로 이루어진다.

풀이

유압에서의 작동유는 기름(Oil)이므로 인화의 위험성이 있다.

80

비중량(specific weight)의 MLT계 차원은?
(단, M : 질량, L : 길이, T : 시간)

① $ML^{-1}T^{-1}$ ② ML^2T^{-3}
③ $ML^{-2}T^{-2}$ ④ ML^2T^{-2}

풀이

비중량(γ)의 단위 : N/m^3
비중량(γ)의 차원 : $[FL^{-3}]=[ML^{-2}T^{-2}]$

제5과목 : 기계제작법 및 기계동력학

81

x방향에 대한 비감쇠 자유진동 식은 다음과 같이 나타난다. 여기서 시간(t)=0 일 때의 변위를 x_0, 속도를 v_0라 하면 이 진동의 진폭을 옳게 나타낸 것은? (단, m은 질량, k는 스프링 상수이다.)

$$m\ddot{x}+kx=0$$

① $\sqrt{\dfrac{m}{k}x_o^2+v_o^2}$

② $\sqrt{\dfrac{k}{m}x_o^2+v_o^2}$

③ $\sqrt{x_o^2+\dfrac{m}{k}v_o^2}$

④ $\sqrt{x_o^2+\dfrac{k}{m}v_o^2}$

풀이

2계제차선형미분방정식이므로 고유진동수를 ω라 하면 $\omega=\sqrt{\dfrac{k}{m}}$ 이므로 일반해는

$x(t)=A\sin\omega t+B\cos\omega t$

경계조건 $x(0)=x_0=B$

$x(t)=A\sin\omega t+x_0\cos\omega t$

$\dot{x}(t)=\omega A\cos\omega t-\omega x_0\sin\omega t$

경계조건 $\dot{x}(0)=v_0=\omega A \therefore A=\dfrac{v_0}{\omega}$

따라서, 특해 $x(t)=\dfrac{v_0}{\omega}\sin\omega t+x_0\cos\omega t$

결국, 진폭= $\sqrt{\left(\dfrac{v_0}{\omega}\right)^2+x_0^2}=\sqrt{\dfrac{v_0^2}{\omega^2}+x_0^2}$

그런데, $\omega^2=\dfrac{k}{m}$ 이므로, 진폭= $\sqrt{\dfrac{mv_0^2}{k}+x_0^2}$

82

ω인 진동수를 가진 기저 진동에 대한 전달률(TR, transmissibility)을 1 미만으로 하기 위한 조건으로 가장 옳은 것은? (단, 진동계의 고유진동수는 ω_n이다.)

① $\dfrac{\omega}{\omega_n}<2$ ② $\dfrac{\omega}{\omega_n}>\sqrt{2}$

정답 79① 80③ 81③ 82②

③ $\dfrac{\omega}{\omega_n} > 2$ ④ $\dfrac{\omega}{\omega_n} < \sqrt{2}$

풀이

$TR = 0 : \dfrac{\omega}{\omega_n} = \sqrt{2}$ (임계값)

$TR > 0 : \dfrac{\omega}{\omega_n} < \sqrt{2}$ (감쇠비 ζ 증가)

$TR < 1 : \dfrac{\omega}{\omega_n} > \sqrt{2}$ (감쇠비 ζ 감소, 진동절연)

83

그림과 같은 1자유도 진동 시스템에서 임계 감쇠계수는 약 몇 N·s/m인가?

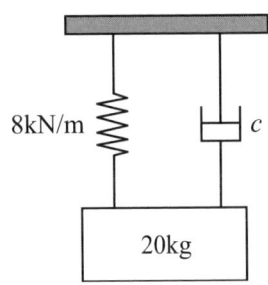

① 80
② 40
③ 800
④ 2000

풀이

$C_c = 2\sqrt{mk} = 2\sqrt{20 \times 8 \times 10^3} = 800\,[\text{kg/s} = \text{Ns/m}]$

84

물방울이 떨어지기 시작하여 3초 후의 속도는 약 몇 m/s인가? (단, 공기의 저항은 무시하고, 초기속도는 0으로 한다.)

① 29.4
② 19.6
③ 9.8
④ 3

풀이

$v = v_0 + gt = 0 + 9.8 \times 3 = 29.4\,[\text{m/s}]$

85

그림과 같이 질량이 m이고 길이가 L인 균일한 막대에 대하여 A점을 기준으로 한 질량 관성 모멘트를 나타내는 식은?

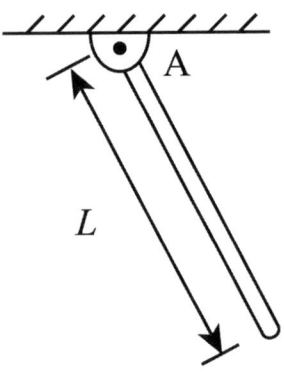

① mL^2 ② $\dfrac{1}{3}mL^2$

③ $\dfrac{1}{4}mL^2$ ④ $\dfrac{1}{12}mL^2$

풀이

평행축정리에 의하여

$I_A = I_G + m\left(\dfrac{L}{2}\right)^2 = \dfrac{1}{12}mL^2 + \dfrac{1}{4}mL^2 = \dfrac{1}{3}mL^2$

86

질량이 m인 공이 그림과 같이 속력이 v, 각도가 α로 질량이 큰 금속판에 사출되었다. 만일 공과 금속판 사이의 반발계수가 0.8이고, 공과 금속판 사이의 마찰이 무시된다면 입사각 α와 출사각 β의 관계는?

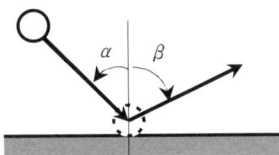

① α에 관계없이 $\beta=0$
② $\alpha > \beta$
③ $\alpha = \beta$

④ $\alpha < \beta$

풀이

입사속도(v)와 출사속도(v')의 수평성분은 같다.
$v'\sin\beta = v\sin\alpha$ …… ㉠
수직성분의 속도는
$v'\cos\beta = 0.8\cos\alpha$ …… ㉡
㉠을 ㉡으로 변변 나누면
$\dfrac{\sin\beta}{\cos\beta} = \dfrac{\sin\alpha}{0.8\cos\alpha}$ 즉, $\tan\beta = \dfrac{1}{0.8}\tan\alpha$
결국, $\tan\alpha = 0.8\tan\beta$ ∴ $\alpha < \beta$

87

10°의 기울기를 가진 경사면에 놓인 질량 100 kg인 물체에 수평방향의 힘 500N을 가하여 경사면 위로 물체를 밀어올린다. 경사면의 마찰계수가 0.2라면 경사면 방향으로 2m를 움직인 위치에서 물체의 속도는 약 얼마인가?

① 1.1m/s
② 2.1m/s
③ 3.1m/s
④ 4.1m/s

풀이

수직항력(N)은 $N = 500\sin10° + mg\cos10°$ 이므로
마찰력(f)은
$f = \mu N = 0.2 \times (500\sin10° + 100 \times 9.8\cos10°)$
$= 210.387 [N]$
운동방정식에서
$500\cos10° - mg\sin10° - f = ma$
$a = \dfrac{500\cos10° - 100 \times 9.8\sin10° - 210.387}{100}$
$= 1.1184 [m/s^2]$
등가속도 직선운동의 식
$2as = v^2 - v_0^2$ 에서 $v_0 = 0$이므로
$v = \sqrt{2as} = \sqrt{2 \times 1.1184 \times 2} = 2.115 [m/s]$

88

길이가 1m이고 질량이 5kg인 균일한 막대가 그림과 같이 지지되어 있다. A점은 힌지로 되어 있어 B점에 연결된 줄이 갑자기 끊어졌을 때 막대는 자유로이 회전한다. 여기서 막대가 수직 위치에 도달한 순간 각속도는 약 몇 rad/s인가?

① 2.62
② 3.43
③ 3.91
④ 5.42

풀이

$\tau = I\alpha$에서 $mg\dfrac{L}{2} = \left(\dfrac{mL^2}{3}\right)\alpha$ ∴ $\alpha = \dfrac{3g}{2L}$
또한, 등각가속도 운동의 식 $2\alpha\theta = \omega^2 - \omega_0^2$에서
$\omega_0 = 0$이므로
$\omega = \sqrt{2\alpha\theta} = \sqrt{2\dfrac{3g}{2L}\theta} = \sqrt{\dfrac{3g}{L}\theta}$
그런데, $\theta = \sin\theta = \sin90° = 1$이므로
$\omega = \sqrt{\dfrac{3g}{L}} = \sqrt{\dfrac{3 \times 9.8}{1}} = 5.42 [rad/s]$

89

북극과 남극이 일직선으로 관통된 구멍을 통하여, 북극에서 지구 내부를 향하여 초기속도 v_o=10m/s로 한 질점을 던졌다. 그 질점이 A점($S = R/2$)을 통과할 때의 속력은 약 얼마인가? (단, 지구내부는 균일한 물질로 채워져 있으며, 중력가속도는 O점에서 0이고, O점으로부터의 위치 S에 비례한다고 가정한다. 그리고 지표면에서 중력가속도는 9.8m/s², 지구 반지름은 R=6371km이다.)

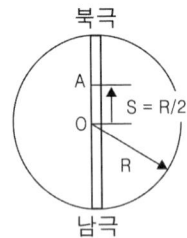

① 6.84km/s ② 7.90km/s
③ 8.44km/s ④ 9.81km/s

풀이

중력가속도는 지구 중심에서 0이고 북극 지표면에서 $9.8[m/s^2]$이므로 A점에서의 중력가속도는 $4.9[m/s^2]$이다. 따라서 북극과 A점 사이의 평균중력가속도(g_m)는
$g_m = \dfrac{9.8+4.9}{2} = 7.35[m/s^2]$이다.
이것은 등가속도 직선운동으로 간주할 수 있는 근거가 된다.

즉, $2aS = v_A^2 - v_0^2$에서
$v_A = \sqrt{v_0^2 + 2aS} = \sqrt{v_0^2 + 2g_m \times \dfrac{R}{2}} = \sqrt{v_0^2 + g_m R}$
$= \sqrt{10^2 + 7.35 \times 6371 \times 10^3}$
$= 6843[m/s] = 6.84[km/s]$

90

스프링으로 지지되어 있는 어느 물체가 매분 120회를 진동할 때 진동수는 약 몇 rad/s인가?

① 3.14 ② 6.27
③ 9.42 ④ 12.57

풀이

$\omega = \dfrac{2\pi N}{60} = \dfrac{2\pi \times 120}{60} = 12.57[rad/s]$

91

선반에서 절삭비(cutting ratio, γ)의 표현식으로 옳은 것은? (단, ϕ는 전단각, α는 공구 윗면 경사각이다.)

① $\gamma = \dfrac{\cos(\phi-\alpha)}{\sin\phi}$

② $\gamma = \dfrac{\sin(\phi-\alpha)}{\cos\phi}$

③ $\gamma = \dfrac{\cos\phi}{\sin(\phi-\alpha)}$

④ $\gamma = \dfrac{\sin\phi}{\cos(\phi-\alpha)}$

풀이

절삭비 : $\gamma = \dfrac{\sin\phi}{\cos(\phi-\alpha)}$

92

지름 100mm, 판의 두께 3mm, 전단저항 $45kg_f/mm^2$인 SM40C 강판을 전단할 때 전단하중은 약 몇 kg_f인가?

① 42410
② 53240
③ 67420
④ 70680

풀이

$P = \tau \pi d t = 45 \times \pi \times 100 \times 3 = 42411.5[kg_f]$

93

피복 아크용접에서 피복제의 주된 역할이 아닌 것은?

① 용착효율을 높인다.
② 아크를 안정하게 한다.
③ 질화를 촉진한다.
④ 스패터를 적게 발생시킨다.

풀이

피복재는 용착금소과 공기와의 차단을 통해 질화를 방지한다.

94
4개의 조가 각각 단독으로 이동하여 불규칙한 공작물의 고정에 적합하고 편심가공이 가능한 선반척은?
① 연동척   ② 유압척
③ 단동척   ④ 콜릿척

풀이
단동척이다.

95
표면경화법에서 금속침투법 중 아연을 침투시키는 것은?
① 칼로라이징   ② 세라다이징
③ 크로마이징   ④ 실리코나이징

풀이
금속침투법 : 세라다이징(Zn), 칼로라이징(Al), 크로마이징(Cr), 실리코나이징(Si), 보로나이징(B)

96
초음파 가공의 특징으로 틀린 것은?
① 부도체도 가공이 가능하다.
② 납, 구리, 연강의 가공이 쉽다.
③ 복잡한 형상도 쉽게 가공한다.
④ 공작물에 가공 변형이 남지 않는다.

풀이
초음파 가공은 주로 보석류의 구멍뚫기 등 경한 재료의 가공에 사용하므로 연한 재료인 납, 구리, 연강의 가공에는 부적합하다.

97
와이어 컷(wire cut) 방전가공의 특징으로 틀린 것은?
① 표면거칠기가 양호하다.
② 담금질강과 초경합금의 가공이 가능하다.
③ 복잡한 형상의 가공물을 높은 정밀도로 가공할 수 있다.
④ 가공물의 형상이 복잡함에 따라 가공속도가 변한다.

풀이
와이어 컷 방전가공
(wire electric discharge machining) : 주행하는 와이어 전극과 공작물 사이에서 방전을 일으켜 발생하는 스파크를 톱날처럼 이용하여 가공물을 잘라내는 가공 방법이다.
가공물을 와이어컷 가공기의 X-Y 테이블 위로 이동시키면서 가공하는데, 와이어는 Φ0.05~ 0.3㎜의 황동, 동, 텅스텐 등의 도선이 사용된다. NC제어에 의하여 복잡한 윤곽 형성이 자동적으로 도려 낼 수가 있으므로 프레스 형 등의 금형, 방열기 등의 미세 틈새의 핀 가공 등에 사용된다. 컴퓨터 수치제어(CNC)가 필수적이며 가공정밀도는 최대 0.1(=1/1000㎜)이다. 와이어컷 가공은 ① 일반 공작기계로는 가공을 할 수 없는 미세가공이나 복잡한 형상의 가공을 할 때
② 열처리가 되어 있거나 일반절삭가공이 어려운 초경도 재료를 가공할 때
③ 높은 정밀도의 가공을 필요로 하는 금형을 가공할 때 등에 응용된다.

98
프레스 가공에서 전단가공의 종류가 아닌 것은?
① 세이빙   ② 블랭킹
③ 트리밍   ④ 스웨이징

풀이
스웨이징 : 봉의 지름을 줄이는 단조 작업

99
용탕의 충전 시에 모래의 팽창력에 의해 주형이 팽창하여 발생하는 것으로, 주물 표면에 생기는 불규칙한 형상의 크고 작은 돌기 모양을 하는 주물 결함은?
① 스캡

정답 94③ 95② 96② 97④ 98④ 99①

② 탕경
③ 블로홀
④ 수축공

풀이

스캡[scab] :
주물 표면에 나타나는 모래 파손의 결함으로, 부분적으로 모래를 유실한 곳에 발생되는 것인데, 그 장소에 모래나 지금 덩어리가 남는다. 침식되어서 깎여 나간 모래의 일부는, 대체로 스케일이나 개재물로 주물의 상형면에서 발견된다.

100

테르밋 용접(thermit welding)의 일반적인 특징으로 틀린 것은?

① 전력 소모가 크다.
② 용접시간이 비교적 짧다.
③ 용접작업 후의 변형이 작다.
④ 용접 작업장소의 이동이 쉽다.

풀이

테르밋용접(thermit welding) :
산화철과 알루미늄 분말을 배합해서 점화하면, 알루미늄에 의해 산화철이 환원되어 생긴 철이, 반응 때 발생된 약 2,800℃의 고온에 의해 녹는다. 이것을 접합하려는 부분에 부어 용접한다. 그 자리에서 화학반응시켜 고온을 얻으므로 전기용접과 같은 전원(電源)을 준비한다거나, 산소 아세틸렌 용접처럼 가스봄베(가스통)를 준비할 필요가 없다. 그러나 어느 금속의 용접에나 사용되는 것이 아니고, 보통 강재에만 사용되는데, 레일이나 선미(船尾)의 테 등 큰 단면의 맞대기 용접 외에는 사용되지 않는다.

국가기술자격 필기시험
2017년 기사 제4회【 일반기계기사 】필기

제1과목 : 재료역학

1

길이가 L인 양단 고정보의 중앙점에 집중하중 P가 작용할 때 모멘트가 0이 되는 지점에서의 처짐량은 얼마인가? (단, 보의 굽힘강성 EI는 일정하다.)

① $\dfrac{PL^3}{384EI}$ ② $\dfrac{PL^3}{192EI}$

③ $\dfrac{PL^3}{96EI}$ ④ $\dfrac{PL^3}{48EI}$

풀이

$M=0$인 지점은 좌측 끝단으로부터 $L/4$이 되는 지점이고 그 점에서의 처짐(δ)은 중앙에서의 처짐($\delta_{\max}$)의 1/2이다.
즉,
$\delta = \dfrac{1}{2}\delta_{\max} = \dfrac{1}{2}\times\dfrac{PL^3}{192EI} = \dfrac{PL^3}{384EI}$

2

길이가 L인 외팔보의 자유단에 집중하중 P가 작용할 때 최대 처짐량은? (단, E : 탄성계수, I : 단면2차모멘트이다.)

① $\dfrac{PL^3}{8EI}$ ② $\dfrac{PL^3}{4EI}$

③ $\dfrac{PL^3}{3EI}$ ④ $\dfrac{PL^3}{2EI}$

풀이

외팔보 자유단에 집중하중(P)이 작용할 때 최대처짐($\delta_{\max}$)은 자유단에서 생기며 그 크기는 $\delta_{\max} = \dfrac{P\ell^3}{3EI}$ 이다.

3

다음 그림과 같은 사각단면의 상승 모멘트(Product of inertia) I_{xy}는 얼마인가?

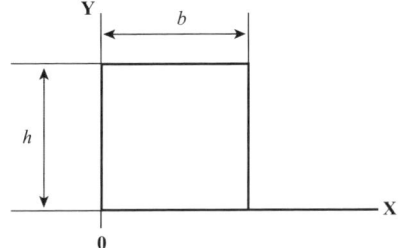

① $\dfrac{b^2h^2}{4}$ ② $\dfrac{b^2h^2}{3}$

③ $\dfrac{b^2h^3}{4}$ ④ $\dfrac{bh^3}{3}$

풀이

$I_{xy} = \bar{x}\bar{y}A = \dfrac{b}{2}\times\dfrac{h}{2}\times bh = \dfrac{b^2h^2}{4}$

4

바깥지름 50cm, 안지름 40cm의 중공원통에 500kN의 압축하중이 작용했을 때 발생하는 압축응력은 약 몇 MPa인가?

① 5.6   ② 7.1
③ 8.4   ④ 10.8

풀이

$\sigma_c = \dfrac{P}{A} = \dfrac{4P}{\pi(d_2^2-d_1^2)} = \dfrac{4\times500\times10^3}{\pi\times(500^2-400^2)} = 7.07$

5

두께 10mm인 강판으로 직경 2.5m의 원통형 압력용기를 제작하였다. 최대 내부 압력이 1200kPa일 때 축방향 응력은 몇 MPa인가?

정답 1① 2③ 3① 4② 5①

① 75 ② 100
③ 125 ④ 150

풀이

$\sigma = \dfrac{pd}{4t} = \dfrac{1200 \times 10^{-3} \times 2.5 \times 10^3}{4 \times 10} = 75\,[\text{MPa}]$

6

지름 50mm인 중실축 ABC가 A에서 모터에 의해 구동된다. 모터는 600rpm으로 50kW의 동력을 전달한다. 기계를 구동하기 위해서 기어 B는 35kW, 기어 C는 15kW를 필요로 한다. 축 ABC에 발생하는 최대 전단응력은 몇 MPa인가?

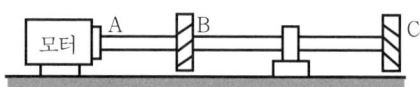

① 9.73
② 22.7
③ 32.4
④ 64.8

풀이

$\tau_{\max} = \dfrac{16T}{\pi d^3} = \dfrac{16}{\pi d^3} \times 974000 \times 9.8 \times \dfrac{H}{N}$

$= \dfrac{16}{\pi \times 50^3} \times 974000 \times 9.8 \times \dfrac{50}{600} = 32.4\,[\text{MPa}]$

7

그림과 같은 두 평면응력 상태의 합에서 최대 전단응력은?

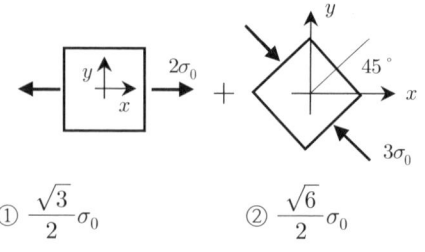

① $\dfrac{\sqrt{3}}{2}\sigma_0$ ② $\dfrac{\sqrt{6}}{2}\sigma_0$

③ $\dfrac{\sqrt{13}}{2}\sigma_0$ ④ $\dfrac{\sqrt{16}}{2}\sigma_0$

풀이

$\tau_{\max,1} = \sqrt{\left(\dfrac{\sigma_x}{2}\right)^2} = \sqrt{\left(\dfrac{2\sigma_0}{2}\right)^2} = \sigma_0$

$\tau_{\max,2} = \sqrt{\left(\dfrac{-3\sigma_0}{2}\right)^2} = \dfrac{3}{2}\sigma_0$

$\therefore \tau_{\max} = \sqrt{\tau_{\max,1}^2 + \tau_{\max,2}^2} = \sqrt{\sigma_0^2 + \left(\dfrac{3}{2}\sigma_0\right)^2}$

$= \sqrt{\dfrac{4+9}{4}}\,\sigma_0 = \dfrac{\sqrt{13}}{2}\sigma_0$

8

그림에서 블록 A를 이동시키는 데 필요한 힘 P는 몇 N이상인가? (단, 블록과 접촉면과의 마찰 계수 $\mu = 0.4$이다.)

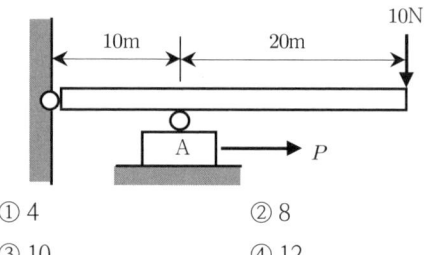

① 4 ② 8
③ 10 ④ 12

풀이

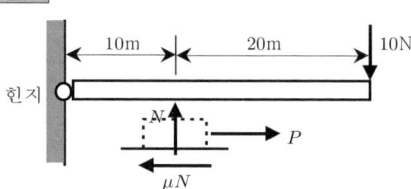

A점에서 받는 수직력을 N이라 하면 힌지점에서의 모멘트의 합이 0이어야 하므로
$10 \times 30 - N \times 10 = 0$
$\therefore N = 30\,[\text{N}]$
수평력 P는 마찰력 μN보다 크거나 같아야 하므로
$P \geq \mu N = 0.4 \times 30 = 12\,[\text{N}]$

9

최대 굽힘모멘트 $M = 8\text{kN}\cdot\text{m}$를 받는 단면의

굽힘 응력을 60MPa로 하려면 정사각단면에서 한 변의 길이는 약 몇 cm인가?

① 8.2
② 9.3
③ 10.1
④ 12.0

풀이

$$M = \sigma_b Z = \sigma_b \frac{bh^2}{6} = \sigma_b \frac{b^3}{6}$$

$$8 \times 10^3 \times 10^3 [\text{Nmm}] = 60 [\text{N/mm}^2] \times \frac{b^3}{6}$$

$$\therefore b = \sqrt[3]{8 \times 10^5} = 92.8 [\text{mm}] = 9.3 [\text{cm}]$$

10

T형 단면을 갖는 외팔보에 5kN·m의 굽힘 모멘트가 작용하고 있다. 이 보의 탄성선에 대한 곡률 반지름은 몇 m인가? (단, 탄성계수 $E = 150\,\text{GPa}$, 중립축에 대한 2차 모멘트 $I = 868 \times 10^{-9}\,\text{m}^4$이다.)

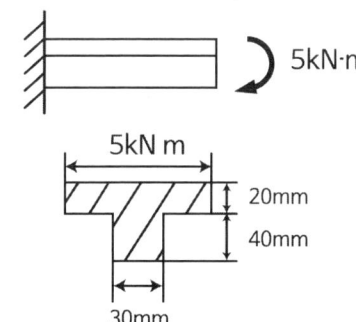

① 26.04
② 36.04
③ 46.04
④ 56.04

풀이

$\frac{1}{\rho} = \frac{M}{EI}$ 에서

$$\rho = \frac{EI}{M} = \frac{150 \times 10^9 \times 868 \times 10^{-9}}{5 \times 10^3} = 26.04\,[\text{m}]$$

11

그림과 같은 단순지지보에서 반력 R_A는 몇 kN인가?

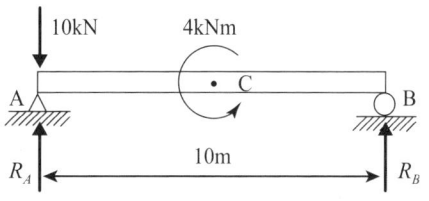

① 8
② 8.4
③ 10
④ 10.4

풀이

$\Sigma M_B = 0 : \curvearrowleft (+)$

$R_A \times 10 - 10 \times 10 - 4 = 0 \quad \therefore R_A = 10.4\,[\text{kN}]$

12

원형단면의 단순보가 그림과 같이 등분포하중 50N/m을 받고 허용굽힘응력이 400MPa일 때 단면의 지름은 최소 약 몇 mm가 되어야 하는가?

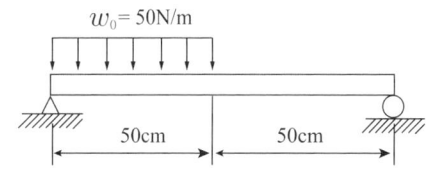

① 4.1
② 4.3
③ 4.5
④ 4.7

풀이

좌측단의 반력을 R_A, 우측단의 반력을 R_B라 하면 분포하중의 등가집중하중 $P_e = 50 \times 0.5 = 25\,[\text{N}]$ 이므로

$$R_A = \frac{25 \times 0.75}{1} = 18.75\,[\text{N}]$$

$$R_B = \frac{25 \times 0.25}{1} = 6.25\,[\text{N}]$$

그런데, $M_{\max}$은 전단력 $V = 0$이거나 V의 부호가

반대가 되는 곳에서 발생하므로 좌측에서 x인 곳의 전단력 V_x를 구해보면

$V_x = R_A - w_0 x = 0$

$x = \dfrac{R_A}{w_0} = \dfrac{18.75}{50} = \dfrac{3}{8}$ [m]

$M_x = R_A x - \dfrac{w_0}{2}x^2$

$M_{x=\frac{3}{8}} = 18.75 \times \dfrac{3}{8} - \dfrac{50}{2} \times \left(\dfrac{3}{8}\right)^2 = 3.515$ [Nm]

따라서, $\sigma_a \geq \dfrac{M}{Z} = \dfrac{32M}{\pi d^3}$ 에서

$d \geq \sqrt[3]{\dfrac{32M}{\pi \sigma_a}} = \sqrt[3]{\dfrac{32 \times 3.515 \times 10^3}{\pi \times 400}} = 4.47$ [mm]

13

그림과 같이 두 가지 재료로 된 봉이 하중 P를 받으면서 강체로 된 보를 수평으로 유지시키고 있다. 강봉에 작용하는 응력이 150MPa일 때 Al봉에 작용하는 응력은 몇 MPa인가? (단, 강과 Al의 탄성계수의 비는 E_s/E_a=3이다.)

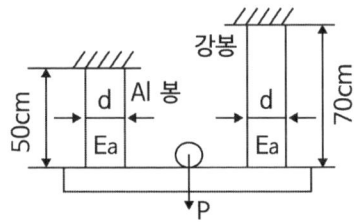

① 70
② 270
③ 555
④ 875

풀이

Al봉과 강봉의 처짐(변형량)은 같아야 하므로

$\lambda = \varepsilon_1 \ell_1 = \varepsilon_2 \ell_2$ 에서 $\dfrac{\sigma_1}{E_a}\ell_1 = \dfrac{\sigma_2}{E_s}\ell_2$

$\sigma_1 = \dfrac{E_a}{E_s} \times \dfrac{\ell_2}{\ell_1} \times \sigma_2 = \left(\dfrac{1}{3}\right) \times \dfrac{70}{50} \times 150 = 70$ [MPa]

14

바깥지름이 46mm인 중공축이 120kW의 동력을 전달하는데 이때의 각속도는 40rev/s이다. 이 축의 허용비틀림 응력이 τ_a=80MPa일 때, 최대 안지름은 약 몇 mm인가?

① 35.9
② 41.9
③ 45.9
④ 51.9

풀이

$\omega = 40 \times 2\pi$ [rad/s] $= \dfrac{2\pi N}{60}$ 에서

$N = 40 \times 60 = 2400$ [rpm]

$T = \tau_a Z_p = 974000 \times 9.8 \dfrac{H}{N}$ 에서

$80 \times \dfrac{\pi \times 46^3}{16}(1-x^4) = 974000 \times 9.8 \times \dfrac{120}{2400}$

$(1-x^4) = \dfrac{16 \times 974000 \times 9.8 \times 120}{80 \times \pi \times 46^3 \times 2400} = 0.31215$

$x = (1-0.31215)^{\frac{1}{4}} = 0.91$

그런데, $x = \dfrac{d_1}{d_2} = \dfrac{d_1}{46}$ 이므로

$d_1 = 46x = 46 \times 0.91 = 41.86 = 41.9$ [mm]

15

그림과 같은 반지름 a인 원형 단면축에 비틀림 모멘트 T가 작용한다. 단면의 임의의 위치($0 < r < a$)에서 발생하는 전단응력은 얼마인가? (단, $I_o = I_x + I_y$이고, I는 단면 2차모멘트이다.)

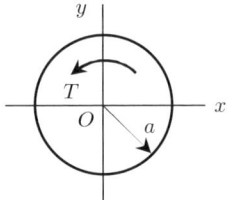

① 0
② $\dfrac{T}{I_0}r$
③ $\dfrac{T}{I_x}r$
④ $\dfrac{T}{I_y}r$

풀이

$$\tau = \frac{T}{\frac{I_0}{r}} = \frac{T}{I_0}r, \ \tau_{\max} = \frac{T}{I_0}a = \frac{T}{Z_p}$$

16
탄성(elasticity)에 대한 설명으로 옳은 것은?
① 물체의 변형율을 표시하는 것
② 물체에 작용하는 외력의 크기
③ 물체에 영구변형을 일어나게 하는 성질
④ 물체에 가해진 외력이 제거되는 동시에 원형으로 되돌아가려는 성질

풀이

탄성 : 외력을 받아 변형된 후 외력이 제거되면 원래의 모양으로 되돌아가려는 성질

17
길이가 L인 균일단면 막대기에 굽힘 모멘트 M이 그림과 같이 작용하고 있을 때, 막대에 저장된 탄성 변형 에너지는? (단, 막대기의 굽힘강성 EI는 일정하고, 단면적은 A이다.)

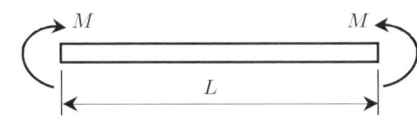

① $\dfrac{M^2 L}{2AE^2}$ ② $\dfrac{L^3}{4EI}$

③ $\dfrac{M^2 L}{2AE}$ ④ $\dfrac{M^2 L}{2EI}$

풀이

탄성변형에너지 : $U = \dfrac{M^2 L}{2EI}$

18
직경이 2cm인 원통형 막대에 2kN의 인장하중이 작용하여 균일하게 신장되었을 때, 변형 후 직경의 감소량은 약 몇 mm인가? (단, 탄성계수 30GPa이고, 포아송 비는 0.3이다.)
① 0.0128
② 0.00128
③ 0.064
④ 0.0064

풀이

$\lambda = \dfrac{P\ell}{AE}$에서 $\varepsilon = \dfrac{\lambda}{\ell} = \dfrac{P}{AE} = \dfrac{4P}{\pi d^2 E}$

$\nu = \dfrac{\varepsilon'}{\varepsilon}$에서 $\varepsilon' = \dfrac{\delta}{d} = \nu\varepsilon$

$\delta = \nu \varepsilon d = 0.3 \times \dfrac{4 \times 2 \times 10^3}{\pi \times 20^2 \times 30 \times 10^3} \times 20$

$= 1.273 \times 10^{-3} = 0.001273 [\text{mm}]$

19
그림과 같이 20cm×10cm의 단면적을 갖고 양단이 회전단으로 된 부재가 중심축 방향으로 압축력 P가 작용하고 있을 때 장주의 길이가 2m라면 세장비는?

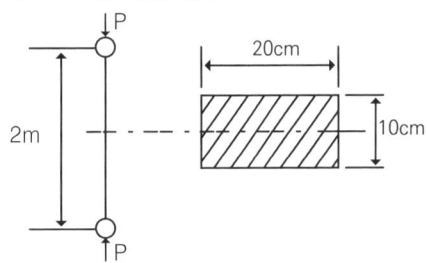

① 89
② 69
③ 49
④ 29

풀이

$\lambda = \dfrac{\ell}{K} = \dfrac{\ell}{\sqrt{\dfrac{I_{\min}}{A}}} = \dfrac{\ell}{\sqrt{\dfrac{bh^3/12}{bh}}} = \dfrac{\ell}{\sqrt{\dfrac{h^2}{12}}} = \dfrac{\sqrt{12}\,\ell}{h}$

$= \dfrac{\sqrt{12} \times 2 \times 10^3}{100} = 69.28$

20

길이가 L이고 직경이 d인 강봉을 벽 사이에 고정하고 온도를 ΔT만큼 상승시켰다. 이 때 벽에 작용하는 힘은 어떻게 표현되나? (단, 강봉의 탄성계수는 E이고, 선팽창계수는 α 이다.)

① $\dfrac{\pi E \alpha \Delta T d^2 L}{16}$ ② $\dfrac{\pi E \alpha \Delta T d^2}{2}$

③ $\dfrac{\pi E \alpha \Delta T d^2 L}{8}$ ④ $\dfrac{\pi E \alpha \Delta T d^2}{4}$

풀이

$P = \sigma A = \alpha \Delta T E A = \alpha \Delta T E \dfrac{\pi d^2}{4}$

제2과목 : 기계열역학

21

다음 중 등 엔트로피(entropy) 과정에 해당하는 것은?
① 가역 단열 과정
② polytropic 과정
③ Joule - Thomson 교축 과정
④ 등온 팽창 과정

풀이

가역단열과정 : 등엔트로피(엔트로피 일정)
비가역단열과정 : 엔트로피 증가
교축과정 : 등엔탈피
등온팽창과정 : 엔트로피 증가

22

227℃의 증기가 500kJ/kg의 열을 받으면서 가역 등온 팽창한다. 이때 증기의 엔트로피 변화는 약 몇 kJ/(kg·K)인가?
① 1.0
② 1.5
③ 2.5

④ 2.8

풀이

$\Delta s = \dfrac{q}{T} = \dfrac{500}{273 + 227} = 1 \, [\text{kJ/(kgK)}]$

23

최고온도 1300K와 최저온도 300K 사이에서 작동하는 공기 표준 Brayton 사이클의 열효율은 약 얼마인가? (단, 압력비는 9, 공기의 비열비는 1.4이다.)
① 30% ② 36%
③ 42% ④ 47%

풀이

$\eta = 1 - \left(\dfrac{1}{\gamma}\right)^{\frac{k-1}{k}} = 1 - \left(\dfrac{1}{9}\right)^{\frac{0.4}{1.4}} = 0.466 = 47 \, [\%]$

24

포화증기를 단열상태에서 압축시킬 때 일어나는 일반적인 현상 중 옳은 것은?
① 과열증기가 된다.
② 온도가 떨어진다.
③ 포화수가 된다.
④ 습증기가 된다.

풀이

포화증기(상태1)에서 단열압축(등엔트로피)하면 과열증기(상태2)가 된다.

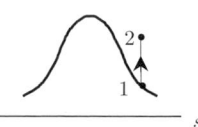

25

물의 증발열은 101.325kPa에서 2257kJ/kg이고, 이 때 비체적은 0.00104m³/kg에서 1.67m³/kg으로 변화한다. 이 증발 과정에 있어서 내부에너지의 변화량(kJ/kg)은?
① 237.5 ② 2375
③ 208.8 ④ 2088

정답 20④ 21① 22① 23④ 24① 25④

풀이

$q = \Delta u + P\Delta v$ 에서
$\Delta u = q - P\Delta v = q - P(v'' - v')$
$= 2257 - 101.325 \times (1.67 - 0.00104)$
$= 2088 [kJ/kg]$

26

가스 터빈 엔진의 열효율에 대한 다음 설명 중 잘못된 것은?

① 압축기 전후의 압력비가 증가할수록 열효율이 증가한다.
② 터빈 입구의 온도가 높을수록 열효율은 증가하나 고온에 견딜 수 있는 터빈 블레이드 개발이 요구된다.
③ 터빈 일에 대한 압축기 일의 비를 back work ratio라고 하며, 이 비가 클수록 열효율이 높아진다.
④ 가스 터빈 엔진은 증기 터빈 원동소와 결합된 복합시스템을 구성하여 열효율을 높일 수 있다.

풀이

① 가스터빈엔진의 표준사이클은 브레이튼 사이클이므로 이론 열효율 $\eta = 1 - \left(\dfrac{1}{\gamma}\right)^{\frac{k-1}{k}}$ 에서 압력비 (γ)가 증가할수록 열효율은 증가한다.
③ 열효율 = $\dfrac{\text{터빈일량} - \text{압축기일량}}{\text{공급열량}}$ 에서 압축기일량이 클수록 열효율은 낮아진다.

27

1MPa의 일정한 압력(이때의 포화온도는 180℃) 하에서 물이 포화액에서 포화증기로 상변화를 하는 경우 포화액의 비체적과 엔탈피는 각각 0.00113m³/kg, 763kJ/kg이고, 포화증기의 비체적과 엔탈피는 각각 0.1944 m³/kg, 2778kJ/kg이다. 이때 증발에 따른 내부에너지 변화(u_{fg})와 엔트로피 변화(s_{fg})는 약 얼마인가?

① u_{fg}=1822kJ/kg, s_{fg}=3.704kJ/(kg·K)
② u_{fg}=2002kJ/kg, s_{fg}=3.704kJ/(kg·K)
③ u_{fg}=1822kJ/kg, s_{fg}=4.447kJ/(kg·K)
④ u_{fg}=2002kJ/kg, s_{fg}=4.447kJ/(kg·K)

풀이

$u_{fg} = \Delta u = \Delta h - P\Delta v = (h'' - h') + P(v'' - v')$
$= (2778 - 763) - 1 \times 10^3 \times (0.1944 - 0.00113)$
$= 1821.73 [kJ/kg]$
$s_{fg} = \Delta s = \dfrac{\Delta h}{T} = \dfrac{2778 - 763}{273 + 180}$
$= 4.448 [kJ/kgK]$

28

온도 5℃와 35℃사이에서 역카르노 사이클로 운전하는 냉동기의 최대 성적 계수는 약 얼마인가?

① 12.3
② 5.3
③ 7.3
④ 9.3

풀이

$\varepsilon_r = \dfrac{T_2}{T_1 - T_2} = \dfrac{273 + 5}{35 - 5} = 9.3$

29

압력 1N/cm², 체적 0.5m³인 기체 1kg을 가역과정으로 압축하여 압력이 2N/cm², 체적이 0.3m³로 변화되었다. 이 과정이 압력-체적(P-V)선도에서 선형적으로 변화되었다면 이 때 외부로부터 받은 일은 약 몇 N·m 인가?

① 2000
② 3000
③ 4000
④ 5000

풀이

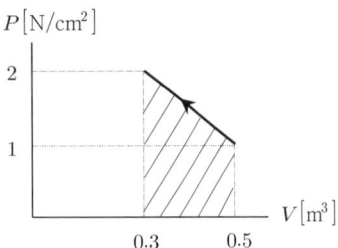

외부로부터 받은 일 = $P-V$ 선도의 아래 면적
$= 1 \times 10^4 \times (0.5-0.3) + \dfrac{1}{2} \times 1 \times 10^4 \times (0.5-0.3)$
$= 3000 [\text{N} \cdot \text{m}]$

30
밀폐된 실린더 내의 기체를 피스톤으로 압축하는 동안 300kJ의 열이 방출되었다. 압축일의 양이 400kJ이라면 내부에너지 변화량은 약 몇 kJ인가?

① 100
② 300
③ 400
④ 700

풀이

$Q = \Delta U + W$ 에서 $-300 = \Delta U - 400$
$\therefore \Delta U = 400 - 300 = 100 [\text{kJ}]$

31
두께가 4cm인 무한히 넓은 금속 평판에서 가열면의 온도를 200℃, 냉각면의 온도를 50℃로 유지하였을 때 금속판을 통한 정상상태의 열유속이 300kW/m² 이면 금속판의 열전도율(thermal conductivity)은 약 몇 W/(m · K)인가? (단, 금속판에서의 열전달은 Fourier법칙을 따른다고 가정한다.)

① 20
② 40
③ 60
④ 80

풀이

전도열량 $Q = K \dfrac{S(T_1 - T_2)}{\ell} t$ 에서

열유속 $\dfrac{Q}{S \cdot t} = K \dfrac{(T_1 - T_2)}{\ell}$

$300 \times 10^3 = K \dfrac{(200-50)}{0.04}$ $\therefore K = 80 [\text{W}/(\text{m} \cdot \text{K})]$

32
고열원과 저열원 사이에서의 작동하는 카르노사이클 열기관이 있다. 이 열기관에서 60kJ의 일을 얻기 위하여 100kJ의 열을 공급하고 있다. 저열원의 온도가 15℃라고 하면 고열원의 온도는?

① 128℃
② 288℃
③ 447℃
④ 720℃

풀이

$\eta = \dfrac{W}{Q} = 1 - \dfrac{T_2}{T_1}$ 에서 $\dfrac{60}{100} = 1 - \dfrac{273+15}{273+t_1}$

$\dfrac{273+15}{273+t_1} = 0.4$ $\therefore t_1 = \dfrac{288}{0.4} - 273 = 447 [℃]$

33
20℃, 400kPa의 공기가 들어 있는 1m³의 용기와 30℃, 150kPa의 공기 5kg이 들어 있는 용기가 밸브로 연결되어 있다. 밸브가 열려서 전체 공기가 섞인 후 25℃의 주위와 열적 평형을 이룰 때 공기의 압력은 약 몇 kPa인가? (단, 공기의 기체상수는 0.287kJ/(kg · K)이다.)

① 110
② 214
③ 319
④ 417

풀이

우선, A 용기 내에 있는 공기의 질량(m_1)은

$m_1 = \dfrac{P_1 V_1}{RT_1} = \dfrac{400 \times 1}{0.287 \times (273+20)} = 4.757 [\text{kg}]$

다음, B 용기의 부피(V_2)는

$$V_2 = \frac{m_2 R T_2}{P_1} = \frac{5 \times 0.287 \times (273+30)}{150} = 2.9 [\text{m}^3]$$

따라서, 평형상태의 압력(P_m)은

$$P_m = \frac{(m_1 + m_2) R T_m}{(V_1 + V_2)}$$

$$= \frac{(4.757+5) \times 0.287 \times (273+25)}{(1+2.9)} = 214 [\text{kPa}]$$

34

다음 장치들에 대한 열역학적 관점의 설명으로 옳은 것은?

① 노즐은 유체를 서서히 낮은 압력으로 팽창하여 속도를 감속시키는 기구이다.
② 디퓨저는 저속의 유체를 가속하는 기구이며 그 결과 유체의 압력이 증가한다.
③ 터빈은 작동유체의 압력을 이용하여 열을 생성하는 회전식 기계이다.
④ 압축기의 목적은 외부에서 유입된 동력을 이용하여 유체의 압력을 높이는 것이다.

풀이

① 노즐 : 단면적이 감소되면서 속도를 높이는 기구
② 디퓨저 : 단면적이 증가되면서 유속을 줄여 압력을 높이는 기구
③ 터빈 : 작동유체를 팽창시키면서 외부로 동력을 발생시키는 기구
④ 압축기 : 외부로부터 동력을 공급받아 유체의 부피를 줄여 압력을 높이는 기구

35

상온(25℃)의 실내에 있는 수은 기압계에서 수은주의 높이가 730mm라면, 이때 기압은 약 몇 kPa인가? (단, 25℃기준, 수은 밀도는 13534kg/㎥이다.)

① 91.4
② 96.9
③ 99.8
④ 104.2

풀이

$P = \gamma h = \rho g h = 13534 \times 9.8 \times 730 \times 10^{-3}$
$= 96822 [\text{Pa}] = 96.822 [\text{kPa}]$

36

자동차 엔진을 수리한 후 실린더 블록과 헤드 사이에 수리 전과 비교하여 더 두꺼운 개스킷을 넣었다면 압축비와 열효율은 어떻게 되겠는가?

① 압축비는 감소하고, 열효율도 감소한다.
② 압축비는 감소하고, 열효율은 증가한다.
③ 압축비는 증가하고, 열효율은 감소한다.
④ 압축비는 증가하고, 열효율도 증가한다.

풀이

두꺼운 개스킷 때문에 행정체적이 줄어들어 압축비가 감소되며, 열효율$\left(1 - \frac{1}{\varepsilon^{k-1}}\right)$도 감소한다. 예를 들어, 수리전의 압축비가 8이었고 수리후의 압축비가 7이 되었다면 열효율은

$\eta_1 = 1 - \left(\frac{1}{8}\right)^{0.4} = 56.47 [\%]$

$\eta_2 = 1 - \left(\frac{1}{7}\right)^{0.4} = 54.08 [\%]$

따라서, 압축비가 감소하면 열효율도 감소한다는 것을 알 수 있다.

37

100℃와 50℃사이에서 작동되는 가역열기관의 최대 열효율은 약 얼마인가?

① 55.0%
② 16.7%
③ 13.4%
④ 8.3%

풀이

$$\eta = \frac{T_1 - T_2}{T_1} \times 100 = \frac{100-50}{273+100} \times 100 = 13.4 [\%]$$

38

냉매의 요구조건으로 옳은 것은?

① 비체적이 커야 한다.
② 증발압력이 대기압보다 낮아야 한다.
③ 응고점이 높아야 한다.
④ 증발열이 커야 한다.

풀이

냉매 : 비체적이 작을 것, 증발잠열은 대기압 이상일 것, 응고점이 낮을 것(상온에서 얼지 않을 것), 증발열이 클 것(냉동효과가 클 것)

39

섭씨온도 $-40℃$를 화씨온도($℉$)로 환산하면 약 얼마인가?
① $-16℉$
② $-24℉$
③ $-32℉$
④ $-40℉$

풀이

섭씨온도와 화씨온도의 눈금이 같은 온도는 -40도 이다. 즉, $-40℃=-40℉$

[증명] $\dfrac{C}{5}=\dfrac{F-32}{9}$ 에서 $C=F=-40$

40

어떤 냉매를 사용하는 냉동기의 압력-엔탈피선도($P-h$ 선도)가 다음과 같다. 여기서 각각의 엔탈피는 $h_1=1638kJ/kg$, $h_2=1983kJ/kg$, $h_3=h_4=559kJ/kg$일 때 성적계수는 약 얼마인가? (단, h_1, h_2, h_3, h_4는 $P-h$ 선도에서 각각 1, 2, 3, 4에서의 엔탈피를 나타낸다.)

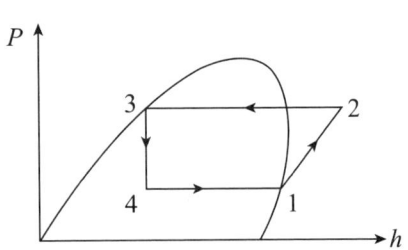

① 1.5
② 3.1
③ 5.2
④ 7.9

풀이

$\varepsilon_r = \dfrac{증발기열량}{압축기일량} = \dfrac{h_1-h_4}{h_2-h_1} = \dfrac{1638-559}{1983-1638}$
$= 3.13$

제3과목 : 기계유체역학

41

그림과 같이 유량 $Q=0.03m^3/s$의 물 분류가 $V=40m/s$의 속도로 곡면판에 충돌하고 있다. 판은 고정되어 있고 휘어진 각도가 $135°$일 때 분류로부터 판이 받는 총 힘의 크기는 약 몇 N인가?

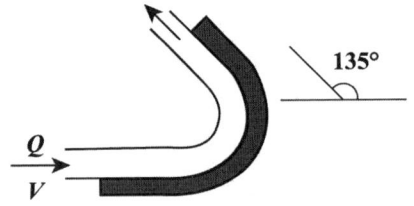

① 2049
② 2217
③ 2638
④ 2898

풀이

$F_x = \rho QV(1-\cos\theta)$
$\quad = 1000 \times 0.03 \times 40 \times (1-\cos 135°)$
$\quad = 2048.53[N]$
$F_y = \rho QV\sin\theta = 1000 \times 0.03 \times 40 \times \sin 135°$
$\quad = 848.53[N]$
$F = \sqrt{F_x^2 + F_y^2} = \sqrt{2048.53^2 + 848.53^2} = 2217[N]$

42

대기압을 측정하는 기압계에서 수은을 사용하는 가장 큰 이유는?
① 수은의 점성계수가 작기 때문에
② 수은의 동점성계수가 크기 때문에
③ 수은의 비중량이 작기 때문에
④ 수은의 비중이 크기 때문에

풀이

$P=\gamma h$ 에서 γ가 커야 h가 작아질 수 있으므로 짧은 관을 사용할 수 있다.

43

단면적이 10cm²인 관에, 매분 6kg의 질량유량으로 비중 0.8인 액체가 흐르고 있을 때 액체의 평균속도는 약 몇 m/s인가?

① 0.075 ② 0.125
③ 6.66 ④ 7.50

풀이

질량유량 $\dot{m}=6[\text{kg/min}]=0.1[\text{kg/s}]$ 이므로
$\dot{m}=\rho AV$ 에서

$$V=\frac{\dot{m}}{\rho A}=\frac{0.1}{0.8\times 1000\times 10\times 10^{-4}}=0.125[\text{m/s}]$$

44

그림과 같이 지름이 D인 물방울을 지름 d인 N개의 작은 물방울로 나누려고 할 때 요구되는 에너지양은? (단, $D>>d$이고, 물방울의 표면장력은 σ이다.)

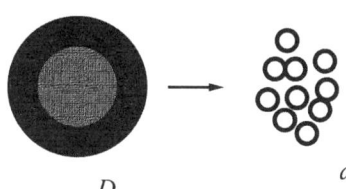

① $4\pi D^2(\frac{D}{d}-1)\sigma$

② $2\pi D^2(\frac{D}{d}-1)\sigma$

③ $\pi D^2(\frac{D}{d}-1)\sigma$

④ $2\pi D^2[(\frac{D}{d})^2-1]\sigma$

풀이

$\frac{\pi}{4}D^2=N\cdot\frac{\pi}{4}d^2$ 에서

$N=\left(\frac{D}{d}\right)^2$

$\Delta U=F\cdot\Delta S$ (일 = 힘 · 변위)에서
$F=\sigma\pi D$, $\Delta S=Nd-D$
결국,

$\Delta U=\sigma\pi D(Nd-D)=\sigma\pi D\left(\frac{D^2}{d}-D\right)$
$=\sigma\pi D^2\left(\frac{D}{d}-1\right)=\pi D^2\left(\frac{D}{d}-1\right)\sigma$

45

그림과 같은 원통형 축 틈새에 점성계수가 0.51Pa·s인 윤활유가 채워져 있을 때, 축을 1800rpm으로 회전시키기 위해서 필요한 동력은 약 몇 W인가? (단, 틈새에서의 유동은 Couette 유동이라고 간주한다.)

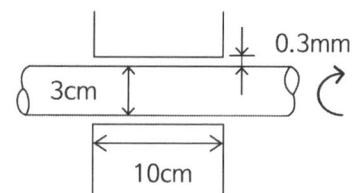

① 45.3 ② 128
③ 4807 ④ 13610

풀이

뉴턴의 점성법칙 $F=\mu\frac{u}{h}A$

동력 $L=F\cdot u=\mu\frac{u^2}{h}A=\mu\frac{1}{h}\left(\frac{\pi dN}{60\times 1000}\right)^2\pi d\ell$

$=0.51\times\dfrac{\left(\dfrac{\pi\times 30\times 1800}{60\times 1000}\right)^2}{0.3\times 10^{-3}}\times\pi\times 0.03\times 0.1$

$=128[\text{W}]$

46

관마찰계수가 거의 상대조도(relative roughness)에만 의존하는 경우는?

① 완전난류유동 ② 완전층류유동
③ 임계유동 ④ 천이유동

풀이

관마찰계수(f)는 레이놀즈수(Re)와 상대조도(e/D)의 함수이다. 그런데, 층류에서는 레이놀즈수만의 함수이고 난류에서는 상대조도만의 함수이다.

47

안지름 20cm의 원통형 용기의 축을 수직으로 놓고 물을 넣어 축을 중심으로 300rpm의 회전수로 용기를 회전시키면 수면의 최고점과 최저점의 높이 차(H)는 약 몇 cm인가?

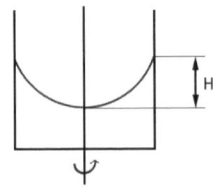

① 40.3cm
② 50.3cm
③ 60.3cm
④ 70.3cm

풀이

$$H = \frac{v^2}{2g} = \frac{\omega^2 r^2}{2g} = \frac{\left(\frac{2\pi N}{60}\right)^2 \left(\frac{d}{2}\right)^2}{2g}$$

$$= \frac{\left(\frac{2 \times \pi \times 300}{60}\right)^2 \left(\frac{0.2}{2}\right)^2}{2 \times 9.8} = 0.503[\text{m}] = 50.3[\text{cm}]$$

48

물이 5m/s로 흐르는 관에서 에너지선(E.L.)과 수력기울기선(H.G.L.)의 높이 차이는 약 몇 m인가?

① 1.27　　② 2.24
③ 3.82　　④ 6.45

풀이

$$\text{E.L} - \text{H.G.L} = 속도수두 = \frac{V^2}{2g} = \frac{5^2}{2 \times 9.8} = 1.27[\text{m}]$$

49

그림과 같은 물탱크에 Q의 유량으로 물이 공급되고 있다. 물탱크의 측면에 설치한 지름 10cm의 파이프를 통해 물이 배출될 때, 배출구로부터의 수위 h를 3m로 일정하게 유지하려면 유량 Q는 약 몇 m³/s이어야 하는가? (단, 물탱크의 지름은 3m이다.)

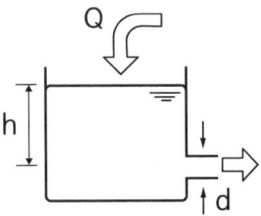

① 0.03
② 0.04
③ 0.05
④ 0.06

풀이

공급유량과 배출유량이 같아야 한다.

$$Q = AV = \frac{\pi}{4}d^2 \times \sqrt{2gh} = \frac{\pi}{4} \times 0.1^2 \times \sqrt{2 \times 9.8 \times 3}$$
$$= 0.06[\text{m}^3/\text{s}]$$

50

다음 중 유체 속도를 측정할 수 있는 장치로 볼 수 없는 것은?

① Pitot-static tube
② Laser Doppler Velocimetry
③ Hot Wire
④ Piezometer

풀이

피에조미터는 정압측정장치이다.

51

레이놀즈수가 매우 작은 느린 유동(creeping flow)에서 물체의 항력 F는 속도 V, 크기 D, 그리고 유체의 점성계수 μ에 의존한다. 이와 관계하여 유도되는 무차원수는?

① $\dfrac{F}{\mu VD}$　　② $\dfrac{VD}{F\mu}$

정답　47② 48① 49④ 50④ 51①

③ $\dfrac{FD}{\mu V}$ ④ $\dfrac{F}{\mu DV^2}$

풀이

스톡스 법칙 $F = 3\pi D \mu V$ 에서

무차원수 $= 3\pi = \dfrac{F}{\mu VD}$

52

정상, 비압축성 상태의 2차원 속도장이 (x, y)좌표계에서 다음과 같이 주어졌을 때 유선의 방정식으로 옳은 것은? (단, u와 v는 각각 x, y방향의 속도성분이고, C는 상수이다.)

$$u = -2x, \quad v = 2y$$

① $x^2 y = C$

② $xy^2 = C$

③ $xy = C$

④ $\dfrac{x}{y} = C$

풀이

유선의 방정식 $\dfrac{dx}{u} = \dfrac{dy}{v}$ 즉, $\dfrac{dx}{-2x} = \dfrac{dy}{2y}$ 이므로

$\dfrac{dx}{x} = -\dfrac{dy}{y}$ 이다. 양변을 각각 적분하면

$\ln x = -\ln y + C$

$\therefore \ln x + \ln y = \ln xy = C$

결국, $xy = e^C = C$

53

부차적 손실계수가 4.5인 밸브를 관마찰계수가 0.02이고, 지름이 5cm인 관으로 환산한다면 관의 상당길이는 약 몇 m인가?

① 9.34

② 11.25

③ 15.37

④ 19.11

풀이

$h_L = f \dfrac{L_e}{d} \dfrac{V^2}{2g} = K \dfrac{V^2}{2g}$ 에서

$L_e = \dfrac{Kd}{f} = \dfrac{4.5 \times 0.05}{0.02} = 11.25 [\text{m}]$

54

어떤 물체의 속도가 초기 속도의 2배가 되었을 때 항력계수가 초기 항력 계수의 $\dfrac{1}{2}$로 줄었다. 초기에 물체가 받는 저항력이 D라고 할 때 변화된 저항력은 얼마가 되는가?

① $\dfrac{1}{2}D$ ② $\sqrt{2}\,D$

③ $2D$ ④ $4D$

풀이

$D = C_D A \dfrac{1}{2} \rho V^2$ ...... ㉠

$D' = \left(\dfrac{1}{2} C_D\right) A \dfrac{1}{2} \rho (2V)^2$ ...... ㉡

㉡ ÷ ㉠ : $\dfrac{D'}{D} = \dfrac{1}{2} \times 4 = 2$ $\therefore D' = 2D$

55

자동차의 브레이크 시스템의 유압장치에 설치된 피스톤과 실린더 사이의 환형 틈새 사이를 통한 누설유동은 두 개의 무한 평판사이의 비압축성, 뉴턴유체의 층류유동으로 가정할 수 있다. 실린더 내 피스톤의 고압측과 저압측과의 압력차를 2배로 늘렸을 때, 작동유체의 누설유량은 몇 배가 될 것인가?

① 2배 ② 4배

③ 8배 ④ 16배

풀이

무한평판을 원관유동으로 근사하면

$Q = \dfrac{\Delta P \pi d^4}{128 \mu L}$ $\therefore Q \propto \Delta P = 2 [\text{배}]$

56

속도성분이 $u = 2x$, $v = -2y$인 2차원 유동의 속도 포텐셜 함수 ϕ로 옳은 것은?
(단, 속도 포텐셜 ϕ는 $\vec{V} = \nabla \phi$로 정의된다.)

① $2x - 2y$
② $x^3 - y^3$
③ $-2xy$
④ $x^2 - y^2$

풀이

$\vec{V} = u\hat{i} + v\hat{j} = \dfrac{\partial \phi}{\partial x}\hat{i} + \dfrac{\partial \phi}{\partial y}\hat{j}$

$u = \dfrac{\partial \phi}{\partial x}$ 에서

$\phi = \int u\,dx = \int 2x\,dx = x^2 + C_1$

$v = \dfrac{\partial \phi}{\partial y}$ 에서

$\phi = \int v\,dy = \int (-2y)\,dy = -y^2 + C_2$

결국, $\phi = x^2 - y^2 + C$

57

평판 위에서 이상적인 층류 경계층 유동을 해석하고자 할 때 다음 중 옳은 설명을 모두 고른 것은?

> ㉮ 속도가 커질수록 경계층 두께는 커진다.
> ㉯ 경계층 밖의 외부유동은 비점성유동으로 취급할 수 있다.
> ㉰ 동일한 속도 및 밀도일 때 점성계수가 커질수록 경계층 두께는 커진다.

① ㉯
② ㉮, ㉯
③ ㉮, ㉰
④ ㉯, ㉰

풀이

평판에서의 경계층 두께(δ)는 층류일 때

$\delta = \dfrac{4.65x}{\sqrt{Re}} = 상수 \dfrac{x}{\left(\dfrac{Vx}{\nu}\right)^{\frac{1}{2}}} = 상수 \dfrac{x^{\frac{1}{2}} \nu^{\frac{1}{2}}}{V^{\frac{1}{2}}}$ 이므로

㉮ $\delta \propto \dfrac{1}{\sqrt{V}}$ 이므로 속도가 커질수록 경계층 두께는 작아진다.

㉯ 경계층 밖의 영역은 비점성 유동으로 간주한다.

㉰ $\delta \propto \sqrt{\nu}$ 이므로 점성계수가 커질수록 경계층두께는 커진다.

58

다음 중 체적탄성계수와 차원이 같은 것은?

① 체적
② 힘
③ 압력
④ 레이놀드(Reynolds) 수

풀이

$K = \dfrac{\sigma}{\varepsilon_v} = \dfrac{P}{\varepsilon_v}$ 에서 체적변형률(ε_v)은 무차원수이므로 체적탄성계수(K)는 압력(또는 응력)과 차원이 같다.

59

실제 잠수함 크기의 1/25인 모형 잠수함을 해수에서 실험하고자 한다. 만일 실형 잠수함을 5m/s로 운전하고자 할 때 모형 잠수함의 속도는 몇 m/s로 실험해야 하는가?

① 0.2
② 3.3
③ 50
④ 125

풀이

레이놀즈수(Re)가 같아야 하므로

$\left(\dfrac{VL}{\nu}\right)_m = \left(\dfrac{VL}{\nu}\right)_p$

그런데, $\nu_m = \nu_p$ 이므로 $V_m L_m = V_p L_p$

즉, $V_m = \left(\dfrac{L_p}{L_m}\right) V_p = (25) \times 5 = 125\,[\text{m/s}]$

60

액체 속에 잠겨진 경사면에 작용되는 힘의 크기는? (단, 면적을 A, 액체의 비중량을 γ, 면의 도심까지의 깊이를 h_c라 한다.)

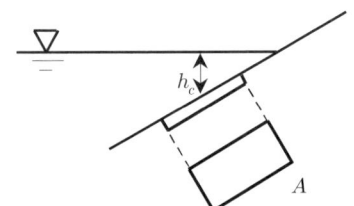

① $\frac{1}{3}\gamma h_c A$ ② $\frac{1}{2}\gamma h_c A$
③ $\gamma h_c A$ ④ $2\gamma h_c A$

풀이

$F = PA = \gamma \bar{h} A = \gamma h_c A$

제4과목 : 기계재료 및 유압기기

61

전기 전도율이 높은 것에서 낮은 순으로 나열된 것은?
① Al > Au > Cu > Ag
② Au > Cu > Ag > Al
③ Cu > Au > Al > Ag
④ Ag > Cu > Au > Al

풀이

전기전도율 : 은 > 구리 > 금 > 알루미늄

62

철강을 부식시키기 위한 부식제로 옳은 것은?
① 왕수
② 질산 용액
③ 나이탈 용액
④ 염화제2철 용액

풀이

① 왕수(王水; aqua regia) :
   염산(HCl)과 질산(HNO_3)을 3 : 1의 비율로 혼합한 액체로 거의 모든 금속을 부식시킨다.
③ 나이탈 용액 :
   질산과 에탄올(C_2H_5OH)의 혼합액으로 강의 현미경 조직검사용의 부식액으로 사용한다.
④ 염화제2철 용액은 구리, 황동, 청동 등의 부식액으로 사용한다.
결국, 정답은 ①, ②, ③이므로 전항 정답 처리되었음.

63

α-Fe과 Fe_3C의 층상조직은?
① 펄라이트 ② 시멘타이트
③ 오스테나이트 ④ 레데뷰라이트

풀이

α-ferrite + Fe_3C = Pearlite(펄라이트)

64

구상 흑연주철의 구상화 첨가제로 주로 사용되는 것은?
① Mg, Ca ② Ni, Co
③ Cr, Pb ④ Mn, Mo

풀이

구상 흑연주철 : 보통주철+Mg, Ca, Ce

65

심냉처리를 하는 주요 목적으로 옳은 것은?
① 오스테나이트 조직을 유지시키기 위해
② 시멘타이트 변태를 촉진시키기 위해
③ 베이나이트 변태를 진행시키기 위해
④ 마텐자이트 변태를 완전히 진행시키기 위해

풀이

심냉처리 : 담금질 후 잔류 오스테나이트를 마르텐사이트화 하기 위해 영하의 온도까지 냉각하는 조작으로 서브-제로 처리라고도 한다.

66

배빗메탈이라고도 하는 베어링용 합금인 화이트 메탈의 주요성분으로 옳은 것은?
① Pb-W-Sn ② Fe-Sn-Al
③ Sn-Sb-Cu ④ Zn-Sn-Cr

풀이

배빗메탈 : 주석계 베어링 메탈(Sn+Sb+Cu)

67

게이지용강이 갖추어야 할 조건으로 틀린 것

은?
① HRC55 이상의 경도를 가져야 한다.
② 담금질에 의한 변형 및 균열이 적어야 한다.
③ 오랜 시간 경과하여도 치수의 변화가 적어야 한다.
④ 열팽창계수는 구리와 유사하며 취성이 커야 한다.

풀이
게이지 강은 열팽창계수가 매우 작아야 한다.

68
마템퍼링(martempering)에 대한 설명으로 옳은 것은?
① 조직은 완전한 펄라이트가 된다.
② 조직은 베이나이트와 마텐자이트가 된다.
③ M_s점 직상의 온도까지 급냉한 후 그 온도에서 변태를 완료시키는 것이다.
④ M_f점 이하의 온도까지 급냉한 후 그 온도에서 변태를 완료시키는 것이다.

풀이
마아템퍼링 :
오스테나이트에서 M_s와 M_f 사이에서 장시간 유지한 후 공냉시키는 조작으로 마르텐사이트와 베이나이트의 혼합 조직이 된다.

69
Ni-Fe 합금으로 불변강이라 불리우는 것이 아닌 것은?
① 인바
② 엘린바
③ 콘스탄탄
④ 플래티나이트

풀이
• 불변강(invariable steel) : Ni-Fe계로 인바, 엘인바, 초인바, 코엘인바, 플래티나이트, 퍼멀로이, 니켈로이 등이 있다

• 콘스탄탄 : Ni-Cu(50-40%)

70
열경화성 수지에 해당하는 것은?
① ABS 수지
② 폴리스티렌
③ 폴리에틸렌
④ 에폭시 수지

풀이
열경화성 수지 :
페놀수지, 요소수지, 멜라민수지, 규소수지, 에폭시 수지, 폴리에스테르수지, 폴리우레탄수지, 푸란수지 등
열가소성 수지 :
폴리에틸렌, 폴리프로필렌, 폴리스티렌, 폴리염화비닐(PVC), 아크릴수지 등

71
그림과 같은 실린더를 사용하여 F=3kN의 힘을 발생시키는데 최소한 몇 MPa의 유압이 필요한가? (단, 실린더의 내경은 45mm이다.)

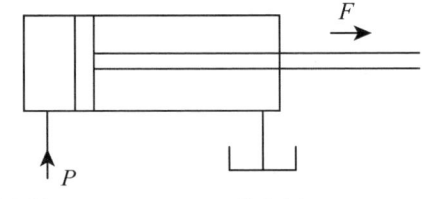

① 1.89   ② 2.14
③ 3.88   ④ 4.14

풀이
$$P=\frac{F}{A}=\frac{4F}{\pi d^2}=\frac{4\times 3\times 10^3}{\pi \times 45^2}=1.89[\text{MPa}]$$

72
축압기 특성에 대한 설명으로 옳지 않은 것은?
① 중추형 축압기 안에 유압유 압력은 항상 일정하다.
② 스프링 내장형 축압기인 경우 일반적으로 소

정답 68② 69③ 70④ 71① 72④

형이며 가격이 저렴하다.
③ 피스톤형 가스 충진 축압기의 경우 사용 온도 범위가 블래더형에 비하여 넓다.
④ 다이어프램 충진 축압기의 경우 일반적으로 대형이다.

풀이

다이어프램 충진 축압기의 경우 일반적으로 소형이며, 대형 축압기는 공압식을 사용한다.

73
그림과 같은 유압 기호 명칭은?

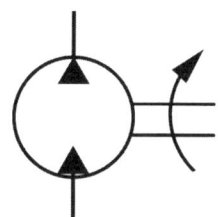

① 공기압 모터
② 요동형 액추에이터
③ 정용량형 펌프 · 모터
④ 가변용량형 펌프 · 모터

풀이

정용량형 유압펌프-유압모터

74
유압밸브의 전환 도중에 과도하게 생기는 밸브포트 간의 흐름을 무엇이라고 하는가?
① 랩
② 풀 컷 오프
③ 서지 압
④ 인터플로

풀이

인터플로(interflow)이다.

75
유압 펌프의 토출 압력이 6MPa, 토출 유량이 40cm³/min일 때 소요 동력은 몇 W인가?
① 240

② 4
③ 0.24
④ 0.4

풀이

$$L = pQ = 6 \times 10^6 [\text{N/m}^2] \times \frac{40 \times 10^{-6}}{60} [\text{m}^3/\text{s}]$$
$$= 4 [\text{W}]$$

76
압력제어 밸브에서 어느 최소 유량에서 어느 최대 유량까지의 사이에 증대하는 압력은?
① 오버라이드 압력
② 전량 압력
③ 정격 압력
④ 서지 압력

풀이

오버라이드 압력이다.

77
밸브 입구측 압력이 밸브 내 스프링 힘을 초과하여 포펫의 이동이 시작되는 압력을 의미하는 용어는?
① 배압
② 컷오프
③ 크래킹
④ 인터플로

풀이

크래킹 압력 : 릴리프 밸브가 열리는 압력

78
액추에이터의 배출 쪽 관로내의 공기의 흐름을 제어함으로써 속도를 제어하는 회로는?
① 클램프 회로
② 미터 인 회로
③ 미터 아웃 회로
④ 블리드 오프 회로

풀이

실린더의 배출쪽에 유량제어밸브를 달아 제어하는 회로를 미터 아웃, 입구쪽에 달아 제어하는 회로는 미터 인 회로라고 한다.

79

다음 중 압력 제어 밸브들로만 구성되어 있는 것은?
① 릴리프 밸브, 무부하 밸브, 스로틀 밸브
② 무부하 밸브, 체크 밸브, 감압 밸브
③ 셔틀 밸브, 릴리프 밸브, 시퀀스 밸브
④ 카운터밸런스 밸브, 시퀀스 밸브, 릴리프 밸브

풀이
유량제어밸브 : 스로틀 밸브
방향제어밸브 : 체크 밸브, 셔틀 밸브
압력제어밸브 : 릴리프 밸브, 무부하 밸브, 감압 밸브, 카운터밸런스 밸브, 시퀀스 밸브

80
유압기기의 통로(또는 관로)에서 탱크(또는 매니폴드 등)로 돌아오는 액체 또는 액체가 돌아오는 현상을 나타내는 용어는?
① 누설　　　② 드레인
③ 컷오프　　④ 토출량

풀이
드레인(drain)이다.

제5과목 : 기계제작법 및 기계동력학

81
수평 직선 도로에서 일정한 속도로 주행하던 승용차의 운전자가 앞에 놓인 장애물을 보고 급제동을 하여 정지하였다. 바퀴자국으로 파악한 제동거리가 25m이고, 승용차 바퀴와 도로의 운동마찰계수는 0.35일 때 제동하기 직전의 속력은 약 몇 m/s인가?
① 11.4　　　② 13.1
③ 15.9　　　④ 18.6

풀이
운동방정식 $-\mu mg = ma$에서 가속도 $a = -\mu g$
등가속도 직선운동의 식 $2as = v^2 - v_0^2$ 에서
$v = 0$이므로 $2(-\mu g)s = -v_0^2$
$v_0 = \sqrt{2\mu gs} = \sqrt{2 \times 0.35 \times 9.8 \times 25} = 13.1 \,[\text{m/s}]$

82
그림과 같이 경사진 표면에 50kg의 블록이 놓여있고 이 블록은 질량이 m인 추와 연결되어 있다. 경사진 표면과 블록사이의 마찰계수를 0.5라 할 때 이 블록을 경사면으로 끌어올리기 위한 추의 최소 질량(m)은 약 몇 kg인가?

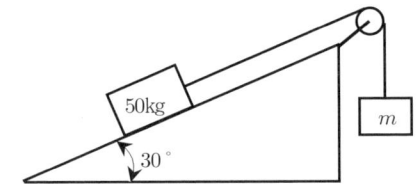

① 36.5
② 41.8
③ 46.7
④ 54.2

풀이
블록의 질량을 $M = 50$kg이라 하면
수직항력 $N = Mg\cos\theta$, 마찰력 $f = \mu N$
운동방정식 $\Sigma F = (\Sigma m)a$에서
$mg - Mg\sin\theta - \mu Mg\cos\theta = (m+M)a$
이 경우 $a = 0$일 때 최소값이므로
$m = M\sin\theta + \mu M\cos\theta$
　$= 50 \times \sin 30° + 0.5 \times 50 \times \cos 30°$
　$= 46.7\,[\text{kg}]$

83
두 조화운동 $x_1 = 4\sin 10t$와 $x_2 = 4\sin 10.2t$를 합성하면 맥놀이(beat)현상이 발생하는데 이 때 맥놀이 진동수(Hz)는? (단, t의 단위는 s이다.)
① 31.4
② 62.8
③ 0.0159

④ 0.0318

풀이

$\omega_1 = 10 = 2\pi f_1$, $\omega_2 = 10.2 = 2\pi f_2$ 이므로
맥놀이 진동수(f)는
$$f = |f_1 - f_2| = \left|\frac{10}{2\pi} - \frac{10.2}{2\pi}\right| = \frac{0.2}{2\pi}$$
$$= 0.03218 \text{[Hz]}$$

84

외력이 가해지지 않고 오직 초기조건에 의하여 운동한다고 할 때 그림의 계가 지속적으로 진동하면서 감쇠하는 부족 감쇠 운동(under-damped motion)을 나타내는 조건으로 가장 옳은 것은?

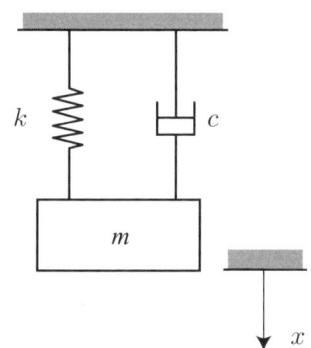

① $0 < \dfrac{c}{\sqrt{km}} < 1$

② $\dfrac{c}{\sqrt{km}} > 1$

③ $0 < \dfrac{c}{\sqrt{km}} < 2$

④ $\dfrac{c}{\sqrt{km}} > 2$

풀이

부족감쇠 : 감쇠비 $\zeta < 1$

$\zeta = \dfrac{c}{c_c} = \dfrac{c}{2\sqrt{mk}} < 1$ ∴ $0 < \dfrac{c}{2\sqrt{mk}} < 1$

결국, $0 < \dfrac{c}{\sqrt{mk}} < 2$

85

보 AB는 질량을 무시할 수 있는 강체이고 A점은 마찰 없는 힌지(hinge)로 지지되어 있다. 보의 중점 C와 끝점 B에 각각 질량 m_1과 m_2가 놓여 있을 때 이 진동계의 운동방정식을 $m\ddot{x} + kx = 0$이라고 하면 m의 값으로 옳은 것은?

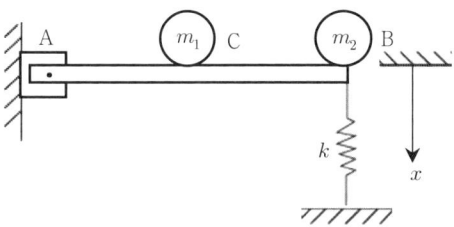

① $m = \dfrac{m_1}{4} + m_2$ ② $m = m_1 + \dfrac{m_2}{2}$

③ $m = m_1 + m_2$ ④ $m = \dfrac{m_1 - m_2}{2}$

풀이

B단의 처짐을 x라 하면 $x = \ell\theta$, $\ddot{\theta} = \dfrac{\ddot{x}}{\ell}$

A점에 대한 질량관성모멘트(I)는
$$I = m_1\left(\frac{\ell}{2}\right)^2 + m_2\ell^2 = \left(\frac{m_1}{4} + m_2\right)\ell^2$$

$\tau = I\alpha$에서

$\ell(-kx) = \left(\dfrac{m_1}{4} + m_2\right)\ell^2\ddot{\theta}$

$-kx = \left(\dfrac{m_1}{4} + m_2\right)\ddot{x}$

$\left(\dfrac{m_1}{4} + m_2\right)\ddot{x} + kx = 0$

$m = \dfrac{m_1}{4} + m_2$

86

그림은 2톤의 질량을 가진 자동차가 18km/h의 속력으로 벽에 충돌하는 상황을 위에서 본 것이며 범퍼를 병렬 스프링 2개로 가정하였다. 충돌과정에서 스프링의 최대 압축량이 0.2m라면 스프링 상수 k는 얼마인가? (단, 타이어와 노면의 마찰은 무시한다.)

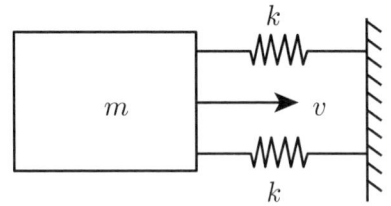

① 625kN/m
② 312.5kN/m
③ 725kN/m
④ 1450kN/m

풀이

병진운동에너지가 탄성에너지로 변환되는 것이므로
$$\frac{1}{2}mv^2 = \frac{1}{2}(2k)\delta_{max}^2 \quad \therefore k = \frac{mv^2}{2\delta_{max}^2}$$

$$k = \frac{2000 \times \left(18 \times \frac{1000}{3600}\right)^2}{2 \times 0.2^2} \times 10^{-3} = 625\,[\text{kN/m}]$$

87

그림과 같이 질량이 동일한 두 개의 구슬 A, B가 있다. 초기에 A의 속도는 v이고 B는 정지되어 있다. 충돌 후 A와 B의 속도에 관한 설명으로 옳은 것은? (단, 두 구슬 사이의 반발계수는 1이다.)

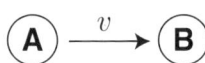

① A와 B 모두 정지한다.
② A와 B 모두 v의 속도를 가진다.
③ A와 B 모두 $\frac{v}{2}$의 속도를 가진다.
④ A는 정지하고 B는 v의 속도를 가진다.

풀이

반발계수가 1이면 완전탄성충돌이므로 두 구슬의 운동량은 교환된다. 즉, 충돌후 A는 정지하고 B는 v의 속도로 운동한다.

88

그림과 같이 길이 1m, 질량 20kg인 봉으로 구성된 기구가 있다. 봉은 A점에서 카트에 핀으로 연결되어 있고, 처음에는 움직이지 않고 있었으나 하중 P가 작용하여 카트가 왼쪽 방향으로 4m/s²의 가속도가 발생하였다. 이때 봉의 초기 각가속도는?

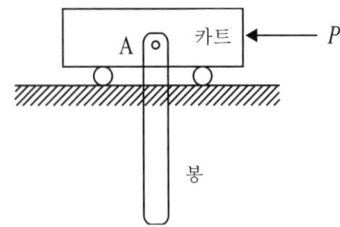

① 6.0rad/s², 시계방향
② 6.0rad/s², 반시계방향
③ 7.3rad/s², 시계방향
④ 7.3rad/s², 반시계방향

풀이

카트는 외력 P에 의해 왼쪽으로 가속도 운동을 하므로 봉은 반시계방향으로 회전한다.
$\tau = I\alpha$에서
$$P \times \frac{L}{2} = \frac{mL^2}{3}\alpha$$
$$ma \times \frac{L}{2} = \frac{mL^2}{3}\alpha$$
$$\alpha = \frac{3a}{2L} = \frac{3 \times 4}{2 \times 1} = 6\,[\text{rad/s}^2]$$

89

질량이 30kg인 모형 자동차가 반경 40m인 원형경로를 20m/s의 일정한 속력으로 돌고 있을 때 이 자동차가 법선방향으로 받는 힘은 약 몇 N인가?

① 100
② 200
③ 300
④ 600

풀이

$$F_N = m\frac{v^2}{r} = 30 \times \frac{20^2}{40} = 300\,[\text{N}]$$

90

OA와 AB의 길이가 각각 1m인 강체 막대 OAB가 x-y평면 내에서 O점을 중심으로 회전하고 있다. 그림의 위치에서 막대 OAB의 각속도는 반시계 방향으로 5rad/s이다. 이 때 A에서 측정한 B점의 상대속도 $\vec{v}_{B/A}$의 크기는?

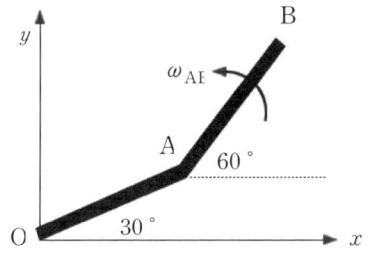

① 4m/s
② 5m/s
③ 6m/s
④ 7m/s

풀이

$\vec{v}_{B/A} = \vec{v}_B - \vec{v}_A = (\omega_{AB} \cdot r_{OB}) - (\omega_{AB} \cdot r_{OA})$

여기서, $r_{OB} = \overline{OB} = \sqrt{1^2 + 1^2 - 2 \times 1 \times 1 \times \cos 150°}$
$= 1.93 [m]$

$r_{OA} = \overline{OA} = 1 [m]$

따라서 $v_{B/A} = (5 \times 1.93) - (5 \times 1) = 4.65 ≒ 5 [m/s]$

91

기계 부품, 식기, 전기 저항선 등을 만드는 데 사용되는 양은의 성분으로 적절한 것은?

① Al의 합금
② Ni와 Ag의 합금
③ Zn과 Sn의 합금
④ Cu, Zn 및 Ni의 합금

풀이

양은(=양백) : Cu+Zn+Ni

92

버니어캘리퍼스에서 어미자 49mm를 50등분한 경우 최소 읽기 값은 몇 mm인가? (단, 어미자의 최소눈금은 1.0mm이다.)

① $\frac{1}{50}$
② $\frac{1}{25}$
③ $\frac{1}{24.5}$
④ $\frac{1}{20}$

풀이

최소읽기값 = $\frac{어미자의 최소눈금}{등분수} = \frac{1}{50} [mm]$

93

Fe-C 평형상태도에서 탄소함유량이 약 0.80%인 강을 무엇이라고 하는가?

① 공석강
② 공정주철
③ 아공정주철
④ 과공정주철

풀이

① 공석강(0.86%C)
② 공정주철(4.3%C)
③ 아공정주철(2.0~4.3%C)
④ 과공정주철(4.3~6.67%C)

94

펀치와 다이를 프레스에 설치하여 판금 재료로부터 목적하는 형상의 제품을 뽑아내는 전단가공은?

① 스웨이징
② 엠보싱
③ 브로칭
④ 블랭킹

풀이

블랭킹이다.

95

방전가공에서 전극 재료의 구비조건으로 가장 거리가 먼 것은?

① 기계가공이 쉬워야 한다.
② 가공 전극의 소모가 커야 한다.

③ 가공 정밀도가 높아야 한다.
④ 방전이 안전하고 가공속도가 빨라야 한다.

풀이
가공전극의 소모가 적어야 한다.

96
연삭 중 숫돌의 떨림 현상이 발생하는 원인으로 가장 거리가 먼 것은?
① 숫돌의 결합도가 약할 때
② 숫돌축이 편심되어 있을 때
③ 숫돌의 평형상태가 불량할 때
④ 연삭기 자체에서 진동이 있을 때

풀이
떨림 : 진동

97
주조에 사용되는 주물사의 구비조건으로 옳지 않는 것은?
① 통기성이 좋을 것
② 내화성이 적을 것
③ 주형 제작이 용이할 것
④ 주물 표현에서 이탈이 용이할 것

풀이
뜨거운 용탕에 견뎌야 하므로 내화성이 커야 한다.

98
전기 저항 용접의 종류에 해당하지 않는 것은?
① 심 용접
② 스폿 용접
③ 테르밋 용접
④ 프로젝션 용접

풀이
겹치기 전기저항용접 : 점 용접, 프로젝션 용접, 심 용접
맞대기 전기저항용접 : 업셋 용접, 플래시용접

99
전기 도금의 반대현상으로 가공물을 양극, 전기저항이 적은 구리, 아연을 음극에 연결한 후 용액에 침지하고 통전하여 금속표면의 미소돌기부분을 용해하여 거울면과 같이 광택이 있는 면을 가공할 수 있는 특수가공은?
① 방전가공   ② 전주가공
③ 전해연마   ④ 슈퍼피니싱

풀이
전해연마이다.

100
Taylor의 공구 수명에 관한 실험식에서 세라믹 공구를 사용하여 지수(n)=0.5, 상수(C)=200, 공구 수명(T)을 30(min)으로 조건을 주었을 때, 적합한 절삭속도는 약 몇 m/min인가?
① 30.3
② 32.6
③ 34.4
④ 36.5

풀이
$VT^n = C$ 에서
$V = \dfrac{C}{T^n} = \dfrac{200}{30^{0.5}} = 36.5 \,[\text{m/min}]$

정답 96① 97② 98③ 99③ 100④

국가기술자격 필기시험
2018년 기사 제1회 【 일반기계기사 】 필기

제1과목 : 재료역학

1

최대사용강도($\sigma_{\max}$)=240MPa, 내경 1.5m, 두께 3mm의 강재 원통형 용기가 견딜 수 있는 최대압력은 몇 kPa인가? (단, 안전계수는 2이다.)

① 240　　　　② 480
③ 960　　　　④ 1920

풀이

$t = \dfrac{pd}{2\sigma_a} = \dfrac{pdS}{2\sigma_{\max}}$ 에서 $3 = \dfrac{p \times 1.5 \times 10^3 \times 2}{2 \times 240 \times 10^3}$

$\therefore p = 480 [\text{kPa}]$

2

그림과 같은 직사각형 단면의 목재 외팔보에 집중하중 P가 C점에 작용하고 있다. 목재의 허용압축응력을 8MPa, 끝단 B점에서의 허용 처짐량은 23.9mm라고 할 때 허용압축응력과 허용 처짐량을 모두 고려하여 이 목재에 가할 수 있는 집중하중 P의 최대값은 약 몇 kN인가? (단, 목재의 탄성계수는 12GPa, 단면 2차 모멘트 1022×10⁻⁶m⁴, 단면 계수는 4.601×10⁻³m³이다.)

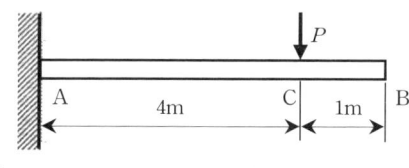

① 7.8　　　　② 8.5
③ 9.2　　　　④ 10.0

풀이

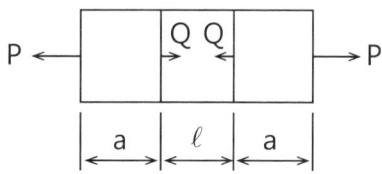

$\delta_B = \dfrac{A_M}{EI}\overline{x_1} = \dfrac{1}{EI}\left(\dfrac{1}{2} \times 4P \times 4\right)\left(\dfrac{11}{3}\right)$

$23.9 \times 10^{-3} = \dfrac{8P}{12 \times 10^9 \times 1022 \times 10^{-6}} \times \dfrac{11}{3}$

$P = 9992 [\text{N}] = 9.99 [\text{kN}]$

$\sigma_a = \dfrac{M}{Z} = \dfrac{4P}{Z}$ 에서

$P = \dfrac{\sigma_a}{4} Z = \dfrac{8 \times 10^3}{4} \times 4.601 \times 10^{-3} = 9.2 [\text{kN}]$

작은 값인 $P = 9.2 [\text{kN}]$을 택한다.

3

길이가 $\ell + 2a$인 균일 단면 봉의 양단에 인장력 P가 작용하고, 양단에서의 거리가 a인 단면에 Q의 축 하중이 가하여 인장될 때 봉에 일어나는 변형량은 약 몇 cm인가? (단, ℓ=60cm, a=30cm, P=10kN, Q=5kN, 단면적 A=4cm², 탄성계수는 210GPa이다.)

① 0.0107
② 0.0207
③ 0.0307
④ 0.0407

풀이

우선, 각 구간에 작용하는 하중을 살펴보면 a구간

정답 1② 2③ 3①

은 P, ℓ구간은 $(P-Q)$이다.

$$\lambda = \frac{2Pa + (P-Q)\ell}{AE}$$

$$= \frac{2 \times 10 \times 10^3 \times 0.3 + (10-5) \times 10^3 \times 0.6}{4 \times 10^{-4} \times 210 \times 10^9}$$

$$= 1.07 \times 10^{-4} [\text{m}] = 0.0107 [\text{cm}]$$

4

양단이 힌지로 지지되어 있고 길이가 1m인 기둥이 있다. 단면이 30mm × 30mm인 정사각형이라면 임계하중은 약 몇 kN인가? (단, 탄성계수는 210GPa이고, Euler의 공식을 적용한다.)

① 133　　② 137
③ 140　　④ 146

풀이

$$P_{cr} = \pi^2 \frac{EI}{\ell^2} = \pi^2 \times \frac{210 \times 10^9 \times 0.03^4}{1^2 \times 12} \times 10^{-3}$$

$$= 140 [\text{kN}]$$

5

직사각형 단면(폭 × 높이=12cm × 5cm)이고, 길이 1m인 외팔보가 있다. 이 보의 허용 굽힘응력이 500MPa이라면 높이와 폭의 치수를 서로 바꾸면 받을 수 있는 하중의 크기는 어떻게 변화하는가?

① 1.2배 증가　　② 2.4배 증가
③ 1.2배 감소　　④ 변화없다.

풀이

$$\sigma_a = \frac{M}{Z} = \frac{M'}{Z'} \text{에서 } \frac{6P\ell}{bh^2} = \frac{6P'\ell}{hb^2}$$

$$\frac{P'}{P} = \frac{b}{h} = \frac{12}{5} = 2.4$$

6

아래 그림과 같은 보에 대한 굽힘 모멘트 선도로 옳은 것은?

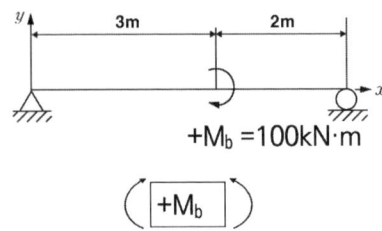

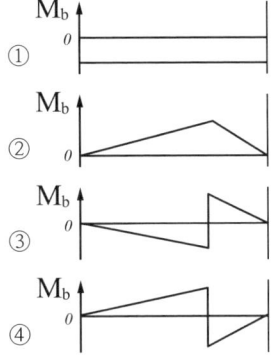

풀이

탄성곡선의 거동을 유추하면

이다. 지지점에서의 굽힘모멘트는 0이며 집중모멘트의 좌측의 모멘트는 $(-)$이고, 우측의 모멘트는 $(+)$이다.

7

코일스프링의 권수를 n, 코일의 지름을 D, 소선의 지름 d인 코일스프링의 전체처짐 δ는? (단, 이 코일에 작용하는 힘은 P, 가로탄성계수는 G이다.)

① $\dfrac{8nPD^3}{Gd^4}$　　② $\dfrac{8nPD^2}{Gd}$

③ $\dfrac{8nPD^2}{Gd^2}$　　④ $\dfrac{8nPD}{Gd^2}$

풀이

$$\delta = \frac{64PR^3 n}{Gd^4} = \frac{8PD^3 n}{Gd^4}$$

8

그림과 같은 정삼각형 트러스의 B점에 수직으로, C점에 수평으로 하중이 작용하고 있을 때, 부재 AB에 작용하는 하중은?

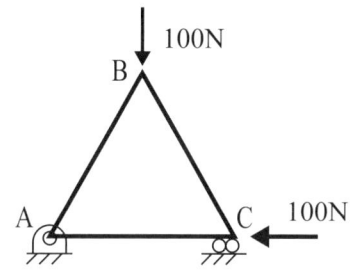

① $\dfrac{100}{\sqrt{3}}$ N
② $\dfrac{100}{3}$ N
③ $100\sqrt{3}$ N
④ 50N

풀이

A단에 걸리는 힘을 도시하고 라미의 정리를 적용하면

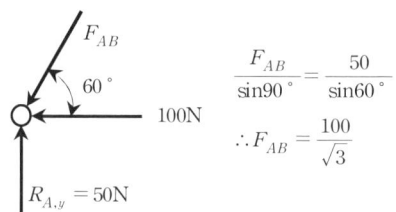

$\dfrac{F_{AB}}{\sin 90°} = \dfrac{50}{\sin 60°}$

$\therefore F_{AB} = \dfrac{100}{\sqrt{3}}$

9

$\sigma_x = 700\,\text{MPa}$, $\sigma_y = -300\,\text{MPa}$가 작용하는 평면응력 상태에서 최대 수직응력($\sigma_{\max}$)과 최대 전단응력($\tau_{\max}$)은 각각 몇 MPa인가?

① $\sigma_{\max}=700$, $\tau_{\max}=300$
② $\sigma_{\max}=600$, $\tau_{\max}=400$
③ $\sigma_{\max}=500$, $\tau_{\max}=700$
④ $\sigma_{\max}=700$, $\tau_{\max}=500$

풀이

$\sigma_{\max} = \dfrac{(\sigma_x+\sigma_y)}{2} + \sqrt{\left(\dfrac{\sigma_x-\sigma_y}{2}\right)^2 + \tau_{xy}^2}$

에서 $\tau_{xy}=0$이므로

$\sigma_{\max} = \dfrac{(\sigma_x+\sigma_y)}{2} + \dfrac{(\sigma_x-\sigma_y)}{2}$

$= \dfrac{(700-300)}{2} + \dfrac{(700+300)}{2} = 200+500$

$= 700\,[\text{MPa}]$

$\tau_{\max} = \sqrt{\left(\dfrac{\sigma_x-\sigma_y}{2}\right)^2} = \dfrac{(\sigma_x-\sigma_y)}{2} = \dfrac{700+300}{2}$

$= 500\,[\text{MPa}]$

10

그림과 같이 초기온도 20℃, 초기길이 19.95 cm, 지름 5cm인 봉을 간격이 20cm인 두 벽면 사이에 넣고 봉의 온도를 220℃로 가열했을 때 봉에 발생되는 응력은 몇 MPa인가? (단, 탄성계수 $E=210$GPa이고, 균일 단면을 갖는 봉의 선팽창계수 $\alpha = 1.2 \times 10^{-5}/℃$이다.)

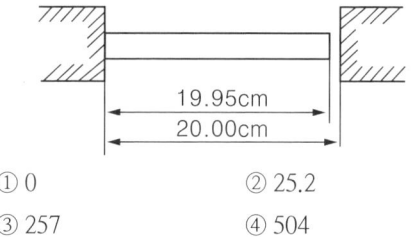

① 0
② 25.2
③ 257
④ 504

풀이

열팽창에 의한 신장량 $\lambda = \alpha(T_2 - T_1)\ell$

$\lambda = 1.2 \times 10^{-5} \times (220-20) \times 19.95$

$= 0.04788\,[\text{cm}]$

그런데, 처음 간격이 0.05[cm]이므로 열에 의한 신장량이 처음 간격보다 작다. 따라서, 열응력은 발생하지 않는다.

11

그림과 같은 T형 단면을 갖는 돌출보의 끝에 집중하중 P=4.5kN이 작용한다. 단면A-A에서의 최대 전단응력은 약 몇 kPa인가? (단,

보의 단면2차 모멘트는 5313cm⁴이고, 밑면에서 도심까지의 거리는 125mm이다.)

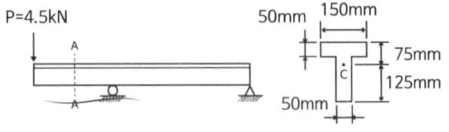

① 421
② 521
③ 662
④ 721

풀이
최대전단응력은 보의 중립면에서 발생하므로
$Q = 50 \times 125 \times \dfrac{125}{2} = 390625 \, [\text{mm}^3]$

$\tau_{max} = \dfrac{VQ}{tI} = \dfrac{4.5 \times 10^3 \times 390625}{50 \times 5313 \times 10^4}$
$= 0.6617 \, [\text{MPa}] = 662 \, [\text{kPa}]$

12
다음 금속재료의 거동에 대한 일반적인 설명으로 틀린 것은?
① 재료에 가해지는 응력이 일정하더라도 오랜 시간이 경과하면 변형률이 증가할 수 있다.
② 재료의 거동이 탄성한도로 국한된다고 하더라도 반복하중이 작용하면 재료의 강도가 저하될 수 있다.
③ 응력-변형률 곡선에서 하중을 가할 때와 제거할 때의 경로가 다르게 되는 현상을 히스테리시스라 한다.
④ 일반적으로 크리프는 고온보다 저온상태에서 더 잘 발생한다.

풀이
크리프(creep) 현상은 고온에서 정하중이 장시간 작용할 때 어느 순간부터 시간의 경과와 더불어 변형이 급격히 진행되어 파괴되는 현상이다.

13
다음 그림과 같이 집중하중 P를 받고 있는 고정 지지보가 있다. B점에서의 반력의 크기를 구하면 몇 kN인가?

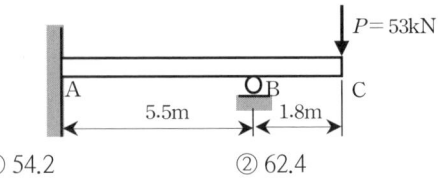

① 54.2
② 62.4
③ 70.3
④ 79.0

풀이
하중 P에 의한 B점에서의 처짐(δ_{B1})
$\delta_{B1} = \dfrac{P(b^3 - 3\ell^2 b + 2\ell^3)}{6EI}$

반력 R_B에 의한 B점에서의 처짐(δ_{B2})
$\delta_{B2} = \dfrac{R_B a^3}{3EI}$

B점에서는 처짐이 0이므로 $\delta_{B1} = \delta_{B2}$이다.

$\dfrac{P(b^3 - 3\ell^2 b + 2\ell^3)}{6EI} = \dfrac{R_B a^3}{3EI}$

$R_B = \dfrac{P(b^3 - 3\ell^2 b + 2\ell^3)}{2a^3}$

$= \dfrac{53 \times (1.8^3 - 3 \times 7.3^2 \times 1.8 + 2 \times 7.3^3)}{2 \times 5.5^3}$

$= 79.02 \, [\text{kN}]$

14
지름 80mm의 원형단면의 중립축에 대한 관성모멘트는 약 몇 mm⁴인가?
① 0.5×10^6
② 1×10^6
③ 2×10^6
④ 4×10^6

풀이
$I = \dfrac{\pi d^4}{64} = \dfrac{\pi \times 80^4}{64} = 2.0 \times 10^6 \, [\text{mm}^6]$

15
길이가 L이며, 관성모멘트가 I_p이고, 전단탄성계수가 G인 부재에 토크 T가 작용될 때 이 부재에 저장된 변형 에너지는?

정답 12④ 13④ 14③ 15②

① $\dfrac{TL}{GI_p}$ ② $\dfrac{T^2L}{2GI_p}$

③ $\dfrac{T^2L}{GI_p}$ ④ $\dfrac{TL}{2GI_p}$

풀이

$U = \dfrac{1}{2}T\theta = \dfrac{1}{2}T\dfrac{TL}{GI_p} = \dfrac{T^2L}{2GI_p}$

16

지름 50mm의 알루미늄 봉에 100kN의 인장하중이 작용할 때 300mm의 표점거리에서 0.219mm의 신장이 측정되고, 지름은 0.01215 mm 만큼 감소되었다. 이 재료의 전단탄성계수 G는 약 몇 GPa인가? (단, 알루미늄 재료는 탄성거동 범위 내에 있다.)

① 21.2 ② 26.2
③ 31.2 ④ 36.2

풀이

$E = \dfrac{\sigma}{\varepsilon} = \dfrac{P}{A\varepsilon}$ 와 $E = 2G(1+\nu)$ 에서

$G = \dfrac{P}{2(1+\nu)A\varepsilon} = \dfrac{P}{2\left(1+\dfrac{\varepsilon'}{\varepsilon}\right)\dfrac{\pi d^2}{4}\varepsilon}$

$= \dfrac{P}{2\left(1+\dfrac{\ell\delta}{d\lambda}\right)\dfrac{\pi d^2}{4}\dfrac{\lambda}{\ell}}$

$= \dfrac{100 \times 10^3}{2 \times \left(1 + \dfrac{300 \times 0.01215}{50 \times 0.219}\right) \times \dfrac{\pi \times 50^2}{4} \times \dfrac{0.219}{300}}$

$= 26171\,[\text{MPa}] = 26.2\,[\text{GPa}]$

17

비틀림 모멘트 T를 받고 있는 직경이 d인 원형축의 최대전단응력은?

① $\tau = \dfrac{8T}{\pi d^3}$ ② $\tau = \dfrac{16T}{\pi d^3}$

③ $\tau = \dfrac{32T}{\pi d^3}$ ④ $\tau = \dfrac{64T}{\pi d^3}$

풀이

$\tau_{\max} = \dfrac{T}{Z_p} = \dfrac{16T}{\pi d^3}$

18

그림과 같은 외팔보가 있다. 보의 굽힘에 대한 허용응력을 80MPa로 하고, 자유단 B로부터 보의 중앙점 C사이에 등분포하중 w를 작용시킬 때, w의 허용 최대값은 몇 kN/m인가? (단, 외팔보의 폭×높이는 5cm×9cm이다.)

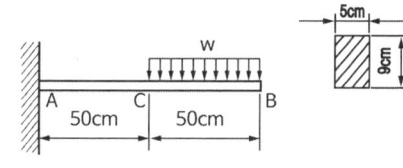

① 12.4 ② 13.4
③ 14.4 ④ 15.4

풀이

등가집중하중 $P_e = 0.5w\,[\text{kN}]$

$M_{\max} = M_A = P_e \times 0.75 = 0.5 \times 0.75w\,[\text{kNm}]$

$\sigma_a = \dfrac{M_{\max}}{Z} = \dfrac{6M_{\max}}{bh^2}$

$80 \times 10^6 = \dfrac{6 \times 0.5 \times 0.75w \times 10^3}{0.05 \times 0.09^2}$

$\therefore w = 14.4\,[\text{kN/m}]$

19

다음 정사각형 단면(40mm×40mm)을 가진 외팔보가 있다. $a-a$면에서의 수직응력(σ_n)과 전단응력(τ_s)은 각각 몇 kPa인가?

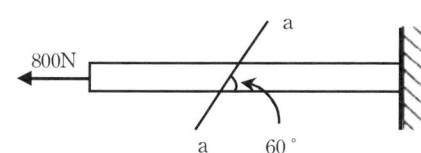

① $\sigma_n = 693$, $\tau_s = 400$
② $\sigma_n = 400$, $\tau_s = 693$

③ $\sigma_n = 375$, $\tau_s = 217$
④ $\sigma_n = 217$, $\tau_s = 375$

> 풀이

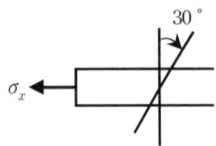

a-a면은 단면으로부터 30° 회전한 것이다. 또한
$\sigma_x = \dfrac{800}{40^2} = 0.5 [\text{MPa}]$ 이므로
$\sigma_n = \sigma_x \cos^2\theta = 500 \times \cos^2 30° = 375 [\text{MPa}]$
$\tau_s = \sigma_x \sin\theta\cos\theta = 500 \times \sin 30° \times \cos 30°$
$= 216.5 [\text{MPa}]$

20

다음 보의 자유단 A지점에서 발생하는 처짐은 얼마인가? (단, EI는 굽힘강성이다.)

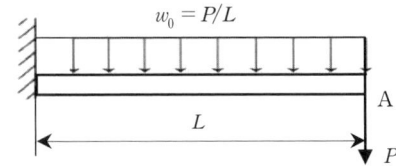

① $\dfrac{5PL^3}{6EI}$ ② $\dfrac{7PL^3}{12EI}$

③ $\dfrac{11PL^3}{24EI}$ ④ $\dfrac{17PL^3}{48EI}$

> 풀이

$\delta_A = \dfrac{w_0 L^4}{8EI} + \dfrac{PL^3}{3EI} = \dfrac{PL^3}{8EI} + \dfrac{PL^3}{3EI} = \dfrac{11PL^3}{24EI}$

제2과목 : 기계열역학

21

이상적인 오토 사이클에서 단열압축되기 전 공기가 101.3kPa, 21℃이며, 압축비 7로 운정할 때 이 사이클의 효율은 약 몇 %인가? (단, 공기의 비열비는 1.4이다.)

① 62% ② 54%
③ 46% ④ 42%

> 풀이

$\eta = 1 - \left(\dfrac{1}{\varepsilon}\right)^{k-1} = 1 - \left(\dfrac{1}{7}\right)^{0.4} = 0.54 = 54[\%]$

22

다음 중 강성적(강도성, intensive)상태량이 아닌 것은?

① 압력 ② 온도
③ 엔탈피 ④ 비체적

> 풀이

강도성상태량 : 온도, 압력
종량성상태량 : 체적, 내부에너지, 엔탈피, 엔트로피
비상태량 : 비체적, 비내부에너지, 비엔탈피, 비엔트로피비상태량은 강도성상태량처럼 취급한다.

23

이상기체 공기가 안지름 0.1m인 관을 통하여 0.2m/s로 흐르고 있다. 공기의 온도는 20℃, 압력은 100kPa, 기체상수는 0.287kJ/(kg · K)라면 질량유량은 약 몇 kg/s인가?

① 0.0019 ② 0.0099
③ 0.0119 ④ 0.0199

> 풀이

$\dot{m} = \rho Q = \rho AV = \dfrac{P}{RT} AV \left(\because \dfrac{P}{\rho} = RT\right)$
$= \dfrac{100}{0.287 \times (273+20)} \times \dfrac{\pi}{4} \times 0.1^2 \times 0.2$
$= 1.87 \times 10^{-3} = 0.00187 [\text{kg/s}]$

24

이상기체가 정압과정으로 dT 만큼 온도가 변하였을 때 1kg당 변화된 열량 Q는? (단, C_v는 정적비열, C_p는 정압비열, k는 비열비를 나타낸다.)

① $Q = C_v dT$

② $Q = k^2 C_v dT$

③ $Q = C_p dT$

④ $Q = kC_p dT$

풀이

$\delta Q = dH - VdP$에서 정압이므로 $dP = 0$
$\delta Q = dH = mC_p dT = C_p dT$

25

열역학적 변화와 관련하여 다음 설명 중 옳지 않은 것은?

① 단위 질량당 물질의 온도를 1℃ 올리는데 필요한 열량을 비열이라 한다.

② 정압과정으로 시스템에 전달된 열량은 엔트로피 변화량과 같다.

③ 내부 에너지는 시스템의 질량에 비례하므로 종량적(extensive)상태량이다.

④ 어떤 고체가 액체로 변화할 때 융해(Melting)라고 하고, 어떤 고체가 기체로 바로 변화할 때 승화(Sublimation)라고 한다.

풀이

정압과정으로 시스템에 전달된 열량은 엔탈피 변화량과 같다.
$\delta Q = dH - VdP$에서 정압이므로 $dP = 0$
$\delta Q = dH$,
$Q = \Delta H$

26

저온실로부터 46.4kW의 열을 흡수할 때 10kW의 동력을 필요로 하는 냉동기가 있다면, 이 냉동기의 성능계수는?

① 4.64

② 5.65

③ 7.49

④ 8.82

풀이

$\varepsilon_r = \dfrac{\dot{Q_2}}{\dot{W}} = \dfrac{46.4}{10} = 4.64$

27

엔트로피(s) 변화 등과 같은 직접 측정할 수 없는 양들을 압력(P), 비체적(v), 온도(T)와 같은 측정 가능한 상태량으로 나타내는 Maxwell 관계식과 관련하여 다음 중 틀린 것은?

① $\left(\dfrac{\partial T}{\partial P}\right)_s = \left(\dfrac{\partial v}{\partial s}\right)_P$

② $\left(\dfrac{\partial T}{\partial v}\right)_s = -\left(\dfrac{\partial P}{\partial s}\right)_v$

③ $\left(\dfrac{\partial v}{\partial T}\right)_P = -\left(\dfrac{\partial s}{\partial P}\right)_T$

④ $\left(\dfrac{\partial P}{\partial v}\right)_T = \left(\dfrac{\partial s}{\partial T}\right)_v$

풀이

다음 그래프를 이용하여 맥스웰 방정식을 유도한다.

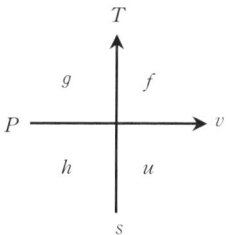

① $\left(\dfrac{\partial T}{\partial P}\right)_s$: $s \to T \to P = v$ ∴ $\left(\dfrac{\partial v}{\partial s}\right)_P$

② $\left(\dfrac{\partial T}{\partial v}\right)_s$: $s \to T \to v = -P$ ∴ $-\left(\dfrac{\partial P}{\partial s}\right)_v$

③ $\left(\dfrac{\partial v}{\partial T}\right)_P$: $P \to v \to T = -s$ ∴ $-\left(\dfrac{\partial s}{\partial P}\right)_T$

④ 성립않됨

28

다음 4가지 경우에서 (   )안의 물질이 보유한

엔트로피가 증가한 경우는?

ⓐ 컵에 있는 (물)이 증발하였다.
ⓑ 목욕탕의 (수증기)가 차가운 타일벽에서 물로 응결되었다.
ⓒ 실린더 안의 (공기)가 가역 단열적으로 팽창되었다.
ⓓ 뜨거운(커피)가 식어서 주위온도와 같게 되었다.

① ⓐ
② ⓑ
③ ⓒ
④ ⓓ

풀이
ⓐ 열의 흡수이므로 엔트로피 증가
ⓑ 열의 방출이므로 엔트로피 감소
ⓒ 가역단열이므로 엔트로피 일정
ⓓ 열의 방출이므로 엔트로피 감소

29

공기압축기에서 입구공기의 온도와 압력은 각각 27℃, 100kPa이고, 체적유량은 0.01 m³/s이다. 출구에서 압력이 400kPa이고, 이 압축기의 등엔트로피 효율이 0.8일 때, 압축기의 소요 동력은 약 몇 kW인가? (단, 공기의 정압비열과 기체상수는 각각 1kJ/(kg·K), 0.287kJ (kg·K)이고, 비열비는 1.4이다.)

① 0.9
② 1.7
③ 2.1
④ 3.8

풀이
우선, 공기의 밀도(ρ)는
$$\rho = \frac{P_1}{RT_1} = \frac{100}{0.287 \times (273+27)} = 1.16 [kg/m^3]$$
압축기는 등엔트로피(가역단열압축) 과정이므로 단열관계 $\frac{T_2}{T_1} = \left(\frac{P_2}{P_1}\right)^{\frac{k-1}{k}}$에서 출구온도($T_2$)는

$$T_2 = T_1 \left(\frac{P_2}{P_1}\right)^{\frac{k-1}{k}}$$
$$= (273+27) \times \left(\frac{400}{100}\right)^{\frac{0.4}{1.4}} = 445.8 [K]$$

압축기 일량($\dot{W_c}$)은
$$\dot{W_c} = \dot{m} C_p \Delta T = \rho Q \frac{k}{k-1} R(T_2 - T_1)$$
$$= 1.16 \times 0.01 \times \frac{1.4}{0.4} \times 0.287 \times (445.8 - 300)$$
$$= 1.7 [kW]$$

효율(η) = $\frac{압축기출력}{소요동력}$에서

소요동력 = $\frac{\dot{W_c}}{\eta} = \frac{1.7}{0.8} = 2.12 [kW]$

30

초기 압력 100kPa, 초기 체적 0.1m³인 기체를 버너로 가열하여 기체 체적이 정압과정으로 0.5m³이 되었다면 이 과정 동안 시스템이 외부에 한 일은 약 몇 kJ인가?

① 10
② 20
③ 30
④ 40

풀이
$W = P(V_2 - V_1) = 100 \times (0.5 - 0.1) = 40 [kJ]$

31

증기터빈 발전소에서 터빈 입구의 증기 엔탈피는 출구의 엔탈피보다 136kJ/kg 높고, 터빈에서의 열손실은 10kJ/kg이다. 증기속도는 터빈 입구에서 10m/s이고, 출구에서 110m/s일 때 이 터빈에서 발생시킬 수 있는 일은 약 몇 kJ/kg인가?

① 10
② 90
③ 120
④ 140

풀이
개방계 정상유동의 식
$q = w_t + (h_2 - h_1) + \frac{1}{2}(V_2^2 - V_1^2)$에서

$$-10 = w_t + (-136) + \frac{1}{2} \times (110^2 - 10^2) \times 10^{-3}$$
$$\therefore w_t = 120 \,[\text{kJ/kg}]$$

32

그림과 같이 온도(T) - 엔트로피(s)로 표시된 이상적인 랭킨사이클에서 각 상태의 엔탈피(h)가 다음과 같다면, 이 사이클의 효율은 약 몇 %인가?

(단, $h_1 = 30\text{kJ/kg}$, $h_2 = 31\text{kJ/kg}$,
$h_3 = 274\text{kJ/kg}$, $h_4 = 668\text{kJ/kg}$,
$h_5 = 764\text{kJ/kg}$, $h_6 = 478\text{kJ/kg}$이다.)

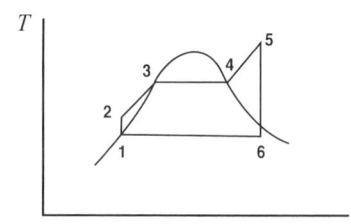

① 39 ② 42
③ 53 ④ 58

풀이

$$\eta = \frac{(h_5 - h_6) - (h_2 - h_1)}{(h_5 - h_2)}$$
$$= \frac{(764 - 478) - (31 - 30)}{(764 - 31)} = 0.389 = 39\,[\%]$$

33

이상적인 복합 사이클(사바테 사이클)에서 압축비는 16, 최고압력비(압력상승비)는 2.3, 체절비는 1.6이고, 공기의 비열비는 1.4일 때 이 사이클의 효율은 약 몇 %인가?

① 55.52 ② 58.41
③ 61.54 ④ 64.88

풀이

$$\eta = 1 - \left(\frac{1}{\varepsilon}\right)^{k-1} \frac{\rho \sigma^k - 1}{(\rho - 1) + k(\sigma - 1)}$$

$$= 1 - \left(\frac{1}{16}\right)^{0.4} \frac{2.3 \times 1.6^{1.4} - 1}{(2.3 - 1) + 1.4 \times 2.3 \times (1.6 - 1)}$$
$$= 0.6488 = 64.88\,[\%]$$

34

단위질량의 이상기체가 정적과정 하에서 온도가 T_1에서 T_2로 변하였고, 압력도 P_1에서 P_2로 변하였다면, 엔트로피 변화량 ΔS는? (단, C_v와 C_P는 각각 정적비열과 정압비열이다.)

① $\Delta S = C_v \ln \dfrac{P_1}{P_2}$

② $\Delta S = C_p \ln \dfrac{P_2}{P_1}$

③ $\Delta S = C_v \ln \dfrac{T_2}{T_1}$

④ $\Delta S = C_p \ln \dfrac{T_1}{T_2}$

풀이

$\delta S = \dfrac{\delta Q}{T} = \dfrac{dU + PdV}{T}$ 에서 $dV = 0$이므로

$$\Delta S = \int_1^2 dS = \int_1^2 \frac{dU}{T} = mC_v \int_1^2 \frac{dT}{T} = mC_v \ln \frac{T_2}{T_1}$$
$$= C_v \ln \frac{T_2}{T_1} \,(\because m = 1)$$

35

온도가 각기 다른 액체 A(50℃), B(25℃), C(10℃)가 있다. A와 B를 동일질량으로 혼합하면 40℃로 되고, A와 C를 동일질량으로 혼합하면 30℃로 된다. B와 C를 동일질량으로 혼합할 때는 몇 ℃로 되겠는가?

① 16.0℃
② 18.4℃
③ 20.0℃
④ 22.5℃

풀이

열량보존법칙

$C_A(50-40) = C_B(40-25)$

$C_A(50-30) = C_C(30-10)$

$C_B(25-T_m) = C_C(T_m-10)$

$\frac{10}{15}C_A(25-T_m) = \frac{20}{20}C_A(T_m-10)$

$\frac{2}{3} \times 25 - \frac{2}{3}T_m = T_m - 10$

$\frac{5}{3}T_m = \frac{50}{3} + 10 = \frac{80}{3}$ ∴ $T_m = \frac{80}{5} = 16[℃]$

36

어떤 기체가 5kJ의 열을 받고 0.18kN·m의 일을 외부로 하였다. 이때의 내부에너지의 변화량은?

① 3.24kJ ② 4.82kJ
③ 5.18kJ ④ 6.14kJ

풀이

$Q = \Delta U + W$ 에서 $5 = \Delta U + 0.18$

∴ $\Delta U = 5 - 0.18 = 4.82[kJ]$

37

대기압이 100kPa일 때, 계기 압력이 5.23 MPa인 증기의 절대 압력은 약 몇 MPa인가?

① 3.02 ② 4.12
③ 5.33 ④ 6.43

풀이

절대압 = 대기압 + 계기압

절대압 = 0.1 + 5.23 = 5.33[MPa]

38

압력 2MPa, 온도 300℃의 수증기가 20 m/s속도로 증기터빈으로 들어간다. 터빈 출구에서 수증기 압력이 100kPa, 속도는 100m/s이다. 가역단열과정으로 가정 시, 터빈을 통과하는 수증기 1kg당 출력일은 약 몇 kJ/kg인가? (단, 수증기표로부터 2MPa, 300℃에서 비엔탈피는 3023.5kJ/kg, 비엔트로피는 6.7663kJ/(kg·K)이고, 출구에서의 비엔탈피 및 비엔트로피는 아래 표와 같다.)

출구	포화액	포화증기
비엔트로피[kJ/(kg·K)]	1.3025	7.3593
비엔탈피[kJ/kg]	417.44	2675.46

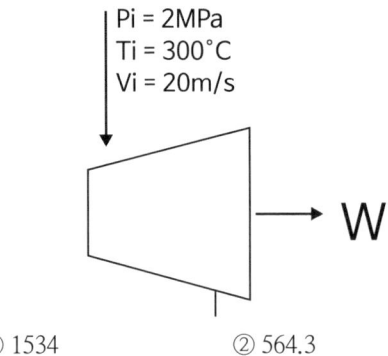

Pi = 2MPa
Ti = 300℃
Vi = 20m/s

① 1534 ② 564.3
③ 153.4 ④ 764.5

풀이

우선, 출구에서의 건도(x)는 가역단열과정이므로 출구의 엔트로피(s_x)와 입구의 엔트로피(s_x)가 같다는 점에 착안하여

$s_x = s' + x(s'' - s')$ 에서

$x = \frac{s_x - s'}{s'' - s'} = \frac{6.7663 - 1.3025}{7.3593 - 1.3025} = 0.9021$

따라서, 출구에서의 엔탈피(h_2)는

$h_2 = h' + x(h'' - h')$

$= 417.45 + 0.9021 \times (2675.46 - 417.44)$

$= 2454.4[kJ/kg]$

개방계 정상유동의 식에서

$q = w_t + (h_2 - h_1) + \frac{1}{2}(V_2^2 - V_1^2)$

$0 = w_t + (2454.4 - 3023.5)$

$\quad + \frac{1}{2} \times (100^2 - 20^2) \times 10^{-3}$

∴ $w_t = 564.3[kJ/kg]$

39

520K의 고온 열원으로부터 18.4kJ열량을 받고 273K의 저온 열원에 13kJ의 열량 방출하는 열기관에 대하여 옳은 설명은?

① Clausius 적분값은 −0.0122kJ/K이고, 가역 과정이다.
② Clausius 적분값은 −0.0122kJ/K이고, 비가역 과정이다.
③ Clausius 적분값은 +0.0122kJ/K이고, 가역 과정이다.
④ Clausius 적분값은 +0.0122kJ/K이고, 비가역 과정이다.

풀이

$$\oint \frac{\delta Q}{T} = \Sigma \frac{Q}{T} = \frac{18.4}{520} + \frac{(-13)}{273} = -0.0122[kJ/K]$$

이 값은 0보다 작으므로 비가역과정이다.

40

랭킨 사이클에서 25℃, 0.01MPa압력의 물 1kg을 5MPa 압력의 보일러로 공급한다. 이때 펌프가 가역단열과정으로 작용한다고 가정할 경우 펌프가 한 일은 약 몇 kJ인가? (단, 물의 비체적은 0.001m³/kg이다.)

① 2.58
② 4.99
③ 20.10
④ 40.20

풀이

펌프일 $W_p = V\Delta P = V(P_2 - P_1)$
$= 0.001 \times (5 - 0.01) \times 10^3 = 4.99[kJ]$

제3과목 : 기계유체역학

41

지름 0.1mm, 비중 2.3인 작은 모래알이 호수 바닥으로 가라앉을 때, 잔잔한 물 속에서 가라앉는 속도는 약 몇 mm/s인가? (단, 물의 점성계수는 1.12×10⁻³N·s/m²이다.)

① 6.32
② 4.96
③ 3.17
④ 2.24

풀이

종단속도(V_t)가 발생하면 가속도없이 등속으로 움직이는 것이므로
중력 − 부력 − 저항력 = 0에서

$$(s\gamma_w - \gamma_w)\frac{4}{3}\pi r^3 = 6\pi r \mu V_t$$

$$V_t = \frac{2(s-1)\gamma_w r^2}{9\mu}$$

$$= \frac{2 \times (2.3-1) \times 9800 \times \left(\frac{0.1 \times 10^{-3}}{2}\right)^2}{9 \times 1.12 \times 10^{-3}}$$

$= 6.32 \times 10^{-3}[m/s] = 6.32[mm/s]$

42

반지름 R인 파이프 내에 점도 μ인 유체가 완전발달 층류유동으로 흐르고 있다. 길이 L을 흐르는데 압력 손실이 Δp만큼 발생했을 때, 파이프 벽면에서의 평균전단응력은 얼마인가?

① $\mu \frac{R}{4} \frac{\Delta p}{L}$
② $\mu \frac{R}{2} \frac{\Delta p}{L}$
③ $\frac{R}{4} \frac{\Delta p}{L}$
④ $\frac{R}{2} \frac{\Delta p}{L}$

풀이

수평원관에서의 전단응력 $\tau = -\frac{r}{2}\frac{dp}{d\ell}$ 에서

관벽에서 $\tau_{max} = \frac{R\Delta p}{2L}$

43

어느 물리법칙이 $F(a, V, \nu, L) = 0$과 같은 식으로 주어졌다. 이 식을 무차원수의 함수로 표시하고자 할 때 이에 관계되는 무차원수는 몇 개인가? (단, a, V, ν, L은 각각 가속도, 속도, 동점성계수, 길이이다.)

① 4 ② 3
③ 2 ④ 1

풀이

$a[LT^{-2}], V[LT^{-1}], \nu[L^2T^{-1}], L[L]$
버킹햄의 파이정리에서 물리량의 수 (n), 기본차원수 (m)일 때 무차원수 $(\pi) = n - m = 4 - 2 = 2$

44

평균 반지름이 R인 얇은 막 형태의 작은 비누 방울의 내부 압력을 P_i, 외부 압력을 P_o라고 할 경우, 표면장력 (σ)에 의한 압력차 $(|P_i - P_o|)$는?

① $\dfrac{\sigma}{4R}$ ② $\dfrac{\sigma}{R}$
③ $\dfrac{4\sigma}{R}$ ④ $\dfrac{2\sigma}{R}$

풀이

물방울: $\sigma \times 2\pi R = \Delta P \times \pi R^2$ 에서 $\Delta P = \dfrac{2\sigma}{R}$

비누방울: $2\sigma \times 2\pi R = \Delta P \times \pi R^2$ 에서 $\Delta P = \dfrac{4\sigma}{R}$

45

$\dfrac{1}{20}$로 축소한 모형 수력 발전 댐과, 역학적으로 상사한 실제 수력 발전 댐이 생성할 수 있는 동력의 비(모형 : 실제)는 약 얼마인가?

① 1 : 1800
② 1 : 8000
③ 1 : 35800
④ 1 : 160000

풀이

프루이드수 (Fr)가 같아야 한다.

$\left(\dfrac{V}{\sqrt{g\ell}}\right)_P = \left(\dfrac{V}{\sqrt{g\ell}}\right)_m$ 에서 $\dfrac{V_p}{\sqrt{\ell_p}} = \dfrac{V_m}{\sqrt{\ell_m}}$

$V_p = V_m \sqrt{\dfrac{\ell_m}{\ell_p}} = \dfrac{1}{\sqrt{20}} V_m$

동력 $L = \gamma QH = \gamma AVH = \gamma \ell^3 V$ 이므로

$\dfrac{L_m}{L_p} = \dfrac{\gamma \ell_m^3 V_m}{\gamma \ell_p^3 V_p} = \left(\dfrac{\ell_m}{\ell_p}\right)^3 \left(\dfrac{V_m}{V_p}\right) = \left(\dfrac{\ell_m}{\ell_p}\right)^3 \left(\dfrac{1}{\sqrt{20}}\right)$

$= \left(\dfrac{1}{20}\right)^3 \times \dfrac{1}{\sqrt{20}} = \dfrac{1}{20^3 \times \sqrt{20}} = \dfrac{1}{35777.1}$

46

비압축성 유체의 2차원 유동 속도성분이 $u = x^2 t$, $v = x^2 - 2xyt$ 이다. 시간 (t)이 2일 때, $(x, y) = (2, -1)$에서 x방향 가속도 (a_x)는 약 얼마인가? (단, u, v는 각각 x, y방향 속도성분이고, 단위는 모두 표준단위이다.)

① 32 ② 34
③ 64 ④ 68

풀이

$a_x = \dfrac{\partial u}{\partial t} + u \dfrac{\partial u}{\partial x} = (x^2) + (x^2 t)(2xt)$

$= 2^2 + (2^2 \times 2) \times (2 \times 2 \times 2) = 68 [\text{m/s}^2]$

47

다음과 같이 유체의 정의를 설명할 때 괄호속에 가장 알맞은 용어는 무엇인가?

> 유체란 아무리 작은 ( )에도 저항할 수 없어 연속적으로 변형하는 물질이다.

① 수직응력 ② 중력
③ 압력 ④ 전단응력

풀이

유체란 아무리 작은 전단응력에도 저항할 수 없어 연속적으로 변형하는 물질이다.

48

안지름 100mm인 파이프 안에 2.3m³/min의 유량으로 물이 흐르고 있다. 관 길이가 15m라고 할 때 이 사이에서 나타나는 손실수두는 약 몇 m인가? (단, 관마찰계수는 0.01로 한다.)

① 0.92 ② 1.82
③ 2.13 ④ 1.22

풀이

평균유속 $V = \dfrac{4Q}{\pi d^2} = \dfrac{4 \times 2.3}{\pi \times 0.1^2 \times 60} = 4.88 \, [\text{m/s}]$

달시-바이스 바하의 손실수두의 식

$h_L = f \dfrac{\ell}{d} \dfrac{V^2}{2g} = 0.01 \times \dfrac{15}{0.1} \times \dfrac{4.88^2}{2 \times 9.8} = 1.82 \, [\text{m}]$

49

지름 20cm, 속도 1m/s인 물 제트가 그림과 같은 넓은 평판에 60° 경사하여 충돌한다. 분류가 평판에 작용하는 수직방향 힘 F_N은 약 몇 N인가? (단, 중력에 대한 영향은 고려하지 않는다.)

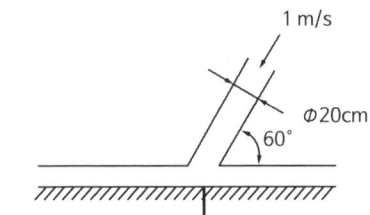

① 27.2 ② 31.4
③ 2.72 ④ 3.14

풀이

$F_N = \rho Q V \sin\theta = \rho A V^2 \sin\theta$
$= 1000 \times \dfrac{\pi}{4} \times 0.2^2 \times 1^2 \times \sin 60° = 27.2 \, [\text{N}]$

50

경계층(boundary layer)에 관한 설명 중 틀린 것은?

① 경계층 바깥의 흐름은 포텐셜 흐름에 가깝다.
② 균일 속도가 크고, 유체의 점성이 클수록 경계층의 두께는 얇아진다.
③ 경계층 내에서는 점성의 영향이 크다.
④ 경계층은 평판 선단으로부터 하류로 갈수록 두꺼워진다.

풀이

경계층에서 유체의 점성이 클수록 경계층의 두께는 두꺼워진다.

51

안지름이 20cm, 높이가 60cm인 수직 원통형 용기에 밀도 850kg/m³인 액체가 밑면으로부터 50cm 높이만큼 채워져 있다. 원통형 용기가 액체가 일정한 각속도로 회전할 때, 액체가 넘치기 시작하는 각속도는 약 몇 rpm인가?

① 134 ② 189
③ 276 ④ 392

풀이

$\Delta H = \dfrac{V^2}{2g} = \dfrac{\omega^2 r^2}{2g}$ 에서 $0.2 = \dfrac{\omega^2 \times 0.1^2}{2 \times 9.8}$

$\omega = \sqrt{\dfrac{0.2 \times 2 \times 9.8}{0.1^2}} = 19.8 \, [\text{rad/s}]$

또한 $\omega = \dfrac{2\pi N}{60}$ 에서

$N = \dfrac{60}{2\pi} \omega = \dfrac{60}{2\pi} \times 19.8 = 189.07 \, [\text{rpm}]$

52

유체 계측과 관련하여 크게 유체의 국소속도를 측정하는 것과 체적유량을 측정하는 것으로 구분할 때 다음 중 유체의 국소속도를 측정하는 계측기는?

① 벤투리미터 ② 얇은 판 오리피스
③ 열선 속도계 ④ 로터미터

풀이
유량측정 : 벤투리미터, 오리피스, 로터미터
유속측정 : 열선온도계

53
유체(비중량 10N/m³)가 중량유량 6.28N/s로 지름 40cm인 관을 흐르고 있다. 이 관 내부의 평균유속은 약 몇 m/s인가?
① 50.0 ② 5.0
③ 0.2   ④ 0.8

풀이
중량유량 $\dot{G} = \gamma Q$ 에서
$Q = \dfrac{\dot{G}}{\gamma} = \dfrac{6.28}{10} = 0.628 \, [\text{m}^3/\text{s}]$
평균유속 $V = \dfrac{4Q}{\pi d^2} = \dfrac{4 \times 0.628}{\pi \times 0.4^2} = 5.0 \, [\text{m/s}]$

54
(x,y)좌표계의 비회전 2차원 유동장에서 속도 포텐셜(potential) ϕ는 $\phi = 2x^2 y$로 주어졌다. 이 때 점(3, 2)인 곳에서 속도 벡터는? (단, 속도포텐셜 ϕ는 $\vec{V} \equiv \nabla \phi = grad \phi$로 정의된다.)
① $24\vec{i} + 18\vec{j}$ ② $-24\vec{i} + 18\vec{j}$
③ $12\vec{i} + 9\vec{j}$ ④ $-12\vec{i} + 9\vec{j}$

풀이
$u = \dfrac{\partial \phi}{\partial x} = 4xy = 4 \times 3 \times 2 = 24$
$v = \dfrac{\partial \phi}{\partial y} = 2x^2 = 2 \times 3^2 = 18$
$\vec{V} = u\vec{i} + v\vec{j} = 24\vec{i} + 18\vec{j}$

55
수평면과 60° 기울어진 벽에 지름이 4m인 원형창이 있다. 창의 중심으로부터 5m 높이에 물이 차있을 때 창에 작용하는 합력의 작용점과 원형창의 중심(도심)과의 거리(C)는 약 몇 m인가? (단, 원의 2차 면적 모멘트는 $\dfrac{\pi R^4}{4}$이고, 여기서 R은 원의 반지름이다.)

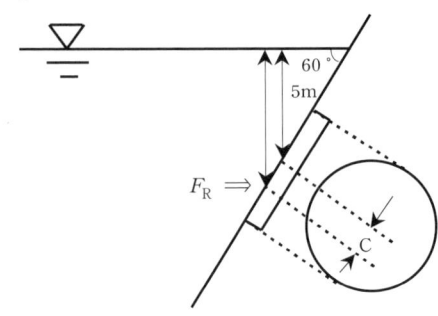

① 0.0866 ② 0.173
③ 0.866   ④ 1.73

풀이
$\bar{y} \sin 60° = 5 [\text{m}]$ 이므로
$y_p - \bar{y} = \dfrac{I_G}{\bar{y} A} = \dfrac{\dfrac{\pi \times 2^4}{4}}{\left(\dfrac{5}{\sin 60°}\right) \times (\pi \times 2^2)} = 0.173 \, [\text{m}]$

56
연직하방으로 내려가는 물제트에서 높이 10m인 곳에서 속도는 20m/s였다. 높이 5m인 곳에서의 물의 속도는 약 몇 m/s인가?

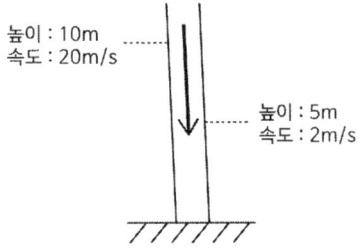

① 29.45 ② 26.34
③ 23.88 ④ 22.32

풀이
$mgZ_1 + \dfrac{1}{2} m V_1^2 = mgZ_2 + \dfrac{1}{2} m V_2^2$ 에서 m을 소거하면
$9.8 \times 10 + \dfrac{1}{2} \times 20^2 = 9.8 \times 5 + \dfrac{1}{2} V_2^2$
$\dfrac{1}{2} V_2^2 = 259$ ∴ $V_2 = \sqrt{2 \times 249} = 22.32 \, [\text{m/s}]$

정답 53② 54① 55② 56④

57

그림에서 압력차 $(P_x - P_y)$는 약 몇 kPa인가?

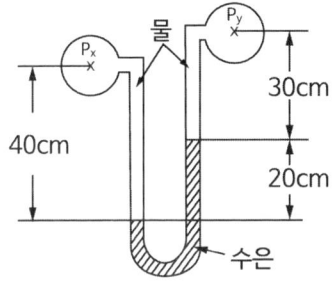

① 25.67
② 2.57
③ 51.34
④ 5.13

풀이

$P_x + \gamma_w \times 0.4 - 13.6\gamma_w \times 0.2 - \gamma_w \times 0.3 = P_y$
$P_x - P_y = 13.6\gamma_w \times 0.2 - \gamma_w \times 0.1$
$\quad = 13.6 \times 9.8 \times 0.2 - 9.8 \times 0.1 = 25.676 \,[\text{kPa}]$

58

공기로 채워진 0.189m^3의 오일 드럼통을 사용하여 잠수부가 해저 바닥으로부터 오래된 배의 닻을 끌어올리려 한다. 바닷물 속에서 닻을 들어 올리는데 필요한 힘은 1780N이고, 공기 중에서 드럼통을 들어 올리는데 필요한 힘은 222N이다. 공기로 채워진 드럼통을 닻에 연결한 후 잠수부가 이 닻을 끌어올리는 데 필요한 최소 힘은 약 몇 N인가? (단, 바닷물의 비중은 1.025이다.)

① 72.8
② 83.4
③ 92.5
④ 103.5

풀이

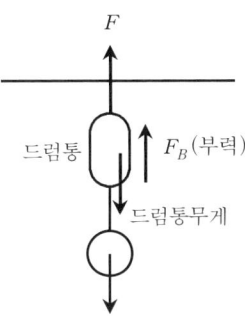

드럼통의 무게 = 222N
닻의 무게 − 닻의 부력 = 1780N
드럼통의 부력 = $1.025 \times 9800 \times 0.189 = 1898.5\text{N}$
최소 힘 = (닻의 무게 − 닻의 부력) + 드럼통의 무게
  − 드럼통의 부력
= $1780 + 222 - 1898.5 = 103.5\,[\text{N}]$

59

수력기울기선(Hydraulic Grade Line ; HGL)이 관보다 아래에 있는 곳에서의 압력은?

① 완전 진공이다.
② 대기압보다 낮다.
③ 대기압과 같다.
④ 대기압보다 높다.

풀이

$\dfrac{P}{\gamma} + Z = \dfrac{P_0}{\gamma}$ 에서 $\dfrac{P}{\gamma} = \dfrac{P_0}{\gamma} - Z$
$\therefore P < P_0$

60

원관 내부의 흐름이 층류 정상 유동일 때 유체의 전단응력 분포에 대한 설명으로 알맞은 것은?

① 중심축에서 0이고, 반지름 방향 거리에 따라 선형적으로 증가한다.
② 관 벽에서 0이고, 중심축까지 선형적으로

증가한다.
③ 단면에서 중심축을 기준으로 포물선 분포를 가진다.
④ 단면적 전체에서 일정하다.

풀이

전단응력은 중심축에서 0이고 반지름방향 거리에 따라 선형적으로 증가하며 관벽에서 최대값을 가진다.

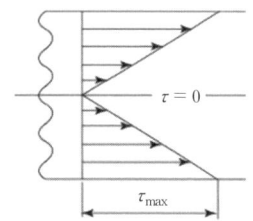

제4과목 : 기계재료 및 유압기기

61

플라스틱 재료의 일반적인 특징을 설명한 것 중 틀린 것은?
① 완충성이 크다.
② 성형성이 우수하다.
③ 자기 윤활성이 풍부하다.
④ 내식성은 낮으나, 내구성이 높다.

풀이

플라스틱은 내식성(부식에 견디는 성질)이 높고 내구성(강도에 견디어 오래 사용할 수 있는 성질)은 낮다.

62

주조용 알루미늄 합금의 질별 기호 중 T6가 의미하는 것은?
① 어닐링 한 것
② 제조한 그대로의 것
③ 용체화 처리 후 인공시효 경화 처리한 것
④ 고온 가공에서 냉각 후 자연 시효 시킨 것

풀이

알루미늄의 열처리 기호
- 어닐링(풀림) 처리한 것 : O
- 제조한 그대로의 것 : F
- 용체화처리 후 인공시효 경화 처리한 것 : T6
- 고온 가공에서 냉각 후 자연시효시킨 것 : T4

63

주철에 대한 설명으로 옳은 것은?
① 주철은 액상일 때 유동성이 좋다.
② 주철은 C와 Si등이 많을수록 비중이 커진다.
③ 주철은 C와 Si등이 많을수록 용융점이 높아진다.
④ 흑연이 많을 경우 그 파단면은 백색을 띠며 백주철이라 한다.

풀이

주철(cast iron)
- 액상일 때 유동성이 좋다.
- C와 Si등이 많을수록 비중이 작아진다.
- C와 Si등이 많을수록 용융점이 낮아진다.
- 흑연이 많을 경우 그 파단면은 회색을 띠며 회주철이라 한다.

64

특수강을 제조하는 목적이 아닌 것은?
① 절삭성 개선
② 고온강도 저하
③ 담금질성 향상
④ 내마멸성, 내식성 개선

풀이

고온강도 증가 : 텅스텐, 몰리브덴, 바나듐 첨가

65

확산에 의한 경화 방법이 아닌 것은?
① 고체 침탄법   ② 가스 질화법
③ 쇼트 피이닝   ④ 침탄 질화법

정답 61④ 62③ 63① 64② 65③

풀이
확산은 탄소가 강의 표면에 스며들어 경화되는 것으로 침탄법, 질화법, 침탄질화법 등이 있다. 쇼트피이닝은 숏(shot)이라는 작은 강구를 고압으로 강의 표면에 분사시켜 표면을 경화시키며 동시에 피로한도를 높이는 방법이다.

66
조미니 시험(Jominy test)은 무엇을 알기 위한 시험 방법인가?
① 부식성　　② 마모성
③ 충격인성　　④ 담금질성

풀이
조미니 시험[jominy test] : 조미니 시험 장치를 이용하여 강 등의 담금질성을 측정하는 시험 방법. 조미니 시험편은 담금질 온도로 가열한다.

67
기계태엽, 정밀계측기, 다이얼 게이지 등을 만드는 재료로 가장 적합한 것은?
① 인청동　　② 엘린바
③ 미하나이트　　④ 애드미럴티

풀이
불변강 계열이 적합하다.

68
금속재료에 외력을 가했을 때 미끄럼이 일어나는 과정에서 생긴 국부적인 격자 배열의 선결함은?
① 전위　　② 공공
③ 적층결함　　④ 결정립 경계

풀이
전위이다.

69
배빗메탈(babbit metal)에 관한 설명으로 옳은 것은?
① Sn-Sb-Cu계 합금으로서 베어링재료로 사용된다.
② Cu-Ni-Si계 합금으로서 도전율이 좋으므로 강력 도전 재료로 이용된다.
③ Zn-Cu-Ti계 합금으로서 강도가 현저히 개선된 경화형 합금이다.
④ Al-Cu-Mg계 합금으로서 상온시효처리하여 기계적 성질을 개선시킨 합금이다.

풀이
배빗메탈은 주석계 베어링 메탈이다.

70
Fe-C평형 상태도에서 나타날 수 있는 반응이 아닌 것은?
① 포정반응　　② 공정반응
③ 공석반응　　④ 편정반응

풀이
공정반응, 포정반응, 공석반응 3가지

71
부하가 급격히 변화하였을 때 그 자중이나 관성력 때문에 소정의 제어를 못하게 된 경우 배압을 걸어주어 자유낙하를 방지하는 역할을 하는 유압제어 밸브로 체크밸브가 내장된 것은?
① 카운터밸런스 밸브
② 릴리프 밸브
③ 스로틀 밸브
④ 감압 밸브

풀이
배압을 주는 밸브 ; 카운터밸런스 밸브

72
다음 중 유압장치의 운동부분에 사용되는 실(seal)의 일반적인 명칭은?
① 심레스(seamless)　　② 개스킷(gasket)
③ 패킹(packing)　　④ 필터(filter)

풀이

밀봉장치인 실(seal)은 고정부는 가스킷, 운동부는 패킹으로 구분된다.

73

미터-아웃(meter-out) 유량 제어 시스템에 대한 설명으로 옳은 것은?

① 실린더로 유입하는 유량을 제어한다.
② 실린더의 출구 관로에 위치하여 실린더로부터 유출되는 유량을 제어한다.
③ 부하가 급격히 감소되더라도 피스톤이 급진되지 않도록 제어한다.
④ 순간적으로 고압을 필요로 할 때 사용한다.

풀이

미터 아웃 회로는 실린더의 출구쪽에 유량제어밸브가 설치되어 있다.

74

다음 기호에 대한 명칭은?

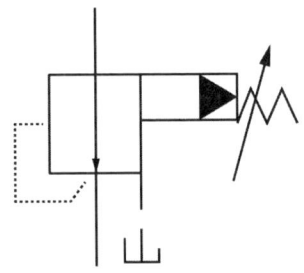

① 비례전자식 릴리프 밸브
② 릴리프 붙이 시퀀스 밸브
③ 파일럿 작동형 감압 밸브
④ 파일럿 작동형 릴리프 밸브

풀이

상시개방형이므로 릴리프밸브나 시퀀스밸브는 아니다. 그림은 파일럿 작동형 감압밸브이다.

75

다음 중 어큐뮬레이터 용도에 대한 설명으로 틀린 것은?

① 에너지 축적용
② 펌프 맥동 흡수용
③ 충격압력의 완충용
④ 유압유 냉각 및 가열용

풀이

어큐뮬레이터(축압기) ; 에너지 축적, 맥동흡수, 충격압력의 완충

76

온도 상승에 의하여 윤활유의 점도가 낮아질 때 나타나는 현상이 아닌 것은?

① 누설이 잘된다.
② 기포의 제거가 어렵다.
③ 마찰 부분의 마모가 증대된다.
④ 펌프의 용적 효율이 저하된다.

풀이

기포는 표면장력에 의해 그 막이 유지되는데 점성이 낮으면 쉽게 제거된다.

77

그림과 같은 유압회로의 명칭으로 옳은 것은?

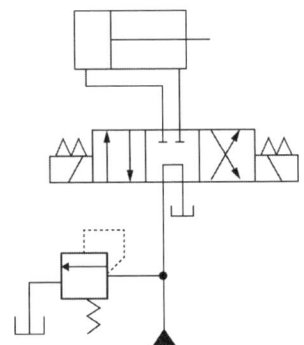

① 브레이크 회로
② 압력 설정 회로
③ 최대압력 제한 회로
④ 임의 위치 로크 회로

> **풀이**
임의 위치 로크 회로이다.

78

크래킹 압력(cracking pressure)에 관한 설명으로 가장 적합한 것은?
① 파일럿 관로에 작용시키는 압력
② 압력 제어 밸브 등에서 조절되는 압력
③ 체크 밸브, 릴리프 밸브 등에서 압력이 상승하고 밸브가 열리기 시작하여 어느 일정한 흐름의 양이 인정되는 압력
④ 체크 밸브, 릴리프 밸브 등의 입구 쪽 압력이 강하하고, 밸브가 닫히기 시작하여 밸브의 누설량이 어느 규정의 양까지 감소했을 때의 압력

> **풀이**
크래킹 압력(cracking pressure) : 체크 밸브, 릴리프 밸브 등에서 압력이 상승하고 밸브가 열리기 시작하여 어느 일정한 흐름의 양이 확인되는 압력

79

다음 중 기어 모터의 특성에 관한 설명으로 가장 거리가 먼 것은?
① 정회전, 역회전이 가능하다.
② 일반적으로 평기어를 사용한다.
③ 비교적 소형이며 구조가 간단하기 때문에 값이 싸다.
④ 누설량이 적고 토크 변동이 작아서 건설기계에 많이 이용된다.

> **풀이**
기어 모터는 누설 유량이 많고 토크 변동이 크다.

80

펌프의 압력이 50Pa, 토출유량은 40m³/min인 레이디얼 피스톤 펌프의 축동력은 약 몇 W인가? (단, 펌프의 전효율은 0.85이다.)
① 3921
② 39.21
③ 2352
④ 23.52

> **풀이**
$$\eta = \frac{pQ}{L} \text{에서 } L = \frac{pQ}{\eta} = \frac{50 \times \frac{40}{60}}{0.85} = 39.21 [\text{W}]$$

제5과목 : 기계제작법 및 기계동력학

81

반지름이 1m인 원을 각속도 60rpm으로 회전하는 1kg 질량의 선형운동량(linear momen-tum)은 몇 kg·m/s인가?
① 6.28
② 1.0
③ 62.8
④ 10.0

> **풀이**
$$p = mv = m\omega r = m\left(\frac{2\pi N}{60}\right)r = 1 \times \frac{2 \times \pi \times 60}{60} \times 1$$
$$= 2 \times \pi = 6.28 [\text{kg} \cdot \text{m/s}]$$

82

질량 m인 물체가 h의 높이에서 자유낙하한다. 공기 저항을 무시할 때, 이 물체가 도달할 수 있는 최대 속력은? (단, g는 중력가속도이다.)
① $\sqrt{mgh}$
② $\sqrt{mh}$
③ $\sqrt{gh}$
④ $\sqrt{2gh}$

> **풀이**
역학적에너지 보존법칙
$$mgh = \frac{1}{2}mv^2 \quad \therefore v = \sqrt{2gh}$$

83

그림과 같이 0.6m 길이에 질량 5kg의 균질 봉이 축의 직각방향으로 30N의 힘을 받고 있

다. 봉이 $\theta = 0°$일 때 시계방향으로 초기 각속도 $\omega_1 = 10\text{rad/s}$이면 $\theta = 90°$일 때 봉의 각속도는? (단, 중력의 영향을 고려한다.)

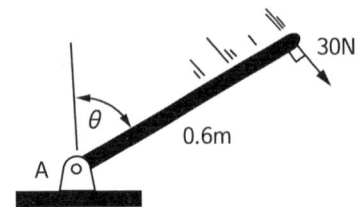

① 12.6rad/s ② 14.2rad/s
③ 15.6rad/s ④ 17.2rad/s

풀이

$\tau = I\alpha$에서

$mg\dfrac{L}{2}\sin\theta + FL = \dfrac{1}{3}mL^2\alpha$

$5 \times 9.8 \times 0.3 \times \sin\theta + 30 \times 0.6 = \dfrac{1}{3} \times 5 \times 0.6^2 \alpha$

$\alpha = 24.5 \times \sin\theta + 30$

또한, $2\alpha\theta = \omega^2 - \omega_0^2$에서 양변 미분하면

$\alpha d\theta = \omega d\omega$에서

$(24.5 \times \sin\theta + 30)d\theta = \omega d\omega$

양변을 적분하면

$\int_0^{90°} (24.5 \times \sin\theta + 30) d\theta = \int_{\omega_1}^{\omega_2} \omega d\omega$

$[-24.5\cos\theta + 30\theta]_0^{90°} = \left[\dfrac{\omega^2}{2}\right]_{\omega_1}^{\omega_2}$

$30 \times \dfrac{\pi}{2} - (-24.5) = \dfrac{1}{2}[\omega_2^2 - 10^2]$

$\omega_2^2 - 10^2 = 2\left(30 \times \dfrac{\pi}{2} + 24.5\right)$

$\omega_2 = \sqrt{100 + 30\pi + 49} = 15.6[\text{rad/s}]$

84

국제단위체계(SI)에서 1N에 대한 설명으로 옳은 것은?
① 1g의 질량에 1m/s²의 가속도를 주는 힘이다.
② 1g의 질량에 1m/s의 속도를 주는 힘이다.
③ 1kg의 질량에 1m/s²의 가속도를 주는 힘이다.
④ 1kg의 질량에 1m/s의 속도를 주는 힘이다.

풀이

$1\text{N} = 1\text{kg} \cdot \text{m/s}^2$

85

전기모터의 회전자가 3450rpm으로 회전하고 있다. 전기를 차단했을 때 회전자는 일정한 각가속도로 속도가 감소하여 정지할 때까지 40초가 걸렸다. 이 때 각가속도의 크기는 약 몇 rad/s²인가?
① 361.0 ② 180.5
③ 86.25 ④ 9.03

풀이

$\omega_0 = \dfrac{2\pi N}{60} = \dfrac{2 \times \pi \times 3450}{60} = 115\pi$

$\omega = \omega_0 + \alpha t$에서 $0 = 115\pi + \alpha \times 40$

$\alpha = -\dfrac{115\pi}{40} = -9.03$ ∴ $|\alpha| = 9.03[\text{rad/s}^2]$

86

20m/s의 속도를 가지고 직선으로 날아오는 무게 9.8N의 공을 0.1초 사이에 멈추게 하려면 약 몇 N의 힘이 필요한가?
① 20 ② 200
③ 9.8 ④ 98

풀이

충격량 = 운동량의 변화량

$F\varDelta t = m\varDelta v = \dfrac{mg}{g}\varDelta v$에서 $F \times 0.1 = \dfrac{9.8}{9.8} \times 20$

∴ $F = 200[\text{N}]$

87

기계진동의 전달율(transmissibility ratio)을 1이하로 조정하기 위해서는 진동수 비 (ω/ω_n)를 얼마로 하면 되는가?
① $\sqrt{2}$ 이하로 한다.
② 1이상으로 한다.
③ 2이상으로 한다.

정답 84③ 85④ 86② 87④

④ $\sqrt{2}$ 이상으로 한다.

풀이

$TR<1$이려면 $\dfrac{\omega}{\omega_n}>\sqrt{2}$

88

동일한 질량과 스프링 상수를 가진 2개의 시스템에서 하나는 감쇠가 없고, 다른 하나는 감쇠비가 0.12인 점성감쇠가 있다. 이 때 감쇠진동 시스템의 감쇠 고유진동수와 비감쇠진동 시스템의 고유진동수의 차이는 비감쇠진동 시스템 고유진동수의 약 몇 %인가?

① 0.72% ② 1.24%
③ 2.15% ④ 4.24%

풀이

$\omega_{nd}=\omega_n\sqrt{1-\zeta^2}$ 이므로

$\dfrac{\omega_n-\omega_{nd}}{\omega_n}\times 100[\%]=(1-\sqrt{1-\zeta^2})\times 100[\%]$
$=0.72[\%]$

89

스프링상수가 20N/cm와 30N/cm인 두 개의 스프링을 직렬로 연결했을 때 등가스프링 상수 값은 몇 N/cm인가?

① 50 ② 12
③ 10 ④ 25

풀이

$k_{eq}=\dfrac{k_1 k_2}{k_1+k_2}=\dfrac{20\times 30}{20+30}=12[\text{N/cm}]$

90

그림과 같이 스프링상수는 400N/m, 질량은 100kg인 1자유도계 시스템이 있다. 초기에 변위는 0이고 스프링 변형량도 없는 상태에서 x 방향으로 3m/s의 속도로 움직이기 시작한다고 가정할 때 이 질량체의 속도 v를 위치 x에 관한 함수로 나타내면?

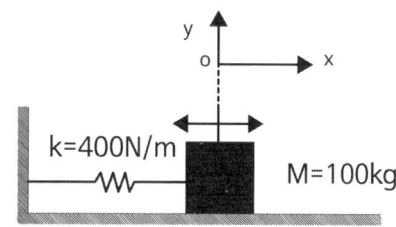

① $\pm(9-4x^2)$ ② $\pm\sqrt{(9-4x^2)}$
③ $\pm(16-9x^2)$ ④ $\pm\sqrt{(16-9x^2)}$

풀이

$\omega_n=\sqrt{\dfrac{k}{M}}=\sqrt{\dfrac{400}{100}}=2[\text{rad/s}]$ 이므로

$x=x(t)=A\sin\omega_n t+B\cos\omega_n t$
$\quad=A\sin 2t+B\cos 2t$ 라고 놓으면

경계조건 : $x(0)=0=B$

따라서, $x=A\sin 2t$

미분하면, $\dot{x}=2A\cos 2t$

경계조건 : $\dot{x}(0)=3=2A$

$\therefore A=\dfrac{3}{2}$

결국, $\dot{x}=3\cos 2t$

그런데,

$\cos^2 2t=1-\sin^2 2t=1-\left(\dfrac{x}{A}\right)^2=1-\left(\dfrac{2x}{3}\right)^2$
$\quad=\dfrac{9-4x^2}{9}$

$\cos 2t=\pm\dfrac{\sqrt{9-4x^2}}{3}$

그러므로, $\dot{x}=3\left(\pm\dfrac{\sqrt{9-4x^2}}{3}\right)=\pm\sqrt{9-4x^2}$

91

다음 가공법 중 연삭 입자를 사용하지 않는 것은?

① 초음파가공 ② 방전가공
③ 액체호닝   ④ 래핑

풀이

방전가공은 절연액 속에서 가공하므로 연삭입자를 사용하지 않는다.

92
다음 중 주물의 첫 단계인 모형(pattern)을 만들 때 고려사항으로 가장 거리가 먼 것은?
① 목형 구배 ② 수축 여유
③ 팽창 여유 ④ 기계가공 여유

풀이
고려사항 ; 목형구배, 수축여유, 가공여유

93
선반에서 주분력이 1.8kN, 절삭속도가 150m/min일 때, 절삭동력은 약 몇 kW인가?
① 4.5 ② 6
③ 7.5 ④ 9

풀이
$\text{Power} = F \cdot V = 1.8 \times \dfrac{150}{60} = 4.5 \, [\text{kW}]$

94
정격 2차 전류 300A인 용접기를 이용하여 실제 270A의 전류로 용접을 하였을 때, 허용사용률이 94%이었다면 정격 사용률은 약 몇 %인가?
① 68 ② 72
③ 76 ④ 80

풀이
정격사용률 = 허용사용률 $\times \left(\dfrac{\text{실제용접전류}}{\text{정격2차전류}}\right)^2$

$= 0.94 \times \left(\dfrac{270}{300}\right)^2 = 0.76 = 76\,[\%]$

95
다음 중 심냉 처리(sub-zero treatment)에 대한 설명으로 가장 적절한 것은?
① 강철을 담금질하기 전에 표면에 붙은 불순물을 화학적으로 제거시키는 것
② 처음에 기름으로 냉각한 다음 계속하여 물속에 담그고 냉각하는 것
③ 담금질 직후 바로 템퍼링 하기 전에 얼마 동안 0℃에 두었다가 템퍼링 하는 것
④ 담금질 후 0℃ 이하의 온도까지 냉각시켜 잔류 오스테나이트를 마텐자이트화 하는 것

풀이
심냉 처리(sub-zero treatment) : 담금질 후 잔류 오스테나이트를 마텐자이트화 하기 위해 0℃ 이하의 온도까지 냉각시키는 조작

96
다음 측정기구 중 진직도를 측정하기에 적합하지 않은 것은?
① 실린더 게이지 ② 오토콜리메이터
③ 측미 현미경 ④ 정밀 수준기

풀이
실린더 게이지[cylinder gauge] : 다이얼 게이지와 같은 원리를 이용한 안지름 측정기로, 측정범위는 18mm 이상 400mm 이하가 보통이다. 주로 압축기·펌프·내연기관의 실린더 안지름 및 내면의 평행도 오차의 정밀측정에 쓰인다.

97
전해연마의 특징에 대한 설명으로 틀린 것은?
① 가공 변질 층이 없다.
② 내부식성이 좋아진다.
③ 가공면에는 방향성이 있다.
④ 복잡한 형상을 가진 공작물의 연마도 가능하다.

풀이
전해연마시 가공면에는 방향성이 없다.

98
냉간가공에 의하여 경도 및 항복강도가 증가하나 연신율은 감소하는데 이 현상을 무엇이라

정답 92③ 93① 94③ 95④ 96① 97③ 98①

하는가?
① 가공경화   ② 탄성경화
③ 표면경화   ④ 시효경화

풀이
가공경화(加工硬化)이다.

99
절삭유제를 사용하는 목적이 아닌 것은?
① 능률적인 칩 제거
② 공작물과 공구의 냉각
③ 절삭열에 의한 정밀도 저하 방지
④ 공구 윗면과 칩 사이의 마찰계수 증대

풀이
절삭유제를 사용하는 목적은 능률적인 칩 제거, 공작물과 공구의 냉각, 절삭열에 의한 정밀도 저하 방지 이외에도 공구 윗면과 칩 사이의 마찰계수를 감소시켜 크레이터 등의 결함을 방지하기 위함이다.

100
다음 중 자유단조에 속하지 않는 것은?
① 업세팅(up-setting)
② 블랭킹(blanking)
③ 늘리기(drawing)
④ 굽히기(bending)

풀이
블랭킹(blanking)은 프레스 가공법의 하나로 판에서 외형을 따내는 작업으로 단조와는 거리가 멀다.

국가기술자격 필기시험
2018년 기사 제2회 【 일반기계기사 】 필기

제1과목 : 재료역학

1

그림과 같이 A, B의 원형 단면봉은 길이가 같고, 지름이 다르며, 양단에서 같은 압축하중 P를 받고 있다. 응력은 각 단면에서 균일하게 분포된다고 할 때 저장되는 탄성 변형에너지의 비 $\dfrac{U_B}{U_A}$는 얼마가 되겠는가?

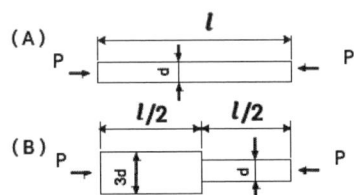

① $\dfrac{1}{3}$　　② $\dfrac{5}{9}$

③ 2　　④ $\dfrac{9}{5}$

[풀이]

$U = \dfrac{1}{2}P\lambda = \dfrac{1}{2}P\left(\dfrac{PL}{AE}\right) = \dfrac{P^2 L}{2AE}$ 에서

$U_A = \dfrac{P^2 \ell}{2 \times \dfrac{\pi}{4}d^2 \times E}$

$U_B = \dfrac{P^2 \times \dfrac{\ell}{2}}{2 \times \dfrac{\pi}{4}(3d)^2 \times E} + \dfrac{P^2 \times \dfrac{\ell}{2}}{2 \times \dfrac{\pi}{4}d^2 \times E}$

$= \dfrac{P^2 \ell}{2 \times \dfrac{\pi}{4}d^2 \times E}\left(\dfrac{5}{9}\right)$

$\therefore \dfrac{U_B}{U_A} = \dfrac{5}{9}$

2

보의 자중을 무시할 때 그림과 같이 자유단 C에 집중하중 2P가 작용할 때 B점에서 처짐곡선의 기울기각은? (단, 세로탄성계수 E, 단면 2차모멘트를 I라고 한다.)

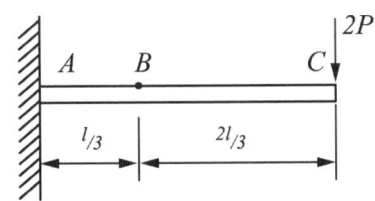

① $\dfrac{5}{9}\dfrac{Pl^2}{EI}$　　② $\dfrac{5}{18}\dfrac{Pl^2}{EI}$

③ $\dfrac{5}{27}\dfrac{Pl^2}{EI}$　　④ $\dfrac{5}{36}\dfrac{Pl^2}{EI}$

[풀이]

A점에서의 모멘트(M_A)와 B점에서의 모멘트(M_B)는 각각 $M_A = 2P\ell$, $M_B = \dfrac{4}{3}P\ell$이므로 B.M.D를 그려보면 다음과 같다.

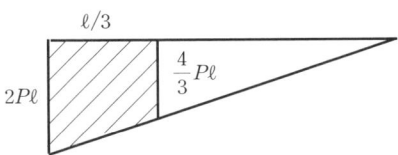

B점의 기울기각은 모멘트면적법을 이용하여 구해보면

$\theta_B = \theta_{AB} = \dfrac{A_{M.AB}}{EI}$

여기서, $A_{M.AB}$는 빗금친 사다리꼴 면적이므로

$A_{M.AB} = \dfrac{\left(\dfrac{4}{3}P\ell + 2P\ell\right)}{2} \times \dfrac{\ell}{3} = \dfrac{5}{9}P\ell^2$

$\therefore \theta_A = \dfrac{5P\ell^2}{9EI}$

정답 1② 2①

3

다음과 같이 3개의 링크를 핀을 이용하여 연결하였다. 2000N의 하중 P가 작용할 경우 핀에 작용되는 전단응력은 약 몇 MPa인가? (단, 핀의 직경은 1cm이다.)

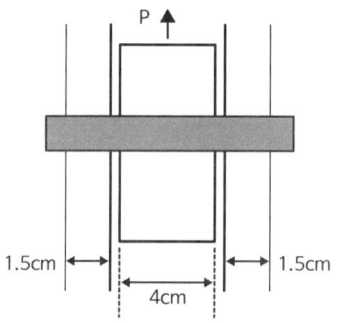

① 12.73 ② 13.24
③ 15.63 ④ 16.56

풀이

전단면의 수 $n=2$이므로

$$\tau = \frac{P}{An} = \frac{2000}{\frac{\pi}{4} \times 10^2 \times 2} = 12.73 [\text{MPa}]$$

4

그림과 같은 외팔보에 대한 전단력 선도로 옳은 것은? (단, 아랫방향을 양(+)으로 본다.)

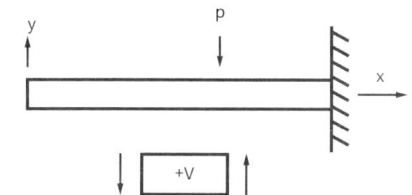

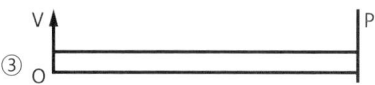

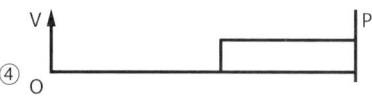

풀이

자유단에서 하중점까지는 전단력이 0이며 하중점과 고정단 사이는 $V=P$이다.

5

폭 3cm, 높이 4cm의 직사각형 단면을 갖는 외팔보가 자유단에 그림에서와 같이 집중하중을 받을 때 보 속에 발생하는 최대전단응력은 몇 N/cm²인가?

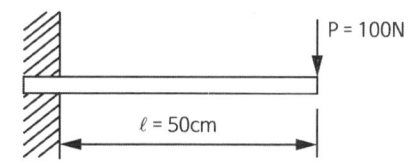

① 12.5 ② 13.5
③ 14.5 ④ 15.5

풀이

$$\tau_{\max} = \frac{3}{2} \times \frac{V}{bh} = \frac{3}{2} \times \frac{100}{3 \times 4} = 12.5 [\text{N/cm}^2]$$

6

지름이 0.1m이고 길이가 15m인 양단힌지인 원형강 장주의 좌굴임계하중은 약 몇 kN인가? (단, 장주의 탄성계수는 200GPa이다.)

① 43 ② 55
③ 67 ④ 79

풀이

$$P_{cr} = \pi^2 \frac{EI}{\ell^2} = \pi^2 \times \frac{(200 \times 10^9)\left(\frac{\pi}{64} \times 0.1^4\right)}{15^2}$$

$$= 43064 [\text{N}] = 43.064 [\text{kN}]$$

7

그림의 H형 단면의 도심축인 Z축에 관한 회전반경(radius of gyration)은 얼마인가?

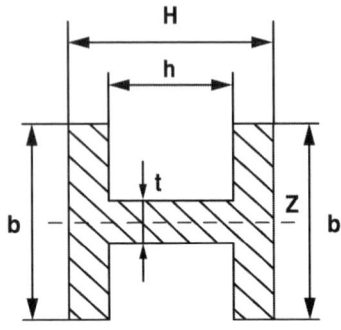

① $K_z = \sqrt{\dfrac{Hb^3 - (b-t)^3 b}{12(bH - bh + th)}}$

② $K_z = \sqrt{\dfrac{12Hb^3 + (b-t)^3 b}{(bH + bh + th)}}$

③ $K_z = \sqrt{\dfrac{ht^3 + Hb^3 - hb^3}{12(bH - bh + th)}}$

④ $K_z = \sqrt{\dfrac{12Hb^3 + (b+t)^3 b}{(bH + bh - th)}}$

풀이

$I = \dfrac{Hb^3 - hb^3 + ht^3}{12}$ $A = Hb - h(b-t) = bH - bh + th$

$\therefore K_Z = \sqrt{\dfrac{I}{A}} = \sqrt{\dfrac{Hb^3 - hb^3 + ht^3}{12(bH - bh + th)}}$

8

원통형 압력용기에 내압 P가 작용할 때, 원통부에 발생하는 축 방향의 변형률 ϵ_x 및 원주 방향 변형률 ϵ_y는? (단, 강판의 두께 t는 원통의 지름 D에 비하여 충분히 작고, 강판 재료의 탄성계수 및 포아송 비는 각각 E, ν 이다.)

① $\epsilon_x = \dfrac{PD}{4tE}(1-2\nu),\ \epsilon_y = \dfrac{PD}{4tE}(1-\nu)$

② $\epsilon_x = \dfrac{PD}{4tE}(1-2\nu),\ \epsilon_y = \dfrac{PD}{4tE}(2-\nu)$

③ $\epsilon_x = \dfrac{PD}{4tE}(2-\nu),\ \epsilon_y = \dfrac{PD}{4tE}(1-\nu)$

④ $\epsilon_x = \dfrac{PD}{4tE}(1-\nu),\ \epsilon_y = \dfrac{PD}{4tE}(2-\nu)$

풀이

우선, $\sigma_x = \dfrac{PD}{4t}$, $\sigma_y = \dfrac{PD}{2t} = 2\sigma_x$

$\epsilon_x = \dfrac{\sigma_x}{E} - \dfrac{\sigma_y}{E}\nu = \dfrac{\sigma_x}{E} - \dfrac{2\sigma_x}{E}\nu = \dfrac{\sigma_x}{E}(1-2\nu)$

$= \dfrac{PD}{4tE}(1-2\nu)$

$\epsilon_y = \dfrac{\sigma_y}{E} - \dfrac{\sigma_x}{E}\nu = \dfrac{2\sigma_x}{E} - \dfrac{\sigma_x}{E}\nu = \dfrac{\sigma_x}{E}(2-\nu)$

$= \dfrac{PD}{4tE}(2-\nu)$

9

평면 응력 상태에서 $\epsilon_x = -150 \times 10^{-6}$, $\epsilon_y = -280 \times 10^{-6}$, $\gamma_{xy} = 850 \times 10^{-6}$일 때, 최대주변형률($\epsilon_1$)과 최소주변형률($\epsilon_2$)은 각각 약 얼마인가?

① $\epsilon_1 = 215 \times 10^{-6}$, $\epsilon_2 = -645 \times 10^{-6}$

② $\epsilon_1 = 645 \times 10^{-6}$, $\epsilon_2 = 215 \times 10^{-6}$

③ $\epsilon_1 = 315 \times 10^{-6}$, $\epsilon_2 = -645 \times 10^{-6}$

④ $\epsilon_1 = -545 \times 10^{-6}$, $\epsilon_2 = 315 \times 10^{-6}$

풀이

$\epsilon_1 = \dfrac{\epsilon_x + \epsilon_y}{2} + \sqrt{\left(\dfrac{\epsilon_x - \epsilon_y}{2}\right)^2 + \left(\dfrac{\gamma_{xy}}{2}\right)^2}$

$= \left\{\dfrac{(-150-280)}{2} + \sqrt{\left(\dfrac{-180+280}{2}\right)^2 + \left(\dfrac{850}{2}\right)^2}\right\}$

$\times 10^{-6}$

$= (-215 + 430) \times 10^{-6} = 215 \times 10^{-6}$

$\epsilon_2 = \dfrac{\epsilon_x + \epsilon_y}{2} - \sqrt{\left(\dfrac{\epsilon_x - \epsilon_y}{2}\right)^2 + \left(\dfrac{\gamma_{xy}}{2}\right)^2}$

정답 7③ 8② 9①

$$= \left\{ \frac{(-150-280)}{2} - \sqrt{\left(\frac{-180+280}{2}\right)^2 + \left(\frac{850}{2}\right)^2} \right\}$$
$$\times 10^{-6}$$
$$= (-215-430) \times 10^{-6} = -645 \times 10^{-6}$$

10

지름 20mm, 길이 1000mm의 연강봉이 50kN의 인장하중을 받을 때 발생하는 신장량은 약 몇 mm인가? (단, 탄성계수 E=210GPa이다.)

① 7.58 ② 0.758
③ 0.0758 ④ 0.00758

풀이

$$\lambda = \frac{P\ell}{AE} = \frac{4 \times 50 \times 10^3 \times 1}{\pi \times 0.02^2 \times 210 \times 10^9} \times 10^3$$
$$= 0.758 [mm]$$

11

지름 3cm인 강축이 26.5rev/s의 각속도로 26.5kW의 동력을 전달하고 있다. 이 축에 발생하는 최대 전단응력은 약 몇 MPa인가?

① 30 ② 40
③ 50 ④ 60

풀이

$\omega = 26.5 \times 2\pi = \frac{2\pi N}{60}$에서

$N = 26.5 \times 60 = 1590 [rpm]$

$$\tau_{max} = \frac{16T}{\pi d^3} = \frac{16}{\pi d^3} \times 974000 \times 9.8 \times \frac{H}{N}$$
$$= \frac{16}{\pi \times 30^3} \times 974000 \times 9.8 \times \frac{26.6}{1590}$$
$$= 30 [MPa]$$

12

그림과 같이 전길이에 걸쳐 균일 분포하중 w를 받는 보에서 최대처짐 δ_{max}를 나타내는 식은? (단, 보의 굽힘 강성계수는 EI이다.)

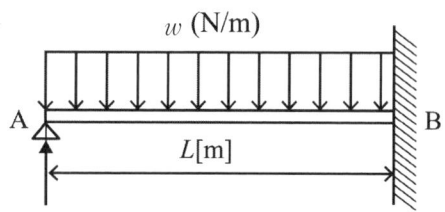

① $\dfrac{wL^4}{64EI}$ ② $\dfrac{wL^4}{128.5EI}$

③ $\dfrac{wL^4}{184.6EI}$ ④ $\dfrac{wL^4}{192EI}$

풀이

$$\delta_{max} = 0.054 \frac{w\ell^4}{EI} = \frac{w\ell^4}{184.6EI}$$

13

그림에서 784.8N과 평형을 유지하기 위한 힘 F_1과 F_2는?

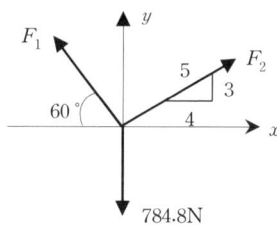

① F_1=395.2N, F_2=632.4N
② F_1=790.4N, F_2=632.4N
③ F_1=790.4N, F_2=395.2N
④ F_1=632.4N, F_2=395.2N

풀이

x축과 힘 F_2가 이루는 각 = $\tan^{-1}\dfrac{3}{4} = 36.87°$

F_1과 F_2의 사잇각 = $180-(60+36.87)=83.13°$

Lami의 정리에 의하여

$$\frac{784.8}{\sin 83.13°} = \frac{F_1}{\sin(90+36.87)°} = \frac{F_2}{\sin 150°}$$

$\therefore F_1 = 632.4[N]$, $F_2 = 395.2[N]$

14

최대 사용강도 400MPa의 연강봉에 30kN의 축방향의 인장하중이 가해질 경우 강봉의 최소지름은 몇 cm까지 가능한가? (단, 안전율은 5이다.)

① 2.69　　② 2.99
③ 2.19　　④ 3.02

풀이

$\sigma_a = \dfrac{\sigma_{max}}{S} = \dfrac{4P}{\pi d^2}$ 에서

$d = \sqrt{\dfrac{4PS}{\pi \sigma_{max}}} = \sqrt{\dfrac{4 \times 30 \times 10^3 \times 5}{\pi \times 400}}$

$= 21.85 [mm] = 2.19 [cm]$

15

그림과 같이 길이가 동일한 2개의 기둥 상단에 중심 압축 하중 2500N이 작용할 경우 전체 수축량은 약 몇 mm인가? (단, 단면적 A_1=1000mm², A_2=2000mm², 길이 L=300mm, 재료의 탄성계수 E=90GPa이다.)

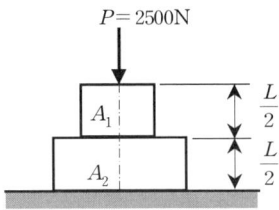

① 0.625
② 0.0625
③ 0.00625
④ 0.000625

풀이

$\lambda = \lambda_1 + \lambda_2 = \dfrac{PL/2}{A_1 E} + \dfrac{PL/2}{A_2 E} = \dfrac{PL}{2E}\left(\dfrac{1}{A_1} + \dfrac{1}{A_2}\right)$

$= \dfrac{2500 \times 0.3}{2 \times 90 \times 10^9}\left(\dfrac{1}{1000 \times 10^{-6}} + \dfrac{1}{2000 \times 10^{-6}}\right)$

$= \dfrac{1}{160000} [m] = \dfrac{1}{160} [mm] = 0.00625 [mm]$

16

원형 단면축이 비틀림을 받을 때, 그 속에 저장되는 탄성 변형에너지 U는 얼마인가? (단, T: 토크, L: 길이, G: 가로탄성계수, I_P: 극관성모멘트, I: 관성모멘트, E: 세로탄성계수이다.)

① $U = \dfrac{T^2 L}{2GI}$　　② $U = \dfrac{T^2 L}{2EI}$

③ $U = \dfrac{T^2 L}{2EI_P}$　　④ $U = \dfrac{T^2 L}{2GI_P}$

풀이

$U = \dfrac{1}{2}T\theta = \dfrac{1}{2}T\left(\dfrac{TL}{GI_p}\right) = \dfrac{T^2 L}{2GI_p}$

17

그림과 같은 보에서 발생하는 최대굽힘 모멘트는 몇 kN·m인가?

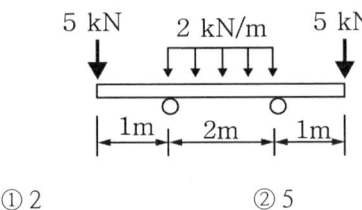

① 2　　② 5
③ 7　　④ 10

풀이

최대굽힘모멘트(M_{max})는 지지점에서 생기므로
$M_{max} = 5 \times 1 = 5 [kN \cdot m]$

18

길이가 6m인 단순 지지보에 등분포하중 q가 작용할 때 단면에 발생하는 최대 굽힘응력이 337.5MPa이라면 등분포하중 q는 약 몇 kN/m인가? (단, 보의 단면은 폭×높이=40mm×100mm이다.)

① 4　　② 5
③ 6　　④ 7

풀이

$M_{max} = \dfrac{q\ell^2}{8} = \sigma_{max} \cdot \dfrac{bh^2}{6}$ 에서

$\dfrac{q \times 6^2}{8} = 337.5 \times 10^6 \times \dfrac{0.04 \times 0.1^2}{6}$

$\therefore q = 5000 [\text{N/m}] = 5 [\text{kN/m}]$

19

그림에 표시한 단순 지지보에서의 최대 처짐량은? (단, 보의 굽힘 강성은 EI이고, 자중은 무시한다.)

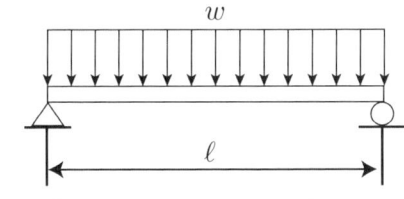

① $\dfrac{w\ell^3}{48EI}$ ② $\dfrac{w\ell^4}{24EI}$

③ $\dfrac{5w\ell^3}{253EI}$ ④ $\dfrac{5w\ell^4}{384EI}$

풀이

균일분포하중(w)을 받는 단순보의 최대처짐은 중앙점에서 생기며 그 값은 다음과 같다.

$\delta_{max} = \dfrac{5w\ell^4}{384EI}$

20

지름이 60mm인 연강축이 있다. 이 축의 허용 전단응력은 40MPa이며 단위 길이 1m당 허용 회전각도는 1.5°이다. 연강의 전단 탄성계수를 80GPa이라 할 때 이 축의 최대 허용 토크는 약 몇 N·m인가?

① 696 ② 1696
③ 2664 ④ 3664

풀이

우선, 비틀림 각 $\theta° = \dfrac{360}{2\pi} \times \dfrac{32T\ell}{G\pi d^4}$ 에서

$1.5 \geq \dfrac{360}{2\pi} \times \dfrac{32 \times T \times 1}{80 \times 10^9 \times \pi \times 0.06^4}$

$\therefore T \leq 2665 [\text{N}\cdot\text{m}]$

또한, $\tau_a \geq \dfrac{16T}{\pi d^3}$ 에서

$40 \times 10^6 \geq \dfrac{16 \times T}{\pi \times 0.06^3}$ $\therefore T \leq 1696 [\text{N}\cdot\text{m}]$

따라서, 작은 값인 $T = 1696 [\text{N}\cdot\text{m}]$ 이다.

제2과목 : 기계열역학

21

내부 에너지가 30kJ인 물체에 열을 가하여 내부 에너지가 50kJ이 되는 동안에 외부에 대하여 10kJ의 일을 하였다. 이 물체에 가해진 열량은?

① 10kJ ② 20kJ
③ 30kJ ④ 60kJ

풀이

$Q = (U_2 - U_1) + W = (50 - 30) + 10 = 30 [\text{kJ}]$

22

습증기 상태에서 엔탈피 h를 구하는 식은? (단, h_f는 포화액의 엔탈피, h_g는 포화증기의 엔탈피, x는 건도이다.)

① $h = h_f + (xh_g - h_f)$
② $h = h_f + x(h_g - h_f)$
③ $h = h_g + (xh_f - h_g)$
④ $h = h_g + x(h_g - h_f)$

풀이

$h = h' + x(h'' - h') = h_f + x(h_g - h_f) = h_f + xh_{fg}$

23

온도 150℃, 압력 0.5MPa의 공기 0.2kg이 압력이 일정한 과정에서 원래 체적의 2배로 늘어난다. 이 과정에서의 일은 약 몇 kJ인가? (단, 공기는 기체상수가 0.287kJ/(kg·K)인

이상기체로 가정한다.)

① 12.3kJ ② 16.5kJ
③ 20.5kJ ④ 24.3kJ

풀이

$$V_1 = \frac{mRT_1}{P_1} = \frac{0.2 \times 0.287 \times (273+150)}{0.5 \times 10^3}$$
$$= 0.04856 [m^3]$$
$$W = P_1(2V_1 - V_1) = P_1 V_1 = 0.5 \times 10^3 \times 0.04856$$
$$= 24.3 [kJ]$$

24

온도가 T_1인 고열원으로부터 온도가 T_2인 저열원으로 열전도, 대류, 복사 등에 의해 Q만큼 열전달이 이루어졌을 때 전체 엔트로피 변화량을 나타내는 식은?

① $\dfrac{T_1 - T_2}{Q(T_1 \times T_2)}$ ② $\dfrac{Q(T_1 + T_2)}{T_1 \times T_2}$

③ $\dfrac{Q(T_1 - T_2)}{T_1 \times T_2}$ ④ $\dfrac{T_1 + T_2}{Q(T_1 \times T_2)}$

풀이

$$\Delta S = \frac{-Q}{T_1} + \frac{Q}{T_2} = \frac{Q(T_1 - T_2)}{T_1 T_2}$$

25

다음의 열역학 상태량 중 종량적 상태량(extensive property)에 속하는 것은?

① 압력 ② 체적
③ 온도 ④ 밀도

풀이

강도성 상태량 : 온도, 압력
종량성 상태량 : 체적, 내부에너지, 엔탈피, 엔트로피
비상태량 : 비체적, 비내부에너지, 비엔탈피, 비엔트로피

26

피스톤-실린더 장치 내에 있는 공기가 $0.3m^3$에서 $0.1m^3$으로 압축되었다. 압축되는 동안 압력(P)과 체적(V) 사이에 $P = aV^{-2}$의 관계가 성립하며, 계수 $a = 6kPa \cdot m^6$이다. 이 과정 동안 공기가 한 일은 약 얼마인가?

① $-53.3kJ$
② $-1.1kJ$
③ $253kJ$
④ $-40kJ$

풀이

$$W = \int_1^2 P dV = \int_1^2 aV^{-2}dV = \left[\frac{aV^{-1}}{1-2}\right]_1^2$$
$$= -a\left[\frac{1}{V_2} - \frac{1}{V_1}\right] = -6 \times \left(\frac{1}{0.1} - \frac{1}{0.3}\right) = -40[kJ]$$

27

다음 중 이상적인 증기 터빈의 사이클인 랭킨 사이클을 옳게 나타낸 것은?

① 가역등온압축 → 정압가열 → 가역등온팽창 → 정압냉각
② 가역단열압축 → 정압가열 → 가역단열팽창 → 정압냉각
③ 가역등온압축 → 정적가열 → 가역등온팽창 → 정적냉각
④ 가역단열압축 → 정적가열 → 가역단열팽창 → 정적냉각

풀이

급수펌프(가역단열압축) → 보일러(정압가열) → 터빈(가역단열팽창) → 복수기(정압냉각)

28

어떤 카르노 열기관이 100℃와 30℃사이에서 작동되며 100℃의 고온에서 100kJ의 열을 받아 40kJ의 유용한 일을 한다면 이 열기관에 대하여 가장 옳게 설명한 것은?

정답 24③ 25② 26④ 27② 28②

① 열역학 제1법칙에 위배된다.
② 열역학 제2법칙에 위배된다.
③ 열역학 제1법칙과 제2법칙에 모두 위배되지 않는다.
④ 열역학 제1법칙과 제2법칙에 모두 위배된다.

풀이

$\eta_1 = \dfrac{T_1 - T_2}{T_1} = \dfrac{70}{273+100} = 0.188 = 18.8\,[\%]$

$\eta_2 = \dfrac{W}{Q_1} = \dfrac{40}{100} = 0.4 = 40\,[\%]$

열효율이 다르므로($\eta_1 \neq \eta_2$) 이런 기관은 만들 수 없다. 따라서 열역학 제2법칙에 위배된다.

29

이상적인 카르노 사이클의 열기관이 500℃인 열원으로부터 500kJ을 받고, 25℃에 열을 방출한다. 이 사이클의 일(W)과 효율(η_{th})은 얼마인가?

① W=307.2kJ, η_{th}=0.6143
② W=207.2kJ, η_{th}=0.5748
③ W=250.3kJ, η_{th}=0.8316
④ W=401.5kJ, η_{th}=0.6517

풀이

$\eta = \dfrac{W}{Q_1} = \dfrac{T_1 - T_2}{T_1}$ 에서

$W = Q_1 \dfrac{T_1 - T_2}{T_1} = 500 \times \dfrac{500-25}{273+500} = 307.2\,[\text{kJ}]$

$\eta = \dfrac{T_1 - T_2}{T_1} = \dfrac{500-25}{273+500} = 0.6145 = 61.45\,[\%]$

30

온도 20℃에서 계기압력 0.183MPa의 타이어가 고속주행으로 온도 80℃로 상승할 때 압력은 주행 전과 비교하여 약 몇 kPa 상승하는가? (단, 타이어의 체적은 변하지 않고, 타이어내의 공기는 이상기체로 가정한다. 그리고 대기압은 101.3kPa이다.)

① 37kPa
② 58kPa
③ 286kPa
④ 445kPa

풀이

보일-샬의 법칙에서 정적과정이므로

$\dfrac{P_1}{T_1} = \dfrac{P_2}{T_2}$ 에서 $\dfrac{183+101.3}{273+20} = \dfrac{P_2}{273+180}$

$\therefore P_2 = 342.5\,[\text{kPa}]$

$\Delta P = P_2 - P_1 = 342.5 - (183+101.3) = 58.2\,[\text{kPa}]$

31

1kg의 공기가 100℃를 유지하면서 가역등온 팽창하여 외부에 500kJ의 일을 하였다. 이 때 엔트로피의 변화량은 약 몇 kJ/K인가?

① 1.895
② 1.665
③ 1.467
④ 1.340

풀이

$Q = \Delta U + W$에서 등온과정이므로 $\Delta U = 0$

$\Delta S = \dfrac{Q}{T} = \dfrac{W}{T} = \dfrac{500}{273+100} = 1.340\,[\text{kJ/K}]$

32

매시간 20kg의 연료를 소비하여 74kW의 동력을 생산하는 가솔린 기관의 열효율은 약 몇 %인가? (단, 가솔린의 저위발열량은 43470 kJ/kg이다.)

① 18
② 22
③ 31
④ 43

풀이

열효율 = 동력 / (저위발열량 × 연료소비율)

$$= \frac{74}{43470 \times 20/3600} \times 100 = 30.6 = 31[\%]$$

33

마찰이 없는 실린더 내에 온도 500K, 비엔트로피 3kJ/(kg·K)인 이상기체가 2kg 들어있다. 이 기체의 비엔트로피가 10kJ/(kg·K)이 될 때까지 등온과정으로 가열한다면 가열량은 약 몇 kJ인가?

① 1400kJ
② 2000kJ
③ 3500kJ
④ 7000kJ

풀이

$\Delta S = m\Delta s = \frac{Q}{T}$에서 $2 \times (10-3) = \frac{Q}{500}$

$\therefore Q = 7000[kJ]$

34

천제연 폭포의 높이가 55m이고 주위와 열교환을 무시한다면 폭포수가 낙하한 후 수면에 도달할 때까지 온도 상승은 약 몇 K인가? (단, 폭포수의 비열은 4.2kJ(kg·K)이다.)

① 0.87
② 0.31
③ 0.13
④ 0.68

풀이

'위치에너지의 변화량=열량'에서 $mgh = mc\Delta T$

$\Delta T = \frac{gh}{c} = \frac{9.8 \times 55}{4.2 \times 10^3} = 0.13[K]$

35

증기 압축 냉동 사이클로 운전하는 냉동기에서 압축기 입구, 응축기 입구, 증발기 입구의 엔탈피가 각각 387.2kJ/kg, 435.1kJ/kg, 241.8kJ/kg일 경우 성능계수는 약 얼마인가?

① 3.0
② 4.0
③ 5.0
④ 6.0

풀이

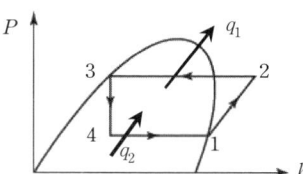

$\varepsilon_r = \frac{q_2}{w_c} = \frac{h_1 - h_4}{h_2 - h_1} = \frac{387.2 - 241.8}{435.1 - 387.2} = 3.04$

36

유체의 교축과정에서 Joule-Thomson 계수(μ_J)가 중요하게 고려되는데 이에 대한 설명으로 옳은 것은?

① 등엔탈피 과정에 대한 온도변화와 압력변화의 비를 나타내며 $\mu_J < 0$인 경우 온도 상승을 의미한다.
② 등엔탈피 과정에 대한 온도변화와 압력변화의 비를 나타내며 $\mu_J < 0$인 경우 온도 강하를 의미한다.
③ 정적 과정에 대한 온도변화와 압력변화의 비를 나타내며 $\mu_J < 0$인 경우 온도 상승을 의미한다.
④ 정적 과정에 대한 온도변화와 압력변화의 비를 나타내며 $\mu_J < 0$인 경우 온도 강하를 의미한다.

풀이

줄-톰슨 계수 : $\mu_J = \left(\frac{\partial T}{\partial P}\right)_H$

교축변화(등엔탈피 과정)시 실제 기체의 온도가 압력의 변화에 따라 변화하는 정도를 나타낸 것. 압력의 변화(∂P)는 정의에 따라 항상 (−)이므로 $\mu_J < 0$일 때 온도가 상승한다($\partial T > 0$)

정답 33④ 34③ 35① 36①

37

Brayton 사이클에서 압축기 소요일은 175kJ/kg, 공급열은 627kJ/kg, 터빈 발생일은 406kJ/kg로 작동될 때 열효율은 약 얼마인가?

① 0.28
② 0.37
③ 0.42
④ 0.48

풀이

브레이튼 사이클의 열효율
$= \dfrac{터빈일 - 압축기일}{공급열} = \dfrac{406 - 175}{627} = 0.37$

38

그림과 같이 다수의 추를 올려놓은 피스톤이 장착된 실린더가 있는데, 실린더 내의 초기 압력은 300kPa, 초기 체적은 0.05m³이다. 이 실린더에 열을 가하면서 적절히 추를 제거하여 폴리트로픽 지수가 1.3인 폴리트로픽 변화가 일어나도록 하여 최종적으로 실린더 내의 체적이 0.2m³인 되었다면 가스가 한 일은 약 몇 kJ인가?

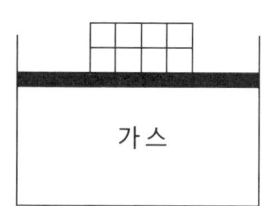

① 17 ② 18
③ 19 ④ 20

풀이

$P_2 = P_1\left(\dfrac{V_1}{V_2}\right)^n = 300 \times \left(\dfrac{0.05}{0.2}\right)^{1.3} = 49.48\,[\text{kPa}]$

$W = \dfrac{P_1 V_1 - P_2 V_2}{n-1} = \dfrac{300 \times 0.05 - 49.48 \times 0.2}{1.3-1}$
$= 17.01\,[\text{kJ}]$

39

랭킨 사이클의 열효율을 높이는 방법으로 틀린 것은?

① 복수기의 압력을 저하시킨다.
② 보일러 압력을 상승시킨다.
③ 재열(reheat) 장치를 사용한다.
④ 터빈 출구 온도를 높인다.

풀이

랭킨 사이클의 열효율 $= \dfrac{터빈일량 - 펌프일량}{공급열량}$

이므로 터빈 출구온도를 낮추어야 터빈일량이 커지므로 열효율이 높아진다.

40

이상기체에 대한 관계식 중 옳은 것은? (단, C_p, C_v는 정압 및 정적 비열, k는 비열비이고, R은 기체 상수이다.)

① $C_p = C_v - R$
② $C_v = \dfrac{k-1}{k} R$
③ $C_p = \dfrac{k}{k-1} R$
④ $R = \dfrac{C_p + C_v}{2}$

풀이

$k = \dfrac{C_p}{C_v}$, $C_p - C_v = R$ 에서

$C_p = \dfrac{k}{k-1} R$, $C_v = \dfrac{1}{k-1} R$

제3과목 : 기계유체역학

41

그림과 같은 수문(폭×높이=3m×2m)이 있을 경우 수문에 작용하는 힘의 작용점은 수면에서 몇 m 깊이에 있는가?

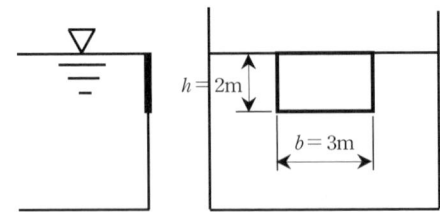

① 약 0.7m
② 약 1.1m
③ 약 1.3m
④ 약 1.5m

풀이

힘의 작용점(y_p)은 압력프리즘의 도심인 $\frac{2}{3}h$인 곳이다. 즉, $y_p = \frac{2}{3} \times 2 = 1.33 \, [\text{m}]$

42

개방된 탱크 내에 비중이 0.8인 오일이 가득 차 있다. 대기압이 101kPa라면, 오일 탱크 수면으로부터 3m깊이에서 절대압력은 약 몇 kPa인가?

① 25   ② 249
③ 12.5   ④ 125

풀이

절대압 = 대기압 + 계기압
= $101 + 0.8 \times 9.8 \times 3 = 124.52 \, [\text{kPa}]$

43

길이 150m의 배가 10m/s의 속도로 항해하는 경우를 길이 4m의 모형 배로 실험하고자 할 때 모형 배의 속도는 약 몇 m/s로 해야 하는가?

① 0.133   ② 0.534
③ 1.068   ④ 1.633

풀이

프루이드수가 같아야 한다.

$\left(\dfrac{V}{\sqrt{gL}}\right)_m = \left(\dfrac{V}{\sqrt{gL}}\right)_p$ 에서

$V_m = V_p \sqrt{\dfrac{L_m}{L_p}} = 10 \times \sqrt{\dfrac{4}{150}} = 1.633 \, [\text{m/s}]$

44

표면장력의 차원으로 맞는 것은? (단, M : 질량, L : 길이, T : 시간)

① MLT^{-2} ② ML^2T^{-1}
③ $ML^{-1}T^{-2}$ ④ MT^{-2}

풀이

표면장력(σ)은 단위길이당 힘이므로
$[FL^{-1}] = [MLT^{-2}L^{-1}] = [MT^{-2}]$

45

x, y 평면의 2차원 비압축성 유동장에서 유동함수(stream function) ψ는 $\psi = 3xy$로 주어진다. 점(6, 2)과 점 (4, 2)사이를 흐르는 유량은?

① 6   ② 12
③ 16   ④ 24

풀이

$v = -\dfrac{d\psi}{dx} = -3y$

$q = bv = -b3y = -(4-6) \times 3 \times 2 = 12$

46

다음의 무차원수 중 개수로와 같은 자유표면 유동과 가장 밀접한 관련이 있는 것은?

① Euler수   ② Froude수
③ Mach수   ④ Plantl수

풀이

자유표면 유동 : 프루이드수의 상사

47

지름이 10mm의 매끄러운 관을 통해서 유량 0.02L/s의 물이 흐를 때 길이 10m에 대한 압

력손실은 약 몇 Pa인가? (단, 물의 동점성계수는 $1.4 \times 10^{-6} m^2/s$이다)

① 1.140Pa ② 1.819Pa
③ 1140Pa   ④ 1819Pa

풀이

하겐-포와젤 방정식 $Q = \dfrac{\Delta p \pi d^4}{128 \mu L}$ 에서

$$\Delta p = \dfrac{Q 128 \rho \nu L}{\pi d^4}$$

$$= \dfrac{0.02 \times 10^{-3} \times 128 \times 1000 \times 1.4 \times 10^{-6} \times 10}{\pi \times 0.01^4}$$

$$= 1140.8 [Pa]$$

48

구형 물체 주위의 비압축성 점성 유체의 흐름에서 유속이 대단히 느릴 때(레이놀즈수가 1보다 작을 경우) 구형 물체에 작용하는 항력 D_r은? (단, 구의 지름은 d, 유체의 점성계수를 μ, 유체의 평균속도를 V라 한다.)

① $D_r = 3\pi \mu d V$ ② $D_r = 6\pi \mu d V$
③ $D_r = \dfrac{3\pi \mu d V}{g}$ ④ $D_r = \dfrac{3\pi d V}{\mu g}$

풀이

스톡스의 법칙 $D_r = 3\pi \mu d V$

49

경계층의 박리(separation)현상이 일어나기 시작하는 위치는?

① 하류방향으로 유속이 증가할 때
② 하류방향으로 압력이 감소할 때
③ 경계층 두께가 0으로 감소될 때
④ 하류방향의 압력기울기가 역으로 될 때

풀이

박리 조건 : $\dfrac{\partial u}{\partial x} < 0$, $\dfrac{\partial P}{\partial x} > 0$

50

원통 속의 물이 중심축에 대하여 ω의 각속도로 강체와 같이 등속회전하고 있을 때 가장 압력이 높은 지점은?

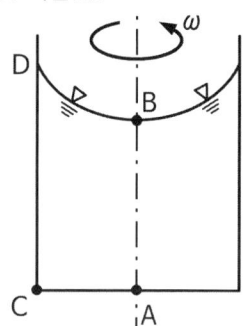

① 바닥면의 중심점 A
② 액체 표면의 중심점 B
③ 바닥면의 가장자리 C
④ 액체 표면의 가장자리 D

풀이

$P = \gamma h$에서 유체의 자유표면으로부터 깊이가 가장 큰 곳에서 압력이 가장 크다.

51

원관 내의 완전발달 층류유동에서 유량에 대한 설명으로 옳은 것은?

① 관의 길이에 비례한다.
② 관 지름의 제곱에 반비례한다.
③ 압력강하에 반비례한다.
④ 점성계수에 반비례한다.

풀이

하겐-포와젤 방정식 $Q = \dfrac{\Delta p \pi d^4}{128 \mu L}$ 에서
유량은 압력강하에 비례, 관의 지름의 4제곱에 비례, 점성계수에 반비례, 점성계수에 비례한다.

52

여객기가 888km/h로 비행하고 있다. 엔진의 노즐에서 연소가스를 375m/s로 분출하고, 엔진의 흡기량과 배출되는 연소가스의 양은

같다고 가정한다면 엔진의 추진력은 약 몇 N인가? (단, 엔진의 흡기량은 30kg/s이다.)

① 3850N   ② 5325N
③ 7400N   ④ 11250N

풀이

$F = \rho Q(V_2 - V_1) = \dot{m}(V_2 - V_1)$
$= 30 \times \left(375 - 888 \times \dfrac{1000}{3600}\right) = 3850[\text{N}]$

53

체적탄성계수가 2.086GPa인 기름의 체적을 1% 감소시키려면 가해야 할 압력은 몇 Pa인가?

① 2.086×10^7
② 2.086×10^4
③ 2.086×10^3
④ 2.086×10^2

풀이

$K = \dfrac{\sigma}{\varepsilon_v} = \dfrac{\Delta P}{-\dfrac{\Delta V}{V}} = \dfrac{\Delta P}{0.01}$ 에서

$\Delta P = K \times 0.01 = 2.086 \times 10^9 \times 0.01$
$= 2.086 \times 10^7 [\text{Pa}]$

54

수평으로 놓인 안지름 5cm인 곧은 원관속에서 점성계수 0.4Pa·s의 유체가 흐르고 있다. 관의 길이 1m당 압력강하가 8kPa이고 흐름상태가 층류일 때 관 중심부에서의 최대 유속(m/s)은?

① 3.125
② 5.217
③ 7.312
④ 9.714

풀이

층류유동에서 최대유속($V_{\max}$)은 평균유속(V)의 2배이다. 하겐-포와젤 방정식에서 유량(Q)은

$Q = \dfrac{\Delta P \pi d^4}{128 \mu L} = \dfrac{8 \times 10^3 \times \pi \times 0.05^4}{128 \times 0.4 \times 1}$
$= 3.07 \times 10^{-3} [\text{m}^3/\text{s}]$

$V = \dfrac{4Q}{\pi d^2} = \dfrac{4 \times 3.07 \times 10^{-3}}{\pi \times 0.05^2} = 1.5625 [\text{m/s}]$

$V_{\max} = 2V = 2 \times 1.5625 = 3.125 [\text{m/s}]$

55

그림과 같이 물이 고여있는 큰 댐 아래에 터빈이 설치되어 있고, 터빈의 효율이 85%이다. 터빈 이외에서의 다른 모든 손실을 무시할 때 터빈의 출력은 약 몇 kW인가? (단, 터빈 출구관의 지름은 0.8m, 출구속도 V는 10m/s이고 출구압력은 대기압이다.)

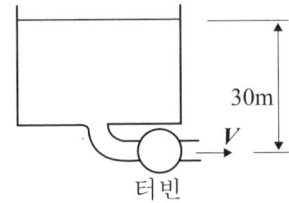

① 1043   ② 1227
③ 1470   ④ 1732

풀이

수정 베르누이 방정식

$\dfrac{P_1}{\gamma} + \dfrac{V_1^2}{2g} + Z_1 = \dfrac{P_2}{\gamma} + \dfrac{V_2^2}{2g} + Z_2 + H_T$ 에서

$P_1 = P_2 = 0$, $V_1 = 0$ 이므로

$H_T = (Z_1 - Z_2) - \dfrac{V_2^2}{2g} = 30 - \dfrac{10^2}{2 \times 9.8} = 24.9[\text{m}]$

또한, 효율 = $\dfrac{출력}{입력}$ 이므로 $\eta = \dfrac{L}{\gamma Q H_T}$ 에서

$L = \eta \gamma Q H_T = \eta \gamma \dfrac{\pi}{4} d^2 V_2 H_T$
$= 0.85 \times 9.8 \times \dfrac{\pi}{4} \times 0.8^2 \times 10 \times 24.9 = 1042.6[\text{kW}]$

56

지름 2cm의 노즐을 통하여 평균속도 0.5m

/s로 자동차의 연료 탱크에 비중 0.9인 휘발유 20kg을 채우는데 걸리는 시간은 약 몇 s인가?

① 66 ② 78
③ 102 ④ 141

풀이

질량유량(=질량유동률) $\dot{m} = \dfrac{m}{t} = \rho Q = \rho A V$에서

$t = \dfrac{m}{\rho A V} = \dfrac{20}{0.9 \times 1000 \times \dfrac{\pi}{4} \times 0.02^2 \times 0.5}$

$= 141.5[s]$

57

2차원 정상유동의 속도 방정식이 $V = 3(-\vec{x}\vec{i} + y\vec{j})$라고 할 때, 이 유동의 유선의 방정식은? (단, C는 상수를 의미한다.)

① $xy = C$
② $y/x = C$
③ $x^2 y = C$
④ $x^3 y = C$

풀이

$\dfrac{dx}{u} = \dfrac{dy}{v}$ 에서 $\dfrac{dx}{-x} = \dfrac{dy}{y}$ ∴ $\dfrac{dx}{x} = -\dfrac{dy}{y}$

양변을 적분하면

$\ln x = -\ln y + c$, $\ln x + \ln y = c$, $\ln xy = c$

∴ $xy = e^c = C$

58

그림과 같이 비중 0.8인 기름이 흐르고 있는 개수로에 단순 피토관을 설치하였다. $\Delta h = 20$ mm, $h = 30$mm일 때 속도 V는 약 몇 m/s인가?

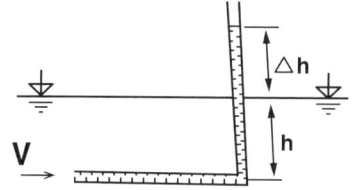

① 0.56 ② 0.63
③ 0.77 ④ 0.99

풀이

$V = \sqrt{2g\Delta h} = \sqrt{2 \times 9.8 \times 20 \times 10^{-3}} = 0.63[m/s]$

59

벽면에 평행한 방향의 속도(u) 성분만이 있는 유동장에서 전단응력을 τ, 점성 계수를 μ, 벽면으로부터의 거리를 y로 표시하면 뉴턴의 점성법칙을 옳게 나타낸 식은?

① $\tau = \mu \dfrac{dy}{du}$
② $\tau = \mu \dfrac{du}{dy}$
③ $\tau = \dfrac{1}{\mu} \dfrac{du}{dy}$
④ $\mu = \tau \sqrt{\dfrac{du}{dy}}$

풀이

뉴턴의 점성법칙 : $\tau = \mu \dfrac{du}{dy}$

60

흐르는 물의 속도가 1.4m/s일 때 속도 수두는 약 몇 m인가?

① 0.2 ② 10
③ 0.1 ④ 1

풀이

속도수두 : $\dfrac{V^2}{2g} = \dfrac{1.4^2}{2 \times 9.8} = 0.1[m]$

제4과목 : 기계재료 및 유압기기

61

탄소함유량이 0.8%가 넘는 고탄소강의 담금질 온도로 가장 적당한 것은?

① A_1 온도보다 30~50℃ 정도 높은 온도
② A_2 온도보다 30~50℃ 정도 높은 온도
③ A_3 온도보다 30~50℃ 정도 높은 온도

④ A_4 온도보다 30~50℃ 정도 높은 온도

풀이

담금질 온도는 아공석강의 경우 A_{321}선보다 30 ~ 50℃ 높은 온도, 과공석강의 경우는 A_1선보다 30 ~ 50℃ 높은 온도이다.

62

다음은 일반적으로 수지에 나타나는 배향 특성에 대한 설명으로 틀린 것은?
① 금형온도가 높을수록 배향은 커진다.
② 수지의 온도가 높을수록 배향이 작아진다.
③ 사출 시간이 증가할수록 배향이 증대된다.
④ 성형품의 살 두께가 얇아질수록 배향이 커진다.

풀이

배향(背向; orientation) : 물질을 이루는 결정입자들이 일정한 방향으로 배열되는 것으로 온도가 낮을수록, 사출시간이 길수록, 살두께가 얇을수록 커진다.

63

다음 합금 중 베어링용 합금이 아닌 것은?
① 화이트메탈   ② 켈밋합금
③ 배빗메탈   ④ 문쯔메탈

풀이

문쯔메탈은 강력황동인 6:4 황동의 별칭이다.

64

황(S) 성분이 적은 선철을 용해로에서 용해한 후 주형에 주입 전 Mg, Ca 등을 첨가시켜 흑연을 구상화한 주철은?
① 합금주철   ② 칠드주철
③ 가단주철   ④ 구상흑연주철

풀이

구상흑연주철 : 보통 주철에 Mg, Ca, Ce 등을 접종하여 흑연을 구상화시킨 것

65

상온에서 순철의 결정격자는?
① 체심입방격자   ② 면심입방격자
③ 조밀육방격자   ④ 정방격자

풀이

상온에서의 순철 : α-ferrite(체심입방격자)

66

금속나트륨 또는 플루오르화 알칼리 등의 첨가에 의해 조직이 미세화 되어 기계적 성질의 개선 및 가공성이 증대되는 합금은?
① Al – Si   ② Cu – Sn
③ Ti – Zr   ④ Cu – Zn

풀이

① Al-Si : 실루민 ② Cu-Sn : 청동
③ Ti-Zr : 티타늄 청동 ④ Cu-Zn : 황동

67

금속침투법 중 Zn을 강 표면에 침투 확산시키는 표면처리법은?
① 크로마이징   ② 세라다이징
③ 칼로라이징   ④ 보로나이징

풀이

금속침투법 : 크로마이징(Cr), 세라다이징(Zn), 칼로라이징(Al), 보로나이징(B), 실리코나이징(Si)

68

영구 자석강이 갖추어야 할 조건으로 가장 적당한 것은?
① 잔류자속 밀도 및 보자력이 모두 클 것
② 잔류자속 밀도 및 보자력이 모두 작을 것
③ 잔류자속 밀도가 작고 보자력이 클 것
④ 잔류자속 밀도가 크고 보자력이 작을 것

정답 62① 63④ 64④ 65① 66① 67② 68①

> 풀이

자석강 : Fe, Ni, Co 등 강자성체의 합금으로 잔류자속밀도, 보자력이 커야 한다.

69
다음 그림과 같은 상태도의 명칭은?

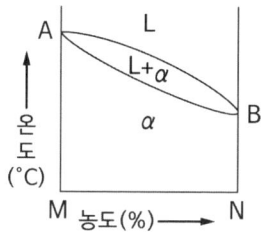

① 편정형 고용체 상태도
② 전율 고용체 상태도
③ 공정형 한율 상태도
④ 부분 고용체 상태도

> 풀이

전율 고용체 : 두 종류의 금속이 어떤 비율로도 합금되어 단일상을 유지하는 고용체

70
표점거리가 100mm, 시험편의 평행부 지름이 14mm인 시험편을 최대하중 6400kgf로 인장한 후 표점거리가 120mm로 변화되었을 때 인장강도는 약 몇 kgf/mm²인가?
① 10.4
② 32.7
③ 41.6
④ 61.4

> 풀이

$\sigma_u = \dfrac{P_{max}}{A} = \dfrac{6400}{\dfrac{\pi}{4} \times 0.014^2} = 41.6 [kg_f/mm^2]$

71
유압 기본회로 중 미터인 회로에 대한 설명으로 옳은 것은?
① 유량제어 밸브는 실린더에서 유압작동유의 출구 측에 설치한다.
② 유량제어 밸브를 탱크로 바이패스 되는 관로 쪽에 설치한다.
③ 릴리프밸브를 통하여 분기되는 유량으로 인한 동력손실이 크다.
④ 압력설정 회로로 체크밸브에 의하여 양방향만의 속도가 제어된다.

> 풀이

미터인 회로 : 유량제어밸브가 실린더 입구쪽에 설치된다.

72
체크밸브, 릴리프 밸브 등에서 압력이 상승하고 밸브가 열리기 시작하여 어느 일정한 흐름의 양이 인정되는 압력은?
① 토출 압력
② 서지 압력
③ 크래킹 압력
④ 오버라이드 압력

> 풀이

크래킹 압력 : 릴리프 밸브가 작동되어 일정한 유량에 도달한 압력

73
카운터 밸런스 밸브에 관한 설명으로 옳은 것은?
① 두 개 이상의 분기 회로를 가질 때 각 유압 실린더를 일정한 순서로 순차 작동시킨다.
② 부하의 낙하를 방지하기 위해서, 배압을 유지하는 압력제어 밸브이다.
③ 회로 내의 최고 압력을 설정해 준다.
④ 펌프를 무부하 운전시켜 동력을 절감시킨다.

> 풀이

카운터밸런스 밸브 : 배압(背壓) 유지

74
유압모터의 종류가 아닌 것은?
① 회전피스톤 모터
② 베인 모터
③ 기어 모터
④ 나사 모터

풀이
유압모터는 회전피스톤 모터, 베인모터, 기어모터등이 있으며 나사모터란 없다.

75
다음 어큐뮬레이터의 종류 중 피스톤형의 특징에 대한 설명으로 가장 적절하지 않는 것은?
① 대형도 제작이 용이하다.
② 축유량을 크게 잡을 수 있다.
③ 형상이 간단하고 구성품이 적다.
④ 유실에 가스 침입의 염려가 없다.

풀이
피스톤형 어큐뮬레이터는 유실(油室)에 가스 침입의 염려가 있다.

76
유압 베인 모터의 1회전 당 유량이 50cc일 때, 공급 압력을 800N/cm², 유량을 30L/min으로 할 경우 베인 모터의 회전수는 약 몇 rpm인가? (단, 누설량은 무시한다.)
① 600
② 1200
③ 2666
④ 5333

풀이
$Q = qN$에서 $N = \dfrac{Q}{q} = \dfrac{30 \times 10^3}{50} = 600\,[\text{rpm}]$

77
그림과 같은 유압 잭에서 지름이 $D_2 = 2D_1$ 일 때 누르는 힘 F_1과 F_2의 관계를 나타낸 식으로 옳은 것은?

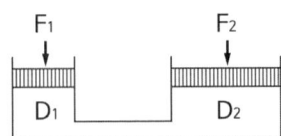

① $F_2 = F_1$
② $F_2 = 2F_1$
③ $F_2 = 4F_1$
④ $F_2 = 8F_1$

풀이
$\dfrac{F_1}{D_1^2} = \dfrac{F_2}{D_2^2}$ 에서 $F_2 = F_1 \left(\dfrac{D_2}{D_1} \right)^2 = F_1(2)^2 = 4F_1$

78
다음 유압회로는 어떤 회로에 속하는가?

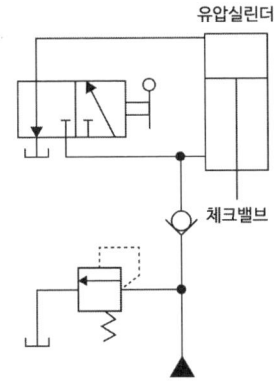

① 로크 회로
② 무부하 회로
③ 블리드 오프 회로
④ 어큐뮬레이터 회로

풀이
로크회로(lock circuit): 액튜에이터(유압실린더)에 유압의 공급을 중지해도 그 상태를 유지하는 회로

79
주로 펌프의 흡입구에 설치되어 유압작동유의 이물질을 제거하는 용도로 사용하는 기기는?
① 드레인 플러그
② 스트레이너
③ 블래더
④ 배플

풀이
스트레이너 : 여과기

80
그림은 KS 유압 도면기호에서 어떤 밸브를 나타낸 것인가?

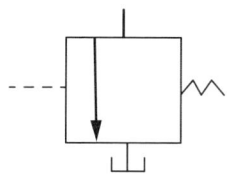

① 릴리프 밸브
② 무부하 밸브
③ 시퀀스 밸브
④ 감압 밸브

> 풀이

무부하 밸브이다.

제5과목 : 기계제작법 및 기계동력학

81

펌프가 견고한 지면 위의 네 모서리에 하나씩 총 4개의 동일한 스프링으로 지지되어 있다. 이 스프링의 정적 처짐이 3cm일 때, 이 기계의 고유진동수는 약 몇 Hz인가?

① 3.5
② 7.6
③ 2.9
④ 4.8

> 풀이

$$f_n = \frac{1}{2\pi}\omega_n = \frac{1}{2\pi}\sqrt{\frac{g}{\delta}} = \frac{1}{2\pi}\sqrt{\frac{980}{3}} = 2.9[\text{Hz}]$$

82

경사면에 질량 M의 균일한 원기둥이 있다. 이 원기둥에 감겨 있는 실을 경사면과 동일한 방향으로 위쪽으로 잡아당길 때, 미끄럼이 일어나지 않기 위한 실의 장력 T의 조건은? (단, 경사면의 각도를 α, 경사면과 원기둥사이의 마찰계수를 μ_s, 중력가속도를 g라 한다.)

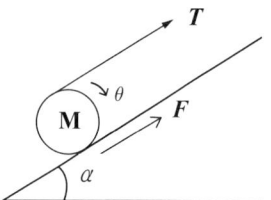

① $T \leq Mg(3\mu_s \sin\alpha + \cos\alpha)$
② $T \leq Mg(3\mu_s \sin\alpha - \cos\alpha)$
③ $T \leq Mg(3\mu_s \cos\alpha + \sin\alpha)$
④ $T \leq Mg(3\mu_s \cos\alpha - \sin\alpha)$

> 풀이

우선, $\Sigma F = Ma$에서
$T + \mu_s Mg\cos\alpha - Mg\sin\alpha = Ma$ …… ㉠
다음, $\Sigma \tau = I\alpha$에서
$T \cdot r - \mu_s Mg\cos\alpha \cdot r = \frac{1}{2}Mr^2 \cdot \frac{a}{r}$
$2T - 2\mu_s Mg\cos\alpha = Ma$ …… ㉡
㉡-㉠ : $T - 3\mu_s Mg\cos\alpha + Mg\sin\alpha = 0$
$T = Mg(3\mu_s \cos\alpha - \sin\alpha)$

83

엔진(질량 m)의 진동이 공장바닥에 직접 전달될 때 바닥에는 힘이 $F_0 \sin\omega t$로 전달된다. 이 때 전달되는 힘을 감소시키기 위해 엔진과 바닥 사이에 스프링(스프링상수 k)과 댐퍼(감쇠계수 c)를 달았다. 이를 위해 진동계의 고유진동수(ω_n)과 외력의 진동수(ω)는 어떤 관계를 가져야 하는가?

(단, $\omega_n = \sqrt{\dfrac{k}{m}}$ 이고, t는 시간을 의미한다.)

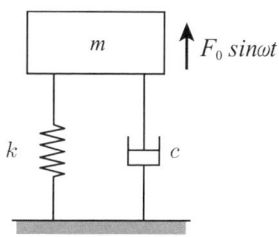

① $\omega_n < \omega$ ② $\omega_n > \omega$

③ $\omega_n < \dfrac{\omega}{\sqrt{2}}$ ④ $\omega_n > \dfrac{\omega}{\sqrt{2}}$

풀이

부족감쇠가 되어야 하므로

진동수비 $\gamma = \dfrac{\omega}{\omega_n} > \sqrt{2}\quad \therefore \omega_n < \dfrac{\omega}{\sqrt{2}}$

84

그림과 같은 질량 3kg인 원판의 반지름이 0.2m일 때 x-x′축에 대한 질량관성모멘트의 크기는 약 몇 $kg \cdot m^2$인가?

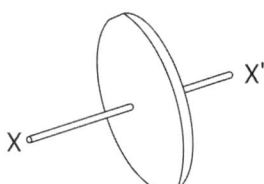

① 0.03 ② 0.04
③ 0.05 ④ 0.06

풀이

$I = \dfrac{1}{2}mr^2 = \dfrac{1}{2} \times 3 \times 0.2^2 = 0.06 [kg \cdot m^2]$

85

그림(a)를 그림(b)와 같이 모형화 했을 때 성립되는 관계식은?

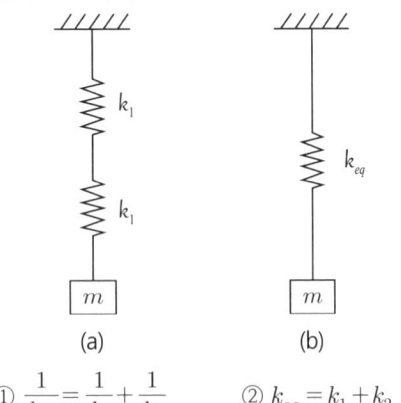

① $\dfrac{1}{k_{eq}} = \dfrac{1}{k_1} + \dfrac{1}{k_2}$ ② $k_{eq} = k_1 + k_2$

③ $k_{eq} = k_1 + \dfrac{1}{k_2}$ ④ $k_{eq} = \dfrac{1}{k_1} + \dfrac{1}{k_2}$

풀이

직렬연결이므로 $\dfrac{1}{k_{eq}} = \dfrac{1}{k_1} + \dfrac{1}{k_2}$

86

그림과 같은 진동계에서 무게 W는 22.68N, 댐핑계수 c는 0.0579N·s/cm, 스프링정수 k가 0.357N/cm일 때 감쇠비(damping ratio)는 약 얼마인가?

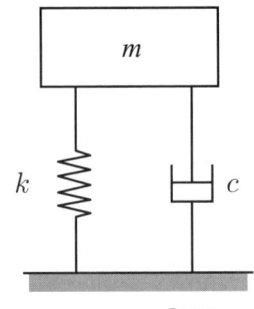

① 0.19 ② 0.22
③ 0.27 ④ 0.32

풀이

$\zeta = \dfrac{c}{c_{cr}} = \dfrac{c}{2\sqrt{mk}} = \dfrac{0.0579}{2\sqrt{\dfrac{22.68}{9.8} \times 0.357 \times 100}} = 0.32$

87

그림과 같이 2개의 질량이 수평으로 놓인 마찰이 없는 막대 위를 미끄러진다. 두 질량의 반발계수가 0.6일 때 충돌 후 A의 속도(v_A)와 B의 속도 (v_B)로 옳은 것은? (단, 오른쪽 방향이 +이다.)

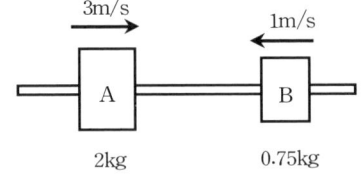

정답 84④ 85① 86④ 87②

① v_A =3.65m/s, v_B=1.25m/s
② v_A =1.25m/s, v_B=3.65m/s
③ v_A =3.25m/s, v_B=1.65m/s
④ v_A =1.65m/s, v_B=3.25m/s

풀이

운동량 보존법칙으로부터
$2 \times 3 - 0.75 \times 1 = 2v_A + 0.75v_B$ …… ㉠
반발계수의 정의로부터
$e = 0.6 = -\dfrac{v_A - v_B}{3-(-1)} = -\dfrac{v_A - v_B}{4}$
$v_A - v_B = -4 \times 0.6 = -2.4$
$v_A = v_B - 2.4$ ……… ㉡
㉡을 ㉠에 대입하면
$5.25 = 2(v_B - 2.4) + 0.75v_B$
$10.05 = 2.75v_B$ ∴ $v_B = 3.65 [m/s]$
이 결과를 ㉡에 대입하면
$v_A = 3.65 - 2.4 = 1.25 [m/s]$

88

다음 설명 중 뉴턴(Newton)의 제1법칙으로 맞는 것은?

① 질점의 가속도는 작용하고 있는 합력에 비례하고 그 합력의 방향과 같은 방향에 있다.
② 질점에 외력이 작용하지 않으면, 정지상태를 유지하거나 일정한 속도로 일직선상에서 운동을 계속한다.
③ 상호작용하고 있는 물체간의 작용력과 반작용력은 크기가 같고 방향이 반대이며, 동일직선상에 있다.
④ 자유낙하하는 모든 물체는 같은 가속도를 가진다.

풀이

뉴턴의 제1법칙=관성의 법칙 : 질량체(질점)에 외력이 작용하지 않을 때 질점이 가속도 없이 운동 상태를 유지한다. 즉, 정지상태에 있던 물체는 계속 정지해 있고 운동상태에 있던 물체는 등속으로 운동한다.

89

공을 지면에서 수직방향으로 9.81m/s의 속도로 던져졌을 때 최대 도달 높이는 지면으로부터 약 몇 m인가?

① 4.9
② 9.8
③ 14.7
④ 19.6

풀이

$h = \dfrac{v_0^2}{2g} = \dfrac{9.81^2}{2 \times 9.8} = 4.91 [m]$

90

압축된 스프링으로 100g의 추를 밀어올려 위에 있는 종을 치는 완구를 설계하려고 한다. 스프링 상수가 80N/m라면 종을 치게 하기 위한 최소의 스프링 압축량은 약 몇 cm인가? (단, 그림의 상태는 전혀 변형되지 않은 상태이며 추가 종을 칠 때는 이미 추와 스프링은 분리된 상태이다. 또한 중력은 아래로 작용하고 스프링의 질량은 무시한다.)

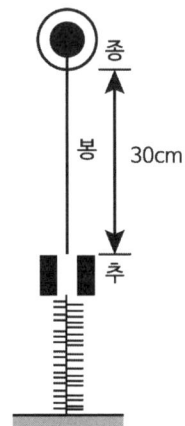

① 8.5cm
② 9.9cm
③ 10.6cm
④ 12.4cm

풀이

에너지법에 의해 $\frac{1}{2}k\delta^2 = mg(\delta+h)$

$\frac{1}{2} \times 80 \times \delta^2 = 0.1 \times 9.8(\delta + 0.3)$

$40\delta^2 - 0.98\delta - 0.294 = 0$

이 2차방정식의 근을 구하면
$= 0.099 [m] = 9.9 [cm]$

91

사형(砂型)과 금속형(金屬型)을 사용하며 내마모성이 큰 주물을 제작할 때 표면은 백주철이 되고 내부는 회주철이 되는 주조 방법은?

① 다이캐스팅법 ② 원심주조법
③ 칠드주조법 ④ 셀주조법

풀이

칠드주조법이다.

92

연삭가공을 한 후 가공표면을 검사한 결과 연삭 크랙(crack)이 발생되었다. 이 때 조치하여야 할 사항으로 옳지 않은 것은?

① 비교적 경( )하고 연삭성이 좋은 지석을 사용하고 이송을 느리게 한다.
② 연삭액을 사용하여 충분히 냉각시킨다.
③ 결합도가 연한 숫돌을 사용한다.
④ 연삭 깊이를 적게 한다.

풀이

연삭가공에 의한 균열이 일어나는 경우는 공작물의 재질이 경할 때 발생하므로 ①은 틀린 지문이다.

93

다음 중 연삭숫돌의 결합제(bond)로 주성분이 점토와 장석이고, 열에 강하고 연삭액에 대해서도 안전하므로 광범위하게 사용되는 결합제는?

① 비트리파이드 ② 실리케이트
③ 레지노이드 ④ 셀락

풀이

비트리파이드 : 가장 널리 사용하는 결합제로 주성분은 점토와 장석이다.

94

0℃ 이하의 온도에서 냉각시키는 조직으로 공구강의 경도 증가 및 성능을 향상시킬 수 있으며, 담금질된 오스테나이트를 마텐자이트화하는 열처리법은?

① 질량 효과(mass effect)
② 완전 풀림(full annealing)
③ 화염 경화(frame hardening)
④ 심냉 처리(sub-zero treatment)

풀이

심냉처리이다.

95

불활성 가스가 공급되면서 용가재인 소모성 전극와이어를 연속적으로 보내서 아크를 발생시켜 용접하는 불활성 가스 아크 용접법은?

① MIG 용접 ② TIG 용접
③ 스터드 용접 ④ 레이저 용접

풀이

소모성 전극 : MIG 용접
비소모성 전극 : TIG 용접

96

회전하는 상자 속에 공작물과 숫돌입자, 공작액, 콤파운드 등을 넣고 서로 충돌시켜 표면의 요철을 제거하며 매끈한 가공면을 얻는 가공법은?

① 호닝(honing)
② 배럴(barrel) 가공

정답 91 ③ 92 ① 93 ① 94 ④ 95 ① 96 ②

③ 숏 피닝(shot peening)
④ 슈퍼 피니싱(super finishing)

풀이
배럴가공이다.

97
두께 4mm인 탄소강판에 지름 1000mm의 펀칭을 할 때 소요되는 동력은 약 kW인가? (단, 소재의 전단저항은 245.25MPa, 프레스 슬라이드의 평균속도는 5m/min, 프레스의 기계효율(η)은 65%이다.)
① 146
② 280
③ 396
④ 538

풀이
전단 저항력 $F = \tau \cdot \pi dt$
$= 245.25 \times \pi \times 1000 \times 4 \times 10^{-3} = 981\pi \, [kN]$

전단동력 $H = FV = 981\pi \times \dfrac{5}{60} = 256.83 \, [kW]$

$\eta = \dfrac{H}{L}$ 에서 $L = \dfrac{H}{\eta} = \dfrac{256.83}{0.65} = 395.1 \, [kW]$

98
압연가공에서 압하율은 나타내는 공식은? (단, H_o는 압연전의 두께, H_1은 압연후의 두께이다.)

① $\dfrac{H_1 - H_o}{H_1} \times 100(\%)$

② $\dfrac{H_o - H_1}{H_o} \times 100(\%)$

③ $\dfrac{H_1 + H_o}{H_o} \times 100(\%)$

③ $\dfrac{H_1}{H_o} \times 100(\%)$

풀이
압하율 $= \dfrac{H_o - H_1}{H_o} \times 100(\%)$

99
절삭 공구에 발생하는 구성 인성의 방지법이 아닌 것은?
① 절삭 깊이를 작게 할 것
② 절삭 속도를 느리게 할 것
③ 절삭 공구의 인선을 예리하게 할 것
④ 공구 윗면 경사각(rake angle)을 크게 할 것

풀이
절삭속도를 빠르게 하여야 한다.

100
다음 중 아크(Arc) 용접봉의 피복제 역할에 대한 설명으로 가장 적절한 것은?
① 용착효율을 낮춘다.
② 전기 통전 작용을 한다.
③ 응고와 냉각속도를 촉진시킨다.
④ 산화방지와 산화물의 제거작용을 한다.

풀이
피복제는 용착효율을 높이고, 응고와 냉각속도를 느리게 하며, 용착부의 산화를 방지하며 산화물의 제거작용을 한다.

국가기술자격 필기시험
2018년 기사 제4회 【 일반기계기사 】 필기

제1과목 : 재료역학

1

그림과 같은 구조물에 1000N의 물체가 매달려 있을 때 두 개의 강선 AB와 AC에 작용하는 힘의 크기는 약 몇 N인가?

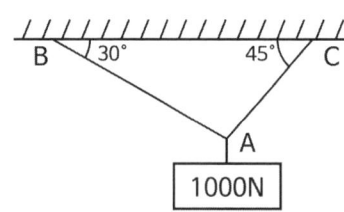

① AB=732, AC=897
② AB=707, AC=500
③ AB=500, AC=707
④ AB=897, AC=732

풀이

Lami의 정리

$$\frac{AB}{\sin 135°} = \frac{AC}{\sin 120°} = \frac{1000}{\sin 105°}$$

$$AB = 1000 \times \frac{\sin 135°}{\sin 105°} = 732\,[N]$$

$$AC = 1000 \times \frac{\sin 120°}{\sin 105°} = 897\,[N]$$

2

그림과 같은 선형 탄성 균일단면 외팔보의 굽힘 모멘트 선도로 가장 적당한 것은?

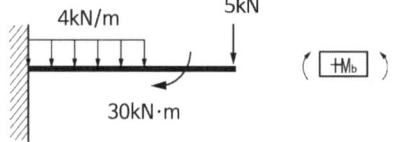

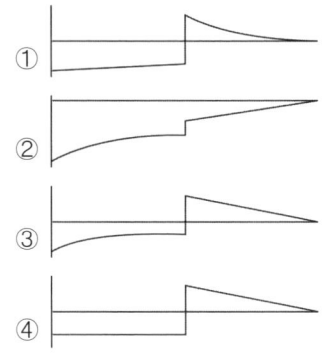

풀이

외팔보의 모멘트선도는 집중하중시 직선, 분포하중시 2차곡선이며 집중모멘트일 때에는 크기가 급증한다. 또한 보의 탄성곡선은 아래로 휘어지므로 모멘트는 (−)이다.

3

포아송(Poisson)비가 0.3인 재료에서 세로탄성계수(E)와 가로탄성계수(G)의 비(E/G)는?

① 0.15
② 1.5
③ 2.6
④ 3.2

풀이

$E = 2G(1+\nu)$에서

$$\frac{E}{G} = 2(1+\nu) = 2 \times (1+0.3) = 2.6$$

4

그림과 같이 원형 단면을 갖는 외팔보에 발생하는 최대 굽힘응력 σ_b는?

정답 1① 2② 3③ 4①

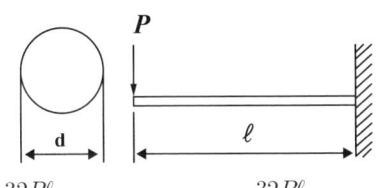

① $\dfrac{32P\ell}{\pi d^3}$ ② $\dfrac{32P\ell}{\pi d^4}$

③ $\dfrac{6P\ell}{\pi d^2}$ ④ $\dfrac{\pi d}{6P\ell}$

풀이

$\sigma_b = \dfrac{M}{Z} = \dfrac{32P\ell}{\pi d^3}$

5

볼트에 7200N의 인장하중을 작용시키면 머리부에 생기는 전단응력은 몇 MPa인가?

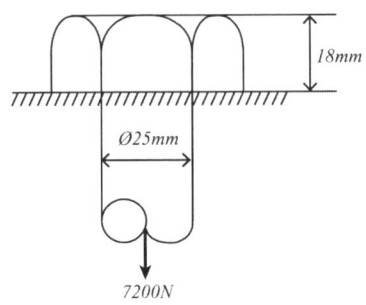

① 2.55
② 3.1
③ 5.1
④ 6.25

풀이

$\tau = \dfrac{P}{\pi d t} = \dfrac{7200}{\pi \times 25 \times 18} = 5.1\,[\text{MPa}]$

6

그림과 같은 단순 지지보에서 길이(ℓ)는 5m, 중앙에서 집중하중 P가 작용할 때 최대 처짐이 43 mm라면 이때 집중하중 P의 값은 약 몇 kN인가? (단, 보의 단면(폭(b)×높이(h)=5cm×12cm), 탄성계수 E=210GPa로 한

다.)

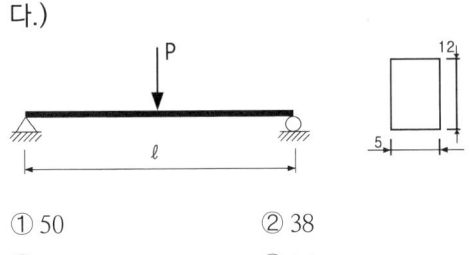

① 50 ② 38
③ 25 ④ 16

풀이

$\delta_{\max} = \dfrac{P\ell^3}{48EI}$ 에서

$0.043 = \dfrac{P \times 5^3}{48 \times 210 \times 10^9 \times \dfrac{0.05 \times 0.12^3}{12}}$

$\therefore P = 24966\,[\text{N}] = 25\,[\text{kN}]$

7

그림과 같이 스트레인 로제트(strain rosette)를 45°로 배열한 경우 각 스트레인 게이지에 나타나는 스트레인량을 이용하여 구해지는 전단 변형률 γ_{xy}는?

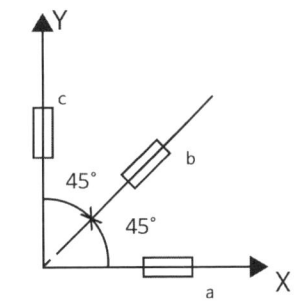

① $\sqrt{2}\,\epsilon_b - \epsilon_a - \epsilon_c$ ② $2\epsilon_b - \epsilon_a - \epsilon_c$
③ $\sqrt{3}\,\epsilon_b - \epsilon_a - \epsilon_c$ ④ $3\epsilon_b - \epsilon_a - \epsilon_c$

풀이

$\epsilon_\theta = \dfrac{\epsilon_x + \epsilon_y}{2} + \dfrac{\epsilon_x - \epsilon_y}{2}\cos 2\theta + \dfrac{\gamma_{xy}}{2}\sin 2\theta$ 에서

$\theta = 45°$ 이므로

$\epsilon_{\theta=45°} = \dfrac{\epsilon_x + \epsilon_y}{2} + \dfrac{\gamma_{xy}}{2}$ $\therefore \epsilon_b = \dfrac{\epsilon_a + \epsilon_c}{2} + \dfrac{\gamma_{xy}}{2}$

결국, $\gamma_{xy} = 2\epsilon_b - \epsilon_a - \epsilon_c$

8
다음 단면에서 도심의 y축 좌표는 얼마인가?

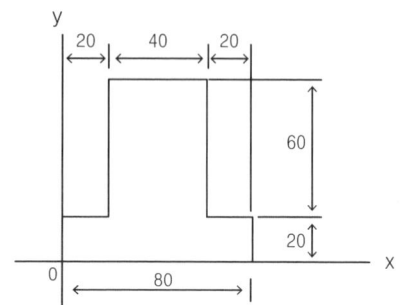

① 30 ② 34
③ 40 ④ 44

풀이

$$\bar{y} = \frac{2400 \times (20+30) + 1600 \times 10}{40 \times 60 + 80 \times 20} = 34$$

9
다음 단면의 도심 축(X-X)에 대한 관성모멘트는 약 몇 m^4인가?

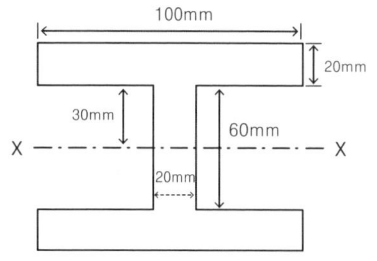

① 3.627×10^{-6}
② 4.267×10^{-7}
③ 4.933×10^{-7}
④ 6.893×10^{-6}

풀이

$$I = \left(\frac{100 \times 100^3}{12} - \frac{80 \times 60^3}{12} \right) \times (10^{-3})^4$$
$$= 6.893 \times 10^{-6} \, [m^4]$$

10
강선의 지름이 5mm이고 코일의 반지름이 50mm인 15회 감긴 스프링이 있다. 이 스프링에 힘이 작용할 때 처짐량이 50mm일 때, P는 약 몇 N인가? (단, 재료의 전단탄성계수 G=100GPa이다.)

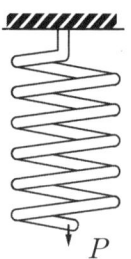

① 18.32 ② 22.08
③ 26.04 ④ 28.43

풀이

$\delta = \dfrac{64PR^3 n}{Gd^4}$ 에서

$$P = \frac{\delta G d^4}{64 R^3 n} = \frac{0.05 \times 100 \times 10^9 \times 0.005^4}{64 \times 0.05^3 \times 15}$$
$$= 26.04 \, [N]$$

11
그림과 같은 양단 고정보에서 고정단 A에서 발생하는 굽힘 모멘트는? (단, 보의 굽힘 강성계수는 EI이다.)

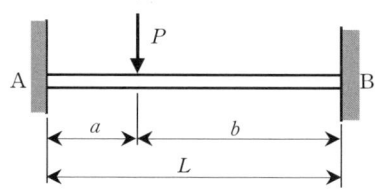

① $M_A = \dfrac{Pab}{L}$

② $M_A = \dfrac{Pab(a-b)}{L}$

③ $M_A = \dfrac{Pab}{L} \times \dfrac{a}{L}$

④ $M_A = \dfrac{Pab}{L} \times \dfrac{b}{L}$

풀이

우선, 단순보라 가정하고 최대굽힘모멘트(M_{max})는 하중점에서 생기므로

$$M_{max} = \frac{Pab}{L}$$

다음, 양단고정보에서 고정단 모멘트(M)는

$$M = \frac{하중점모멘트 \times 반대편 길이}{전체 길이}$$

즉, A단의 굽힘모멘트(M_A)는

$$M_A = \frac{M_{max} \times b}{L} = \frac{Pab}{L} \times \frac{b}{L}$$

12

한 변의 길이가 10mm인 정사각형 단면의 막대가 있다. 온도를 60℃ 상승시켜서 길이가 늘어나지 않게 하기 위해 8kN의 힘이 필요할 때 막대의 선팽창계수(a)는 약 몇 ℃$^{-1}$인가?(단, 탄성계수 E=200GPa이다.)

① $\frac{5}{3} \times 10^{-6}$

② $\frac{10}{3} \times 10^{-6}$

③ $\frac{15}{3} \times 10^{-6}$

④ $\frac{20}{3} \times 10^{-6}$

풀이

$P = \sigma A = \alpha \Delta TEA$에서

$$\alpha = \frac{P}{\Delta TEA} = \frac{8 \times 10^3}{60 \times 200 \times 10^9 \times 0.01^2}$$

$$= 6.67 \times 10^{-6} = \frac{20}{3} \times 10^{-6} [1/℃]$$

13

양단이 힌지로 된 길이 4m인 기둥의 임계하중을 오일러 공식을 사용하여 구하면 약 몇 N인가?(단, 기둥의 세로탄성계수 E=200GPa이다.)

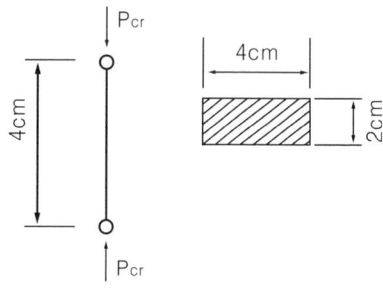

① 1645
② 3290
③ 6580
④ 13160

풀이

$$P_{cr} = n\pi^2 \frac{EI}{\ell^2} = 1 \times \pi^2 \times \frac{200 \times 10^9}{4^2} \times \frac{0.04 \times 0.02^3}{12}$$

$$= 3290 [N]$$

14

길이가 ℓ인 외팔보에서 그림과 같이 삼각형 분포하중을 받고 있을 때 최대 전단력과 최대 굽힘모멘트는?

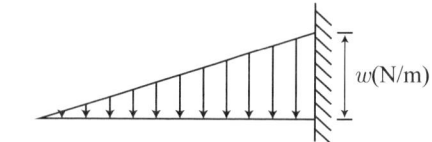

① $\frac{w\ell}{2}$, $\frac{w\ell^2}{6}$

② $w\ell$, $\frac{w\ell^2}{3}$

③ $\frac{w\ell}{2}$, $\frac{w\ell^2}{3}$

④ $\frac{w\ell^2}{2}$, $\frac{w\ell}{6}$

풀이

외팔보에서 최대 전단력(V_{max})과 최대 굽힘모멘트(M_{max})는 모두 고정단에서 생긴다.
따라서, 삼각형 분포하중을 등가 집중하중(P_e)으로 고치면

$P_e = \frac{1}{2}w\ell$이다.

그러므로 $V_{max} = P_e = \frac{1}{2}w\ell$

$M_{max} = P_e \times \frac{\ell}{3} = \frac{w\ell}{2} \times \frac{\ell}{3} = \frac{w\ell^2}{6}$

15

그림과 같이 단순 지지보가 B점에서 반시계 방향의 모멘트를 받고 있다. 이 때 최대의 처짐이 발생하는 곳은 A점으로부터 얼마나 떨어진 거리인가?

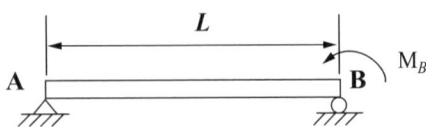

① $\dfrac{L}{2}$ ② $\dfrac{L}{\sqrt{2}}$

③ $L\left(1 - \dfrac{1}{\sqrt{3}}\right)$ ④ $\dfrac{L}{\sqrt{3}}$

풀이

우선, A단의 지점반력을 구한다.
$\Sigma M_B = 0$ 에서
$R_A L - M_B = 0$
$\therefore R_A = \dfrac{M_B}{L}$

다음, A점으로부터 x인 곳의 굽힘모멘트(M_x)는
$M_x = R_A x = \dfrac{M_B}{L} x = EIy''$

적분하면
$EIy' = \dfrac{M_B}{2L} x^2 + C_1$

$EIy = \dfrac{M_B}{6L} x^3 + C_1 x + C_2$

경계조건 $x=0$과 $x=L$에서 처짐 $y=0$이므로
$C_2 = 0, \ C_1 = -\dfrac{M_B L}{6}$

따라서
$EIy' = \dfrac{M_B}{2L} x^2 - \dfrac{M_B L}{6}$

그런데, 최대처짐이 생기는 곳에서는 처짐각이 0 이므로 $y'=0$에서
$\dfrac{M_B}{2L} x^2 = \dfrac{M_B L}{6}$

결국, $x = \dfrac{L}{\sqrt{3}}$

16

그림에서 클램프(clamp)의 압축력이 $P=5$ kN일 때 $m-n$ 단면의 최소두께 h를 구하면 약 몇 cm인가? (단, 직사각형 단면의 폭 $b=$ 10mm, 편심거리 $e=50$mm, 재료의 허용응력 $\sigma_w = 200$MPa이다.)

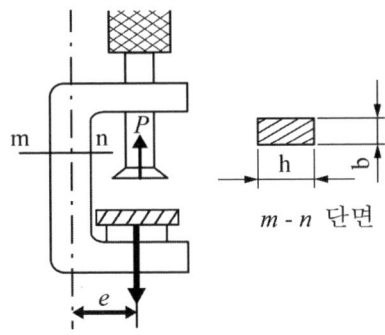

① 1.34 ② 2.34
③ 2.86 ④ 3.34

풀이

편심하중을 받는 단주이다.
$\sigma_w \geq \sigma_{\max} = \dfrac{P}{A} + \dfrac{M}{Z}$ 에서

$\sigma_w = \dfrac{P}{bh} + \dfrac{6Pe}{bh^2}$

$200 \times 10^6 = \dfrac{5 \times 10^3}{0.01 \times h} + \dfrac{6 \times 5 \times 10^3 \times 0.05}{0.01 \times h^2}$

통분하고 h에 대해 정리하면
$200 h^2 - 0.5 h - 0.15 = 0$

h에 대한 2차방정식의 근을 구하면
$h = \dfrac{0.5 + \sqrt{0.5^2 - 4 \times 200 \times (-0.15)}}{2 \times 200}$

$= 0.0286 \, [\text{m}] = 2.86 \, [\text{cm}]$

17

길이가 50cm인 외팔보의 자유단에 정적인 힘을 가하여 자유단에서의 처짐량이 1cm가 되도록 외팔보를 탄성변형 시키려고 한다. 이 때 필요한 최소한의 에너지는 약 몇 J인가? (단, 외팔보의 세로탄성계수는 200GPa, 단

면은 한 변의 길이가 2cm인 정사각형이라고 한다.)
① 3.2
② 6.4
③ 9.6
④ 12.8

> **풀이**
>
> $\delta = \dfrac{P\ell^3}{3EI}$에서 $P = \dfrac{3EI\delta}{\ell^3}$이고 $U = \dfrac{1}{2}P\delta$이므로
>
> $U = \dfrac{1}{2} \times \dfrac{3EI\delta^2}{\ell^3} = \dfrac{3EI\delta^2}{2\ell^3}$
>
> $= \dfrac{3 \times 200 \times 10^9}{2 \times 0.5^3} \times \dfrac{0.02^4}{12} \times 0.01^2 = 3.2 [J]$

18

단면적이 4cm²인 강봉에 그림과 같이 하중이 작용할 때 이 봉은 약 몇 cm 늘어나는가?(단, 세로탄성계수 E=210GPa이다.)

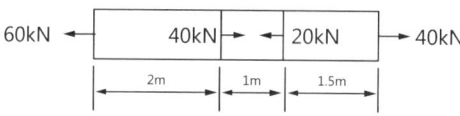

① 0.80
② 0.24
③ 0.0028
④ 0.015

> **풀이**
>
> 세 부분으로 나누어 계산한다.
>
> $\lambda_1 = \dfrac{P_1\ell_1}{AE}$, $\lambda_2 = \dfrac{P_2\ell_2}{AE}$, $\lambda_3 = \dfrac{P_3\ell_3}{AE}$
>
> 따라서,
>
> $\lambda = \dfrac{P_1\ell_1 + P_2\ell_2 + P_3\ell_3}{AE}$
>
> $= \dfrac{60 \times 10^3 \times 2 + 20 \times 10^3 \times 1 + 40 \times 10^3 \times 1.5}{4 \times 10^{-4} \times 210 \times 10^9}$
>
> $= 2.38 \times 10^{-3} [m] = 2.38 [mm] = 0.238 [cm]$

19

지름 d인 강봉의 지름을 2배로 했을 때 비틀림 강도는 몇 배가 되는가?
① 2배
② 4배
③ 8배
④ 16배

> **풀이**
>
> $T = \tau_a Z_p = \tau_a \times \dfrac{\pi d^3}{16}$에서 $T \propto d^3$ $\therefore T' = 8T$

20

400rpm으로 회전하는 바깥지름 60mm, 안지름 40mm인 중공 단면축의 허용 비틀림 각도가 1°일 때 이 축이 전달할 수 있는 동력의 크기는 약 몇 kW인가? (단, 전단탄성계수 G=80GPa, 축길이 L=3m이다.)
① 15
② 20
③ 25
④ 30

> **풀이**
>
> $\theta° = \dfrac{360}{2\pi} \times \dfrac{TL}{GI_p} = \dfrac{360}{2\pi} \times \dfrac{974 \times 9.8 \dfrac{H}{N} \times L}{G \times \dfrac{\pi(d_2^4 - d_1^4)}{32}}$에서
>
> $1° = \dfrac{360°}{2 \times \pi} \times \dfrac{974 \times 9.8 \times \dfrac{H}{400} \times 3}{80 \times 10^9 \times \dfrac{\pi(0.06^4 - 0.04^4)}{32}}$
>
> $\therefore H = 19.91 ≒ 20 [kW]$

제2과목 : 기계열역학

21

피스톤-실린더로 구성된 용기 안에 이상 기체 공기 1kg이 400K, 200kPa 상태로 들어있다. 이 공기가 300K의 충분히 큰 주위로 열을 빼앗겨 온도가 양쪽 다 300K가 되었다. 그 동안 압력은 일정하다고 가정하고, 공기의 정압비열은 1.004kJ/(kg·K)일 때 공기와

주위를 합친 총 엔트로피 증가량은 약 몇 kJ/K인가?

① 0.0229　　② 0.0458
③ 0.1674　　④ 0.3347

풀이

공기(계)의 엔트로피 변화량(ΔS_1)

$$\Delta s_1 = \int_1^2 \frac{\delta q}{T} = \int_1^2 \frac{dh - vdP}{T} = \int_1^2 \frac{dh}{T}$$

$$= \int_1^2 \frac{C_p dT}{T} = C_p \ln \frac{T_2}{T_1}$$

$$\therefore \Delta S_1 = m\Delta s_1 = mC_p \ln \frac{T_2}{T_1} = 1 \times 1.004 \times \ln \frac{300}{400}$$

$$= -0.2888 \,[\text{kJ/K}]$$

주위의 엔트로피 변화량(ΔS_2)

$$\Delta S_2 = \frac{Q_2}{T_2} = \frac{mC_p \Delta T}{T_2} = \frac{mC_p(T_2 - T_1)}{T_2}$$

$$= \frac{1 \times 1.004 \times (400-300)}{300} = 0.3347 \,[\text{kJ/K}]$$

$$\Delta S = \Delta S_1 + \Delta S_2 = -0.2888 + 0.3347$$

$$= 0.0459 \,[\text{kJ/K}]$$

22

질량이 4kg인 단열된 강재 용기 속에 온도 25℃의 물 18L가 들어가 있다. 이 속에 200℃의 물체 8kg을 넣었더니 열평형에 도달하여 온도가 30℃가 되었다. 물의 비열은 4.187kJ/(kg·K)이고, 강재의 비열은 0.4648kJ/(kg·K)일 때 이 물체의 비열은 약 몇 kJ/(kg·K)인가? (단, 외부와의 열교환은 없다고 가정한다.)

① 0.244
② 0.267
③ 0.284
④ 0.302

풀이

열량보존법칙
강재용기가 얻은 열량+물이 얻은 열량
　　=물체가 잃은 열량

$$4 \times 0.4648 \times (30-25) + 18 \times 4.187 \times (30-25)$$
$$= 8 \times C \times (200-30)$$

$$\therefore C = \frac{4 \times 0.4648 \times 5 + 18 \times 4.187 \times 5}{8 \times 170}$$

$$= 0.284 \,[\text{kJ/(kg·K)}]$$

23

체적이 200L인 용기 속에 기체가 3kg들어있다. 압력이 1MPa, 비내부에너지가 219kJ/kg일 때 비엔탈피는 약 몇 kJ/kg인가?

① 286　　② 258
③ 419　　④ 442

풀이

$$h = u + Pv = u + P\frac{V}{m}$$

$$= 219 + 1 \times 10^3 \times \frac{200 \times 10^{-3}}{3} = 285.67 \,[\text{kJ/kg}]$$

24

100kPa의 대기압하에서 용기 속 기체의 진공압이 15kPa이었다. 이 용기 속 기체의 절대압력은 약 몇 kPa인가?

① 85　　② 90
③ 95　　④ 115

풀이

절대압 = 대기압 − 진공압
　　　= 100 − 15 = 85 [kPa]

25

물질이 액체에서 기체로 변해 가는 과정과 관련하여 다음 설명 중 옳지 않은 것은?

① 물질의 포화온도는 주어진 압력 하에서 그 물질의 증발이 일어나는 온도이다.
② 물의 포화온도가 올라가면 포화압력도 올라간다.
③ 액체의 온도가 현재 압력에 대한 포화온도보다 낮을 때 그 액체를 압축액 또는 과냉각액이라

한다.
④ 어떤 물질이 포화온도 하에서 일부는 액체로 존재하고 일부는 증기로 존재할 때, 전체 질량에 대한 액체 질량의 비를 건도로 정의한다.

풀이

$$건도(x) = \frac{포화증기의\ 질량}{액체의\ 질량 + 포화증기의\ 질량}$$

26

열기관이 1100K인 고온열원으로부터 1000 kJ의 열을 받아서 온도가 320K인 저온열원에서 600kJ의 열을 방출한다고 한다. 이 열기관이 클라우지우스 부등식($\oint \frac{\delta Q}{T} \leq 0$)을 만족하는지 여부와 동일온도 범위에서 작동하는 카르노 열기관과 비교하여 효율은 어떠한가?

① 클라우지우스 부등식을 만족하지 않고, 이론적인 카르노열기관과 효율이 같다.
② 클라우지우스 부등식을 만족하지 않고, 이론적인 카르노열기관보다 효율이 크다.
③ 클라우지우스 부등식을 만족하고, 이론적인 카르노열기관과 효율이 같다.
④ 클라우지우스 부등식을 만족하고, 이론적인 카르노열기관보다 효율이 작다.

풀이

우선, $\oint \frac{\delta Q}{T} = \frac{Q_1}{T_1} + \frac{-Q_2}{T_2}$

$= \frac{1000}{1100} + \frac{-600}{320} = -0.966 < 0$ (비가역)

카르노 사이클의 열효율(η_1)

$\eta_1 = 1 - \frac{T_2}{T_1} = 1 - \frac{320}{1100} = 0.709 = 70.9[\%]$

열기관의 열효율(η_2)

$\eta_2 = 1 - \frac{Q_2}{Q_1} = 1 - \frac{600}{1000} = 0.4 = 40[\%]$

따라서, 클라우지우스 부등식을 만족하고, 카르노 열기관의 열효율보다 작다.

27

공기 1kg을 1MPa, 250℃의 상태로부터 등온과정으로 0.2MPa까지 압력 변화를 할 때 외부에 대하여 한 일은 약 몇 kJ인가? (단, 공기는 기체상수가 0.287kJ/(kg·K)인 이상기체이다.)

① 157
② 242
③ 313
④ 465

풀이

$\delta W = PdV = \frac{mRT}{V}dV$

$W = \int_1^2 \delta W = mRT_1 \int_1^2 \frac{dV}{V} = mRT_1 \ln\frac{V_2}{V_1}$

$= mRT_1 \ln\frac{P_1}{P_2} = 1 \times 0.287 \times (273+250)\ln\frac{1}{0.2}$

$= 241.58[kJ]$

28

정압비열이 0.8418kJ/(kg·K)이고, 기체상수가 0.1889kJ/(kg·K)인 이상기체의 정적비열은 약 몇 kJ/(kg·K)인가?

① 4.456
② 1.220
③ 1.031
④ 0.653

풀이

$C_v = C_p - R = 0.8418 - 0.1889$
$= 0.6529[kJ/(kg·K)]$

29

다음 열역학 성질(상태량)에 대한 설명 중 옳은 것은?

① 엔탈피는 점함수(point function)이다.
② 엔트로피는 비가역과정에 대해서 경로함수이다.

정답 26④ 27② 28④ 29①

③ 시스템 내 기체가 열평형(thermal equilibrium) 상태라 함은 압력이 시간에 따라 변하지 않는 상태를 말한다.
④ 비체적은 종량적(extensive) 상태량이다.

> 풀이

점함수 : 상태함수(온도, 압력, 체적, 내부에너지, 엔탈피, 엔트로피 및 비상태량)
경로함수 : 과정함수(일, 열)
열평형 : 온도가 시간에 대해 변하지 않는 상태
비체적 : 단위질량당 체적으로 비상태량(specific property)이다.

30

위치에너지의 변화를 무시할 수 있는 단열노즐 내를 흐르는 공기의 출구 속도가 600m/s 이고 노즐 출구에서의 엔탈피가 입구에 비해 179.2kJ/kg 감소할 때 공기의 입구 속도는 약 몇 m/s인가?

① 16
② 40
③ 225
④ 425

> 풀이

개방계 정상유동 식

$q = w_t + (h_2 - h_1) + \frac{1}{2}(V_2^2 - V_1^2) + g(Z_2 - Z_1)$ 에서

$q = w_t = 0$, $Z_1 = Z_2$ 이므로

$\frac{1}{2}(V_2^2 - V_1^2) = (h_1 - h_2)$

$\frac{1}{2}(600^2 - V_1^2) = \{h_1 - (h_1 - 179.2)\} = 179.2 \times 10^3$

$V_1 = \sqrt{600^2 - 2 \times 179.2 \times 10^3} = 40 \,[\text{m/s}]$

31

압축비가 7.5이고, 비열비가 1.4인 이상적인 오토 사이클의 열효율은 약 몇 %인가?

① 55.3
② 57.6
③ 48.7
④ 51.2

> 풀이

$\eta = 1 - \left(\frac{1}{\varepsilon}\right)^{k-1} = 1 - \left(\frac{1}{7.5}\right)^{0.4} = 0.553 = 55.3\,[\%]$

32

엔트로피에 관한 설명 중 옳지 않은 것은?
① 열역학 제2법칙과 관련한 개념이다.
② 우주 전체의 엔트로피는 증가하는 방향으로 변화한다.
③ 엔트로피는 자연현상의 비가역성을 측정하는 척도이다.
④ 비가역현상은 엔트로피가 감소하는 방향으로 일어난다.

> 풀이

비가역현상은 엔트로피가 증가하는 방향으로 일어난다.

33

산소(O_2) 4kg, 질소(N_2) 6kg, 이산화탄소(CO_2) 2kg으로 구성된 기체혼합물의 기체상수(kJ/(kg·K))는 약 얼마인가?

① 0.328
② 0.294
③ 0.267
④ 0.241

> 풀이

$R = \dfrac{\overline{R}\left(\dfrac{m_1}{M_1} + \dfrac{m_2}{M_2} + \dfrac{m_3}{M_3}\right)}{m_1 + m_2 + m_3}$

$= \dfrac{8.3143 \times \left(\dfrac{4}{32} + \dfrac{6}{28} + \dfrac{2}{44}\right)}{4 + 6 + 2} = 0.267\,[\text{kJ/(kgK)}]$

34

비열이 0.475kJ/(kg·K)인 철 10kg을 20℃에서 80℃로 올리는데 필요한 열량은 몇 kJ인가?

① 222
② 252
③ 285
④ 315

> 풀이

$Q = mc\Delta T = 10 \times 0.475 \times (80 - 20) = 285\,[\text{kJ}]$

35

효율이 30%인 증기동력 사이클에서 1kW의 출력을 얻기 위하여 공급되어야 할 열량은 약 몇 kW인가?

① 1.25　　② 2.51
③ 3.33　　④ 4.60

풀이

$\eta = \dfrac{\dot{W}}{\dot{Q}_1}$ 에서 $\dot{Q}_1 = \dfrac{\dot{W}}{\eta} = \dfrac{1}{0.3} = 3.33 \, [\text{kW}]$

36

실린더 내부의 기체의 압력을 150kPa로 유지하면서 체적을 0.05m³에서 0.1m³까지 증가시킬 때 실린더가 한 일은 약 몇 kJ인가?

① 1.5　　② 15
③ 7.5　　④ 75

풀이

$W = P(V_2 - V_1) = 150 \times (0.1 - 0.05) = 7.5 \, [\text{kJ}]$

37

4kg의 공기를 압축하는데 300kJ의 일을 소비함과 동시에 110kJ의 열량이 방출되었다. 공기온도가 초기에는 20℃이었을 때 압축 후의 공기온도는 약 몇 ℃인가? (단, 공기는 정적비열이 0.716kJ/(kg·K)인 이상기체로 간주한다.)

① 78.4　　② 71.7
③ 93.5　　④ 86.3

풀이

$Q = \Delta U + W = mC_v \Delta T + W$ 에서
$-110 = 4 \times 0.716 \times (T_2 - 20) - 300$
$\therefore T_2 = \dfrac{300 - 110}{4 \times 0.716} + 20 = 86.34 \, [℃]$

38

그림의 증기압축 냉동사이클(온도(T)-엔트로피(s) 선도)이 열펌프로 사용될 때의 성능계수는 냉동기로 사용될 때의 성능계수의 몇 배인가? (단, 각 지점에서의 엔탈피는 $h_1 = 180$ kJ/kg, $h_2 = 210$ kJ/kg, $h_3 = h_4 = 50$ kJ/kg 이다.)

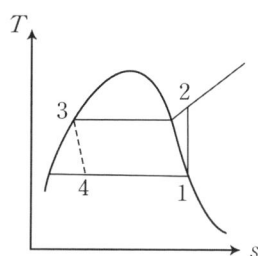

① 0.81　　② 1.23
③ 1.63　　④ 2.12

풀이

$\varepsilon_1 = \dfrac{q_1}{q_1 - q_2}$

$\varepsilon_2 = \dfrac{q_2}{q_1 - q_2}$

$\dfrac{\varepsilon_1}{\varepsilon_2} = \dfrac{q_1}{q_2} = \dfrac{h_2 - h_3}{h_1 - h_4}$

$= \dfrac{210 - 50}{180 - 50} = 1.23$

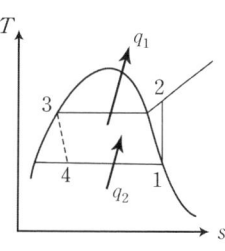

39

폴리트로프 지수가 1.33인 기체가 폴리트로프 과정으로 압력이 2배가 되도록 압축된다면 절대온도는 약 몇 배가 되는가?

① 1.19배
② 1.42배
③ 1.85배
④ 2.24배

풀이

폴리트로프 관계식에서

$\dfrac{T_2}{T_1} = \left(\dfrac{P_2}{P_1}\right)^{\frac{n-1}{n}} = (2)^{\frac{0.33}{1.33}} = 1.19$

정답 35③　36③　37④　38②　39①

40

그림과 같은 압력(P)-부피(V) 선도에서 $T_1 = 561K$, $T_2 = 1010K$, $T_3 = 690K$, $T_4 = 383K$인 공기(정압비열 1kJ/kg·K)를 작동유체로 하는 이상적인 브레이턴 사이클(Brayton cycle)의 열효율은?

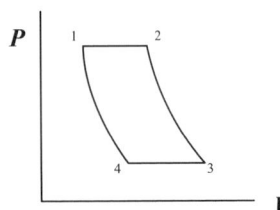

① 0.388　　② 0.444
③ 0.316　　④ 0.412

풀이

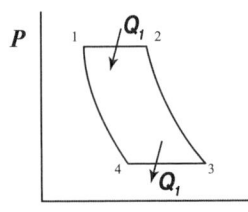

$$\eta = \frac{Q_1 - Q_2}{Q_1} = 1 - \frac{Q_2}{Q_1} = 1 - \frac{T_3 - T_4}{T_2 - T_1}$$
$$= 1 - \frac{T_3}{T_2} = 1 - \frac{690}{1010} = 0.317$$

제3과목 : 기계유체역학

41

다음 물리량을 질량, 길이, 시간의 차원을 이용하여 나타내고자 한다. 이 중 질량의 차원을 포함하는 물리량은?

| ㉠ 속도 | ㉡ 가속도 |
| ㉢ 동점성계수 | ㉣ 체적탄성계수 |

① ㉠　　② ㉡
③ ㉢　　④ ㉣

풀이

㉠ 속도 $[LT^{-1}]$
㉡ 가속도 $[LT^{-2}]$
㉢ 동점성계수 $[L^2T^{-1}]$
㉣ 체적탄성계수 $[FL^{-2}] = [MLT^{-2}L^{-2}]$
　　　　　　　　$= [ML^{-1}T^{-2}]$

42

안지름이 50cm인 원관에 물이 2m/s의 속도로 흐르고 있다. 역학적 상사를 위해 관성력과 점성력만을 고려하여 $\frac{1}{5}$로 축소된 모형에서 같은 물로 실험할 경우 모형에서의 유량은 약 몇 L/s인가? (단, 물의 동점성계수는 1×10^{-6} m²/s이다.)

① 34　　② 79
③ 118　　④ 256

풀이

$\left(\frac{Vd}{\nu}\right)_p = \left(\frac{Vd}{\nu}\right)_m$ 에서 $\nu_p = \nu_m$ 이므로

$V_p d_p = V_m d_m$

$V_m = V_p \left(\frac{d_p}{d_m}\right) = 2 \times 5 = 10 [m/s]$

$Q = \frac{\pi}{4}\left(\frac{0.5}{5}\right)^2 \times 10 = 0.079 [m^3/s] = 79[L/s]$

43

안지름이 각각 2cm, 3cm인 두 파이프를 통하여 속도가 같은 물이 유입되어 하나의 파이프로 합쳐져서 흘러나간다. 유출되는 속도가 유입속도와 같다면 유출 파이프의 안지름은 약 몇 cm인가?

① 3.61　　② 4.24
③ 5.00　　④ 5.85

풀이

$\frac{\pi}{4}(2^2+3^2) = \frac{\pi}{4}d^2 \quad \therefore d = \sqrt{2^2+3^2} = 3.61\,[\text{cm}]$

44

수두 차를 읽어 관내 유체의 속도를 측정할 때 U자관(U tube) 액주계 대신 역 U자관(inverted U tube) 액주계가 사용되었다면 그 이유로 가장 적절한 것은?

① 계기 유체(gauge fluid)의 비중이 관내 유체보다 작기 때문에
② 계기 유체(gauge fluid)의 비중이 관내 유체보다 크기 때문에
③ 계기 유체(gauge fluid)의 점성계수가 관내 유체보다 작기 때문에
④ 계기 유체(gauge fluid)의 점성계수가 관내 유체보다 크기 때문에

풀이

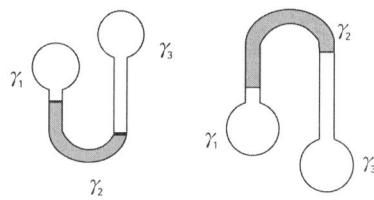

U자관 액주계 : $\gamma_2 > \gamma_1,\ \gamma_3$
역 U자관 액주계 : $\gamma_1,\ \gamma_3 > \gamma_2$

45

60N의 무게를 가진 물체를 물속에서 측정하였을 때 무게가 10N이었다. 이 물체의 비중은 약 얼마인가? (단, 물속에서 측정할 시 물체는 완전히 잠겼다고 가정한다.)

① 1.0
② 1.2
③ 1.4
④ 1.6

풀이

물체의 무게
 = 물체의 비중량 × 물체의 부피
$60 = \gamma V = s\gamma_w V$
부력 = 물의 비중량 × 물체의 부피
$50 = \gamma_w V$
따라서,
물체의 비중 $s = \frac{60}{\gamma_w V} = \frac{60}{50} = 1.2$

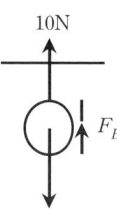

46

원관 내 완전발달 층류 유동에 관한 설명으로 옳지 않은 것은?

① 관 중심에서 속도가 가장 크다.
② 평균속도는 관 중심 속도의 절반이다.
③ 관 중심에서 전단응력이 최대값을 갖는다.
④ 전단응력은 반지름 방향으로 선형적으로 변화한다.

풀이

전단응력은 관 중심에서 0이다.

47

경계층의 박리(separation)가 일어나는 주 원인은?

① 압력이 증기압 이하로 떨어지기 때문에
② 유동방향으로 밀도가 감소하기 때문에
③ 경계층의 두께가 0으로 수렴하기 때문에
④ 유동과정에서 역압력 구배가 발생하기 때문에

풀이

박리의 원인 : 역압력구배 $\left(\frac{\partial P}{\partial x} > 0\right)$

48

극좌표계($r,\ \theta$)로 표현되는 2차원 포텐셜유동(potential flow)에서 속도포텐셜(velocity potential, ϕ)이 다음과 같을 때 유동함수

정답 44① 45② 46③ 47④ 48③

(stream function, Ψ)로 가장 적절한 것은?(단, A, B, C 는 상수이다.)

$$\phi = A\ln r + Br\cos\theta$$

① $\Psi = \dfrac{A}{r}\cos\theta + Br\sin\theta + C$

② $\Psi = \dfrac{A}{r}\sin\theta - Br\cos\theta + C$

③ $\Psi = A\theta + Br\sin\theta + C$

④ $\Psi = A\theta - Br\cos\theta + C$

[풀이]

$V_r = \dfrac{\partial\phi}{\partial r} = \dfrac{A}{r} + B\cos\theta = \dfrac{1}{r}\dfrac{\partial\Psi}{\partial\theta}$

$\therefore \dfrac{\partial\Psi}{\partial\theta} = A + Br\cos\theta$ ······ ㉠

$V_\theta = \dfrac{1}{r}\dfrac{\partial\phi}{\partial\theta} = \dfrac{1}{r}(-Br\sin\theta) = -B\sin\theta = -\dfrac{\partial\Psi}{\partial r}$

$\therefore \dfrac{\partial\Psi}{\partial r} = B\sin\theta$ ········ ㉡

㉠에서

$\Psi = \int(A + Br\cos\theta)d\theta$

$= A\theta + Br\sin\theta + C_1$ ······ ㉢

㉢을 미분하면 $\dfrac{\partial\Psi}{\partial r} = B\sin\theta$이므로 ㉡과 같다.

또한, ㉡을 적분하면

$\Psi = \int(B\sin\theta)dr = Br\sin\theta + C_2$ ······ ㉣

결국, ㉢=㉣이어야 하므로

$\Psi = A\theta + Br\sin\theta + C$

49

2차원 속도장이 다음 식과 같이 주어졌을 때 유선의 방정식은 어느 것인가? (단, 직각 좌표계에서 u, v는 x, y 방향의 속도 성분을 나타내며 C는 임의의 상수이다.)

$$u = x, \; v = -y$$

① $xy = C$

② $\dfrac{x}{y} = C$

③ $x^2y = C$

④ $xy^2 = C$

[풀이]

유선의 방정식 $\dfrac{dx}{u} = \dfrac{dy}{v}$ 에서 $\dfrac{dx}{x} = -\dfrac{dy}{y}$

적분하면 $\ln x + \ln y = c$ 즉, $\ln xy = c$

결국, $xy = e^c = C$

50

지름 2mm인 구가 밀도 0.4kg/m³, 동점성계수 1.0×10⁻⁴m²/s인 기체 속을 0.03m/s로 운동한다고 하면 항력은 약 몇 N인가?

① 2.26×10^{-8}
② 3.52×10^{-7}
③ 4.54×10^{-8}
④ 5.86×10^{-7}

[풀이]

스톡스 법칙

$D = 3\pi d\mu V = 3\pi d\rho\nu V$

$= 3 \times \pi \times 2 \times 10^{-3} \times 0.4 \times 1.0 \times 10^{-4} \times 0.03$

$= 2.26 \times 10^{-8}$ [N]

51

물 펌프의 입구 및 출구의 조건이 아래와 같고 펌프의 송출 유량이 0.2m³/s이면 펌프의 동력은 약 몇 kW인가? (단, 손실은 무시한다.)

입구 : 계기 압력 -3kPa, 안지름 0.2m, 기준면으로부터 높이 +2m
출구 : 계기 압력 250kPA, 안지름 0.15m, 기준면으로부터 높이 +5m

① 45.7
② 53.5
③ 59.3
④ 65.2

[풀이]

연속방정식 $Q = A_1V_1 = A_2V_2$에서

$V_1 = \dfrac{4Q}{\pi d_1^2} = \dfrac{4 \times 0.2}{\pi \times 0.2^2} = 6.37$ [m/s]

$V_2 = \dfrac{4Q}{\pi d_2^2} = \dfrac{4 \times 0.2}{\pi \times 0.15^2} = 11.32$ [m/s]

수정 베르누이 방정식에서

정답 49① 50① 51④

$$\frac{P_1}{\gamma}+\frac{V_1^2}{2g}+Z_1+H_p=\frac{P_2}{\gamma}+\frac{V_2^2}{2g}+Z_2$$

$$H_p=\frac{P_2-P_1}{\gamma}+\frac{V_2^2-V_1^2}{2g}+(Z_2-Z_1)$$

$$=\frac{250-(-3)}{9800}\times 10^3+\frac{11.32^2-6.37^2}{2\times 9.8}+(5-2)$$

$$=33.284\,[\text{m}]$$

따라서, 펌프동력(L_p)은

$$L_p=\gamma QH_p=9.8\times 0.2\times 33.284=65.24\,[\text{kW}]$$

52

그림과 같이 용기에 물과 휘발유가 주입되어 있을 때, 용기 바닥면에서의 게이지 압력은 약 몇 kPa인가? (단, 휘발유의 비중은 0.7이다.)

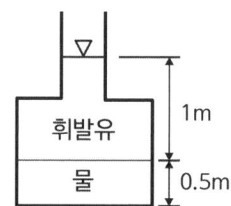

① 1.59
② 3.64
③ 6.86
④ 11.77

풀이

$P=\gamma h_1+\gamma_w h_2 = s\gamma_w h_1+\gamma_w h_2=\gamma_w(sh_1+h_2)$

$9.8\times(0.7\times 1+0.5)=11.76\,[\text{kPa}]$

53

온도 25℃인 공기에서의 음속은 약 몇 m/s인가? (단, 공기의 비열비는 1.4, 기체상수는 287J/(kg·K)이다.)

① 312
② 346
③ 388
④ 433

풀이

$a=\sqrt{kRT}=\sqrt{1.4\times 287\times(273+25)}=346\,[\text{m/s}]$

54

다음 그림에서 벽 구멍을 통해 분사되는 물의 속도(V)는? (단, 그림에서 S는 비중을 나타낸다.)

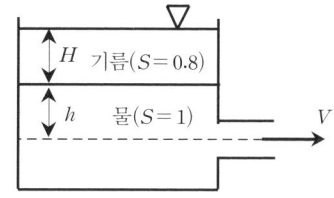

① $\sqrt{2gH}$
② $\sqrt{2g(H+h)}$
③ $\sqrt{2g(0.8H+h)}$
④ $\sqrt{2g(H+0.8h)}$

풀이

기름과 물의 경계면에서의 압력(P_{oil})은

$P_{oil}=\gamma H=S\gamma_w H=0.8\gamma_w H$

출구 중심부까지의 압력(P)은

$P=P_{oil}+\gamma_w h=0.8\gamma_w H+\gamma_w h=\gamma_w(0.8H+h)$

등가높이(H')일 때 압력은

$P=\gamma_w H'$

$\therefore H'=0.8H+h$

따라서, 토리첼리 정리에 의해

$V=\sqrt{2gH'}=\sqrt{2g(0.8H+h)}$

55

정지 유체 속에 잠겨 있는 평면이 받는 힘에 관한 내용 중 틀린 것은?

① 깊게 잠길수록 받는 힘이 커진다.
② 크기는 도심에서의 압력에 전체 면적을 곱한 것과 같다.
③ 수평으로 잠긴 경우, 압력중심은 도심과 일치한다.
④ 수직으로 잠긴 경우, 압력중심은 도심보다 약간 위쪽에 있다.

풀이

수직으로 잠긴 경우 도심은 $\bar{h}=\frac{h}{2}$,

압력중심(y_p)은 $y_p=\frac{2}{3}h$인 곳이다.

따라서, 압력중심은 도심보다 아래에 있게 된다.

정답 52 ④ 53 ② 54 ③ 55 ④

56

안지름 0.1m의 물이 흐르는 관로에서 관 벽의 마찰손실수두가 물의 속도수두와 같다면 그 관로의 길이는 약 몇 m인가? (단, 관마찰계수는 0.03이다.)

① 1.58　　　　② 2.54
③ 3.33　　　　④ 4.52

풀이

$h_L = f \dfrac{L}{d} \dfrac{V^2}{2g}$ 에서 $h_L = \dfrac{V^2}{2g}$ 이므로 $f\dfrac{L}{d} = 1$ 이다.

따라서, $L = \dfrac{d}{f} = \dfrac{0.1}{0.03} = 3.33 [m]$

57

시속 800km의 속도로 비행하는 제트기가 400m/s의 상대 속도로 배기가스를 노즐에서 분출할 때의 추진력은? (단, 이때 흡기량은 25kg/s이고, 배기되는 연소가스는 흡기량에 비해 2.5% 증가하는 것으로 본다.)

① 3922N　　　　② 4694N
③ 4875N　　　　④ 6346N

풀이

$F = \dot{m_2}V_2 - \dot{m_1}V_1$

$= 25 \times 1.025 \times 400^2 - 25 \times 800 \times \dfrac{1000}{3600}$

$= 4694.4 [N]$

58

지름 200mm 원형관에 비중 0.9, 점성계수 0.52 poise인 유체가 평균속도 0.48m/s로 흐를 때 유체 흐름의 상태는? (단, 레이놀즈수(Re)가 $2100 \leq Re \leq 4000$ 일 때 천이 구간으로 한다.)

① 층류
② 천이
③ 난류
④ 맥동

풀이

$Re = \dfrac{\rho V d}{\mu} = \dfrac{0.9 \times 1000 \times 0.48 \times 0.2}{0.52 \times 0.1}$

$= 1661.5 < 2100$ ∴ 층류

59

다음 4가지의 유체 중에서 점성계수가 가장 큰 뉴턴 유체는?

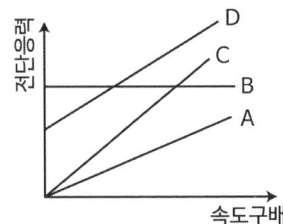

① A　　　　② B
③ C　　　　④ D

풀이

기울기 $= \dfrac{\text{전단응력}}{\text{속도구배}} = \dfrac{\tau}{\dfrac{du}{dy}} = \mu$ (점성계수)

60

함수 $f(a, V, t, \nu, L) = 0$을 무차원 변수로 표시하는데 필요한 독립 무차원수 π는 몇 개인가? (단, a는 음속, V는 속도, t는 시간, ν는 동점성계수, L은 특성길이이다.)

① 1　　　　② 2
③ 3　　　　④ 4

풀이

버킹햄의 파이정리에서 물리량의 수(n) = 5,
기본차원수(m) = 2이므로
무차원 수 $\pi = n - m = 5 - 2 = 3$

제5과목 : 기계제작법 및 기계동력학

61

금속을 소성가공 할 때에 냉간가공과 열간가공을 구분하는 온도는?
① 변태온도　　② 단조온도
③ 재결정온도　　④ 담금질온도

풀이
냉간가공 : 재결정온도 이하
열간가공 : 재결정온도 이상

62

0℃ 이하의 온도로 냉각하는 작업으로 강의 잔류 오스테나이트를 마텐자이트로 변태시키는 것을 목적으로 하는 열처리는?
① 마퀜칭　　② 마템퍼링
③ 오스포밍　　④ 심랭처리

풀이
심냉처리(서브 제로 처리)이다.

63

60~70% Ni에 Cu를 첨가한 것으로 내열·내식성이 우수하므로 터빈 날개, 펌프 임펠러 등의 재료로 사용되는 합금은?
① Y 합금　　② 모넬메탈
③ 콘스탄탄　　④ 문쯔메탈

풀이
모넬메탈 : 니켈+구리

64

다음 조직 중 경도가 낮은 것은?
① 페라이트　　② 마텐자이트
③ 시멘타이트　　④ 트루스타이트

풀이
경도 : C 〉 M 〉 T 〉 S 〉 P 〉 A 〉 F

65

다음 금속 중 자기변태점이 가장 높은 것은?
① Fe　　② Co
③ Ni　　④ Fe_3C

풀이
자기변태점 : 순철(768℃), 니켈(358℃), 코발트(1125℃), 시멘타이트(210℃)

66

켈밋 합금(kelmet alloy)의 주요 성분으로 옳은 것은?
① Pb-Sn　　② Cu-Pb
③ Sn-Sb　　④ Zn-Al

풀이
켈밋 : 납계 베어링메탈(Cu-Pb)

67

저탄소강 기어(gear)의 표면에 내마모성을 향상시키기 위해 붕소(B)를 기어 표면에 확산 침투시키는 처리는?
① 세러다이징(sherardiazing)
② 아노다이징(anodizing)
③ 보로나이징(boronizing)
④ 칼로라이징(calorizing)

풀이
보로나이징 : 붕소(B)

68

금속에서 자유도(F)를 구하는 식으로 옳은 것은? (단, 압력은 일정하며, C : 성분, P : 상의수이다.)
① $F = C - P + 1$
② $F = C + P + 1$
③ $F = C - P + 2$
④ $F = C + P + 2$

풀이
압력이 일정하므로 남은 자유도는 온도뿐이다. 즉,
$F = C - P + 1$

69
산화알루미나(Al_2O_3) 등을 주성분으로 하며 철과 친화력이 없고, 열을 흡수하지 않으므로 공구를 과열시키지 않아 고속 정밀 가공에 적합한 공구의 재질은?
① 세라믹　　　② 인코넬
③ 고속도강　　④ 탄소공구강

풀이
세라믹 공구이다.

70
구상흑연주철을 제조하기 위한 접종제가 아닌 것은?
① Mg　　　② Sn
③ Ce　　　④ Ca

풀이
구상흑연주철의 접종제 : Mg, Ca, Ce

71
유압펌프에 있어서 체적효율이 90%이고 기계 효율이 80%일 때 유압펌프의 전효율은?
① 90%　　　② 88.8%
③ 72%　　　④ 23.7%

풀이
$\eta = \eta_v \times \eta_m = 0.9 \times 0.8 = 0.72 = 72[\%]$

72
다음 유압기호는 어떤 밸브의 상세기호인가?

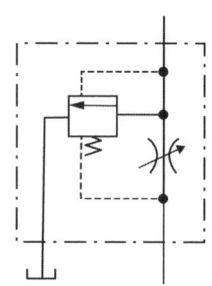

① 직렬형 유량조정 밸브
② 바이패스형 유량조정 밸브
③ 체크밸브 붙이 유량조정 밸브
④ 기계조작 가변 교축밸브

풀이
유량조절밸브(바이패스형)

73
두 개의 유입 관로의 압력에 관계없이 정해진 출구 유량이 유지되도록 합류하는 밸브는?
① 집류 밸브　　　② 셔틀 밸브
③ 적층 밸브　　　④ 프리필 밸브

풀이
집류 밸브 ; 두 개의 유입관로와 하나의 출구관로

74
다음의 설명에 맞는 원리는?

> 정지하고 있는 유체 중의 압력은 모든 방향에 대하여 같은 압력으로 작용한다.

① 보일의 원리
② 샤를의 원리
③ 파스칼의 원리
④ 아르키메데스의 원리

풀이
파스칼의 원리로 공유압의 주요 원리로 활용된다.

75
유압펌프의 종류가 아닌 것은?
① 기어펌프　　　② 베인펌프
③ 피스톤펌프　　④ 마찰펌프

풀이
유압펌프 : 기어펌프, 베인펌프, 피스톤펌프, 플런저펌프 등

76
그림과 같은 유압기호의 명칭은?

정답 69① 70② 71③ 72② 73① 74③ 75④ 76②

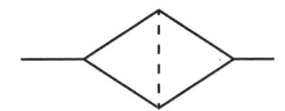

① 모터 ② 필터
③ 가열기 ④ 분류밸브

풀이
유압필터이다.

77
그림과 같은 유압 회로도에서 릴리프 밸브는?

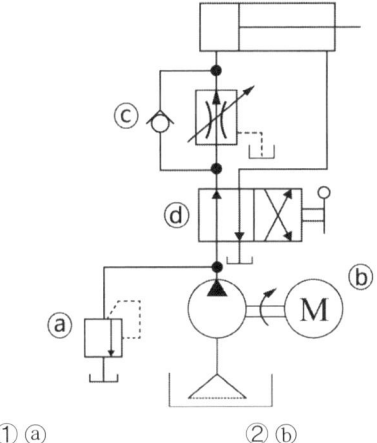

① ⓐ ② ⓑ
③ ⓒ ④ ⓓ

풀이
릴리프 밸브 : ⓐ

78
다음 중 어큐뮬레이터 회로(accumulator cir-cuit)의 특징에 해당되지 않는 것은?
① 사이클 시간 단축과 펌프 용량 저감
② 배관 파손 방지
③ 서지압의 방지
④ 맥동의 발생

풀이
어큐뮬레이터(축압기) : 맥동의 방지

79
동일 축상에 2개 이상의 펌프 작용 요소를 가지고, 각각 독립한 펌프 작용을 하는 형식의 펌프는?
① 다단 펌프 ② 다련펌프
③ 오버 센터 펌프 ④ 가역회전형 펌프

풀이
다련펌프이다.

80
유압펌프에서 실제 토출량과 이론 토출량의 비를 나타내는 용어는?
① 펌프의 토크효율
② 펌프의 전효율
③ 펌프의 입력효율
④ 펌프의 용적효율

풀이
용적효율(=체적효율)= $\dfrac{실제토출량}{이론토출량}(\times 100\%)$

제5과목 : 기계제작법 및 기계동력학

81
네 개의 가는 막대로 구성된 정사각 프레임이 있다. 막대 각각의 질량과 길이는 m과 b이고, 프레임은 ω의 각속도로 회전하고 질량중심 G는 v의 속도로 병진운동하고 있다. 프레임의 병진운동에너지와 회전운동에너지가 같아질 때 질량중심 G의 속도(v)는 얼마인가?

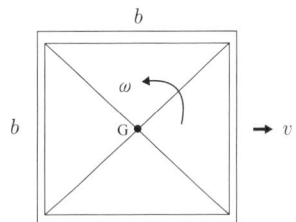

① $\dfrac{b\omega}{\sqrt{2}}$ ② $\dfrac{b\omega}{\sqrt{3}}$
③ $\dfrac{b\omega}{2}$ ④ $\dfrac{b\omega}{\sqrt{5}}$

풀이

$\dfrac{1}{2}mv^2 = \dfrac{1}{2}I\omega^2$ 에서 $\dfrac{1}{2}mv^2 = \dfrac{1}{2}\left(4 \times \dfrac{mb^2}{12}\right)\omega^2$

$\therefore v = \dfrac{b\omega}{\sqrt{3}}$

82

원판의 각속도가 5초 만에 0부터 1800rpm까지 일정하게 증가하였다. 이 때 원판의 각가속도는 몇 rad/s² 인가?

① 360 ② 60
③ 37.7 ④ 3.77

풀이

등각가속도 운동의 식

$\omega = \omega_0 + \alpha t$ 에서 $\omega_0 = 0$ 이므로

$\dfrac{2\pi \times 1800}{60} = \alpha \times 5$ $\therefore \alpha = 37.7 [\text{rad/s}^2]$

83

다음 그림은 시간(t)에 대한 가속도(a) 변화를 나타낸 그래프이다. 가속도를 시간에 대한 함수식으로 옳게 나타낸 것은?

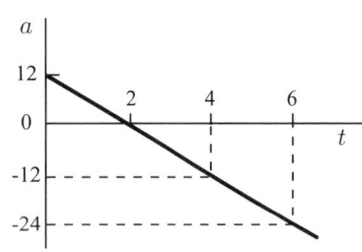

① $a = 12 - 6t$ ② $a = 12 + 6t$
③ $a = 12 - 12t$ ④ $a = 12 + 12t$

풀이

절편 = 12, 기울기 = -6

$\therefore a = 12 - 6t$

84

공 A가 v_0의 속도로 그림과 같이 정지된 공 B와 C지점에서 부딪힌다. 두 공 사이의 반발계수가 1이고 충돌각도가 θ일 때 충돌 후에 공 B의 속도의 크기는? (단, 두 공의 질량은 같고, 마찰은 없다고 가정한다.)

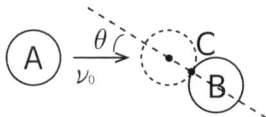

① $\dfrac{1}{2}v_0 \sin\theta$

② $\dfrac{1}{2}v_0 \cos\theta$

③ $v_0 \sin\theta$

④ $v_0 \cos\theta$

풀이

충돌전 y방향의 속도가 0이므로 충돌후 A와 B의 y방향 속도의 크기가 같아야 한다.
또한, 반발계수가 1이므로 충돌후 두 공 A와 B는 수직으로 운동한다.

운동량보존 : $\vec{V_A} = \vec{V_A}' + \vec{V_B}'$ …… ㉠

반발계수 : $1 = -\dfrac{\vec{V_A}' - \vec{V_B}'}{\vec{V_A}}$

$\therefore \vec{V_A} = \vec{V_B}' - \vec{V_A}'$ ……… ㉡

㉠과 ㉡에서 $|\vec{V_A}| = v_0$ 이므로 벡터도를 그려보면

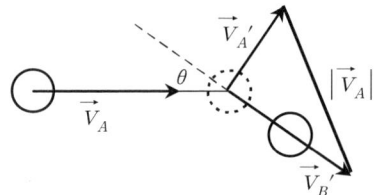

따라서, $|\vec{V_B}'| = |\vec{V_A}|\cos\theta = v_0 \cos\theta$

85

스프링과 질량만으로 이루어진 1자유도 진동

시스템에 대한 설명으로 옳은 것은?
① 질량이 커질수록 시스템의 고유진동수는 커지게 된다.
② 스프링 상수가 클수록 움직이기가 힘들어져서 진동 주기가 길어진다.
③ 외력을 가하는 주기와 시스템의 고유주기가 일치하면 이론적으로는 응답 변위는 무한대로 커진다.
④ 외력의 최대 진폭의 크기에 따라 시스템의 응답 주기는 변한다.

풀이

① $\omega_n = \sqrt{\dfrac{k}{m}}$ 에서 m이 커질수록 ω_n은 작아진다

② $T = 2\pi\sqrt{\dfrac{m}{k}}$ 에서 k가 커질수록 T가 작아진다

③ $\omega = \omega_n$이면 공진을 일으켜 진폭은 무한대가 된다.

④ 외력의 최대진폭과 주기는 관계없다.

86

다음과 같은 운동방정식을 갖는 진동시스템에서 감쇠비(damping ratio)를 나타내는 식은?

$$m\ddot{x} + c\dot{x} + kx = 0$$

① $\dfrac{c}{2\sqrt{mk}}$ ② $\dfrac{k}{2\sqrt{mc}}$

③ $\dfrac{m}{2\sqrt{ck}}$ ④ $2\sqrt{mck}$

풀이

감쇠비 $\zeta = \dfrac{c}{c_{cr}} = \dfrac{c}{2\sqrt{mk}}$

87

스프링 상수가 k인 스프링을 4등분하여 자른 후 각각의 스프링을 그림과 같이 연결하였을 때, 이 시스템의 고유 진동수 (ω_n)는 약 몇 rad/s인가?

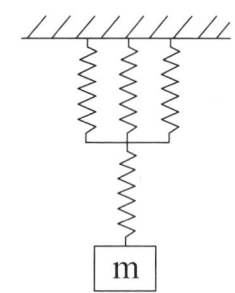

① $\omega_n = \sqrt{\dfrac{2k}{m}}$ ② $\omega_n = \sqrt{\dfrac{3k}{m}}$

③ $\omega_n = 2\sqrt{\dfrac{k}{m}}$ ④ $\omega_n = \sqrt{\dfrac{5k}{m}}$

풀이

$k = \dfrac{A}{\ell}E$ 에서 ℓ이 $\dfrac{1}{4}$배가 되었으므로 스프링 1개의 스프링상수는 $4k$이다. 따라서 이 계의 등가 스프링상수(k_{eq})는 $12k$와 $4k$의 직렬연결이므로

$k_{eq} = \dfrac{12 \times 4}{12 + 4}k = 3k$

결국, $\omega_n = \sqrt{\dfrac{k_{eq}}{m}} = \sqrt{\dfrac{3k}{m}}$

88

20g의 탄환이 수평으로 1200m/s의 속도로 발사되어 정지해 있던 300g의 블록에 박힌다. 이 후 스프링에 발생한 최대 압축 길이는 약 몇 m인가? (단, 스프링상수는 200N/m이고 처음에 변형되지 않은 상태였다. 바닥과 블록 사이의 마찰은 무시한다.)

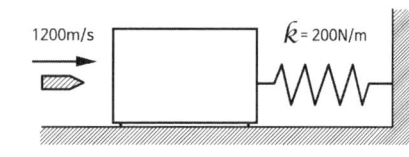

① 2.5   ② 3.0
③ 3.5   ④ 4.0

풀이

총알이 박힌 직후 물체의 속도(V)는

운동량보존법칙으로부터
$mv = (m+M)V$ 에서
$$V = \frac{m}{m+M}v = \frac{20}{20+300} \times 1200 = 75 [\text{m/s}]$$
역학적에너지 보존법칙으로부터
$$\frac{1}{2}(m+M)V^2 = \frac{1}{2}kx_{\max}^2$$
$$\frac{1}{2} \times (0.32) \times 75^2 = \frac{1}{2} \times 200 \times x_{\max}^2$$
$$\therefore x_{\max} = \sqrt{\frac{0.32}{200}} \times 75 = 3[\text{m}]$$

89

그림에서 질량 100kg의 물체 A와 수평면 사이의 마찰계수는 0.3이며 물체 B의 질량은 30kg이다. 힘 P_y의 크기는 시간(t[s])의 함수이며 P_y[N]=15t^2이다. t는 0s에서 물체 A가 오른쪽으로 2m/s로 운동을 시작한다면 t가 5s일 때 이 물체(A)의 속도는 약 몇 m/s인가?

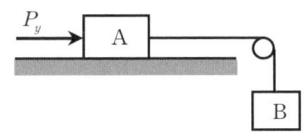

① 6.81 ② 7.22
③ 7.81 ④ 8.64

풀이
마찰력이 존재하므로
운동방정식 $\Sigma F = (\Sigma m)a$에서
$m_B g + P_y - \mu m_A g = (m_A + m_B)a$
$30 \times 9.8 + 15t^2 - 0.3 \times 100 \times 9.8 = (100+30)a$
$a = \frac{3}{26}t^2 = \frac{dv}{dt}$
$v = \int a\,dt = \frac{3}{26} \times \frac{t^3}{3} + c$
경계조건 $v(0) = c = 2[\text{m/s}]$
결국, $v(5) = \frac{t^3}{26} + 2 = \frac{5^3}{26} + 2 = 6.81[\text{m/s}]$

90

물체의 최대 가속도가 680cm/s², 매분 480사이클의 진동수로 조화운동을 한다면 물체의 진동 진폭은 약 몇 mm인가?

① 1.8mm
② 1.2mm
③ 2.4mm
④ 2.7mm

풀이
$\omega = 2\pi f = 2 \times \pi \times \frac{480}{60} = 50.27[\text{rad/s}]$
$a_{\max} = \omega^2 x_{\max}$에서
$x_{\max} = \frac{a_{\max}}{\omega^2} = \frac{6800}{50.27^2} = 2.7[\text{mm}]$

91

압연공정에서 압연하기 전 원재료의 두께를 50mm, 압연 후 재료의 두께를 30mm로 한다면 압하율(draft percent)은 얼마인가?

① 20% ② 30%
③ 40% ④ 50%

풀이
압하율 $= \frac{H_0 - H}{H_0} \times 100 = \frac{50-30}{50} \times 100 = 40[\%]$

92

1차로 가공된 가공물의 안지름보다 다소 큰 강구를 압입하여 통과시켜서 가공물의 표면을 소성 변형시켜 가공하는 방법으로 표면 거칠기가 우수하고 정밀도를 높이는 것은?

① 래핑 ② 호닝
③ 버니싱 ④ 슈퍼 피니싱

풀이
버니싱이다.

93

특수 윤활제로 분류되는 극압 윤활유에 첨가하

는 극압물이 아닌 것은?
① 염소 ② 유황
③ 인 ④ 동

풀이
동(구리)이다.

94
지름이 50mm인 연삭숫돌로 지름이 10mm인 공작물을 연삭할 때 숫돌바퀴의 회전수는 약 몇 rpm인가?
(단, 숫돌의 원주속도는 1500m/min이다.)
① 4759
② 5809
③ 7449
④ 9549

풀이
$V = \dfrac{\pi d N}{1000}$ 에서 $1500 = \dfrac{\pi \times 50 \times N}{1000}$

$\therefore N = 9549 \,[\mathrm{rpm}]$

95
단식분할법을 이용하여 밀링가공으로 원을 중심각 $5\dfrac{2}{3}°$ 씩 분할하고자 한다. 분할판 27구멍을 사용하면 가장 적합한 가공법은?
① 분할법 27구멍을 사용하여 17구멍씩 돌리면서 가공한다.
② 분할판 27구멍을 사용하여 20구멍씩 돌리면서 가공한다.
③ 분할판 27구멍을 사용하여 12구멍씩 돌리면서 가공한다.
④ 분할판 27구멍을 사용하여 8구멍씩 돌리면서 가공한다.

풀이
$n = \dfrac{D°}{9} = \dfrac{5\frac{2}{3}}{9} = \dfrac{\frac{17}{3}}{9} = \dfrac{17}{27}$

96
선반에서 연동척에 대한 설명으로 옳은 것은?
① 4개의 돌려 맞출 수 있는 조(jaw)가 있고, 조는 각각 개별적으로 조절된다.
② 원형 또는 6각형 단면을 가진 공작물을 신속히 고정할 수 있는 척이며, 조(jaw)는 3개가 있고, 동시에 작동한다.
③ 스핀들 테이퍼 구멍에 슬리브를 꽂고, 여기에 척을 꽂은 것으로 가는 지름 고정에 편리하다.
④ 원판 안에 전자석을 장입하고, 이것에 직류전류를 보내어 척(chuck)을 자화시켜 공작물을 고정한다.

풀이
① 단동척 ② 연동척 ③ 콜릿척 ④ 마그네틱척

97
스폿용접과 같은 원리로 접합할 모재의 한쪽 판에 돌기를 만들어 고정전극 위에 겹쳐놓고 가동전극으로 통전과 동시에 가압하여 저항열로 가열된 돌기를 접합시키는 용접법은?
① 플래시 버트 용접
② 프로젝션 용접
③ 업셋 용접
④ 단접

풀이
프로젝션 용접이다.

98
용융금속에 압력을 가하여 주조하는 방법으로 주형을 회전시켜 주형 내면을 균일하게 압착시키는 주조법은?
① 셀 몰드법
② 원심주조법
③ 저압주조법
④ 진공주조법

풀이
원심주조법이다.

99
강의 열처리에서 탄소(C)가 고용된 면심입방격자 구조의 γ철로서 매우 안정된 비자성체인 급냉조직은?
① 오스테나이트(Austenite)
② 마텐자이트(Martensite)
③ 트루스타이트(Troostite)
④ 소르바이트(sorbite)

풀이
오스테나이트 : γ철, 비자성체, 면심입방격자

100
내경 측정용 게이지 아닌 것은?
① 게이지 블록
② 실린더 게이지
③ 버니어 켈리퍼스
④ 내경 마이크로미터

풀이
게이지 블록(블록 게이지) : 표준측정기

정답 99 ① 100 ①

국가기술자격 필기시험
2019년 기사 제1회 【 일반기계기사 】 필기

제1과목 : 재료역학

1

그림과 같이 길이 ℓ=4m의 단순보에 균일분포하중 w가 작용하고 있으며 보의 최대 굽힘응력 σ_{max}=85N/cm²일 때 최대 전단응력은 약 몇 kPa인가? (단, 보의 단면적은 지름이 11cm인 원형단면이다.)

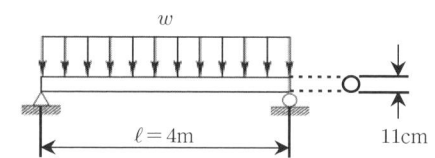

① 1.7
② 15.6
③ 22.9
④ 25.5

풀이

우선, $M_{max} = \dfrac{w\ell^2}{8} = \sigma_{max} \dfrac{\pi \times d^3}{32}$ 에서

$\dfrac{w}{8} \times 4^2 = 85 \times 10^4 \times \dfrac{\pi}{32} \times 0.11^3$

$\therefore w = 55.5 [\text{N/m}]$

따라서,

$\tau_{max} = \dfrac{4}{3} \dfrac{V}{A} = \dfrac{4}{3} \times \dfrac{4\left(\dfrac{w\ell}{2}\right)}{\pi d^2} = \dfrac{8}{3} \times \dfrac{w\ell}{\pi d^2}$

$= \dfrac{8}{3} \times \dfrac{55.5 \times 4}{\pi \times 0.11^2} = 15574 [\text{N/m}^2] \fallingdotseq 15.6 [\text{kPa}]$

2

그림과 같은 균일단면을 갖는 부정정보가 단순 지지단에서 모멘트 M_0를 받는다. 단순 지지단에서의 반력 R_a는? (단, 굽힘강성 EI는 일정하고 자중은 무시한다.)

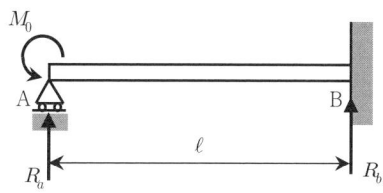

① $\dfrac{3M_0}{2\ell}$ ② $\dfrac{3M_0}{4\ell}$

③ $\dfrac{2M_0}{3\ell}$ ④ $\dfrac{4M_0}{3\ell}$

풀이

A단에서의 처짐은 0이므로 집중모멘트 M_0에 의한 처짐(δ_1;↓)과 지점반력 R_a에 의한 처짐(δ_2;↑)의 크기가 같아야 한다.
우선, M_0에 의한 B.M.D로부터

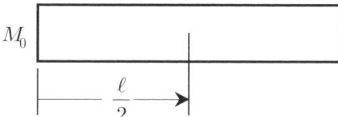

$\delta_1 = \dfrac{1}{EI}(M_0 \ell) \times \dfrac{\ell}{2} = \dfrac{M_0 \ell^2}{2EI}$

$\delta_2 = \dfrac{R_a \ell^3}{3EI}$

$\delta_1 = \delta_2$ 로부터 $\dfrac{M_0 \ell^2}{2EI} = \dfrac{R_a \ell^3}{3EI}$

결국, $R_a = \dfrac{3M_0}{2\ell}$

3

폭 b=60mm, 길이 L=340mm의 균일강도 외팔보의 자유단에 집중하중 P=3kN이 작용한다. 허용 굽힘응력을 65MPa이라 하면 자유단에서 250mm되는 지점의 두께 h는 약

정답 1② 2① 3②

몇 mm인가? (단, 보의 단면은 두께는 변하지만 일정한 폭 b를 갖는 직사각형이다.)

① 24　　② 34
③ 44　　④ 54

풀이

균일강도의 보 : $\sigma =$ 일정

$M_x = Px = \sigma_a \dfrac{bh^2}{6}$ 에서

$3 \times 10^3 \times 0.25 = 65 \times 10^6 \times \dfrac{0.06 \times h^2}{6}$

$\therefore h = 0.034 [\text{m}] = 34 [\text{mm}]$

4

평면 응력상태의 한 요소에 σ_x=100MPa, σ_y=-50MPa, τ_{xy}=0을 받는 평판에서 평면 내에서 발생하는 최대 전단응력은 몇 MPa인가?

① 75　　② 50
③ 25　　④ 0

풀이

$\tau_{\max} = \sqrt{\left(\dfrac{\sigma_x - \sigma_y}{2}\right)^2 + \tau_{xy}^2} = \left|\dfrac{\sigma_x - \sigma_y}{2}\right|$

$= \left|\dfrac{100 - (-50)}{2}\right| = 75 [\text{MPa}]$

5

그림과 같은 트러스가 점 B에서 그림과 같은 방향으로 5kN의 힘을 받을 때 트러스에 저장되는 탄성에너지는 약 몇 kJ인가? (단, 트러스의 단면적은 1.2cm², 탄성계수는 10^6Pa 이다.)

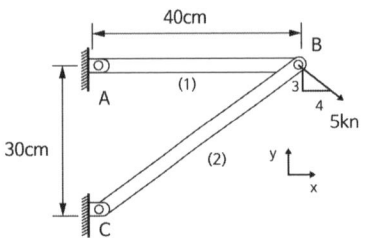

① 52.1
② 106.7
③ 159.0
④ 267.7

풀이

부재 BC의 길이는 50cm이다.

또한, $\angle \text{ABC} = \tan^{-1}\dfrac{30}{40} = 36.87°$

부재 BC와 하중 5kN 사이의 각은

$90° - 36.87° + \tan^{-1}\dfrac{4}{3} = 106.26°$

따라서, 부재 AB와 하중 5kN 사이의 각은
$360° - (36.87 + 106.26)° = 216.87°$

그러므로, Lami의 정리에 의해

$\dfrac{5}{\sin 36.87°} = \dfrac{T_{AB}}{\sin 106.26°} = \dfrac{T_{BC}}{\sin 216.87°}$

$T_{AB} = 5 \times \dfrac{\sin 106.26°}{\sin 36.87°} = 8.0 [\text{kN}]$

$T_{BC} = 5 \times \dfrac{\sin 216.87°}{\sin 36.87°} = -5.0 [\text{kN}]$

탄성에너지 $U = \dfrac{\sigma^2}{2E}A\ell = \dfrac{P^2 \ell}{2EA}$ 이므로

$U = U_1 + U_2 = \dfrac{T_{AB}^2 \ell_1}{2EA} + \dfrac{T_{BC}^2 \ell_2}{2EA}$

$= \dfrac{(8.0 \times 10^3)^2 \times 0.4 + (-5.0 \times 10^3)^2 \times 0.5}{2 \times 10^6 \times 1.2 \times 10^{-4}}$

$= 158750 [\text{J}] = 158.75 [\text{kJ}]$

6

그림과 같은 단면에서 대칭축 $n-n$에 대한 단면 2차 모멘트는 약 몇 cm⁴인가?

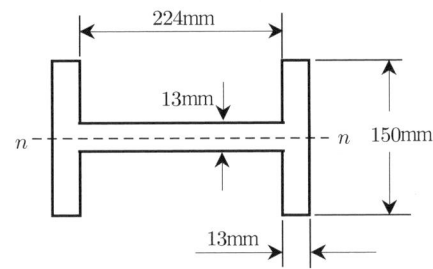

① 535

② 635
③ 735
④ 835

풀이

$$I = 2 \times \frac{1.3 \times 15^3}{12} + \frac{22.4 \times 1.3^3}{12} = 735.4 \,[\text{cm}^4]$$

7

바깥지름 50cm, 안지름 30cm의 속이 빈 축은 동일한 단면적을 가지며 같은 재질의 원형축에 비하여 약 몇 배의 비틀림 모멘트에 견딜 수 있는가? (단, 중공축과 중실축의 전단응력은 같다.)

① 1.1배
② 1.2배
③ 1.4배
④ 1.7배

풀이

중실축의 지름을 d라 하면

$$\frac{\pi}{4}(50^2 - 30^2) = \frac{\pi}{4}d^2 \quad \therefore d = 40\,[\text{cm}]$$

$$T_1 = \tau_a \times \frac{\pi \times 50^3}{16}\left\{1 - \left(\frac{3}{5}\right)^4\right\}$$

$$T_2 = \tau_a \times \frac{\pi \times 40^3}{4}$$

$$\therefore \frac{T_1}{T_2} = \left(\frac{5}{4}\right)^3 \times \{1 - 0.6^4\} = 1.7$$

8

진변형률(ϵ_T)과 진응력(σ_T)을 공칭 응력(σ_n)과 공칭 변형률(ϵ_n)로 나타낼 때 옳은 것은?

① $\sigma_T = \ln(1+\sigma_n)$, $\epsilon_T = \ln(1+\epsilon_n)$
② $\sigma_T = \ln(1+\sigma_n)$, $\epsilon_T = \ln(\frac{\sigma_T}{\sigma_n})$
③ $\sigma_T = \sigma_n(1+\epsilon_n)$, $\epsilon_T = \ln(1+\epsilon_n)$
④ $\sigma_T = \ln(1+\epsilon_n)$, $\epsilon_T = \epsilon_n(1+\sigma_n)$

풀이

진응력 $\sigma_T = \dfrac{P}{A} = \dfrac{P}{\left(\dfrac{A_0}{1+\epsilon_n}\right)} = \sigma_n(1+\epsilon_n)$

진변형률

$$\epsilon_T = \int_{\ell_0}^{\ell}\frac{d\ell}{\ell} = \ln\frac{\ell}{\ell_0} = \ln\frac{\ell_0(1+\epsilon_n)}{\ell_0} = \ln(1+\epsilon_n)$$

9

길이 1m인 외팔보가 아래 그림처럼 $q=5$kN/m의 균일 분포하중과 $P=1$kN의 집중하중을 받고 있을 때 B점에서의 회전각은 얼마인가? (단, 보의 굽힘강성은 EI이다.)

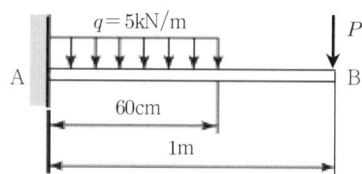

① $\dfrac{120}{EI}$
② $\dfrac{260}{EI}$
③ $\dfrac{486}{EI}$
④ $\dfrac{680}{EI}$

풀이

분포하중만 받는 경우 B.M.D는

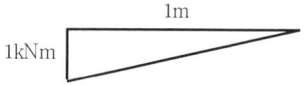

면적 $A_M = \dfrac{1}{3} \times 0.9 \times 10^3 \times 0.6 = 180\,[\text{Nm}^2]$

집중하중만 받는 경우 B.M.D는

면적 $A_M = \dfrac{1}{2} \times 1 \times 10^3 \times 1 = 500\,[\text{Nm}^2]$

따라서,

$$\theta_B = \theta_{AB} = \frac{A_M}{EI} = \frac{180+500}{EI} = \frac{680}{EI}\,[\text{rad}]$$

10

탄성 계수(영계수) E, 전단 탄성 계수 G, 체적 탄성 계수 K 사이에 성립되는 관계식은?

① $E = \dfrac{9KG}{2K+G}$ ② $E = \dfrac{3K-2G}{6K+2G}$

③ $K = \dfrac{EG}{3(3G-E)}$ ④ $K = \dfrac{9EG}{3E+G}$

풀이

$Em = 2G(m+1) = 3K(m-2)$ 로부터

$Em = 2G(m+1) = 2Gm + 2G$

$(E-2G)m = 2G$ $\therefore m = \dfrac{2G}{E-2G}$

$K = \dfrac{Em}{3(m-2)} = \dfrac{E \times \dfrac{2G}{E-2G}}{3\left(\dfrac{2G}{E-2G} - 2\right)} = \dfrac{EG}{3(3G-E)}$

11

그림과 같은 막대가 있다. 길이는 4m이고 힘은 지면에 평행하게 200N만큼 주었을 때 O점에 작용하는 힘과 모멘트는?

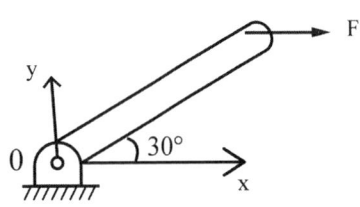

① $F_{ox}=0$, $F_{oy}=200\text{N}$, $M_z=200\text{N}\cdot\text{m}$
② $F_{ox}=200\text{N}$, $F_{oy}=0$, $M_z=400\text{N}\cdot\text{m}$
③ $F_{ox}=200\text{N}$, $F_{oy}=200\text{N}$, $M_z=200\text{N}\cdot\text{m}$
④ $F_{ox}=0$, $F_{oy}=0$, $M_z=400\text{N}\cdot\text{m}$

풀이

$F_{ox} = 200[\text{N}]$, $F_{oy} = 0$,
$M_z = y \times F = (4 \times \sin 30°) \times 200 = 400[\text{N}\cdot\text{m}]$
(여기서, 모멘트의 부호는 (−)이다.)

12

그림과 같은 치차 전동 장치에서 A 치차로부터 D 치차로 동력을 전달한다. B와 C 치차의 피치원의 직경의 비가 $\dfrac{D_B}{D_C} = \dfrac{1}{9}$ 일 때, 두 축의 최대 전단응력들이 같아지게 되는 직경의 비 $\dfrac{d_2}{d_1}$ 은 얼마인가?

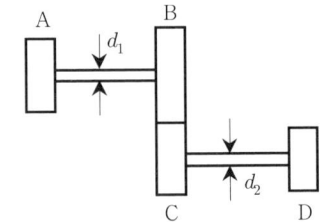

① $\left(\dfrac{1}{9}\right)^{\frac{1}{3}}$ ② $\dfrac{1}{9}$

③ $9^{\frac{1}{3}}$ ④ $9^{\frac{2}{3}}$

풀이

$\tau_{\max} = \dfrac{16T}{\pi d^3} = \dfrac{16}{\pi d^3}\left(\dfrac{D}{2} \times F\right)$ 이므로

$\tau_1 = \dfrac{16}{\pi d_1^3} \times \dfrac{D_B}{2} \times F$, $\tau_2 = \dfrac{16}{\pi d_2^3} \times \dfrac{D_C}{2} \times F$

$\tau_1 = \tau_2$ 에서

$\dfrac{16}{\pi d_1^3} \times \dfrac{D_B}{2} \times F = \dfrac{16}{\pi d_2^3} \times \dfrac{D_C}{2} \times F$

$\left(\dfrac{d_2}{d_1}\right)^3 = \left(\dfrac{D_C}{D_B}\right)$ $\therefore \left(\dfrac{d_2}{d_1}\right) = \left(\dfrac{D_C}{D_B}\right)^{\frac{1}{3}} = (9)^{\frac{1}{3}}$

13

그림과 같이 길이 ℓ인 단순 지지된 보 위를 하중 W가 이동하고 있다. 최대 굽힘응력은?

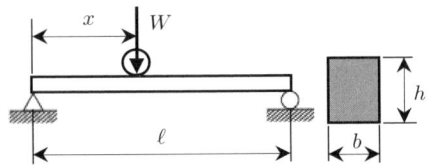

① $\dfrac{W\ell}{bh^2}$ ② $\dfrac{9W\ell}{4bh^3}$

③ $\dfrac{W\ell}{2bh^2}$ ④ $\dfrac{3W\ell}{2bh^2}$

풀이

$M_{\max} = \dfrac{P\ell}{4} = \sigma_{\max} \times \dfrac{bh^2}{6} \quad \therefore \sigma_{\max} = \dfrac{3}{2}\dfrac{W\ell}{bh^2}$

14

그림과 같은 단순지지보에서 2kN/m의 분포하중이 작용할 경우 중앙의 처짐이 0이 되도록 하기 위한 P의 크기는 몇 kN인가?

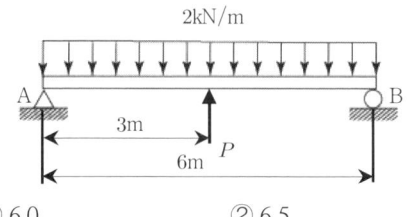

① 6.0 ② 6.5
③ 7.0 ④ 7.5

풀이

$\delta_1 = \dfrac{P\ell^3}{48EI}$, $\delta_2 = \dfrac{5w\ell^4}{384EI}$ 에서 $\delta_1 = \delta_2$ 이므로

$\dfrac{P\ell^3}{48EI} = \dfrac{5w\ell^4}{384EI} \quad \therefore P = \dfrac{5}{8}w\ell = \dfrac{5}{8} \times 2 \times 6 = 7.5[\text{kN}]$

15

양단이 고정된 직경 30mm, 길이가 10m인 중축에서 그림과 같이 비틀림 모멘트 1.5kN·m가 작용할 때 모멘트 작용점에서의 비틀림 각은 약 몇 rad인가? (단, 봉재의 전단탄성계수 G=100GPa이다.)

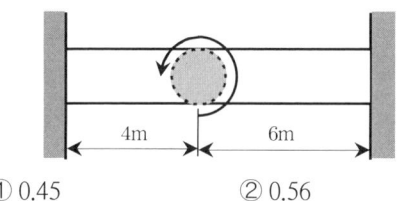

① 0.45 ② 0.56

③ 0.63 ④ 0.77

풀이

좌측단의 토크 $T_1 = \dfrac{b}{\ell}T = \dfrac{6}{10} \times T$ 이므로

$\theta_1 = \dfrac{T_1 a}{GI_p} = \dfrac{0.6 \times 1.5 \times 10^3 \times 4}{100 \times 10^9 \times \dfrac{\pi \times 0.03^4}{32}} = 0.453[\text{rad}]$

16

부재의 양단이 자유롭게 회전할 수 있도록 되어있고, 길이가 4m인 압축 부재의 좌굴하중을 오일러 공식으로 구하면 약 몇 kN인가? (단, 세로탄성계수는 100GPa이고, 단면 $b \times h$ = 100mm×50mm이다.)

① 52.4
② 64.4
③ 72.4
④ 84.4

풀이

$P_{cr} = \pi^2 \dfrac{EI}{\ell^2} = \pi^2 \times \dfrac{100 \times 10^9}{4^2} \times \dfrac{0.1 \times 0.05^3}{12}$

$= 64.3 \times 10^3 [\text{N}] = 64.3[\text{kN}]$

17

그림과 같은 외팔보에 균일분포하중 w가 전 길이에 걸쳐 작용할 때 자유단의 처짐 δ는 얼마인가? (단, E : 탄성계수, I : 단면2차모멘트이다.)

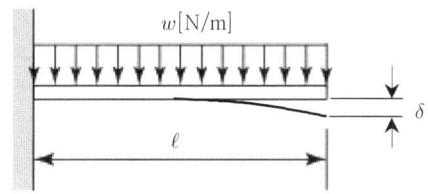

① $\dfrac{w\ell^4}{3EI}$ ② $\dfrac{w\ell^4}{6EI}$

③ $\dfrac{w\ell^4}{8EI}$ ④ $\dfrac{w\ell^4}{24EI}$

정답 14④ 15① 16② 17③

풀이

균일분포하중을 받는 외팔보의 최대처짐은 자유단에서 생기며 그 크기는 $\delta = \dfrac{w\ell^4}{8EI}$ 이다.

18

단면적이 2cm²이고 길이가 4m인 환봉에 10kN의 축 방향 하중을 가하였다. 이때 환봉에 발생한 응력은 몇 N/m²인가?

① 5000　　② 2500
③ 5×10^5　　④ 5×10^7

풀이

$\sigma = \dfrac{P}{A} = \dfrac{10 \times 10^3}{2 \times 10^{-4}} = 5 \times 10^7 \, [\text{N/m}^2]$

19

그림과 같이 단면적이 2cm²인 AB 및 CD 막대의 B점과 C점이 1cm만큼 떨어져 있다. 두 막대에 인장력을 가하여 늘인 후 B점과 C점에 핀을 끼워 두 막대를 연결하려고 한다. 연결 후 두 막대에 작용하는 인장력은 약 몇 kN인가? (단, 재료의 세로탄성계수는 200GPa이다.)

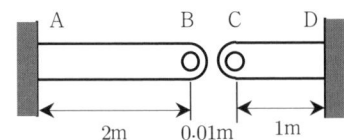

① 33.3　　② 66.6
③ 99.9　　④ 133.3

풀이

$\lambda = \lambda_1 + \lambda_2 = \dfrac{P\ell_1}{AE} + \dfrac{P\ell_2}{AE} = \dfrac{P(\ell_1 + \ell_2)}{AE}$ 에서

$P = \dfrac{\lambda AE}{\ell_1 + \ell_2} = \dfrac{0.01 \times 2 \times 10^{-4} \times 200 \times 10^9}{2+1} \times 10^{-3}$

$= \dfrac{400}{3} = 133.3 \, [\text{kN}]$

20

두께 8mm의 강판으로 만든 안지름 40cm의 얇은 원통에 1MPa의 내압이 작용할 때 강판에 발생하는 후프 응력(원주 응력)은 몇 MPa인가?

① 25　　② 37.5
③ 12.5　　④ 50

풀이

$\sigma = \dfrac{pd}{2t} = \dfrac{1 \times 40}{2 \times 0.8} = 25 \, [\text{MPa}]$

제2과목 : 기계열역학

21

어떤 기체 동력장치가 이상적인 브레이턴 사이클로 다음과 같이 작동할 때 이 사이클의 열효율은 약 몇 %인가? (단, 온도(T)-엔트로피(s) 선도에서 T_1=30℃, T_2=200℃, T_3=1060℃, T_4=160℃이다.)

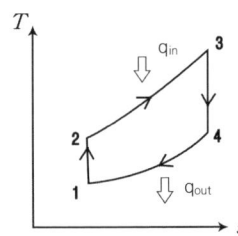

① 81%　　② 85%
③ 89%　　④ 92%

풀이

$\eta = 1 - \dfrac{q_{out}}{q_{in}} = 1 - \dfrac{T_4 - T_1}{T_3 - T_2} = 1 - \dfrac{T_4}{T_3} = 1 - \dfrac{160}{1060}$

$= 0.849 = 85 \, [\%]$

22

체적이 일정하고 단열된 용기 내에 80℃, 320kPa의 헬륨 2kg이 들어 있다. 용기 내에

있는 회전날개가 20W의 동력으로 30분 동안 회전한다고 할 때 용기 내의 최종 온도는 약 몇 ℃인가? (단, 헬륨의 정적비열은 3.12kJ/(kg·K)이다.)

① 81.9℃
② 83.3℃
③ 84.9℃
④ 85.8℃

풀이

$Q = P \times t = mC_v(T_2 - T_1)$에서

$20 \times 30 \times 60 = 2 \times 3.12 \times 10^3 \times (T_2 - 80)$

$T_2 = \dfrac{20 \times 30 \times 60}{2 \times 3.12 \times 10^3} + 80 = 85.8\,[℃]$

23

유리창을 통해 실내에서 실외로 열전달이 일어난다. 이때 열전달량은 약 몇 W인가? (단, 대류열전달계수는 50W/(m²·K), 유리창 표면 온도는 25℃, 외기온도는 10℃, 유리창면적은 2m²이다.)

① 150
② 500
③ 1500
④ 5000

풀이

$\dfrac{Q}{t} = KS(T_2 - T_1) = 50 \times 2 \times (25 - 10) = 1500\,[\text{W}]$

24

밀폐계가 가역정압 변화를 할 때 계가 받은 열량은?

① 계의 엔탈피 변화량과 같다.
② 계의 내부에너지 변화량과 같다.
③ 계의 엔트로피 변화량과 같다.
④ 계가 주위에 대해 한 일과 같다.

풀이

$\delta q = dh - vdP$에서 정압이므로 $dP = 0$
∴ $\delta q = dh$ 결국, $q = \Delta h$

25

실린더에 밀폐된 8kg의 공기가 그림과 같이 P_1=800kPa, 체적 V_1=0.27m³에서 P_2=350kPa, 체적 V_2=0.80m³으로 직선 변화하였다. 이 과정에서 공기가 한 일은 약 몇 kJ인가?

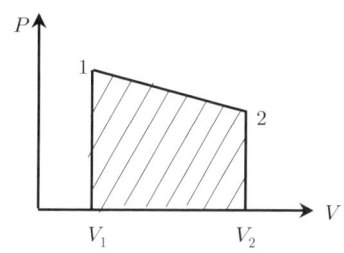

① 305
② 334
③ 362
④ 390

풀이

공기가 한 일 = $P-V$ 그래프의 면적

$W = \dfrac{(P_1 + P_2)}{2} \times (V_2 - V_1)$

$= \dfrac{800 + 350}{2} \times (0.80 - 0.27) = 304.75 \fallingdotseq 305\,[\text{kJ}]$

26

이상기체에 대한 다음 관계식 중 잘못된 것은? (단, C_v는 정적비열, C_p는 정압비열, u는 내부에너지, T는 온도, V는 부피, h는 엔탈피, R은 기체상수, k는 비열비이다.)

① $C_v = \left(\dfrac{\partial u}{\partial T}\right)_V$
② $C_p = \left(\dfrac{\partial h}{\partial T}\right)_V$
③ $C_p - C_v = R$
④ $C_p = \dfrac{kR}{k-1}$

풀이

정압비열 $C_p = \left(\dfrac{\partial h}{\partial T}\right)_p$

27

터빈, 압축기, 노즐과 같은 정상 유동장치의

해석에 유용한 몰리에(Mollier) 선도를 옳게 설명한 것은?
① 가로축에 엔트로피, 세로축에 엔탈피를 나타내는 선도이다.
② 가로축에 엔탈피, 세로축에 온도를 나타내는 선도이다.
③ 가로축에 엔트로피, 세로축에 온도를 나타내는 선도이다.
④ 가로축에 비체적, 세로축에 압력을 나타내는 선도이다.

풀이
몰리에(Mollier) 선도는 $h-s$선도이다.
즉, 세로 축이 비엔탈피, 가로축이 비엔트로피이다.

28

다음 중 강도성 상태량(Intensive property)이 아닌 것은?
① 온도　　② 압력
③ 체적　　④ 밀도

풀이
체적은 종량성 상태량(extensive property)이다.

29

600kPa, 300K 상태의 이상기체 1kmol이 등온과정을 거쳐 압력이 200kPa로 변했다. 이 과정 동안의 엔트로피 변화량은 약 몇 kJ/K인가? (단, 일반기체상수($\overline{R}$)은 8.31451kJ/(kmol·K)이다.
① 0.782　　② 6.31
③ 9.13　　④ 18.6

풀이
$dS = \dfrac{\delta Q}{T} = \dfrac{dU + PdV}{T}$ 에서 등온이므로 $dU = 0$

따라서, $dS = \dfrac{PdV}{T} = \dfrac{n\overline{R}}{V}dV$

$\Delta S = n\overline{R}\int_1^2 \dfrac{dV}{V} = n\overline{R}\ln\dfrac{V_2}{V_1} = n\overline{R}\ln\dfrac{P_1}{P_2}$

$= 1 \times 8.31451\ln\dfrac{600}{200} = 9.1344\,[\text{kJ/K}]$

30

공기 1kg이 압력 50kPa, 부피 3m³인 상태에서 압력 900kPa, 부피 0.5m³인 상태로 변화할 때 내부 에너지가 160kJ증가하였다. 이때 엔탈피는 약 몇 kJ이 증가하였는가?
① 30　　② 185
③ 235　　④ 460

풀이
$H = U + PV$ 에서 $\Delta H = \Delta U + (P_2V_2 - P_1V_1)$
$= 160 + (900 \times 0.5 - 50 \times 3) = 460\,[\text{kJ}]$

31

그림과 같은 Rankine 사이클로 작동하는 터빈에서 발생하는 일은 약 몇 kJ/kg인가? (단, h는 엔탈피, s는 엔트로피를 나타내며, h_1=191.8kJ/kg, h_2=193.8kJ/kg, h_3=2799.5kJ/kg, h_4=2007.5kJ/kg이다.)

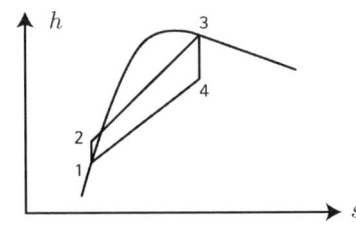

① 2.0kJ/kg　　② 792.0kJ/kg
③ 2605.7kJ/kg　　④ 1815.7kJ/kg

풀이
터빈 일 $w_t = h_3 - h_4$
$= 2799.5 - 2007.5 = 792.0\,[\text{kJ/kg}]$

32

열역학 제2법칙에 관해서는 여러 가지 표현으

로 나타낼 수 있는데, 다음 중 열역학 제2법칙과 관계되는 설명으로 볼 수 없는 것은?

① 열을 일로 변환하는 것은 불가능하다.
② 열효율이 100% 열기관을 만들 수 없다.
③ 열은 저온 물체로부터 고온 물체로 자연적으로 전달되지 않는다.
④ 입력되는 일 없이 작동하는 냉동기를 만들 수 없다.

풀이

열을 일로 변환할 수는 있지만 100% 변환할 수는 없다. 즉, 열을 일로 변환할 때는 손실을 수반한다.

33

시간당 380000kg의 물을 공급하여 수증기를 생산하는 보일러가 있다. 이 보일러에 공급하는 물의 엔탈피는 830kJ/kg이고, 생산되는 수증기의 엔탈피는 3230kJ/kg이라고 할 때, 발열량이 32000kJ/kg인 석탄을 시간당 34000kg씩 보일러에 공급한다면 이 보일러의 효율은 약 몇 %인가?

① 66.9% ② 71.5%
③ 77.3% ④ 83.8%

풀이

$$열효율 = \frac{동력}{저위발열량 \times 연료소비율}$$

$$\eta = \frac{(3230-830)\text{kJ/kg} \times 380000\text{kg/h}}{32000\text{kJ/kg} \times 34000\text{kg/h}}$$

$$= 0.838 = 83.8[\%]$$

34

그림과 같은 단열된 용기 안에 25℃의 물이 0.8m³ 들어있다. 이 용기 안에 100℃, 50kg의 쇳덩어리를 넣은 후 열적 평형이 이루어졌을 때 최종 온도는 약 몇 ℃인가? (단, 물의 비열 4.18kJ/(kg · K), 철의 비열은 0.45kJ/(kg · K)이다.)

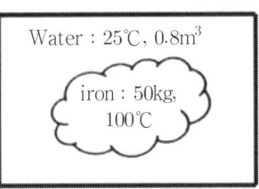

① 25.5 ② 27.4 ③ 29.2 ④ 31.4

풀이

$$T_m = \frac{m_1 c_1 T_1 + m_2 c_2 T_2}{m_1 c_1 + m_2 c_2}$$

$$= \frac{800 \times 4.18 \times 25 + 50 \times 0.45 \times 100}{800 \times 4.18 + 50 \times 0.45} = 25.5[℃]$$

35

어느 내연기관에서 피스톤의 흡기과정으로 실린더 속에 0.2kg의 기체가 들어 왔다. 이것을 압축할 때 15kJ의 일이 필요하였고, 10kJ의 열을 방출하였다고 한다면, 이 기체 1kg당 내부 에너지의 증가량은?

① 10kJ/kg ② 25kJ/kg
③ 35kJ/kg ④ 50kJ/kg

풀이

$Q = \Delta U + W$에서 $-10 = \Delta U - 15$

$\therefore \Delta U = 5[\text{kJ}]$, $\Delta u = \dfrac{\Delta U}{m} = \dfrac{5}{0.2} = 25[\text{kJ/kg}]$

36

압력 2MPa, 300℃의 공기 0.3kg이 폴리트로픽 과정으로 팽창하여, 압력이 0.5MPa로 변화 하였다. 이때 공기가 한 일은 약 몇 kJ인가? (단, 공기는 기체상수가 0.287kJ/(kg · K)인 이상기체이고, 폴리트로픽 지수는 1.3이다.)

① 416 ② 157 ③ 573 ④ 45

풀이

$\delta W = PdV = \dfrac{P_1 V_1^n}{V^n} dV$에서

$$W = P_1 V_1^n \int_1^2 V^{-n} dV = P_1 V_1^n \left[\frac{V^{1-n}}{1-n} \right]_1^2$$

$$= P_1 V_1^n \left[\frac{V_2^{1-n} - V_1^{1-n}}{1-n} \right] = P_1 V_1^n \left[\frac{V_1^{1-n} - V_2^{1-n}}{n-1} \right]$$

$$= \frac{P_1 V_1 - P_2 V_2}{n-1} = \frac{mR(T_1 - T_2)}{n-1} \quad \cdots\cdots \text{ⓐ}$$

폴리트로프 관계식 $\frac{T_2}{T_1} = \left(\frac{P_2}{P_1} \right)^{\frac{n-1}{n}}$ 에서

$$T_2 = T_1 \left(\frac{P_2}{P_1} \right)^{\frac{n-1}{n}} \quad \cdots\cdots \text{ⓑ}$$

ⓑ를 ⓐ에 대입하면

$$W = \frac{mRT_1 \left\{ 1 - \left(\frac{P_2}{P_1} \right)^{\frac{n-1}{n}} \right\}}{n-1}$$

$$= \frac{0.3 \times 0.287 \times (273+300) \times \left\{ 1 - \left(\frac{0.5}{2} \right)^{\frac{0.3}{1.3}} \right\}}{1.3-1}$$

$$= 45 \, [\text{kJ}]$$

37

이상적인 오토사이클에서 열효율을 55%로 하려면 압축비를 약 얼마로 하면 되겠는가?
(단, 기체의 비열비는 1.4이다.)

① 5.9 ② 6.8
③ 7.4 ④ 8.5

풀이

$\eta = 1 - \left(\frac{1}{\varepsilon} \right)^{k-1}$ 에서 $0.55 = 1 - \frac{1}{\varepsilon^{0.4}}$ 이므로

$\frac{1}{\varepsilon^{0.4}} = 0.45, \; \varepsilon^{0.4} = \frac{1}{0.45}$

$\varepsilon = \left(\frac{1}{0.45} \right)^{\frac{1}{0.4}} = 7.36 \fallingdotseq 7.4$

38

이상기체 1kg이 초기에 압력 2kPa, 부피 0.1m^3를 차지하고 있다. 가역등온과정에 따라 부피가 0.3m^3로 변화했을 때 기체가 한 일은 약 몇 J인가?

① 9540 ② 2200
③ 954   ④ 220

풀이

$\delta W = PdV$ 에서

$$W = \int_1^2 PdV = P_1 V_1 \int_1^2 \frac{dV}{V} = P_1 V_1 \ln \frac{V_2}{V_1}$$

$$= 2 \times 10^3 \times \ln \frac{0.3}{0.1} = 219.72 \fallingdotseq 220 \, [\text{J}]$$

39

다음 중 기체상수(gas constant, R[kJ/(kg·K)])값이 가장 큰 기체는?

① 산소(O_2)
② 수소(H_2)
③ 일산화탄소(CO)
④ 이산화탄소(CO_2)

풀이

$R = \frac{\overline{R}}{M}$ 이므로 분자량(M)이 가장 작은 기체가 기체상수(R)가 가장 크다
(여기서, $\overline{R}$는 일반기체상수이다).
분자량은 산소(O_2 : 32), 수소(H_2 : 2), 일산화탄소(CO : 28), 이산화탄소(CO_2 : 44)이므로 기체상수가 가장 큰 기체는 수소이다.

40

계의 엔트로피 변화에 대한 열역학적 관계식 중 옳은 것은? (단, T는 온도, S는 엔트로피, U는 내부 에너지, V는 체적, P는 압력, H는 엔탈피를 나타낸다.)

① $TdS = dU - PdV$
② $TdS = dH - PdV$
③ $TdS = dU - VdP$
④ $TdS = dH - VdP$

풀이

$\delta Q = TdS = dU + PdV = dH - VdP$

제3과목 : 기계유체역학

41

유속 3m/s로 흐르는 물속에 흐름 방향의 직각으로 피토관을 세웠을 때, 유속에 의해 올라가는 수주의 높이는 약 몇 m인가?

① 0.46　　② 0.92
③ 4.6　　　④ 9.2

풀이

$V = \sqrt{2g\Delta h}$ 에서

$\Delta h = \dfrac{V^2}{2g} = \dfrac{3^2}{2 \times 9.8} = 0.46\,[\text{m/s}]$

42

온도 27℃, 절대압력 380kPa인 기체가 6m/s로 지름 5cm인 매끈한 원관 속을 흐르고 있을 때 유동상태는? (단, 기체상수는 187.8N·m/(kg·K), 점성계수는 1.77×10⁻⁵kg/(m·s), 상, 하 임계 레이놀즈수는 각각 4000, 2100이라 한다.)

① 층류영역　　② 천이영역
③ 난류영역　　④ 포텐셜영역

풀이

$\dfrac{P}{\rho} = RT$ 에서 $\rho = \dfrac{P}{RT}$ 이므로

$R_e = \dfrac{\rho Vd}{\mu} = \dfrac{PVd}{\mu RT}$

$= \dfrac{380 \times 10^3 \times 6 \times 0.05}{1.77 \times 10^{-5} \times 187.8 \times (273+27)}$

$= 114318 > 4000$ ∴ 난류

43

일정 간격의 두 평판 사이에 흐르는 완전 발달된 비압축성 정상유동에서 x는 유동방향, y는 평판 중심을 0으로 하여 x방향에 직교하는 방향의 좌표를 나타낼 때 압력강하와 마찰손실의 관계로 옳은 것은? (단, P는 압력, τ는 전단응력, μ는 점성계수(상수)이다.)

① $\dfrac{dP}{dy} = \mu \dfrac{d\tau}{dx}$

② $\dfrac{dP}{dy} = \dfrac{d\tau}{dx}$

③ $\dfrac{dP}{dx} = \dfrac{d\tau}{dy}$

④ $\dfrac{dP}{dx} = \dfrac{1}{\mu} \dfrac{d\tau}{dy}$

풀이

$\tau = \dfrac{\Delta P}{\Delta x} y$ 이므로 $\dfrac{\Delta P}{\Delta x} = \dfrac{\tau}{y}$ 즉, $\dfrac{dP}{dx} = \dfrac{d\tau}{dy}$

44

2m×2m×2m의 정육면체로 된 탱크 안에 비중이 0.8인 기름이 가득 차 있고, 위 뚜껑이 없을 때 탱크의 한 옆면에 작용하는 전체 압력에 의한 힘은 약 몇 kN인가?

① 7.6　　② 15.7
③ 31.4　　④ 62.8

풀이

$F = \gamma \bar{h} A = s\gamma_w \bar{h} A$

$= 0.8 \times 9.8 \times 1 \times 2 \times 2 = 31.36\,[\text{kN}]$

45

그림과 같은 원형관에 비압축성 유체가 흐를 때 A단면의 평균속도가 V_1일 때 B단면에서의 평균속도 V는?

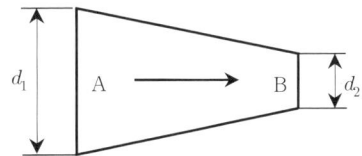

① $V = \left(\dfrac{d_1}{d_2}\right)^2 V_1$　　② $V = \dfrac{d_1}{d_2} V_1$

③ $V = \left(\dfrac{d_2}{d_1}\right)^2 V_1$　　④ $V = \dfrac{d_2}{d_1} V_1$

[풀이]

$$Q = \frac{\pi}{4}d_1^2 V_1 = \frac{\pi}{4}d_2^2 V \text{에서 } V = \left(\frac{d_1}{d_2}\right)^2 V_1$$

46

그림과 같이 유속 10m/s인 물 분류에 대하여 평판을 3m/s의 속도로 접근하기 위하여 필요한 힘은 약 몇 N인가? (단, 분류의 단면적은 0.01m²이다.)

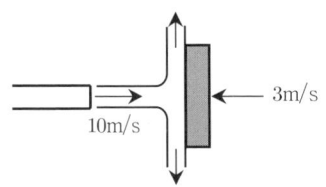

① 130   ② 490
③ 1350 ④ 1690

[풀이]

$$F = \rho A\{V-(-u)\}^2 = \rho A(V+u)^2$$
$$= 1000 \times 0.01 \times (10+3)^2 = 1690[\text{N}]$$

47

정상, 2차원, 비압축성 유동장의 속도성분이 아래와 같이 주어질 때 가장 간단한 유동함수(ψ)의 형태는? (단, u는 x방향, v는 y방향의 속도성분이다.)

$$u = 2y, \ v = 4x$$

① $\psi = -2x^2 + y^2$ ② $\psi = -x^2 + y^2$
③ $\Psi = -x^2 + 2y^2$ ④ $\psi = -4x^2 + 4y^2$

[풀이]

$u = 2y = \frac{\partial \psi}{\partial y}$ 에서 $\psi = \int 2y dy = y^2 + C_1$

$v = 4x = -\frac{\partial \psi}{\partial x}$ 에서 $\psi = -\int 4x dx = -2x^2 + C_2$

결국, $\psi = -2x^2 + y^2 + C$

48

중력은 무시할 수 있으나 관성력과 점성력 및 표면장력이 중요한 역할을 하는 미세구조물 중 마이크로 채널 내부의 유동을 해석하는데 중요한 역할을 하는 무차원수만으로 짝지어진 것은?

① Reynolds 수, Froude 수
② Reynolds 수, Mach 수
③ Reynolds 수, Weber 수
④ Reynolds 수, Cauchy 수

[풀이]

$$Re = \frac{관성력}{점성력}, \ We = \frac{관성력}{표면장력}$$
$$Fr = \frac{관성력}{중력}, \ Ma = \frac{관성력}{탄성력}$$

49

다음과 같은 베르누이 방정식을 적용하기 위해 필요한 가정과 관계가 먼 것은? (단, 식에서 P는 압력, ρ는 밀도, V는 유속, γ는 비중량, Z는 유체의 높이를 나타낸다.)

$$P_1 + \frac{1}{2}\rho V_1^2 + \gamma Z_1 = P_2 + \frac{1}{2}\rho V_2^2 + \gamma Z_2$$

① 정상 유동   ② 압축성 유체
③ 비점성 유체 ④ 동일한 유선

[풀이]

베르누이 방정식은 오일러방정식에 비압축성 유동이라는 조건을 추가하여 만든 공식이다. 즉, 유선에 따른 1차적 유동, 비점성유동, 정상유동, 비압축성 유동이다.

50

물을 사용하는 원심 펌프의 설계점에서의 전양정이 30m이고 유량은 1.2m³/min이다. 이 펌프를 설계점에서 운전할 때 필요한 축동력이 7.35kW라면 이 펌프의효율은 약 얼마인가?

정답 46④ 47① 48③ 49② 50②

① 75% ② 80%
③ 85% ④ 90%

풀이

$$\eta = \frac{\gamma Q H}{L_s} = \frac{9.8 \times 1.2 \times \frac{1}{60} \times 30}{7.35} \times 100 = 80[\%]$$

51

골프공 표면의 딤플(dimple, 표면 굴곡)이 항력에 미치는 영향에 대한 설명으로 잘못된 것은?

① 딤플은 경계층의 박리를 지연시킨다.
② 딤플이 층류경계층을 난류경계층으로 천이시키는 역할을 한다.
③ 딤플이 골프공의 전체적인 항력을 감소시킨다.
④ 딤플은 압력저항보다 점성저항을 줄이는데 효과적이다.

풀이

딤플은 난류유동을 유도하는데 효과적이므로 점성저항보다 압력저항을 줄이는데 효과적이다.

52

점성계수가 0.3N·s/m²이고, 비중이 0.9인 뉴턴유체가 지름 30mm인 파이프를 통해 3m/s의 속도로 흐를 때 Reynolds 수는?

① 24.3
② 270
③ 2700
④ 26460

풀이

$$Re = \frac{\rho V d}{\mu} = \frac{0.9 \times 1000 \times 3 \times 0.03}{0.3} = 270$$

53

비중 0.85인 기름의 자유표면으로부터 10m 아래에서의 계기압력은 약 몇 kPa인가?

① 83 ② 830
③ 98 ④ 980

풀이

$P = \gamma h = s\gamma_w h = 0.85 \times 9.8 \times 10 = 83.3[\text{kPa}]$

54

2차원 유동장이 $\vec{V}(x,y) = cx\vec{i} - cy\vec{j}$로 주어질 때, 가속도장 $\vec{a}(x,y)$는 어떻게 표시되는가? (단, 유동장에서 c는 상수를 나타낸다.)

① $\vec{a}(x,y) = cx^2\vec{i} - cy^2\vec{j}$
② $\vec{a}(x,y) = cx^2\vec{i} + cy^2\vec{j}$
③ $\vec{a}(x,y) = c^2 x\vec{i} - c^2 y\vec{j}$
④ $\vec{a}(x,y) = c^2 x\vec{i} + c^2 y\vec{j}$

풀이

$u = cx$, $v = -cy$이므로

$a_x = \frac{du}{dt} = \frac{du}{dx}\frac{dx}{dt} = \frac{du}{dx}u = c \times cx = c^2 x$

$a_y = \frac{dv}{dt} = \frac{dv}{dy}\frac{dy}{dt} = \frac{dv}{dy}v = -c \times (-cy) = c^2 y$

$\vec{a} = a_x\vec{i} + a_y\vec{j} = c^2 x\vec{i} + c^2 y\vec{j}$

55

물(비중량 9800N/m³) 위를 3m/s의 속도로 항진하는 길이 2m인 모형선에 작용하는 조파 저항이 54N이다. 길이 50m인 실선을 이것과 상사한 조파상태인 해상에서 항진시킬 때 조파 저항은 약 얼마인가? (단, 해수의 비중량은 10075N/m³이다.)

① 43kN ② 433kN
③ 87kN ④ 867kN

풀이

먼저, 프루이드 수의 상사

$(Fr)_P = (Fr)_m$에서 $\left(\frac{V}{\sqrt{g\ell}}\right)_P = \left(\frac{V}{\sqrt{g\ell}}\right)_m$

정답 51 ④ 52 ② 53 ① 54 ④ 55 ④

즉, $\dfrac{V_P}{\sqrt{50}} = \dfrac{3}{\sqrt{2}}$ ∴ $V_P = 15 [\text{m/s}]$

다음, 항력 $D = C_D \dfrac{\gamma V^2}{2g} A$에서 항력계수 C_D의 상사에서 $(C_D)_P = (C_D)_m$ 이어야 하므로

$\left(\dfrac{2gD}{\gamma V^2 A}\right)_P = \left(\dfrac{2gD}{\gamma V^2 A}\right)_m$

즉,

$\left(\dfrac{2gD}{\gamma V^2 \ell^2}\right)_P = \left(\dfrac{2gD}{\gamma V^2 \ell^2}\right)_m$

$\dfrac{D_P}{10075 \times 15^2 \times 50^2} = \dfrac{54}{9800 \times 3^2 \times 2^2}$

∴ $D_P = 867 \times 10^3 [\text{N}] = 867 [\text{kN}]$

56

동점성계수가 10cm²/s이고 비중이 1.2인 유체의 점성계수는 몇 Pa·s인가?

① 0.12 ② 0.24
③ 1.2   ④ 2.4

풀이

$\nu = \dfrac{\mu}{\rho}$ 에서

$\mu = \rho \nu = 1.2 \times 1000 \times 10 \times 10^{-4} = 1.2 [\text{Pa·s}]$

57

어떤 액체의 밀도는 890kg/m³, 체적탄성계수는 2200MPa이다. 이 액체 속에서 전파되는 소리의 속도는 약 몇 m/s인가?

① 1572 ② 1483
③ 981   ④ 345

풀이

$a = \sqrt{\dfrac{K}{\rho}} = \sqrt{\dfrac{2200 \times 10^6}{890}} = 1572.23 [\text{m/s}]$

58

펌프로 물을 양수할 때 흡입측에서의 압력이 진공압력계로 75mmHg(부압)이다. 이 압력은 절대 압력으로 약 몇 kPa인가? (단, 수은의 비중은 13.6이고, 대기압은 760mmHg이다.)

① 91.3 ② 10.4
③ 84.5 ④ 23.6

풀이

절대압 = 대기압 − 진공압

$= (760 - 75) \times \dfrac{101.325}{760} = 91.33 [\text{kPa}]$

59

평판 위를 어떤 유체가 층류로 흐를 때, 선단으로부터 10cm 지점에서 경계층 두께가 1mm일 때, 20cm 지점에서의 경계층 두께는 얼마인가?

① 1mm   ② $\sqrt{2}$ mm
③ $\sqrt{3}$ mm ④ 2mm

풀이

평판에서 층류경계층 두께(δ)는 선단으로부터 떨어진 거리(x)의 제곱근에 비례한다. 즉,

$\delta \propto \sqrt{x}$ 에서 $1 : \sqrt{10} = \delta_2 : \sqrt{20}$

결국, $\delta_2 = \sqrt{\dfrac{20}{10}} = \sqrt{2}$ [mm]

60

원관에서 난류로 흐르는 어떤 유체의 속도가 2배로 변하였을 때, 마찰계수가 변경 전 마찰계수의 $\dfrac{1}{\sqrt{2}}$로 줄었다. 이때 압력손실은 몇 배로 변하는가?

① $\sqrt{2}$ 배   ② $2\sqrt{2}$ 배
③ 2배   ④ 4배

풀이

$\Delta P = \gamma h_L = \gamma \cdot f \dfrac{L}{d} \dfrac{V^2}{2g}$ 에서

$\Delta P_1 = \gamma \cdot f \dfrac{L}{d} \dfrac{V^2}{2g}$

$$\Delta P_2 = \gamma \cdot \frac{f}{\sqrt{2}} \frac{L}{d} \frac{(2V)^2}{2g}$$

$$\frac{\Delta P_2}{\Delta P_1} = \frac{4}{\sqrt{2}} = \frac{4\sqrt{2}}{2} = 2\sqrt{2}$$

제4과목 : 기계재료 및 유압기기

61
아름답고 매끈한 플라스틱 제품을 생산하기 위한 금형재료의 요구되는 특성이 아닌 것은?
① 결정 입도가 클 것
② 편석 등이 적을 것
③ 핀 홀 및 흠이 없을 것
④ 비금속 개재물이 적을 것

풀이
결정 입도의 대소는 금형 재료의 필수조건은 아니다.

62
경도시험에서 압입체의 다이아몬드 원추각이 120°이며, 기준하중이 10kgf인 시험법은?
① 쇼어 경도시험
② 브리넬 경도시험
③ 비커스 경도시험
④ 로크웰 경도시험

풀이
로크웰 경도 C스케일 경도시험이다.

63
Al합금 중 개량처리를 통해 Si의 조대한 육각판상을 미세화시킨 합금의 명칭은?
① 라우탈　　② 실루민
③ 문쯔메탈　④ 두랄루민

풀이
개량처리하는 알루미늄 합금은 실루민(Al+Si)이다.
라우탈(Al+Cu+Si), 문쯔메탈(6-4황동),
두랄루민(Al+Cu+Mg+Mn)

64
S곡선에 영향을 주는 요소들을 설명한 것 중 틀린 것은?
① Ti, Al 등이 강재에 많이 함유될수록 S곡선은 좌측으로 이동된다.
② 강중에 첨가원소로 인하여 편석이 존재하면 S곡선의 위치도 변화한다.
③ 강재가 오스테나이트 상태에서 가열온도가 상당히 높으면 높을수록 오스테나이트 결정립은 미세해지고, S곡선의 코(nose) 부근도 왼쪽으로 이동한다.
④ 강이 오스테나이트 상태에서 외부로부터 응력을 받으면 응력이 커지게 되어 변태 시간이 짧아져 S곡선의 변태 개시선은 좌측으로 이동한다.

풀이
오스테나이트 상태에서 가열온도가 높을수록 결정립은 조대화된다.

65
구상흑연주철에서 나타나는 페딩(Fading)현상이란?
① Ce, Mg첨가에 의해 구상흑연화를 촉진하는 것
② 구상화처리 후 용탕상태로 방치하면 흑연구상화 효과가 소멸하는 것
③ 코크스비를 낮추어 고온 용해하므로 용탕에 산소 및 황의 성분이 낮게 되는 것
④ 두께가 두꺼운 주물이 흑연 구상화 처리 후에도 냉각속도가 늦어 편상 흑연조직으로 되는 것

정답 61① 62④ 63② 64③ 65②

풀이

페이딩(fading)현상은 구상화처리 후 용탕상태로 방치하면 흑연구상화 효과가 소멸하는 것이다.

66
Fe-C 평형 상태도에서 γ고용체가 시멘타이트를 석출 개시하는 온도선은?
① A_{cm} 선
② A_3 선
③ 공석선
④ A_2 선

풀이

A_{cm} 선 : 시멘타이트의 고용한도곡선

67
다음 금속 중 재결정 온도가 가장 높은 것은?
① Zn
② Sn
③ Fe
④ Pb

풀이

재결정 온도는 금속의 용융온도(절대온도 T_m)의 30~50%이므로 용융점이 가장 높은 철(Fe)이다.

68
순철의 변태에 대한 설명 중 틀린 것은?
① 동소변태점은 A_3점과 A_4점이 있다.
② Fe의 자기변태점은 약 768℃정도이며, 큐리(curie)점 이라고도 한다.
③ 동소변태는 결정격자가 변화하는 변태를 말한다.
④ 자기변태는 일정온도에서 급격히 비연속적으로 일어난다.

풀이

자기변태는 완만히 연속적으로 일어난다.

69
심냉(sub-zero)처리의 목적을 설명한 것 중 옳은 것은?
① 자경강에 인성을 부여하기 위한 방법이다.
② 급열·급냉 시 온도 이력현상을 관찰하기 위한 것이다.
③ 항온 담금질하여 베이나이트 조직을 얻기 위한 방법이다.
④ 담금질 후 변형을 방지하기 위해 잔류 오스테나이트를 마텐자이트 조직으로 얻기 위한 방법이다.

풀이

담금질했을 때 오스테나이트 조직이 전부 마텐자이트 되지 못하고 잔류되는 미세량이 있어 이를 모두 마텐자이트화 시키기 위해 0℃ 이하의 온도로 냉각시키는 조작을 심냉처리라 한다.

70
Mg-Al계 합금에 소량의 Zn과 Mn을 넣은 합금은?
① 엘렉트론(elektron) 합금
② 스텔라이트(stellite)합금
③ 알클래드(alclad) 합금
④ 자마크(zamak) 합금

풀이

일렉트론(electron): Mg+Al+Zn
스텔라이트(주조경질합금): Co+Cr+W+C(코크팅)
알클래드(alclad):
두랄루민에 순수 Al을 얇게 도포한 것
자마크(zamak):
Al 3.5~4.5%, Cu 2.5~3.5%, Fe 0~0.1%, Mg 0~0.5%, 이밖에 Cd, Sn 등을 최대 0.005%, 나머지 Zn의 합금이다. 다이캐스팅용 금속이다.

71
저 압력을 어떤 정해진 높은 출력으로 증폭하는 회로의 명칭은?
① 부스터 회로
② 플립플롭 회로
③ 온 오프 제어 회로
④ 레지스터 회로

정답 66① 67③ 68④ 69④ 70① 71①

풀이
부스터 회로(Booster circuit)이다.

72
점성계수(coefficient of viscosity)는 기름의 중요 성질이다. 점도가 너무 낮을 경우 유압 기기에 나타나는 현상은?
① 유동저항이 지나치게 커진다.
② 마찰에 의한 동력손실이 증대된다.
③ 각 부품 사이에서 누출 손실이 커진다.
④ 밸브나 파이프를 통과할 때 압력손실이 커진다.

풀이
점도가 높을 때 : ①, ②, ④
점도가 낮을 때 : ③

73
베인펌프의 일반적인 구성 요소가 아닌 것은?
① 캠링   ② 베인
③ 로터   ④ 모터

풀이
베인펌프 : 베인, 로터, 캠링

74
지름이 2cm인 관속을 흐르는 물의 속도가 1m/s이면 유량은 약 몇 cm³/s인가?
① 3.14   ② 31.4
③ 314   ④ 3140

풀이
$Q = AV = \dfrac{\pi}{4}d^2 V = \dfrac{\pi}{4} \times 2^2 \times 100 = 314 \,[\text{cm}^3/\text{s}]$

75
감압밸브, 체크밸브, 릴리프밸브 등에서 밸브 시트를 두드려 비교적 높은 음을 내는 일종의 자려 진동 현상은?
① 유격 현상   ② 채터링 현상
③ 폐입 현상   ④ 캐비테이션 현상

풀이
채터링 현상이다.

76
한쪽 방향으로 흐름은 자유로우나 역방향의 흐름을 허용하지 않는 밸브는?
① 체크 밸브   ② 셔틀 밸브
③ 스로틀 밸브   ④ 릴리프 밸브

풀이
체크밸브(역지변)이다.

77
유압 파워유닛의 펌프에서 이상 소음 발생의 원인이 아닌 것은?
① 흡입관의 막힘
② 유압유에 공기 혼입
③ 스트레이너가 너무 큼
④ 펌프의 회전이 너무 빠름

풀이
펌프의 소음원인 : 흡입관이 막히거나 너무 좁을 때, 유압유에 공기가 혼입될 때, 스트레이너가 규격보다 작을 때, 펌프의 회전이 너무 빠를 때

78
다음 중 유량제어밸브에 의한 속도 제어회로를 나타낸 것이 아닌 것은?
① 미터 인 회로
② 블리드 오프 회로
③ 미터 아웃 회로
④ 카운터 회로

풀이
속도제어밸브 : 미터인 회로, 미터아웃 회로, 블리드오프 회로

정답 72③ 73④ 74③ 75② 76① 77③ 78④

79

유공압 실린더의 미끄러짐 면의 운동이 간헐적으로 되는 현상은?

① 모노 피딩(Mono-feeding)
② 스틱 슬립(Stick-slip)
③ 컷 인 다운(Cut in-down)
④ 듀얼 액팅(Dual acting)

풀이
스틱 슬립 현상이다.

80

유체를 에너지원 등으로 사용하기 위하여 가압 상태로 저장하는 용기는?

① 디퓨져
② 액추에이터
③ 스로틀
④ 어큐뮬레이터

풀이
어큐뮬레이터(축압기)이다.

제5과목 : 기계제작법 및 기계동력학

81

반지름이 r인 균일한 원판의 중심에 200N의 힘이 수평방향으로 가해진다. 원판의 미끄러짐을 방지하는데 필요한 최소 마찰력(F)은?

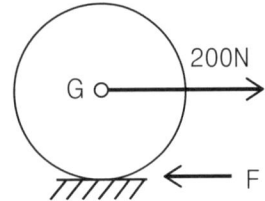

① 200N
② 100N
③ 66.67N
④ 33.33N

풀이
원판과 지면과의 접촉점을 O점이라 하면
$\Sigma M_O = J_O \alpha$에서

$$Pr = (J_G + mr^2)\alpha = \left(\frac{mr^2}{2} + mr^2\right)\alpha = \frac{3mr^2}{2}\alpha$$

$$\therefore \alpha = \frac{2P}{3mr}$$

따라서, 운동방정식
$\Sigma F_x = ma_x$에서(단, $a_x = \alpha r$)
$P - F = m\alpha r$

$$\therefore F = P - m\alpha r = P - m \times \frac{2P}{3mr} \times r = \frac{P}{3} = \frac{200}{3}$$
$$= 66.7[\text{N}]$$

82

그림은 스프링과 감쇠기로 지지된 기관(engine, 총 질량 m)이며, m_1은 크랭크 기구의 불평형 회전질량으로 회전 중심으로부터 r만큼 떨어져 있고, 회전주파수는 ω이다. 이 기관의 운동방정식을 $m\ddot{x} + c\dot{x} + kx = F(t)$라고 할 때 $F(t)$로 옳은 것은?

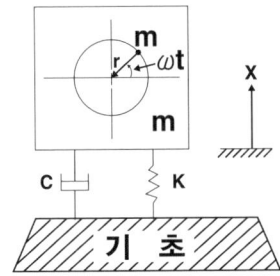

① $F(t) = \frac{1}{2}m_1 r\omega^2 \sin wt$
② $F(t) = \frac{1}{2}m_1 r\omega^2 \cos wt$
③ $F(t) = m_1 r\omega^2 \sin wt$
④ $F(t) = m_1 r\omega^2 \cos wt$

풀이

편심질량 m_1의 변위는 $x + r\sin\omega t$이므로 운동방정식은

$(m-m_1)\ddot{x} + m_1\dfrac{d^2}{dt^2}(x + r\sin\omega t) + kx = 0$

$m\ddot{x} - m_1\ddot{x} + m_1\ddot{x} + m_1 r(-\omega^2\sin\omega t) + kx = 0$

$m\ddot{x} + kx = m_1 r\omega^2 \sin\omega t$

이 식은 비감쇠 강제진동의 식이므로

$m\ddot{x} + kx = F(t)$와 동치이다. 따라서,

$F(t) = m_1 r\omega^2 \sin\omega t$

여기서, $m_1\omega^2 r = F_{\max}$을 회전 불균형 힘이라 한다.

83

길이가 1m이고 질량이 3kg인 가느다란 막대에서 막대 중심축과 수직하면서 질량 중심을 지나는 축에 대한 질량 관성모멘트는 몇 kg·m²인가?

① 0.20 ② 0.25
③ 0.30 ④ 0.40

풀이

$I = \dfrac{1}{12}mL^2 = \dfrac{1}{12}\times 3\times 1^2 = 0.25\,[\text{kg}\cdot\text{m}^2]$

84

아이스하키 선수가 친 퍽이 얼음 바닥 위에서 30m를 가서 정지하였는데, 그 시간이 9초가 걸렸다. 퍽과 얼음 사이의 마찰계수는 얼마인가?

① 0.046 ② 0.056
③ 0.066 ④ 0.076

풀이

$a = -\mu g$이므로 등가속도 직선운동의 식에서

$s = v_0 t + \dfrac{1}{2}at^2$

그런데, $v = v_0 + at$에서 $0 = v_0 - \mu g t$ ∴ $v_0 = \mu g t$

$s = \mu g t^2 + \dfrac{1}{2}(-\mu g)t^2 = \dfrac{1}{2}\mu g t^2$

$30 = \dfrac{1}{2}\mu \times 9.8 \times 9^2$ ∴ $\mu = \dfrac{2\times 30}{9.8\times 9^2} = 0.076$

85

전동기를 이용하여 무게 9800N의 물체를 속도 0.3m/s로 끌어올리려 한다. 장치의 기계적 효율을 80%로 하면 최소 몇 kW의 동력이 필요한가?

① 3.2 ② 3.7
③ 4.9 ④ 6.2

풀이

$\eta = \dfrac{Wv}{L}$에서

$L = \dfrac{Wv}{\eta} = \dfrac{9.8\times 0.3}{0.8} = 3.675\,[\text{kW}]$

86

무게 20N인 물체가 2개의 용수철에 의하여 그림과 같이 놓여 있다. 한 용수철은 1cm 늘어나는데 1.7N이 필요하다며 다른 용수철은 1cm 늘어나는데 1.3N이 필요하다. 변위 진폭이 1.25cm가 되려면 정적평형위치에 있는 물체는 약 얼마의 초기속도(cm/s)를 주어야 하는가? (단, 이 물체는 수직운동만 한다고 가정한다.)

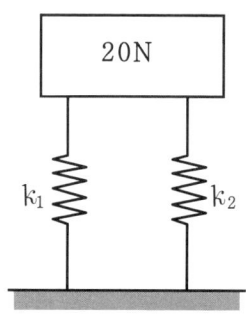

① 11.5 ② 18.1
③ 12.4 ④ 15.2

풀이

$k_1 = 1.7\text{N/cm}$, $k_2 = 1.3\text{N/cm}$, $\delta = 1.25\,[\text{cm}]$

정답 83 ② 84 ④ 85 ② 86 ④

$$k_{eq} = k_1 + k_2 = 1.7 + 1.3 = 3[\text{N/cm}] = 300[\text{N/m}]$$
$$\omega_n = \sqrt{\frac{k_{eq}}{m}} = \sqrt{\frac{300}{20/9.8}} = 12.124[\text{rad/s}]$$
$$v = \omega_n \delta = 12.124 \times 1.25 = 15.2[\text{cm/s}]$$

87

그림과 같이 Coulomb 감쇠를 일으키는 진동계에서 지면과의 마찰계수는 0.1, 질량 m =100kg, 스프링 상수 k=981N/cm이다. 정지 상태에서 초기 변위를 2cm 주었다가 놓을 때 4 cycle후의 진폭은 약 몇 cm가 되겠는가?

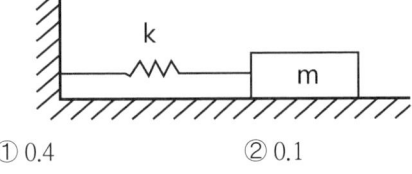

① 0.4 ② 0.1
③ 1.2 ④ 0.8

풀이

먼저, 감쇠력에 의한 스프링의 변위는
$$x = \frac{\mu mg}{k} = \frac{0.1 \times 100 \times 981}{981 \times 100} = 0.1[\text{cm}]$$
(여기서, $g = 981\text{cm/s}^2$, $1\text{N} = 1\text{kg} \times 100\text{cm/s}^2$)
즉, 질량체는 감쇠력에 의해 점점 진폭이 반사이클 당 0.1cm씩 줄어든다.
반사이클의 수를 n이라 하면 4사이클이므로 $n = 8$이다. 따라서 4사이클 후의 진폭 x_n은
$$x_n = x_0 - 2nx = 2 - 2 \times 8 \times 0.1 = 0.4[\text{cm}]$$

88

단순조화운동(Harmonic motions)일 때 속도와 가속도의 위상차는 얼마인가?

① $\frac{\pi}{2}$ ② π
③ 2π ④ 0

풀이

변위 : $x(t) = X\cos\omega t$

속도 : $\dot{x}(t) = \frac{dx}{dt} = -\omega X \sin\omega t$

가속도 : $\ddot{x}(t) = \frac{d^2x}{dt^2} = -\omega^2 X \cos\omega t$
$$= -\omega^2 X \sin\left(\omega t + \frac{\pi}{2}\right)$$

따라서, 속도와 가속도의 위상차는 $\frac{\pi}{2}[\text{rad}]$이다.

89

어떤 물체가 정지 상태로부터 다음 그래프와 같은 가속도(a)로 속도가 변화한다. 이때 20초 경과 후의 속도는 약 m/s인가?

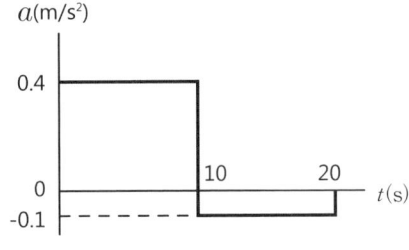

① 1 ② 2 ③ 3 ④ 4

풀이

$a-t$그래프의 면적 $= \Delta v$(속도의 변화량) $= v - v_0$
그런데, 초기속도 $v_0 = 0$이므로 그래프의 면적이 곧 나중속도가 된다.
$$v = 0.4 \times 10 + (-0.1 \times 10) = 4 - 1 = 3[\text{m}]$$

90

축구공을 지면으로부터 1m의 높이에서 자유낙하 시켰더니 0.8m 높이까지 다시 튀어 올랐다. 이 공의 반발계수는 얼마인가?

① 0.89
② 0.83
③ 0.80
④ 0.77

풀이
$$e^2 = \frac{h'}{h} = \frac{0.8}{1} \quad \therefore e = \sqrt{0.8} = 0.894$$

91
구성인선(built up edge)의 방지 대책으로 틀린 것은?
① 공구 경사각을 크게 한다.
② 절삭 깊이를 작게 한다.
③ 절삭 속도를 낮게 한다.
④ 윤활성이 좋은 절삭 유제를 사용한다.

풀이
구성인선의 방지대책 :
공구의 윗면경사각을 크게, 절삭깊이를 얇게, 절삭속도를 빠르게, 적절한 윤활성절삭유 공급, 공작물과 친화력이 작은 공구로 교체한다.

92
다음 중 저온 뜨임의 특성으로 가장 거리가 먼 것은?
① 내마모성 저하
② 연마균열 방지
③ 치수의 경년 변화 방지
④ 담금질에 의한 응력 제거

풀이
저온 뜨임을 하면 경도와 내마모성은 저하되지 않는다.

93
다음 중 나사의 유효지름 측정과 가장 거리가 먼 것은?
① 나사 마이크로미터
② 센터게이지
③ 공구현미경
④ 삼침법

풀이
센터게이지는 심압대 센터의 각도를 측정하는 게이지이다.

94
다이(die)에 탄성이 뛰어난 고무를 적층으로 두고 가공 소재를 형상을 지닌 펀치로 가압하여 가공하는 성형가공법은?
① 전자력 성형법   ② 폭발 성형법
③ 엠보싱법   ④ 마폼법

풀이
마폼법(marforming) :
용기 모양의 홈안에 고무를 넣고 고무를 다이 대신 사용하는 성형법

95
다음 인발가공에서 인발 조건의 인자로 가장 거리가 먼 것은?
① 절곡력(folding force)
② 역장력(back tension)
③ 마찰력(friction force)
④ 다이각(die angle)

풀이
절곡력은 프레스가공의 인자이다.

96
TIG용접과 MIG용접에 해당하는 용접은?
① 불활성가스 아크 용접
② 서브머지드 아크 용접
③ 교류 아크 셀룰로스계 피복 용접
④ 직류 아크 일미나이트계 피복 용접

풀이
불활성가스 아크 용접 : TIG 용접, MiG 용접

97
주조에서 탕구계의 구성요소가 아닌 것은?
① 쇳물 받이   ② 탕도
③ 피이더   ④ 주입구

풀이
탕구계 : 탕구, 탕도, 주입구, 쇳물받이
피이더(feeder) : 덧쇳물

정답 91③ 92① 93② 94④ 95① 96① 97③

98

다음 중 전주가공의 특징으로 가장 거리가 먼 것은?
① 가공시간이 길다.
② 복잡한 형상, 중공축 등을 가공할 수 있다.
③ 모형과의 오차를 줄일 수 있어 가공 정밀도가 높다.
④ 모형 전체면에 균일한 두께로 전착이 쉽게 이루어진다.

풀이

전주가공(電柱加工; electroforming) :
전해액 속에서 음극과 양극을 대향시켜 통전하면 양극에서는 전해용출이 일어나고 음극에서는 금속 이온이 방전하여 전착(電着)현상이 일어난다. 이와 같이 전착현상을 이용하여 원형과 반대형상의 제품을 만드는 가공이다.
① 장점
 ⓐ 가공정밀도가 높다.
 ⓑ 가공형상이나 제품치수에 제한이 없다.
 ⓒ 대량생산이 가능하다.
② 단점
 ⓐ 전착속도가 느리고 가공시간이 길다.
 ⓑ 균일한 두께로 전착이 어렵다.
 ⓒ 가공비용이 비싸다.

99

연강을 고속도강 바이트로 셰이퍼 가공할 때 바이트의 1분간 왕복횟수는? (단, 절삭속도=15m/min이고 공작물의 길이(행정의 길이)는 150mm, 절삭행정의 시간과 바이트 1왕복의 시간과의 비 k=3/50이다.)
① 10회
② 15회
③ 30회
④ 60회

풀이

$V = \dfrac{N\ell}{1000a}$ [m/min] 에서

$N = \dfrac{1000aV}{\ell} = \dfrac{1000 \times \frac{3}{5} \times 15}{150} = 60$ [회]

(여기서, $a=k$: 행정시간비=급속귀환비)

100

드릴링 머신으로 할 수 있는 기본 작업 중 접시머리 볼트의 머리 부분이 묻히도록 원뿔자리 파기 작업을 하는 가공은?
① 태핑
② 카운터 싱킹
③ 심공 드릴링
④ 리밍

풀이

카운터 싱킹이다.

정답 98④ 99④ 100②

국가기술자격 필기시험
2019년 기사 제2회 【일반기계기사】 필기

제1과목 : 재료역학

1

원형축(바깥지름 d)을 재질이 같은 속이 빈 원형축(바깥지름 d, 안지름 $d/2$)으로 교체하였을 경우 받을 수 있는 비틀림 모멘트는 몇 % 감소하는가?

① 6.25　　② 8.25
③ 25.6　　④ 52.6

풀이

$T_1 = \tau_a \dfrac{\pi d^3}{16}$, $T_2 = \tau_a \dfrac{\pi d^3}{16}\left\{1-\left(\dfrac{1}{2}\right)^4\right\}$

$\dfrac{T_2}{T_1} = 1 - 0.5^4 = \dfrac{15}{16}$, $T_2 = \dfrac{15}{16}T_1$

$\dfrac{T_1 - T_2}{T_1} = \dfrac{T_1 - \dfrac{15}{16}T_1}{T_1} = \left(1 - \dfrac{15}{16}\right) = 0.0625$
$= 6.25\,[\%]$

2

포아송의 비 0.3, 길이 3m인 원형단면의 막대에 축방향의 하중이 가해진다. 이 막대의 표면에 원주방향으로 부착된 스트레인 게이지가 -1.5×10^{-4}의 변형률을 나타낼 때, 이 막대의 길이 변화로 옳은 것은?

① 0.135mm 압축　② 0.135mm 인장
③ 1.5mm 압축　　④ 1.5mm 인장

풀이

부재가 인장되면 ε는 (+), ε'는 (−)이고 압축되면 ε는 (−), ε'는 (+)이므로 프와송의 비(ν)는
$\nu = -\dfrac{\varepsilon'}{\varepsilon}$이다. $\nu = 0.3 = -\dfrac{\varepsilon'}{\varepsilon}$에서

$\varepsilon' = \varepsilon_y = -0.3\varepsilon = -1.5 \times 10^{-4}$

$\therefore \varepsilon = \dfrac{1.5 \times 10^{-4}}{0.3} = 5 \times 10^{-4}$

결국, $\varepsilon = \dfrac{\lambda}{\ell}$에서

$\lambda = \varepsilon \ell = 5 \times 10^{-4} \times 3 \times 10^3 = 1.5\,[\text{mm}]$, 인장

3

안지름이 80mm, 바깥지름이 90mm이고 길이가 3m인 좌굴 하중을 받는 파이프 압축부재의 세장비는 얼마 정도인가?

① 100　　② 110
③ 120　　④ 130

풀이

세장비 $\lambda = \dfrac{\ell}{k}$이므로 우선 회전반경 k는

$k = \sqrt{\dfrac{I_{\min}}{A}} = \sqrt{\dfrac{\dfrac{\pi}{64}(90^4 - 80^4)}{\dfrac{\pi}{4}(90^2 - 80^2)}} = 30.1\,[\text{mm}]$

$\therefore \lambda = \dfrac{\ell}{k} = \dfrac{3000}{30.1} \fallingdotseq 100$

4

지름 30mm의 환봉 시험편에서 표점거리를 10mm로 하고 스트레인 게이지를 부착하여 신장을 측정한 결과 인장하중 25kN에서 신장 0.0418 mm가 측정되었다. 이때의 지름은 29.97mm이었다. 이 재료의 포아송 비(ν)는?

① 0.239
② 0.287
③ 0.0239
④ 0.0287

정답　1① 2④ 3① 4①

풀이

$\delta = d' - d = 29.97 - 30 = -0.03 \,[\text{mm}]$

$\nu = -\dfrac{\varepsilon'}{\varepsilon} = -\dfrac{\dfrac{\delta}{d}}{\dfrac{\lambda}{\ell}} = -\dfrac{\ell \delta}{\lambda d} = -\dfrac{10 \times (-0.03)}{0.0418 \times 30}$

$= 0.239$

5

다음과 같은 단면에 대한 2차 모멘트 I_z는 약 몇 mm⁴인가?

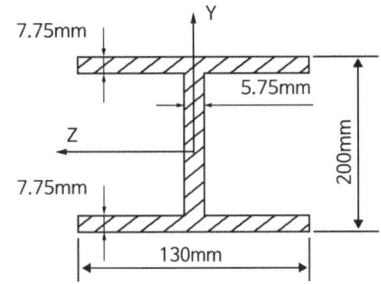

① 18.6×10^6
② 21.6×10^6
③ 24.6×10^6
④ 27.6×10^6

풀이

$I_z = \dfrac{130 \times 200^3}{12} - \dfrac{(130 - 5.75) \times (200 - 2 \times 7.75)^3}{12}$

$= 21.63 \times 10^6 \,[\text{mm}^4]$

6

지름 4cm, 길이 3m인 선형 탄성 원형 축이 800 rpm으로 3.6kW를 전달할 때 비틀림 각은 약 몇 도(°)인가? (단, 전단 탄성계수는 84GPa 이다.)

① 0.0085°
② 0.35°
③ 0.48°
④ 5.08°

풀이

$\theta° = \dfrac{360°}{2\pi} \times \dfrac{32T\ell}{G\pi d^4}$

$= \dfrac{360}{2\pi} \times \dfrac{32 \times 974 \times \dfrac{3.6}{800} \times 9.8 \times 3}{84 \times 10^9 \times \pi \times 0.04^4} = 0.35\,[°]$

7

그림과 같이 한쪽 끝을 지지하고 다른 쪽을 고정한 보가 있다. 보의 단면은 직경 10cm의 원형이고 보의 길이는 L이며, 보의 중앙에 2094N의 집중하중 P가 작용하고 있다. 이때 보에 작용하는 최대굽힘응력이 8MPa라고 한다면, 보의 길이 L은 약 몇 m인가?

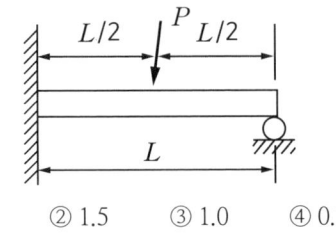

① 2.0
② 1.5
③ 1.0
④ 0.7

풀이

지지단의 반력은 $\dfrac{5}{16}P$이므로 고정단에서의 굽힘모멘트가 최대굽힘모멘트($M_{\max}$)이므로

$M_{\max} = P\dfrac{L}{2} - \dfrac{5}{16}PL = \dfrac{3}{16}PL$

또한, $M_{\max} = \sigma_{\max} Z$

따라서

$\dfrac{3}{16}PL = \sigma_{\max} \cdot \dfrac{\pi}{32}d^3$

$L = \dfrac{\sigma_{\max} \pi d^3}{6P} = \dfrac{8 \times \pi \times 100^3}{6 \times 2094} \times 10^{-3} = 2.0\,[\text{m}]$

8

다음과 같이 길이 L인 일단고정 타단지지보에 등분포 하중 w가 작용할 때, 고정단 A로부터 전단력이 0이 되는 거리(x)는 얼마인가?

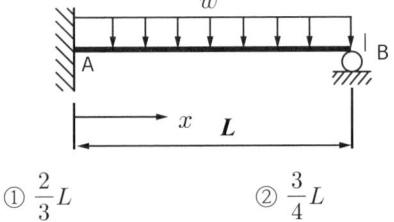

① $\dfrac{2}{3}L$
② $\dfrac{3}{4}L$

③ $\frac{5}{8}L$ ④ $\frac{3}{8}L$

풀이

균일분포하중을 받는 고정지지보에서 전단력 (V)이 0이 되는 곳은 $x=\frac{5}{8}L$이다.

9

두께 10mm의 강판에 지름 23mm의 구멍을 만드는데 필요한 하중은 약 몇 kN인가? (단, 강판의 전단응력 τ=750MPa이다.)

① 243   ② 352
③ 473   ④ 542

풀이

$\tau = \dfrac{P}{\pi dt}$ 에서

$P = \tau \pi dt = 750 \times \pi \times 23 \times 10 \times 10^{-3}$
$= 541.92 \,[\text{kN}]$

10

그림과 같은 구조물에서 점 A에 하중 P=50 kN이 작용하고 A점에서 오른편으로 F=10kN이 작용할 때 평형위치의 변위 x는 몇 cm인가? (단, 스프링탄성계수(k)=5kN/cm이다.)

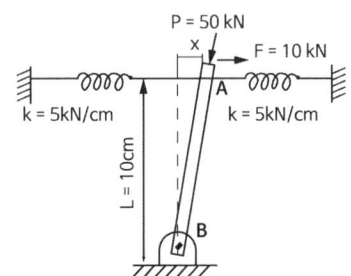

① 1   ② 1.5
③ 2   ④ 3

풀이

$\Sigma M_B = 0$ 에서
$Px + FL - 2kxL = 0$
$(2kL - P)x = FL$

$x = \dfrac{FL}{2kL - P} = \dfrac{10 \times 10}{2 \times 5 \times 10 - 50} = 2\,[\text{cm}]$

11

직육면체가 일반적인 3축 응력 σ_x, σ_y, σ_z를 받고 있을 때 체적 변형률 ϵ_v는 대략 어떻게 표현되는가?

① $\epsilon_v \simeq \dfrac{1}{3}(\epsilon_x + \epsilon_y + \epsilon_z)$

② $\epsilon_v \simeq \epsilon_x + \epsilon_y + \epsilon_z$

③ $\epsilon_v \simeq \epsilon_x \epsilon_y + \epsilon_y \epsilon_z + \epsilon_z \epsilon_x$

④ $\epsilon_v \simeq \dfrac{1}{3}(\epsilon_x \epsilon_y + \epsilon_y \epsilon_z + \epsilon_z \epsilon_x)$

풀이

$\epsilon_v = \epsilon_x + \epsilon_y + \epsilon_z$

12

다음 그림과 같이 C점에 집중하중 P가 작용하고 있는 외팔보의 자유단에서 경사각 θ를 구하는 식은? (단, 보의 굽힘 강성 EI는 일정하고, 자중은 무시한다.)

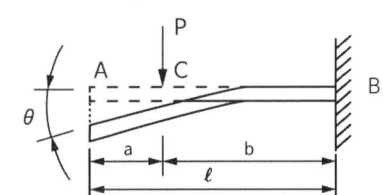

① $\theta = \dfrac{P\ell^2}{2EI}$ ② $\theta = \dfrac{3P\ell^2}{2EI}$

③ $\theta = \dfrac{Pa^2}{2EI}$ ④ $\theta = \dfrac{Pb^2}{2EI}$

풀이

B.M.D를 그려보면

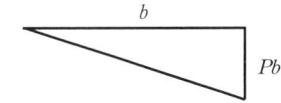

A점에서의 접선은 C점에서의 접선과 일치한다.

$$\theta_A = \theta_{AB} = \theta_{CB} = \frac{A_M}{EI} = \frac{1}{EI}\left(\frac{b}{2}Pb\right) = \frac{Pb^2}{2EI}$$

13

단면적이 7cm²이고, 길이가 10m인 환봉의 온도를 10℃ 올렸더니 길이가 1mm 증가했다. 이 환봉의 열팽창계수는?

① 10^{-2}/℃
② 10^{-3}/℃
③ 10^{-4}/℃
④ 10^{-5}/℃

풀이

$\lambda = \alpha \cdot \Delta T \cdot \ell$ 에서

$$\alpha = \frac{\lambda}{\Delta T \cdot \ell} = \frac{1 \times 10^{-3}}{10 \times 10} = 1 \times 10^{-5}\,[1/℃]$$

14

단면 20cm×30cm, 길이 6m의 목재로 된 단순보의 중앙에 20kN의 집중하중이 작용할 때, 최대 처짐은 약 몇 cm인가? (단, 세로 탄성계수 E=10GPa이다.)

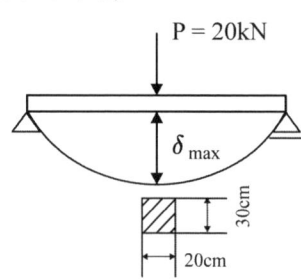

① 1.0
② 1.5
③ 2.0
④ 2.5

풀이

$$\delta = \frac{P\ell^3}{48EI} = \frac{20 \times 10^3 \times 6^3}{48 \times 10 \times 10^9 \times \frac{0.2 \times 0.3^3}{12}} = 2\,[\text{cm}]$$

15

끝이 닫혀있는 얇은 벽의 둥근 원통형 압력용기에 내압 p가 작용한다. 용기의 벽의 안쪽 표면 응력상태에서 일어나는 절대 최대 전단응력을 구하면? (단, 탱크의 반경=r, 벽 두께 = t이다.)

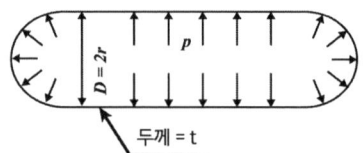

① $\dfrac{pr}{2t} - \dfrac{p}{2}$

② $\dfrac{pr}{4t} - \dfrac{p}{2}$

③ $\dfrac{pr}{4t} + \dfrac{p}{2}$

④ $\dfrac{pr}{2t} + \dfrac{p}{2}$

풀이

$\sigma_x = \dfrac{pD}{4t} = \dfrac{pr}{2t} = \sigma_2$, $\sigma_y = \dfrac{pD}{2t} = \dfrac{pr}{t} = \sigma_1$ 이고
$\tau_{xy} = 0$ 이다.

그런데, 용기의 바깥 표면에서는 제3의 주응력이 0이지만, 용기의 안쪽 표면에서는 $-p$가 되므로 모어의 응력원에서는 C점으로 표시된다.

따라서, 안쪽표면에서의
최대전단응력은 지름 $\overline{CA}$인 원의 반지름이다.

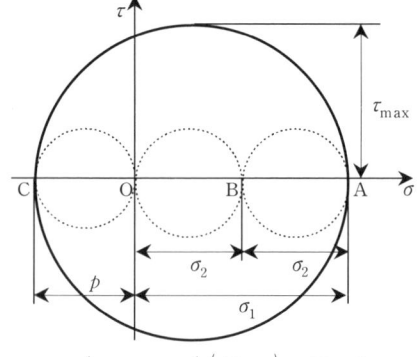

$$\therefore \tau_{max} = \frac{1}{2}(\sigma_1 + p) = \frac{1}{2}\left(\frac{pr}{t} + p\right) = \frac{pr}{2t} + \frac{p}{2}$$

16

길이 3m의 직사각형 단면 $b \times h$=5cm×10cm 을 가진 외팔보에 w의 균일분포하중이 작용하여 최대굽힘응력 500N/cm²이 발생할 때, 최대 전단응력은 약 몇 N/cm²인가?

① 20.2 ② 16.5
③ 8.3   ④ 5.4

풀이

균일분포하중을 받는 외팔보에 생기는 최대굽힘모멘트($M_{\max}$)는 고정단에서 생기며 그 크기는 $M_{\max} = \dfrac{w\ell^2}{2}$ 이다. 또한 $M_{\max} = \sigma_{\max} Z$ 이므로

$\dfrac{w\ell^2}{2} = \sigma_{\max} \dfrac{bh^2}{6}$ 에서 $\dfrac{w \times 300^2}{2} = 500 \times \dfrac{5 \times 10^2}{6}$

∴ $w = 0.926 [\text{N/cm}]$

보속에 생기는 최대전단응력($\tau_{\max}$)은

$\tau_{\max} = \dfrac{3}{2} \cdot \dfrac{V}{A} = \dfrac{3}{2} \times \dfrac{w\ell}{bh} = \dfrac{3}{2} \times \dfrac{0.926 \times 300}{5 \times 10}$

$= 8.3 [\text{N/cm}^2]$

17

그림에서 C점에서 작용하는 굽힘모멘트는 몇 N·m인가?

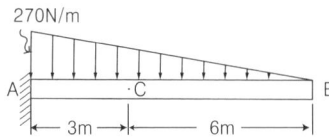

① 270
② 810
③ 540
④ 1080

풀이

C점을 절단하여 등가집중하중을 구하면

$P_e = \dfrac{1}{2} \times 180 \times 6 = 540 [\text{N}]$

(단, 여기서 $9 : 270 = 6 : w_c$에서 $w_c = 180$)

따라서, $M_c = P_e \times \dfrac{6}{3} = 540 \times 2 = 1080 [\text{N} \cdot \text{m}]$

18

그림과 같은 형태로 분포하중을 받고 있는 단순지지보가 있다. 지지점 A에서의 반력 R_A는 얼마인가?

(단, 분포하중 $w(x) = w_0 \sin\dfrac{\pi x}{L}$ 이다.)

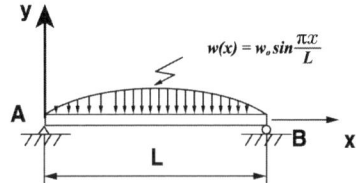

① $\dfrac{2w_0 L}{\pi}$

② $\dfrac{w_0 L}{\pi}$

③ $\dfrac{w_0 L}{2\pi}$

④ $\dfrac{w_0 L}{2}$

풀이

등가집중하중(P_e)

$P_e = \displaystyle\int_0^L w(x)dx = \int_0^L w_0 \sin\dfrac{\pi}{L}x\, dx$

$= \dfrac{w_0 L}{\pi}\left[-\cos\dfrac{\pi}{L}x\right]_0^L = \dfrac{w_0 L}{\pi}(-\cos\pi + \cos 0)$

$= \dfrac{2w_0 L}{\pi}$

반력(R_A)는 등가집중하중의 절반이므로

$R_A = \dfrac{P_e}{2} = \dfrac{1}{2} \times \dfrac{2w_0 L}{\pi} = \dfrac{w_0 L}{\pi}$

19

그림과 같은 평면 응력 상태에서 최대 주응력은 약 몇 MPa인가? (단. σ_x=500MPa, σ_y=-300 MPa, τ_{xy}=-300MPa이다.)

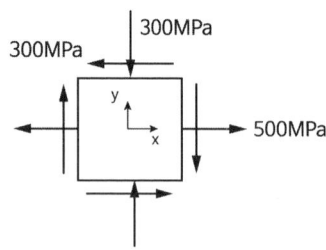

① 500
② 600
③ 700
④ 800

풀이

$$\sigma_1 = \frac{\sigma_x + \sigma_y}{2} + \sqrt{\left(\frac{\sigma_x - \sigma_y}{2}\right)^2 + \tau_{xy}^2}$$

$$= \frac{500 - 300}{2} + \sqrt{\left(\frac{500 + 300}{2}\right)^2 + (-300)^2}$$

$$= 100 + 500 = 600 \,[\text{MPa}]$$

20

강재 중공축이 25kN·m의 토크를 전달한다. 중공축의 길이가 3m이고, 이때 축에 발생하는 최대전단응력이 90MPa이며, 축에 발생된 비틀림각이 2.5°라고 할 때 축의 외경과 내경을 구하면 각각 약 몇 mm인가? (단, 축 재료의 전단탄성계수는 85GPa이다.)

① 146, 124
② 136, 114
③ 140, 132
④ 133, 112

풀이

우선, $\theta° = \frac{360}{2\pi} \times \frac{T\ell}{GI_p}$ 에서

$2.5 = \frac{360}{2 \times \pi} \times \frac{25 \times 10^6 \times 3 \times 10^3}{85 \times 10^3 \times I_p}$

$I_p = 20.222 \times 10^6 \,[\text{mm}^4]$

다음, $\tau_{\max} = \frac{T}{Z_p}$ 에서

$Z_p = \frac{T}{\tau_{\max}} = \frac{25 \times 10^6}{90} = 0.278 \times 10^6 \,[\text{mm}^4]$

또한, $Z_p = \frac{I_p}{e} = \frac{I_p}{d/2}$ 이므로 $\frac{d}{2} = \frac{I_p}{Z_p}$

$d = 2 \times \frac{I_p}{Z_p} = 2 \times \frac{20.222 \times 10^6}{0.278 \times 10^6} = 145.48 \,[\text{mm}]$

결국, $I_p = \frac{\pi}{32}(d^4 - d_1^4)$ 에서

$d_1 = \sqrt[4]{d^4 - \frac{32 I_p}{\pi}}$

$= \sqrt[4]{145.48^4 - \frac{32}{\pi} \times 20.222 \times 10^6}$

$= 125.22 \,[\text{mm}]$

제2과목 : 기계열역학

21

어떤 사이클이 다음 온도(T)-엔트로피(s)선도와 같을 때 작동 유체에 주어진 열량은 약 몇 kJ/kg인가?

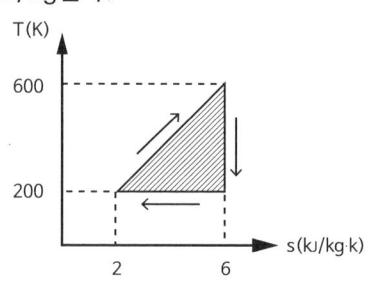

① 4
② 400
③ 800
④ 1600

풀이

유효열량은 $T-s$ 선도의
폐곡면(음영부분)의 면적이므로
$q = \frac{1}{2} \times 4 \times 400 = 800 \,[\text{kJ/kg}]$

22

압력이 100kPa이며 온도가 25℃인 방의 크기가 240m³이다. 이 방에 들어 있는 공기의 질량은 약 몇 kg인가? (단, 공기는 이상기체

로 가정하며, 공기의 기체상수는 0.287kJ/(kg·K)이다.)

① 0.00357   ② 0.28
③ 3.57   ④ 280

풀이

$PV = mRT$ 에서
$m = \dfrac{PV}{RT} = \dfrac{100 \times 240}{0.287 \times (273+25)} = 280.6\,[\text{kg}]$

23

용기에 부착된 압력계에 읽힌 계기압력이 150kPa이고 국소대기압이 100kPa일 때 용기 안의 절대압력은?

① 250kPa   ② 150kPa
③ 100kPa   ④ 50kPa

풀이

절대압력 = 국소대기압 + 계기압력
= 100 + 150 = 250 [kPa]

24

수증기가 정상과정으로 40m/s의 속도로 노즐에 유입되어 275m/s로 빠져나간다. 유입되는 수증기의 엔탈피는 3300kJ/kg, 노즐로부터 발생되는 열손실은 5.9kJ/kg일 때 노즐 출구에서의 수증기 엔탈피는 약 몇 kJ/kg인가?

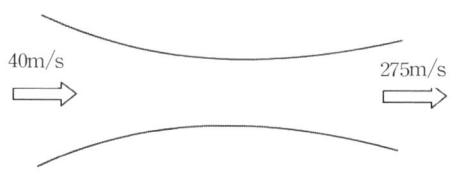

① 3257   ② 3024
③ 2795   ④ 2612

풀이

개방계, 정상유동에서
$q = w_t + (h_2 - h_1) + \dfrac{1}{2}(V_2^2 - V_1^2)$

$-5.9 = 0 + (h_2 - 3300) + \dfrac{1}{2} \times (275^2 - 40^2) \times 10^{-3}$

$h_2 = 3300 - \dfrac{1}{2} \times (275^2 - 40^2) \times 10^{-3} - 5.9$

$= 3257\,[\text{kJ/kg}]$

25

클라우지우스(Clausius) 부등식을 옳게 표현한 것은? (단, T는 절대 온도, Q는 시스템으로 공급된 전체 열량을 표시한다.)

① $\oint \dfrac{\delta Q}{T} \geq 0$ ② $\oint \dfrac{\delta Q}{T} \leq 0$

③ $\oint T \delta Q \geq 0$ ④ $\oint T \delta Q \leq 0$

풀이

가역: $\oint \dfrac{\delta Q}{T} = 0$, 비가역: $\oint \dfrac{\delta Q}{T} < 0$

따라서, $\oint \dfrac{\delta Q}{T} \leq 0$

26

500W의 전열기로 4kg의 물을 20℃에서 90℃까지 가열하는데 몇 분이 소요되는가? (단, 전열기에서 열은 전부 온도 상승에 사용되고 물의 비열은 4180J/(kg·K)이다.)

① 16   ② 27
③ 39   ④ 45

풀이

전력량 = 열량 = $mc\Delta T$ 에서
$500 \times t = 4 \times 4180 \times (90 - 20)$
$t = 2340.8\,[\text{s}] = 39.01\,[\text{min}]$

27

R-12를 작동 유체로 사용하는 이상적인 증기압축 냉동 사이클이 있다. 여기서 증발기 출구 엔탈피는 229kJ/kg, 팽창밸브 출구 엔탈피는 81kJ/kg, 응축기 입구 엔탈피는 255kJ/kg일 때 이 냉동기의 성적계수는 약 얼마

인가?
① 4.1 ② 4.9
③ 5.7 ④ 6.8

풀이

냉동사이클의 $P-h$선도를 그려보면

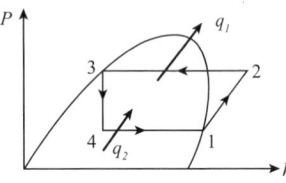

$\varepsilon_r = \dfrac{q_2}{w_c} = \dfrac{h_1 - h_4}{h_2 - h_1} = \dfrac{229 - 81}{255 - 229} = 5.69$

28

보일러에 물(온도 20℃, 엔탈피 84kJ/kg)이 유입되어 600kPa의 포화증기(온도 159℃, 엔탈피 2757kJ/kg) 상태로 유출된다. 물의 질량유량이 300kg/h이라면 보일러에 공급된 열량은 약 몇 kW인가?

① 121 ② 140
③ 223 ④ 345

풀이

$\dot{Q} = \dot{m}(h_2 - h_1) = \dfrac{300}{3600} \times (2757 - 84)$
$= 222.75\,[\mathrm{kW}]$

29

가역 과정으로 실린더 안의 공기를 50kPa, 10℃ 상태에서 300kPa까지 압력(P)과 체적(V)의 관계가 다음과 같은 과정으로 압축할 때 단위 질량당 방출되는 열량은 약 몇 KJ/kg인가? (단, 기체 상수는 0.287kJ/(kg·K)이고 정적비열은 0.7kJ/(kg·K)이다.)

$$PV^{1.3} = 일정$$

① 17.2 ② 37.2
③ 57.2 ④ 77.2

풀이

우선, 폴리트로프 관계 : $\dfrac{T_2}{T_1} = \left(\dfrac{P_2}{P_1}\right)^{\frac{0.3}{1.3}}$

$T_2 = T_1\left(\dfrac{P_2}{P_1}\right)^{\frac{0.3}{1.3}} = (273+10) \times \left(\dfrac{300}{50}\right)^{\frac{0.3}{1.3}}$
$= 428\,[\mathrm{K}]$

다음, $\delta q = du + Pdv$에서

$q = C_v(T_2 - T_1) + \int_1^2 \dfrac{P_1 v_1^{1.3}}{v^{1.3}} dv$

$= C_v(T_2 - T_1) + \dfrac{P_1 v_1 - P_2 v_2}{1.3 - 1}$

$= C_v(T_2 - T_1) + \dfrac{R(T_1 - T_2)}{0.3}$

$= 0.7 \times (428 - 283) + \dfrac{0.287 \times (283 - 428)}{0.3}$

$= -37.217\,[\mathrm{kJ/kg}]$

결국, 방출열량 $q = 37.217\,[\mathrm{kJ/kg}]$

30

효율이 40%인 열기관에서 유효하게 발생되는 동력이 110kW라면 주위로 방출되는 총 열량은 약 몇 KW인가?

① 375 ② 165
③ 135 ④ 85

풀이

$\eta = \dfrac{W}{Q_1}$에서 $Q_1 = \dfrac{W}{\eta} = \dfrac{110}{0.4} = 275\,[\mathrm{kW}]$

$W = Q_1 - Q_2$에서
$Q_2 = Q_1 - W = 275 - 110 = 165\,[\mathrm{kW}]$

31

화씨온도가 86℉ 일 때 섭씨온도는 몇 ℃ 인가?
① 30
② 45
③ 60
④ 75

풀이

$\dfrac{C}{100} = \dfrac{F-32}{180}$ 에서

$C = \dfrac{5}{9}(F-32) = \dfrac{5}{9} \times (86-32) = 30\,[\,^\circ\text{C}]$

32

압력이 0.2MPa 이고, 초기 온도가 120℃인 1kg의 공기를 압축비 18로 가역 단열 압축하는 경우 최종온도는 약 몇 ℃인가? (단, 공기는 비열비가 1.4인 이상기체이다.)

① 676℃
② 776℃
③ 876℃
④ 976℃

풀이

단열관계 $\dfrac{T_2}{T_1} = \left(\dfrac{V_1}{V_2}\right)^{k-1}$ 에서

$T_2 = T_1 \left(\dfrac{V_1}{V_2}\right)^{k-1} = (120+273) \times (18)^{0.4}$

$= 1248.8\,[\text{K}] = 975.8\,[\,^\circ\text{C}]$

33

그림과 같이 실린더 내의 공기가 상태 1에서 상태 2로 변화 할 때 공기가 한 일은? (단, P는 압력, V는 부피를 나타낸다)

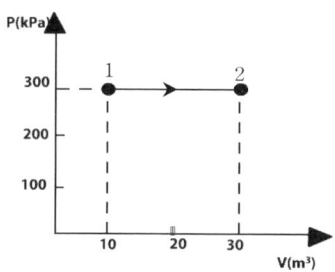

① 30kJ
② 60kJ
③ 3000kJ
④ 6000kJ

풀이

$W = P(V_2 - V_1) = 300 \times (30-10) = 6000\,[\text{kJ}]$

34

등엔트로피 효율이 80%인 소형 공기터빈의 출력이 270kJ/kg 이다. 입구 온도는 600K이며, 출구 압력은 100KPa이다. 공기의 정압비열은 1.004KJ/(kg·K), 비열비는 1.4 일 때, 입구 압력(kPa)은 약 몇 kPa인가? (단, 공기는 이상기체로 간주한다.)

① 1984
② 1842
③ 1773
④ 1621

풀이

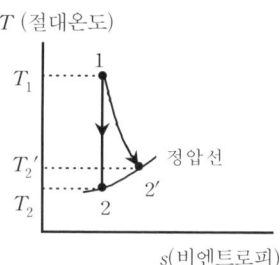

우선, 단열(등엔트로피)이므로
$q = \Delta h + w_t$ 에서 $q=0$
따라서,
$w_t = -\Delta h = C_p(T_1 - T_2')$
$270 = 1.004 \times (600 - T_2')$
$T_2' = 600 - \dfrac{270}{1.004} = 331\,[\text{K}]$

다음, 등엔트로피 효율(단열 효율) $= \dfrac{T_1 - T_2'}{T_1 - T_2}$ 에서

$0.8 = \dfrac{600-331}{600-T_2}$

$T_2 = 600 - \dfrac{600-331}{0.8} = 264\,[\text{K}]$

그런데, 단열관계식 $\dfrac{T_1}{T_2} = \left(\dfrac{P_1}{P_2}\right)^{\frac{k-1}{k}}$ 에서

$\dfrac{P_1}{P_2} = \left(\dfrac{T_1}{T_2}\right)^{\frac{k}{k-1}}$

결국, $P_1 = 100 \times \left(\dfrac{600}{264}\right)^{\frac{1.4}{0.4}} = 1770\,[\text{kPa}]$

35

100℃와 50℃ 사이에서 작동하는 냉동기로 가능한 최대 성능계수 (COP)는 약 얼마인가?

① 7.46   ② 2.54
③ 4.25   ④ 6.46

풀이

$$\text{COP} = \frac{T_2}{T_1 - T_2} = \frac{273 + 50}{100 - 50} = 6.46$$

36

카르노 사이클로 작동되는 열기관이 고온 체에서 100kJ의 열을 받고 있다. 이 기관의 열효율이 30%이라면 방출되는 열량은 약 몇 kJ인가?

① 30
② 50
③ 60
④ 70

풀이

$\eta = \dfrac{Q_1 - Q_2}{Q_1} = 1 - \dfrac{Q_2}{Q_1}$ 에서 $0.3 = 1 - \dfrac{Q_2}{100}$

$Q_2 = (1 - 0.3) \times 100 = 70\,[\text{kJ}]$

37

Van der Waals 상태 방정식은 다음과 같이 나타낸다. 이 식에서 $\dfrac{a}{v^2}$, b는 각각 무엇을 의미하는 것인가? (단, P는 압력, v는 비체적, R은 기체상수, T는 온도를 나타낸다.)

$$\left(p + \frac{a}{v^2}\right) \times (v - b) = RT$$

① 분자간의 작용 인력, 분자 내부 에너지
② 분자간의 작용 인력, 기체 분자들이 차지하는 체적
③ 분자 자체의 질량, 분자 내부 에너지
④ 분자 자체의 질량, 기체 분자들이 차지하는 체적

풀이

판 데르 발스의 식은 실제기체에 적용하기 위해 이상기체의 상태방정식을 수정한 것이다.
차원동차의 원리에 의해 b는 비체적(또는 체적)의 차원을 가져야 하며, $\dfrac{a}{v^2}$은 압력(또는 힘)의 차원을 가져야 한다.

38

어떤 시스템에서 유체는 외부로부터 19kJ의 일은 받으면서 167kJ의 열을 흡수하였다. 이때 내부에너지의 변화는 어떻게 되는가?

① 148kJ 상승한다.
② 186kJ 상승한다.
③ 148kJ 감소한다.
④ 186kJ 감소한다.

풀이

$Q = \Delta U + W$ 에서 $167 = \Delta U - 19$
$\Delta U = 167 + 19 = 186\,[\text{kJ}]$, 증가

39

체적이 500cm³인 풍선에 압력 0.1MPa, 온도 288K의 공기가 가득 채워져 있다. 압력이 일정한 상태에서 풍선 속 공기 온도가 300K로 상승했을 때 공기에 가해진 열량은 약 얼마인가? (단, 공기는 정압비열이 1.005kJ/(kg·K), 기체상수가 0.287kJ/(kg·K)인 이상기체로 간주한다.)

① 7.3J
② 7.3kJ
③ 14.6J
④ 14.6kJ

풀이

$\delta Q = dH - VdP$에서 정압이므로

$$Q = \Delta H = mC_p(T_2 - T_1) = \frac{P_1 V_1}{RT_1} C_p(T_2 - T_1)$$

$$= \frac{0.1 \times 10^3 \times 500 \times 10^{-6}}{0.287 \times 288} \times 1.005 \times 10^3 \times (300 - 288)$$

$$= 7.3 [\text{J}]$$

40

어떤 시스템에서 공기가 초기에 290K에서 330K로 변화하였고, 이때 압력은 200kPa에서 600kPa로 변화하였다. 이때 단위 질량 당 엔트로피 변화는 약 몇 kJ/(kg·K)인가? (단, 공기는 정압비열이 1.006kJ(kg·K)이고, 기체상수가 0.287kJ/(kg·K)인 이상기체로 간주한다.)

① 0.445　　② -0.445
③ 0.185　　④ -0.185

풀이

비엔트로피 변화량

$$\Delta s = C_p \ln\frac{T_2}{T_1} - R\ln\frac{P_2}{P_1}$$

$$= 1.006 \ln\frac{330}{290} - 0.287 \ln\frac{600}{200}$$

$$= -0.185 [\text{kJ/kgK}]$$

제3과목 : 기계유체역학

41

분수에서 분출되는 물줄기 높이를 2배로 올리려면 노즐 입구에서의 게이지 압력을 약 몇 배로 올려야 하는가? (단, 노즐 입구에서의 동압은 무시한다.)

① 1.414　　② 2
③ 2.828　　④ 4

풀이

$\Delta P = \gamma \Delta h$에서 $\Delta P \propto \Delta h$ ∴ 2배

42

수면의 높이 차이가 10m인 두 개의 호수사이에 손실수두가 2m인 관로를 통해 펌프로 물을 양수할 때 3kW의 동력이 필요하다면 이 때 유량은 약 몇 L/s인가?

① 18.4　　② 25.5
③ 32.3　　④ 45.8

풀이

$L = \gamma Q(H + H_L)$에서

$$Q = \frac{L}{\gamma(H + H_L)} = \frac{3}{9.8 \times (10+2)} = \frac{3}{9.8 \times 12}$$

$$= 0.0255 [\text{m}^3/\text{s}] = 25.5 [\text{L/s}]$$

43

체적탄성계수가 2×10⁹N/m²인 유체를 2% 압축하는데 필요한 압력은?

① 1GPa　　② 10MPa
③ 4GPa　　④ 40MPa

풀이

$K = \dfrac{P}{\frac{\Delta V}{V}}$에서

$$P = K\frac{\Delta V}{V} = 2 \times 10^9 \times \frac{2}{100}$$

$$= 40 \times 10^6 [\text{Pa}] = 40 [\text{MPa}]$$

44

정지된 액체 속에 잠겨있는 평면이 받는 압력에 의해 발생하는 합력에 대한 설명으로 옳은 것은?

① 크기가 액체의 비중량에 반비례한다.
② 크기는 도심에서의 압력에 전체면적을 곱한 것과 같다.
③ 경사진 평면에서의 작용점은 평면의 도심과

일치한다.
④ 수직평면의 경우 작용점이 도심보다 위쪽에 있다.

풀이
$F = \gamma \bar{h} A = P_{도심} A$에서 ① $F \propto \gamma$ ② 옳음
③ $y_p = \bar{y} + \dfrac{I_G}{\bar{y} A}$이므로 $y_p \neq \bar{y}$
④ $y_p > \bar{y}$ 이므로 작용점이 도심보다 아래에 있다(압력프리즘).

45
경사가 30°인 수로에 물이 흐르고 있다. 유속이 12m/s로 흐름이 균일하다고 가정하며 연직방향으로 측정한 수심이 60cm이다. 수로의 폭을 1m로 한다면 유량은 약 몇 m³/s인가?

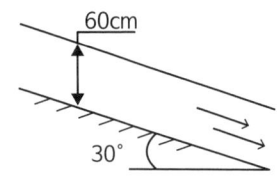

① 5.87 ② 6.24
③ 6.82 ④ 7.26

풀이
수로의 깊이 $h = 60\cos30°\,[\text{cm}]$이므로
$Q = AV = 1 \times 0.6\cos30° \times 12 = 6.24\,[\text{m}^3/\text{s}]$

46
일반적으로 뉴턴 유체에서 온도 상승에 따른 액체의 점성계수 변화에 대한 설명으로 옳은 것은?
① 분자의 무질서한 운동이 커지므로 점성계수가 증가한다.
② 분자의 무질서한 운동이 커지므로 점성계수가 감소한다.
③ 분자간의 결합력이 약해지므로 점성계수가 증가한다.
④ 분자간의 결합력이 약해지므로 점성계수가 감소한다.

풀이
액체의 점성은 분자응집력이 지배하므로 온도가 올라가면 분자간 거리가 멀어져 분자응집력이 작아져서 점성이 감소한다.

47
경계층 밖에서 퍼텐셜 흐름의 속도가 10m/s일 때, 경계층의 두께는 속도가 얼마일 때의 값으로 잡아야 하는가? (단, 일반적으로 정의하는 경계층 두께를 기준으로 삼는다.)
① 10m/s ② 7.9m/s
③ 8.9m/s ④ 9.9m/s

풀이
경계층 두께(δ)는 속도(u)가 $0.99U_\infty$일 때의 두께로 잡으므로 $u = 0.99 \times 10 = 9.9\,[\text{m/s}]$

48
점성계수(μ)가 0.005Pa·s인 유체가 수평으로 놓인 안지름이 4cm인 곧은 관을 30cm/s의 평균속도로 흘러가고 있다. 흐름 상태가 층류일 때 수평 길이 800cm 사이에서의 압력강하(Pa)는?
① 120 ② 240
③ 360 ④ 480

풀이
하겐-포와젤 방정식을 이용한다.
$Q = \dfrac{\Delta P \pi d^4}{128\mu L} = \dfrac{\pi}{4}d^2 V$에서 정리하면
$\Delta P = \dfrac{32\mu L V}{d^2} = \dfrac{32 \times 0.005 \times 8 \times 0.3}{0.04^2} = 240\,[\text{Pa}]$

49
다음 중 유선(stream line)을 가장 올바르게

정답 45② 46④ 47④ 48② 49③

설명한 것은?
① 에너지가 같은 점을 이은 선이다.
② 유체 입자가 시간에 따라 움직인 궤적이다.
③ 유체 입자의 속도벡터와 접선이 되는 가상 곡선이다.
④ 비정상유동 때의 유동을 나타내는 곡선이다.

풀이

유선의 방정식 : $\vec{V} \times \vec{dr} = 0$

50

평행한 평판 사이의 층류 흐름을 해석하기 위해서 필요한 무차원수와 그 의미를 바르게 나타낸 것은?
① 레이놀즈 수 = 관성력 / 점성력
② 레이놀즈 수 = 관성력 / 탄성력
③ 프루드 수 = 중력 / 관성력
④ 프루드 수 = 관성력 / 점성력

풀이

Re = 관/점, 층류 : $Re < 2100$

51

물이 지름이 0.4m인 노즐을 통해 20m/s의 속도로 맞은편 수직벽에 수평으로 분사된다. 수직벽에는 지름 0.2m의 구멍이 있으며 뚫린 구멍으로 유량의 25%가 흘러나가고 나머지 75%는 반경 방향으로 균일하게 유출된다. 이때 물에 의해 벽면이 받는 수평 방향의 힘은 약 몇 kN인가?
① 0
② 9.4
③ 18.9
④ 37.7

풀이

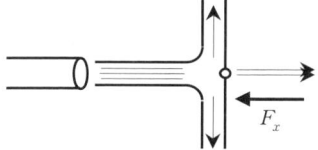

우선, $Q_1 = \dfrac{\pi}{4} \times 0.4^2 \times 20 = \dfrac{4}{5}\pi \, [\text{m}^3/\text{s}]$

$Q_2 = A_2 V_2$에서 $0.25 Q_1 = \dfrac{\pi}{4} \times 0.2^2 V_2$

$V_2 = \dfrac{4}{\pi \times 0.2^2} \times 0.25 \times \dfrac{4}{5}\pi = 20 \, [\text{m/s}]$

따라서,
$F_x = \rho Q_2 V_2 - \rho Q_1 V_1 = \rho 0.25 Q_1 V_2 - \rho Q_1 V_1$
$= \rho Q_1 (0.25 V_2 - V_1)$
$= 1000 \times \dfrac{4 \times \pi}{5} \times (0.25 \times 20 - 20)$
$= -37699 \, [\text{N}] = -37.7 \, [\text{kN}]$

결국, $F = 37.7 \, [\text{kN}]$

52

동점성계수가 $1.5 \times 10^{-5} \text{m}^2/\text{s}$인 공기 중에서 30m/s의 속도로 비행하는 비행기의 모형을 만들어, 동점성계수가 $1.0 \times 10^{-6} \text{m}^2/\text{s}$인 물속에서 6m/s의 속도로 모형시험을 하려 한다. 모형(L_m)과 실형(L_p)의 길이비(L_m/L_p)를 얼마로 해야 되는가?
① $\dfrac{1}{75}$
② $\dfrac{1}{15}$
③ $\dfrac{1}{5}$
④ $\dfrac{1}{3}$

풀이

레이놀즈수(Re)의 상사가 되어야 하므로

$\left(\dfrac{VL}{\nu}\right)_p = \left(\dfrac{VL}{\nu}\right)_m$ 즉, $\dfrac{V_p L_p}{\nu_p} = \dfrac{V_m L_m}{\nu_m}$

$\dfrac{L_m}{L_p} = \dfrac{\nu_p}{\nu_m} \dfrac{V_m}{V_p} = \dfrac{1 \times 10^{-6}}{1.5 \times 10^{-5}} \times \dfrac{30}{6} = \dfrac{1}{3}$

53

관속에 흐르는 물의 유속을 측정하기 위하여 삽입한 피토 정압관에 비중이 3인 액체를 사용하는 마노미터를 연결하여 측정한 결과 액주의 높이 차이가 10cm로 나타났다면 유속은 약 몇 m/s인가?

① 0.99　　　　② 1.40
③ 1.98　　　　④ 2.43

[풀이]

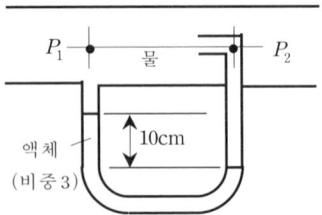

우선, 베르누이 방정식
$$\frac{P_1}{\gamma}+\frac{V_1^2}{2g}=\frac{P_2}{\gamma} \text{에서 } \frac{V_1^2}{2g}=\frac{P_2-P_1}{\gamma} \cdots \text{㉠}$$
다음, 높이차를 h라 하면
$$P_1+3\gamma h-\gamma h=P_2 \text{에서 } P_2-P_1=2\gamma h \cdots \text{㉡}$$
㉡을 ㉠에 대입하면 $\frac{V_1^2}{2g}=2h$
결국,
$$V_1=\sqrt{2g\times 2h}=\sqrt{2\times 9.8\times 2\times 0.1}=1.98\,[\text{m/s}]$$

54

바닷물 밀도는 수면에서 1025kg/m³이고 깊이 100m마다 0.5kg/m³씩 증가한다. 깊이 1000m에서 압력은 계기압력으로 약 몇 kPa인가?

① 9560　　　　② 10080
③ 10240　　　　④ 10800

[풀이]

깊이 1000m인 곳의 밀도(ρ_{1000})의 증가는 비례관계에서 $100:0.5=1000:5$이므로 그 곳에서의 밀도는 $\rho_{1000}=1025+5=1030\,[\text{kg/m}^3]$이다.
따라서, 압력은
$$P=\rho_{1000}gh=1030\times 9.8\times 1000\times 10^{-3}$$
$$=10094\,[\text{kPa}]$$

55

높이가 0.7m, 폭이 1.8m인 직사각형 덕트에 유체가 가득차서 흐른다. 이때 수력직경은 약 몇 m인가?

① 1.01　　　　② 2.02
③ 3.14　　　　④ 5.04

[풀이]

수력반경 $R_h=\frac{A}{P}=\frac{면적}{접수길이}$
수력직경 $D_h=4R_h$
$$=\frac{4A}{P}=\frac{4bh}{2(b+h)}=\frac{2\times 1.8\times 0.7}{1.8+0.7}=1.008\,[\text{m}]$$

56

동점성계수가 1.5×10^{-5}m²/s 인 유체가 안지름이 10cm인 관 속을 흐르고 있을 때 층류 임계속도(cm/s)는? (단, 층류 임계레이놀즈수는 2100이다.)

① 24.7　　　　② 31.5
③ 43.6　　　　④ 52.3

[풀이]

$Re=\frac{Vd}{\nu}$ 에서 $2100=\frac{V\times 0.1}{1.5\times 10^{-5}}$
$$V=\frac{2100\times 1.5\times 10^{-5}}{0.1}=0.315\,[\text{m/s}]=31.5\,[\text{cm/s}]$$

57

다음 중 유체의 속도구배와 전단응력이 선형적으로 비례하는 유체를 설명한 가장 알맞은 용어는 무엇인가?

① 점성유체　　　　② 뉴턴유체
③ 비압축성 유체　　④ 정상유동 유체

[풀이]

뉴턴의 점성법칙 $\tau=\mu\frac{du}{dy}$ $\therefore \tau\propto\frac{du}{dy}$ (뉴턴유체)

58

속도 포텐셜이 $\phi=x^2-y^2$인 2차원 유동에 해당하는 유동함수로 가장 옳은 것은?

정답 54② 55① 56② 57② 58②

① x^2+y^2 ② $2xy$
③ $-3xy$ ④ $2x(y-1)$

풀이

유동함수(=유량함수) $\psi(x,y)$는 속도퍼텐셜 함수 $\phi(x,y)$와 다음과 같은 관계가 있다.

$$u=\frac{\partial \phi}{\partial x}=\frac{\partial \psi}{\partial y}, \ v=\frac{\partial \phi}{\partial y}=-\frac{\partial \psi}{\partial x}$$

따라서,

$u=\frac{\partial \phi}{\partial x}=2x=\frac{\partial \psi}{\partial y} \ \therefore \psi=2xy+C_1$

$v=\frac{\partial \phi}{\partial y}=-2y=-\frac{\partial \psi}{\partial x} \ \therefore \psi=2xy+C_2$

결국, $\psi(x,y)=2xy+C$

59

물을 담은 그릇을 수평방향으로 4.2m/s²으로 운동시킬 때 물은 수평에 대하여 약 몇 도(°) 기울어지겠는가?

① 18.4° ② 23.2°
③ 35.6° ④ 42.9°

풀이

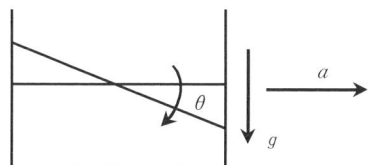

$a=g\tan\theta$에서 $\tan\theta=\frac{a}{g}$

$\theta=\tan^{-1}\left(\frac{a}{g}\right)=\tan^{-1}\left(\frac{4.2}{9.8}\right)=23.2[°]$

60

몸무게가 750N인 조종사가 지름 5.5m의 낙하산을 타고 비행기에서 탈출하였다. 항력계수가 1.0이고, 낙하산의 무게를 무시한다면 조종사의 최대 종속도는 약 몇 m/s가 되는가? (단, 공기의 밀도는 1.2kg/m³이다.)

① 7.25
② 8.00
③ 5.26
④ 10.04

풀이

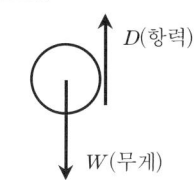

$\Sigma F=W-D=0$에서 $W=D=C_D\frac{\rho V^2}{2}A$

$V=\sqrt{\frac{2W}{C_D\rho A}}=\sqrt{\frac{2\times750\times4}{1\times1.2\times\pi\times5.5^2}}$
$=7.25[m/s]$

제4과목 : 기계재료 및 유압기기

61

다음 중 비중이 가장 작고, 항공기 부품이나 전자 및 전기용 제품의 케이스 용도로 사용되고 있는 합금 재료는?

① Ni 합금 ② Cu 합금
③ Pb 합금 ④ Mg 합금

풀이

Mg(마그네슘) 합금이다. Mg의 비중=1.74

62

다음의 조직 중 경도가 가장 높은 것은?

① 펄라이트(pearlite)
② 페라이트(ferrite)
③ 마텐자이트(martensite)
④ 오스테나이트(austenite)

풀이

마텐자이트는 담금질조직으로 강도·경도가 높다.

63

강의 열처리 방법 중 표면경화법에 해당하는 것은?
① 마렌칭   ② 오스포밍
③ 침탄질화법   ④ 오스템퍼링

풀이
침탄질화법(=청화법=액체침탄법) : 표면경화
마렌칭, 오스포밍, 오스템퍼 : 항온열처리

64
칼로라이징은 어떤 원소를 금속표면에 확산 침투시키는 방법인가?
① Zn   ② Si
③ Al   ④ Cr

풀이
칼로라이징 : Al, 세라다이징 : Zn, 실리코나이징 : Si, 크로마이징 : Cr, 보로나이징 : B

65
Fe-C 평형상태도에서 온도가 가장 낮은 것은?
① 공석점   ② 포정점
③ 공정점   ④ Fe의 자기변태점

풀이
공석점(723℃), 포정점(1495℃), 공정점(1130℃), 순철의 자기변태점(768℃)

66
열경화성 수지에 해당되는 것은?
① ABS수지   ② 에폭시수지
③ 폴리아미드   ④ 염화비닐수지

풀이
열경화성 수지 :
에폭시수지, 페놀수지, 요소수지, 멜라민수지, 규소수지, 폴리에스 테르수지, 폴리우레탄수지, 푸란 수지

열가소성 수지 :
ABS수지(=아크릴수지), 폴리에틸렌, 폴리프로필렌, 폴리스틸렌, 폴리아미드, 폴리염화비닐(=PVC), 플루오르수지

67
다음 중 반발을 이용하여 경도를 측정하는 시험법은?
① 쇼어경도시험
② 마이어경도시험
③ 비커즈경도시험
④ 로크웰경도시험

풀이
쇼어경도 $H_s = \dfrac{10,000}{65} \times \dfrac{h}{h_0}$

68
구리(Cu)합금에 대한 설명 중 옳은 것은?
① 청동은 Cu+Zn 합금이다.
② 베릴륨 청동은 시효경화성이 강력한 Cu합금이다.
③ 애드미럴티 황동은 6-4황동에 Sb을 첨가한 합금이다.
④ 네이벌 황동은 7-3황동에 Ti을 첨가한 합금이다.

풀이
① 청동 : Cu+Sn, 황동 : Cu+Zn
② 베릴륨 청동 :
구리에 베릴륨 1~2.5%를 첨가한 합금으로, 담금질하여 시효 경화(時效硬化)를 시키면 기계적 성질이 합금강 못지않게 우수하며 내식성도 풍부하여 기어, 베어링, 판스프링 등에 사용된다.
③ 어드미럴티 황동 :
7-3황동에 1% 정도의 주석(Sn)을 첨가하여 내식성을 높인 합금.
④ 네이벌황동 :
6-4황동에 1% 정도의 주석(Sn)을 첨가하여 내식성을 높인 합금.

정답 64③ 65① 66② 67① 68②

69
면심입방격자(FCC)의 단위격자 내에 원자수는 몇 개인가?
① 2개 ② 4개
③ 6개 ④ 8개

풀이
면심 : 4개, 체심 : 2개, 조밀 : 2개

70
합금주철에서 특수합금 원소의 영향을 설명한 것 중 틀린 것은?
① Ni은 흑연화를 방지한다.
② Ti은 강한 탈산제이다.
③ V은 강한 흑연화 방지 원소이다.
④ Cr은 흑연화를 방지하고, 탄화물을 안정화한다.

풀이
흑연화 촉진제 : Al, Si, Ni, Ti(알규니티)

71
그림과 같은 유압 기호가 나타내는 명칭은?

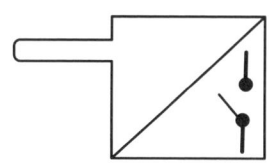

① 전자 변환기   ② 압력 스위치
③ 리밋 스위치   ④ 아날로그 변환기

풀이
리밋 스위치(limit switch)이다.

72
부하의 하중에 의한 자유낙하를 방지하기 위해 배압(back pressure)을 부여하는 밸브는?
① 체크 밸브
② 감압 밸브
③ 릴리프 밸브
④ 카운터 밸런스 밸브

풀이
카운터밸런스 밸브이다.

73
어큐뮬레이터(accumulator)의 역할에 해당하지 않는 것은?
① 갑작스런 충격압력을 막아 주는 역할을 한다.
② 축척된 유압에너지의 방출 사이클 시간을 연장한다.
③ 유압 회로 중 오일 누설 등에 의한 압력강하를 보상하여 준다.
④ 유압 펌프에서 발생하는 맥동을 흡수하여 진동이나 소음을 방지한다.

풀이
축압기(어큐뮬레이터)의 역할 : ①, ③, ④

74
유압실린더에서 피스톤 로드가 부하를 미는 힘이 50kN, 피스톤 속도가 5m/min인 경우 실린더 내경이 8cm이라면 소요동력은 약 몇 kW인가? (단, 편로드형 실린더이다.)
① 2.5
② 3.17
③ 4.17
④ 5.3

풀이
동력 = 힘 · 속도 = $50 \times \dfrac{5}{60} = 4.17\,[\text{kW}]$

75
액추에이터의 공급 쪽 관로에 설정된 바이패스 관로의 흐름을 제어함으로써 속도를 제어하는 회로는?

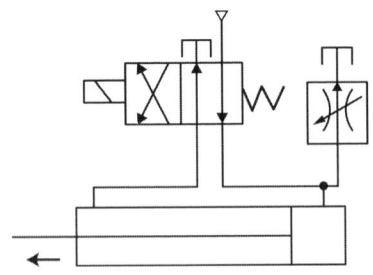

① 배압 회로
② 미터 인 회로
③ 플립 플롭 회로
④ 블리드 오프 회로

풀이
블리드 오프 회로는 실린더 입구쪽에 유량조절밸브를 병렬로 연결한 것이고, 미터인 회로는 실린더 입구쪽에 유량조절밸브를 직렬로 연결한 것이다. 그림은 블리드 오프 회로이다.

76
유압 작동유에서 요구되는 특성이 아닌 것은?
① 인화점이 낮고, 증기 분리압이 클 것
② 유동성이 좋고, 관로 저항이 적을 것
③ 화학적으로 안정될 것
④ 비압축성일 것

풀이
인화점이 낮으면 인화의 우려가 있으므로 유압작동유는 인화점, 착화점이 높아야 한다.

77
유압 시스템의 배관계통과 시스템 구성에 사용되는 유압기기의 이물질을 제거하는 작업으로 오랫동안 사용하지 않던 설비의 운전을 다시 시작하였을 때나 유압 기계를 처음 설치하였을 때 수행하는 작업은?
① 펌핑
② 플러싱
③ 스위핑
④ 클리닝

풀이
플러싱(=플래싱; flushing) : 유압회로내 이물질을 제거하는 것과 작동유 교환시 오래된 오일과 슬러지를 용해하여 오염물의 전량을 회로밖으로 배출시켜서 회로를 깨끗하게 하는 것.

78
유동하고 있는 액체의 압력이 국부적으로 저하되어, 증기나 함유 기체를 포함하는 기포가 발생하는 현상은?
① 캐비테이션 현상
② 채터링 현상
③ 서징 현상
④ 역류 현상

풀이
캐비테이션(=공동현상)이다.

79
다음 기어펌프에서 발생하는 폐입 현상을 방지하기 위한 방법으로 가장 적절한 것은?
① 오일을 보충한다.
② 베인을 교환한다.
③ 베어링을 교환한다.
④ 릴리프 홈이 적용된 기어를 사용한다.

풀이
폐입현상 : 기어펌프에서 오일이 출구쪽으로 배출되지 않고 입구쪽으로 되돌아가는 현상.

80
다음 중 오일의 점성을 이용하여 진동을 흡수하거나 충격을 완화 시킬 수 있는 유압응용장치는?
① 압력계
② 토크 컨버터
③ 쇼크 업소버
④ 진동개폐밸브

풀이
쇼크 업소버 : 진동이나 충격을 흡수하는 스프링과 같은 역할을 하는 장치.

제5과목 : 기계제작법 및 기계동력학

81
20m/s의 같은 속력으로 달리던 자동차 A, B가 교차로에서 직각으로 충돌하였다. 충돌 직후 자동차 A의 속력은 약 몇 m/s인가? (단, 자동차 A, B의 질량은 동일하며 반발계수는 0.7, 마찰은 무시한다.)

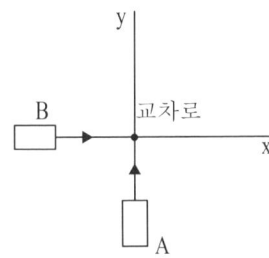

① 17.3　　② 18.7
③ 19.2　　④ 20.4

풀이

x방향의 운동량보존

$e = \dfrac{V_{Bx}{'} - V_{Ax}{'}}{0 - V_{Bx}} = 0.7$에서 $V_{Bx}{'} = V_{Ax}{'} - 0.7 V_{Bx}$

$0 + mV_{Bx} = mV_{Ax}{'} + mV_{Bx}{'}$에서

$V_{Bx} = V_{Ax}{'} + V_{Bx}{'} = V_{Ax}{'} + (V_{Ax}{'} - 0.7 V_{Bx})$
$\quad = 2V_{Ax}{'} - 0.7 V_{Bx}$

$\therefore V_{Ax}{'} = \dfrac{1.7 V_{Bx}}{2} = \dfrac{1.7 \times 20}{2} = 17 [\text{m/s}]$

y방향의 운동량보존

$e = \dfrac{V_{By}{'} - V_{Ay}{'}}{V_{Ay} - 0} = 0.7$에서 $V_{By}{'} = V_{Ay}{'} + 0.7 V_{Ay}$

$mV_{Ay} + 0 = mV_{Ay}{'} + mV_{By}{'}$에서

$V_{Ay} = V_{Ay}{'} + V_{By}{'} = V_{Ay}{'} + (V_{Ay}{'} + 0.7 V_{Ay})$
$\quad = 2V_{Ay}{'} + 0.7 V_{Ay}$

$\therefore V_{Ay}{'} = \dfrac{0.3 V_{Ay}}{2} = \dfrac{0.3 \times 20}{2} = 3 [\text{m/s}]$

따라서,

$V_A{'} = \sqrt{(V_{Ax}{'})^2 + (V_{Ay}{'})^2} = \sqrt{17^2 + 3^2} = 17.3 [\text{m/s}]$

82
80rad/s로 회전하던 세탁기의 전원을 끈 후 20초가 경과하여 정지하였다면 세탁기가 정지할 때까지 약 몇 바퀴를 회전하였는가?

① 127　　② 254
③ 542　　④ 7620

풀이

$\omega_0 = 80$, $\omega = 0$, $t = 20$이므로

$\theta = \omega_0 t + \dfrac{1}{2} \alpha t^2$

그런데, $\alpha = \dfrac{\omega - \omega_0}{t} = \dfrac{0 - \omega_0}{t}$ 이므로

$\theta = \omega_0 t - \dfrac{1}{2} \omega_0 t = \dfrac{1}{2} \omega_0 t$

$\quad = \dfrac{1}{2} \times 80 \times 20 = 800 [\text{rad}] = \dfrac{800}{2\pi} = 127 [\text{rev}]$

83
시간 t에 따른 변위 $x(t)$가 다음과 같은 관계식을 가질 때 가속도 $a(t)$에 대한 식으로 옳은 것은?

$$x(t) = X_0 \sin \omega t$$

① $a(t) = \omega^2 X_o \sin \omega t$
② $a(t) = \omega^2 X_o \cos \omega t$
③ $a(t) = -\omega^2 X_o \sin \omega t$
④ $a(t) = -\omega^2 X_o \cos \omega t$

풀이

$a(t) = \dfrac{d^2 x}{dt^2}$ 이므로

$\dfrac{dx}{dt} = \omega X_0 \cos \omega t$, $\dfrac{d^2 x}{dt^2} = -\omega^2 X_0 \sin \omega t$

84
체중이 600N인 사람이 타고 있는 무게 5000N의 엘리베이터가 200m의 케이블에 매달려 있다. 이 케이블을 모두 감아올리는데 필요한

정답 81 ① 82 ① 83 ③ 84 ①

일은 몇 kJ인가?

① 1120 ② 1220
③ 1320 ④ 1420

풀이

일$(Work) = \vec{F} \cdot \vec{s} = (mg + Mg)h$
$= (600 + 5000) \times 200 \times 10^{-3} = 1120 [\text{kJ}]$

85

$2\ddot{x} + 3\dot{x} + 8x = 0$으로 주어지는 진동계에서 대수 감소율(logarithmic decrement)은?

① 1.28 ② 1.58
③ 2.18 ④ 2.54

풀이

감쇠비 $\zeta = \dfrac{c}{c_{cr}} = \dfrac{c}{2\sqrt{mk}} = \dfrac{3}{2\sqrt{2 \times 8}} = 0.375$

대수감쇠율 $\delta = \dfrac{2\pi\zeta}{\sqrt{1-\zeta^2}} = \dfrac{2 \times \pi \times 0.375}{\sqrt{1-0.375^2}} = 2.54$

86

다음 그림은 물체 운동의 $v - t$선도(속도-시간선도)이다. 그래프에서 시간 t_1에서의 접선의 기울기는 무엇을 나타내는가?

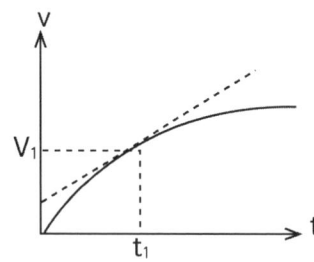

① 변위
② 속도
③ 가속도
④ 총 움직인 거리

풀이

접선의 기울기 $= \dfrac{dv}{dt} = a$(가속도)

87

달 표면에서 중력 가속도는 지구 표면에서의 $\dfrac{1}{6}$이다. 지구 표면에서 주기가 T인 단진자를 달로 가져가면, 그 주기는 어떻게 변하는가?

① $\dfrac{1}{6}T$

② $\dfrac{1}{\sqrt{6}}T$

③ $\sqrt{6}\,T$

④ $6T$

풀이

단진자의 주기 $T = 2\pi\sqrt{\dfrac{\ell}{g}}$ 이므로 $T \propto \dfrac{1}{\sqrt{g}}$

따라서, $T' = \dfrac{1}{\sqrt{\dfrac{1}{6}}} T = \sqrt{6}\,T$

88

감쇠비 ζ가 일정할 때 전달률을 1보다 작게 하려면 진동수비는 얼마의 크기를 가지고 있어야 하는가?

① 1보다 작아야 한다.
② 1보다 커야 한다.
③ $\sqrt{2}$ 보다 작아야 한다.
④ $\sqrt{2}$ 보다 커야 한다.

풀이

$TR < 1 : \gamma = \dfrac{\omega}{\omega_n} > \sqrt{2}$

89

y축 방향으로 움직이는 질량 m인 질점이 그림과 같은 위치에서 v의 속도를 갖고 있다. O점에 대한 각운동량은 얼마인가? (단, a, b, c는 원점에서 질점까지의 x, y, z방향의 거리이다.)

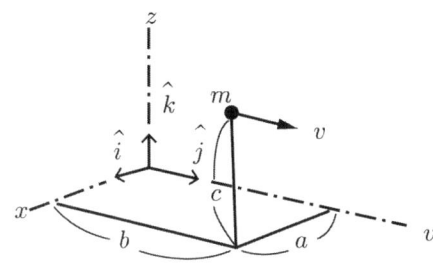

① $mv(c\hat{i}-a\hat{k})$
② $mv(-c\hat{i}+a\hat{k})$
③ $mv(c\hat{i}+a\hat{k})$
④ $mv(-c\hat{i}-a\hat{k})$

풀이

각운동량 = 변위 × 운동량
$\vec{L}=\vec{r}\times m\vec{v}=(a\hat{i}+b\hat{j}+c\hat{k})\times m\vec{v}$
$=amv\hat{i}\times\hat{j}+bmv\hat{j}\times\hat{j}+cmv\hat{k}\times\hat{j}$
$=amv\hat{k}+0-cmv\hat{i}$
$=mv(-c\hat{i}+a\hat{k})$

〈별해〉
$\vec{L}=\begin{vmatrix}\hat{i}&\hat{j}&\hat{k}\\a&b&c\\0&mv&0\end{vmatrix}=\hat{i}(-mvc)+\hat{j}(0)+\hat{k}(amv)$
$=mv(-c\hat{i}+a\hat{k})$

90

질량 50kg의 상자가 넘어가지 않도록 하면서 질량 10kg의 수레에 가할 수 있는 힘 P의 최댓값은 얼마인가? (단, 상자는 수레 위에서 미끄러지지 않는다고 가정한다.)

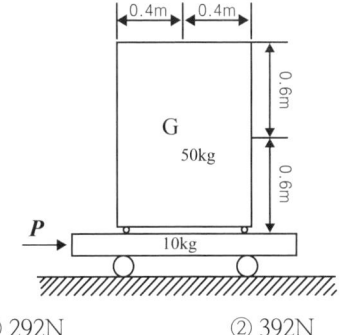

① 292N   ② 392N
③ 492N   ④ 592N

풀이

자유물체도를 그려보면

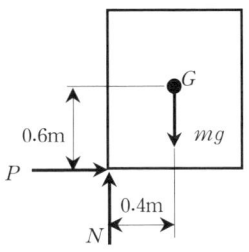

먼저, $\Sigma F_y=0 : N-mg=0$
$\therefore N=mg=(50+10)\times 9.8=588[N]$
다음, $\Sigma M_G \geq 0 : N\times 0.4-P\times 0.6 \geq 0$
$\therefore P\leq \dfrac{N\times 0.4}{0.6}=\dfrac{588\times 0.4}{0.6}=392[N]$

결국, P의 최댓값은 392[N]이다.

91

레이저(laser) 가공에 대한 특징으로 틀린 것은?

① 밀도가 높은 단색성과 평행도가 높은 지향성을 이용한다.
② 가공물에 빛을 쏘이면 순간적으로 일부분이 가열되어, 용해되거나 증발되는 원리이다.
③ 초경합금, 스테인리스강의 가공은 불가능한 단점이 있다.
④ 유리, 플라스틱 판의 절단이 가능하다.

풀이

레이저 가공법으로 초경합금, 스테인리스강의 가공도 가능하다

92

다음 표준 고속도강의 함유량 표기에서 "18"의 의미는?

18-4-1

① 탄소의 함유량   ② 텅스텐의 함유량

③ 크롬의 함유량   ④ 바나듐의 함유량

풀이
고속도강 : 18-4-1(텅 크 바 : W-Cr-V)

93
피복 아크 용접에서 피복제의 역할로 틀린 것은?
① 아크를 안정시킨다.
② 용착금속을 보호한다.
③ 용착금속의 급랭을 방지한다.
④ 용착금속의 흐름을 억제한다.

풀이
피복제의 역할 : ①, ②, ③

94
절삭가공을 할 때 절삭온도를 측정하는 방법으로 사용하지 않는 것은?
① 부식을 이용하는 방법
② 복사고온계를 이용하는 방법
③ 열전대(thermo couple)에 의한 방법
④ 칼로리미터(calorimeter)에 의한 방법

풀이
절삭온도 측정방법 : ②, ③, ④

95
선반가공에서 직경 60mm 길이 100mm의 탄소강 재료 환봉을 초경바이트를 사용하여 1회 절삭 시 가공시간은 약 몇 초인가? (단, 절삭깊이 1.5mm, 절삭속도 150m/min, 이송은 0.2 mm/rev이다.)
① 38초
② 42초
③ 48초
④ 52초

풀이

$$회전 = \frac{길이}{이송} = \frac{100[mm]}{0.2[mm/rev]} = 500[rev]$$

$$V = \frac{\pi d N}{1000} 에서$$

$$N = \frac{1000V}{\pi d} = \frac{1000 \times 150}{\pi \times 60} = 796[rpm]$$

$$가공시간 = \frac{회전}{회전수}$$

$$= \frac{500[rev]}{796[rev/min]} \times 60[s/min] = 38[s]$$

96
300mm×500mm인 주철 주물을 만들 때, 필요한 주입 추의 무게는 약 몇 kg인가? (단, 쇳물 아궁이 높이가 120mm, 주물 밀도는 7200kg/m³이다.)
① 129.6   ② 149.6
③ 169.6   ④ 189.6

풀이
$W = \gamma H A$
$= 7200 \times 0.12 \times 0.3 \times 0.5 = 129.5[kg]$

97
프레스 작업에서 전단가공이 아닌 것은?
① 트리밍(trimming)
② 컬링(curling)
③ 셰이빙(shaving)
④ 블랭킹(blanking)

풀이
컬링은 컵의 끝단을 말아주는 굽힘가공이다.

98
다음 중 직접 측정기가 아닌 것은?
① 측장기
② 마이크로미터
③ 버니어캘리퍼스

정답 93④ 94① 95① 96① 97② 98④

④ 공기 마이크로미터

풀이
공기 마이크로미터는 비교측정기이다.

99

스프링 백(spring back)에 대한 설명으로 틀린 것은?
① 경도가 클수록 스프링 백의 변화도 커진다.
② 스프링 백의 양은 가공조건에 의해 영향을 받는다.
③ 같은 두께의 판재에서 굽힘 반지름이 작을수록 스프링 백의 양은 커진다.
④ 같은 두께의 판재에서 굽힘 각도가 작을수록 스프링 백의 양은 커진다.

풀이
같은 두께의 판재에서 굽힘반지름이 클수록 스프링 백의 양이 커진다.

100

내접기어 및 자동차의 3단 기어와 같은 단이 있는 기어를 깎을 수 있는 원통형 기어 절삭 기계로 옳은 것은?
① 호빙머신
② 그라인딩 머신
③ 마그 기어 셰이퍼
④ 펠로즈 기어 셰이퍼

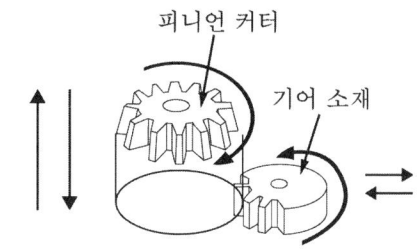

풀이
펠로즈 기어 셰이퍼(Fellows gear shaper) :
기어 모양의 밀링 커터(피니언 커터)를 상하 왕복 운동을 시켜 기어 절삭 가공을 하는 기계를 말한다.
가공은 자동적이고 기어의 대량 생산에 적당하다. 기어를 가공하는 것은 평 기어가 주이지만 단이 있는 기어, 내접 기어의 제작에도 적당하다. 또 안내 장치를 사용하면 헬리컬 기어도 가공할 수 있다.

국가기술자격 필기시험
2019년 기사 제4회 【 일반기계기사 】 필기

제1과목 : 재료역학

1

단면이 가로 100mm, 세로 150mm인 사각 단면보가 그림과 같이 하중(P)을 받고 있다. 전단응력에 의한 설계에서 P는 각각 400 kN씩 작용할 때, 이 재료의 허용전단응력은 약 몇 MPa인가? (단, 안전계수는 2이다.)

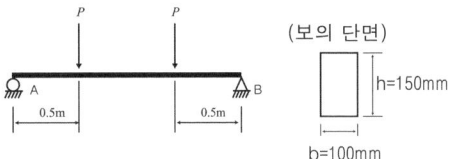

① 10　　　　② 15
③ 18　　　　④ 20

풀이

$$\tau_a = \frac{\tau_{max}}{S} = \frac{1}{S} \times \frac{3}{2} \times \frac{V}{A} = \frac{1}{S} \times \frac{3}{2} \times \frac{P}{b \times h}$$

$$= \frac{1}{2} \times \frac{3}{2} \times \frac{400 \times 10^3}{100 \times 150} = 20 \,[\text{MPa}]$$

2

그림과 같이 봉이 평형상태를 유지하기 위해 O점에 작용시켜야 하는 모멘트는 약 몇 N·m 인가? (단, 봉의 자중은 무시한다.)

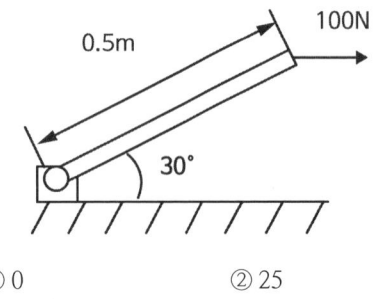

① 0　　　　② 25
③ 35　　　　④ 5

풀이

외부 모멘트와 같은 크기로
반대방향으로 작용시켜야 한다.
$M_o = 0.5 \times \sin 30° \times 100 = 25\,[\text{N}\cdot\text{m}]$

3

그림과 같은 외팔보에 있어서 고정단에서 20cm되는 지점의 굽힘모멘트 M은 약 몇 kN·m인가?

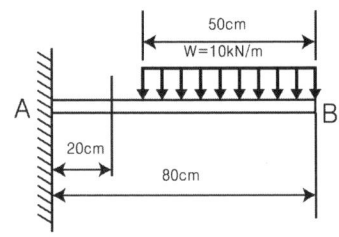

① 1.6　　　　② 1.75
③ 2.2　　　　④ 2.75

풀이

등가집중하중 $P_e = 10 \times 0.5 = 5\,[\text{kN}]$,
작용점은 분포하중의 중심이므로
$M = P_e \times \ell = 5 \times (0.8 - 0.45) = 1.75\,[\text{kN}\cdot\text{m}]$

4

안지름 80cm의 얇은 원통에 내압 1MPa이 작용할 때 원통의 최소 두께는 몇 mm인가? (단, 재료의 허용응력은 80MPa이다.)

① 1.5　　　　② 5
③ 8　　　　④ 10

풀이

$$t = \frac{pd}{2\sigma_a} = \frac{1 \times 800}{2 \times 80} = 5\,[\text{mm}]$$

정답　1④　2②　3②　4②

5

길이가 L이고 직경이 d인 축과 동일 재료로 만든 길이 $2L$인 축이 같은 크기의 비틀림 모멘트를 받았을 때, 같은 각도만큼 비틀어지게 하려면 직경은 얼마가 되어야 하는가?

① $\sqrt{3}\,d$ ② $\sqrt[4]{3}\,d$
③ $\sqrt{2}\,d$ ④ $\sqrt[4]{2}\,d$

풀이

$\theta = \dfrac{TL}{GI_p} = \dfrac{32\,TL}{G\pi d^4}$ 에서

$\dfrac{32\,TL}{G\pi d^4} = \dfrac{32\,T(2L)}{G\pi(d')^4}$ $\therefore (d')^4 = 2d^4$ $\therefore d' = \sqrt[4]{2}\,d$

6

그림과 같은 비틀림 모멘트가 1kN·m에서 축적되는 비틀림 변형에너지는 약 몇 N·m 인가? (단, 세로탄성계수는 100GPa이고, 포아송의 비는 0.25이다.)

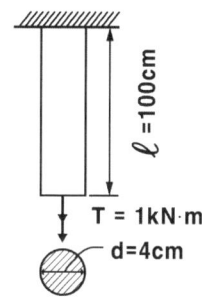

① 0.5   ② 5
③ 50   ④ 500

풀이

$U = \dfrac{1}{2}T\theta = \dfrac{1}{2}T \cdot \dfrac{T\ell}{GI_p} = \dfrac{32\,T^2\ell}{2G\pi d^4}$

$E = 2G(1+\nu)$ 에서 $G = \dfrac{E}{2(1+\nu)}$

결국,

$U = \dfrac{32\,T^2\ell}{2 \times \dfrac{E}{2(1+\nu)} \times \pi d^4} = \dfrac{32 \times (1 \times 10^3)^2 \times 1}{\dfrac{100 \times 10^9}{(1+0.25)} \times \pi \times 0.04^4}$

$= 49.74 \fallingdotseq 50\,[\text{N} \cdot \text{m}]$

7

철도 레일을 20℃에서 침목에 고정하였는데, 레일의 온도가 60℃가 되면 레일에 작용하는 힘은 약 몇 kN인가? (단, 선팽창계수 $\alpha = 1.2 \times 10^{-6}$/℃, 레일의 단면적은 5000mm², 세로탄성계수는 210GPa이다.)

① 40.4   ② 50.4
③ 60.4   ④ 70.4

풀이

열응력 $\sigma = E \cdot \alpha \cdot \Delta T$

$= 210 \times 10^3 \times 1.2 \times 10^{-6} \times (60-20)$

$= 10.08\,[\text{MPa}]$

힘 $P = \sigma A = 10.08 \times 5000 \times 10^{-3} = 50.4\,[\text{kN}]$

8

단면의 폭(b)과 높이(h)가 6cm × 10cm인 직사각형이고, 길이가 100cm인 외팔보 자유단에 10kN의 집중 하중이 작용할 경우 최대 처짐은 약 몇 cm인가? (단, 세로탄성계수는 210GPa이다.)

① 0.104   ② 0.254
③ 0.317   ④ 0.542

풀이

$\delta = \dfrac{P\ell^3}{3EI} = \dfrac{P\ell^3}{3E \times \dfrac{bh^3}{12}} = \dfrac{4P\ell^3}{Ebh^3}$

$= \dfrac{4 \times 10 \times 10^3 \times 1^3}{210 \times 10^9 \times 0.06 \times 0.1^3} \times 100 = 0.317\,[\text{cm}]$

9

평면 응력상태에 있는 재료 내부에 서로 직각인 두 방향에서 수직 응력 σ_x, σ_y라 하면 다음 중 어느 관계식이 성립하는가?

① $\sigma_1 + \sigma_2 = \dfrac{\sigma_x + \sigma_y}{2}$

정답 5④ 6③ 7② 8③ 9③

② $\sigma_1 + \sigma_2 = \dfrac{\sigma_x + \sigma_y}{4}$

③ $\sigma_1 + \sigma_2 = \sigma_x + \sigma_y$

④ $\sigma_1 + \sigma_2 = 2(\sigma_x + \sigma_y)$

풀이

주응력은 전단응력이 작용하지 않는 면(주면)에 작용하는 수직응력으로 최대값은 σ_1, 최소값은 σ_2로 표시한다. 평면응력에서 $\tau_{xy} = 0$인 상태를 2축응력 상태라 하는데 σ_x와 σ_y 중 큰 값이 σ_1이고 작은 값이 σ_2이다. 또한 $\sigma_1 + \sigma_2 = \sigma_x + \sigma_y$가 항상 성립한다.

10

단면의 도심 o를 지나는 단면 2차 모멘트 I_x는 약 얼마인가?

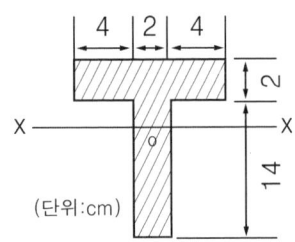
(단위:cm)

① 1210mm^4
② 120.9mm^4
③ 1210cm^4
④ 120.9cm^4

풀이

우선, 밑면에서 도심까지의 거리 $\bar{y}$를 구해보면

$\bar{y} = \dfrac{28 \times 7 + 20 \times 15}{2 \times 14 + 10 \times 2} = \dfrac{31}{3} = 10.333\,[\text{cm}]$

평행축 정리를 이용하여 I_x를 구해보면

$I_x = \dfrac{10 \times 2^3}{12} + 10 \times 2 \times (15 - 10.333)^2$

$\quad + \dfrac{2 \times 14^3}{12} + 2 \times 14 \times (10.333 - 7)^2$

$\quad = 1210.67\,[\text{cm}^4]$

11

그림과 같은 외팔보에서 고정부에서의 굽힘모멘트를 구하면 약 몇 kN·m인가?

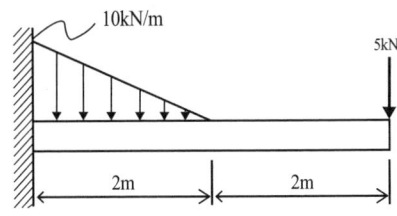

① 26.7(반시계 방향)
② 26.7(시계 방향)
③ 46.7(반시계 방향)
④ 46.7(시계 방향)

풀이

삼각형 분포하중을 등가집중하중으로 고치면

$P_e = \dfrac{1}{2} \times 2 \times 10 = 10\,[\text{kN}]$, 작용점은 좌측고정단에서 $\dfrac{1}{3} \times 2 = \dfrac{2}{3}\,[\text{m}]$인 곳이다.

그러므로 고정단에서의 굽힘모멘트의 크기는

$M = 10 \times \dfrac{2}{3} + 5 \times 4 = 26.7\,[\text{kN} \cdot \text{m}]$

발생 모멘트의 방향은 외부하중에 의한 모멘트와 반대방향이어야 하므로 반시계방향이다.
따라서, 보의 전 길이에 걸쳐 작용하는 모멘트의 부호는 $(-)$이다.

12

지름이 d인 원형단면 봉이 비틀림 모멘트 T를 받을 때, 발생되는 최대 전단응력 τ를 나타내는 식은? (단, I_P는 단면의 극단면 2차 모멘트이다.)

① $\dfrac{Td}{2I_P}$
② $\dfrac{I_P d}{2T}$
③ $\dfrac{TI_P}{2d}$
④ $\dfrac{2T}{I_P d}$

풀이

$\tau_{\max} = \tau = \dfrac{T}{Z_P} = \dfrac{T}{\dfrac{I_P}{d/2}} = \dfrac{T(d/2)}{I_P} = \dfrac{Td}{2I_P}$

13

그림과 같이 원형단면을 갖는 연강봉이 100kN의 인장하중을 받을 때 이 봉의 신장량은 약 몇 cm인가? (단, 세로탄성계수는 200GPa이다.)

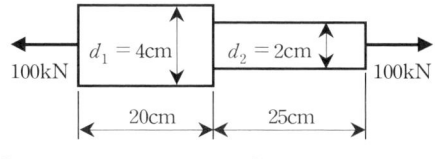

① 0.0478
② 0.0956
③ 0.143
④ 0.191

풀이

$$\lambda = \frac{P\ell_1}{A_1 E} + \frac{P\ell_2}{A_2 E} = \frac{P}{E}\left(\frac{\ell_1}{A_1} + \frac{\ell_2}{A_2}\right)$$

$$= \frac{100 \times 10^3}{200 \times 10^9} \times \left(\frac{4 \times 0.2}{\pi \times 0.04^2} + \frac{4 \times 0.25}{\pi \times 0.02^2}\right) \times 100$$

$$= 0.0478 \, [\text{cm}]$$

14

다음 그림에서 최대굽힘응력은?

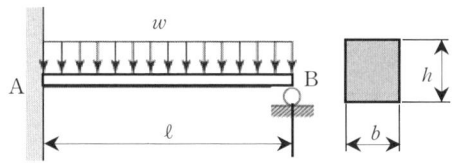

① $\dfrac{27}{64} \dfrac{w\ell^2}{bh^2}$
② $\dfrac{64}{27} \dfrac{w\ell^2}{bh^2}$
③ $\dfrac{7}{128} \dfrac{w\ell^2}{bh^2}$
④ $\dfrac{64}{128} \dfrac{w\ell^2}{bh^2}$

풀이

균일분포하중을 받는 일단고정타단지지보의 최대굽힘모멘트($M_{\max}$)는 전단력(V)이 0인 곳에서 생긴다.

우선, $R_B = \dfrac{3}{8}w\ell$이므로 B단에서 x만큼 떨어진 단면의 전단력(V_x)은

$V_x = R_B - wx = \dfrac{3}{8}w\ell - wx = 0$에서 $x = \dfrac{3}{8}\ell$

굽힘모멘트는 $M_x = R_B x - \dfrac{w}{2}x^2$에서

$$M_{\max} = M_{x=\frac{3}{8}\ell} = \frac{3}{8}w\ell\left(\frac{3}{8}\ell\right) - \frac{w}{2}\left(\frac{3}{8}\ell\right)^2$$

$$= \left(\frac{9}{64} - \frac{9}{128}\right)w\ell^2 = \frac{9}{128}w\ell^2$$

따라서,

$$\sigma_{\max} = \frac{M_{\max}}{Z} = \frac{\dfrac{9}{128}w\ell^2}{\dfrac{bh^2}{6}} = \frac{27}{64}\frac{w\ell^2}{bh^2}$$

15

그림과 같은 양단이 지지된 단순보의 전 길이에 4kN/m의 등분포하중이 작용할 때, 중앙에서의 처짐이 0이 되기 위한 P의 값은 몇 kN인가? (단, 보의 굽힘강성 EI는 일정하다.)

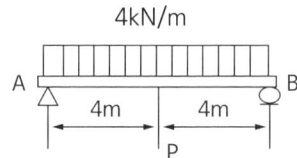

① 15
② 18
③ 20
④ 25

풀이

$\dfrac{5w\ell^4}{384EI} = \dfrac{P\ell^3}{48EI}$에서 $\dfrac{5 \times 4 \times 8^4}{384EI} = \dfrac{P \times 8^3}{48EI}$

$P = \dfrac{5 \times 4 \times 8}{384} \times 48 = 20 \, [\text{kN}]$

16

세로탄성계수가 200GPa, 포아송의 비가 0.3인 판재에 평면하중이 가해지고 있다. 이 판재의 표면에 스트레인 게이지를 부착하고 측정한 결과 $\epsilon_x = 5 \times 10^{-4}$, $\epsilon_y = 3 \times 10^{-4}$일 때, σ_x는 약 몇 MPa인가? (단, x축과 y축이 이루는 각은 90도이다.)

① 99   ② 100
③ 118   ④ 130

풀이

$\varepsilon_x = \dfrac{\sigma_x}{E} - \nu \dfrac{\sigma_y}{E}$ … ㉠

$\varepsilon_y = \dfrac{\sigma_y}{E} - \nu \dfrac{\sigma_x}{E}$ 에서 $\dfrac{\sigma_y}{E} = \varepsilon_y + \nu \dfrac{\sigma_x}{E}$ … ㉡

㉡을 ㉠에 대입하면

$\varepsilon_x = \dfrac{\sigma_x}{E} - \nu \left(\varepsilon_y + \nu \dfrac{\sigma_x}{E} \right)$

$\therefore \sigma_x = \dfrac{E(\varepsilon_x + \nu \varepsilon_y)}{1 - \nu^2}$

$= \dfrac{200 \times 10^3 \times (5 \times 10^{-4} + 0.3 \times 3 \times 10^{-4})}{1 - 0.3^2}$

$= 130\,[\text{MPa}]$

17

그림과 같이 양단이 고정된 단면적 1cm^2, 길이 2m의 케이블을 B점에서 아래로 10mm 만큼 잡아당기는 데 필요한 힘 P는 약 몇 N인가? (단, 케이블 재료의 세로탄성계수는 200GPa이며, 자중은 무시한다.)

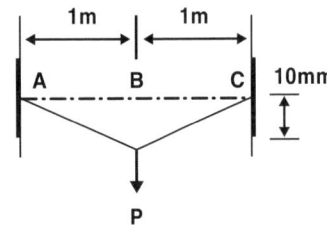

① 10   ② 20
③ 30   ④ 40

풀이

C점의 각을 θ라 할 때

$\theta = \tan^{-1}\left(\dfrac{10}{1000}\right) = \tan^{-1}(0.01) ≒ 0.573°$

2m인 줄이 늘어난 길이(λ)와 걸리는 장력(T)은

$\lambda = 2L - 2000 = \dfrac{2000}{\cos\theta} - 2000 = 2000\left(\dfrac{1}{\cos\theta} - 1\right)$

$= 2000\left(\dfrac{1}{\cos\{\tan^{-1}(0.01)\}} - 1\right) = 0.1\,[\text{mm}]$

또한, $\lambda = \dfrac{T\ell}{AE}$ 에서

$T = \dfrac{\lambda AE}{\ell} = \dfrac{0.1 \times 1 \times 10^2 \times 200 \times 10^3}{1000} = 2000\,[\text{N}]$

라미의 정리에 의해

$\dfrac{P}{\sin(180 - 0.573)°} = \dfrac{T}{\sin(90 + 0.573)°}$

$\therefore P = T \dfrac{\sin 179.427°}{\sin 90.573°}$

$= 2000 \times \dfrac{\sin 179.427°}{\sin 90.573°} = 20\,[\text{N}]$

18

다음 그림에서 단순보의 최대 처짐량(δ_1)과 양단고정보의 최대 처짐량(δ_2)의 비(δ_1/δ_2)는 얼마인가? (단, 보의 굽힘강성 EI는 일정하고, 자중은 무시한다.)

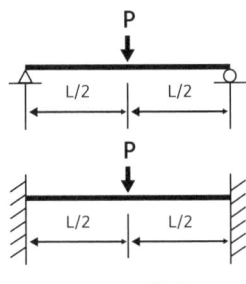

① 1   ② 2
③ 3   ④ 4

풀이

$\delta_1 = \dfrac{PL^3}{48EI}$, $\delta_2 = \dfrac{PL^3}{192EI}$ $\therefore \dfrac{\delta_1}{\delta_2} = \dfrac{192}{48} = 4$

19

8cm × 12cm인 직사각형 단면의 기둥 길이를 L_1, 지름 20cm인 원형 단면의 기둥 길이를 L_2라 하고 세장비가 같다면, 두 기둥의 길이의 비(L_2/L_1)는 얼마인가?

① 1.44   ② 2.16
③ 2.5   ④ 3.2

풀이

$\lambda_1 = \lambda_2 : \dfrac{\ell_1}{k_1} = \dfrac{\ell_2}{k_2}$

정답 17 ②   18 ④   19 ②

$$\frac{L_2}{L_1} = \frac{\ell_2}{\ell_1} = \frac{k_2}{k_1} = \frac{\sqrt{\frac{I_2}{A_2}}}{\sqrt{\frac{I_1}{A_1}}} = \frac{\sqrt{\frac{4\times\pi\times20^4}{\pi\times20^2\times64}}}{\sqrt{\frac{12\times8^3}{8\times12\times12}}} = 2.16$$

20

지름이 2cm, 길이가 20cm인 연강봉이 인장하중을 받을 때 길이는 0.016cm만큼 늘어나고 지름은 0.0004cm만큼 줄었다. 이 연강봉의 포아송 비는?

① 0.25   ② 0.5
③ 0.75   ④ 4

풀이

$$\nu = \frac{\varepsilon'}{\varepsilon} = \frac{\frac{\delta}{d}}{\frac{\lambda}{\ell}} = \frac{\ell\delta}{\lambda d} = \frac{20\times0.0004}{0.016\times2} = 0.25$$

제2과목 : 기계열역학

21

포화액의 비체적은 0.001242m³/kg이고, 포화증기의 비체적은 0.3469m³/kg인 어떤 물질이 있다. 이 물질이 건도 0.65 상태로 2m³인 공간에 있다고 할 때 이 공간 안에 차지한 물질의 질량(kg)은?

① 8.85   ② 9.42
③ 10.08   ④ 1084

풀이

비체적 $v = v' + x(v'' - v')$
$= 0.001242 + 0.65\times(0.3469 - 0.001242)$
$= 0.2259197\,[\text{m}^3/\text{kg}]$

또한, $v = \frac{V}{m}$에서

$m = \frac{V}{v} = \frac{2}{0.2259197} = 8.85\,[\text{kg}]$

22

열역학적 관점에서 일과 열에 관한 설명으로 틀린 것은?

① 일과 열은 온도와 같은 열역학적 상태량이 아니다.
② 일의 단위는 J(joule)이다.
③ 일의 크기는 힘과 그 힘이 작용하여 이동한 거리를 곱한 값이다.
④ 일과 열은 점 함수(point function)이다.

풀이

일과 열은 과정함수(path function)이며 점함수가 아니다.

23

기체가 열량 80kJ 흡수하여 외부에 대하여 20kJ 일을 하였다면 내부에너지 변화(kJ)는?

① 20   ② 60
③ 80   ④ 100

풀이

열역학 제1법칙 $Q = \Delta U + W$에서
$80 = \Delta U + 20 \quad \therefore \Delta U = 80 - 20 = 60\,[\text{kJ}]$

24

다음 중 브레이턴 사이클의 과정으로 옳은 것은?

① 단열 압축 → 정적 가열 → 단열 팽창 → 정적 방열
② 단열 압축 → 정압 가열 → 단열 팽창 → 정적 방열
③ 단열 압축 → 정적 가열 → 단열 팽창 → 정압 방열
④ 단열 압축 → 정압 가열 → 단열 팽창 → 정압 방열

풀이

브레이튼 사이클은 가스터빈의 기본사이클이며,

정답 20① 21① 22④ 23② 24④

단열압축→정압가열→단열팽창→정압방열로 이루어진다.

25

압력이 200kPa인 공기가 압력이 일정한 상태에서 400kcal의 열을 받으면서 팽창하였다. 이러한 과정에서 공기의 내부에너지가 250 kcal만큼 증가하였을 때, 공기의 부피변화(m^3)는 얼마인가?(단, 1kcal은 4.186kJ이다.)

① 0.98 ② 1.21
③ 2.86 ④ 3.14

풀이

$Q = \Delta U + P\Delta V$에서
$400 \times 4.186 = 250 \times 4.186 + 200 \times \Delta V$
$\therefore \Delta V = 3.14\,[m^3]$

26

오토 사이클의 효율이 55%일 때 101.3kPa, 20℃의 공기가 압축되는 압축비는 얼마인가? (단, 공기의 비열비는 1.4이다.)

① 5.28 ② 6.32
③ 7.36 ④ 8.18

풀이

$\eta = 1 - \left(\dfrac{1}{\varepsilon}\right)^{k-1}$에서 $0.55 = 1 - \dfrac{1}{\varepsilon^{0.4}}$

$\dfrac{1}{\varepsilon^{0.4}} = 1 - 0.55 = 0.45$

$\therefore \varepsilon = \left(\dfrac{1}{0.45}\right)^{\frac{1}{0.4}} = 7.36$

27

분자량이 32인 기체의 정적비열이 0.714 kJ/kg·K일 때 이 기체의 비열비는? (단, 일반기체상수는 8.314J/kmol·K이다.)

① 1.364 ② 1.382
③ 1.414 ④ 1.446

풀이

$C_v = \dfrac{1}{k-1}R = \dfrac{1}{k-1} \times \dfrac{\overline{R}}{M}$

$0.714 = \dfrac{1}{k-1} \times \dfrac{8.314}{32}$

$\therefore k = 1 + \dfrac{1}{0.714} \times \dfrac{8.314}{32} = 1.264$

28

다음 그림과 같은 오토 사이클의 효율(%)은? (단, $T_1 = 300K$, $T_2 = 689K$, $T_3 = 2364K$, $T_4 = 1029K$이고, 정적비열은 일정하다.)

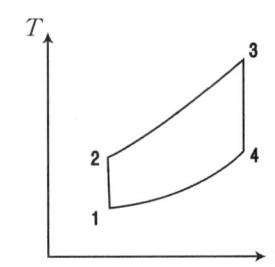

① 42.5 ② 48.5
③ 56.5 ④ 62.5

풀이

$\eta = 1 - \dfrac{Q_2}{Q_1} = 1 - \dfrac{T_4 - T_1}{T_3 - T_2} = 1 - \dfrac{1029 - 300}{2364 - 689}$

$= 0.565 = 56.5\,[\%]$

29

1000K의 고열원으로부터 750kJ의 에너지를 받아서 300K의 저열원으로 550kJ의 에너지를 방출하는 열기관이 있다. 이 기관의 효율(η)과 Clausius 부등식의 만족 여부는?

① $\eta = 26.7\%$이고, Clausius 부등식을 만족한다.
② $\eta = 26.7\%$이고, Clausius 부등식을 만족하지 않는다.
③ $\eta = 73.3\%$이고, Clausius 부등식을 만족한다.
④ $\eta = 73.3\%$이고, Clausius 부등식을 만족하지 않는다.

풀이

우선, 이상적인 열효율인 카르노기관의 열효율 (η_c)을 구해보면

$$\eta_c = 1 - \frac{T_2}{T_1} = 1 - \frac{300}{1000} = 0.7 = 70\,[\%]$$

다음, 실제 열기관의 열효율(η)은

$$\eta = 1 - \frac{Q_2}{Q_1} = 1 - \frac{550}{750} = 0.267 = 26.7\,[\%]$$

따라서, 열효율은 26.7%이고, $\eta < \eta_c$이므로 클라우지우스의 부등식을 만족한다.

30

메탄올의 정압비열(C_p)이 다음과 같은 온도 $T(\mathrm{K})$에 의한 함수로 나타날 때 메탄올 1kg을 200K에서 400K까지 정압과정으로 가열하는데 필요한 열량(kJ)은? (단, C_p의 단위는 kJ/kg·K이다.)

$$C_p = a + bT + cT^2$$
$$(a = 3.51,\ b = -0.00135,\ c = 3.47 \times 10^{-5})$$

① 722.9 ② 1311.2
③ 1268.7 ④ 866.2

풀이

평균비열(C_m)을 구해보면

$$C_m = \frac{1}{T_2 - T_1} \int_1^2 C_p\, dT$$

$$= \frac{1}{T_2 - T_1} \int_1^2 (a + bT + cT^2)\, dT$$

$$= \frac{1}{T_2 - T_1} \left[a(T_2 - T_1) + \frac{b(T_2^2 - T_1^2)}{2} + \frac{c(T_2^3 - T_1^3)}{3} \right]$$

$$= a + \frac{b(T_2 + T_1)}{2} + \frac{c(T_2^2 + T_2 T_1 + T_1^2)}{3}$$

$$= 3.51 + \frac{-0.00135(400 + 200)}{2}$$
$$\quad + \frac{3.47 \times 10^{-5} \times (400^2 + 400 \times 200 + 200^2)}{3}$$

$$= 6.34367\,[\mathrm{kJ/(kg \cdot K)}]$$

따라서,

$$Q = m C_m (T_2 - T_1) = 1 \times 6.34367 \times (400 - 200)$$

$$= 1268.7\,[\mathrm{kJ}]$$

* 참고: 위의 식에서 다음과 같은 인수분해 공식을 활용하였다.

$$(a^2 - b^2) = (a - b)(a + b)$$
$$(a^3 - b^3) = (a - b)(a^2 + ab + b^2)$$

31

질량 유량이 10kg/s인 터빈에서 수증기의 엔탈피가 800kJ/kg감소한다면 출력(kW)은 얼마인가? (단, 역학적 손실, 열손실은 모두 무시한다.)

① 80 ② 160
③ 1600 ④ 8000

풀이

$$\dot{W}_t = \dot{m}\Delta h = 10 \times 800 = 8000\,[\mathrm{kJ/s = kW}]$$

32

내부에너지가 40kJ, 절대압력이 200kPa, 체적이 0.1m³, 절대온도가 300K인 계의 엔탈피(kJ)는?

① 42 ② 60
③ 80 ④ 240

풀이

엔탈피의 정의 $H = U + PV$에서
$H = 40 + 200 \times 0.1 = 60\,[\mathrm{kJ}]$

33

열역학 제2법칙에 대한 설명으로 옳은 것은?
① 과정(process)의 방향성을 제시한다.
② 에너지의 양을 결정한다.
③ 에너지의 종류를 판단할 수 있다.
④ 공학적 장치의 크기를 알 수 있다.

풀이

열역학 제2법칙은 엔트로피 증가의 법칙으로 어떤 과정이 어떻게 진행될 것이라는 방향성을 제시한다.

정답 30③ 31④ 32② 33①

34

공기 1kg을 정압과정으로 20℃에서 100℃까지 가열하고, 다음에 정적과정으로 100℃에서 200℃까지 가열한다면, 전체 가열에 필요한 총에너지(kJ)는? (단, 정압비열은 1.009kJ/kg·K, 정적비열은 0.72kJ/kg·K이다.)

① 152.7 ② 162.8
③ 139.8 ④ 146.7

풀이

$\delta q = du + pdv = dh - vdp$ 이므로

$Q = Q_{12} + Q_{23} = mC_p(T_2 - T_1) + mC_v(T_3 - T_2)$
$= 1 \times 1.009 \times (100 - 20) + 1 \times 0.72 \times (200 - 100)$
$= 152.72 \text{[kJ]}$

35

카르노 냉동기에서 흡열부와 방열부의 온도가 각각 -20℃와 30℃인 경우, 이 냉동기에 40kW의 동력을 투입하면 냉동기가 흡수하는 열량(RT)은 얼마인가? (단, 1RT = 3.86kW이다.)

① 23.62 ② 52.48
③ 78.36 ④ 126.48

풀이

$\varepsilon_r = \dfrac{\dot{Q}_2}{\dot{W}_c} = \dfrac{T_2}{T_1 - T_2}$ 에서

$\dot{Q}_2 = \dot{W}_c \left(\dfrac{T_2}{T_1 - T_2} \right) = 40 \left(\dfrac{-20 + 273}{30 + 20} \right) = 202.4 \text{[kW]}$

$= \dfrac{202.4}{3.86} = 52.435 \text{[RT]}$

36

질량이 m이고 비체적인 v인 구(sphere)의 반지름이 R이다. 이때 질량이 $4m$, 비체적이 $2v$로 변화한다면 구의 반지름은 얼마인가?

① R ② $\sqrt{2}R$
③ $\sqrt[3]{2}R$ ④ $\sqrt[3]{4}R$

풀이

먼저, $v = \dfrac{V}{m} = \dfrac{\frac{4}{3}\pi R^3}{m}$ 에서 $R^3 = \dfrac{3mv}{4\pi}$

다음, $2v = \dfrac{\frac{4}{3}\pi (R')^3}{4m}$ 에서 $(R')^3 = 8 \times \dfrac{3mv}{4\pi}$

따라서, $(R')^3 = 8R^3$ ∴ $R' = \sqrt[3]{8}R = 2R$

37

100℃의 수증기 10kg이 100℃의 물로 응축되었다. 수증기의 엔트로피 변화량(kJ/K)은? (단, 물의 잠열은 100℃에서 2257kJ/kg이다.)

① 14.5 ② 5390
③ -22570 ④ -60.5

풀이

$\Delta S = \dfrac{Q}{T} = \dfrac{mr}{T} = \dfrac{10 \times (-2257)}{100 + 273} = -60.5 \text{[kJ/K]}$

38

입구 엔탈피 3155kJ/kg, 입구 속도 24m/s, 출구 엔탈피 2385kJ/kg, 출구 속도 98m/s인 증기 터빈이 있다. 증기 유량이 1.5kg/s이고, 터빈의 축 출력이 900kW일 때 터빈과 주위 사이의 열전달량은 어떻게 되는가?

① 약 124kW의 열을 주위로 방열한다.
② 주위로부터 약 124kW의 열을 받는다.
③ 약 248kW의 열을 주위로 방열한다.
④ 주위로부터 약 248kW의 열을 받는다.

풀이

개방계 정상유동의 열역학 제1법칙 식

$\dot{Q} = \dot{W}_t + \dot{m}(h_2 - h_1) + \dfrac{1}{2}\dot{m}(V_2^2 - V_1^2)$

$= 900 + 1.5(2385 - 3155) + \dfrac{1.5 \times (98^2 - 24^2) \times 10^{-3}}{2}$

$= -248.23 \text{[kW]}$

정답 34① 35② 36① 37④ 38③

즉, 약 248kW의 열을 주위로 방열한다.

39

증기압축 냉동기에 사용되는 냉매의 특징에 대한 설명으로 틀린 것은?

① 냉매는 냉동기의 성능에 영향을 미친다.
② 냉매는 무독성, 안정성, 저가격 등의 조건을 갖추어야 한다.
③ 무기화합물 냉매인 암모니아는 열역학적 특성이 우수하고, 가격이 비교적 저렴하여 널리 사용 되고 있다.
④ 최근에는 오존파괴 문제로 CFC 냉매 대신에 R-12(CCl_2F_2)가 냉매로 사용되고 있다.

[풀이]
CFC(염화불화탄소)는 오존층을 파괴하는 냉매이므로 현재는 HFC(수소화불화탄소)로 대체하고 있다.

40

공기가 등온과정을 통해 압력이 200kPa, 비체적이 0.02m³/kg인 상태에서 압력이 100 kPa인 상태로 팽창하였다, 공기를 이상 기체로 가정할 때 시스템이 이 과정에서 한 단위 질량 당 일(kJ/kg)은 약 얼마인가?

① 1.4 ② 2.0
③ 2.8 ④ 5.6

[풀이]
$\delta w = du + Pdv$에서 등온이므로 $du=0$

$\therefore w = \int_1^2 Pdv = \int_1^2 \frac{P_1 v_1}{v} dv = P_1 v_1 \ln \frac{v_2}{v_1}$

$= 200 \times 0.02 \times \ln \frac{200}{100} = 2.8 [kJ/kg]$

제3과목 : 기계유체역학

41

표준대기압 상태인 어떤 지방의 호수에서 지름이 d인 공기의 기포가 수면으로 올라오면서 지름이 2배로 팽창하였다. 이 때 기포의 최초 위치는 수면으로부터 약 몇 m 아래인가? (단, 기포 내의 공기는 Boyle법칙에 따르며, 수중의 온도도 일정하다고 가정한다. 또한 수면의 기압(표준대기압)은 101.325kPa이다.)

① 70.8 ② 72.3
③ 74.6 ④ 77.5

[풀이]
우선, 보일의 법칙 $P_1 V_1 = P_2 V_2$에서

$P_1 \times \frac{\pi d^3}{6} = 101.325 \times \frac{\pi (2d)^3}{6}$ $\therefore P_1 = 810.6 [kPa]$

또한, 압력강하는

$\Delta P = P_1 - P_2 = 810.6 - 101.325 = 709.275 [kPa]$

따라서, $\Delta P = \gamma h$에서

$h = \frac{\Delta P}{\gamma} = \frac{709.275}{9.8} = 72.375 [m]$

42

그림과 같이 비중 0.85인 기름이 흐르고 있는 개수로에 피토관을 설치하였다. $\triangle h = 30mm$, $h = 100mm$일 때 기름의 유속은 약 몇 m/s인가?

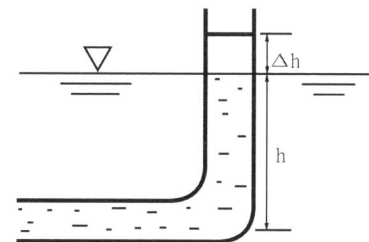

① 0.767
② 0.976
③ 1.59
④ 6.25

[풀이]
$V = \sqrt{2g \Delta h} = \sqrt{2 \times 9.8 \times 0.03} = 0.767 [m/s]$

43

마찰계수가 0.02인 파이프(안지름 0.1m, 길이 50m) 중간에 부차적 손실계수가 5인 밸브가 부착되어 있다. 밸브에서 발생하는 손실수두는 총 손실수두의 약 몇 %인가?

① 20　　② 25
③ 33　　④ 50

풀이

파이프의 손실수두 $h_{L1} = f\dfrac{\ell}{d}\dfrac{V^2}{2g}$

관의 손실수두 $h_{L2} = K\dfrac{V^2}{2g}$

$\therefore \dfrac{h_{L2}}{h_{L1}+h_{L2}} = \dfrac{K\dfrac{V^2}{2g}}{f\dfrac{\ell}{d}\dfrac{V^2}{2g}+K\dfrac{V^2}{2g}} = \dfrac{K}{f\dfrac{\ell}{d}+K}$

$= \dfrac{5}{0.02 \times \dfrac{50}{0.1}+5} = 0.33 = 33[\%]$

44

2차원 극좌표계(r,θ)에서 속도 포텐셜이 다음과 같을 때 원주방향 속도(v_θ)는? (단, 속도 포텐셜 ϕ는 $\vec{V}=\nabla\phi$로 정의 된다.)

$$\phi = 2\theta$$

① $4\pi r$　　② $2r$
③ $\dfrac{4\pi}{r}$　　④ $\dfrac{2}{r}$

풀이

$v_\theta = \dfrac{1}{r}\dfrac{\partial \phi}{\partial \theta} = \dfrac{1}{r}\times 2 = \dfrac{2}{r}$

45

지름이 0.01m인 구 주위를 공기가 0.001m/s로 흐르고 있다. 항력계수 $C_D = \dfrac{24}{Re}$로 정의할 때 구에 작용하는 항력은 약 몇 N인가?

(단, 공기의 밀도는 1.1774kg/m³, 점성계수는 1.983×10⁻⁵ kg/m·s이며, Re는 레이놀즈수를 나타낸다.)

① 1.9×10^{-9}　　② 3.9×10^{-9}
③ 5.9×10^{-9}　　④ 7.9×10^{-9}

풀이

$Re = \dfrac{\rho V d}{\mu} = \dfrac{1.1774 \times 0.001 \times 0.01}{1.983 \times 10^{-5}} = 0.594$

$D = C_D \dfrac{\rho V^2}{2} A$

$= \dfrac{24}{0.594} \times \dfrac{1.1774 \times 0.001^2}{2} \times \dfrac{\pi \times 0.01^2}{4}$

$= 1.87 \times 10^{-9} \fallingdotseq 1.9 \times 10^{-9}[\text{N}]$

[별해] Re이 1보다 작은 경우이므로 스톡스의 법칙을 적용한다. 즉,

$D = 3\pi \mu V d = 3\pi \times 1.983 \times 10^{-5} \times 0.001 \times 0.01$

$= 1.9 \times 10^{-9}[\text{N}]$

46

원유를 매분 240L의 비율로 안지름 80mm인 파이프를 통하여 100m 떨어진 곳으로 수송할 때 관내의 평균 유속은 약 몇 m/s인가?

① 0.4　　② 0.8
③ 2.5　　④ 3.1

풀이

연속의 법칙 $Q = AV = \dfrac{\pi d^2}{4} \times V$에서

$V = \dfrac{4Q}{\pi d^2} = \dfrac{4 \times \dfrac{240 \times 10^{-3}}{60}}{\pi \times 0.08^2} = 0.8[\text{m/s}]$

47

역학적 상사성이 성립하기 위해 무차원 수인 프루드수를 같게 해야 되는 흐름은?

① 점성계수가 큰 유체의 흐름
② 표면 장력이 문제가 되는 흐름
③ 자유표면을 가지는 유체의 흐름
④ 압축성을 고려해야 되는 유체의 흐름

정답 43③　44④　45①　46②　47③

풀이

프루드수(Fr)의 상사는 자유표면을 가지는 유체의 흐름에 적용된다.

48

평판 위를 공기가 유속 15m/s로 흐르고 있다. 선단으로부터 10cm인 지점의 경계층 두께는 약 몇 mm인가? (단, 공기의 동점성계수는 1.6×10^{-5}m²/s이다.)

① 0.75 ② 0.98
③ 1.36 ④ 1.63

풀이

우선, $Re = \dfrac{u_\infty x}{\nu} = \dfrac{15 \times 0.1}{1.6 \times 10^{-5}} = 93750$

이 값이 5×10^5보다 작으므로 층류이다. 따라서,

$\delta = \dfrac{5x}{\sqrt{Re}} = \dfrac{5 \times 0.1}{\sqrt{93750}} = 1.63 \times 10^{-3}$[m] = 1.63[mm]

49

그림과 같이 고정된 노즐로부터 밀도가 ρ인 액체의 제트가 속도 V로 분출하여 평판에 충돌하고 있다. 이때 제트의 단면적이 A이고 평판이 u인 속도로 제트와 반대 방향으로 운동할 때 평판에 작용하는 힘 F는?

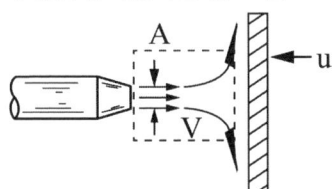

① $F = \rho A(V-u)$
② $F = \rho A(V-u)^2$
③ $F = \rho A(V+u)$
④ $F = \rho A(V+u)^2$

풀이

평판에 작용하는 힘은 왼쪽이므로
$-F = 0 - \rho Q(V-(-u)) = -\rho A(V+u)^2$
$\therefore F = \rho A(V+u)^2$

50

비행기 날개에 작용하는 양력 F에 영향을 주는 요소는 날개의 코드길이 L, 받음각 α, 자유유동 속도 V, 유체의 밀도 ρ, 점성계수 μ, 유체 내에서의 음속 c이다. 이 변수들로 만들 수 있는 독립 무차원 매개변수는 몇 개인가?

① 2 ② 3
③ 4 ④ 5

풀이

각각의 물리량의 단위를 통해 차원을 구해보면 다음과 같다.

양력 F(N) = [F] = [MLT^{-2}]
코드길이 L(m) = [L]
받음각 α(°) = [M^{0}L^{0}T^0]
자유유동속도 V(m/s) = [LT^{-1}]
밀도 ρ(kg/m³) = [ML^{-3}]
점성계수 μ(kg/m·s) = [ML^{-1}T^{-1}]
음속 c(m/s) = [LT^{-1}]

따라서, 버킹햄의 π정리에 의해 얻을 수 있는 무차원 수는
$\pi = n - m = 7 - 3 = 4$[개]

51

안지름 4mm이고, 길이가 10m인 수평 원형관 속을 20℃의 물이 층류로 흐르고 있다. 배관 10m의 길이에서 압력 강하가 10kPa이 발생하며, 이때 점성계수는 1.02×10^{-3}N·s/m²일 때 유량은 약 몇 cm³/s인가?

① 6.16
② 8.52
③ 9.52
④ 12.16

풀이

하겐-포와젤 방정식에 의해

$Q = \dfrac{\Delta P \pi d^4}{128 \mu L} = \dfrac{10 \times 10^3 \times \pi \times 0.004^4}{128 \times 1.02 \times 10^{-3} \times 10}$

$= 6.159 \times 10^{-6}$[m³/s] = 6.159[cm³/s]

정답 48 ④ 49 ④ 50 ③ 51 ①

52

안지름이 0.01m인 관내로 점성계수가 0.005N·s/m², 밀도가 800kg/m³인 유체가 1m/s의 속도로 흐를 때, 이 유동의 특성은? (단, 천이 구간은 레이놀즈수가 2100~4000에 포함될 때를 기준으로 한다.)

① 층류 유동
② 난류 유동
③ 천이 유동
④ 위 조건으로는 알 수 없다.

풀이

$Re = \dfrac{\rho V d}{\mu} = \dfrac{800 \times 1 \times 0.01}{0.005} = 1600 \,(<2100)$

따라서, 층류유동이다.

53

밀도가 500kg/m³인 원기둥이 $\dfrac{1}{3}$ 만큼 액체면 위로 나온 상태로 떠 있다. 이 액체의 비중은?

① 0.33
② 0.5
③ 0.75
④ 1.5

풀이

공기중에서의 원기둥의 무게=부력

$\gamma_{원기둥} V_{원기둥} = \gamma_{액체} V_{잠긴체적}$

$500 \times 9.8 \times V = 9800 S \times \dfrac{2}{3} V \quad \therefore S = 0.75$

54

다음 중 유선(stream line)에 대한 설명으로 옳은 것은?

① 유체의 흐름에 있어서 속도 벡터에 대하여 수식한 방향을 갖는 선이다.
② 유체의 흐름에 있어서 유동단면의 중심을 연결한 선이다.
③ 비정상류 흐름에서만 유동의 특성을 보여주는 선이다.
④ 속도 벡터에 접하는 방향을 가지는 연속적인 선이다.

풀이

유선: 유체입자의 궤적의 접선과 속도벡터가 일치 하는 선

유선의 방정식: $\vec{V} \times d\vec{r} = 0$

55

다음 중에서 차원이 다른 물리량은?

① 압력
② 전단응력
③ 동력
④ 체적탄성계수

풀이

압력, 전단응력, 체적탄성계수는 모두 같은 차원 $[FL^{-2}]$을 가지며, 동력의 차원은 $[FLT^{-1}]$이다.

56

비중이 0.8인 액체를 10m/s속도로 수직 방향으로 분사하였을 때, 도달할 수 있는 최고 높이는 약 몇 m인가? (단, 액체는 비압축성, 비점성 유체이다.)

① 3.1
② 5.1
③ 7.4
④ 10.2

풀이

$V = \sqrt{2gh}$ 에서 $h = \dfrac{V^2}{2g} = \dfrac{10^2}{2 \times 9.8} = 5.1[\text{m}]$

57

유체 속에 잠겨있는 경사진 판의 윗면에 작용하는 압력 힘의 작용점에 대한 설명 중 옳은 것은?

① 판의 도심보다 위에 있다.
② 판의 도심에 있다.

정답 52① 53③ 54④ 55③ 56② 57③

③ 판의 도심보다 아래에 있다.
④ 판의 도심과는 관계가 없다.

풀이

$y_p = \bar{y} + \dfrac{I_G}{\bar{y}A}$ 이므로 힘의 작용점은 도심보다 아래에 있다.

58

지상에서의 압력은 P_1, 지상 1000m 높이에서의 압력을 P_2라고 할 때 압력비는 $\left(\dfrac{P_2}{P_1}\right)$는?

(단, 온도가 15℃로 높이에 상관없이 일정하다고 가정하고, 공기의 밀도는 기체상수가 287J/kg·K인 이상기체 법칙을 따른다.)

① 0.80 ② 0.89
③ 0.95 ④ 1.1

풀이

$$\dfrac{P_2}{P_1} = \dfrac{P_2}{P_2 + \rho g h} = \dfrac{P_2}{P_2 + \dfrac{P_2}{RT}gh} = \dfrac{P_2}{P_2\left(1 + \dfrac{gh}{RT}\right)}$$

$$= \dfrac{1}{1 + \dfrac{gh}{RT}} = \dfrac{1}{1 + \dfrac{9.8 \times 1000}{287 \times (273+15)}} = 0.894$$

59

점성계수(μ)가 0.098N·s/m²인 유체가 평판 위를 $u(y) = 750y - 2.5 \times 10^{-6} y^3$(m/s)의 속도 분포로 흐를 때 평판면($y=0$)에서의 전단응력은 약 몇 N/m²인가? (단, y는 평판면으로부터 m 단위로 잰 수직거리이다.)

① 7.35 ② 73.5
③ 14.7 ④ 147

풀이

뉴턴의 점성법칙으로부터

$$\tau = \mu\left[\dfrac{du}{dy}\right]_{y=0} = \mu\left[750 - 2.5 \times 10^{-6} \times 3y^2\right]_{y=0}$$

$$= 750\mu = 750 \times 0.098 = 73.5[\text{N/m}^2]$$

60

그림과 같이 설치된 펌프에서 물의 유입지점 1의 압력은 98kPa, 방출지점 2의 압력은 105 kPa이고, 유입지점으로부터 방출지점까지의 높이는 20m이다. 배관 요소에 따른 전체 수두손실은 4m이고 관 지름이 일정할 때 물을 양수하기 위해서 펌프가 공급해야 할 압력은 약 몇 kPa인가?

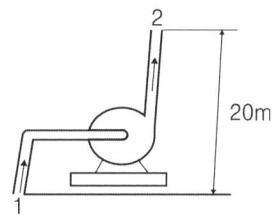

① 242 ② 324
③ 431 ④ 514

풀이

수정베르누이 방정식을 적용한다.

$$\dfrac{P_1}{\gamma} + \dfrac{V_1^2}{2g} + Z_1 + H_P = \dfrac{P_2}{\gamma} + \dfrac{V_2^2}{2g} + Z_2 + H_L$$

유입관과 방출관의 지름이 같으므로 $V_1 = V_2$이다.

$$\therefore H_P = \dfrac{P_2 - P_1}{\gamma} + (Z_2 - Z_1) + H_L$$

$$= \dfrac{105 - 98}{9.8} + 20 + 4 = 24.7[\text{m}]$$

공급압력 $P = \gamma H_P = 9.8 \times 24.7 = 242[\text{kPa}]$

제4과목 : 기계재료 및 유압기기

61

보자력이 작고, 미세한 외부 자기장의 변화에도 크게 자화되는 특징을 가진 연질 자성 재료는?

① 센더스트 ② 알니코 자석
③ 페라이트 자석 ④ 희토류계 자석

풀이

연질 자성 재료(soft magnetic material) : 일반적으로 투자율이 크고, 보자력이 적은 자성 재료의 통칭으로, 고투자율 재료, 자심 재료 등이 여기에 포함된다. 센더스트, 규소 강판, 퍼멀로이, 전자 순철 등이 대표적인 것이다.

- 알니코 자석: 가장 광범위하게 사용되고 있는 영구자석으로 Alnico 5는 대표적인 것으로 Co 24%, Ni 14%, Al 8%, Cu 3%, 나머지 부분은 철이다. 스피커의 코어 등에 사용되고 있다.
- 페라이트 자석: 분말 야금법에 의한 소결품으로 산화철을 주성분으로 한다.
- 희토류계 자석: 보자력이 큰 영구자석

62

레데뷰라이트에 대한 설명으로 옳은 것은?
① α와 Fe의 혼합물이다.
② γ와 Fe_3C의 혼합물이다.
③ γ와 Fe의 혼합물이다.
④ α와 Fe_3C의 혼합물이다.

풀이

레데뷰라이트 = $\gamma + Fe_3C$

63

다음 중 공구강 강재의 종류에 해당되지 않는 것은?
① STS 3
② SM 25C
③ STC 105
④ SKH 51

풀이

STS(합금공구강), STC(탄소공구강), SKH(고속도강), SM(일반구조용탄소강)

64

다음 중 알루미늄 합금계가 아닌 것은?
① 라우탈
② 실루민
③ 하스텔로이
④ 하이드로날륨

풀이

하스텔로이(hastelloy): Ni + Mo + Fe
내식성이 뛰어난 니켈계 합금이다.

65

다음의 조직 중 경도가 가장 높은 것은?
① 펄라이트
② 마텐자이트
③ 소르바이트
④ 트루스타이트

풀이

마텐자이트는 담금질 조직 중에서 가장 경도가 높다.

66

황동의 화학적 성질과 관계없는 것은?
① 탈아연부식
② 고온탈아연
③ 자연균열
④ 가공경화

풀이

가공경화는 기계적 성질이다.

67

베이나이트(bainite) 조직을 얻기 위한 항온 열처리 조작으로 옳은 것은?
① 마퀜칭
② 소성가공
③ 노멀라이징
④ 오스템퍼링

풀이

오스템퍼링이다.

68

재료의 전연성을 알기 위해 구리판, 알루미늄판 및 그 밖의 연성 판재를 가압하여 변형 능력을 시험하는 것은?
① 굽힘시험
② 압축시험
③ 커핑시험
④ 비틀림시험

풀이

커핑 시험(cupping test) :
　금속 박판의 연성(延性)을 비교하는 데 사용되는 시험법. 반구상의 凹형용 공구로 박판을 주 발상(椀狀)으로 구부리고, 균열이 생길때까지 오목하게 된 깊이(㎜)에 따라서 결정하는 것이다. 이른바 엘릭센 시험은 커핑 시험의 일종이다.

69
회복 과정에서의 축적에너지에 대한 설명으로 옳은 것은?
① 가공도가 적을수록 축적에너지의 양은 증가한다.
② 결정입도가 작을수록 축적에너지의 양은 증가한다.
③ 불순물 원자의 첨가가 많을수록 축적에너지의 양은 감소한다.
④ 낮은 가공온도에서의 변형은 축적에너지의 양을 감소시킨다.

풀이
결정입도가 작을수록 축적에너지가 증가한다.

70
주철의 특징을 설명한 것 중 틀린 것은?
① 백주철은 Si 함량이 적고, Mn 함량이 많아 화합탄소로 존재한다.
② 회주철은 C, Si 함량이 많고, Mn 함량이 적은 파면이 회색을 나타내는 것이다.
③ 구상흑연주철은 흑연의 형상에 따라 판상, 구상, 공정상흑연주철로 나눌 수 있다.
④ 냉경주철은 주물 표면을 회주철로 인성을 높게 하고, 내부는 Fe_3C로 단단한 조직으로 만든다.

풀이
냉경주철(칠드주철)은 주물 표면을 백주철로 하여 경도를 높인다.

71
액추에이터의 배출 쪽 관로 내의 흐름을 제어함으로써 속도를 제어하는 회로는?
① 방향 제어회로　　　② 미터 인 회로
③ 미터 아웃 회로　　　④ 압력 제어 회로

풀이
미터 아웃 회로이다.

72
유압 작동유의 구비조건에 대한 설명으로 틀린 것은?
① 인화점 및 발화점이 낮을 것
② 산화 안정성이 좋을 것
③ 점도지수가 높을 것
④ 방청성이 좋을 것

풀이
인화점 및 발화점이 낮으면 화재의 우려가 있으므로 높아야 한다.

73
실린더 행정 중 임의의 위치에서 실린더를 고정시킬 필요가 있을 때라 할지라도, 부하가 클 때 또는 장치 내의 압력저하로 실린더 피스톤이 이동하는 것을 방지하기 위한 회로로 가장 적합한 것은?
① 축압기 회로　　　② 로킹 회로
③ 무부하 회로　　　④ 압력설정 회로

풀이
로킹회로 : 피스톤의 이동을 방지하는 회로

74
긴 스트로크를 줄 수 있는 다단 튜브형의 로드를 가진 실린더는?
① 벨로스형 실린더
② 탠덤형 실린더
③ 가변 스트로크 실린더
④ 텔레스코프형 실린더

풀이
텔레스코프형 실린더이다.

정답　69② 70④ 71③ 72① 73② 74④

75

압력 6.86MPa, 토출량 50L/min이고, 운전 시 소요 동력이 7kW인 유압펌프의 효율은 약 몇 %인가?

① 78　　② 82
③ 87　　④ 92

풀이

$$\eta = \frac{Output\ Power}{Input\ Power} = \frac{PQ}{L}$$

$$= \frac{6.86 \times 10^6 \times \frac{50 \times 10^{-3}}{60}}{7 \times 10^3} = 0.8166 ≒ 82[\%]$$

76

유압펌프에서 유동하고 있는 작동유의 압력이 국부적으로 저하되어, 증기나 함유 기체를 포함하는 기포가 발생하는 현상은?

① 폐입 현상
② 공진 현상
③ 캐비테이션 현상
④ 유압유의 열화 촉진 현상

풀이

캐비테이션(공동)현상이다.

77

다음 중 압력 제어 밸브에 속하지 않는 것은?

① 카운터 밸런스 밸브
② 릴리프 밸브
③ 시퀀스 밸브
④ 체크 밸브

풀이

체크밸브는 방향제어밸브이다.

78

유압 속도 제어 회로 중 미터 아웃 회로의 설치 목적과 관계없는 것은?

① 피스톤이 자주할 염려를 제거한다.
② 실린더에 배압을 형성한다.
③ 유압 작동유의 온도를 낮춘다.
④ 실린더에서 유출되는 유량을 제어하여 피스톤 속도를 제어한다.

풀이

미터아웃회로

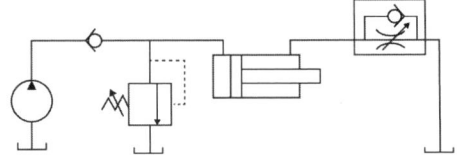

79

필요에 따라 작동 유체의 일부 또는 전량을 분기 시키는 관로는?

① 바이패스 관로
② 드레인 관로
③ 통기관로
④ 주관로

풀이

바이패스 회로이다.

80

그림과 같은 유압 기호의 설명이 아닌 것은?

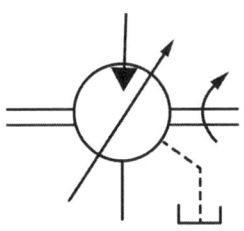

① 유압 펌프를 의미한다.
② 1방향 유동을 나타낸다.
③ 가변 용량형 구조이다.
④ 외부 드레인을 가졌다.

풀이

유압모터이다.

제5과목 : 기계제작법 및 기계동력학

81

다음 식과 같은 단순조화운동(simple harmonic motion)에 대한 설명으로 틀린 것은? (단, 변위 x는 시간 t에 대한 함수이고, A, ω, ϕ는 상수이다.)

$$x(t) = A\sin(\omega t + \phi)$$

① 변위와 속도 사이에 위상차가 없다.
② 주기적으로 같은 운동이 반복된다.
③ 가속도의 진폭은 변위의 진폭에 비례한다.
④ 가속도의 주기와 변위의 주기는 동일하다.

풀이

변위 $x = A\sin(\omega t + \phi)$
속도 $\dot{x} = \omega A\cos(\omega t + \phi)$
가속도 $\ddot{x} = -\omega^2 A\sin(\omega t + \phi)$
속도는 변위보다 90° 앞선다.

82

지면으로부터 경사각이 30°인 경사면에 정지된 블록이 미끄러지기 시작하여 10m/s의 속력이 될 때까지 걸린 시간은 약 몇 초인가? (단, 경사면과 블록과의 동마찰계수는 0.3이라고 한다.)

① 1.42   ② 2.13
③ 2.84   ④ 4.24

풀이

운동방정식에서
$mg\sin\theta - \mu mg\cos\theta = ma$
$\therefore a = g(\sin\theta - \mu\cos\theta)$
$= 9.8 \times (\sin30° - 0.3 \times \cos30°) = 2.36 [\text{m/s}^2]$
등가속도 직선운동의 식 $v = at$에서
$\therefore t = \dfrac{v}{a} = \dfrac{10}{2.36} = 4.24 [\text{s}]$

83

물리량에 대한 차원 표시가 틀린 것은?
(단, M : 질량, L : 길이, T : 시간)

① 힘 : MLT^{-2}
② 각가속도 : T^{-2}
③ 에너지 : ML^2T^{-1}
④ 선형운동량 : MLT^{-1}

풀이

에너지의 차원은 $[\text{ML}^2\text{T}^{-2}]$이다.

84

A에서 던진 공이 L_1만큼 날아간 후 B에서 튀어 올라 다시 날아간다. B에서의 반발계수를 e라 하면 다시 날아간 거리 L_2는? (단, 공과 바닥 사이에서 마찰은 없다고 가정한다.)

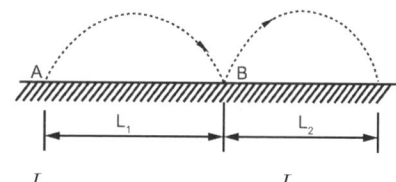

① $\dfrac{L_1}{e}$ ② $\dfrac{L_1}{e^2}$
③ eL_1 ④ $e^2 L_1$

풀이

물체의 운동에서 수평속도는 일정하다. 다만 L_1을 날아가는데 걸린 시간(t_1)은 높이(h_1)의 제곱근에 비례하고, L_2를 날아가는데 걸린시간(t_2)는 높이(h_2)의 제곱근에 비례한다. 즉,

$$t_1 = 2\sqrt{\dfrac{2h_1}{g}}, \ t_2 = 2\sqrt{\dfrac{2h_2}{g}}$$

그런데, 높이 h_1 및 h_2 사이에는 $h_2 = e^2 h_1$의 관계가 성립하므로 $t_2 = et_1$이다.

따라서, $L_1 = v_x t_1$, $L_2 = v_x t_2 = v_x et_1$
결국, $L_2 = eL_1$

85

그림과 같은 단진자 운동에서 길이 L이 4배로 늘어나면 진동주기는 약 몇 배로 변하는가? (단, 운동은 단일 평면상에서만 한다고 가정하고, 진동 각변위(θ)는 충분히 작다고 가정한다.)

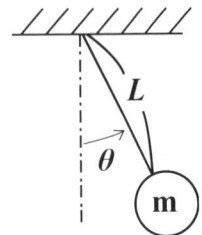

① $\sqrt{2}$
② 2
③ 4
④ 16

풀이

단진자의 주기(T)는 $T = 2\pi\sqrt{\dfrac{\ell}{g}}$ 이다.

따라서 길이가 4배가 되면 주기는 2배가 된다.

86

길이가 L인 가늘고 긴 일정한 단면의 봉이 좌측단에서 핀으로 지지되어 있다. 봉을 그림과 같이 수평으로 정지시킨 후, 이를 놓아서 중력에 의해 회전시킨다면, 봉의 위치가 수직이 되는 순간에 봉의 각속도는? (단, g는 중력가속도를 나타내고, 핀 부분의 마찰은 무시한다.)

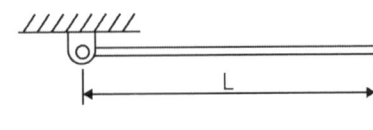

① $\sqrt{\dfrac{g}{L}}$
② $\sqrt{\dfrac{2g}{L}}$
③ $\sqrt{\dfrac{3g}{L}}$
④ $\sqrt{\dfrac{5g}{L}}$

풀이

막대의 무게 mg가 중심인 $\dfrac{L}{2}$ 위치에서 작용하므로 중력퍼텐셜에너지는 $\dfrac{mgL}{2}$ 이다. 또한, 막대의 회전운동에너지는 $\dfrac{1}{2}\left(\dfrac{mL^2}{3}\right)\omega^2$ 이므로 이 두 식을 등치시키면

$$\dfrac{mgL}{2} = \dfrac{1}{2}\left(\dfrac{mL^2}{3}\right)\omega^2$$

$$\therefore \omega = \sqrt{\dfrac{3g}{L}}$$

87

장력이 100N 걸려 있는 줄을 모터가 지속적으로 5m/s의 속력으로 끌어당기고 있다면 사용된 모터의 일률(Power)은 몇 W인가?

① 51
② 250
③ 350
④ 500

풀이

일률(Power, 동력) = 힘 × 속력
$H = FV = 100 \times 5 = 500 [\text{W}]$

88

x방향에 대한 운동 방정식이 다음과 같이 나타날 때 이 진동계에서의 감쇠 고유진동수(damped natural frequency)는 약 몇 rad/s인가?

$$2\ddot{x} + 3\dot{x} + 8x = 0$$

① 1.35
② 1.85
③ 2.25
④ 2.75

풀이

우선, 운동방정식 $m\ddot{x} + c\dot{x} + kx = 0$꼴이므로
$m=2$, $c=3$, $k=8$이다.

고유진동수 $\omega_n = \sqrt{\dfrac{k}{m}} = \sqrt{\dfrac{8}{2}} = 2\,[\text{rad/s}]$

감쇠비 $\zeta = \dfrac{c}{2\sqrt{mk}} = \dfrac{3}{2\sqrt{2 \times 8}} = 0.375$

따라서, 감쇠 고유진동수는
$\omega_{nd} = \omega_n\sqrt{1-\zeta^2} = 2\sqrt{1-0.375^2} = 1.854\,[\text{rad/s}]$

89

그림과 같이 반지름이 45mm인 바퀴가 미끄럼이 없이 왼쪽으로 구르고 있다. 바퀴 중심의 속력은 0.9m/s로 일정하다고 할 때, 바퀴 끝단의 한 점(A)의 속도(v_A, m/s)와 가속도(a_A, m/s^2)의 크기는?

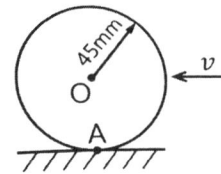

① $v_A = 0$, $a_A = 0$
② $v_A = 0$, $a_A = 18$
③ $v_A = 0.9$, $a_A = 0$
④ $v_A = 0.9$, $a_A = 18$

풀이

A점에서는 원주속도와 병진속도가 상쇄되므로 속도가 0이다. 또한 원주속도의 크기는 ωr이므로
$\omega = \dfrac{v}{r} = \dfrac{0.9}{0.045} = 20\,[\text{rad/s}]$
$\therefore a = \omega^2 r = 20^2 \times 0.045 = 18\,[\text{m/s}^2]$

90

회전속도가 2000rpm인 원심 팬이 있다. 방진고무로 탄성 지지시켜 진동 전달률을 0.3으로 하고자 할 때, 방진고무의 정적 수축량은 약 몇 mm인가? (단, 방진고무의 감쇠계수는 0으로 가정한다.)

① 0.71
② 0.97
③ 1.41
④ 2.20

풀이

전달률 $TR = \dfrac{1}{\gamma^2 - 1}$에서
$\gamma = \sqrt{1 + \dfrac{1}{TR}} = \sqrt{1 + \dfrac{1}{0.3}} = 2.08$

또한, 진동수비 $\gamma = \dfrac{\omega}{\omega_n}$에서
고유진동수(ω_n)는
$\omega_n = \dfrac{\omega}{\gamma} = \dfrac{\left(\dfrac{2\pi N}{60}\right)}{\gamma} = \dfrac{\left(\dfrac{2\pi \times 2000}{60}\right)}{2.08} = 100.7\,[\text{rad/s}]$

따라서, $\omega_n = \sqrt{\dfrac{g}{\delta_{st}}}$에서
$\delta_{st} = \dfrac{g}{\omega_n^2} = \dfrac{980}{100.7^2} = 0.097\,[\text{cm}] = 0.97\,[\text{mm}]$

91

강재의 표면에 Si를 침투시키는 방법으로 내식성, 내열성 등을 향상시키는 방법은?

① 브로나이징
② 칼로라이징
③ 크로마이징
④ 실리코나이징

풀이

실리코나이징이다.

92

일반적으로 보통 선반의 크기를 표시하는 방법이 아닌 것은?

① 스핀들의 회전속도
② 왕복대 위의 스윙
③ 베드 위의 스윙
④ 주축대와 심압대 양 센터 간 최대거리

풀이
스핀들의 회전속도는 선반의 규격과는 관계없다.

93

유성형(planetary type) 내면 연삭기를 사용한 가공으로 가장 적합한 것은?
① 암나사의 연삭
② 호브(hob)의 치형 연삭
③ 블록게이지의 끝마무리 연삭
④ 내연기관 실린더의 내면 연삭

풀이
내연기관의 내면연삭에 적합하다.

94

버니어캘리퍼스의 눈금 24.5mm를 25등분 한 경우 최소 측정값은 몇 mm인가? (단, 본 척의 눈금간격은 0.5mm이다.)
① 0.01   ② 0.02
③ 0.05   ④ 0.1

풀이
최소 측정값 = $\dfrac{\text{본척의 한눈금}}{\text{등분수}} = \dfrac{0.5}{25} = 0.02\,[\text{mm}]$

95

방전가공(Electro Discharge Machining)에서 전극재료의 구비조건으로 적절하지 않은 것은?
① 기계가공이 쉬울 것
② 가공 속도가 빠를 것
③ 전극소모량이 많을 것
④ 가공 정밀도가 높을 것

풀이
전극재료는 전극소모량이 적어야 한다.

96

렌치, 스패너 등 작은 공구를 단조할 때 다음 중 가장 적합한 것은?
① 로터리 스웨이징
② 프레스 가공
③ 형 단조
④ 자유단조

풀이
형 단조로 가공하는게 좋다.

97

용접 시 발생하는 불량(결함)에 해당하지 않는 것은?
① 오버랩   ② 언더컷
③ 콤퍼지션   ④ 용입불량

풀이
콤퍼지션(composition)
: 자동 용접 또는 반자동 용접을 할 때에 사용하는 미분 형태의 플럭스. 저수소계의 광물성 물질로서 한번 용융 또는 소성한 후 분쇄한 것이다.

98

주물용으로 가장 많이 사용하는 주물사의 주성분은?
① Al_2O_3 ② SiO_2
③ MgO ④ FeO_3

풀이
주물사의 주성분: 규사(SiO_2)

99

지름 400mm의 롤러를 이용하여, 폭 300mm, 두께 25mm의 판재를 열간 압연하여 두께 20mm가 되었을 때, 압하량과 압하율은?
① 압하량: 5mm, 압하율: 20%
② 압하량: 5mm, 압하율: 25%
③ 압하량: 20mm, 압하율: 25%
④ 압하량: 100mm, 압하율: 20%

정답 93④ 94② 95③ 96③ 97③ 98② 99①

풀이

압하량 = $H_0 - H = 25 - 20 = 5\,[\text{mm}]$

압하율 = $\dfrac{H_0 - H}{H_0} \times 100 = \dfrac{25-20}{25} \times 100 = 20\,[\%]$

100

절삭유가 갖추어야 할 조건으로 틀린 것은?

① 마찰계수가 적고 인화점이 높을 것
② 냉각성이 우수하고 윤활성이 좋을 것
③ 장시간 사용해도 변질되지 않고 인체에 무해할 것
④ 절삭유의 표면장력이 크고 칩의 생성부에는 침투되지 않을 것

풀이

절삭유의 표면장력이 작아서 칩의 생성부까지 잘 스며들어야 한다.

국가기술자격 필기시험
2020년 기사 제1,2회 【 일반기계기사 】 필기

제1과목 : 재료역학

1

원형단면 축에 147kW의 동력을 회전수 2000 rpm으로 전달시키고자 한다. 축 지름은 약 몇 cm로 해야 하는가? (단, 허용전단응력은 τ_w=50MPa이다.)

① 4.2   ② 4.6
③ 8.5   ④ 9.9

풀이

$T = \tau_w \dfrac{\pi d^3}{16} = \dfrac{60H}{2\pi N}$ 에서

$50 \times \dfrac{\pi d^3}{16} = \dfrac{60 \times 147 \times 10^6}{2\pi \times 2000}$ ∴ $d = 41.5(mm) ≒ 4.2(cm)$

2

그림과 같이 외팔보의 중앙에 집중하중 P가 작용하는 경우 집중하중 P가 작용하는 지점에서의 처짐은? (단, 보의 굽힘강성 EI는 일정하고, L은 보의 전체 길이이다.)

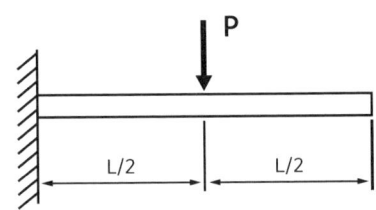

① $\dfrac{PL^3}{3EI}$ ② $\dfrac{PL^3}{24EI}$

③ $\dfrac{PL^3}{8EI}$ ④ $\dfrac{5PL^3}{48EI}$

모멘트면적법을 사용하면

$\delta = \dfrac{A_M}{EI} \cdot \bar{x}_1 = \dfrac{1}{EI}\left(\dfrac{1}{2} \times \dfrac{L}{2} \times \dfrac{PL}{2}\right)\left(\dfrac{2}{3} \times \dfrac{L}{2}\right)$

$= \dfrac{PL^3}{24EI}$

3

직사각형 단면의 단주에 150kN 하중이 중심에서 1m만큼 편심되어 작용할 때 이 부재 BD에서 생기는 최대 압축응력은 약 몇 kPa인가?

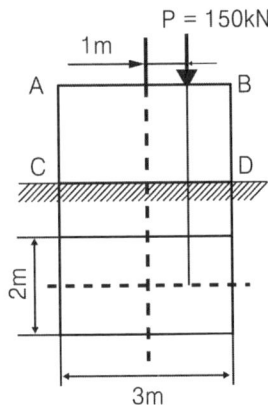

① 25   ② 50
③ 75   ④ 100

풀이

$\sigma_{max} = \dfrac{P}{A} + \dfrac{M}{Z} = \dfrac{150}{3 \times 2} + \dfrac{150 \times 1}{\dfrac{2 \times 3^2}{6}} = 75(kPa)$

4

그림과 같은 균일 단면의 돌출보에서 반력 R_A는? (단, 보의 자중은 무시한다.)

정답 1① 2② 3③ 4①

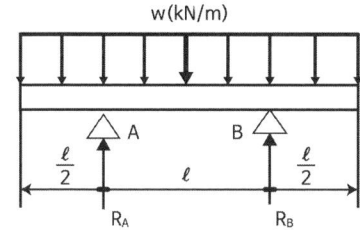

① $w\ell$ ② $\dfrac{w\ell}{4}$
③ $\dfrac{w\ell}{3}$ ④ $\dfrac{w\ell}{2}$

풀이

전하중의 1/2이다. 즉,
$R_A = R_B = \dfrac{1}{2} \times w \times 2\ell = w\ell$

5

양단이 고정된 축을 그림과 같이 m-n단면에서 T만큼 비틀면 고정단 AB에서 생기는 저항 비틀림 모멘트의 비 T_A/T_B는?

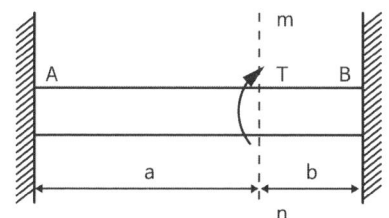

① $\dfrac{b^2}{a^2}$ ② $\dfrac{b}{a}$
③ $\dfrac{a}{b}$ ④ $\dfrac{a^2}{b^2}$

풀이

$T_A = \dfrac{b}{a+b} T$, $T_B = \dfrac{a}{a+b} T$ ∴ $\dfrac{T_A}{T_B} = \dfrac{b}{a}$

6

그림의 평면응력상태에서 최대 주응력은 약 몇 MPa인가? (단, $\sigma_x = 175$MPa, $\sigma_y = 35$MPa, $\tau_{xy} = 60$MPa이다.)

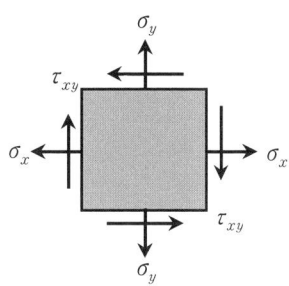

① 95 ② 105
③ 163 ④ 197

풀이

$\sigma_1 = \dfrac{\sigma_x + \sigma_y}{2} + \sqrt{\left(\dfrac{\sigma_x - \sigma_y}{2}\right)^2 + \tau_{xy}^2}$

$= \dfrac{175 + 35}{2} + \sqrt{\left(\dfrac{175 - 35}{2}\right)^2 + 60^2} = 197.2 (\text{MPa})$

7

동일한 길이와 재질로 만들어진 두 개의 원형단면 축이 있다. 각각의 지름이 d_1, d_2일 때 각 축에 저장되는 변형에너지 u_1, u_2의 비는? (단, 두 축은 모두 비틀림 모멘트 T를 받고 있다.)

① $\dfrac{u_1}{u_2} = \left(\dfrac{d_2}{d_1}\right)^4$ ② $\dfrac{u_2}{u_1} = \left(\dfrac{d_2}{d_1}\right)^3$
③ $\dfrac{u_1}{u_2} = \left(\dfrac{d_2}{d_1}\right)^3$ ④ $\dfrac{u_2}{u_1} = \left(\dfrac{d_2}{d_1}\right)^4$

풀이

$u = \dfrac{1}{2} T\theta = \dfrac{1}{2} \dfrac{T^2 \ell}{GI_p} = \dfrac{1}{2} \dfrac{32 T^2 \ell}{G\pi d^4}$ 에서

T, G, ℓ은 두 축의 값이 같으므로

탄성에너지의 비는 $\dfrac{u_1}{u_2} = \left(\dfrac{d_2}{d_1}\right)^4$ 이다.

8

철도 레일의 온도가 50℃에서 15℃로 떨어졌을 때 레일에 생기는 열응력은 약 몇 MPa인가? (단, 선팽창계수는 0.000012/℃, 세로탄성계수는 210GPa이다.)

① 4.41
② 8.82
③ 44.1
④ 88.2

풀이

$\sigma = E\alpha |T_2 - T_1|$

$= 210 \times 10^3 \times 1.2 \times 10^{-5} \times (50-15) = 88.2 \text{(MPa)}$

9

그림과 같이 양단에서 모멘트가 작용할 경우 A 지점의 처짐각 θ_A는? (단, 보의 굽힘 강성 EI은 일정하고, 자중은 무시한다.)

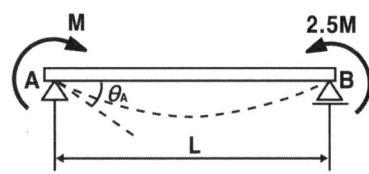

① $\dfrac{ML}{2EI}$

② $\dfrac{2ML}{5EI}$

③ $\dfrac{ML}{6EI}$

④ $\dfrac{3ML}{4EI}$

풀이

공액보로 푼다. 우선, B.M.D를 그려보면

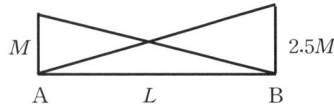

$\theta_A = \dfrac{1}{EI}\left(\dfrac{1}{2} \times M \times \dfrac{2L}{3} + \dfrac{1}{2} \times 2.5M \times \dfrac{L}{3}\right) = \dfrac{3ML}{4EI}$

10

그림과 같은 트러스 구조물에서 B점에서 10kN의 수직 하중을 받으면 BC에 작용하는 힘은 몇 kN인가?

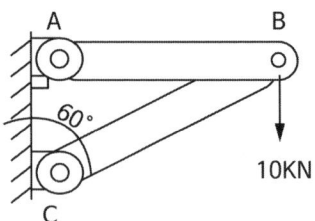

① 20   ② 17.32
③ 10   ④ 8.66

풀이

라미의 정리에 의하여

$\dfrac{F_{BC}}{\sin 270°} = \dfrac{10}{\sin 30°} \quad \therefore F_{BC} = -20 \text{(kN)}$

여기서, (−)는 압축력을 의미한다.

11

그림과 같이 길고 얇은 평판이 평면 변형률 상태로 σ_x를 받고 있을 때, ϵ_x는?

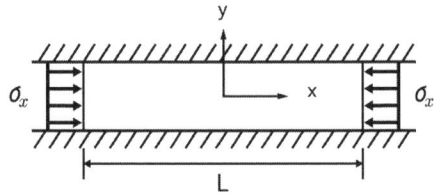

① $\epsilon_x = \dfrac{1-\nu}{E}\sigma_x$

② $\epsilon_x = \dfrac{1+\nu}{E}\sigma_x$

③ $\epsilon_x = \left(\dfrac{1-\nu^2}{E}\right)\sigma_x$

④ $\epsilon_x = \left(\dfrac{1+\nu^2}{E}\right)\sigma_x$

풀이

$\varepsilon_y = \dfrac{\sigma_y}{E} - \nu\dfrac{\sigma_x}{E} = 0 \quad \therefore \sigma_y = \nu\sigma_x$

$\therefore \varepsilon_x = \dfrac{\sigma_x}{E} - \nu\dfrac{\sigma_y}{E} = \dfrac{\sigma_x}{E}(1-\nu^2)$

12

그림과 같은 빗금 친 단면을 갖는 중공축이 있다.

이 단면의 O점에 관한 극단면 2차모멘트는?

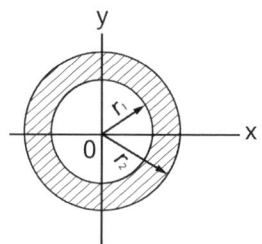

① $\pi(r_2^4 - r_1^4)$
② $\dfrac{\pi}{2}(r_2^4 - r_1^4)$
③ $\dfrac{\pi}{4}(r_2^4 - r_1^4)$
④ $\dfrac{\pi}{16}(r_2^4 - r_1^4)$

풀이

$I_p = \dfrac{\pi}{32}(d_2^4 - d_1^4) = \dfrac{\pi}{32}\{(2r_2)^4 - (2r_1)^4\}$
$= \dfrac{\pi}{2}(r_2^4 - r_1^4)$

13

외팔보의 자유단에 연직 방향으로 10kN의 집중 하중이 작용하면 고정단에 생기는 굽힘 응력은 약 몇 MPa인가? (단, 단면(폭×높이) b×h=10cm×15cm, 길이 1.5m이다.)

① 0.9
② 5.3
③ 40
④ 100

풀이

$\sigma_{max} = \dfrac{M}{Z} = \dfrac{6P\ell}{bh^2} = \dfrac{6 \times 10 \times 10^3 \times 1500}{100 \times 150^2}$
$= 40(\text{MPa})$

14

지름 300mm의 단면을 가진 속이 찬 원형보가 굽힘을 받아 최대 굽힘 응력이 100MPa이 되었다. 이 단면에 작용한 굽힘 모멘트는 약 몇 kN·m인가?

① 265
② 315
③ 360
④ 425

풀이

$M = \sigma_{max} Z = \sigma_{max} \dfrac{\pi}{32} d^3 = 100 \times \dfrac{\pi}{32} \times 300^3$
$= 265071880(\text{N} \cdot \text{mm}) = 265(\text{kN} \cdot \text{m})$

15

원형 봉에 축방향 인장하중 P=88kN이 작용할 때 직경의 감소량은 약 몇 mm인가? (단, 봉은 길이 L=2m, 직경 d=40mm, 세로탄성계수는 70GPa, 포아송비 μ=0.3이다.)

① 0.006
② 0.012
③ 0.018
④ 0.036

풀이

$\lambda = \dfrac{PL}{AE} = \dfrac{4 \times 88 \times 10^3 \times 2000}{\pi \times 40^2 \times 70 \times 10^3} = 2(\text{mm})$

$\mu = \nu = \dfrac{\varepsilon'}{\varepsilon} = \dfrac{\delta/d}{\lambda/L}$ 에서

$\delta = \mu\dfrac{\lambda d}{L} = 0.3 \times \dfrac{2 \times 40}{2000} = 0.012(\text{mm})$

16

전체 길이가 L이고, 일단 지지 및 타단 고정보에서 삼각형 분포 하중이 작용할 때, 지지점 A에서의 반력은? (단, 보의 굽힘강성 EI는 일정하다.)

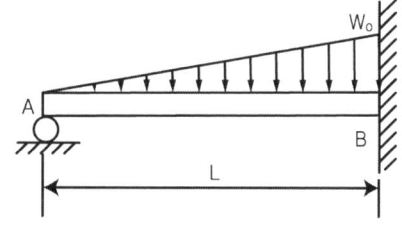

① $\dfrac{1}{2}w_0 L$
② $\dfrac{1}{3}w_0 L$
③ $\dfrac{1}{5}w_0 L$
④ $\dfrac{1}{10}w_0 L$

풀이

A단에서의 처짐의 겹침이 0임을 이용한다.
$\delta_1 = \dfrac{R_A L^3}{3EI}$, $\delta_2 = \dfrac{w_0 L^4}{30EI}$ 이므로

$$\delta_1 = \delta_2 : \frac{R_A L^3}{3EI} = \frac{w_0 L^4}{30EI} \quad \therefore R_A = \frac{w_0 L}{10}$$

17

지름 D인 두께가 얇은 링(ring)을 수평면 내에서 회전시킬 때, 링에 생기는 인장응력을 나타내는 식은? (단, 링의 단위 길이에 대한 무게를 W, 링의 원주속도를 V, 링의 단면적을 A, 중력 가속도를 g로 한다.)

① $\dfrac{WV^2}{DAg}$ ② $\dfrac{WDV^2}{Ag}$

③ $\dfrac{WV^2}{Ag}$ ④ $\dfrac{WV^2}{Dg}$

풀이
링의 단위길이당 무게 $W = \gamma A$이므로
$$\sigma = \frac{\gamma}{g}v^2 = \frac{WV^2}{Ag}$$

18

단면적이 4cm²인 강봉에 그림과 같은 하중이 작용하고 있다. $W=60$kN, $P=25$kN, $\ell=20$cm일 때 BC부분의 변형률 ε은 약 얼마인가? (단, 세로탄성계수는 200GPa이다.)

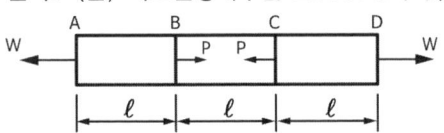

① 0.00043   ② 0.0043
③ 0.043   ④ 0.43

풀이
BC구간을 절단하여 작용하는 힘을 구하면 $(W-P)$이다. 따라서
$$\varepsilon = \frac{\sigma}{E} = \frac{W-P}{AE} = \frac{(60-25) \times 10^3}{4 \times 10^2 \times 200 \times 10^3}$$
$$= 4.375 \times 10^{-4} = 0.00043$$

19

오일러 공식이 세장비 $\dfrac{\ell}{k} > 100$에 대해 성립한다고 할 때, 양단이 힌지인 원형단면 기둥에서 오일러 공식이 성립하기 위한 길이 "ℓ"과 지름 "d"와의 관계가 옳은 것은? (단, 단면의 회전 반경을 k라 한다.)

① $\ell > 4d$ ② $\ell > 25d$
③ $\ell > 50d$ ④ $\ell > 100d$

풀이
주어진 조건에서
$$\ell > 100k = 100\sqrt{\frac{I}{A}} = 100\sqrt{\frac{\pi d^4/64}{\pi d^2/4}} = 25d$$

20

그림과 같은 단면을 가진 외팔보가 있다. 그 단면의 자유단에 전단력 $V=40$kN이 발생한다면 단면 a-b 위에 발생하는 전단응력은 약 몇 MPa인가?

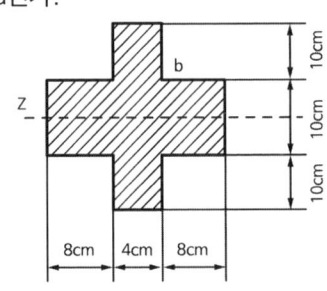

① 4.57   ② 4.88
③ 3.87   ④ 3.14

풀이
$$\tau = \frac{VQ}{tI}$$
$$= \frac{(40)(4 \times 10 \times 10)}{4 \times \left\{\left(\dfrac{20 \times 10^3}{12}\right) + 2 \times \left(\dfrac{4 \times 10^3}{12} + 4 \times 10 \times 10^2\right)\right\}}$$
$$= 0.387(\text{kN/cm}^2) = 3.87(\text{N/mm}^2) = 3.87(\text{MPa})$$

제2과목 : 기계열역학

21

압력 1000kPa, 온도 300℃ 상태의 수증기(엔탈비 3051.15kJ/kg, 엔트로피 7.1228kJ/kg·K)가 증기터빈으로 들어가서 100kPa상태로 나온다. 터빈의 출력 일이 370kJ/kg일 때 터빈의 효율(%)은?

수증기의 포화 상태표 (압력(100kPa)/온도 99.62℃)			
엔탈피(kJ/kg)		엔트로피(kJ/kg·K)	
포화액체	포화증기	포화액체	포화증기
417.44	2675.46	1.3025	7.3593

① 15.6   ② 33.2
③ 66.8   ④ 79.8

풀이

증기의 건도를 구해보면 $s = s' + x(s'' - s')$ 에서

$$x = \frac{s - s'}{s'' - s'} = \frac{7.1228 - 1.3025}{7.3593 - 1.3025} = 0.961$$

터빈출구 엔탈피 $h_{출구}$ 는

$$h_{출구} = h' + x(h'' - h')$$
$$= 417.44 + 0.961 \times (2675.46 - 417.44)$$
$$= 2587.4 \, [\text{kJ/kg}]$$

터빈에서 발생되는 이론적인 출력일 $w_{이론}$ 은

$$w_{이론} = h_{입구} - h_{출구} = 3051.15 - 2587.4$$
$$= 463.75 \, [\text{kJ/kg}]$$

$$\therefore \text{터빈효율} \ \eta = \frac{w_{실제}}{w_{이론}} = \frac{370}{463.75} \times 100 = 79.8 \, [\%]$$

22

열역학 제2법칙에 대한 설명으로 틀린 것은?
① 효율이 100%인 열기관은 얻을 수 없다.
② 제2종의 영구 기관은 작동 물질의 종류에 따라 가능하다.
③ 열은 스스로 저온의 물질에서 고온의 물질로 이동하지 않는다.
④ 열기관에서 작동 물질의 일을 하게 하려면 그 보다 더 저온인 물질이 필요하다.

풀이

제2종 영구기관은 흡수한 열량을 모두 일량으로 바꿔주는 기관 즉, 열효율이 100%인 기관을 의미하므로 절대로 제작할 수 없다.

23

300L 체적의 진공인 탱크가 25℃, 6MPa의 공기를 공급하는 관에 연결된다. 밸브를 열어 탱크 안의 공기 압력이 5MPa이 될 때까지 공기를 채우고 밸브를 닫았다. 이 과정이 단열이고 운동에너지와 위치에너지의 변화를 무시한다면 탱크 안의 공기의 온도(℃)는 얼마가 되는가? (단, 공기의 비열비는 1.4이다.)

① 1.5   ② 25.0
③ 84.4   ④ 144.2

풀이

열역학 제1법칙의 개방계 정상유동 식에서

$$\dot{Q} = \dot{W_t} + \dot{m}(h_2 - h_1) + \frac{1}{2}\dot{m}(V_2^2 - V_1^2) + \dot{m}(Z_2 - Z_1)$$

$\dot{Q} = 0$, $\dot{W_t} = 0$, 운동에너지=0, 위치에너지=0이므로 $h_2 = h_1$ 이다. 그런데, 유입측에서는 운동에너지가 있고 유출측에서는 운동에너지가 없다. 그러므로 유입측은 운동에너지를 고려한 엔탈피를 고려하고 유출측에서는 운동이 없는 내부에너지를 고려한다. 즉, $h_2 = u_2$ 이므로 $u_2 = h_1$ 이다.

즉, $C_v T_2 = C_p T_1$

$$\therefore T_2 = \frac{C_p}{C_v} T_1 = k T_1 = 1.4 \times (25 + 273) = 417.2 \, [\text{K}]$$
$$= 144.2 \, [\text{℃}]$$

24

단열된 가스터빈의 입구 측에서 압력 2MPa, 온도 1200L인 가스가 유입되어 출구 측에서 압력 100kPa, 온도 600K로 유출된다. 5MW의 출력을 얻기 위해 가스의 질량유량(kg/s)은 얼마이어야 하는가? (단, 터빈의 효율은 100%이고, 가스의 정압비열은 1.12kJ/ (kg·K)이다.)

① 6.44 ② 7.44
③ 8.44 ④ 9.44

풀이

출력 $\dot{W}_t = \dot{m}\Delta h = \dot{m}C_p\Delta T$

$$\therefore \dot{m} = \frac{\dot{W}_t}{C_p\Delta T} = \frac{5\times 10^3}{1.12\times(1200-600)} = 7.44\,[\text{kJ/kg}]$$

25

공기 10kg이 압력 200kPa, 체적 5m³ 상태에서 압력 400kPa, 온도 300℃인 상태로 변한 경우 최종 체적(m³)은 얼마인가? (단, 공기의 기체상수는 0.287kJ/kg·K이다.)

① 10.7 ② 8.3
③ 6.8 ④ 4.1

풀이

$P_2 V_2 = mRT_2$

$$\therefore V_2 = \frac{mRT_2}{P_2} = \frac{10\times 0.287\times(273+300)}{400} = 4.1\,[\text{m}^3]$$

26

이상적인 냉동사이클에서 응축기 온도가 30℃, 증발기 온도가 -10℃일 때 성적 계수는?

① 4.6 ② 5.2
③ 6.6 ④ 7.5

풀이

$$\varepsilon_2 = \frac{T_2}{T_1 - T_2} = \frac{273-10}{30-(-10)} = 6.575 \fallingdotseq 6.6$$

27

초기 압력 100kPa, 초기 체적 0.1m³인 기체를 버너로 가열하여 기체 체적이 정압과정으로 0.5m³이 되었다면 이 과정동안 시스템이 외부에 한 일(kJ)은?

① 10 ② 20
③ 30 ④ 40

풀이

$W = P(V_2 - V_1) = 100\times(0.5-0.1) = 40\,(\text{kJ})$

28

랭킨사이클에서 보일러 입구 엔탈피 192.5kJ/kg, 터빈 입구 엔탈피 3002.5kJ/kg, 응축기 입구 엔탈피 2361.8kJ/kg일 때 열효율(%)은? (단, 펌프의 동력은 무시한다.)

① 20.3
② 22.8
③ 25.7
④ 29.5

풀이

펌프동력을 무시하므로

$$\eta = \frac{h_{\text{터빈입구}} - h_{\text{터빈출구}}}{h_{\text{터빈입구}} - h_{\text{보일러입구}}} = \frac{3002.5 - 2361.8}{3002.5 - 192.5}\times 100 = 22.8\,[\%]$$

29

준평형 정적과정을 거치는 시스템에 대한 열전달량은? (단, 운동에너지와 위치에너지의 변화는 무시한다.)

① 0이다.
② 이루어진 일량과 같다.
③ 엔탈피 변화향과 같다.
④ 내부에너지 변화량과 같다.

풀이

$Q = \Delta U + PdV$에서 정적이므로 $dV = 0$ $\therefore Q = \Delta U$

30

1kW의 전기히터를 이용하여 101kPa, 15℃의 공기로 차있는 100m³의 공간을 난방하려고 한다. 이 공간은 견고하고 밀폐되어 있으며 단열되어 있다. 히터를 10분동안 작동시킨경우, 이 공간의 최종온도(℃)는? (단, 공기의 정적비열은 0.718kJ/kg·K이고, 기체상수는 0.287kJ/kg·K이다.)

① 18.1
② 21.8
③ 25.3
④ 29.4

풀이

정적과정이므로
$Q = \Delta U = mC_v(T_2 - T_1)$
$P \times t = \dfrac{PV}{RT} \times C_v(T_2 - T_1)$
$1 \times 10 \times 60 = \dfrac{101 \times 100}{0.287 \times (273+15)} \times 0.718 \times (T_2 - 15)$
$\therefore T_2 = 21.8(℃)$

31

펌프를 사용하여 150kPa, 26℃의 물을 가역단열과정으로 650kPa까지 변화시킨 경우, 펌프의 일(kJ/kg)은? (단, 26℃의 포화액의 비체적은 0.001m³/kg이다.)

① 0.4
② 0.5
③ 0.6
④ 0.7

풀이

$w_p = v\Delta P = 0.001 \times (650 - 150) = 0.5 (\text{kJ/kg})$

32

열역학적 관점에서 다음 장치들에 대한 설명으로 옳은 것은?

① 노즐은 유체를 서서히 낮은 압력으로 팽창하여 속도를 감속시키는 기구이다.
② 디퓨저는 저속의 유체를 가속하는 기구이며 그 결과 유체의 압력이 증가한다.
③ 터빈은 작동유체의 압력을 이용하여 열을 생성하는 회전식 기계이다.
④ 압축기의 목적은 외부에서 유입된 동력을 이용하여 유체의 압력을 높이는 것이다.

풀이

① 노즐은 저속의 유체를 가속하는 기구이며 그 결과 유체의 압력이 증가한다.
② 디퓨저는 유체를 서서히 낮은 압력으로 팽창하여 속도를 감속시키는 기구이다.
③ 터빈은 작동유체의 압력과 온도를 이용하여 일을 생성하는 회전식 기계이다.

33

피스톤-실린더 장치에 들어있는 100kPa, 27℃의 공기가 600kPa까지 가역단열과정으로 압축된다. 비열비가 1.4로 일정하다면 이 과정동안에 공기가 받은 일(kJ/kg)은? (단, 공기의 기체상수는 0.287kJ/(kg·K)이다.)

① 263.6
② 171.8
③ 143.5
④ 116.9

풀이

$\delta q = du + \delta w$에서 $\delta q = 0$ $\therefore \delta w = -du$
$\therefore w = -\Delta u = u_1 - u_2 = C_v(T_1 - T_2) = \dfrac{R}{k-1}(T_1 - T_2)$
$= \dfrac{RT_1}{k-1}\left(1 - \left(\dfrac{P_2}{P_1}\right)^{\frac{k-1}{k}}\right) = \dfrac{0.287 \times 300}{0.4}\left(1 - \left(\dfrac{600}{100}\right)^{\frac{0.4}{1.4}}\right)$
$= -143.9 [\text{kJ/kg}]$

여기서, (-)는 받은 일을 의미한다.

34

다음 중 가장 큰 에너지는?

① 100kW 출력의 엔진이 10시간 동안 한 일
② 발열량 10000kJ/kg의 연료를 100kg 연소시켜 나오는 열량
③ 대기압 하에서 10℃ 물 10m³를 90℃를 가열하는데 필요한 열량(단, 물의 비열은 4.2kJ(kg·K)

정답 30 ② 31 ② 32 ④ 33 ③ 34 ①

④ 시속 100km로 주행하는 총 질량 2000kg인 자동차의 운동에너지

풀이

① $W = Pt = 100 \times 10^3 \times 10 \times 3600 = 3.6 \times 10^9 \, [\text{J}]$

② $Q = 100 \times 10000 \times 10^3 = 10^9 \, [\text{J}]$

③ $Q = 10 \times 10^3 \times 4.2 \times 10^3 \times 80 = 3.36 \times 10^9 \, [\text{J}]$

④ $K = \dfrac{1}{2} \times 2000 \times \left(\dfrac{100 \times 1000}{3600}\right)^2 = 0.77 \times 10^6 \, [\text{J}]$

35

이상기체 1kg을 300K, 100kPa에서 500K까지 "PVn=일정"의 과정(n=1.2)을 따라 변화시켰다. 이 기체의 엔트로피 변화량(kJ/K)은? (단, 기체의 비열비는 1.3, 기체상수는 0.287 kJ/(kg·K)이다.)

① -0.244
② -0.287
③ -0.344
④ -0.373

풀이

폴리트로프 변화

$$\Delta S = \int_1^2 \dfrac{\delta Q}{T} = \int_1^2 \dfrac{mC_n dT}{T} = mC_n \ln \dfrac{T_2}{T_1}$$

$$= m\dfrac{n-k}{n-1} C_v \ln \dfrac{T_2}{T_1} = m\dfrac{n-k}{n-1} \dfrac{R}{k-1} \ln \dfrac{T_2}{T_1}$$

$$= 1 \times \dfrac{1.2 - 1.3}{1.2 - 1} \times \dfrac{0.287}{1.3 - 1} \times \ln \dfrac{500}{300} = -0.244 \, [\text{kJ/K}]$$

36

실린더 내의 공기가 100kPa, 20℃ 상태에서 300kPa이 될 때까지 가역단열 과정으로 압축된다. 이 과정에서 실린더 내의 계에서 엔트로피의 변화(kJ/kg·K)는? (단, 공기의 비열비(k)는 1.4이다.)

① -1.35
② 0
③ 1.35
④ 13.5

풀이

가역단열과정 : 등엔트로피 과정 ∴ $\Delta s = 0$

37

다음은 시스템(계)과 경계에 대한 설명이다. 옳은 내용을 모두 고른 것은?

> 가. 검사하기 위하여 선택한 물질의 양이나 공간 내의 영역을 시스템(계)이라 한다.
> 나. 밀폐계는 일엉한 양의 체적으로 구성된다.
> 다. 고립계의 경계를 통한 에너지 출입은 불가능 하다.
> 라. 경계는 두께가 없으므로 체적을 차지 하지 않는다.

① 가, 다
② 나, 라
③ 가, 다, 라
④ 가, 나, 다, 라

풀이

밀폐계는 질량이 일정하며 체적의 변화를 수반한다.

38

용기 안에 있는 유체의 초기 내부에너지는 700kJ이다. 냉각과정 동안 250kJ의 열을 잃고, 용기 내에 설치된 회전날개로 유체에 100kJ의 일을 한다. 최종상태의 유체의 내부에너지(kJ)는 얼마인가?

① 350
② 450
③ 550
④ 650

풀이

밀폐계 1법칙, 유체가 일을 받은 것이므로

$Q = (U_2 - U_1) + W$

$-250 = (U_2 - 700) - 100$

∴ $U_2 = 800 - 250 = 550 \, [\text{kJ}]$

39

보일러에 온도 40℃, 엔탈피 167kJ/kg인 물이 공급되어 온도 350℃, 엔탈피 3115kJ

/kg인 수증기가 발생한다. 입구와 출구에서의 유속은 각각 5m/s, 50m/s이고, 공급되는 물의 양 2000kg/h일 때, 보일러에 공급해야 할 열량(kW)은? (단, 위치에너지 변화는 무시한다.)

① 631　　② 832
③ 1237　　④ 1638

풀이

개방계 정상류

$$\dot{Q} = \dot{W} + \dot{m}\left\{(h_2 - h_1) + \frac{1}{2}(u_2^2 - u_1^2) \times 10^{-3}\right\}$$
$$= 0 + \frac{1000}{3600} \times \left\{(3115 - 167) + \frac{1}{2} \times (50^2 - 5^2) \times 10^{-3}\right\}$$
$$= 1638.46 \,[kW]$$

40

그림과 같은 공기표준 브레이튼(Brayton) 사이클에서 작동유체 1kg당 터빈 일(kJ/kg)은? (단, T_1=300K. T_2=475.1K, T_3=1100K, T_4=694.5K이고, 공기의 정압비열과 정적비열은 각각 1.0035kJ/(kg·K), 0.7165kJ/(kg·K)이다.)

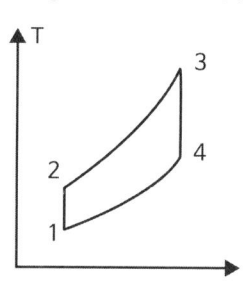

① 290　　② 407
③ 448　　④ 627

풀이

$w_T = C_p(T_3 - T_4) = 1.0035 \times (1100 - 694.5)$
$\quad = 406.9 ≒ 407 \,[kJ/kg]$

제3과목 : 기계유체역학

41

모세관을 이용한 점도계에서 원형관 내의 유동은 비압축성 뉴턴 유체의 층류유동으로 가정할 수 있다. 원형관의 입구 측과 출구 측의 압력차를 2배로 늘렸을 때, 동일한 유체의 유량은 몇 배가 되는가?

① 2배
② 4배
③ 8배
④ 16배

풀이

하겐-포와젤 방정식 : 층류, 점성유체(뉴턴유체)

$$Q = \frac{\Delta p \pi d^4}{128 \mu L}$$

$\therefore Q \propto \Delta p = 2 \,[배]$

42

지름이 10cm인 원통에 물이 담겨져 있다. 수직인 중심축에 대하여 300rpm의 속도로 원통을 회전시킬 때 수면의 최고점과 최저점의 수직 높이차는 약 몇 cm인가?

① 0.126
② 4.2
③ 8.4
④ 12.6

풀이

$$h_0 = \frac{r_0^2 \omega^2}{2g} = \frac{1}{2 \times 9.8} \times \left(\frac{0.1}{2}\right)^2 \times \left(\frac{2 \times \pi \times 300}{60}\right)^2$$
$$= 0.126 \,[m] = 12.6 \,[cm]$$

43

그림과 같이 비중이 1.3인 유제 위에 깊이 1.1m로 물이 채워져 있을 때, 직경 5cm의 탱크 출구로 나오는 유체의 평균 속도는 약 몇 m/s인가? (단, 탱크의 크기는 충분히 크고 마찰 손실은 무시한다.)

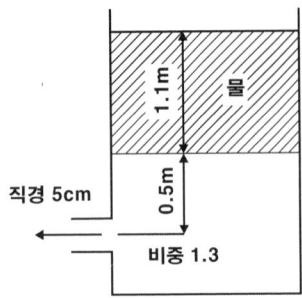

① 3.9
② 5.1
③ 7.2
④ 7.7

풀이

유효높이(effective height)를 h_e라 하면
토리첼리 속도 V는
$V = \sqrt{2gh_e} = \sqrt{2 \times 9.8 \times (1.1 + 0.6 \times 1.3)} = 6.1 [\text{m/s}]$

44

다음 유체역학적 양 중 질량차원을 포함하지 않는 양은 어느 것인가? (단, MLT 기본차원을 기준으로 한다.)

① 압력
② 동점성계수
③ 모멘트
④ 점성계수

풀이

동점성계수 $\nu = \dfrac{\mu}{\rho}$의 단위는 cm^2/s이므로 차원은 $[L^2T^{-1}]$이다.

45

그림과 같이 오일이 흐르는 수평관 사이로 두 지점의 압력차 p_1-p_2를 측정하기 위하여 오리피스와 수은을 넣어 U자관을 설치하였다. p_1-p_2로 옳은 것은? (단, 오일의 비중량은 γ_{oil}이며, 수은의 비중량은 γ_{Hg}이다.)

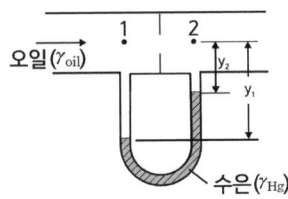

① $(y_1-y_2)(\gamma_{Hg}-\gamma_{oil})$
② $y_2(\gamma_{Hg}-\gamma_{oil})$
③ $y_1(\gamma_{Hg}-\gamma_{oil})$
④ $(y_1-y_{22})(\gamma_{oil}-\gamma_{Hg})$

풀이

$p_1 + \gamma_{oil}(y_1-y_2) - \gamma_{Hg}(y_1-y_2) = p_2$
$\therefore p_1 - p_2 = (y_1-y_2)(\gamma_{Hg}-\gamma_{oil})$

46

속도 포텐셜 $\emptyset = K\theta$인 와류 유동이 있다. 중심에서 반지름 r인 원주에 따른 순환(circulation) 식으로 옳은 것은? (단, K는 상수이다.)

① 0
② K
③ πK
④ $2\pi K$

풀이

$\vec{V} = \nabla \phi = \text{grad}\, \phi = \dfrac{\partial \phi}{\partial r}\hat{u}_r + \dfrac{1}{r}\dfrac{\partial \phi}{\partial \theta}\hat{u}_\theta$에서

$\phi = K\theta$이므로 $\dfrac{\partial \phi}{\partial r} = 0$, $\dfrac{1}{r}\dfrac{\partial \phi}{\partial \theta} = \dfrac{K}{r}$

결국, $\vec{V} = \dfrac{K}{r}\hat{u}_\theta$

따라서, 순환

$\Gamma = \oint_S \vec{V} \cdot d\vec{S} = \int_0^{2\pi} \dfrac{K}{r} \cdot r d\theta = 2\pi K$

47

그림과 같이 평행한 두 원판 사이에 점성계수 $\mu = 0.2 N \cdot s/m^2$인 유체가 채워져 있다. 아래 판은 정지되어 있고 윗 판은 1800rpm으로 회전할 때 작용하는 돌림힘은 몇 N인가?

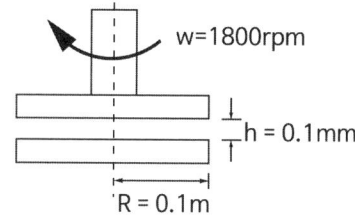

① 9.4 ② 38.3
③ 46.3 ④ 59.2

풀이

$$F = \tau A = \mu \frac{u}{h} A = \mu \frac{\omega \frac{R}{2}}{h} \pi R^2 = \frac{\mu \pi \omega R^3}{2h}$$

$$T = RF = \frac{\mu \pi \omega R^4}{2h}$$

$$= \frac{0.2 \times \pi \times \left(\frac{2 \times \pi \times 1800}{60}\right) \times 0.1^4}{2 \times 0.1 \times 10^{-3}} = 59.2[\text{N} \cdot \text{m}]$$

48

피에조미터관에 대한 설명으로 틀린 것은?
① 계기유체가 필요 없다.
② U자관에 비해 구조가 단순하다.
③ 기체의 압력 측정에 사용할 수 있다.
④ 대기압 이상의 압력 측정에 사용할 수 있다.

풀이

피에조미터는 탱크나 용기속에 있는 액체의 압력을 측정하는 간단한 액주계이다.

49

밀도가 0.84kg/m³이고, 압력이 87.6kPa인 이상기체가 있다. 이 이상기체의 절대온도를 2배 증가 시킬 때, 이 기체에서의 음속은 약 몇 m/s인가? (단, 비열비는 1.4이다.)

① 380 ② 340
③ 540 ④ 720

풀이

$p = \rho RT$에서 $RT = \frac{p}{\rho}$이므로 $R(2T) = \frac{2p}{\rho}$이다.

따라서 음속 a는

$$a = \sqrt{kR(2T)} = \sqrt{k\frac{2p}{\rho}} = \sqrt{1.4 \times \frac{2 \times 87.6 \times 10^3}{0.84}}$$
$$= 540.37 [\text{m/s}]$$

50

평판 위에 점성, 비압축성 유체가 흐르고 있다. 경계층 두께 δ에 대하여 유체의 속도 u의 분포는 아래와 같다. 이때 경계층 운동량 두께에 대한 식으로 옳은 것은? (단, U는 상류속도, y는 평판과의 수식거리이다.)

$$0 \leq y \leq \delta : \frac{u}{U} = \frac{2y}{\delta} - \left(\frac{y}{\delta}\right)^2$$
$$y > \delta : u = U$$

① 0.1δ ② 0.125δ
③ 0.133δ ④ 0.166δ

풀이

운동량두께 δ_m은

$$\delta_m = \int_0^\delta \frac{u}{U}\left(1 - \frac{u}{U}\right) dy$$

$$= \int_0^\delta \left(\frac{2y}{\delta} - \frac{y^2}{\delta^2}\right)\left\{1 - \left(\frac{2y}{\delta} - \frac{y^2}{\delta^2}\right)\right\} dy$$

$$= \int_0^\delta \left\{\left(\frac{2y}{\delta} - \frac{y^2}{\delta^2}\right) - \left(\frac{2y}{\delta} - \frac{y^2}{\delta^2}\right)^2\right\} dy$$

$$= \int_0^\delta \left(\frac{2y}{\delta} - \frac{y^2}{\delta^2} - \frac{4y^2}{\delta^2} + 2 \times \frac{2y}{\delta} \times \frac{y^2}{\delta^2} - \frac{y^4}{\delta^4}\right) dy$$

$$= \left[\frac{y^2}{\delta} - \frac{y^3}{3\delta^2} - \frac{4y^3}{3\delta^2} + \frac{y^4}{\delta^3} - \frac{y^5}{5\delta^4}\right]_0^\delta$$

$$= \left(1 - \frac{1}{3} - \frac{4}{3} + 1 - \frac{1}{5}\right)\delta$$

$$= 0.133\delta$$

51

그림과 같이 폭이 2m인 수문 ABC가 A점에서 힌지로 연결되어 있다. 그림과 같이 수문이 고정될 때 수평인 케이블 CD에 걸리는 장력은 약 몇 kN인가? (단, 수문의 무게는 무시한다.)

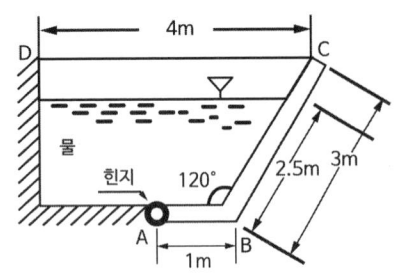

① 38.3 ② 35.4
③ 25.2 ④ 22.9

풀이

수문 AB 위에 작용하는 힘 (F_1)은

$F_1 = \gamma h A = 9.8 \times (2.5 \times \sin60°) \times (2 \times 1)$

$= 42.44 [\text{kN}]$

작용점은 AB의 절반 즉, A로부터 1m인 곳이다.

수문 BC에 작용하는 힘 (F_2)는

$F_2 = \gamma \bar{h} A = \gamma \bar{y} \sin60° A$

$= 9.8 \times \left(\dfrac{2.5}{2} \times \sin60°\right) \times (2 \times 2.5) = 53 [\text{kN}]$

작용점은 BC 수면 아래 y_p이므로

$y_p = \bar{y} + \dfrac{I_G}{\bar{y}A} = 1.25 + \dfrac{\frac{2 \times 2.5^3}{12}}{1.25 \times (2 \times 2.5)} = 1.67 [\text{m}]$

힌지점에서 모멘트의 합은 0이므로

$T_{CD} \times 3 \times \cos30°$

$= F_1 \times 0.5 + F_2 \times (2.5 - 1.67 + 1 \times \cos60°)$

$T_{CD} = \dfrac{42.44 \times 0.5 + 53 \times 1.33}{3 \times \cos30°} = 35.3 [\text{kN}]$

52

지름 100mm관에 글리세린 9.42L/min의 유량으로 흐른다. 이 유동은? (단, 글리세린의 비중은 1.26, 점성계수는 $\mu = 2.9 \times 10^{-4}$kg/m·s이다.)

① 난류유동 ② 층류유동
③ 천이유동 ④ 경계층유동

풀이

$V = \dfrac{Q}{A} = \dfrac{4Q}{\pi d^2} = \dfrac{4 \times \frac{9.42 \times 10^{-3}}{60}}{\pi \times 0.1^2} = 0.02 [\text{m/s}]$

$Re = \dfrac{\rho V d}{\mu} = \dfrac{1260 \times 0.02 \times 0.1}{2.9 \times 10^{-4}} = 8690 > 4000$

∴ 난류 유동

53

그림과 같이 날카로운 사각 모서리 입출구를 갖는 관로에서 전수두 H는? (단, 관의 길이를 ℓ, 지름은 d, 관 마찰계수는 f, 속도수두는 $\dfrac{V^2}{2g}$이고, 입구 손실계수는 0.5, 출구 손실계수는 1.00이다.)

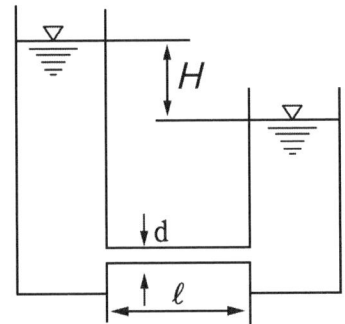

① $H = \left(1.5 + f\dfrac{\ell}{d}\right)\dfrac{V^2}{2g}$

② $H = \left(1 + f\dfrac{\ell}{d}\right)\dfrac{V^2}{2g}$

③ $H = \left(0.5 + f\dfrac{\ell}{d}\right)\dfrac{V^2}{2g}$

④ $H = f\dfrac{\ell}{d}\dfrac{V^2}{2g}$

풀이

$h_L = H = K_1 \dfrac{V^2}{2g} + f\dfrac{\ell}{d}\dfrac{V^2}{2g} + K_2 \dfrac{V^2}{2g}$

$= \left(0.5 + 1.0 + f\dfrac{\ell}{d}\right)\dfrac{V^2}{2g} = \left(1.5 + f\dfrac{\ell}{d}\right)\dfrac{V^2}{2g}$

54

현의 길이가 7m인 날개의 속력이 500km/h로 비행할 때 이 날개가 받는 양력이 4200kN이라고 하면 날개의 폭은 약 몇 m인가? (단, 양력계수 C_L=1. 항력계수 C_D=0.02, 밀도 ρ=1.2 kg/m^{3}이다.)

① 51.84
② 63.17
③ 70.99
④ 82.36

풀이

$L = C_L \dfrac{1}{2} \rho V^2 A = 1 \times \dfrac{1}{2} \times \rho V^2 Lb$

$4200 \times 10^3 = \dfrac{1}{2} \times 1.2 \times \left(500 \times \dfrac{1000}{3600}\right)^2 \times 7 \times b$

$\therefore b = 51.84 \,[\mathrm{m}]$

55

그림과 같이 물이 유량 Q로 저수조로 들어가고, 속도 $V=\sqrt{2gh}$로 저수조 바닥에 있는 면적 A_2의 구멍을 통하여 나간다. 저수조 수면 높이가 변화하는 속도 $\dfrac{dh}{dt}$는?

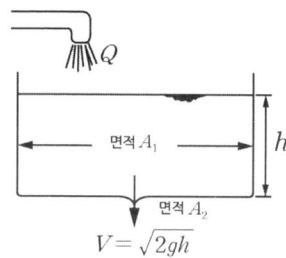

① $\dfrac{Q}{A^2}$
② $\dfrac{A_2\sqrt{2gh}}{A_1}$
③ $\dfrac{Q - A_2\sqrt{2gh}}{A_2}$
④ $\dfrac{Q - A_2\sqrt{2gh}}{A_1}$

풀이

단위시간당 저수조의 체적
 =들어오는 유량−나가는 유량

$A_1 \dfrac{dh}{dt} = Q - A_2\sqrt{2gh}$

$\therefore \dfrac{dh}{dt} = \dfrac{Q - A_2\sqrt{2gh}}{A_1}$

56

그림과 같이 속도가 V인 유체가 속도 U로 움직이는 곡면에 부딪혀 90°의 각도로 유동 방향이 바뀐다. 다음 중 유체가 곡면에 가하는 힘의 수평방향 성분의 크기가 가장 큰 것은? (단, 유체의 유동단면적은 일정하다.)

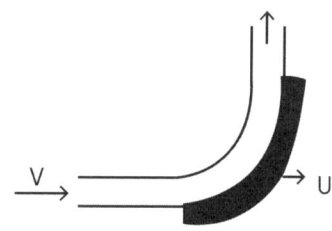

① V=10m/s, U=5m/s
② V=20m/s, U=15m/s
③ V=10m/s, U=4m/s
④ V=25m/s, U=20m/s

풀이

$-F_x = \rho Q(0 - (V-U))$에서
$F_x = \rho A(V-U)^2$이므로 $(V-U)$가 큰 것이 가장 큰 힘을 받는다.
① $(V-U) = 10-5 = 5$
② $(V-U) = 20-15 = 5$
③ $(V-U) = 10-4 = 6$
④ $(V-U) = 25-20 = 5$

57

담배연기가 비정상 유동으로 흐를 때 순간적으로 눈에 보이는 담배연기는 다음 중 어떤 것에 해당하는가?

① 유맥선
② 유적선
③ 유선

정답 54① 55④ 56③ 57①

④ 유선, 유적선, 유맥선 모두에 해당됨

풀이
유맥선 : 공간상의 한점을 통과한 입자가 지나간 자취

58
중력 가속도 g, 체적유량 Q, 길이 L로 얻을 수 있는 무차원수는?

① $\dfrac{Q}{\sqrt{gL}}$ ② $\dfrac{Q}{\sqrt{gL^3}}$

③ $\dfrac{Q}{\sqrt{gL^5}}$ ④ $Q\sqrt{gL^3}$

풀이
$\pi = n - m = 3 - 2 = 1$
$\pi = g^a Q^b L = [LT^{-2}]^a [L^3 T^{-1}]^b [L]$
L : $a + 3b + 1 = 0$
T : $-2a - b = 0$
$\therefore a = \dfrac{1}{5}$, $b = -\dfrac{2}{5}$

$\pi = g^{\frac{1}{5}} Q^{-\frac{2}{5}} L = gQ^{-2}L^5 = \dfrac{gL^5}{Q^2} = \dfrac{Q^2}{gL^5} = \dfrac{Q}{\sqrt{gL^5}}$

59
길이 150m인 배를 길이 10m 모형으로 조파 저항에 관한 실험을 하고자 한다. 실형의 배가 70km/h로 움직인다면, 실형과 모형 사이의 역학적 상사를 만족하기 위한 모형의 속도는 몇 km/h인가?

① 271
② 56
③ 18
④ 10

풀이
프루이드수(Fr)가 같아야 한다.
$\left(\dfrac{V}{\sqrt{gL}}\right)_p = \left(\dfrac{V}{\sqrt{gL}}\right)_m$

$\left(\dfrac{70}{\sqrt{150}}\right) = \left(\dfrac{V_m}{\sqrt{10}}\right)$ $\therefore V_m = \dfrac{70}{\sqrt{15}} = 18.07 \, [\text{m/s}]$

60
관로의 전 손실수두가 10m인 펌프로부터 21m 지하에 있는 물을 지상 25m의 송출 액면에 10m³/min의 유량으로 수송할 때 축동력이 124.5kW이다. 이 펌프의 효율은 약 얼마인가?

① 0.70   ② 0.73
③ 0.76   ④ 0.80

풀이
$\eta = \dfrac{\gamma_w QH}{L_s} = \dfrac{9.8 \times \left(\dfrac{10}{60}\right) \times (10 + 21 + 25)}{124.5} = 0.73$

제4과목 : 기계재료 및 유압기기

61
배빗메탈(babbit metel)에 관한 설명으로 옳은 것은?

① Sn-Sb-Cu계 합금으로서 베어링 재료로 사용된다.
② Cu-Ni-Si계 합금으로서 도전율이 좋으므로 강력 도전 재료로 이용된다.
③ Zn-Cu-Ti계 합금으로서 강도가 현저히 개선된 경화형 합금이다.
④ Al-Cu-Mg계 합금으로서 상온시효처리하여 기계적 성질을 개선시킨 합금이다.

풀이
배빗메탈 : 주석계 베어링메탈

62
고용체합금의 시효경화를 위한 조건으로서 옳은 것은?

① 급냉에 의해 제2상의 석출이 잘 이루어져야 한다.
② 고용체의 용해도 한계가 온도가 낮아짐에 따

정답 58③ 59③ 60② 61① 62④

라 증가해야만 한다.
③ 기지상은 단단하여야 하며, 석출물은 연한상이어야 한다.
④ 최대 강도 및 경도를 얻기 위해서는 기지 조직과 정합상태를 이루어야만 한다.

풀이

① 서냉 ② 온도가 높아짐에 따라 ③ 기지상은 연한상, 석출물은 단단해야 ④ 정답

63

고 Mn강(hadfeld steel)에 대한 설명으로 옳은 것은?
① 고온에서 서냉하면 M_3C가 석출하여 취약해진다.
② 소성 변형 중 가공경화성이 없으며, 인장강도가 낮다.
③ 1200℃ 부근에서 급랭하여 마텐자이트 단상으로 하는 수인법을 이용한다.
④ 열전도성이 좋고 팽창계수가 작아 열변형을 일으키지 않는다.

풀이

고Mn강
: 1882년에 하드필드가 발명한 하드필드강(Hadfield Steel ; 1.0~1.4% C, 10~14% Mn, 나머지 Fe)이 현재에도 중요한 내마모재료로서 널리 이용되고 있다. 이 재료는 오스테나이트 조직을 하여 강인하지만 격렬한 충격적 외력의 작용으로 표면층이 현저하게 가공경화하며, 아브레이션(abrasion) 즉 연삭 마모 또는 거친 마모에 잘 견디므로 광산, 토목, 시멘트 공업 등의 광석이나 암석 처리의 기계 재료에 적당하다. 가삭성이 좋지 않으므로 grinder 가공으로 마무리 작업을 하는 것이 좋다. 가공에 따라서 마텐자이트가 유발하여 경화한다는 설이 있었으나 가공층에 마텐자이트가 필요하다는 것이 확인되었으며 가공에 따라서 하나의 원자면이 다른 원자면 위에 순서를 달리하여 누적되어 계면결함인 적층결함(stacking fault)의 형성이 되는 것이 정설이다.

최근에는 0.7~0.8% C로 하고 3~5% Ni을 첨가한 인성형, 1~2% Cr을 함유한 고경도형, 1~2% Mo을 함유한 강인형, 0.4~0.7% V이나 0.09~0.4% Ti을 함유한 내마모성 향상형 등의 합금원소를 이용한 강종이 개발되었다. 고망간강은 성형 그대로는 탄화물 또는 변태 생성물이므로 견고하고 무르기 때문에 1000~1100℃에서 수냉(수침이라 한다)하여 균일한 오스테나이트 조직으로 한다. 또, 냉간 가공을 받은 경우 오스테나이트 자체의 가공 경화로 가해져 오스테나이트가 650℃ 이하에서 준안정 조직이므로 일부 마텐자이트로 변태하여 이 강철의 특색을 발휘한다.

64

플라스틱 재료의 일반적인 특징으로 옳은 것은?
① 내구성이 매우 좋다.
② 완충성이 매우 낮다.
③ 자기 윤활성이 거의 없다.
④ 복합화에 의한 재질의 개량이 가능하다.

풀이

플라스틱 :
내구성 낮음, 완충성 높음, 자기윤활성 많음, 섬유강화 플라스틱, 금속강화 플라스틱으로 개량 가능

65

현미경 조직 검사를 실시하기 위한 철강용 부식제로 옳은 것은?
① 왕수
② 질산 용액
③ 나이탈 용액
④ 염화제2철 용액

풀이

①, ②, ③이 가능. ④는 구리계의 부식제
∴ 전항정답
[참고] 2017년 제4회 62번 해설 참조

66

상온의 금속(Fe)을 가열하였을 때 체심입방격자에서 면심입방격자로 변하는 점은?

정답 63① 64④ 65③ 66③

① A_0변태점   ② A_2변태점
③ A_3변태점   ④ A_4변태점

풀이
체심입방격자(α철)에서 면심입방격자(γ철)로 변하는 점은 A_3(910℃)이다.

67
스테인리스강을 조직에 따라 분류할 때의 기준 조직이 아닌 것은?
① 페라이트계   ② 마텐자이트계
③ 시멘타이트계   ④ 오스테나이트계

풀이
스테인리스 강 : Cr이 13% 이상 함유된 내식성 강으로 페라이트계, 마텐자이트계, 오스테나이트계가 있으나 시멘타이트계는 없음.

68
담금질한 공석강의 냉각 곡선에서 시편을 20℃의 물 속에 넣었을 때 ㉮와 같은 곡선을 나타낼 때의 조직은?

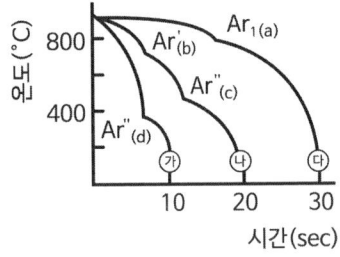

① 펄라이트   ② 오스테나이트
③ 마텐자이트   ④ 베이나이트+펄라이트

풀이
Ar''변태 : 오스테나이트→ 마텐자이트
Ar'변태 : 오스테나이트→ 트루스타이트

69
항온 열처리 방법에 해당하는 것은?
① 뜨임(tempering)
② 어닐링(annealing)
③ 마퀜칭(marquenching)
④ 노멀라이징(normalizing)

풀이
담금질, 뜨임, 풀림, 불림은 일반열처리이고, 마퀜칭, 마아템퍼, 오스템퍼 등은 항온열처리이다.

70
고강도 합금으로써 항공기용 재료에 사용되는 것은?
① 베릴륨 동
② Naval brass
③ 알루미늄 청동
④ Extra Super Duralumin

풀이
ESD(초초두랄루민) : 아연계 두랄루민으로 항공기 몸체에 사용됨

71
유체 토크 컨버터의 주요 구성 요소가 아닌 것은?
① 펌프   ② 터빈
③ 스테이터   ④ 릴리프 밸브

풀이
릴리프밸브는 제외됨

72
미터 아웃 회로에 대한 설명으로 틀린 것은?
① 피스톤 속도를 제어하는 회로이다.
② 유량 제어 밸브를 실린더의 입구측에 설치한 회로이다.
③ 기본형은 부하변동이 심한 공작기계의 이송에 사용된다.
④ 실린더에 배압이 걸리므로 끌어당기는 하중이 작용해도 자주 할 염려가 없다.

풀이
미터 아웃 회로는 유량제어밸브를 실린더 출구쪽에 설치하는 회로이다.

73
압력 제어 밸브의 종류가 아닌 것은?
① 체크 밸브   ② 감압 밸브
③ 릴리프 밸브   ④ 카운터 밸런스 밸브

풀이
체크밸브는 방향제어밸브이다.

74
유압유의 구비조건으로 적절하지 않은 것은?
① 압축성이어야 한다.
② 점도 지수가 커야한다.
③ 열을 방출시킬 수 있어야 한다.
④ 기름중의 공기를 분리시킬 수 있어야 한다.

풀이
유압유는 액체이므로 비압축성 유체이다.

75
유압 장치의 특징으로 적절하지 않은 것은?
① 원격 제어가 가능하다.
② 소형 장치로 큰 출력을 얻을 수 있다.
③ 먼지나 이물질에 의한 고장의 우려가 없다.
④ 오일에 기포가 섞여 작동이 불량할 수 있다.

풀이
유압 장치는 먼지나 이물질에 의한 고장의 우려가 있다.

76
유압 실린더 취급 및 설계 시 주의사항으로 적절하지 않은 것은?
① 적당한 위치에 공기구멍을 장치한다.
② 쿠션 장치인 쿠션 밸브는 감속범위의 조정용으로 사용한다.
③ 쿠션장치인 쿠션링은 헤드 엔드축에 흐르는 오일을 촉진한다.
④ 원칙적으로 더스트 와이퍼를 연결해야 한다.

풀이
쿠션링은 로드 엔드축에 흐르는 오일을 막아준다.

77
그림의 유압 회로도에서 ❶의 밸브 명칭으로 옳은 것은?

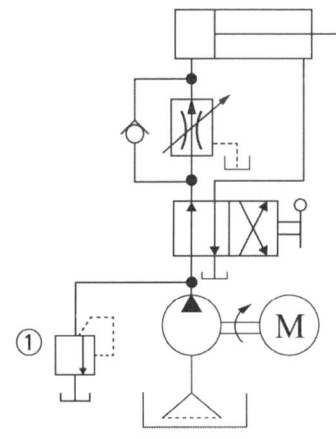

① 스톱 밸브   ② 릴리프 밸브
③ 무부하 밸브   ④ 카운터 밸런스 밸브

풀이
유압펌프에서 나온 압유의 압력을 체크하므로 릴리프밸브이다.

78
펌프에 대한 설명으로 틀린 것은?
① 피스톤 펌프는 피스톤을 경사판, 캠, 크랭크 등에 의해서 왕복 운동시켜, 액체를 흡입 쪽에서 토출 쪽으로 밀어내는 형식의 펌프이다.
② 레이디얼 피스톤 펌프는 피스톤의 왕복 운동 방향이 구동축에 거의 직각인 피스톤 펌프이다.
③ 기어 펌프는 케이싱 내에 물리는 2개 이상의 기어에 의해 액체를 흡입 쪽에서 토출 쪽으로 밀어 내는 형식의 펌프이다.
④ 터보 펌프는 덮개차를 케이싱 외에 회전시켜, 액체로부터 운동 에너지를 뺏어 액체를 토출하는 형식의 펌프이다.

정답 73① 74① 75③ 76③ 77② 78④

풀이
터보 펌프는 원심펌프와 벌류트 펌프가 있으며 액체의 운동에너지를 압력에너지로 변환시켜 액체를 토출하는 펌프이다.

79
채터링 현상에 대한 설명으로 적절하지 않은 것은?
① 소음을 수반한다.
② 일종의 자려 진동현상이다.
③ 감압 밸브, 릴리프 밸브 등에서 발생한다.
④ 압력, 속도 변화에 의한 것이 아닌 스프링의 강성에 의한 것이다.

풀이
채터링 현상 : 주로 릴리프밸브 등에서 발생하며 밸브시트를 두들겨 높은 소음이 발생하는 일종의 자려 진동현상이다.

80
그림과 같은 유압 기호의 명칭은?

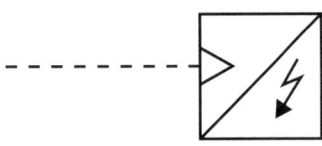

① 경음기   ② 소음기
③ 리밋 스위치   ④ 아날로그 변환기

풀이
아날로그 변환기이다.

제5과목 : 기계제작법 및 기계동력학

81
국제단위체계(SI)에서 1N에 대한 설명으로 맞는 것은?
① 1g의 질량에 $1m/s^2$의 가속도를 주는 힘이다.
② 1g의 질량의 $1m/s$의 속도를 주는 힘이다.
③ 1kg의 질량 $1m/s^2$의 가속도를 주는 힘이다.
④ 1kg의 질량에 $1m/s$의 속도를 주는 힘이다.

풀이
$1N = (1kg)(1m/s^2)$

82
30°로 기울어진 표면에 질량 50kg인 블록이 질량 m인 추와 그림과 같이 연결되어 있다. 경사 표면과 블록 사이의 마찰계수가 0.5일 때 이 블록을 경사면으로 끌어올리기 위한 추의 최소 질량은 약 몇 kg인가?

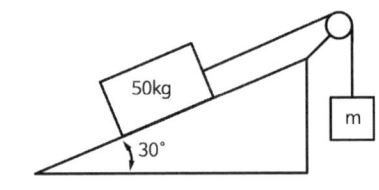

① 36.5   ② 41.8
③ 46.7   ④ 54.2

풀이
블록의 질량을 $M = 50kg$이라 하면
수직항력 $N = Mg\cos\theta$, 마찰력 $f = \mu N$
운동방정식 $\Sigma F = (\Sigma m)a$에서
$mg - Mg\sin\theta - \mu Mg\cos\theta = (m+M)a$
이 경우 $a = 0$일 때 최소값이므로
$m = M\sin\theta + \mu M\cos\theta$
$= 50 \times \sin 30° + 0.5 \times 50 \times \cos 30°$
$= 46.7 [kg]$

83
그림과 같이 질량이 동일한 두 개의 구슬 A, B가 있다. 초기에 A의 속도는 v이고 B는 정지되어 있다. 충돌 수 A와 B의 속도에 관한 설명으로 맞는 것은? (단, 두 구슬 사이의 반발계수는 1이다.)

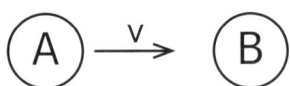

① A와 B 모두 정지한다.

② A와 B 모두 v의 속도를 가진다.
③ A와 B 모두 $v/2$의 속도를 가진다.
④ A는 정지하고 B는 v의 속도를 가진다.

> **풀이**
> 반발계수가 1이면 완전탄성충돌이므로 두 구슬의 운동량은 교환된다. 즉, 충돌후 A는 정지하고 B는 v의 속도로 운동한다.

84

그림과 같이 최초정지상태에 있는 바퀴에 줄이 감겨있다. 힘을 가하여 줄의 가속도(a)가 $a=4t\ [\text{m/s}^2]$일 때 바퀴의 각속도(ω)를 시간의 함수로 나타내면 몇 rad/s인가?

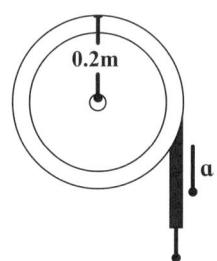

① $8t^2$ ② $9t^2$
③ $10t^2$ ④ $11t^2$

> **풀이**
> 각가속도 $\alpha = \dfrac{d\omega}{dt} = \dfrac{a}{r}$에서
> $\Delta\omega = \omega - \omega_0 = \int d\omega = \int_0^t \dfrac{a}{r}dt = \int_0^t \dfrac{4t}{0.2}dt$
> $= 20 \times \dfrac{t^2}{2} = 10t^2$
> 그런데, $\omega_0 = 0$이므로 $\omega = 10t^2$

85

그림과 같이 질량이 10kg인 봉의 끝단이 홈을 따라 움직이는 블록 A, B에 구속되어 있다. 초기에 $\theta=0°$에서 정지하여 있다가, 블록 B에 수평력 P=50N이 작용하여 $\theta=45°$가 되는 순간의 봉의 각속도는 약 몇 rad/s인가? (단, 블록 A와 B의 질량과 마찰은 무시하고, 중력가속도 g=9.81m/s²이다.)

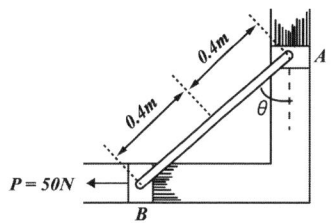

① 3.11 ② 4.11
③ 5.11 ④ 6.11

> **풀이**
> 처음의 역학적에너지(E_1)는 퍼텐셜에너지(U_1)이므로
> $U_1 = mgh_1 = 10 \times 9.81 \times 0.4 = 39.24\,[\text{J}]$
> 나중의 역학적에너지(E_2)는 퍼텐셜에너지(U_2)와 운동에너지(K_2)의 합이므로
> $E_2 = U_2 + K_2 = mgh_2 + \dfrac{1}{2}mv^2 + \dfrac{1}{2}I\omega^2$
> $= mg\dfrac{\ell}{2}\sin45° + \dfrac{1}{2}m(\omega r)^2 + \dfrac{1}{2}\left(\dfrac{m\ell^2}{12}\right)\omega^2$
> $= 10 \times 9.81 \times \dfrac{0.4}{\sqrt{2}}$
> $+ \dfrac{1}{2} \times 10 \times (\omega \times 0.4)^2 + \dfrac{1}{2} \times \dfrac{10 \times 0.8^2}{12}\omega^2$
> $= 27.747 + 1.067\omega^2$
> 나중의 토크(T)는 역학적에너지의 차($E_2 - E_1$)이므로
> $P\ell\sin45° = E_2 - E_1$
> $50 \times 0.8 \times \sin45° = 27.747 + 1.067\omega^2 - 39.24$
> $\therefore \omega = \sqrt{\dfrac{20\sqrt{2} - 27.747 + 39.24}{1.067}} = 6.11\,[\text{rad/s}]$

86

스프링상수가 20N/cm와 30N/cm인 두 개의 스프링을 직렬로 연결했을 때 등가스프링상수 값은 몇 N/cm인가?

① 10 ② 12

③ 25   ④ 50

풀이

$k_{eq} = \dfrac{k_1 k_2}{k_1 + k_2} = \dfrac{20 \times 30}{20 + 30} = 12(\text{N/cm})$

87

엔진(질량 m)의 진동이 공장 바닥에 직접 전달될 때 바닥에 힘이 $F_0 \sin\omega t$로 전달된다. 이 때 전달되는 힘을 감소시키기 위해 엔진과 바닥 사이에 스프링(스프링 상수 k)과 댐퍼(감쇠 상수 c)를 달았다. 이를 위해 진동계의 고유진동수(ω_n)와 외력의 진동수(ω)는 어떤 관계를 가져야 하는가? (단, $\omega_n = \sqrt{\dfrac{k}{m}}$ 이고, t는 시간을 의미한다.)

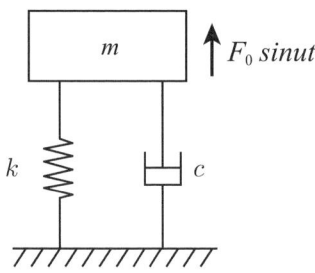

① $\omega_n > \omega$ ② $\omega_n < 2\omega$
③ $\omega_n < \dfrac{\omega}{\sqrt{2}}$ ④ $\omega_n > \dfrac{\omega}{\sqrt{2}}$

풀이

진동절연이 되려면 전달률(TR)이 1보다 작아야 한다. 즉, 진동수비$\left(\gamma = \dfrac{\omega}{\omega_n}\right)$가 $\sqrt{2}$보다 커야 한다.

$\dfrac{\omega}{\omega_n} > \sqrt{2}$

$\therefore \omega_n < \dfrac{\omega}{\sqrt{2}}$

88

90km/h의 속력으로 달리던 자동차가 100m 전방의 장애물을 발견한 후 제동을 하여 장애물 바로 앞에 정지하기 위해 필요한 제동력의 크기는 몇 N인가? (단, 자동차의 질량은 1000 kg이다.)

① 3125   ② 6250
③ 40500   ④ 81000

풀이

$2as = v^2 - v_0^2$에서 $a = -\dfrac{F}{m}$, $v = 0$

$2\left(-\dfrac{F}{m}\right)s = -v_0^2$

$\therefore F = \dfrac{mv_0^2}{2s} = \dfrac{1000}{2 \times 100} \times \left(900 \times \dfrac{1000}{3600}\right)^2 = 3125[\text{N}]$

89

다음 중 계의 고유진동수에 영향을 미치지 않는 것은?
① 계의 초기조건
② 진동물체의 질량
③ 계의 스프링 계수
④ 계를 형성하는 재료의 탄성계수

풀이

고유진동수 $\omega_n = \sqrt{\dfrac{k}{m}}$ 이고 $k = \dfrac{A}{\ell}E$이다.

90

그림과 같이 질량이 m인 물체가 탄성스프링으로 지지되어 있다. 초기위치에서 자유낙하를 시작하고, 초기 스프링의 변형량이 0일 때, 스프링의 최대 변형량(x)은? (단, 스프링의 질량은 무시하고, 스프링상수는 k, 중력가속도는 g이다.)

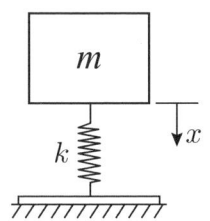

① $\dfrac{mg}{k}$ ② $\dfrac{2mg}{k}$
③ $\sqrt{\dfrac{mg}{k}}$ ④ $\sqrt{\dfrac{2mg}{k}}$

풀이
일-에너지원리
$mg(h+x_{\max})=\dfrac{1}{2}kx_{\max}^2$

$h=0$이므로 $mgx_{\max}=\dfrac{1}{2}kx_{\max}^2$

결국, $mg=\dfrac{1}{2}kx_{\max}$ ∴ $x_{\max}=\dfrac{2mg}{k}$

91
숏피닝(shot peening)에 대한 설명으로 틀린 것은?
① 숏피닝은 얇은 공작물일수록 효과가 크다.
② 가공물 표면에 작은 해머와 같은 작용을 하는 형태로 일종의 열간 가공법이다.
③ 가공물 표면에 가공경화된 잔류 압축응력층이 형성된다.
④ 반복하중에 대한 피로파괴에 큰 저항을 갖고 있기 때문에 각종 스프링에 널리 이용된다.

풀이
숏피닝은 냉간가공법이다.

92
오스테나이트 조직을 굳은 조직인 베이나이트로 변환시키는 항온 변태 열처리법은?
① 서브제로   ② 마템퍼링
③ 오스포밍   ④ 오스템퍼링

풀이
오스템퍼이다.

93
전기 도금의 반대현상으로 가공물을 양극, 전기저항이 적은 구리, 아연을 음극에 연결한 후 용액에 침지하고 통전하여 금속표면의 미소 돌기부분을 용해하여 거울면과 같이 광택이 있는 면을 가공할 수 있는 특수가공은?
① 방전가공   ② 전주가공
③ 전해연마   ④ 슈퍼피니싱

풀이
전해연마이다.

94
주철과 같은 강하고 깨지기 쉬운 재료(메진 재료)를 저속으로 절삭할 때 생기는 칩의 형태는?
① 균열형 칩
② 유동형 칩
③ 열단형 칩
④ 전단형 칩

풀이
균열형 칩이다.

95
두께 50mm의 연강판을 압연 롤러를 통과시켜 40mm가 되었을 때 압하율은 몇 %인가?
① 10   ② 15
③ 20   ④ 25

풀이
압하율 $=\dfrac{H_0-H}{H_0}=\dfrac{50-40}{50}\times100=20(\%)$

96
용접의 일반적인 장점으로 틀린 것은?
① 품질검사가 쉽고 잔류응력이 발생하지 않는다.
② 재료가 절약되고 중량이 가벼워진다.
③ 작업 공정수가 감소한다.
④ 기밀성이 우수하며 이음 효율이 향상된다.

풀이
용접작업은 품질검사가 어렵고 열에 의한 잔류응력이 발생한다.

97
프레스가공에서 전단가공의 종류가 아닌 것은?
① 블랭킹　　　　② 트리밍
③ 스웨이징　　　④ 셰이빙

풀이
스웨이징은 단조작업이다.

98
주물사에서 가스 및 공기에 해당하는 기체가 통과하여 빠져나가는 성질은?
① 보온성　　　　② 반복성
③ 내구성　　　　④ 통기성

풀이
통기성(通氣性)이다.

99
선반가공에서 직경 60mm, 길이 100mm의 탄소강 재료 환봉을 초경바이트를 사용하여 1회 절삭 시 가공시간은 약 몇 초인가? (단 절삭 깊이 1.55mm, 절삭속도 150m/mim, 이송은 0.2mm/rev이다.)
① 38　　　　　　② 42
③ 48　　　　　　④ 52

풀이
절삭속도 $V = \dfrac{\pi d N}{1000}$ 에서

회전수 $N = \dfrac{1000V}{\pi d} = \dfrac{1000 \times 150}{\pi \times 60} = 796 [\text{rev/min}]$

회전 $= \dfrac{길이}{이송} = \dfrac{100\text{mm}}{0.2\text{mm/rev}} = 500\text{rev}$

따라서, 가공시간(t)은

$t = \dfrac{500[\text{rev}]}{796[\text{rev/min}]} = 0.628[\text{min}] = 38[\text{s}]$

100
침탄법에 비해서 경화층은 얇으나, 경도가 크고 담금질이 필요 없으며, 내식성 및 내마모성이 커서 고온에도 변화되지 않지만 처리시간이 길고 생산비가 많이 드는 표면 경화법은?
① 마퀜칭　　　　② 질화법
③ 화염 경화법　　④ 고주파 경화법

풀이
질화법이다.

정답 97③　98④　99①　100②

국가기술자격 필기시험
2020년 기사 제3회 【 일반기계기사 】 필기

제1과목 : 재료역학

1

다음 외팔보가 균일분포 하중을 받을 때, 굽힘에 의한 탄성변형 에너지는? (단, 굽힘강성 EI는 일정하다.)

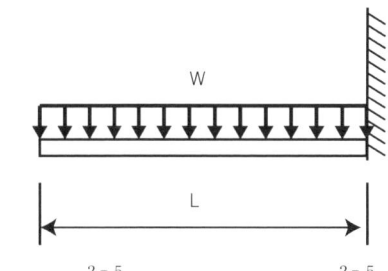

① $U=\dfrac{w^2L^5}{20EI}$ ② $U=\dfrac{w^2L^5}{30EI}$

③ $U=\dfrac{w^2L^5}{40EI}$ ④ $U=\dfrac{w^2L^5}{50EI}$

풀이

$$U=\int_0^L \dfrac{M^2dx}{2EI}=\int_0^L \dfrac{\left(\dfrac{w}{2}x^2\right)^2 dx}{2EI}=\int_0^L \dfrac{w^2x^4}{2EI\times 4}dx$$

$$=\dfrac{w^2}{8EI}\times\left[\dfrac{x^5}{5}\right]_0^L=\dfrac{w^2L^5}{40EI}$$

2

길이 10m, 단면적 2cm²인 철봉을 100℃에서 그림과 같이 양단을 고정했다. 이 봉의 온도가 20℃로 되었을 때 인장력은 약 몇 kN인가? (단, 세로탄성계수는 200GPa, 선팽창계수 α=0.000012/℃ 이다.)

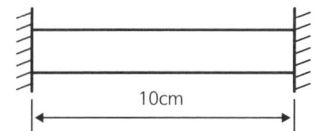

① 19.2 ② 25.5
③ 38.4 ④ 48.5

풀이

$P=\sigma A=E\cdot \alpha\cdot \Delta T\cdot A$
$=(200\times 10^3)\times (0.000012)\times (100-20)\times (2\times 10^2)$
$=38400[\text{N}]=38.4[\text{kN}]$

3

그림과 같은 단순 지지보에 모멘트(M)와 균일분포하중(w)이 작용할 때, A점의 반력은?

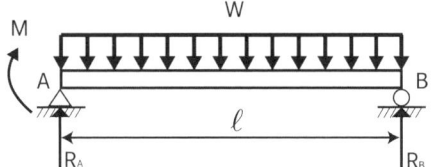

① $\dfrac{w\ell}{2}-\dfrac{M}{\ell}$ ② $\dfrac{w\ell}{2}-M$

③ $\dfrac{w\ell}{2}+M$ ④ $\dfrac{w\ell}{2}+\dfrac{M}{\ell}$

풀이

등가집중하중 $P_e=w\ell$ 이므로

$\Sigma M_B=0 : \curvearrowright(+)$

$M-\dfrac{w\ell^2}{2}+R_A\ell=0$

$\therefore R_A=\dfrac{\dfrac{w\ell^2}{2}-M}{\ell}=\dfrac{w\ell}{2}-\dfrac{M}{\ell}$

4

그림과 같이 원형단면을 가진 보가 인장하중 P=90kN을 받는다. 이 보는 강(steel)으로 이루어져 있고, 세로탄성계수 210GPa이며 포와송비 μ=1/3 이다. 이 보의 체적변화 ΔV는 약 몇 mm³ 인가? (단, 보의 직경 d=30 mm, 길이 L=5m이다.)

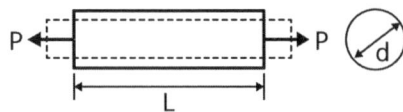

① 114.28 ② 314.28
③ 514.28 ④ 714.28

풀이

$\varepsilon_v = \dfrac{\Delta V}{V} = \dfrac{\sigma}{E}(1-2\mu)$ 이므로

$\Delta V = A\ell \cdot \dfrac{\sigma}{E}(1-2\mu) = \dfrac{P\ell}{E}(1-2\mu)$

$= \dfrac{90 \times 5000}{210} \times \left(1 - 2 \times \dfrac{1}{3}\right) = 714.286 \, [\text{mm}^3]$

(여기서, $1\text{GPa} = 1\text{kN/mm}^2$이다)

5

길이 3m, 단면의 지름 3cm 인 균일 단면의 알루미늄 봉이 있다. 이 봉에 인장하중 20kN이 걸리면 봉은 약 몇 cm 늘어나는가? (단, 세로탄성계수는 72GPa이다.)

① 0.118 ② 0.239
③ 1.18 ④ 2.39

풀이

$\lambda = \dfrac{P\ell}{AE} = \dfrac{4P\ell}{\pi d^2 E}$

$= \dfrac{4 \times 20 \times 10^3 \times 3}{\pi \times 0.03^2 \times 72 \times 10^9} = 0.00118 \, [\text{m}] = 0.118 \, [\text{cm}]$

6

판 두께 3mm를 사용하여 내압 20kN/cm²을 받을 수 있는 구형(spherical) 내압용기를 만들려고 할 때, 이 용기의 최대 안전내경 d를 구하면 몇 cm 인가? (단, 이 재료의 허용인장응력을 σ_w=800 kN/cm²을 한다.)

① 24 ② 48
③ 72 ④ 96

풀이

$\sigma_w = \dfrac{pd}{4t}$ 에서 $d = \dfrac{4\sigma_w t}{p} = \dfrac{4 \times 800 \times 0.3}{20} = 48 \, [\text{cm}]$

7

그림과 같은 돌출보에서 ω=1200kN/m의 등분포 하중이 작용할 때, 중앙 부분에서의 최대 굽힘 응력은 약 몇 MPa 인가? (단, 단면은 표준 I형 보로 높이 h = 60cm 이고, 단면 2차 모멘트 I = 982000 cm⁴ 이다.)

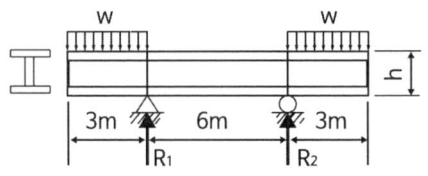

① 125 ② 165
③ 185 ④ 195

풀이

순수굽힘이므로

$M_{\max} = 1200 \times 3 \times 1.5 = 5400 \, [\text{kN} \cdot \text{m}]$

$= 5400 \times 10^6 \, [\text{N} \cdot \text{mm}]$

$Z = \dfrac{I}{e} = \dfrac{982000}{30} = 32733 \, [\text{cm}^3] = 32733 \times 10^3 \, [\text{mm}^3]$

$\sigma_{\max} = \dfrac{M_{\max}}{Z} = \dfrac{5400 \times 10^6}{32733 \times 10^3} = 165 \, [\text{MPa}]$

8

다음과 같이 스팬(span) 중앙에 힌지(hinge)를 가진 보의 최대 굽힘모멘트는 얼마인가?

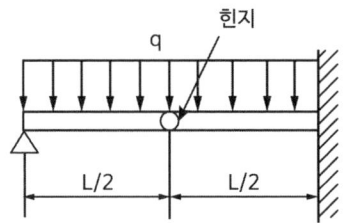

① $qL^2/4$
② $qL^2/6$
③ $qL^2/8$
④ $qL^2/12$

풀이

힌지점에 작용하는 힘은 단순보의 반력이므로

$$R = \frac{1}{2} \times \frac{qL}{2} = \frac{qL}{4}$$

따라서, 최대굽힘모멘트는 고정단에서 생기므로

$$M_{\max} = \frac{qL}{4} \times \frac{L}{2} + \frac{qL}{2} \times \frac{L}{4} = \frac{qL^2}{4}$$

9

다음 그림과 같이 부채꼴의 도심(centroid)의 위치 $\bar{x}$ 는?

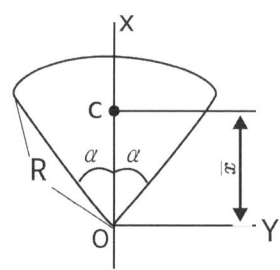

① $\bar{x} = \frac{2}{3}R$

② $\bar{x} = \frac{3}{4}R$

③ $\bar{x} = \frac{3}{4}R\sin\alpha$

④ $\bar{x} = \frac{2R}{3\alpha}\sin\alpha$

풀이

원호의 도심 : $\bar{x} = \frac{2R}{3\alpha}\sin\alpha$

10

그림과 같이 800N의 힘이 브래킷의 A에 작용하고 있다. 이 힘의 점 B에 대한 모멘트는 약 몇 N·m 인가?

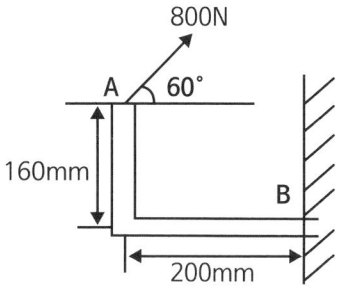

① 160.6
② 202.6
③ 238.6
④ 253.6

풀이

$M_B = 800\sin60° \times 0.2 + 800\cos60° \times 0.16$
$= 202.6 [\text{N} \cdot \text{m}]$

11

다음과 같은 평면응력 상태에서 최대 주응력 σ_1은?

$$\sigma_x = \tau, \ \sigma_y = 0, \ \tau_{xy} = -\tau$$

① 1.414τ
② 1.80τ
③ 1.618τ
④ 2.828τ

풀이

$$\sigma_1 = \frac{\sigma_x + \sigma_y}{2} + \sqrt{\left(\frac{\sigma_x - \sigma_y}{2}\right)^2 + \tau_{xy}^2}$$

$$= \frac{\tau}{2} + \sqrt{\left(\frac{\tau}{2}\right)^2 + (-\tau)^2}$$

$$= \frac{\tau}{2} + \tau\sqrt{\frac{5}{4}} = \frac{1+\sqrt{5}}{2}\tau = 1.618\tau$$

12

0.4m×0.4m인 정사각형 ABCD를 아래 그림에 나타내었다. 하중을 가한 후의 변형 상태는 점선으로 나타내었다. 이때 A 지점에서 전단 변형률 성분의 평균값(γ_{xy})는?

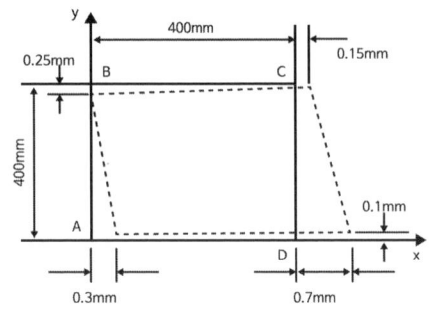
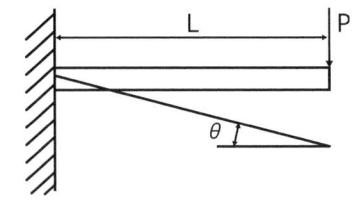

① 0.001 ② 0.000625
③ -0.0005 ④ -0.000625

풀이

$\gamma = \tan\gamma = \dfrac{\lambda_s}{\ell}$ 이므로

$\gamma_{AB} = \dfrac{0.3}{400} = 0.00075$, $\gamma_{BC} = \dfrac{0.25}{400} = 0.000625$

$\gamma_{CD} = \dfrac{0.15}{400} = 0.000375$, $\gamma_{DA} = \dfrac{0.1}{400} = 0.00025$

$\therefore \gamma_{xy} = \dfrac{\gamma_{AB} + \gamma_{BC} + \gamma_{CD} + \gamma_{DA}}{4} = 0.0005$

그런데, 사각형이 반시계방향으로 변형되었으므로 (-)값을 가져야 한다.
결국, $\gamma_{xy} = -0.0005$

13

비틀림모멘트 2kN·m가 지름 50mm인 축에 작용하고 있다. 축의 길이가 2m일 때 축의 비틀림각은 약 몇 rad 인가? (단, 축의 전단 탄성계수는 85 GPa 이다.)

① 0.019 ② 0.028
③ 0.054 ④ 0.077

풀이

$\theta = \dfrac{T\ell}{GI_p} = \dfrac{32T\ell}{G\pi d^4}$

$= \dfrac{32 \times 2 \times 10^3 \times 2}{85 \times 10^9 \times \pi \times 0.05^4} = 0.077\,[\text{rad}]$

14

그림과 같이 외팔보의 끝에 집중하중 P가 작용할 때 자유단에서의 처짐각 θ는? (단, 보의 굽힘강성 EI는 일정하다.)

① $PL^2/2EI$
② $PL^3/6EI$
③ $PL^2/8EI$
④ $PL^2/12EI$

풀이

면적모멘트법에서

$\theta = \dfrac{A_M}{EI} = \dfrac{1}{EI}\left(\dfrac{1}{2}PL^2\right) = \dfrac{PL^2}{2EI}$

15

지름 70mm인 환봉에 20 MPa의 최대전단 응력이 생겼을 때 비틀림모멘트는 약 몇 kN·m 인가?

① 4.50 ② 3.60
③ 2.70 ④ 1.35

풀이

$T = \tau_{\max} Z_p = 20 \times \dfrac{\pi \times 70^3}{16} \times 10^{-6} = 1.35\,[\text{kN·m}]$

16

다음 구조물에 하중 P=1kN이 작용할 때 연결핀에 걸리는 전단응력은 약 얼마인가? (단, 연결핀의 지름은 5mm 이다.)

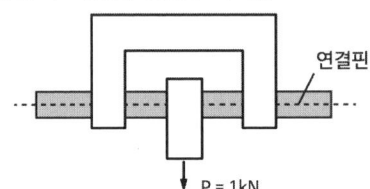

① 25.46 kPa
② 50.92 kPa
③ 25.46 MPa
④ 50.92 MPa

풀이

$$\tau = \frac{P}{2A} = \frac{1 \times 10^3}{2 \times \frac{\pi}{4} \times 5^2} = 25.46 \,[\text{MPa}]$$

17

100rpm으로 30kW를 전달시키는 길이 1m, 지름 7cm인 둥근 축단의 비틀림각은 약 몇 rad 인가? (단, 전단탄성계수는 83 GPa 이다.)

① 0.26 ② 0.30
③ 0.015 ④ 0.009

풀이

$$T = \frac{H}{\omega} = \frac{60H}{2\pi N} = \frac{60 \times 30 \times 10^3}{2\pi \times 100} = 2864.8 \,[\text{N} \cdot \text{m}]$$

$$= 2864.8 \times 10^3 \,[\text{N} \cdot \text{mm}]$$

$$\theta = \frac{32T\ell}{G\pi d^4} = \frac{32 \times 2864.8 \times 10^3 \times 1000}{83 \times 10^3 \times \pi \times 70^4} = 0.015 \,[\text{rad}]$$

18

그림과 같이 균일단면을 가진 단순보에 균일하중 ωkN/m이 작용할 때, 이 보의 탄성 곡선식은? (단, 보의 굽힘 강성 EI는 일정하고, 자중은 무시한다.)

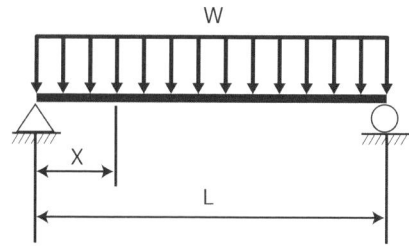

① $y = \frac{wx}{24EI}(L^3 - 2Lx^2 + x^3)$

② $y = \frac{w}{24EI}(L^3 - Lx^2 + x^3)$

③ $y = \frac{w}{24EI}(L^3 x - Lx^2 + x^3)$

④ $y = \frac{wx}{24EI}(L^3 - 2x^2 + x^3)$

풀이

$$M(x) = \frac{wL}{2}x - \frac{wx^2}{2} = EIy''$$

$$EIy' = \frac{wL}{4}x^2 - \frac{wx^3}{6} + C_1$$

경계조건 $x = \frac{L}{2}$에서 $y' = 0$이므로

$$0 = \frac{wL}{4}\left(\frac{L}{2}\right)^2 - \frac{w}{6}\left(\frac{L}{2}\right)^3 + C_1$$

$$\therefore C_1 = \left(\frac{1}{48} - \frac{1}{16}\right)wL^3 = -\frac{wL^3}{24}$$

그러므로

$$EIy' = \frac{wL}{4}x^2 - \frac{wx^3}{6} - \frac{wL^3}{24}$$

$$EIy = \frac{wL}{12}x^3 - \frac{wx^4}{24} - \frac{wL^3}{24}x + C_2$$

경계조건 $x = 0$에서 $y = 0$ $\therefore C_2 = 0$

$$\therefore y = -\frac{wx}{24EI}(L^3 - 2Lx^2 + x^3)$$

(여기서, -는 아래로 처짐을 의미한다)

19

길이가 5m이고 직경이 0.1m인 양단고정보 중앙에 200N의 집중하중이 작용할 경우 보의 중앙에서의 처짐은 약 몇 m 인가? (단, 보의 세로탄성계수는 200GPa 이다.)

① 2.36×10^{-5} ② 1.33×10^{-4}
③ 4.58×10^{-4} ④ 1.06×10^{-3}

풀이

$$\delta = \frac{P\ell^3}{192EI}$$

$$= \frac{64 \times 200 \times 5^3}{192 \times 200 \times 10^9 \times \pi \times 0.1^4} = 1.33 \times 10^{-4} \,[\text{m}]$$

20

그림과 같은 단주에서 편심거리 e에 압축하중 P=80kN이 작용할 때 단면에 인장응력이 생기지 않기 위한 e의 한계는 몇 cm인가? (단, G는 편심 하중이 작용하는 단주 끝단의 평면상 위치를 의미한다.)

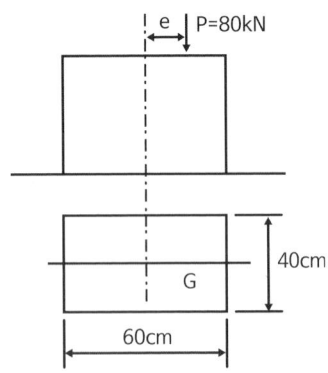

① 8   ② 10
③ 12   ④ 14

[풀이]
중앙의 $\frac{1}{3}$ 이다. ∴ $\frac{1}{3} \times 30 = 10 [cm]$

제2과목 : 기계열역학

21

단열된 노즐에 유체가 10m/s의 속도로 들어와서 200m/s의 속도로 가속되어 나간다. 출구에서의 엔탈피가 2770kJ/kg일 때 입구에서의 엔탈피는 약 몇 kJ/kg인가?

① 4370   ② 4210
③ 2850   ④ 2790

[풀이]
개방계 정상유동의 식

$$q = w_t + (h_2 - h_1) + \frac{1}{2}(u_2^2 - u_1^2) + g(Z_2 - Z_1)$$

에서 $q=0$, $w_t=0$, $Z_1=Z_2$ 이므로

$$(h_2 - h_1) + \frac{1}{2}(u_2^2 - u_1^2) = 0$$

$$(2770 - h_1) + \frac{1}{2}(200^2 - 10^2) \times 10^{-3} = 0$$

$$\therefore h_1 = 2770 + \frac{200^2 - 10^2}{2000} = 2790 [kJ/kg]$$

22

이상적인 교축과정(throttling process)을 해석하는데 있어서 다음 설명 중 옳지 않은 것은?

① 엔트로피는 증가한다.
② 엔탈피의 변화가 없다고 본다.
③ 정압과정으로 간주한다.
④ 냉동기의 팽창밸브의 이론적인 해석에 적용될 수 있다.

[풀이]
교축과정 : 등엔탈피 과정, 엔트로피 증가, 압력강하, 팽창밸브의 해석

23

다음은 오토(Otto) 사이클의 온도-엔트로피(T-S) 선도이다. 이 사이클의 열효율을 온도를 이용하여 나타낼 때 옳은 것은? (단, 공기의 비열은 일정한 것으로 본다.)

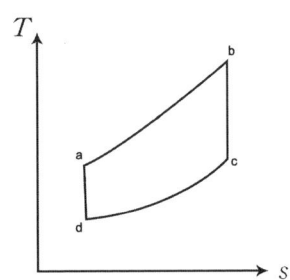

① $1 - \dfrac{T_c - T_d}{T_b - T_a}$

② $1 - \dfrac{T_b - T_a}{T_c - T_d}$

③ $1 - \dfrac{T_a - T_d}{T_b - T_c}$

④ $1 - \dfrac{T_b - T_c}{T_a - T_d}$

[풀이]
$$\eta = 1 - \frac{q_2}{q_1} = 1 - \frac{C_v(T_c - T_d)}{C_v(T_b - T_a)} = 1 - \frac{T_c - T_d}{T_b - T_a}$$

정답 21 ④ 22 ③ 23 ①

24

전류 25A, 전압 13V를 가하여 축전지를 충전하고 있다. 충전하는 동안 축전지로부터 15W의 열손실이 있다. 축전지의 내부에너지 변화율은 약 몇 W 인가?

① 310
② 340
③ 370
④ 420

풀이

축전지가 전기에너지에 의해 단위시간당 받는 일은

$\dot{W} = VI = 13 \times 25 = 325 [W]$

열역학 제1법칙 식에 의해

$\dot{Q} = \Delta \dot{U} + \dot{W}$

$-15 = \Delta \dot{U} - 325$

$\therefore \Delta \dot{U} = 325 - 15 = 310 [W]$

25

이상적인 랭킨사이클에서 터빈 입구 온도가 350℃이고, 75kPa과 3MPa의 압력범위에서 작동한다. 펌프 입구와 출구, 터빈 입구와 출구에서 엔탈피는 각각 384.4 kJ/kg, 387.5 kJ/kg, 3116kJ/kg, 2403kJ/kg 이다. 펌프일을 고려한 사이클의 열효율과 펌프일을 무시한 사이클의 열효율 차이는 약 몇 % 인가?

① 0.0011
② 0.092
③ 0.11
④ 0.18

풀이

펌프일 고려

$\eta_1 = \dfrac{w_t - w_p}{q_1} = \dfrac{(3116 - 2403) - (387.5 - 384.4)}{3116 - 387.5}$

$= 0.2602 = 26.02(\%)$

펌프일 무시

$\eta_2 = \dfrac{w_t}{q_1} = \dfrac{(3116 - 2403)}{3116 - 387.5} = 0.2613 = 26.13(\%)$

$\therefore |\eta_1 - \eta_2| = \eta_2 - \eta_1 = 26.13 - 26.02 = 0.11(\%)$

26

다음 중 강도성 상태량(intensive property)이 아닌 것은?

① 온도
② 내부에너지
③ 밀도
④ 압력

풀이

내부에너지는 종량성상태량이다.

27

압력이 0.2MPa, 온도가 20℃의 공기를 압력이 2MPa로 될 때까지 가역단열 압축했을 때 온도는 약 몇 ℃ 인가? (단, 공기는 비열비가 1.4인 이상기체로 간주한다.)

① 225.7
② 273.7
③ 292.7
④ 358.7

풀이

단열관계식 $\dfrac{T_2}{T_1} = \left(\dfrac{P_2}{P_1}\right)^{\frac{k-1}{k}}$ 에서

$\dfrac{273 + x}{273 + 20} = \left(\dfrac{2}{0.2}\right)^{\frac{0.4}{1.4}}$

$\therefore x = 292.7 (℃)$

28

100℃의 구리 10kg을 20℃의 물 2kg이 들어있는 단열 용기에 넣었다. 물과 구리 사이의 열전달을 통한 평형 온도는 약 몇 ℃ 인가? (단, 구리 비열은 0.45 kJ(kg·K), 물 비열은 4.2kJ/(kg·K)이다.)

① 48
② 54
③ 60
④ 68

정답 24① 25③ 26② 27③ 28①

풀이

$$T_m = \frac{m_1 c_1 T_1 + m_2 c_2 T_2}{m_1 c_1 + m_2 c_2}$$

$$= \frac{2 \times 4.2 \times 20 + 10 \times 0.45 \times 100}{2 \times 4.2 + 10 \times 0.45} = 48(℃)$$

29

고온열원(T_1)과 저온열원(T_2) 사이에서 작동하는 역카르노 사이클에 의한 열펌프(heat pump)의 성능계수는?

① $\dfrac{T_1 - T_2}{T_1}$ ② $\dfrac{T_2}{T_1 - T_2}$

③ $\dfrac{T_1}{T_1 - T_2}$ ④ $\dfrac{T_1 - T_2}{T_2}$

풀이

$\varepsilon_h = \dfrac{T_1}{T_1 - T_2}$

30

다음 중 스테판-볼츠만의 법칙과 관련이 있는 열전달은?

① 대류 ② 복사
③ 전도 ④ 응축

풀이

스테판-볼츠만의 법칙:
단위시간당 단위면적을 통해 복사되는 에너지는 복사체의 절대온도의 4제곱에 비례한다.
즉,
$E = \sigma T^4$
여기서, σ: 스테판-볼츠만 상수

31

이상기체로 작동하는 어떤 기관의 압축비가 17이다. 압축 전의 압력 및 온도는 112kPa, 25℃이고 압축 후의 압력은 4350 kPa 이었다. 압축 후의 온도는 약 몇 ℃ 인가?

① 53.7 ② 180.2
③ 236.4 ④ 407.8

풀이

$\dfrac{p_1 V_1}{T_1} = \dfrac{p_2 V_2}{T_2}$ 에서 $\dfrac{112 \times 17}{273 + 20} = \dfrac{4350 \times 1}{273 + x}$

$\therefore x = \dfrac{298 \times 4350}{112 \times 17} - 273 = 407.8[℃]$

32

어떤 물질에서 기체상수(R)가 0.189kJ/(kg·K), 임계온도가 305K, 임계압력이 7380 kPa이다. 이 기체의 압축성 인자(compressibility factor, Z)가 다음과 같은 관계식을 나타낸다고 할 때 이 물질의 20℃, 1000 kPa 상태에서의 비체적(v)은 약 몇 m³/kg 인가? (단, P는 압력, T는 절대온도, P_r은 환산압력, T_r은 환산온도를 나타낸다.)

$$Z = \frac{Pv}{RT} = 1 - 0.8 \frac{P_r}{T_r}$$

① 0.0111
② 0.0303
③ 0.0491
④ 0.0554

풀이

환산온도와 환산압력에 유의하여 조건을 대입하면

$$\frac{1000v}{0.189 \times (273+20)} = 1 - 0.8 \times \frac{\frac{1000}{7380}}{\frac{273+20}{305}}$$

$\therefore v = 0.0491 \, [m^3/kg]$

33

어떤 유체의 밀도가 740kg/m³ 이다. 이 유체의 비체적은 약 몇 m³/kg 인가?

① 0.78×10^{-3} ② 1.35×10^{-3}
③ 2.35×10^{-3} ④ 2.98×10^{-3}

풀이

$v = \dfrac{1}{\rho} = \dfrac{1}{740} = 0.00135 = 1.35 \times 10^{-3} \, [m^3/kg]$

정답 29 ③ 30 ② 31 ④ 32 ③ 33 ②

34

클라우지우스(Clausius)의 부등식을 옳게 나타낸 것은? (단, T는 절대온도, Q는 시스템으로 공급된 전체 열량을 나타낸다.)

① $\oint T\delta Q \leq 0$ ② $\oint T\delta Q \geq 0$

③ $\oint \dfrac{\delta Q}{T} \leq 0$ ④ $\oint \dfrac{\delta Q}{T} \geq 0$

풀이

가역 : $\oint \dfrac{\delta Q}{T} = 0$, 비가역 : $\oint \dfrac{\delta Q}{T} < 0$

$\therefore \oint \dfrac{\delta Q}{T} \leq 0$

35

이상기체 2kg이 압력 98kPa, 온도 25℃ 상태에서 체적이 0.5m³였다면 이 이상기체의 기체상수는 약 몇 J/(kg·K)인가?

① 79   ② 82
③ 97   ④ 102

풀이

$R = \dfrac{pV}{mT} = \dfrac{98 \times 10^3 \times 0.5}{2 \times (273 + 25)} = 82 [\text{J/(kg·K)}]$

36

압력(P)-부피(V) 선도에서 이상기체가 그림과 같은 사이클로 작동한다고 할 때 한 사이클 동안 행한 일은 어떻게 나타내는가?

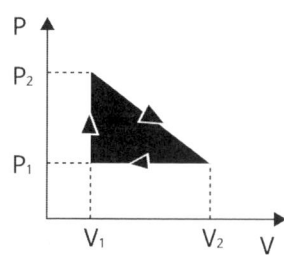

① $\dfrac{(P_2 + P_1)(V_2 + V_1)}{2}$

② $\dfrac{(P_2 - P_1)(V_2 + V_1)}{2}$

③ $\dfrac{(P_2 + P_1)(V_2 - V_1)}{2}$

④ $\dfrac{(P_2 - P_1)(V_2 - V_1)}{2}$

풀이

폐곡면의 면적이 절대일이므로

$W = \dfrac{(P_2 - P_1)(V_2 - V_1)}{2}$

37

기체가 0.3MPa로 일정한 압력 하에 8m³에서 4m³까지 마찰없이 압축되면서 동시에 500kJ의 열을 외부로 방출하였다면, 내부에너지의 변화는 약 몇 kJ 인가?

① 700   ② 1700
③ 1200   ④ 1400

풀이

$Q = \Delta U + P\Delta V$

$-500 = \Delta U + 0.3 \times 10^3 \times (4-8)$ $\therefore \Delta U = 700 [\text{kJ}]$

38

카르노사이클로 작동하는 열기관이 1000℃의 열원과 300K의 대기 사이에서 작동한다. 이 열기관이 사이클 당 100kJ의 일을 할 경우 사이클 당 1000℃의 열원으로부터 받은 열량은 약 몇 kJ인가?

① 70.0
② 76.4
③ 130.8
④ 142.9

풀이

$\eta = \dfrac{T_1 - T_2}{T_1} = \dfrac{W}{Q_1}$

$\dfrac{(1000+273)-300}{(1000+273)} = \dfrac{100}{Q_1}$ $\therefore Q_1 = 130.83 [\text{kJ}]$

정답 34③ 35② 36④ 37① 38③

39
냉매가 갖추어야 할 요건으로 틀린 것은?
① 증발온도에서 높은 잠열을 가져야 한다.
② 열전도율이 커야 한다.
③ 표면장력이 커야 한다.
④ 불활성이고 안전하며 비가연성이어야 한다.

풀이
표면장력이 크면 냉동기의 배관내를 순환하는 유동성이 떨어지므로 냉매로서 부적합하다.

40
어떤 습증기의 엔트로피가 6.78 kJ/(kg·K)라고 할 때 이 습증기의 엔탈피는 약 몇 kJ/kg 인가? (단, 이 기체의 포화액 및 포화증기의 엔탈피와 엔트로피는 다음과 같다.)

	포화액	포화증기
엔탈피(kJ/kg)	384	2666
엔트로피(kJ/(kg·K))	1.25	7.62

① 2365　　　　② 2402
③ 2473　　　　④ 2511

풀이
$s = s' + x(s'' - s')$ 에서
$x = \dfrac{s - s'}{s'' - s'} = \dfrac{6.78 - 1.25}{7.62 - 1.25} = \dfrac{79}{91}$

$\therefore h = h' + x(h'' - h')$
$= 384 + \dfrac{79}{91} \times (2666 - 384)$
$= 2365 \, [\text{kJ}]$

제3과목 : 기계유체역학

41
유체의 정의를 가장 올바르게 나타낸 것은?
① 아무리 작은 전단응력에도 저항할 수 없어 연속적으로 변형하는 물질
② 탄성계수가 0을 초과하는 물질
③ 수직응력을 가해도 물체가 변하지 않는 물질
④ 전단응력이 가해질 때 일정한 양의 변형이 유지 되는 물질

풀이
유체란 아무리 작은 전단응력에도 저항할 수 없어 연속적으로 변형하는 물질로 정의되며 액체와 기체로 나뉘어진다.

42
비압축성 유체가 그림과 같이 단면적 A(x)= 1-0.04x(m²)로 변화하는 통로 내를 정상상태로 흐를 때 P점(x=0)에서의 가속도(m/s²)는 얼마인가? (단, P점에서의 속도는 2m/s, 단면적은 1m²이며, 각 단면에서 유속은 균일하다고 가정한다.)

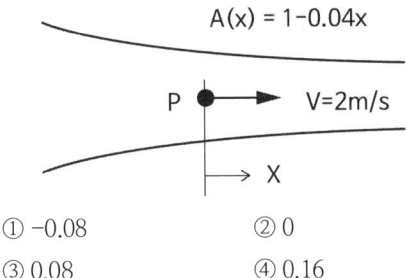

① -0.08　　　　② 0
③ 0.08　　　　④ 0.16

풀이
$Q = AV = 1 \times 2 = 2 \, [\text{m}^3/\text{s}]$
$Q = A(x)V(x) = 2$
$\dfrac{d}{dx}[A(x)V(x)] = \dfrac{dA(x)}{dx}V(x) + A(x)\dfrac{dV(x)}{dx} = 0$
$-0.04V(x) + A(x)a(x) = 0$
$a(x) = \dfrac{0.04V(x)}{A(x)}$
$\therefore a(0) = \dfrac{0.04V(0)}{A(0)} = \dfrac{0.04 \times 2}{1} = 0.08 \, [\text{m/s}^2]$

43
낙차가 100m인 수력발전소에서 유량이 5m³/s이면 수력터빈에서 발생하는 동력(MW)은 얼마인가? (단, 유도관의 마찰손실은 10m 이고,

터빈의 효율은 80% 이다.)

① 3.53 ② 3.92
③ 4.41 ④ 5.52

풀이

$\eta = \dfrac{L}{\gamma Q(H-H_\ell)}$ 에서

$L = \eta\gamma Q(H-H_\ell)$
$= 0.8 \times 9800 \times 5 \times (100-10) \times 10^{-6} = 3.53\,[\text{MW}]$

44

공기의 속도 24m/s인 풍동 내에서 익현길이 1m, 익의 폭 5m인 날개에 작용하는 양력(N)은 얼마인가? (단, 공기의 밀도는 1.2kg/m³, 양력계수는 0.455 이다.)

① 1572 ② 786
③ 393   ④ 91

풀이

$L = C_L \dfrac{1}{2}\rho A V^2$
$= 0.455 \times \dfrac{1}{2} \times 1.2 \times 1 \times 5 \times 24^2 = 786\,[\text{N}]$

45

그림과 같이 유리관 A, B 부분의 안지름은 각각 30cm, 10cm 이다. 이 관에 물을 흐르게 하였더니 A에 세운 관에는 물이 60cm, B에 세운 관에는 물이 30cm 올라갔다. A와 B 각 부분에서 물의 속도(m/s)는?

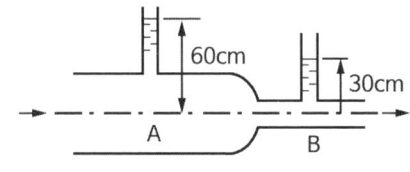

① $V_A = 2.73$, $V_B = 24.5$
② $V_A = 2.44$, $V_B = 22.0$
③ $V_A = 0.542$, $V_B = 4.88$
④ $V_A = 0.271$, $V_B = 2.44$

풀이

베르누이방정식 $\dfrac{P_1}{\gamma} + \dfrac{V_1^2}{2g} = \dfrac{P_2}{\gamma} + \dfrac{V_2^2}{2g}$ 에서

양변에 γ를 곱하면

$P_1 + \dfrac{1}{2}\rho V_1^2 = P_2 + \dfrac{1}{2}\rho V_2^2$

이다. 여기서, $P_1 = \gamma h_1$, $P_2 = \gamma h_2$ 이므로 이 값을 대입하고 연속방정식 $Q = A_1 V_1 = A_2 V_2$ 에서

$V_2 = \left(\dfrac{d_1}{d_2}\right)^2 V_1 = \left(\dfrac{30}{10}\right)^2 V_1 = 9V_1$

$\gamma h_1 + \dfrac{1}{2}\rho V_1^2 = \gamma h_2 + \dfrac{1}{2}\rho V_2^2$

$\dfrac{1}{2}\rho(V_2^2 - V_1^2) = \gamma(h_1 - h_2)$

$\dfrac{1}{2} \times 1000 \times (81V_1^2 - V_1^2) = 9800 \times (0.6 - 0.3)$

$\therefore V_1 = \sqrt{\dfrac{2 \times 9.8 \times 0.3}{80}} = 0.271\,[\text{m/s}]$

$\therefore V_2 = 9V_1 = 9 \times 0.271 = 2.44\,[\text{m/s}]$

46

직경 1cm 인 원형관 내의 물의 유동에 대한 천이 레이놀즈수는 2300 이다. 천이가 일어날 때 물의 평균유속(m/s)은 얼마인가? (단, 물의 동점 성계수는 $10^{-6}\text{m}^2/\text{s}$ 이다.)

① 0.23 ② 0.46
③ 2.3   ④ 4.6

풀이

$Re = \dfrac{Vd}{\nu}$ 에서 $2300 = \dfrac{V \times 0.01}{10^{-6}}$

$\therefore V = 0.23\,[\text{m/s}]$

47

해수의 비중은 1.025 이다. 바닷물 속 10m 깊이에서 작업하는 해녀가 받는 계기압력(kPa)은 약 얼마인가?

① 94.4
② 100.5

③ 105.6
④ 112.7

풀이
$P = \gamma h = \gamma_w s h = 9.8 \times 1.025 \times 10 = 100.5 \, [\text{kPa}]$

48
체적이 30m³인 어느 기름의 무게가 247kN이었다면 비중은 얼마인가? (단, 물의 밀도는 1000 kg/m³이다.)

① 0.80
② 0.82
③ 0.84
④ 0.86

풀이
무게 $W = \gamma V = \gamma_w s V = \rho_w g s V$

$\therefore s = \dfrac{W}{\rho_w g V} = \dfrac{247 \times 10^3}{1000 \times 9.8 \times 30} = 0.84$

49
3.6m³/min을 양수하는 펌프의 송출구의 안지름이 23cm 일 때 평균 유속(m/s)은 얼마인가?

① 0.96
② 1.20
③ 1.32
④ 1.44

풀이
$V = \dfrac{Q}{A} = \dfrac{4Q}{\pi d^2} = \dfrac{4 \times 3.6}{\pi \times 0.23^2 \times 60} = 1.44 \, [\text{m/s}]$

50
어떤 물리적인 계(system)에서 물리량 F가 물리량 A, B, C, D의 함수 관계가 있다고 할 때, 차원해석을 한 결과 두 개의 무차원수, F/AB² 와 B/CD²를 구할 수 있었다. 그리고 모형실험을 하여 A=1, B=1, C=1, D=1일 때 F=F₁을 구할 수 있었다. 여기서 A=2, B=4, C=1, D=2인 원형의 F는 어떤 값을 가지는가? (단, 모든 값들은 SI단위를 가진다.)

① F_1
② $16F_1$
③ $32F_1$
④ 위의 자료만으로는 예측할 수 없다.

풀이
$\dfrac{F_1}{1 \times 1^2} = 1 \quad \therefore F_1 = 1$

$\dfrac{F}{2 \times 4^2} = \dfrac{F}{32} = 1 = F_1 \quad \therefore F = 32F_1$

51
(x, y)평면에서의 유동함수(정상, 비압축성 유동)가 다음과 같이 정의된다면 x=4m, y=5m의 위치에서의 속도(m/s)는 얼마인가?

$$\psi = 3x^2y - y^3$$

① 156
② 92
③ 52
④ 38

풀이
$u = \dfrac{\partial \psi}{\partial y} = 3x^2 - 3y^2 \big|_{(4,5)} = 3 \times 4^2 - 3 \times 5^2 = -27$

$v = -\dfrac{\partial \psi}{\partial x} = -6xy \big|_{(4,5)} = -6 \times 4 \times 5 = -120$

$\therefore V = \sqrt{u^2 + v^2} = \sqrt{(-27)^2 + (-120)^2} = 123 \, [\text{m/s}]$

52
수면의 차이가 H인 두 저수지 사이에 지름 d, 길이 ℓ인 관로가 연결되어 있을 때 관로에서의 평균 유속(V)을 나타내는 식은? (단, f는 관마찰계수이고, g는 중력가속도이며, K₁, K₂는 관 입구와 출구에서의 부차적 손실계수이다.)

정답 48③ 49④ 50③ 51① 52④

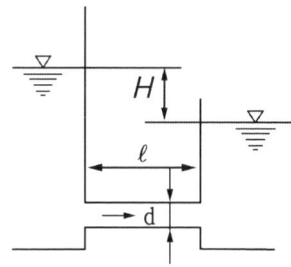
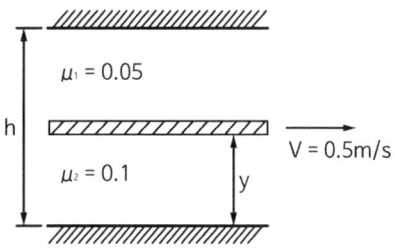

① $V = \sqrt{\dfrac{2gdH}{K_1 + fd\ell + K_2}}$

② $V = \sqrt{\dfrac{2gH}{K_1 + fd\ell + K_2}}$

③ $V = \sqrt{\dfrac{2gdH}{K_1 + \dfrac{f}{\ell} + K_2}}$

④ $V = \sqrt{\dfrac{2gH}{K_1 + f\dfrac{\ell}{d} + K_2}}$

① 0.293 h

② 0.482 h

③ 0.586 h

④ 0.879 h

풀이

$F = A\mu_1 \dfrac{V}{h-y} + A\mu_2 \dfrac{V}{y}$

$\dfrac{dF}{dy} = 0$이 되는 y값을 찾으면 된다.

$\dfrac{dF}{dy} = A\mu_1 V \left(\dfrac{-(-1)}{(h-y)^2}\right) + A\mu_2 V \left(\dfrac{-1}{y^2}\right) = 0$

A와 V를 소거하고 μ_1, μ_2값을 대입하여 정리하면

$y = \sqrt{2}(h-y)$

$\therefore y = \dfrac{\sqrt{2}}{1+\sqrt{2}} h = 0.586h$

풀이

$h_L = f\dfrac{\ell}{d}\dfrac{V^2}{2g} + K_1 \dfrac{V^2}{2g} + K_2 \dfrac{V^2}{2g}$

$= \left(f\dfrac{\ell}{d} + K_1 + K_2\right)\dfrac{V^2}{2g}$

$\therefore V = \sqrt{\dfrac{2gh_L}{f\dfrac{\ell}{d} + K_1 + K_2}} = \sqrt{\dfrac{2gH}{f\dfrac{\ell}{d} + K_1 + K_2}}$

53

그림과 같은 두 개의 고정된 평판 사이에 얇은 판이 있다. 얇은 판 상부에는 점성계수가 0.05 N·s/m²인 유체가 있고 하부에는 점성계수가 0.1N·S/m²인 유체가 있다. 이 판을 일정속도 0.5m/s로 끌 때, 끄는 힘이 최소가 되는 거리 y는? (단, 고정 평판사이의 폭은 h(m), 평판들 사이의 속도분포는 선형이라고 가정한다.)

54

어떤 물리량 사이의 함수관계가 다음과 같이 주어졌을 때, 독립 무차원수 π항은 몇 개인가? (단, a는 가속도, V는 속도, t는 시간, ν는 동점성계수, L은 길이이다.)

$$F(a, V, t, \nu, L) = 0$$

① 1 ② 2
③ 3 ④ 4

풀이

독립무차원수(π)=물리량의 수(n)−기본차원수(m)
$\pi = 5 - 2 = 3(개)$

55

그림과 같은 노즐을 통하여 유량 Q만큼의 유체가 대기로 분출될 때, 노즐에 미치는 유체의 힘 F는? (단, A_1, A_2는 노즐의 단면 1, 2에서의 단면적이고 ρ는 유체의 밀도이다.)

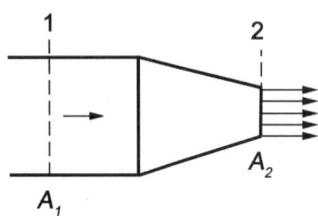

① $F = \dfrac{\rho A_2 Q^2}{2}\left(\dfrac{A_2 - A_1}{A_1 A_2}\right)^2$

② $F = \dfrac{\rho A_2 Q^2}{2}\left(\dfrac{A_1 + A_2}{A_1 A_2}\right)^2$

③ $F = \dfrac{\rho A_1 Q^2}{2}\left(\dfrac{A_1 + A_2}{A_1 A_2}\right)^2$

④ $F = \dfrac{\rho A_1 Q^2}{2}\left(\dfrac{A_1 - A_2}{A_1 A_2}\right)^2$

풀이

운동량방정식 $pA_1 - F = \rho Q(V_2 - V_1)$에서
$F = pA_1 - \rho Q(V_2 - V_1) \cdots \text{㉠}$

베르누이방정식 $p + \dfrac{1}{2}\rho V_1^2 = \dfrac{1}{2}\rho V_2^2$에서

$p = \dfrac{1}{2}\rho(V_2^2 - V_1^2) \cdots \text{㉡}$

연속방정식 $V_1 = \dfrac{Q}{A_1}$, $V_2 = \dfrac{Q}{A_2} \cdots \text{㉢}$

㉢을 ㉡에 대입

$p = \dfrac{1}{2}\rho Q^2 \left(\dfrac{1}{A_2^2} - \dfrac{1}{A_1^2}\right) \cdots \text{㉣}$

㉣을 ㉠에 대입

$F = \dfrac{1}{2}\rho A_1 Q^2 \left(\dfrac{1}{A_2^2} - \dfrac{1}{A_1^2}\right) - \rho Q^2 \left(\dfrac{1}{A_2} - \dfrac{1}{A_1}\right)$

$= \rho Q^2 \left(\dfrac{1}{A_2} - \dfrac{1}{A_1}\right)\left\{\dfrac{1}{2}A_1\left(\dfrac{1}{A_2} + \dfrac{1}{A_1}\right) - 1\right\}$

$= \dfrac{1}{2}\rho A_1 Q^2 \left(\dfrac{A_1 - A_2}{A_1 A_2}\right)^2$

56

국소 대기압이 1atm 이라고 할 때, 다음 중 가장 높은 압력은?

① 0.13 atm(gage pressure)
② 115 kPa(absolute pressure)
③ 1.1 atm(absolute pressure)
④ 11 mH₂O(absolute pressure)

풀이

각 항의 압력을 절대압력[atm]으로 환산하여 비교한다.

① 1.13atm

② 115kPa = $\dfrac{115}{101.325}$ = 1.135atm

③ 1.1atm

④ 11mH₂O = $\dfrac{11}{10.332}$ = 1.065atm

57

프란틀의 혼합거리(mixing length)에 대한 설명으로 옳은 것은?

① 전단응력과 무관하다.
② 벽에서 0 이다.
③ 항상 일정하다.
④ 층류 유동문제를 계산하는데 유용하다.

풀이

$\ell = ky$에서 $y = 0$(관벽)에서 $\ell = 0$이다.

58

수평원관 속에 정상류의 층류흐름이 있을 때 전단응력에 대한 설명으로 옳은 것은?

① 단면 전체에서 일정하다.
② 벽면에서 0 이고 관 중심까지 선형적으로 증가 한다.
③ 관 중심에서 0 이고 반지름 방향으로 선형적으로 증가한다.
④ 관 중심에서 0 이고 반지름 방향으로 중심으

정답 55 ④ 56 ② 57 ② 58 ③

로부터 거리의 제곱에 비례하여 증가한다.

[풀이]

$\tau = \dfrac{r \Delta P}{2\ell}$ 에서 $\tau \propto r$

59

밀도 1.6kg/m³ 인 기체가 흐르는 관에 설치한 피토 정압관(Pitot-static tube)의 두 단자 간 압력차가 4cmH₂O 이었다면 기체의 속도(m/s)는 얼마인가?

① 7
② 14
③ 22
④ 28

[풀이]

10.332mH₂O : 101325Pa = 0.04 : Δp

$\Delta p = \dfrac{101325 \times 0.04}{10.332} = 392 [\text{Pa}]$

$\Delta p = \rho g \Delta h$

$V = \sqrt{2g\Delta h} = \sqrt{2\dfrac{\Delta p}{\rho}} = \sqrt{2 \times \dfrac{392}{1.6}} = 22 [\text{m/s}]$

60

그림과 같이 원판 수문이 물속에 설치되어 있다. 그림 중 C는 압력의 중심이고, G는 원판의 도심이다. 원판의 지름을 d라 하면 작용점의 위치 η는?

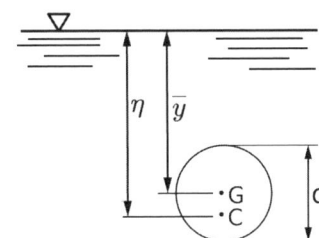

① $\eta = \bar{y} + \dfrac{d^2}{8\bar{y}}$
② $\eta = \bar{y} + \dfrac{d^2}{16\bar{y}}$
③ $\eta = \bar{y} + \dfrac{d^2}{32\bar{y}}$
④ $\eta = \bar{y} + \dfrac{d^2}{64\bar{y}}$

[풀이]

$\eta = y_p = \bar{y} + \dfrac{I_G}{\bar{y}A} = \bar{y} + \dfrac{\frac{\pi d^4}{64}}{\bar{y}\frac{\pi d^2}{4}} = \bar{y} + \dfrac{d^2}{16\bar{y}}$

제4과목 : 기계재료 및 유압기기

61

다음 중 강종 중 탄소의 함유량이 가장 많은 것은?

① SM25C
② SKH51
③ STC105
④ STD11

[풀이]

① SM25C : 구조용탄소강(탄소함유량 0.25%)
② SKH51 : 고속도강
③ STC105 : 탄소공구강
④ STD11 : 다이스 강

이 중에서 가장 탄소함유량이 많은 것은 다이스 강이다. 다이스는 숫나사를 내는 공구이다.

62

주철의 조직을 지배하는 요소로 옳은 것은?

① S, Si의 양과 냉각 속도
② C, Si의 양과 냉각 속도
③ P, Cr의 양과 냉각 속도
④ Cr, Mg의 양과 냉각 속도

[풀이]

마우라조직도는 주철의 조직을 C와 Si의 양에 따라 분류한 것이다.

63

강을 생산하는 제강로를 염기성과 산성으로 구분하는데 이것은 무엇으로 구분하는가?

① 로 내의 내화물
② 사용되는 철광석
③ 발생하는 가스의 성질

정답 59③ 60② 61④ 62② 63①

④ 주입하는 용제의 성질

풀이
로(爐) 내의 내화물이 염기성이냐 산성이냐에 따라 구분한다.

64
염욕의 관리에서 강박 시험에 대한 다음 (　) 안에 알맞은 내용은?

> 강박시험 후 강박을 손으로 구부려서 휘어지면 이 염욕은 (　)작용을 한 것으로 판단한다.

① 산화
② 환원
③ 탈탄
④ 촉매

풀이
손으로 구부릴수 있을만큼 부드러워진 것이므로 탄소량을 줄인 것(탈탄)이다.

65
5~20%Zn의 황동을 말하며, 강도는 낮으나 전연성이 좋고, 색깔이 금에 가까우므로 모조금이나 판 및 선 등에 사용되는 것은?

① 톰백
② 두랄루민
③ 문쯔메탈
④ Y-합금

풀이
톰백(tombak)이다.

66
다음 중 결합력이 가장 약한 것은?

① 이온결합(ionic bond)
② 공유결합(covalent bond)
③ 금속결합(metallic bond)
④ 반데발스결합(Van der Waals bond)

풀이
분자간, 혹은 한 분자 내의 부분 간의 인력이나 척력을 판데르발스 힘이라 하며 이러한 판데르발스 힘에 의한 결합을 판데르발스 결합이라 한다.
판데르발스 힘은 보통 화학결합에 비해 상대적으로 약하지만 분자간 상호작용에 관여하므로 초분자화학, 구조생물학, 고분자과학, 나노기술, 표면과학, 응집물질물리학 같은 다양한 분야에서 사용된다.

67
Ni-Fe계 합금에 대한 설명으로 틀린 것은?

① 엘린바는 온도에 따른 탄성율의 변화가 거의 없다.
② 슈퍼인바는 20℃에서 팽창계수가 거의 0(zero)에 가깝다.
③ 인바는 열팽창계수가 상온부근에서 매우 작아 길이의 변화가 거의 없다.
④ 플래티나이트는 60%Ni와 15%Sn 및 Fe의 조성을 갖는 소결합금이다.

풀이
플래티나이트(platinite) : Fe-Ni 44~48%의 합금으로 열팽창계수가 유리나 백금과 거의같은 불변강의 일종이다. 보통 전구의 도입선으로 널리 사용한다.

68
Fe-Fe$_3$C 평형상태도에서 A$_{cm}$선 이란?

① 마텐자이트가 석출되는 온도선을 말한다.
② 트루스타이트가 석출되는 온도선을 말한다.
③ 시멘타이트가 석출되는 온도선을 말한다.
④ 소르바이트가 석출되는 온도선을 말한다.

풀이
A$_{cm}$선 : 시멘타이트의 고용한도곡선

69
피로 한도에 대한 설명으로 옳은 것은?

① 지름이 크면 피로한도는 커진다.
② 노치가 있는 시험편의 피로한도는 크다.

③ 표면이 거친 것이 고운 것보다 피로한도가 커진다.
④ 노치가 있을 때와 없을 때의 피로한도 비를 노치 계수라 한다.

풀이
노치계수(notch factor) :
노치가 없는 평활한 재료의 피로한도(疲勞限度)를 노치가 있는 재료의 피로 한도로 나눈 값을 말한다.

70
유화물 계통의 편석 및 수지상 조직을 제거하여 연신율을 향상시킬 수 있는 열처리 방법으로 가장 적합한 것은?
① 퀜칭
② 템퍼링
③ 확산 풀림
④ 재결정 풀림

풀이
확산 풀림[diffusion annealing] :
단조품에 생긴 응고 편석을 확산 소실시켜 이것을 균질화하기 위해 하는 풀림. 확산 풀림은 결정 내부의 확산을 도와줄 뿐 아니라 결정 입계에 존재하는 편석대(偏析帶)도 확산시키는 작용을 한다. 특히 P나 S의 편석, 즉 황화물의 분포 상태를 개선하는 데 효과적이다. 주강이나 S%가 높은 쾌삭강 등의 균질화에 응용되고 있다. 확산 풀림 온도는 보통 풀림 온도보다 높고 1000~1300℃가 보통이다.

71
상시 개방형 밸브로 옳은 것은?
① 감압 밸브
② 무부하 밸브
③ 릴리프 밸브
④ 카운터 밸런스 밸브

풀이
무부하밸브, 릴리프밸브, 카운터밸런스밸브 등은 상시폐쇄 작동개방형이고 감압밸브는 상시개방형이다.

72
그림과 같은 단동실린더에서 피스톤에 F=500N의 힘이 발생하면, 압력 P는 약 몇 kPa이 필요한가? (단, 실린더의 직경은 40mm 이다.)

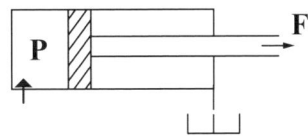

① 39.8
② 398
③ 79.6
④ 796

풀이
$$p = \frac{F}{A} = \frac{4F}{\pi d^2} = \frac{4 \times 500}{\pi \times 40^2} \times 10^3 = 398 [\text{kPa}]$$

73
실린더 입구의 분기 회로에 유량 제어 밸브를 설치하여 실린더 입구측의 불필요한 압유를 배출시켜 작동 효율을 증진시키는 회로는?
① 로킹 회로
② 증강 회로
③ 동조 회로
④ 블리드 오프 회로

풀이
실린더입구의 분기회로에 유량제어밸브가 설치된 회로는 블리드오프 회로이다.

74
감압 밸브, 체크 밸브, 릴리프 밸브 등에서 밸브시트를 두드려 비교적 높은 음을 내는 일종의 자려진동 현상은?
① 컷인
② 점핑
③ 채터링
④ 디컴프레션

풀이
채터링(chattering) 현상이다.

75
그림과 같은 유압기호가 나타내는 것은? (단, 그림의 기호는 간략 기호이며, 간략 기호에서 유로의 화살표는 압력의 보상을 나타낸다.)

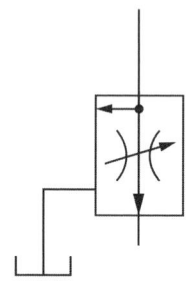

① 가변 교축 밸브
② 무부하 릴리프 밸브
③ 직렬형 유량조정 밸브
④ 바이패스형 유량조정 밸브

풀이
바이패스형 유량조정밸브이다.

76
기어펌프의 폐입 현상에 관한 설명으로 적절하지 않은 것은?
① 진동, 소음의 원인이 된다.
② 한 쌍의 이가 맞물려 회전할 경우 발생한다.
③ 폐입 부분에서 팽창 시 고압이, 압축 시 진공이 형성된다.
④ 방지책으로 릴리프 홈에 의한 방법이 있다.

풀이
팽창시 진공, 압축시 고압이 발생한다.

77
어큐뮬레이터의 용도와 취급에 대한 설명으로 틀린 것은?
① 누설유량을 보충해 주는 펌프 대용 역할을 한다.
② 어큐뮬레이터에 부속쇠 등을 용접하거나 가공, 구멍 뚫기 등을 해서는 안된다.
③ 어큐뮬레이터를 운반, 결합, 분리 등을 할 때는 봉입가스를 유지하여야 한다.
④ 유압 펌프에 발생하는 맥동을 흡수하여 이상 압력을 억제하여 진동이나 소음을 방지한다.

풀이
어큐뮬레이터를 운반, 결합, 분리 등을 할 때는 봉입가스를 빼고 행하며 작업이 끝나고 다시 가스를 봉입해 둔다.

78
유압 회로에서 속도 제어 회로의 종류가 아닌 것은?
① 미터 인 회로
② 미터 아웃 회로
③ 블리드 오프 회로
④ 최대 압력 제한 회로

풀이
최대압력제한회로는 릴리프밸브를 부착한 회로로서 압력제어회로이다.

79
유압유의 점도가 낮을 때 유압 장치에 미치는 영향으로 적절하지 않은 것은?
① 배관 저항 증대
② 유압유의 누설 증가
③ 펌프의 용적 효율 저하
④ 정확한 작동과 정밀한 제어의 곤란

풀이
배관저항증대는 유압유의 점도가 높을 때 발생된다.

80
일반적인 베인 펌프의 특징으로 적절하지 않은 것은?
① 부품수가 많다.
② 비교적 고장이 적고 보수가 용이하다.
③ 펌프의 구동 동력에 비해 형상이 소형이다.

④ 기어 펌프나 피스톤 펌프에 비해 토출 압력의 맥동이 크다.

풀이
베인펌프는 압력의 맥동이 거의 없다.

제5과목 : 기계제작법 및 기계동력학

81

다음 그림과 같은 조건에서 어떤 투사체가 초기속도 360m/s로 수평방향과 30°의 각도로 발사되었다. 이때 2초 후 수직방향에 대한 속도는 약 몇 m/s 인가? (단, 공기저항 무시, 중력 가속도는 9.81m/s² 이다.)

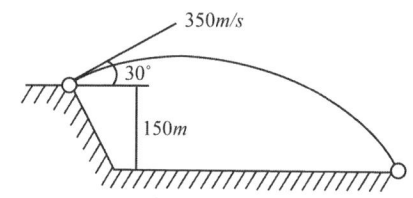

① 40.1
② 80.2
③ 160
④ 321

풀이
$v_y = v_{0y} - gt = v_0 \sin\theta - gt$
$= 360 \times \sin 30° - 9.81 \times 2 = 160.4 \, [\text{m/s}]$

82

1자유도의 질량-스프링계에서 스프링 상수 k가 2kN/m, 질량 m이 20kg일 때, 이 계의 고유주기는 약 몇 초인가? (단, 마찰은 무시한다.)

① 0.63
② 1.54
③ 1.93
④ 2.34

풀이
$T = \dfrac{2\pi}{\omega_n} = 2\pi\sqrt{\dfrac{m}{k}} = 2\pi\sqrt{\dfrac{20}{2000}} = 0.63 \, [\text{s}]$

83

두 조화운동 $x_1 = 4\sin 10t$와 $x_2 = 4\sin 10.2t$를 합성하면 맥놀이(beat)현상이 발생하는데 이때 맥놀이 진동수(Hz)는 약 얼마인가? (단, t의 단위는 s이다.)

① 31.4
② 62.8
③ 0.0159
④ 0.0318

풀이
$2\pi f_1 = 10, \ 2\pi f_2 = 10.2$
$\therefore |f_1 - f_2| = \left|\dfrac{10 - 10.2}{2\pi}\right| = \dfrac{0.2}{2\pi} = 0.03183 \, [\text{Hz}]$

84

어떤 물체가 $x(t) = A\sin(4t + \phi)$로 진동할 때 진동주기 T[s]는 약 얼마인가?

① 1.57
② 2.54
③ 4.71
④ 6.28

풀이
$\omega = \dfrac{2\pi}{T} = 4 \ \therefore T = \dfrac{2\pi}{4} = 1.57 \, [\text{s}]$

85

200kg의 파일을 땅속으로 박고자 한다. 파일 위의 1.2m 지점에서 무게가 1t인 해머가 떨어질 때 완전 소성 충돌이라고 한다면 이때 파일이 땅속으로 들어가는 거리는 약 몇 m인가? (단, 파일에 가해지는 땅의 저항력은 150kN이고, 중력가속도는 9.81 m/s²이다.)

정답 81③ 82① 83④ 84① 85①

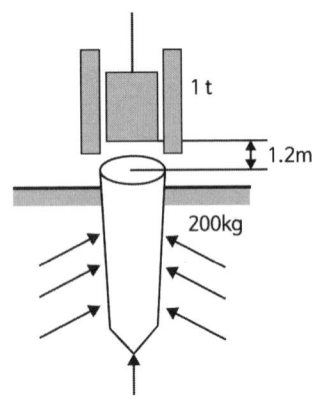

① 0.07
② 0.09
③ 0.14
④ 0.19

풀이

해머가 낙하한 후 파일과 한덩어리가 되어 움직이는 속도를 V라 하면, 운동량보존법칙에서

$M\sqrt{2gh} + 0 = (M+m)V$

$\therefore V = \dfrac{M}{M+m}\sqrt{2gh} = \dfrac{1000}{1200} \times \sqrt{2 \times 9.81 \times 1.2}$

$= 4.044 \, [\text{m/s}]$

파일이 박힌 깊이를 y라 하면, 일-에너지원리에서

$R \times y = \dfrac{1}{2}(M+m)V^2$

$\therefore y = \dfrac{M+m}{2R}V^2 = \dfrac{1200}{2 \times 150 \times 10^3} \times 4.044^2$

$= 0.0654 = 0.07 \, [\text{m}]$

86

1자유도 시스템에서 감쇠비가 0.1인 경우 대수감소율은?

① 0.2315
② 0.4315
③ 0.6315
④ 0.8315

풀이

$\delta = \dfrac{2\pi\zeta}{\sqrt{1-\zeta^2}} = \dfrac{2 \times \pi \times 0.1}{\sqrt{1-0.1^2}} = 0.6315$

87

수평면과 α의 각을 이루는 마찰이 있는(마찰계수 μ) 경사면에서 무게가 W인 물체를 힘 P를 가하여 등속력으로 끌어올릴 때, 힘 P가 한 일에 대한 무게 W인 물체를 끌어올리는 일의 비, 즉 효율은?

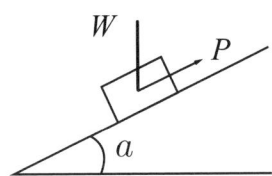

① $\dfrac{1}{1+\mu\cot(\alpha)}$
② $\dfrac{1}{1-\mu\cot(\alpha)}$
③ $\dfrac{1}{1+\mu\cos(\alpha)}$
④ $\dfrac{1}{1-\mu\sin(\alpha)}$

풀이

$P - W\sin\alpha - \mu W\cos\alpha = \dfrac{W}{g} = 0$

$\therefore P = W(\sin\alpha + \mu\cos\alpha)$

$\sin\theta = \dfrac{h}{L}$

$\therefore \eta = \dfrac{Wh}{PL} = \dfrac{Wh}{W(\sin\alpha + \mu\cos\alpha)} = \dfrac{\sin\alpha}{\sin\alpha + \mu\cos\alpha}$

$= \dfrac{1}{1+\mu\cot\alpha}$

88

반경이 r인 실린더가 위치 1의 정지상태에서 경사를 따라 높이 h만큼 굴러 내려갔을 때, 실린더 중심의 속도는? (단, g는 중력가속도이며, 미끄러짐은 없다고 가정한다.)

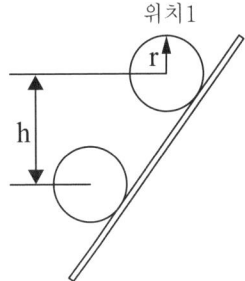

① $\sqrt{2gh}$
② $0.707\sqrt{2gh}$
③ $0.816\sqrt{2gh}$
④ $0.845\sqrt{2gh}$

정답 86 ③ 87 ① 88 ③

풀이

$$mgh = \frac{1}{2}mv^2 + \frac{1}{2}\left(\frac{1}{2}mr^2\right)\omega^2$$
$$= \frac{1}{2}mv^2 + \frac{1}{4}mv^2 = \frac{3}{4}mv^2$$
$$\therefore 2gh = \frac{3}{2}v^2 \quad \therefore v = \sqrt{\frac{2}{3}}\sqrt{2gh} = 0.816\sqrt{2gh}$$

89

평탄한 지면 위를 미끄럼이 없이 구르는 원통 중심의 가속도가 1m/s² 일 때 이 원통의 각 가속도는 몇 rad/s² 인가? (단, 반지름 r은 2m이다.)

① 0.2
② 0.5
③ 5
④ 10

풀이

$$\alpha = \frac{a}{r} = \frac{1}{2} = 0.5\,[\text{rad/s}^2]$$

90

자동차가 반경 50m의 원형도로를 25m/s의 속도로 달리고 있을 때, 반경방향으로 작용하는 가속도는 몇 m/s²인가?

① 9.8
② 10.0
③ 12.5
④ 25.0

풀이

$$a_r = \frac{v^2}{r} = \frac{25^2}{50} = 12.5\,[\text{m/s}^2]$$

91

3차원 측정기에서 측정물의 측정위치를 감지하여 X, Y, Z축의 위치 데이터를 컴퓨터에 전송하는 기능을 가진 것은?

① 프로브
② 측정암
③ 컬럼
④ 정반

풀이

3차원측정기 :
측정기의 좌표방향을 X축, 전후방향을 Y축, 상하 방향을 Z축으로 하여 공작물의 치수·형상을 측정하는 기기.

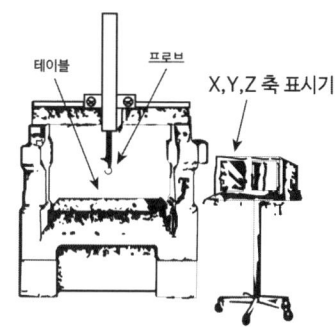

프로브(probe)를 측정면에 접촉시키면 1점의 정보가 3축 동시에 측정되고 마이크로컴퓨터 등에 접속해서 고정도로 혹은 신속히 데이터처리가 되어 기억을 할 수 있다. 측정점이 많고 복잡한 형상의 물체는 더욱 효과가 있고 종래에는 측정하기가 극히 곤란하였던 자유곡면 등의 측정이 용이해졌다.

92

피복아크용접봉의 피복제 역할로 틀린 것은?

① 아크를 안정시킨다.
② 모재 표면의 산화물을 제거한다.
③ 용착금속의 급랭을 방지한다.
④ 용착금속의 흐름을 억제한다.

풀이

피복제는 ①, ②, ③ 이외에도 용착금속에 특수원소를 첨가하여 기계적성질을 개선한다.

93

와이어 컷 방전가공에서 와이어 이송속도 0.2 mm/min, 가공물 두께가 10mm일 때 가공속도는 몇 mm²/min인가?

① 0.02
② 0.2
③ 2
④ 20

풀이

가공속도 = 이송속도 × 가공물두께
= 0.2 × 10 = 2 [mm²/min]

94

단조용 공구 중 소재를 올려놓고 타격을 가할 때 받침대로 사용하며 크기는 중량으로 표시하는 것은?
① 대뫼 ② 앤빌
③ 정반 ④ 단조용 탭

풀이
앤빌(anvil)이다.

95
두께 5mm의 연강판에 직경 10mm의 펀칭 작업을 하는데 크랭크 프레스 램의 속도가 10m/min이라면 이 때 프레스에 공급되어야 할 동력은 약 몇 kW 인가? (단, 연강판의 전단강도는 294.3MPa이고, 프레스의 기계적 효율은 80% 이다.)
① 21.32 ② 15.54
③ 13.52 ④ 9.63

풀이
전단력 $F = \tau A = \tau \pi d t$

효율 $\eta = \dfrac{FV}{H_p}$

$\therefore H_p = \dfrac{\tau \pi d t}{\eta} = \dfrac{294.3 \times \pi \times 10 \times 5 \times 10}{0.8 \times 60} \times 10^{-3}$

$= 9.63 [\text{kW}]$

96
목재의 건조방법에서 자연건조법에 해당하는 것은?
① 야적법 ② 침재법
③ 자재법 ④ 증재법

풀이
야적법(野積法)이며 나머지는 인공건조법이다.

97
전해연마 가공법의 특징이 아닌 것은?
① 가공면에 방향성이 없다.
② 복잡한 형상의 제품도 연마가 가능하다.
③ 가공 변질층이 있고 평활한 가공면을 얻을 수 있다.
④ 연질의 알루미늄, 구리 등도 쉽게 광택면을 얻을 수 있다.

풀이
전해연마(electrolytic polishing)는 가공변질층이 생기지 않는다.

98
절연성의 가공액 내에 도전성 재료의 전극과 공작물을 넣고 약 60~300V의 펄스 전압을 걸어 약 5~50μm까지 접근시켜 발생하는 스파크에 의한 가공방법은?
① 방전가공 ② 전해가공
③ 전해연마 ④ 초음파가공

풀이
방전가공(EDM, electric discharge machining)이다.

99
다음 공작기계에 사용되는 속도열 중 일반적으로 가장 많이 사용되고 있는 속도열은?
① 대수급수 속도열
② 등비급수 속도열
③ 등차급수 속도열
④ 조화급수 속도열

풀이
등비급수 속도열이다.

100
저온 뜨임에 대한 설명으로 틀린 것은?
① 담금질에 의한 응력 제거
② 치수의 경년 변화 방지
③ 연마균열 생성
④ 내마모성 향상

풀이
뜨임은 인성을 부여하는 열처리이므로 균열의 생성과는 관계없다.

국가기술자격 필기시험
2020년 기사 제4회【 일반기계기사 】필기

제1과목 : 재료역학

1
그림과 같은 보에 하중 P가 작용하고 있을 때 이 보에 발생하는 최대 굽힘응력이 $\sigma_{\max}$ 라면 하중 P는?

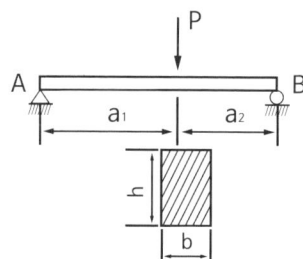

① $P = \dfrac{bh^2(a_1+a_2)\sigma_{\max}}{6a_1a_2}$

② $P = \dfrac{bh^3(a_1+a_2)\sigma_{\max}}{6a_1a_2}$

③ $P = \dfrac{b^2h(a_1+a_2)\sigma_{\max}}{6a_1a_2}$

④ $P = \dfrac{b^3h^2(a_1+a_2)\sigma_{\max}}{6a_1a_2}$

풀이

$M_{\max} = R_A \cdot a_1 = \dfrac{Pa_2a_1}{a_1+a_2} = \sigma_{\max}\dfrac{bh^2}{6}$

$\therefore P = \dfrac{bh^2(a_1+a_2)\sigma_{\max}}{6a_1a_2}$

2
양단이 고정된 균일 단면봉의 중간단면 C에 축하중 P를 작용시킬 때 A, B에서 반력은?

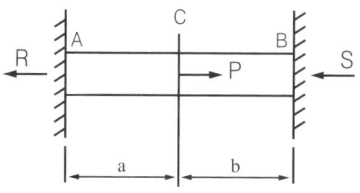

① $R = \dfrac{P(a+b^2)}{a+b}$, $S = \dfrac{P(a^2+b)}{a+b}$

② $R = \dfrac{Pb^2}{a+b}$, $S = \dfrac{Pa^2}{a+b}$

③ $R = \dfrac{Pb}{a+b}$, $S = \dfrac{Pa}{a+b}$

④ $R = \dfrac{Pa}{a+b}$, $S = \dfrac{Pb}{a+b}$

풀이

지점반력 = $\dfrac{\text{집중하중} \times \text{반대편길이}}{\text{전체길이}}$

$R = \dfrac{Pb}{a+b}$, $S = \dfrac{Pa}{a+b}$

3
그림과 같은 직사각형 단면에서 $y_1 = (2/3)h$의 위쪽 면적(빗금 부분)의 중립축에 대한 단면 1차 모멘트 Q는?

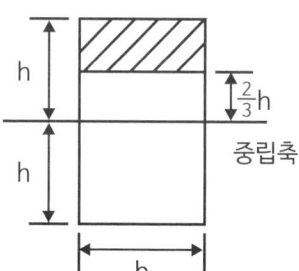

① $\dfrac{3}{8}bh^2$ ② $\dfrac{3}{8}bh^3$

③ $\dfrac{5}{18}bh^2$ ④ $\dfrac{5}{18}bh^3$

정답 1① 2③ 3③

풀이

$Q = A\bar{y} = \left(b \times \dfrac{h}{3}\right)\left(\dfrac{2}{3}h + \dfrac{1}{2} \times \dfrac{h}{3}\right) = \dfrac{5}{18}bh^2$

4

그림과 같이 등분포하중이 작용하는 보에서 최대 전단력의 크기는 몇 kN인가?

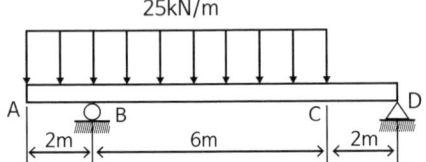

① 50
② 100
③ 150
④ 200

풀이

우선, 지점반력 R_B 와 R_D를 구해보면

$R_B = \dfrac{25 \times 8 \times (4+2)}{8} = 150 [\text{kN}]$

$R_D = \dfrac{25 \times 8 \times 2}{8} = 50 [\text{kN}]$

A단으로부터 x만큼 떨어진 단면에서의 전단력 V_x는
$V_x = R_B - 25x = 150 - 25x$
A점의 전단력 $V_{x=0} = 0$
B점의 전단력 $V_{x=2} = 150 - 25 \times 2 = 100 [\text{kN}]$
C점의 전단력 $V_{x=8} = 150 - 25 \times 8 = -50 [\text{kN}]$
D점의 전단력 $V = R_D = 50 [\text{kN}]$
따라서, 최대전단력은 B점의 전단력인 $100 [\text{kN}]$이다.

5

양단이 고정단인 주철 재질의 원주가 있다. 이 기둥의 임계응력을 오일러 식에 의해 계산한 결과 0.0247E로 얻어졌다면 이 기둥의 길이는 원주 직경의 몇 배인가? (단, E는 재료의 세로탄성계수이다.)

① 12
② 10
③ 0.05
④ 0.001

풀이

$\sigma_{cr} = \dfrac{P_{cr}}{A} = n\pi^2 \dfrac{EI}{A\ell^2}$ 에서 $n = 4$이다.

주어진 조건을 대입하면

$0.0247E = 4\pi^2 \times \dfrac{E \times \dfrac{\pi d^4}{64}}{\dfrac{\pi d^2}{4} \times \ell^2}$

정리하면 $\ell = 10d$

6

아래와 같은 보에서 C점(A점에서 4m 떨어진 점)에서의 굽힘모멘트 값은 약 몇 kN·m 인가?

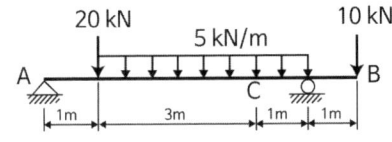

① 5.5
② 11
③ 13
④ 22

풀이

지점반력을 구하기 위해 균일분포하중을 등가집중하중으로 고치고 이동단에서 $\Sigma M = 0$을 적용한다.
$R_A(1+3+1) - 20 \times 4 - (5 \times 4) \times (1+1) + 10 \times 1 = 0$
$\therefore R_A = 22 [\text{kN}]$
$\therefore M_C = 22 \times 4 - 20 \times 3 - (5 \times 3) \times 1.5 = 5.5 [\text{kN} \cdot \text{m}]$

7

그림과 같이 수평 강체봉 AB의 한쪽을 벽에 힌지로 연결하고 죄임봉 CD로 매단 구조물이 있다. 죄임봉의 단면적은 1cm^2, 허용인장응력 100 MPa일 때 B단의 최대 안전하중 P는 몇 kN 인가?

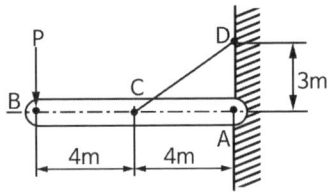

① 3
② 3.75
③ 6
④ 8.33

풀이

우선, $T_{CD} = \sigma_a A = 100 \times 100 = 10^4 [\text{N}] = 10 [\text{kN}]$

$\Sigma M_A = 0 : -P \times 8 + T_{CD} \times \dfrac{3}{5} \times 4 = 0$

$\therefore P = 3 [\text{kN}]$

8

자유단에 집중하중 P를 받는 외팔보의 최대 처짐 δ_1과 $W = wL$이 되게 균일분포하중 (w)이 작용하는 외팔보의 자유단 처짐 δ_2가 동일하다면 두 하중들의 비 W/P는 얼마인가? (단, 보의 굽힘 강성은 EI로 일정하다.)

① $\dfrac{8}{3}$ ② $\dfrac{3}{8}$

③ $\dfrac{5}{8}$ ④ $\dfrac{8}{5}$

풀이

$\delta_1 = \dfrac{PL^3}{3EI}, \ \delta_2 = \dfrac{wL^4}{8EI} = \dfrac{WL^3}{8EI}$

$\delta_1 = \delta_2 : \dfrac{PL^3}{3EI} = \dfrac{WL^3}{8EI} \ \therefore \dfrac{W}{P} = \dfrac{8}{3}$

9

그림과 같은 외팔보에 저장된 굽힘 변형에너지는? (단, 세로탄성계수는 E이고, 단면의 관성모멘트는 I 이다.)

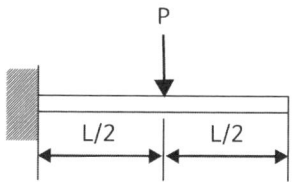

① $\dfrac{P^2 L^3}{8EI}$ ② $\dfrac{P^2 L^3}{12EI}$

③ $\dfrac{P^2 L^3}{24EI}$ ④ $\dfrac{P^2 L^3}{48EI}$

풀이

$U = \dfrac{1}{2} P \delta = \dfrac{1}{2} P \left(\dfrac{P\ell^3}{3EI} \right) = \dfrac{P^2 \ell^3}{6EI}$ 에서

$\ell = \dfrac{L}{2}$ 을 대입하면

$U = \dfrac{P^2 \left(\dfrac{L}{2} \right)^3}{6EI} = \dfrac{P^2 L^3}{48EI}$

10

지름 7mm, 길이 250mm인 연강 시험편으로 비틀림 시험을 하여 얻은 결과, 토크 4.08N·m에서 비틀림 각이 8°로 기록되었다. 이 재료의 전단탄성계수는 약 몇 GPa인가?

① 64 ② 53
③ 41 ④ 31

풀이

$\theta° = \dfrac{360}{2\pi} \times \dfrac{T\ell}{GI_p}$ 에서

$8 = \dfrac{360}{2 \times \pi} \times \dfrac{4.08 \times 0.25}{G \times 10^9 \times \dfrac{\pi \times 0.007^4}{32}}$

$\therefore G = 31 [\text{GPa}]$

11

지름 35cm의 차축이 0.2°만큼 비틀렸다. 이때 최대 전단응력이 49MPa이라고 하면 이 차축의 길이는 약 몇 m인가? (단, 재료의 전단탄성계수는 80GPa이다.)

① 2.5
② 2.0
③ 1.5
④ 1

정답 8① 9④ 10④ 11④

풀이

$$\theta° = \frac{360}{2\pi} \times \frac{T\ell}{GI_p} = \frac{360}{2\pi} \times \frac{\tau_{max} Z_p \ell}{GI_p} \text{ 에서 } \frac{Z_p}{I_p} = \frac{2}{d}$$

$$0.2 = \frac{180}{\pi} \times \frac{49 \times 10^6 \times 2 \times \ell}{80 \times 10^9 \times 0.35}$$

$$\therefore \ell = 1 [\text{m}]$$

12

그림과 같은 단면의 축이 전달할 토크가 동일하다면 각 축의 재료 선정에 있어서 허용전단응력의 비 τ_A/τ_B 의 값은 얼마인가?

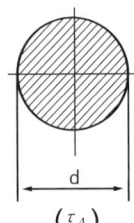
(τ_A)

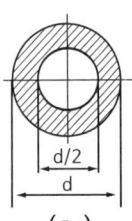
(τ_B)

① $\frac{15}{16}$ ② $\frac{9}{16}$

③ $\frac{16}{15}$ ④ $\frac{16}{9}$

풀이

$$\tau_A \times \frac{\pi d^3}{16} = \tau_B \times \frac{\pi d^3}{16}(1-0.5^4)$$

$$\therefore \frac{\tau_A}{\tau_B} = 1 - 0.5^4 = \frac{15}{16}$$

13

높이가 L이고 저면의 지름이 D, 단위 체적당 중량 γ의 그림과 같은 원추형의 재료가 자중에 의해 변형될 때 저장된 변형에너지 값은? (단, 세로탄성계수는 E이다.)

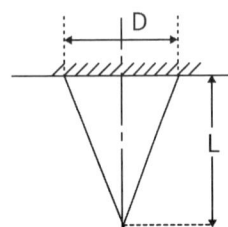

① $\frac{\pi \gamma D^2 L^3}{24E}$ ② $\frac{(\pi \gamma^2 \pi^2 D^3)^2}{72E}$

③ $\frac{\pi \gamma D L^3}{96E}$ ④ $\frac{\gamma^2 \pi D^2 L^3}{360E}$

풀이

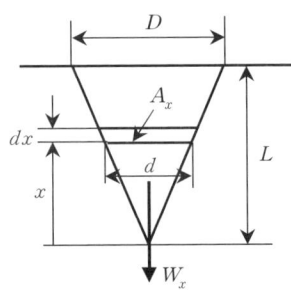

x인 위치까지의 자중 $W_x = \gamma V_x = \gamma \times \frac{A_x x}{3}$

미소신장량 $d\lambda = \frac{W_x}{A_x E}dx = \frac{\gamma \frac{A_x x}{3}}{A_x E}dx = \frac{\gamma x}{3E}dx$

미소저장탄성에너지는

$$dU = \frac{1}{2}W_x d\lambda = \frac{1}{2} \times \gamma \frac{A_x x}{3} \times \frac{\gamma x}{3E}dx$$

비례관계 $x : d = L : D$ 에서 $d = \frac{D}{L}x$

$$A_x = \frac{\pi}{4}d^2 = \frac{\pi}{4}\left(\frac{D}{L}x\right)^2 = \frac{\pi D^2 x^2}{4L^2}$$

$$dU = \frac{1}{2} \times \frac{\gamma}{3} \times \frac{\pi D^2 x^2}{4L^2} \times x \times \frac{\gamma x}{3E}dx = \frac{\gamma^2 \pi D^2 x^4}{72EL^2}dx$$

적분하면

$$U = \frac{\gamma^2 \pi D^2}{72EL^2}\int_0^L x^4 dx = \frac{\gamma^2 \pi D^2}{72EL^2} \times \frac{L^5}{5} = \frac{\gamma^2 \pi D^2 L^5}{360EL^2}$$

$$= \frac{\gamma^2 \pi D^2 L^3}{360E}$$

14

공칭응력(nominal stress : σ_n)과 진응력(true stress : σ_t)사이의 관계식으로 옳은 것은? (단, ϵ_n은 공칭변형률이고 ϵ_t는 진변형률(true strain)이다.

① $\sigma_t = \sigma_n(1+\epsilon_t)$

정답 12① 13④ 14②

② $\sigma_t = \sigma_n(1+\epsilon_n)$
③ $\sigma_t = \ln(1+\sigma_n)$
④ $\sigma_t = \ln(\sigma_n + \epsilon_n)$

풀이

체적불변 $A\ell = A_0 \ell_0$

단면비 $R = \dfrac{A_0}{A} = \dfrac{\ell}{\ell_0} = \dfrac{\ell_0 + \lambda}{\ell_0} = (1+\varepsilon_n)$

진응력 $\sigma_t = \dfrac{P}{A} = \dfrac{P}{\left(\dfrac{A_0}{1+\varepsilon_n}\right)} = \sigma_n(1+\varepsilon_n)$

15

안지름 2m이고 1000kPa의 내압이 작용하는 원통형 압력 용기의 최대 사용응력이 200 MPa이다. 용기의 두께는 약 몇 mm인가? (단, 안전계수는 2이다.)

① 5
② 7.5
③ 10
④ 12.5

풀이

2원4세 : $\sigma_{원} = \sigma_a = \dfrac{pd}{2t}$ 에서

$t = \dfrac{pd}{2\sigma_a} = \dfrac{pdS}{2\sigma_{\max}} = \dfrac{1 \times 2000 \times 2}{2 \times 200} = 10[\text{mm}]$

16

원형단면의 단순보가 그림과 같이 등분포하중 $w = 10\text{N/m}$를 받고 허용응력이 800Pa일 때 단면의 지름은 최소 몇 mm가 되어야 하는가?

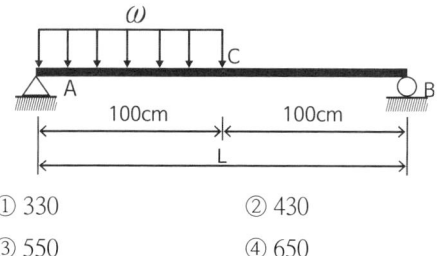

① 330
② 430
③ 550
④ 650

풀이

$\Sigma M_B = 0 : R_A \times 2 - (10 \times 1) \times 1.5 = 0$
$\therefore R_A = 7.5[\text{N}]$

A단에서 x만큼 떨어진 단면의 전단력 V_x는
$V_x = R_A - wx = 7.5 - 10x$
$M_{\max}$의 위치는 $V_x = 0$인 곳이므로 $x = 0.75[\text{m}]$
$M_{\max} = R_A x - \dfrac{wx^2}{2} = 7.5 \times 0.75 - \dfrac{10 \times 0.75^2}{2}$
$= 2.8125[\text{N} \cdot \text{m}]$

$M_{\max} = \sigma_a \dfrac{\pi d^3}{32}$

$\therefore d = \sqrt[3]{\dfrac{32 M_{\max}}{\pi \sigma_a}} = \sqrt[3]{\dfrac{32 \times 2.8125}{\pi \times 800}} = 0.330[\text{m}]$
$= 330[\text{mm}]$

17

$\sigma_x = 700\text{MPa}$, $\sigma_y = -300\text{MPa}$이 작용하는 평면응력 상태에서 최대 수직응력($\sigma_{\max}$)과 최대 전단응력($\tau_{\max}$)은 각각 몇 MPa인가?

① $\sigma_{\max} = 700$, $\tau_{\max} = 300$
② $\sigma_{\max} = 700$, $\tau_{\max} = 500$
③ $\sigma_{\max} = 600$, $\tau_{\max} = 400$
④ $\sigma_{\max} = 500$, $\tau_{\max} = 700$

풀이

$\sigma_{\max} = \dfrac{\sigma_x + \sigma_y}{2} + \sqrt{\left(\dfrac{\sigma_x - \sigma_y}{2}\right)^2} = \sigma_x = 700[\text{MPa}]$

$\tau_{\max} = \sqrt{\left(\dfrac{\sigma_x - \sigma_y}{2}\right)^2} = \dfrac{\sigma_x - \sigma_y}{2} = \dfrac{700 - (-300)}{2}$
$= 500[\text{MPa}]$

18

단면 지름이 3cm인 환봉이 25kN의 전단하중을 받아서 0.00075rad의 전단변형률을 발생시켰다. 이때 재료의 세로탄성계수는 약 몇 GPa인가? (단, 이 재료의 포아송 비는 0.3이다.)

① 75.5

② 94.4
③ 122.6
④ 157.2

풀이

$\tau = \dfrac{P_s}{A} = G\gamma$ 에서

$G = \dfrac{P_s}{A\gamma} = \dfrac{25 \times 10^3}{\dfrac{\pi \times 0.03^2}{4} \times 0.00075} \times 10^{-9} = 47.157\,[\text{GPa}]$

$E = 2G(1+\nu) = 2 \times 47.157 \times (1+0.3) = 122.6\,[\text{GPa}]$

19
다음 부정정보에서 고정단의 모멘트 M_o는?

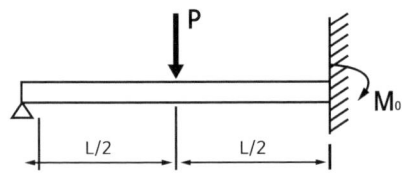

① $\dfrac{PL}{3}$

② $\dfrac{PL}{4}$

③ $\dfrac{PL}{6}$

④ $\dfrac{3PL}{16}$

풀이

$M_0 = \dfrac{5P}{16} \times L - P \times \dfrac{L}{2} = \left| -\dfrac{3PL}{16} \right| = \dfrac{3PL}{16}$

20
그림과 같이 지름 d인 강철봉이 안지름 d, 바깥지름 D인 동관에 끼워져서 두 강체 평판 사이에서 압축되고 있다. 강철봉 및 동관에 생기는 응력을 σ_s, σ_c라고 하면 응력의 비(σ_s/σ_c)의 값은? (단, 강철(Es) 및 동(Ec)의 탄성계수는 각각 Es=200GPa, Ec=120GPa이다.)

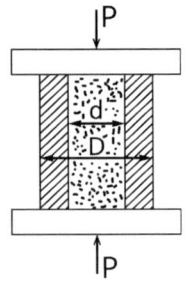

① $\dfrac{3}{5}$

② $\dfrac{4}{5}$

③ $\dfrac{5}{4}$

④ $\dfrac{5}{3}$

풀이

$\sigma = E\varepsilon$에서 변형률이 같으므로 응력과 탄성계수는 정비례한다.

$\dfrac{\sigma_s}{\sigma_c} = \dfrac{E_s}{E_c} = \dfrac{200}{120} = \dfrac{5}{3}$

제2과목 : 기계열역학

21
최고온도 1300K와 최저온도 300K 사이에서 작동하는 공기표준 Brayton 사이클의 열효율(%)은? (단, 압력비는 9, 공기의 비열비는 1.4이다.)

① 30.4
② 36.5
③ 42.1
④ 46.6

풀이

$\eta = 1 - \left(\dfrac{1}{\gamma}\right)^{\frac{k-1}{k}} = 1 - \left(\dfrac{1}{9}\right)^{\frac{0.4}{1.4}} = 0.466 = 46.6\,[\%]$

22
다음 중 경로함수(path function)는?

① 엔탈피

② 엔트로피
③ 내부에너지
④ 일

풀이
경로함수는 일과 열이다.
엔탈피, 내부에너지, 엔트로피 등은 점함수이다.

23

랭킨사이클에서 25℃, 0.01MPa 압력의 물 1kg을 5MPa 압력의 보일러로 공급한다. 이때 펌프가 가역단열과정으로 작용한다고 가정할 경우 펌프가 한 일(kJ)은? (단, 물의 비체적은 0.001m³/kg이다.)

① 2.58
② 4.99
③ 20.12
④ 40.24

풀이
펌프의 가역단열과정은 거의 정적과정이므로
펌프일 $w_p = v(P_2 - P_1) = 0.001 \times (5 - 0.01) \times 10^3$
$= 4.99 [kJ/kg]$
$\therefore W_p = mw_p = 1 \times 4.99 = 4.99 [kJ]$

24

냉매로서 갖추어야 될 요구 조건으로 적합하지 않은 것은?
① 불활성이고 안정하며 비가연성 이어야 한다.
② 비체적이 커야 한다.
③ 증발 온도에서 높은 잠열을 가져야 한다.
④ 열전도율이 커야 한다.

풀이
냉매는 비체적이 작아야 한다(=밀도가 커야 한다).

25

처음 압력이 500kPa이고, 체적이 2m³인 기체가 "PV=일정"인 과정으로 압력이 100kPa까지 팽창할 때 밀폐계가 하는 일(kJ)을 나타내는 계산식으로 옳은 것은?

① $1000 \ln \frac{2}{5}$
② $1000 \ln \frac{5}{2}$
③ $1000 \ln 5$
④ $1000 \ln \frac{1}{5}$

풀이
등온과정이므로
$\delta W = P dV = \frac{P_1 V_1}{V} dV$
$W = P_1 V_1 \int_1^2 \frac{dV}{V} = P_1 V_1 \ln \frac{V_2}{V_1} = P_1 V_1 \ln \frac{P_1}{P_2}$
$= 500 \times 2 \ln \frac{500}{100} = 1000 \ln 5 [kJ]$

26

밀폐계에서 기체의 압력이 100kPa으로 일정하게 유지되면서 체적이 1m³에서 2m³으로 증가되었을 때 옳은 설명은?
① 밀폐계의 에너지 변화는 없다.
② 외부로 행한 일은 100kJ이다.
③ 기체가 이상기체라면 온도가 일정하다.
④ 기체가 받은 열은 100kJ이다.

풀이
정압변화시 절대일은
$W = P(V_2 - V_1) = 100 \times (2 - 1) = 100 [kJ]$

27

랭킨사이클의 각 점에서의 엔탈피가 아래와 같을 때 사이클의 이론 열효율(%)은?

| 보일러 입구 : 58.6kJ/kg |
| 보일러 출구 : 810.3kJ/kg |
| 응축기 입구 : 614.2kJ/kg |
| 응축기 출구 : 57.4kJ/kg |

① 32
② 30
③ 28
④ 26

정답 23② 24② 25③ 26② 27④

풀이

$$\eta = \frac{w_T - w_P}{q_1} = \frac{(810.3 - 614.2) - (58.6 - 57.4)}{810.3 - 58.6} \times 100 = 26[\%]$$

28

고온 열원의 온도가 700℃이고, 저온 열원의 온도가 50℃인 카르노 열기관의 열효율(%)은?

① 33.4   ② 50.1
③ 66.8   ④ 78.9

풀이

$$\eta = \frac{T_1 - T_2}{T_1} = \frac{700 - 50}{700 + 273} \times 100 = 66.8[\%]$$

29

이상적인 가역과정에서 열량 ΔQ가 전달될 때, 온도 T가 일정하면 엔트로피 변화 ΔS를 구하는 계산식으로 옳은 것은?

① $\Delta S = 1 - \dfrac{\Delta Q}{T}$

② $\Delta S = 1 - \dfrac{T}{\Delta Q}$

③ $\Delta S = \dfrac{\Delta Q}{T}$

④ $\Delta S = \dfrac{T}{\Delta Q}$

풀이

$dS = \dfrac{\delta Q}{T}$ 에서 $\Delta S = \int_1^2 \dfrac{\delta Q}{T} = \dfrac{1}{T} \int_1^2 \delta Q = \dfrac{\Delta Q}{T}$

30

엔트로피(s) 변화 등과 같은 직접 측정할 수 없는 양들을 압력(P), 비체적(v), 온도(T)와 같은 측정 가능한 상태량으로 나타내는 Maxwell 관계식과 관련하여 다음 중 틀린 것은?

① $\left(\dfrac{\partial T}{\partial P}\right)_s = \left(\dfrac{\partial v}{\partial s}\right)_P$

② $\left(\dfrac{\partial T}{\partial v}\right)_s = -\left(\dfrac{\partial P}{\partial s}\right)_v$

③ $\left(\dfrac{\partial v}{\partial T}\right)_P = -\left(\dfrac{\partial s}{\partial P}\right)_T$

④ $\left(\dfrac{\partial P}{\partial v}\right)_T = \left(\dfrac{\partial s}{\partial T}\right)_v$

풀이

다음 그래프를 이용하여 맥스웰 방정식을 유도한다.

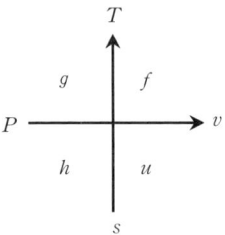

① $\left(\dfrac{\partial T}{\partial P}\right)_s$: $s \to T \to P = v$ $\therefore \left(\dfrac{\partial v}{\partial s}\right)_P$

② $\left(\dfrac{\partial T}{\partial v}\right)_s$: $s \to T \to v = -P$ $\therefore -\left(\dfrac{\partial P}{\partial s}\right)_v$

③ $\left(\dfrac{\partial v}{\partial T}\right)_P$: $P \to v \to T = -s$ $\therefore -\left(\dfrac{\partial s}{\partial P}\right)_T$

④ 성립않됨

31

풍선에 공기 2kg이 들어 있다. 일정 압력 500 kPa하에서 가열 팽창하여 체적이 1.2배가 되었다. 공기의 초기 온도가 20℃일 때 최종 온도(℃)는 얼마인가?

① 32.4
② 53.7
③ 78.6
④ 92.3

풀이

보일-샤를의 법칙에서 정압변화는

$\dfrac{V_1}{T_1} = \dfrac{V_2}{T_2}$ 에서 $\dfrac{V_1}{273 + 20} = \dfrac{1.2 V_1}{273 + t_2}$

$\therefore t_2 = 1.2 \times 293 - 273 = 78.6[℃]$

32

비가역 단열변화에 있어서 엔트로피 변화량은 어떻게 되는가?

① 증가한다.
② 감소한다.
③ 변화량은 없다.
④ 증가할 수도 감소할 수도 있다.

풀이

가역단열변화 : 엔트로피 일정
비가역단열변화 : 엔트로피 증가

33

자동차 엔진을 수리한 후 실린더 블록과 헤드 사이에 수리 전과 비교하여 더 두꺼운 개스킷을 넣었다면, 압축비와 열효율은 어떻게 되겠는가?

① 압축비는 감소하고, 열효율도 감소한다.
② 압축비는 감소하고, 열효율은 증가한다.
③ 압축비는 증가하고, 열효율은 감소한다.
④ 압축비는 증가하고, 열효율도 증가한다.

풀이

두꺼운 개스킷 때문에 행정체적이 줄어들어 압축비가 감소되며, 열효율 $\left(1 - \dfrac{1}{\varepsilon^{k-1}}\right)$ 도 감소한다.

예를 들어, 수리전의 압축비가 8이었고 수리후의 압축비가 7이 되었다면 열효율은

$$\eta_1 = 1 - \left(\dfrac{1}{8}\right)^{0.4} = 56.47\,[\%]$$

$$\eta_2 = 1 - \left(\dfrac{1}{7}\right)^{0.4} = 54.08\,[\%]$$

따라서, 압축비가 감소하면 열효율도 감소한다는 것을 알 수 있다.

34

어떤 가스의 비내부에너지 u(kJ/kg), 온도 t(℃), 압력 P(kPa), 비체적 v(m³/kg)사이에는 아래의 관계식이 성립한다면, 이 가스의 정압비열(kJ/kg·℃)은 얼마인가?

$$u = 0.28t + 532$$
$$Pv = 0.560(t + 380)$$

① 0.84
② 0.68
③ 0.50
④ 0.28

풀이

비엔탈피의 정의 $h = u + Pv$에서
$dh = du + d(Pv)$
$C_p dt = du + d(Pv)$
$C_p dt = d(0.28t + 532) + d\{0.560(t+380)\}$
$\quad = 0.28dt + 0.560dt$
$\therefore C_p = 0.28 + 0.560 = 0.84\,[\text{kJ}/(\text{kg}\cdot\text{℃})]$

35

그림과 같이 A, B 두 종류의 기체가 한 용기 안에서 박막으로 분리되어 있다. A의 체적은 0.1 m³, 질량은 2kg이고, B의 체적은 0.4m³, 밀도는 1kg/m³이다. 박막이 파열되고 난 후에 평형에 도달하였을 때 기체 혼합물의 밀도(kg/m³)는 얼마인가?

A	B

① 4.8
② 6.0
③ 7.2
④ 8.4

풀이

A기체의 밀도 $\rho_1 = \dfrac{m_1}{V_1} = \dfrac{2}{0.1} = 20\,[\text{kg/m}^3]$

질량보존 $m_1 + m_2 = m$이므로

$\rho_1 V_1 + \rho_2 V_2 = \rho(V_1 + V_2)$

$\therefore \rho = \dfrac{\rho_1 V_1 + \rho_2 V_2}{V_1 + V_2} = \dfrac{20 \times 0.1 + 1 \times 0.4}{0.1 + 0.4}$

$\quad = 4.8\,[\text{kg/m}^3]$

36

어떤 이상기체 1kg이 압력 100kPa, 온도 30℃의 상태에서 체적 0.8m³을 점유한다면

기체상수(kJ/kg·K)는 얼마인가?

① 0.251
② 0.264
③ 0.275
④ 0.293

풀이
$R = \dfrac{PV}{mT} = \dfrac{100 \times 0.8}{1 \times 303} = 0.264 [\text{kJ/kgK}]$

37

내부 에너지가 30kJ인 물체에 열을 가하여 내부 에너지가 50kJ이 되는 동안에 외부에 대하여 10kJ의 일을 하였다. 이 물체에 가해진 열량(kJ)은?

① 10　　② 20
③ 30　　④ 60

풀이
$Q = \Delta U + W = (50 - 30) + 10 = 30 [\text{kJ}]$

38

원형 실린더를 마찰없는 피스톤이 덮고 있다. 피스톤에 비선형 스프링이 연결되고 실린더 내의 기체가 팽창하면서 스프링이 압축된다. 스프링의 압축 길이가 Xm일 때 피스톤에는 $kX^{1.5}$N의 힘이 걸린다. 스프링의 압축 길이가 0m에서 0.1m로 변하는 동안에 피스톤이 하는 일이 Wa이고, 0.1m에서 0.2m로 변하는 동안에 하는 일이 Wb라면 Wa/Wb는 얼마인가?

① 0.083　　② 0.158
③ 0.214　　④ 0.333

풀이
일 = 힘 × 이동거리이므로
$W = kX^{1.5} \times X = kX^{2.5}$
$W_a = k(0.1^{2.5} - 0) = k0.1^{2.5}$
$W_b = k(0.2^{2.5} - 0.1^{2.5})$
$\therefore \dfrac{W_a}{W_b} = \dfrac{k0.1^{2.5}}{k(0.2^{2.5} - 0.1^{2.5})} = 0.214$

39

성능계수가 3.2인 냉동기가 시간당 20MJ의 열을 흡수한다면 이 냉동기의 소비동력(kW)은?

① 2.25　　② 1.74
③ 2.85　　④ 1.45

풀이
$\varepsilon_r = \dfrac{\dot{Q}}{\dot{W}}$ 에서 $\dot{W} = \dfrac{\dot{Q}}{\varepsilon_r} = \dfrac{20 \times \dfrac{1000}{3600}}{3.2} = 1.74 [\text{kW}]$

40

이상적인 디젤 기관의 압축비가 16일 때 압축 전의 공기 온도가 90℃라면 압축 후의 공기 온도(℃)는 얼마인가? (단, 공기의 비열비는 1.4이다.)

① 1101.9　　② 718.7
③ 808.2　　④ 827.4

풀이
과정 1→2 : 단열압축
$\dfrac{T_2}{T_1} = \left(\dfrac{V_1}{V_2}\right)^{k-1} = \varepsilon^{k-1}$
$\therefore T_2 = (273 + 90) \times 16^{0.4} - 273 = 827.4 [℃]$

제3과목 : 기계유체역학

41

액체 제트가 깃(vane)에 수평방향으로 분사되어 θ만큼 방향을 바꾸어 진행할 때 깃을 고정시키는데 필요한 힘의 합력의 크기를 $F(\theta)$라고 한다. $\dfrac{F(\pi)}{F\left(\dfrac{\pi}{2}\right)}$는 얼마인가? (단, 중력과 마찰은 무시한다.)

① $\dfrac{1}{\sqrt{2}}$ ② 1
③ $\sqrt{2}$ ④ 2

풀이

$F_x = \rho QV(1-\cos\theta)$, $F_y = \rho QV\sin\theta$

먼저, $\theta = \pi$일 때 $F_x = 2\rho QV$, $F_y = 0$

$\therefore F(\pi) = 2\rho QV$

다음, $\theta = \dfrac{\pi}{2}$일 때 $F_x = \rho QV$, $F_y = \rho QV$

$\therefore F\left(\dfrac{\pi}{2}\right) = \sqrt{(\rho QV)^2 + (\rho QV)^2} = \sqrt{2}\rho QV$

따라서, $\dfrac{F(\pi)}{F\left(\dfrac{\pi}{2}\right)} = \dfrac{2\rho QV}{\sqrt{2}\rho QV} = \dfrac{2}{\sqrt{2}} = \sqrt{2}$

42

피토정압관을 이용하여 흐르는 물의 속도를 측정하려고 한다. 액주계에는 비중 13.6인 수은이 들어있고 액주계에서 수은의 높이 차이가 20cm일 때 흐르는 물의 속도는 몇 m/s인가? (단, 피토정압관의 보정계수는 C=0.96이다.)

① 6.75   ② 6.87
③ 7.54   ④ 7.84

풀이

$V = C\sqrt{2gh\left(\dfrac{s_0}{s}-1\right)}$

$= 0.96\sqrt{2 \times 9.8 \times 0.2 \times \left(\dfrac{13.6}{1}-1\right)} = 6.75 [\text{m/s}]$

43

표준공기 중에서 속도 V로 낙하하는 구형의 작은 빗방울이 받는 항력은 $F_D = 3\pi\mu VD$로 표시할 수 있다. 여기에서 μ는 공기의 점성계수이며, D는 빗방울의 지름이다. 정지상태에서 빗방울 입자가 떨어지기 시작했다고 가정할 때, 이 빗방울의 최대속도(종속도, terminal velocity)는 지름 D의 몇 제곱에 비례하는가?

① 3
② 2
③ 1
④ 0.5

풀이

부력을 무시하면 운동방정식 : 무게-항력=0

$\gamma \dfrac{4}{3}\pi\left(\dfrac{D}{2}\right)^3 = 3\pi\mu V_t D$

정리하면

$V_t = \dfrac{\gamma D^2}{18\mu}$ $\therefore V_t \propto D^2$

44

지름이 10cm인 원 관에서 유체가 층류로 흐를 수 있는 임계 레이놀즈수를 2100으로 할 때 층류로 흐를 수 있는 최대 평균속도는 몇 m/s인가? (단, 흐르는 유체의 동점성계수는 1.8×10^{-6} m²/s이다.)

① 10.89×10^{-3}
② 3.78×10^{-2}
③ 1.89
④ 3.78

풀이

$Re = \dfrac{Vd}{\nu} \le 2100$에서

$V \le \dfrac{\nu}{d} \times 2100 = \dfrac{1.8 \times 10^{-6}}{0.1} \times 2100 = 0.0378 [\text{m/s}]$

45

그림에서 입구 A에서 공기의 압력은 3×10^5Pa, 온도 20℃, 속도 5m/s이다. 그리고 출구 B에서 공기의 압력은 2×10^5Pa, 온도 20℃이면 출구 B에서의 속도는 몇 m/s인가? (단, 압력 값은 모두 절대압력이며, 공기는 이상기체로 가정한다.)

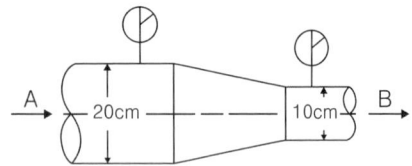

① 10
② 25
③ 30
④ 36

풀이

입구와 출구에서 공기의 밀도를 ρ_1, ρ_2라 하면 이상기체 상태방정식에서

$\rho_1 = \dfrac{P_1}{RT_1} = \dfrac{3 \times 10^5}{287 \times 293} = 3.5676 \, [\text{kg/m}^3]$

$\rho_2 = \dfrac{P_2}{RT_2} = \dfrac{2 \times 10^5}{287 \times 293} = 2.3784 \, [\text{kg/m}^3]$

질량유량 $\dot{m} = \rho Q = \rho A V$은 일정하므로

$\rho_1 A_1 V_1 = \rho_2 A_2 V_2$

$3.5676 \times \dfrac{\pi}{4} \times 0.2^2 \times 5 = 2.3784 \times \dfrac{\pi}{4} \times 0.1^2 \times V_2$

$\therefore V_2 = 30 \, [\text{m/s}]$

46

관내의 부차적 손실에 관한 설명 중 틀린 것은?

① 부차적 손실에 의한 수두는 손실계수에 속도수두를 곱해서 계산한다.
② 부차적손실은 배관 요소에서 발생한다.
③ 배관의 크기 변화가 심하면 배관 요소의 부차적 손실이 커진다.
④ 일반적으로 짧은 배관계에서 부차적 손실은 마찰손실에 비해 상대적으로 작다.

풀이

① $h_L = K \dfrac{V^2}{2g}$
② 돌연축소관, 돌연확대관, 관부속품
③ $h_L = K \dfrac{V^2}{2g}$ 에서 K값이 커지면 h_L도 커짐
④ 일반적으로 짧은 배관계에서 부차적 손실은 마찰손실 $\left(h_L = f \dfrac{\ell}{d} \dfrac{V^2}{2g}\right)$에 비해 상대적으로 크다.

47

공기 중을 20m/s로 움직이는 소형 비행선의 항력을 구하려고 $\dfrac{1}{4}$ 축척의 모형을 물속에서 실험하려고 할 때 모형의 속도는 몇 m/s로 해야 하는가?

	물	공기
밀도(kg/m³)	1000	1
점성계수(N·s/m²)	1.8×10^{-3}	1×10^{-5}

① 4.9
② 9.8
③ 14.4
④ 20

풀이

레이놀즈수(Re)가 같아야 한다.

$\left(\dfrac{\rho V d}{\mu}\right)_p = \left(\dfrac{\rho V d}{\mu}\right)_m$

$\dfrac{1 \times 20 \times 4}{1 \times 10^{-5}} = \dfrac{1000 \times V_m \times 1}{1.8 \times 10^{-3}}$ $\therefore V_m = 14.4 \, [\text{m/s}]$

48

점성·비압축성 유체가 수평방향으로 균일 속도로 흘러와서 두께가 얇은 수평 평판 위를 흘러갈 때 Blasius의 해석에 따라 평판에서의 층류 경계층의 두께에 대한 설명으로 옳은 것을 모두 고르면?

> ㄱ. 상류의 유속이 클수록 경계층의 두께가 커진다.
> ㄴ. 유체의 동점성계수가 클수록 경계층의 두께가 커진다.
> ㄷ. 평판의 상단으로부터 멀어질수록 경계층의 두께가 커진다.

① ㄱ, ㄴ
② ㄱ, ㄷ

③ ㄴ, ㄷ
④ ㄱ, ㄴ, ㄷ

풀이

층류경계층 두께

$$\delta = \frac{5x}{\sqrt{Re_x}} = \frac{5x}{\sqrt{\frac{Vx}{\nu}}} = \frac{5\sqrt{x}}{\sqrt{\frac{V}{\nu}}} = \frac{5\sqrt{x\nu}}{\sqrt{V}}$$

ㄱ. $\delta \propto \frac{1}{\sqrt{V}}$: 상류의 유속이 클수록 경계층의 두께는 작아진다.

ㄴ. $\delta \propto \sqrt{\nu}$: 유체의 동점성계수가 클수록 경계층의 두께는 커진다.

ㄷ. $\delta \propto \sqrt{x}$: 평판의 상단으로부터 멀어질수록 경계층의 두께가 커진다.

49

정상 2차원 포텐셜 유동의 속도장이 $u = -6y$, $v = -4x$일 때, 이 유동의 유동함수가 될 수 있는 것은? (단, C는 상수이다.)

① $-2x^2 - 3y^2 + C$
② $2x^2 - 3y^2 + C$
③ $-2x^2 + 3y^2 + C$
④ $2x^2 + 3y^2 + C$

풀이

먼저, $u = \frac{\partial \psi}{\partial y} = -6y$에서 $d\psi = -6y dy$

적분하면 $\psi = -6 \int y dy = -3y^2 + C_1$

다음, $v = -\frac{\partial \psi}{\partial x} = -4x$에서 $d\psi = 4x dx$

적분하면 $\psi = 4 \int x dx = 2x^2 + C_2$

결국, $\psi = 2x^2 - 3y^2 + C$

50

다음 U자관 압력계에서 A와 B의 압력차는 몇 kPa인가? (단, H_1=250mm, H_2=200mm, H_3=600mm이고 수은의 비중은 13.6이다.)

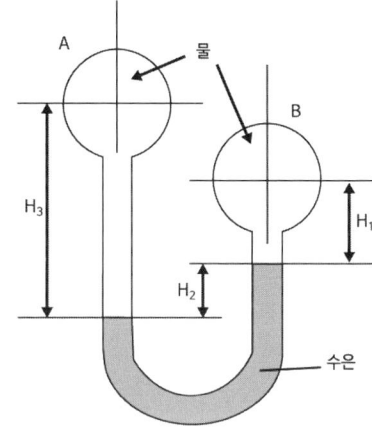

① 3.50
② 23.2
③ 35.0
④ 232

풀이

$P_A + \gamma_w H_3 - \gamma_{수은} H_2 - \gamma_w H_1 = P_B$

$P_A - P_B = \gamma_{수은} H_2 - \gamma_w H_3 + \gamma_w H_1$

$= 13.6 \times 9.8 \times 0.2 - 9.8 \times 0.6 + 9.8 \times 0.25$

$= 23.226 [kPa]$

51

지름이 8mm인 물방울의 내부 압력(게이지 압력)은 몇 Pa인가? (단, 물의 표면 장력은 0.075N/m이다.)

① 0.037
② 0.075
③ 37.5
④ 75

풀이

$\sigma = \frac{pd}{4}$에서 $p = \frac{4\sigma}{d} = \frac{4 \times 0.075}{0.008} = 37.5 [Pa]$

52

효율 80%인 펌프를 이용하여 저수지에서 유량 0.05m³/s으로 물을 5m 위에 있는 논으로 올리기 위하여 효율 95%의 전기모터를 사용한다. 전기모터의 최소동력은 몇 kW인가?
① 2.45
② 2.91
③ 3.06
④ 3.22

풀이

효율 = $\frac{출력}{입력}$ 이므로 $\eta_1 \times \eta_2 = \frac{\gamma QH}{L}$ 에서

$L = \frac{\gamma QH}{\eta_1 \times \eta_2} = \frac{9.8 \times 0.05 \times 5}{0.8 \times 0.95} = 3.22 [kW]$

53

물($\mu = 1.519 \times 10^{-3} kg/m \cdot s$)이 직경 0.3 cm, 길이 9m인 수평 파이프 내부를 평균속도 0.9m/s로 흐를 때, 어떤 유동이 되는가?
① 난류유동
② 층류유동
③ 등류유동
④ 천이유동

풀이

$Re = \frac{\rho Vd}{\mu} = \frac{1000 \times 0.9 \times 0.003}{1.519 \times 10^{-3}} = 1777.5 < 2100$

∴ 층류유동

54

점성계수 $\mu = 0.98 N \cdot s/m^2$인 뉴턴 유체가 수평 벽면 위를 평행하게 흐른다. 벽면(y=0) 근방에서의 속도 분포가 $u = 0.5 - 150(0.1-y)^2$ 이라고 할 때 벽면에서의 전단응력은 몇 Pa인가? (단, y[m]는 벽면에 수직한 방향의 좌표를 나타내며, u는 벽면 근방에서의 접선속도[m/s]이다.)
① 0
② 0.306
③ 3.12
④ 29.4

풀이

뉴턴의 점성법칙 $\tau = \mu \frac{du}{dy}$ 에서

$\tau = \mu \frac{d}{dy}\{0.5 - 150(0.1-y)^2\}$
$= \mu[-150 \times 2(0.1-y)(-1)]_{y=0}$
$= 30\mu = 30 \times 0.98 = 29.4 [Pa]$

55

계기압 10kPa의 공기로 채워진 탱크에서 지름 0.02m인 수평관을 통해 출구 지름 0.01 m인 노즐로 대기(101kPa)중으로 분사된다. 공기 밀도가 1.2kg/m³으로 일정할 때, 0.02 m인 관 내부 계기압력은 약 몇 kPa인가? (단, 위치에너지는 무시한다.)
① 9.4
② 9.0
③ 8.6
④ 8.2

풀이

우선, 탱크안을 하첨자 1, 지름 0.02m인 노즐내를 하첨자 2, 지름 0.01m인 노즐 출구를 하첨자 3이라고 하자.

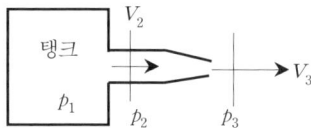

베르누이 방정식을 1, 2, 3에 적용하면

$p_1 = p_2 + \frac{1}{2}\rho V_2^2 = \frac{1}{2}\rho V_3^2$

여기서, $p_3 = 0$(대기압)으로 계산하였으므로 p_1, p_2는 계기압력이다.

우선, $p_1 = \frac{1}{2}\rho V_3^2$에서 $10 = \frac{1}{2} \times 1.2 \times V_3^2 \times 10^{-3}$

∴ $V_3 = \sqrt{\frac{2 \times 10}{1.2 \times 10^{-3}}} = 129.1 [m/s]$

다음, 연속의 법칙 $A_2 V_2 = A_3 V_3$에서

$V_2 = \frac{A_3}{A_2} V_3 = \left(\frac{d_3}{d_2}\right)^2 \times V_3 = \left(\frac{0.01}{0.02}\right)^2 \times 129.1$

$= 32.3 [\text{m/s}]$

따라서, $p_1 = p_2 + \frac{1}{2}\rho V_2^2$

$\therefore p_2 = p_1 - \frac{1}{2}\rho V_2^2 = 10 - \frac{1}{2} \times 1.2 \times 32.3^2$

$= 9.374 = 9.4 [\text{kPa}]$

56

그림과 같은 수문(ABC)에서 A점은 힌지로 연결되어 있다. 수문을 그림과 같은 닫은 상태로 유지하기 위해 필요한 힘 F는 몇 kN인가?

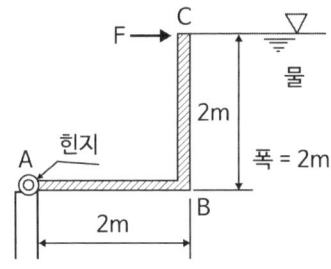

① 78.4 ② 58.8
③ 52.3 ④ 39.2

풀이

BC면의 전압력 (F_x)

$F_x = \gamma \bar{h} A = 9.8 \times 1 \times (2 \times 2) = 39.2 [\text{kN}]$

AB면의 전압력 (F_y)

$F_y = \gamma \bar{h} A = 9.8 \times 2 \times (2 \times 2) = 78.4 [\text{kN}]$

$\Sigma M_A = 0 : F \times 2 - F_x \times \frac{2}{3} - F_y \times 1 = 0$

$F \times 2 = 39.2 \times \frac{2}{3} + 78.4 \times 1 \quad \therefore F = 52.26 [\text{kN}]$

57

2차원 직각좌표계(x, y)에서 속도장이 다음과 같은 유동이 있다. 유동장 내의 점 (L, L)에서 유속의 크기는? (단, $\vec{i}, \vec{j}$는 각각 x, y 방향의 단위벡터를 나타낸다.)

$$\vec{V}(x,y) = \frac{U}{L}(-x\vec{i} + y\vec{j})$$

① 0 ② U
③ $2U$ ④ $\sqrt{2}U$

풀이

속도장 $\vec{V}(L, L) = \frac{U}{L}(-L\vec{i} + L\vec{j}) = -U\vec{i} + U\vec{j}$

유속 $V = \sqrt{(-U)^2 + U^2} = \sqrt{2}U$

58

온도증가에 따른 일반적인 점성계수 변화에 대한 설명으로 옳은 것은?

① 액체와 기체 모두 증가한다.
② 액체와 기체 모두 감소한다.
③ 액체는 증가하고 기체는 감소한다.
④ 액체는 감소하고 기체는 증가한다.

풀이

액체의 점성은 분자응집력이 지배하고 기체의 점성은 분자 운동량수송이 지배한다. 따라서 온도가 올라가면 액체는 분자간의 거리가 멀어지므로 점성은 감소하고 기체는 분자의 운동이 활발해지므로 점성은 증가한다.

59

그림과 같이 지름 D와 깊이 H의 원통 용기 내에 액체가 가득 차 있다. 수평방향으로 등가속도(가속도=a) 운동을 하여 내부의 물의 35%가 흘러 넘쳤다면 가속도 a와 중력가속도 g의 관계로 옳은 것은? (단, D=1.2H이다.)

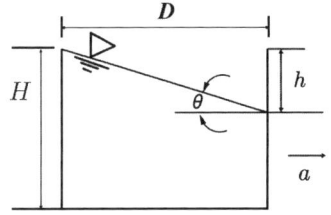

① a=0.58g

정답 56③ 57④ 58④ 59①

② a=0.85g
③ a=1.35g
④ a=1.42g

풀이

$a = g\tan\theta$ 에서

흘러넘친 물의 양 : $\dfrac{h}{2}D = 0.35HD$ ∴ $h = 2 \times 0.35H$

$\tan\theta = \dfrac{h}{D} = \dfrac{2 \times 0.35H}{D} = \dfrac{0.7H}{1.2H} = \dfrac{7}{12}$

∴ $a = \dfrac{7}{12}g = 0.58g$

60

세 변의 길이가 a, 2a, 3a인 작은 직육면체가 점도 μ인 유체 속에서 매우 느린 속도 V로 움직일 때, 항력 F는 F=F(a, μ, V)로 가정할 수 있다. 차원해석을 통하여 얻을 수 있는 F에 대한 표현식으로 옳은 것은?

① $\dfrac{F}{\mu Va} = $ 상수

② $\dfrac{F}{\mu V^2 a} = $ 상수

③ $\dfrac{F}{\mu^2 V} = f\left(\dfrac{V}{a}\right)$

④ $\dfrac{F}{\mu Va} = f\left(\dfrac{a}{\mu V}\right)$

풀이

차원동차성의 원리에 의해 좌변의 단위=우변의 단위를 고르면 된다.

$\dfrac{F}{\mu Va} = \dfrac{N}{Ns/m^2 \cdot m/s \cdot m} = $ 무차원 = 상수

제4과목 : 기계재료 및 유압기기

61

베어링에 사용되는 구리합금인 켈밋의 주성분은?

① Cu - Sn
② Cu - Pb
③ Cu - Al
④ Cu - Ni

풀이

켈밋 : 납(Pb)계 베어링메탈

62

다음 중 용융점이 가장 낮은 것은?

① Al
② Sn
③ Ni
④ Mo

풀이

Al(660℃), Sn(232℃), Ni(1455℃), Mo(2800℃)

63

열경화성 수지에 해당하는 것은?

① ABS 수지
② 폴리스티렌
③ 폴리에틸렌
④ 에폭시 수지

풀이

열경화성 수지 :
에폭시수지, 페놀수지, 요소수지, 멜라민수지, 규소수지, 푸란수지, 폴리에스테르수지, 폴리우레탄수지 등

열가소성 수지 :
폴리에틸렌수지, 폴리프로필렌수지, 폴리스틸렌수지, 염화비닐수지(PVC), 폴리아미드수지, 아크릴수지, 플루오르수지 등

64

체심입방격자(BCC)의 인접 원자수(배위수)는 몇 개인가?

① 6개
② 8개
③ 10개
④ 12개

풀이

배위수 : 체심이방격자(8개), 면심입방격자(12개), 조밀육방격자(12개)

65

표면은 단단하고 내부는 인성을 가지는 주철로 압연용 롤, 분쇄기 롤, 철동차량 등 내마멸

정답 60① 61② 62② 63④ 64② 65②

성이 필요한 기계부품에 사용되는 것은?
① 회주철
② 칠드주철
③ 구상흑연주철
④ 펄라이트주철

풀이
칠드주철이다.

66
금속 재료의 파괴 형태를 설명한 것 중 다른 하나는?
① 외부 힘에 의해 국부수축 없이 갑자기 발생되는 단계로 취성 파단이 나타난다.
② 균열의 전파 전 또는 전파 중에 상당한 소성 변형을 유발한다.
③ 인장시험 시 컵-콘(원뿔)형태로 파괴된다.
④ 미세한 공공 형태의 딤플 현상이 나타난다.

풀이
① 취성파괴 ②, ③, ④ 연성파괴

67
$Fe - Fe_3C$ 평형상태도에 대한 설명으로 옳은 것은?
① A_0는 철의 자기변태점이다.
② A_1 변태선을 공석선이라 한다.
③ A_2는 시멘타이트의 자기변태점이다.
④ A_3는 약 1400℃이며, 탄소의 함유량이 약 4.3%이다.

풀이
A_0(210℃) : 시멘타이트의 자기변태점
A_1(723℃) : 강의 공석선
A_2(768℃) : 순철의 자기변태점
A_3(910℃) : 순철의 동소변태점(BCC→FCC)
A_4(1401℃) : 순철의 동소변태점(FCC→BCC)
순철의 용융점(1539℃)

68
탄소강이 950℃ 전후의 고온에서 적열메짐(red brittleness)을 일으키는 원인이 되는 것은?
① Si
② P
③ Cu
④ S

풀이
적열취성(메짐) : 황(S)이 원인이다.

69
오스테나이트형 스테인리스강에 대한 설명으로 틀린 것은?
① 내식성이 우수하다.
② 공식을 방지하기 위해 할로겐 이온의 고농도를 피한다.
③ 자성을 띠고 있으며, 18%Co와 8%Cr을 함유한 합금이다.
④ 입계부식 방지를 위하여 고용화처리를 하거나, Nb 또는 Ti를 첨가한다.

풀이
오스테나이트형 스테인리스강 :
18-8(Cr-Ni) 스테인리스강으로 비자성이다.

70
알루미늄 및 그 합금의 질별 기호 중 H가 의미하는 것은?
① 어닐링한 것
② 용체화 처리한 것
③ 가공 경화한 것
④ 제조한 그대로의 것

풀이
H(Hardness) : 가공경화한 것

71
그림과 같은 전환 밸브의 포트수와 위치에 대한 명칭으로 옳은 것은?

정답 66① 67② 68④ 69③ 70③ 71①

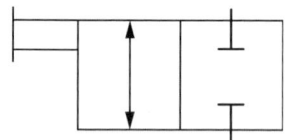

① 2/2 – way 밸브
② 2/4 – way 밸브
③ 4/2 – way 밸브
④ 4/4 – way 밸브

풀이
2포트 2위치 밸브이다.

72
유압장치의 각 구성요소에 대한 기능의 설명으로 적절하지 않은 것은?
① 오일 탱크는 유압 작동유의 저장기능, 유압 부품의 설치 공간을 제공한다.
② 유압제어밸브에는 압력제어밸브, 유량제어밸브, 방향제어밸브 등이 있다.
③ 유압 작동체(유압 구동기)는 유압 장치 내에서 요구된 일을 하며 유체동력을 기계적 동력으로 바꾸는 역할을 한다.
④ 유압 작동체(유압 구동기)에는 고무호스, 이음쇠, 필터, 열교환기 등이 있다.

풀이
유압작동기 :
유압 액추에이터로 유압실린더, 유압모터,
요동 액추에이터로 구분된다.
고무호스, 이음쇠 등은 배관(부속품)이다.

73
유압펌프에서 실제 토출량과 이론 토출량의 비를 나타내는 용어는?
① 펌프의 토크 효율
② 펌프의 전 효율
③ 펌프의 입력 효율
④ 펌프의 용적 효율

풀이
용적효율(=체적효율) :
이론토출량에 대한 실제 토출량의 비

체적효율 = $\dfrac{\text{실제토출량}}{\text{이론토출량}}$: $\eta_v = \dfrac{Q}{Q_{th}}(\times 100\%)$

74
속도 제어 회로의 종류가 아닌 것은?
① 미터 인 회로
② 미터 아웃 회로
③ 로킹 회로
④ 블리드 오프 회로

풀이
유량에 의한 속도제어회로 :
미터 인, 미터 아웃, 블리드오프 회로

75
작동유 속의 불순물을 제거하기 위하여 사용하는 부품은?
① 패킹
② 스트레이너
③ 어큐뮬레이터
④ 유체 커플링

풀이
불순물 제거 : 여과(스트레이너, 필터)

76
KS규격에 따른 유면계의 기호로 옳은 것은?

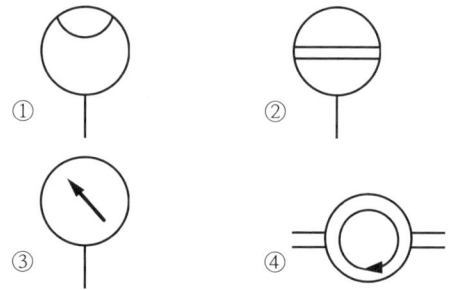

풀이
① 유량계측계, 검류기 ② 유면계 ③ 압력계
④ 회전속도계

77
유압 회로 중 미터 인 회로에 대한 설명으로 옳은 것은?
① 유량제어 밸브는 실린더에서 유압작동유의 출구

정답 72④ 73④ 74③ 75② 76② 77③

측에 설치한다.
② 유량제어 밸브는 탱크로 바이패스 되는 관로 쪽에 설치한다.
③ 릴리프밸브를 통하여 분기되는 유량으로 인한 동력손실이 있다.
④ 압력설정 회로로 체크밸브에 의하여 양방향만의 속도가 제어된다.

풀이
미터 인 회로 :
유량제어밸브를 실린더 입구쪽에 설치한 회로로서 압력보상형이면 실린더속도는 압력에 관계없이 일정하다. 따라서 펌프 송출압은 릴리프밸브의 설정압이 되므로 펌프에서 릴리프밸브를 거쳐 유압탱크로 귀환되는 일이 잦으므로 동력손실이 크다.

78
난연성 작동유의 종류가 아닌 것은?
① R&O형 작동유
② 수중 유형 유화유
③ 물-글리콜형 작동유
④ 인산 에스테르형 작동유

풀이
R&O형 작동유는 일반용 석유계 작동유이므로 인화의 위험이 있다.

79
유압장치의 운동부분에 사용되는 실(seal)의 일방적인 명칭은?
① 심레스(seamless)
② 개스킷(gasket)
③ 패킹(packing)
④ 필터(filter)

풀이
seal의 종류 중 packing은 운동부, gasket은 고정부에 사용하는 밀봉장치이다.

80
어큐뮬레이터 종류인 피스톤 형의 특징에 대한 설명으로 적절하지 않은 것은?
① 대형도 제작이 용이하다.
② 축 유량을 크게 잡을 수 있다.
③ 형상이 간단하고 구성품이 적다.
④ 유실에 가스 침입의 염려가 없다.

풀이
피스톤 형 어큐뮬레이터 : ①, ②, ③의 특징을 가지며 유실에 가스 침입의 염려가 있다.

제5과목 : 기계제작법 및 기계동력학

81
질량 30kg의 물체를 담은 두레박 B가 레일을 따라 이동하는 크레인 A에 6m 길이의 줄에 의해 수직으로 매달려 이동하고 있다. 일정한 속도로 이동하던 크레인이 갑자기 정지하자, 두레박 B가 수평으로 3m까지 흔들렸다. 크레인 A의 이동 속력은 약 몇 m/s인가?

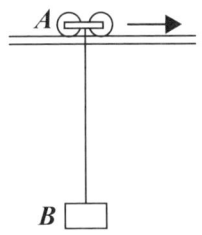

① 1
② 2
③ 3
④ 4

풀이
$6\sin\theta = 3$ ∴ $\theta = \sin^{-1}(0.5) = 30°$
∴ $V = \sqrt{2g\ell(1-\cos\theta)} = \sqrt{2 \times 9.8 \times 6 \times (1-\cos 30°)}$
$= 3.97 ≒ 4\,[\text{m/s}]$

82

등가속도 운동에 관한 설명으로 옳은 것은?

① 속도는 시간에 대하여 선형적으로 증가하거나 감소한다.
② 변위는 시간에 대하여 선형적으로 증가하거나 감소한다.
③ 속도는 시간의 제곱에 비례하여 증가하거나 감소한다.
④ 변위는 속도의 세제곱에 비례하여 증가하거나 감소한다.

풀이
등가속도 직선운동에서 가속도는 시간에 대해 일정하다.
속도는 시간에 대해 선형적으로 증가하거나 감소한다.
변위는 시간의 제곱에 비례하여 증가하거나 감소한다.

83

두 질점이 정면 중심으로 완전탄성충돌할 경우 관한 설명으로 틀린 것은?

① 반발계수 값은 1이다.
② 전체 에너지는 보존되지 않는다.
③ 두 질점의 전체 운동량이 보존된다.
④ 충돌 후 두 질점의 상대속도는 충돌 전 두 질점의 상대속도와 같은 크기이다.

풀이
완전탄성충돌은 반발계수가 1인 충돌로 역학적에너지가 보존된다. 충돌전후의 운동량의 합은 충돌의 종류에 관계없이 언제나 성립한다.

84

다음 단순조화운동 식에서 진폭을 나타내는 것은?

$$x = A\sin(\omega t + \phi)$$

① A
② ωt
③ $\omega t + \phi$
④ $A\sin(\omega t + \phi)$

풀이
진폭은 x의 최대값이므로 A이다.

85

다음 그림과 같이 진동계에 가진력 F(t)가 작용할 때, 바닥으로 전달되는 힘의 최대 크기가 F_1보다 작기 위한 조건은? (단, $\omega_n = \sqrt{\dfrac{k}{m}}$ 이다.)

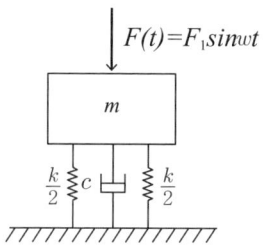

① $\dfrac{\omega}{\omega_n} < 1$
② $\dfrac{\omega}{\omega_n} > 1$
③ $\dfrac{\omega}{\omega_n} > \sqrt{2}$
④ $\dfrac{\omega}{\omega_n} < \sqrt{2}$

풀이
TR(전달률)이 1보다 작아야 하므로 진동수비 γ가 $\sqrt{2}$보다 커야 한다. 즉,
$$\gamma = \dfrac{\omega}{\omega_n} > \sqrt{2}$$

86

그림과 같이 원판에서 원주에 있는 A점의 속도가 12m/s일 때 원판의 각속도는 약 몇 rad/s인가? (단, 원판의 반지름은 r은 0.3m이다.)

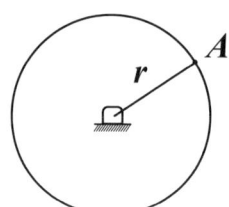

① 10

정답 82① 83② 84① 85③ 86④

② 20
③ 30
④ 40

풀이

$v=\omega r$에서 $\omega = \dfrac{v}{r} = \dfrac{12}{0.3} = 40\,[\text{rad/s}]$

87

균질한 원통(cylinder)이 그림과 같이 물에 떠있다. 평형상태에 있을 때 손으로 눌렀다가 놓아주면 상하 진동을 하게 되는데 이때 진동주기(τ)에 대한 식으로 옳은 것은? (단, 원통 질량은 m, 원통단면적은 A, 물의 밀도는 ρ이고, g는 중력가속도이다.)

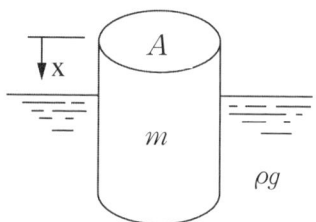

① $\tau = 2\pi\sqrt{\dfrac{\rho g}{mA}}$

② $\tau = 2\pi\sqrt{\dfrac{mA}{\rho g}}$

③ $\tau = 2\pi\sqrt{\dfrac{m}{\rho g A}}$

④ $\tau = 2\pi\sqrt{\dfrac{\rho g A}{m}}$

풀이

물체가 x만큼 가라앉았을 때의 복원력은 부력이므로

$\Sigma F_x = ma$ 즉, $-\rho g A x = m\ddot{x}$

$\therefore m\ddot{x} + \rho g A x = 0$

결국, $\ddot{x} + \dfrac{\rho g A}{m} x = 0$ $\therefore \omega_n = \sqrt{\dfrac{\rho g A}{m}}$

그런데, $\omega_n = \dfrac{2\pi}{\tau}$ 이므로 $\tau = \dfrac{2\pi}{\omega_n} = 2\pi\sqrt{\dfrac{m}{\rho g A}}$

88

질량이 18kg, 스프링 상수가 50N/cm, 감쇠계수 0.6N·s/cm인 1자유도 점성감쇠계에서 진동계의 감쇠비는?

① 0.10 ② 0.20
③ 0.33 ④ 0.50

풀이

$c = 0.6\text{Ns/cm} = 60\text{Ns/m}$, $k = 50\text{N/cm} = 5000\text{N/m}$

감쇠비 $\zeta = \dfrac{c}{c_{cr}} = \dfrac{c}{2\sqrt{mk}} = \dfrac{60}{2\sqrt{18 \times 5000}} = 0.1$

89

길이 1.0m, 질량 10kg의 막대가 A점에 핀으로 연결되어 정지하고 있다. 1kg의 공이 수평속도 10m/s로 막대의 중심을 때릴 때, 충돌 직후 막대의 각속도는 약 몇 rad/s인가? (단, 공과 막대 사이의 반발계수는 0.4이다.)

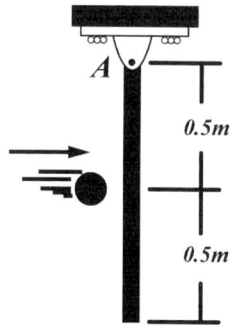

① 1.95 ② 0.86
③ 0.68 ④ 1.23

풀이

먼저, 공을 하첨자 1, 막대를 하첨자 2로 표기하기로 하자.

$e = 0.4 = -\dfrac{v_1' - v_2'}{10 - 0}$ $\therefore v_1' - v_2' = -4$ ···㉠

$v_2' = 0.5\omega$이므로 ㉠에 대입하면

$v_1' = 0.5\omega - 4$

$$I_2 = \frac{M\ell^2}{3} = \frac{10 \times 1^2}{3} = 3.33 \, [\text{kgm}^2]$$

각운동량 보존법칙에서
충돌전 각운동량의 합=충돌후 각운동량의 합
$Rmv_1 + 0 = Rmv_1' + I_2\omega$
$0.5 \times 1 \times 10 = 0.5 \times 1 \times (0.5\omega - 4) + 3.33\omega$

$$\therefore \omega = \frac{7}{0.5^2 + 3.33} = 1.955 \, [\text{rad/s}]$$

90

같은 길이의 두 줄에 질량 20kg의 물체가 매달려 있다. 이 중 하나의 줄을 자르는 순간의 남는 줄의 장력은 약 몇 N인가? (단, 줄의 질량 및 강성은 무시한다.)

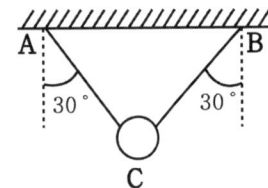

① 98 ② 170
③ 196 ④ 250

풀이
줄의 AC 부분이 끊어졌다고 하자.

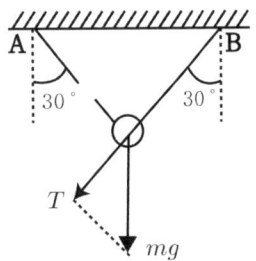

BC 부분의 장력 T는
$T = mg\cos 30° = 20 \times 9.8 \times \cos 30° = 170 \, [\text{N}]$

91

경화된 작은 강철(ball)을 공작물 표면에 분사하여 표면을 매끈하게 하는 동시에 피로강도와 그 밖의 기계적 성질을 향상시키는데 사용하는 가공방법은?

① 숏 피닝 ② 액체 호닝
③ 슈퍼피니싱 ④ 래핑

풀이
숏피닝이다.

92

와이어 컷(wire cut) 방전가공의 특징으로 틀린 것은?
① 표면거칠기가 양호하다.
② 담금질강과 초경합금의 가공이 가능하다.
③ 복잡한 형상의 가공물을 높은 정밀도로 가공할 수 있다.
④ 가공물의 형상이 복잡함에 따라 가공속도가 변한다.

풀이
가공물의 형상에 관계없이 가공속도가 일정하다.

93

어미나사의 피치가 6mm인 선반에서 1인치당 4산의 나사를 가공할 때, A와 D의 기어의 잇수는 각각 얼마인가? (단, A는 주축 기어의 잇수이고, D는 어미나사 기어의 잇수이다.)
① A = 60, D = 40
② A = 40, D = 60
③ A = 127, D = 120
④ A = 120, D = 127

풀이

$$\text{잇수비} = \frac{\text{어산}}{\text{공산}} = \frac{\text{공피}}{\text{어피}} = \frac{1}{\text{어피} \times \text{공산}} = \text{어산} \times \text{공피}$$

$$= \frac{1}{6 \times \frac{4}{25.4}} = \frac{25.4}{24} = \frac{25.4}{24} \times \frac{5}{5} = \frac{127}{120} = \frac{A}{D}$$

94

Al을 강의 표면에 침투시켜 내스케일성을 증가시키는 금속 침투 방법은?
① 파커라이징(parkerizing)

② 칼로라이징(calorizing)
③ 크로마이징(chromizing)
④ 금속용사법(metal spraying)

풀이
Al(칼로라이징)

95
다음 중 소성가공에 속하지 않은 것은?
① 코이닝(coining)
② 스웨이징(swaging)
③ 호닝(honing)
④ 딥 드로잉(deep drawing)

풀이
스웨이징은 단조작업이다.

96
용접 피복제의 역할로 틀린 것은?
① 아크를 안정시킨다.
② 용접에 필요한 원소를 보충한다.
③ 전기 절연작용을 한다.
④ 모재 표면의 산화물을 생성해 준다.

풀이
피복제는 모재 표면의 산화를 방지해준다.

97
노즈 반지름이 있는 바이트로 선삭 할 때 가공 면의 이론적 표면 거칠기를 나타내는 식은? (단, f는 이송, R은 공구의 날 끝 반지름이다.)
① $\dfrac{f^2}{8R}$
② $\dfrac{f}{8R^2}$
③ $\dfrac{f}{8R}$
④ $\dfrac{f}{4R}$

풀이
$H = \dfrac{f^2}{8R}$

98
주물의 결함 중 기공(blow hole)의 방지대책으로 가장 거리가 먼 것은?
① 주형 내의 수분을 적게 할 것
② 주형의 통기성을 향상시킬 것
③ 용탕에 가스함유량을 높게 할 것
④ 쇳물의 주입온도를 필요이상으로 높게 하지 말 것

풀이
기공 방지대책 : ①, ②, ④
용탕에 가스함유량을 적게 할 것

99
방전가공에서 전극 재료의 구비조건으로 가장 거리가 먼 것은?
① 기계가공이 쉬워야 한다.
② 가공 전극의 소모가 커야 한다.
③ 가공 정밀도가 높아야 한다.
④ 방전이 안전하고 가공속도가 빨라야 한다.

풀이
전극재료 : ①, ③, ④
가공전극의 소모가 거의 없어야 한다.

100
다음 중 자유단조에 속하지 않는 것은?
① 업세팅(up-setting)
② 블랭킹(blanking)
③ 늘리기(drawing)
④ 굽히기(bending)

풀이
블랭킹은 프레스가공이다.

정답 95③ 96④ 97① 98③ 99② 100②

일반기계기사 과년도문제

발 행 | 2021년 1월 1일
저 자 | 고진목
펴낸이 | 최정원
펴낸곳 | 에디북스
주 소 | 서울특별시 구로구 새말로 16길 18
전 화 | 1644-5623
이메일 | edst99@naver.com

ISBN | 979-11-972957-1-3

www.edst.co.kr
ⓒ 2021 by EDST
본 책은 저작권법에 의해 보호를 받는 저작물이므로 무단전재 및 무단복제를 금합니다.

가 격 : 20,000원